"101 计划"核心教材
计算机领域

"101计划"核心教材

软件工程

主　编　彭　蓉

副主编　梁　鹏　曹　健　范国祥　王　良
　　　　谭　鑫　杨溢龙　何璐璐

参　编　王　翀　王　健　李晓剑　辛　奇

清华大学出版社

北京

内 容 简 介

本书是一部全面介绍软件工程相关理论、方法、技术及应用案例的教材,旨在帮助读者深刻理解软件工程的基本概念和原理。本书系统地介绍了软件工程的各个方面,从软件的定义、构成和特点开始,深入浅出地阐述了软件生存周期全过程涉及的软件开发方法、软件开发各阶段以及软件项目管理等软件工程关键主题。

通过对这些关键主题的深入和系统讲解,学生将建立起对软件工程全景的认识,同时对软件工程领域的前沿技术有清晰的了解。本书将为学生提供坚实的软件工程基础,使他们在未来的职业生涯中能够应对各种挑战。

本书不仅适用于计算机和软件工程相关专业的本科生和研究生,还可作为从事软件开发和软件项目管理工作的从业人员的参考书。

图书在版编目(CIP)数据

软件工程 / 彭蓉主编. -- 北京 : 清华大学出版社,
2024.7(2025.7 重印). --("101 计划"核心教材). -- ISBN 978-7-
302-66788-9

Ⅰ. TP311.5

中国国家版本馆 CIP 数据核字第 20246FV615 号

责任编辑:白立军　薛　阳
封面设计:刘　键
责任校对:申晓焕
责任印制:刘　菲

出版发行:清华大学出版社
　　　　网　　　址:https://www.tup.com.cn,https://www.wqxuetang.com
　　　　地　　　址:北京清华大学学研大厦 A 座　　　　邮　　编:100084
　　　　社 总 机:010-83470000　　　　　　　　　　　邮　　购:010-62786544
　　　　投稿与读者服务:010-62776969,c-service@tup.tsinghua.edu.cn
　　　　质量反馈:010-62772015,zhiliang@tup.tsinghua.edu.cn
　　　　课件下载:https://www.tup.com.cn,010-83470236
印 装 者:三河市龙大印装有限公司
经　　　销:全国新华书店
开　　　本:185mm×260mm　　　　印　　张:28.75　　　　字　　数:678 千字
版　　　次:2024 年 8 月第 1 版　　　　　　　　　　　印　　次:2025 年 7 月第 4 次印刷
定　　　价:79.80 元

产品编号:098288-01

出版说明

为深入实施新时代人才强国战略,加快建设世界重要人才中心和创新高地,教育部在 2021 年年底正式启动实施计算机领域本科教育教学改革试点工作(简称"101 计划")。"101 计划"以计算机专业教育教学改革为突破口与试验区,从教学教育的基本规律和基础要素着手,充分借鉴国际先进资源和经验,首批改革试点工作以 33 所计算机类基础学科拔尖学生培养基地建设高校为主,探索建立核心课程体系和核心教材体系,提高课堂教学质量和效果,引领带动高校人才培养质量的整体提升。

核心教材体系建设是"101 计划"的重要组成部分。"101 计划"系列教材基于核心课程体系的建设成果,以计算概论(计算机科学导论)、数据结构、算法设计与分析、离散数学、计算机系统导论、操作系统、计算机组成与系统结构、编译原理、计算机网络、数据库系统、软件工程、人工智能引论等 12 门核心课程的知识点体系为基础,充分调研国际先进课程和教材建设资源和经验,汇聚国内具有丰富教学经验与学术水平的教师,成立本土化"核心课程建设及教材写作"团队,由 12 门核心课程负责人牵头,组织教材调研、确定教材编写方向以及把关教材内容,工作组成员高校教师协同分工,一体化建设教材内容、课程教学资源和实践教学内容,打造一批具有"中国特色、世界一流、101 风格"的精品教材。

在教材内容上,"101 计划"系列教材确立了如下的建设思路和特色:坚持思政元素的原创性,积极贯彻《习近平新时代中国特色社会主义思想进课程教材指南》;坚持知识体系的系统性,构建专业课程体系知识图谱;坚持融合出版的创新性,规划"新形态教材+网络资源+实践平台+案例库"等多种出版形态;坚持能力提升的导向性,以提升专业教师教学能力为导向,借助"虚拟教研室"组织形式、"导教班"培训方式等多渠道开展师资培训;坚持产学协同的实践性,遴选一批领军企业参与,为教材的实践环节及平台建设提供技术支持。总体而言,"101 计划"系列教材将探索适应专业知识快速更新的融合教材,在体现爱国精神、科学精神和创新精神的同时,推进教学理念、教学内容和教学手段方面的有效提升,为构建高质量教材体系提供建设经验。

本系列教材是在教育部高等教育司的精心指导下,由高等教育出版社牵头,联合清华大学出版社、机械工业出版社、北京大学出版社等共同完成系列教材出版任务。"101 计划"工作组从项目启动实施至今,联合参与高校、教材编写组、参与出版社,经过多次协调研讨,确定了教材出版规划和出版方案。同时,为保障教材质量,工作组邀请 23 所高校的 33 位院士和资深专家完成了规划教材的编写方案评审工作,并由 21 位院士、专家组成了教材主审专家组,对每本教材的撰写质量进行把关。

感谢"101 计划"工作组 33 所成员高校的大力支持,感谢教育部高等教育司的悉心指导,感谢北京大学郝平书记、龚旗煌校长和学校教师教学发展中心、教务部等相关部门对"101 计划"从酝酿、启动到建设全过程中给予的悉心指导和大力支持。感谢各参与出版社在教材申报、立项、评审、撰写、试用整个出版流程中的大力投入与支持。也特别感谢 12 位课程建设负责人和各位教材编写教师的辛勤付出。

　　"101 计划"是一个起点,其目标是探索适合中国本科教育教学的新理念、新体系和新方法。"101 计划"系列教材将作为计算机专业 12 门核心课程建设的一个里程碑,与"101 计划"建设中的课程体系、知识点教案、课堂提升、师资培训等环节相辅相成,有力推动我国计算机领域本科教育教学改革,全面促进课堂教学效果的进一步提升。

"101 计划"工作组

序

软件诞生之初是作为硬件的附属，但现在它已经成为我们工作、生活的一部分。软件已经成为知识的载体与人工智能的产生器，我们在软件构成的世界中学习和成长，然后进一步创造了新的软件，改变世界。软件和硬件最大的区别在于软件具有丰富的表达能力和灵活的变化能力，这是硬件所不具备的特征。

数字经济的今天，各行各业的知识只有通过软件来表达，才能进入数字世界。因此，软件是推动高质量发展的强力引擎，是引领科技创新、驱动经济社会发展的核心力量。社会的主要基础设施都依赖于各种软件系统。开发软件的能力，标志着一个国家的工业能力；使用软件的能力，标志着一个社会中人的生存能力。1968年，在著名的北约（NATO）软件工程会议上，首次正式提出了"软件工程"这一概念，强调将系统化的、规范的、可量化的方法应用于软件的开发、操作和维护，即将工程化的方法应用于软件开发，确保生产过程和最终产出制品符合标准和规范。自此以后，软件工程理论、方法、技术与实践吸引了一代代学界和业界从业者广泛、持续、深入研究。当前以及未来的各种复杂软件系统需要持续、快速演化，以应对处理无处不在的感知、跨域多维的关联、超越人脑的智能、虚拟和真实世界的交融。我们需要越来越多的软件、越来越好的软件，需要越来越多的人能够写软件（开源开放开发、分布式远程办公），需要越来越快地更新软件（敏捷交付、持续集成、持续交付）。未来的软件系统，不仅把物理世界纳入管理范围，还会把智能体、人也纳入软件系统运行管理的一部分，软件工程面临新的挑战。

本书一方面深入浅出地阐述了软件生存周期全过程涉及的软件开发方法、过程及软件项目管理等软件工程关键主题，通过具体的案例分析、实践任务和主流工具介绍，帮助读者将理论知识转化为实际动手能力；另一方面通过经典与前沿引申阅读，使读者能够了解学界、业界的最新进展。同时，通过对使用人工智能技术促进软件工程理论、方法与实践创新的各种新方法、技术的探讨，使读者能够更好地适应未来软件工程发展的趋势。

本书是在教育部2021年年底正式启动实施的计算机领域本科教育教学改革试点工作（简称"101计划"）推动下，开展核心教材体系建设的成果之一，汇聚了国内具有丰富教学经验与学术水平的教师，在体现爱国精神、科学精神和创新精神的同时撰写的适应专业知识快速更新的融合教材，以推进教学理念、教学内容和教学手段方面的有效提升。

希望本书能够为引导读者进入软件工程研究与实践殿堂提供有力支持。

2024.4.24

前　言

随着信息技术的飞速发展,软件工程作为一门交叉学科,日益成为推动科技创新和社会发展的关键驱动力之一。《软件工程》的编写旨在为读者提供一部系统而全面的软件工程教材,帮助读者深入理解软件工程的核心概念和方法。本书紧随软件工程领域的最新进展,以生动清晰的语言,详细阐述了软件工程的各个方面。我们特别注重将理论知识与实际应用相结合,通过丰富的案例和实践任务,引导读者将所学知识应用于实际项目中。每一章的综合习题旨在巩固读者对知识点的理解,引导读者深入思考和探讨。

全书共分为 3 篇:第 1 篇(第 1～4 章)为基础篇,着重介绍软件的概念,包括软件工程和软件过程的概念及软件开发方法;第 2 篇(第 5～9 章)为软件开发阶段篇,着重介绍软件生存周期的各个阶段具体的方法和技术,包括需求工程、软件设计、编码实现、软件测试和软件部署与维护;第 3 篇(第 10 章)为管理篇,着重介绍软件项目的管理方法。全书提供了大量案例,每章后均附有综合习题和引申阅读。

本书的独特之处在于其深度和广度相结合的内容组织。本书关注软件工程的核心基础知识,通过深入而全面的介绍,读者能够在软件工程领域建立坚实的基础。与此同时,本书通过引入丰富的教学案例,将软件开发中的抽象概念具象化,从而使理论知识更易于理解和应用。本书的特色亮点如下。

全面深入的知识体系:本书系统地介绍了软件工程的方方面面,涵盖了从概念到实践的所有重要内容,使读者能够建立起扎实的软件工程知识体系。

丰富多样的基础实践:每章都配有实用案例和基础实践,通过具体的案例分析和实践任务,帮助读者将理论知识转化为实际动手能力。

经典与前沿兼具的引申阅读:每章都提供了经典与前沿引申阅读,通过经典文献的引申阅读,读者能够不囿于篇幅详细了解方法、技术的起源与发展;通过新近文献的引申阅读,能够帮助读者了解学界、业界的最新进展。

国内外主流的工具对比分析:每章详细介绍了软件工程中各开发阶段常用的工具并进行了对比分析,读者能够在实际项目中结合工具来更高效地运用所学到的知识。

面向未来的新方法、新技术:探讨了软件工程领域的前沿技术,包括低代码编程、智能化测试技术等,希望读者通过学习本书能够更好地适应未来软件工程发展的趋势。本书中还提供了大量引申阅读,以便读者在有余力的条件下深入地挖掘各个主题。

希望《软件工程》能够成为读者学习软件工程领域知识的得力助手,为日后在软件工程领域的学术研究和实际应用打下坚实基础。

编　者

2024 年 5 月

目　录

第1篇　基　础　篇

第3篇　管　理　篇

第 1 篇

基　础　篇

第 1 章

软　件

本章学习目标

- 理解软件的概念、构成和特点，了解软件的分类。
- 理解软件生存周期的概念，理解软件生存周期中各个阶段的主要任务及输出的软件产品。
- 理解软件质量的概念和常见的质量模型，能够分析和评估软件质量的好坏。
- 理解软件质量保证的思想，了解常见的软件质量保证方法及其优缺点，能够根据具体的应用场景选择合适的质量保证方法。

　　软件诞生之初是作为硬件的附属，伴随着技术的发展和应用规模的增大，如今，软件已经成为人们学习、生活、工作必不可少的部分，甚至在某种程度上改变了人们的行为方式。大到影响国计民生的电网、交通运输系统、通信系统、互联网、金融计算引擎等大型系统，小到人们日常生活中随处可见的手机、智能手表、汽车、电视、烤炉、人脸识别门禁等，软件的身影无处不在。现代化的智能家居产品可能拥有上百个处理器，一辆新能源汽车可能有一千多个处理器。这些处理器上都在运行着软件，软件质量在某种程度上决定着人们的生活质量。那么软件到底是什么？这些功能各异的软件有什么共同之处？软件的基本构成是什么？又有哪些特点？软件是如何开发出来的？软件质量是什么？有哪些方法能够保证软件的质量？这些都是本章将要探讨的问题。

　　本章首先介绍软件的基本概念、主要构成和特点，以及不同分类体系中常见的软件类别；接着围绕软件是如何从无到有产生的这个问题，介绍软件生存周期的基本概念，详细阐述软件生产涉及的各个阶段及其所要完成的主要任务和输出物；进而介绍了软件的一个重要属性、软件质量的基本概念和常见的软件质量模型，其后介绍了软件质量保证的基本思想和常见方法；最后通过小结，概要总结本章的主要内容和学习重点。

　　读者可以用 1.6 节综合习题巩固和检查本章所学基本知识的掌握情况；1.7 节给出的引申阅读材料可以帮助读者加深和

扩展对相关知识的理解，学习学术界和工业界最新的研究成果和实践经验。

1.1　软件的概念

1.1.1　软件的概念、构成和特点

关于软件（Software）这个术语的起源并没有确切记载，目前尚无法确定是谁在何种场合第一次提出了这个概念。现有资料显示，"软件"一词大约是在 20 世纪 50 年代产生的。当时，随着电子计算机的发展，人们开始将计算机程序与硬件分开考虑。用于描述计算机程序的术语是"软件"，与之相对应的是"硬件"（Hardware）。计算机硬件是指计算机物理的、有形的部件或组件，例如，主板、中央处理器、监视器、数据存储器、显卡、声卡、键盘等。硬件的"硬"借鉴了材料科学中"硬度"（Hardness）的概念，用以表示计算机中这些物理有形的部件，相对比较稳定，很难改变。而软件之所以是"软"的，是因为它更容易修改和更新。软件这个术语随后被广泛使用，成为当今计算机行业中一个重要的概念。

那么，软件到底是什么呢？根据 IEEE Std 610.12—1990 软件工程术语中的定义，软件是指"计算机程序、过程、规则，以及任何可能与计算机系统操作相关的文档和数据"。罗杰·普莱斯曼（Roger S. Pressman）在《软件工程：实践者的研究方法》一书中将软件定义为"当机器执行时能提供所要求功能和性能的程序，能使程序有效处理信息的数据结构以及描述操作和使用程序的文档。"而伊恩·萨默维尔（Ian Sommerville）在他的著作《软件工程》中指出"软件是一个系统，通常由若干程序、用于建立这些程序的配置文件、描述系统结构的系统文档、解释如何使用系统的用户文档以及供用户下载最新产品信息的 Web 站点组成。"

从以上定义不难看出，软件并不仅仅指可以在计算机上运行的程序，还包括与之相关的文档和数据。一般认为，软件由以下三个部分构成。

- 程序：按事先设计的功能和性能要求执行的指令序列。
- 文档：与程序开发、维护和使用有关的图文材料。
- 数据：使程序能正常操纵信息的数据结构。

综上所述，软件是以能够完成预定功能和性能要求的可执行的计算机程序为核心，以使程序正常执行所需要的数据为基础，以描述与程序开发、维护和使用有关文档为指南，从而方便相关涉众理解、使用与维护的人工制品。简单地说，可以认为：

软件 ＝ 程序＋数据＋文档

软件有不同的种类和形态，但都具有某些共同的特点。图灵奖得主弗雷德里克·布鲁克斯（Frederick P. Brooks Jr.）在软件工程经典著作《人月神话》中提出，软件具有复杂、一致、易变和不可见等特点。

复杂性（Complexity）：软件可能是人类创造的最复杂的系统之一。现有的软件系统往往规模巨大。例如，Google 的 Chrome 浏览器源代码达到百万行级别，而 Google 的整个产品系列代码规模超过 20 亿行。庞大的软件系统往往也意味着功能复杂、逻辑复杂、操作复杂。软件数量巨大的模块之间，存在着千丝万缕的、或显性或隐性的依赖关系。这使得软件开发人员无论是理解系统功能还是修改软件，都变得异常困难。

一致性（Conformity）：软件系统应遵循的一致性包括内部一致性和外部一致性。内部一致性是指软件系统的各个模块遵循的设计规则和标准应具有一致性。外部一致性是指：一方面，软件需要在与系统中其他组成部分（如硬件平台、外部设备等）交互时遵循相应的接口规范；另一方面，需要满足来自用户、行业、法律法规等多方面的要求和约束。

易变性（Changeability）："软件"的"软"意味着它是容易变化的。一方面，软件修改起来相对而言比硬件容易；另一方面，客观世界是千变万化的，用户和市场的需求、行业规范、系统平台都有可能发生改变，而软件的一致性使得它也需要随之而变以适应新的需求和环境。

不可见性（Invisibility）：软件本身不具备空间的形态特征，不容易被可视化。几何图形作为强大的抽象工具，能帮助人们捕捉物理实体的关键几何特性，使人们能够在早期对影响质量的设计决策进行评估。建筑平面图、机械制图、计算机电路图都是这样的示例。但软件固有的不可见性，使得开发人员虽然能"看见"程序的源代码，但往往无法直接观察到它们是如何在计算机的相关硬件单元上被执行的，只能通过软件的外在行为来理解其内在的逻辑和功能。这些给软件的开发和维护带来了很多困难。虽然开发人员也尝试用不同的可视化方法（如控制流图、数据流图、UML 的各种模型等）来描述软件结构，但这些方法在完整刻画软件结构方面仍存在各种局限。

除了布鲁克斯提到的以上特点外，人们发现软件还具有以下特点。

不易磨损：软件不像硬件和其他实体产品，随时间推移会有物理上的损耗和折旧。但这并不意味着软件不需要维护。软件的易变性导致它需要频繁地修改、更新，而这些变化会影响软件的结构和功能，甚至会引入新的问题。实际上，软件系统的维护费用在软件整个开发成本中往往占很大比重。

易复制性：不同于其他的有形制品，软件的复制非常容易，只需通过特定的存储媒介，如 U 盘、移动硬盘等，就可以将软件复制并发布到成千上万的平台上。进入互联网时代后，用户可以通过网络更便捷地获取软件最新的版本，这对软件开发的速度和软件版权的维护也提出了新的要求。

非连续性：在数学中，函数的连续性是指自变量的微小变动只会引起函数值的细微变化。软件系统是对复杂应用问题的求解，往往不具有连续性。也就是说，软件输入上的微小变化，可能会引起输出上的巨大差别，这也增加了软件系统开发和测试的难度。

以上特点表明，软件是一种人类智慧的新产物，需要新的工程化方法才能满足软件开发的需要。

1.1.2　软件的分类

软件的分类方式有很多种。一般来说，按照软件使用目的划分为系统软件和应用软件。其中，系统软件为计算机使用提供最基本的功能，并不针对某一特定应用领域；而应用软件则恰好相反，不同的应用软件根据用户和所服务的领域提供不同的功能。

系统软件主要是指控制和协调计算机及其外部设备、支持应用软件开发和运行的一类软件。人们熟悉的各类操作系统都属于系统软件，包括早期面向主机的 UNIX、Linux、苹果 macOS 系列、Microsoft Windows 系列，以及现在面向浏览器和移动终端的 Chrome OS、Android、iOS、HarmonyOS 等。它们主要负责控制与管理处理器、存储器、设备、文件系统等计算机软硬件资源,并提供一系列公共服务来实现用户与计算机系统的交互。此外,语言处理软件如编译器、解释器、连接器、调试软件、硬件驱动程序等也都属于系统软件。

应用软件是为了某种特定的用途而被开发的软件。它可以是一个特定的程序,如网页浏览器 Internet Explorer;也可以是一组功能联系紧密,可以互相协作的程序的集合,如金山 WPS Office 套件;还可以是一个由众多独立程序组成的庞大的软件系统,例如,交通综合管理系统就包含空中交通管理系统、铁网管理系统、地面综合运输系统等多个相对独立的软件系统。

伊恩·萨默维尔从软件的应用类型及开发所需要的技术角度,将软件分为以下类别。

- **独立运行的应用软件**(Stand-alone Applications):主要指不用联网即可在个人计算机上或移动设备上运行的软件,如办公软件、计算机辅助设计软件、财务处理软件等。

- **基于事务的交互式应用**(Interactive Transaction-based Applications):主要指用户在自己的计算机或终端上通过网络访问运行在远程计算机上的应用程序并使用相应的服务,如各类 Web 应用、电子商务应用等。

- **嵌入式控制系统**(Embedded Control Systems):主要指用于控制特定硬件设备的软件系统。嵌入式控制系统广泛应用在交通、消防、安防、医疗等生命攸关的系统中。大到全球卫星定位接收器、飞机上的惯性导航系统,小到日常生活中各种家电中的控制系统,都属于嵌入式控制系统。

- **批处理系统**(Batch Processing Systems):主要指处理大批量数据的业务系统。不同于前面的交互式应用,批处理业务系统一般无须人工干预,所有的输入数据或参数都已预先设置好,例如,银行信用卡计费系统和电子邮件系统等。

- **娱乐系统**(Entertainment Systems):主要指运行在电子设备上的各类互动游戏。按照硬件平台的不同可分为街机游戏、掌机游戏、电视游戏、计算机游戏、手机游戏等。高质量的多媒体交互是这类系统的主要特点。

- **建模和仿真系统**(Systems for Modeling and Simulation):该类系统通过创建物理系统或过程的模型并执行这些模型,对系统的行为进行模拟、分析和预测,从而使研究人员、工程师和其他从业者能够更好地理解、设计和改进复杂系统。该类系统广泛应用于工程、科学、商业、医疗保健和国防等众多领域,其主要特点是计算密集型系统,对系统性能有较高要求。

- **数据采集和分析系统**(Data Collection and Analysis Systems):主要指收集、记录和存储来自各种来源的数据,用以支持特定的研究、监测、评估、质量控制和决策制定等活动。这类系统经常安装在恶劣环境中,并需要和各种传感设备进行交互,例如,遥感和监测系统、地理信息系统等。

- **系统之系统**(Systems of Systems):由相互依赖的系统组成的集合以达成一个共同的目标或目的。其中,每个独立的系统在保持自治性的同时,以协调统一的方式与其他系统交互。系统之系统具有复杂性、异构性和涌现行为等特征,这些特征是由单个系统之间的相互作用和依赖引起的。整个系统的行为可能表现出任何单个系统中都不存在的特性,难以预测。典型的应用包括通信网络、交通系统、军事指挥和控制系统等。

中共中央政治局第三十四次集体学习时强调"要全面推进产业化、规模化应用,重点突破关键软件,推动软件产业做大做强,提升关键软件技术创新和供给能力。"这里提到的关键软件领域,一般包括 5 大类软件,即关键基础软件、大型工业软件、行业应用软件、新型平台软件、嵌入式软件。

- 关键基础软件:指基础性支撑软件,主要包括操作系统、数据库、中间件、办公软件等,此外还涉及基础信息安全软件。
- 大型工业软件:指应用于工业领域的各类软件,主要包括研发设计软件、生产控制软件、信息管理软件等。
- 行业应用软件:指针对重点行业应用的各类软件,如金融行业软件、通信行业软件、能源行业软件等。
- 新型平台软件:指基于新兴信息技术的平台软件,主要包括大数据平台、云计算平台、人工智能平台、物联网平台等。
- 嵌入式软件:指与硬件设备深度耦合的软件,如通信设备嵌入式软件、汽车电子嵌入式软件等。

整体来看,5 类关键软件基本覆盖各类软件产品,如图 1.1 所示。

图 1.1 彩图

图 1.1　软件产品分类图谱

当然,以上介绍的各种分类体系并不是严格意义上的划分,很多软件可能同时具有不同类别的特点。例如,学校的门户管理系统是一种典型的基于事务的交互式应用,以方便师生通过互联网访问各类教学服务。同时,它又需要批处理系统来满足财务相关的记账需求。划分类别的意义在于了解每类软件的特点以选择与之相应的软件开发方法和技术,后面章节会结合更多例子展开讨论。

1.2   软件生存周期

在生物学上,生存周期这个概念指的是一个生物体从生命开始到结束周而复始所历经的一系列变化过程。例如,蚊子的"一生"要经历卵、幼虫(孑孓)、蛹、成虫 4 个发育阶段。它在各个阶段形态各异,生活习性也大不相同。只有了解蚊子的生长发育过程及特点,才能更有效地进行防治。类似地,从用户的若干模糊想法,到最终开发出实用好用的完整系统,软件开发也涉及一系列复杂的变化过程,软件生存周期就是用来描述这一变化过程的术语。

1.2.1   软件生存周期的概念

软件生存周期(Software Life Cycle,SLC)又称软件生命周期,其定义如下。

- IEEE Std 610.12—1990 软件工程术语中对软件生存周期的定义是"从软件产品概念形成到产品无法再被使用的整个时间段"。
- 《计算机科学技术名词》中的定义是"软件产品从构思开始至软件不再可用而被淘汰的时间周期"。
- SWEBOK(v3.0)中定义了一个类似概念,软件产品生存周期(Software Product Life Cycle,SPLC)指软件产品从启动到退役的全过程。

另外一个与之含义相近且容易混淆的概念是软件开发生存周期(Software Development Life Cycle,SDLC)。软件开发生存周期是指"定义软件需求并将其转换为可交付软件产品的软件过程"(SWEBOK v.30)。也就是说,软件开发生存周期(SDLC)包含从决定开发一个软件产品开始到产品交付结束的时间周期。两者的不同之处在于,软件生存周期(SLC)除了包含软件开发生存周期(SDLC)之外,还包括软件交付后的运行维护阶段,即涵盖软件部署、维护、支持、演化、退役等一系列附加的软件过程。软件产品生存周期(SPLC)可能包括多个软件开发生存周期(SDLC),用于持续改进和增强软件。

软件生存周期是软件工程的重要概念,它将软件开发过程划分为一系列不同的阶段,每个阶段都有自己特定的活动、交付物以及进入/退出标准,且阶段之间在时间和逻辑上有相互依赖关系。软件生存周期为开发团队提供了明确的结构和组织指导,有助于团队集中精力完成每个阶段的任务,确保不会漏掉任何重要的任务或需求。它明确了每个阶段的交付物和质量标准,为确保最终产品的质量提供了框架,有助于监控项目进展情况、识别潜在问题或风险。将软件生存周期分解成不同的阶段,还可以更容易地估算每个阶段所需的时间和资源,有助于项目计划和预算。软件生存周期的概念,提供了一种软件开发过程的共同语言和理解,提高了团队成员和利益相关者之间的沟通效率,有助于确保每个人都朝着同一目标努力。

1.2.2 软件生存周期的各个阶段

软件生存周期刻画了软件从无到有直至消亡的全过程。在我国早期的国家标准GB/T 8566—1988《计算机软件开发规范》中,规定了软件生存周期包含软件定义、软件开发和软件运行维护三个时期,每个时期可以进一步划分为若干个阶段。

1. 软件定义时期

软件定义时期的主要任务是确定软件开发的总体目标,确定软件项目的可行性,确定实现项目目标应该采用的策略以及系统必须完成的功能,估算完成项目需要的资源和成本,并且制定工程进度表。软件定义时期通常可以进一步划分为问题定义、可行性研究和需求分析三个阶段。

(1) 问题定义。这个阶段主要回答的问题是"要解决的问题是什么?"如果不知道问题是什么就试图解决这个问题显然是盲目的,最终得出的结果很可能毫无意义。尽管确切地定义问题的必要性是十分明显的,但是在实践中它却可能是最容易被忽视的一个步骤。通过对客户的访问调查,系统分析员扼要地写出关于问题性质、工程目标和工程规模的书面报告,经过讨论和必要的修改之后这份报告应该得到客户的确认。

(2) 可行性研究。这个阶段需要回答的关键问题是"对于上一个阶段所确定的问题有可行的解决方案吗?"为了回答这个问题,系统分析员需要进行一次精简的系统分析和设计过程。可行性研究应该比较简短,这个阶段的任务不是具体解决问题,而是研究问题的范围,探索这个问题是否值得去解,是否有可行的解决办法。可行性研究的结果是客户决定是否继续进行这项工程的重要依据。一般来说,只有投资可能取得较大效益的工程项目才值得继续进行下去。可行性研究之后的那些阶段将需要投入更多的人力物力。及时终止不值得投资的工程项目可以避免更大的浪费。

(3) 需求分析。这个阶段的任务仍然不是解决问题,而是回答"为了解决这个问题,目标系统必须做什么",主要是确定目标系统必须具备哪些特性。用户了解他们所面对的问题,知道必须做什么,但是通常不能完整准确地表达出他们的需求,更不知道怎样利用计算机解决他们的问题。软件开发人员知道怎样用软件满足人们的需求,但是对特定领域特定用户的具体需求并不完全清楚。因此,系统分析员在需求分析阶段必须和用户密切配合,充分交流,以得出经过用户确认的系统逻辑模型。系统逻辑模型通常可以用数据流图、数据字典和简要算法来表示。在需求分析阶段确定的系统逻辑模型是以后设计和实现目标系统的基础,因此必须准确完整地体现用户的需求。这个阶段的一项重要任务,是用正式文档准确地记录对目标系统的需求,这份文档通常称为需求规格说明书(Requirements Specification)。

2. 软件开发时期

软件开发时期的主要任务是具体设计和实现在软件定义时期定义的软件。它通常由下述4个阶段组成:总体设计、详细设计、编码和单元测试以及综合测试。其中,前两个阶段又称为系统设计,后两个阶段又称为系统实现。

(1) 总体设计。这个阶段必须回答的关键问题是"概括地说,应该怎样实现目标系统?"总体设计又称为概要设计。首先,应该设计出实现目标系统的多种可能的方案。通常至少应该设计出低成本、中等成本和高成本三种方案。软件工程师应该用适当的表达工具描述每种方案,分析每种方案的优缺点,并在充分权衡各种方案利弊的基础上,推荐一个最佳方案。此外,还应该制定出实现最佳方案的详细计划。如果客户接受所推荐的方案,则应该进入详细设计阶段。

（2）**详细设计**。总体设计阶段采用比较抽象概括的方式提出解决问题的办法,详细设计阶段的任务就是把解法具体化,即回答下面这个关键问题:"应该怎样具体地实现这个系统呢?"这个阶段的任务还不是编写程序,而是设计出软件的详细规格说明。这种规格说明的作用类似于其他工程领域中工程师经常使用的工程蓝图,应该包含必要的细节,使得程序员可以根据它们写出实际的程序代码。详细设计也称为模块设计,在这个阶段需要详细地设计每个模块,确定模块与模块之间的接口,确定实现模块功能所需要的算法和数据结构。

（3）**编码和单元测试**。程序员应该根据目标系统的性质和实际环境,选取一种适当的高级程序设计语言（必要时用汇编语言）,把详细设计的结果翻译成用选定的语言书写的程序,并且仔细测试编写出的每一个模块。

（4）**综合测试**。这个阶段的关键任务是通过各种类型的测试及相应的调试使软件达到预定的要求。最基本的测试是集成测试和验收测试。集成测试是根据设计的软件结构,把经过单元测试检验的模块按某种选定的策略装配起来,在装配过程中对程序进行必要的测试。验收测试则是按照需求规格说明书的规定（通常在需求分析阶段确定）,由用户（或在用户积极参加下）对目标系统进行验收。必要时还可以再通过现场测试或平行运行等方法对目标系统进一步测试检验。为了用户能够积极参加验收测试,并且在系统投入生产性运行以后能够被正确有效地使用,通常需要以正式或非正式的方式对用户进行培训。通过对软件测试结果的分析可以预测软件的可靠性;反之,根据对软件的可靠性需求,也可以决定测试和调试过程什么时候可以结束。应该用正式的文档资料把测试计划、详细测试方案以及实际测试结果保存下来,作为软件配置的一个组成部分。

3. 软件运行维护时期

软件运行维护时期的主要任务是使软件持久地满足用户的需要。具体地说,当软件在使用过程中发现错误时应该加以改正;当环境改变时应该修改软件以适应新的环境;当用户有新要求时应该及时改进软件以满足用户的新需要。通常对软件运行维护时期不再进一步划分阶段,但是每一次维护活动本质上都是一次压缩和简化了的定义和开发过程。

软件运行维护阶段的关键任务是,通过各种必要的维护活动使系统持久地满足用户的需要。通常有 4 类维护活动:①改正性维护,也就是诊断和改正在使用过程中发现的软件错误;②适应性维护,即修改软件以适应环境的变化;③完善性维护,即根据用户的要求改进或扩充软件使它更完善;④预防性维护,即修改软件,为将来的维护活动预先做准备。虽然没有把软件运行维护阶段进一步划分成更小的阶段,但是实际上每一项维护活动都应该经过提出维护要求（或报告问题）、分析维护要求、提出维护方案、审批维护方案、确定维护计划、修改软件设计、修改程序、测试程序、复查验收等一系列步骤,实质上是经历了一次压缩和简化了的软件定义和开发的全过程。每一项维护活动都应该准确地记录下来,作为正式的文档资料加以保存。

软件生存周期所包含的 3 个时期和 8 个阶段要回答的关键问题和主要输出制品如表 1.1 所示。在实际从事软件开发工作时,软件规模、种类、开发环境及开发时使用的技术方法等因素,都影响着阶段的划分。事实上,承担的软件项目不同,应该完成的任务也有差异,没有一个适用于所有软件项目的任务集合。

表 1.1 国家标准 GB/T 8566—1988 定义的软件生存周期的 3 个时期和 8 个阶段

时期	阶 段		关 键 问 题	工 作 结 果	文 档
软件定义时期	软件计划	问题定义	是什么?	关于问题性质、工程目标、规模的报告	计划任务书
		可行性分析	可行吗?	高层逻辑模型、成本/效益分析	
	需求分析		做什么?	逻辑模型	需求规格说明书
软件开发时期	软件设计	概要设计	如何做?	求解方案、软件结构	设计说明书
		详细设计	具体怎样做?	编码规格说明	
	编码和单元测试	编码	代码如何做?	源程序清单	程序清单
		单元测试	模块可用吗?	单元测试方案、结果	单元测试报告
	综合测试		整体可用吗?	集成测试方案、结果	集成测试报告
软件运行维护时期	运行维护		持续可用吗?	维护记录	维护记录

国家标准 GB/T 8566—2022《系统与软件工程——软件生存周期过程》基于国际标准化组织(ISO)和国际电工委员会(IEC)于 2017 年颁布的最新版软件生存周期过程国际标准 ISO/IEC 12207:2017,为软件生存周期过程提供了一个公共框架,以便采用软件工程方法描述人工创建的系统和软件生存周期。新标准阐述了软件生存周期阶段与软件生存周期过程的关系。每个"阶段"在软件系统的整个生存周期中应当具有一个独特的目标和贡献。例如,软件系统中典型的生存周期阶段包括概念探索、开发、维护、退役。而软件生存周期"过程"并不与特定的阶段绑定。每个生存周期过程都涉及计划、执行、评估等活动,而这些活动在各个阶段都会发生。该标准把可以在软件系统生存周期中执行的活动分成 4 个过程组。这些组中的每个生存周期过程根据其目的、期望输出以及为实现这些输出待执行的一组活动和任务来描述,分别是协议过程组(Agreement Processes)、组织项目使能过程组(Organizational Project-Enabling Processes)、技术管理过程组(Technical Management Processes)以及技术过程组(Technical Processes)。图 1.2 给出了这些过程组中的各个具体过程。

协议过程组描述了一个软件系统的需方(Acquirer)和供方(Supplier)在获取或提供满足需求的软件产品或服务方面应该进行的活动。需方指从供方获得或采购系统、软件产品或软件服务的个人或组织,如买主、顾客、拥有者、用户或采购者等。供方指与需方签订合同规定提供系统、软件产品或软件服务的组织。例如,承接方、生产方、卖方或供货方。该过程组主要包括获取和供应两个过程。

组织项目使能过程组关注的是提供所需资源来使能项目,即在战略层面关注组织内业务的管理和改进、资源和资产的提供和部署、竞争或不确定情况下的风险管理,从而满足组织利益相关方的需要和期望。该过程组通过提供必要的企业级资源为项目满足涉众的需要和期望提供支持,包括生存周期模型管理、基础设施管理、特定项目包管理、人力资源管理、质量管理以及知识管理等多个过程。这些组织项目使能过程不仅在项目本身的生存周期中会用到,在项目生存跨度之外也会用到。

图 1.2　ISO/IEC 12207：2017 软件生存周期过程

技术管理过程组对组织分配的资源和资产实施管理,并且利用它们完成组织或组织间达成的协定。技术管理过程组与项目的技术工作相关,特别是成本、时间范围和成果的计划,确保与策划和完成准则一致的行动检查,以及识别和选择纠正措施。它们用于制定和执行项目技术计划、管理跨技术过程组的信息、根据软件系统产品或服务计划评估技术进展、控制技术任务直至完成,为决策过程提供帮助。主要包括项目规划、项目评估和控制、决策管理、风险管理、配置管理等多个过程。

技术过程组关注贯穿软件生存周期的技术动作,定义了创建和使用软件系统、将涉众需求转换为产品或服务的各个过程。这些过程涵盖了软件或系统开发中业务分析、需求定义、架构定义、设计定义、系统分析、实现、集成、验证、移交、确认、运行、维护等各个方面。

国家标准 GB/T 8566—2022 提供了软件生存周期的一个全面框架,但未规定如何实施或执行各过程中包含的活动和任务细节,也未规定各个过程之间的执行顺序或执行方式。在实际应用中,软件项目需要根据应用领域、用户及开发团队的特点对所采用的软件过程进行合理地编排、组织和裁剪,形成适用具体应用场景的软件过程实践。

关于各个阶段更详细的信息,包括每个任务的输入和输出、前置和后置条件,以及任务的顺序和流程,将在第 3 章进一步介绍。

1.3　软件质量

1.3.1　软件质量的概念

软件不仅应该满足用户的需求,还应该高效、可靠地运行。高质量的软件是软件开发的重要目标。软件质量涉及软件的多个方面,包括对用户在功能和性能方面需求的满足、对规定的标准和规范的遵循以及软件应具有的某些公认的本质(如可用性、效率、安全性等)。在本书中,软件质量定义:在一定程度上应用有效的软件过程,创造有用的产品,为生产者和使用者提供明显的价值。该定义强调了以下三个重要的方面。

- 有效的软件过程是生产高质量软件产品的基础。软件过程管理的目的是检验和平衡开发软件产品需要完成的相关软件工程活动,以避免项目的混乱和软件的低质量。
- 有用的产品指交付的软件产品具备用户要求的内容、功能和特征,且以可靠、无误的方式进行交付。有用的产品不仅需要满足利益相关者明确提出的需求,还需要满足一些高质量软件应有的隐性需求(如可用性、可复用性等)。
- 为生产者和使用者提供明显的价值指高质量软件为软件组织和最终用户群体带来了收益。软件组织获益是因为软件的高质量使其在维护、修复缺陷和客户支持方面的工作量大幅降低,软件工程师可以将更多的时间投入开发新的应用上,最终软件产品的收入增加。最终用户群体获益是因为高质量软件所提供的能力在某种程度上加快了业务流程,提高了信息的可获得性,进而增加了收益。

1.3.2 软件质量模型

软件质量不仅取决于软件功能是否正确地实现,也取决于系统的非功能属性,如软件的可用性、效率、可维护性等。软件质量模型是衡量一个软件质量效果的度量标准,反映了软件满足明确或隐含需要能力的综合特性。业界已有很多成熟的软件质量模型,比较常见的质量模型有 McCall 模型、Garvin 模型、ISO/IEC 25010 质量因素等。

1. McCall 模型

McCall 模型是 McCall、Richard 和 Walters 在 1977 年建立的一种软件质量模型,提出了影响软件质量因素的分类,如图 1.3 所示,影响软件质量的因素主要集中在软件产品的三个重要方面:操作特性(产品运行)、承受变更的能力(产品修改)以及对新环境的适应能力(产品转移)。

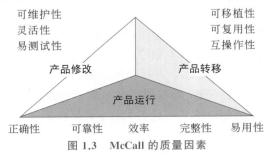

图 1.3   McCall 的质量因素

图 1.3 中提到的三类 11 个软件质量因素的具体描述如下。

产品运行包括 5 个软件质量因素。这些因素与直接影响软件操作的要求有关,有助于提供更好的用户体验。

- **正确性**:软件满足其需求规格说明和完成用户任务目标的程度。
- **可靠性**:期望软件以所要求的精度完成其预期功能的程度。
- **效率**:软件完成其工程所需的计算资源和代码的数量。
- **完整性**:对未授权人员访问数据或软件的可控程度。
- **易用性**:学习、理解、操作、准备输入和解释输出所需要的工作量。

产品修改包括 3 个软件质量因素,这些因素对软件的测试和维护是必需的,能支持软件在未来根据用户的需要和要求实现功能。

- **可维护性**：检查出并修复软件错误所需要的工作量。
- **灵活性**：修改一个运行的软件所需的工作量。
- **易测试性**：测试软件以确保其能完成预期功能所需要的工作量。

产品转移包括 3 个软件质量因素，这些因素能支持软件适应新的平台或者技术中的环境变化。

- **可移植性**：将程序从一个硬件和软件环境移植到另一个环境所需要的工作量。
- **可复用性**：程序（或程序的一部分）可以在其他应用中重复使用的程度。
- **互操作性**：将一个系统连接到另一个系统所需要的工作量。

2. Garvin 模型

Garvin 认为，用户需要通过 8 个方面的体验、判断和综合，才能对质量做出全面的理解。Garvin 提出的 8 个质量维度的描述如下。

- **性能**：软件是否交付了所有的内容、功能和特性？ 这些内容、功能和特性在某种程度上是需求规格说明书所规定的一部分，可以为最终用户提供价值。
- **特性**：软件是否提供了让第一次使用的用户感到惊喜的特性？
- **可靠性**：软件是否无误地提供了所有的特性和能力？ 当需要使用该软件时，它是否是可用的？ 是否无错地提供了功能？
- **符合性**：软件是否遵从本地和外部的软件标准？ 是否遵从了与应用领域相关的行业规则、条例以及软件标准？ 是否遵循了事实存在的设计惯例和编码惯例？
- **耐用性**：是否能够对软件进行维护（变更）或改正（改错），而不会粗心大意地产生意想不到的副作用？ 随着时间的推移，变更会使错误率或可靠性变得更糟吗？
- **适用性**：软件能在可接受的短时期内完成维护（变更）和改正（改错）吗？ 技术和支持人员能得到所需的所有信息以进行变更和修正缺陷吗？
- **美学**：关于什么是美的，每个人有着不同的、非常主观的看法，但大多数都同意美的东西具有某种优雅、特有的流畅和醒目的外在。 这些虽然很难量化，但是不可缺少的。 美的软件具有这些特征，可以包括软件的设计、颜色、图形等以及其对用户的吸引力。
- **感知**：在某些情况下，一些偏见将影响人们对质量的感知。 例如，如果有人给你介绍了一款软件产品，而该软件产品的生产厂家有极好的声誉，你将能感觉到好的软件质量，甚至在实际质量并不真的如此时也会这样想。

3. ISO/IEC 25010 质量因素

国际标准 ISO/IEC 25010：2011 是国际标准 ISO/IEC 9126 的替代标准，制定了系统和软件的质量模型，包含 8 个质量特性和 31 个质量子特性，具体描述如下。

- **功能适用性（Functional Suitability）**：在特定条件下使用产品或系统时，它所提供的功能满足既定和隐含需求的程度。 该特性由 3 个子特性表征，包括功能完整性（Functional Completeness）、功能正确性（Functional Correctness）和功能恰当性（Functional Appropriateness）。

- **性能效率**（**Performance Efficiency**）：相对于在规定条件下使用资源数量的性能。该特性由 3 个子特征表征，包括时间行为（Time Behavior）、资源利用率（Resource Utilization）和能力（Capacity）。
- **兼容性**（**Compatibility**）：产品、系统或组件在共享相同的硬件或软件环境时，能够与其他产品、系统或组件交换信息和/或执行其所需功能的程度。该特性由 2 个子特征表征，包括共存度（Co-existence）和互操作性（Interoperability）。
- **可用性**（**Usability**）：产品或系统在特定的使用环境中，被特定用户使用以有效、高效和满意地实现特定目标的程度。该特性由 6 个子特性表征，包括适当可识别性（Appropriateness Recognizability）、可学习性（Learnability）、可操作性（Operability）、用户错误保护（User Error Protection）、用户界面美学（User Interface Aesthetics）和可访问性（Accessibility）。
- **可靠性**（**Reliability**）：系统、产品或组件在规定时间内、规定条件下执行规定功能的程度。该特性由 4 个子特性表征，包括成熟度（Maturity）、可用性（Availability）、容错性（Fault Tolerance）和可恢复性（Recoverability）。
- **安全性**（**Security**）：产品或系统保护信息和数据的程度，以便个人、其他产品或系统拥有与其类型和授权水平相适应的数据访问权限。该特性由 5 个子特性表征，包括保密性（Confidentiality）、完整性（Integrity）、不可否认性（Non-repudiation）、责任（Accountability）和真实性（Authenticity）。
- **可维护性**（**Maintainability**）：产品或系统能够被预期的维护者修改的有效性和效率程度。该特征由 5 个子特性表征，包括模块化（Modularity）、可重用性（Reusability）、可分析性（Analysability）、可修改性（Modifiability）和可测试性（Testability）。
- **可移植性**（**Portability**）：产品、系统或组件从一个硬件、软件、其他操作或使用环境转移到另一个环境的有效性和效率程度。该特征由 3 个子特性表征，包括适应性（Adaptability）、安装性（Installability）和可替换性（Replaceability）。

McCall 模型、Garvin 模型、ISO/IEC 25010：2011 质量因素这三个软件质量模型均可用于描述和评估软件质量，但在细节和层次上有所不同。McCall 模型和 Garvin 模型都是较早提出的质量模型，两者都将软件质量划分为不同的因素或维度，以系统化地评估产品的质量；ISO/IEC 25010：2011 则是由国际标准组织 ISO/IEC 于 2011 年发布的，采用层次结构提供了更细致、更全面、标准化的质量因素划分。读者可以根据具体需求和背景，选择合适的软件质量模型帮助评估软件产品的质量，还可根据实际情况进行调整和定制。

1.3.3　案例分析

某软件开发商计划开发一个外卖订餐平台系统，为用户提供订餐、配送等服务。基于 ISO/IEC 25010 质量因素，该平台的软件质量描述示例如下。

- **性能效率**：该平台需要具备同时处理大批量订单的能力，支持在单位时间内同时处理 10 万个订单和用户请求。
- **兼容性**：该平台需要具备一定的兼容性，能够与已有的支付平台（如支付宝、微信、银联等）和导航软件（如百度地图、高德地图等）兼容，以便用户支付订单和追踪订单配送情况。

- **可移植性**：该平台应该具备良好的可移植性，能够在不同的平台和设备上运行。系统应该支持多种操作系统（如 Windows、macOS、Android、iOS、HarmonyOS 等）和浏览器（如 Edge、Chrome、Safari、Firefox、360 浏览器等），以便用户能够在不同的设备上使用系统。

1.4   软件质量保证技术

软件在国家发展建设及人们日常生活工作中扮演了重要的角色，其质量的好坏可显著影响社会发展水平和人民的生活质量。因此，采取有效的技术和手段保证软件的质量具有极为重要的意义。本节将重点介绍软件质量保证（Software Quality Assurance，SQA）的基本思想和一些常见方法。

1.4.1   软件质量保证的思想

根据国家标准 GB/T 11457—2006《信息技术 软件工程术语》，软件质量保证（SQA）既指为使某项目或产品遵循已建立的技术需求提供足够的置信度，而必须采取的有计划的和系统的全部动作模式，也可指设计以估算产品开发和制造过程的一组活动。软件质量保证是一个系统的、计划性的、持续的过程，旨在确保软件产品或服务满足用户需求，具备用户所期望的功能、性能、特性（如可靠性、可维护性）、规范等。其基本思想是在软件开发的整个生存周期中，从需求分析、设计、编码、测试、发布到维护，对每一个阶段进行严格的控制和管理，以保证软件产品的高质量交付。总之，软件质量保证作为一套综合的方法和活动，是确保软件质量的重要组成部分。

软件质量保证在软件开发和维护过程中有着重要的意义。在软件开发过程中，如果没有充分的质量保证，软件可能会存在许多缺陷和问题，这会导致软件无法满足用户的需求，会对用户的生产和生活造成严重的影响，甚至造成严重的经济损失和不可挽回的后果。较为经典的软件缺陷事故包括海湾战争中爱国者导弹防御系统失效、美国航天局火星登陆事故、欧洲阿丽亚娜-5 运载火箭事故等。以后者为例，1996 年 6 月 4 日，阿丽亚娜-5 运载火箭首次测试发射，火箭在发射后 37s 被迫自行引爆，见图 1.4。导致这场灾难的原因是一个软件缺陷，将 64 位的运算错误地变为 16 位的运算，造成程序崩溃后处理器发生算术溢出，最终导致火箭的自毁。过去的诸多软件漏洞相关事故表明，低质量软件可造成重大财产损失，夺走人类的宝贵生命。惨痛的教训提醒我们，创立一套有效的软件质量保证机制，使得软件缺陷能够及早被发现并消除，具有非常重要的意义。

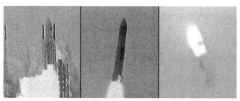

图 1.4   阿丽亚娜-5 运载火箭事故

良好的软件质量保证不仅可以提高软件质量，减少软件错误，降低错误修复和延误成本,还可以确保软件产品符合客户需求和期望,从而提高客户满意度和信任度。许多行业和政府标准要求软件产品符合特定的质量标准和规范。通过软件质量保证活动,可以确保软件产品符合这些标准和规范。一个典型的例子是 2018 年发生在亚马逊的情况。亚马逊的 Alexa 语音助手在一些用户的家庭中,无缘无故地开始放出恶心和令人不适的声音。这些声音包括儿童尖叫、狗吠声和奇怪的人声,导致许多用户感到不安和恐惧。这一问题并非由硬件或网络故障引起,而是源于 Alexa 的软件算法中出现了问题,导致其在某些情况下无法正确处理语音指令或者响应错误的声音信号。这些问题并不是由单个错误或漏洞引起的,而是由多个小问题累积而成的。尽管这些问题在亚马逊内部的测试中已经被发现,但它们并没有在生产环境中得到解决,这最终导致了 Alexa 出现的严重问题。这一事件再次表明,对软件质量保证的重视是至关重要的,否则它可能会对公司的声誉和利润产生严重影响。

软件质量保证的基本思想是通过一系列计划、活动、工具和技术来确保软件产品满足质量标准和用户需求。软件质量保证的目标是在软件开发生存周期中的每个阶段,都要对软件产品进行评估和测试,以确保软件产品的质量。在软件质量保证过程中,仅关注软件的外在功能和性能通常是不够的,还要关注软件内在的质量特性。软件的内在质量特性,如可维护性、可扩展性、可重用性、可靠性、可测试性、可移植性等,对软件产品的长期发展和稳定运行具有至关重要的作用。同时,软件质量保证还强调了团队合作和沟通的重要性。在软件开发生存周期中,不同的团队和角色需要相互协作和沟通,以确保软件产品符合质量标准和用户需求。团队合作和沟通是软件质量保证的关键要素之一,也是保证软件产品质量的必要条件。

在软件质量保证的实践中,有许多方法可以用来确保软件产品质量,如软件测试、代码审查等。其中,软件测试是软件质量保证的关键环节,它可以帮助发现和定位软件产品中的问题,从而在软件产品发布前对问题进行修复,确保软件产品符合预期的质量标准和用户需求。另外,代码审查也是提高软件质量的重要手段。代码审查可以帮助开发人员发现潜在的问题,并防止这些问题被引入软件产品中;持续集成可以帮助快速发现和解决软件产品中的问题,并及时地对软件产品进行修复和改进。在实践软件质量保证的过程中,还有许多关键要素需要注意,如质量标准的定义、质量计划的制定、测试用例的编写、测试结果的分析和问题的跟踪等。这些要素需要有系统的方法进行管理,以确保软件产品质量的稳定和可靠性。

总之,软件质量保证是确保软件产品质量和用户满意度的重要过程,它需要在整个软件开发生存周期中进行管理和监控,并利用各种工具和方法来提高软件质量。只有通过有效的软件质量保证,才能保证软件产品的成功交付和长期稳定运行。

1.4.2　软件质量保证方法

本节将介绍软件质量保证的几种常用方法与措施:质量标准与规范制定,软件评审,软件测试,软件静态分析,代码重用。

1. 质量标准与规范制定

在软件质量保证的早期阶段,团队需要明确定义适当的质量标准和规范。这些标准可能包括编程规范、设计准则、性能标准等。标准的制定有助于确保软件开发过程中的一致性和质量。标准与规范包括但不限于编程标准、设计准则、测试标准、安全标准、文档编写规范、性能标准、版本控制规范、代码审查标准等。可以根据需要,参照国家标准、国际标准或行业标准,制定软件工程实施的规范。以下是一些著名行业标准与最佳实践举例。

(1) **ISO 9001**:国际标准化组织(ISO)的质量管理系统标准,可用于确保组织在各个层面上都实施了质量管理。

(2) **ISO/IEC 9126**:关于软件质量的国际标准,包括功能性、可靠性、可用性、效率、维护性和可移植性等方面的标准。

(3) **IEEE 标准**:IEEE(电气和电子工程师协会)发布了多个与软件工程相关的标准,如 IEEE 12207(软件生命周期过程)、IEEE 1012(软件验证和确认)、IEEE 830(软件需求规范)等。

(4) **Agile 和 Scrum 指南**:如果采用敏捷开发方法,可以参考敏捷联盟发布的《敏捷宣言》和 Scrum 联盟的 Scrum 指南。

当然,开发者也可以根据项目的需求和组织的实际情况,自行制定一套符合特定需求的标准和规范,但是切记,一旦形成软件质量标准,就必须确保遵循它们,在进行技术审查时,应评估软件是否与所制定的标准一致。

2. 软件评审

根据 IEEE 的定义,软件评审是软件开发组之外的人员或小组,对软件需求、设计或代码,进行详细审查的一种正式评价方法。其目的是发现软件中的缺陷,找出违背执行标准的情况以及其他问题。早在 20 世纪 70 年代,迈克·费根(Michael Fagan)就发现在软件开发中使用代码审查的机制,可以显著降低软件缺陷的引入概率,进而提升软件质量。此后,软件评审被广泛应用于软件开发过程中。软件评审贯穿于软件开发的各个阶段,大致可分为需求评审、设计评审、代码走查三个部分。下面将对这三部分加以介绍。

1)需求评审

软件需求评审是软件开发过程中非常重要的一环,其目的是确保软件需求的完整性、正确性和一致性,避免在软件开发过程中出现偏差和误解,从而提高软件开发的效率和质量。软件需求评审的过程通常包括以下几个阶段。

(1) **需求收集**:在软件开发前,需要与客户和用户沟通,了解其需求和期望,收集软件需求。

(2) **需求分析**:对收集到的需求进行分析和梳理,明确软件的功能、性能和限制等方面的要求,为下一步评审做好准备。

(3) **需求评审**:在需求收集和分析的基础上,对软件需求进行评审,检查需求是否完整、正确和一致,是否符合实际需求。

(4) **需求确认**:在完成评审后,需要与客户和用户确认需求是否被充分理解和满足,是否需要进一步调整和修改。

在软件需求评审中,需要注意以下几个方面。首先对于审核者,需要有专门的审核人员或审核团队来进行软件需求评审,以确保评审的客观性和全面性。其次要注重规范性,需要对软件需求评审的规范性进行明确,例如,评审的标准、流程和评审报告等,以便于统一评审。最后要注意可追溯性:软件需求评审的结果需要被记录下来,并与软件开发的其他阶段相衔接,以确保软件开发的可追溯性和可控性。

2）设计评审

软件设计评审的目的是确保软件设计的合理性、可行性和易维护性，避免在软件开发过程中出现偏差和误解，从而提高软件开发的效率和质量。设计评审与需求评审类似，也主要分为收集、分析、评审、确认四个步骤。与需求评审不同的是，设计评审注重软件的技术方案、架构、算法、数据结构等的收集；分析与评审部分关注设计层面的合理性、可行性、可维护性；确认阶段需要开发团队参与交流，确定设计方案是否需要进一步调整和修改。

3）代码走查

代码走查是一种常用的软件开发过程中的质量控制方法，也被称为代码审查或代码检查。它可以帮助团队在开发过程中及时发现并修复代码中的缺陷和错误，从而提高软件质量和可维护性。代码走查的具体过程如下。

（1）**选择代码走查工具或方法**：可以使用静态分析工具或者手动走查方法，选择适合团队和项目的方式。

（2）**设定走查标准**：团队需要明确走查的标准和规范，例如，代码格式、命名规范、注释等。

（3）**分配走查任务**：根据项目的需要，将代码走查任务分配给不同的开发人员，以确保每个部分都得到充分的走查。

（4）**进行代码走查**：开发人员按照设定的标准和规范，对代码进行走查，并记录发现的问题和建议。

（5）**审查走查结果**：开发团队需要对走查结果进行审查，并对发现的问题进行分析和解决，确保代码的质量和可维护性。

3. 软件测试

与静态代码审查不同，软件测试以动态方式运行待测程序，期望暴露程序中存在的代码缺陷。测试作为软件质量评估的重要手段，贯穿于软件开发的过程中。及时探测软件中的缺陷，避免缺陷的进一步传播，对于提升软件质量，降低开发成本，具有不言而喻的重要意义。测试的核心在于开发测试用例。通过执行测试用例，寻找软件的非预期行为。这些非预期行为暴露了软件中存在的缺陷。开发人员关注这些缺陷，并努力将缺陷快速更正，最大程度降低其可能带来的负面影响。

在不同的开发阶段，软件测试可以以不同类型的方式实施，大致分为单元测试、集成测试、系统测试、回归测试、验收测试5种类型。下面是5种测试类型的介绍。

（1）**单元测试**：单元测试是测试软件中最小的代码单元，如函数或方法。单元测试通常由开发人员执行，以确保代码的正确性。单元测试可以在开发过程中频繁地运行，以及在修改代码后重新运行，以确保代码的质量和正确性。

（2）**集成测试**：集成测试是测试软件中不同组件之间的交互。集成测试可以分为逐步集成和一次性集成。逐步集成是逐步将各组件组合起来，逐步测试。一次性集成是在所有组件完成后进行测试。集成测试旨在确保组件之间的交互和通信是正确的。

（3）**系统测试**：系统测试是测试整个软件系统的质量特性，如功能、性能和稳定性等。系统测试通常由测试人员执行，并模拟实际用户使用软件的场景。系统测试旨在验证整个软件系统的功能、性能和稳定性。

（4）**回归测试**：回归测试是在修改软件后重新运行测试用例，以确保修改没有破坏原有的功能和性能。回归测试可以通过自动化工具进行执行,以缩短测试时间。

（5）**验收测试**：验收测试是软件开发生命周期中的最后一个测试阶段,其目的是验证软件系统是否符合用户需求和规格。这是由最终用户或客户执行的测试,通常在软件开发的后期进行。

由于待测软件通常是复杂的,手动制作测试用例通常是一件费时费力的工作。自动化测试是一种软件测试方法,使用软件工具和脚本自动执行测试,以替代人工测试。自动化测试的主要目的是提高测试效率、准确性和重复性,同时降低测试成本和时间,提高软件的质量。自动化测试可以针对不同的软件测试层次和类型进行,包括单元测试、集成测试、系统测试、性能测试等。在自动化测试中,测试人员通常使用自动化测试工具和脚本,编写测试用例并执行测试,然后收集测试结果并生成测试报告。自动化测试可以快速识别问题,并在软件开发过程中及时进行反馈和修复。自动化测试具有很多优点,包括：①提高测试效率,自动化测试可以快速执行大量的测试用例,比人工测试更快捷、更高效;②提高测试准确性,自动化测试可以排除人为因素,减少误差和遗漏;③降低测试成本,自动化测试可以节省人力和时间成本,尤其是对于大型项目和频繁的软件更新,自动化测试可以减轻测试负担,提高测试效率;④提高测试重复性,自动化测试可以在不同的环境和平台上执行相同的测试用例,确保软件的可靠性和兼容性。尽管自动化测试具有很多优点,但也有一些限制和挑战。例如,自动化测试需要投入一定的时间和资源来编写和维护测试脚本,而且并不是所有测试都适合自动化。因此,在选择自动化测试时,需要仔细考虑测试需求和成本效益。

为了节约测试人员的时间和精力,提升测试效率和质量,在工业界和学术界,一系列自动化软件测试的技术应运而生。不同的测试技术利用不同的方法产生测试用例,包括随机测试、基于智能算法（如遗传算法）的测试、基于语法模型的测试、基于深度学习的测试、模糊测试、蜕变测试等。这些测试技术的诞生极大程度地增加了软件缺陷暴露的机会,对于提升软件质量和安全做出了巨大贡献。尽管如此,对于复杂或特定类型（如 RESTful）的软件,自动化技术仍无法实现软件的深度测试,制作覆盖复杂软件执行逻辑的测试输入。此外,如何自动推断测试断言,一直是测试自动化面临的难题。尽管研究人员在这方面做出了一定程度的探索（如利用软件注释生成断言语句）,通常意义的测试断言的自动生成仍然存在巨大的挑战。当前有很多自动化测试工具,用于自动探测不同类型软件中存在的漏洞,包括用于测试 Web 应用程序的 Selenium、用于测试移动应用程序的 Appium、用于测试 REST 和 SOAP API 的 Postman 等。

4. 软件静态分析

测试不能够穷举所有可能的输入,因而具有一定的局限性。软件静态代码分析是一种分析源代码的技术,通过分析源代码的结构、语法、语义、逻辑等特征,检测出其中的缺陷、漏洞、错误和潜在风险。与软件测试不同,静态代码分析并不需要运行程序,因此可以在软件开发的早期阶段进行,而不需要等待软件构建完成后再进行测试。这样可以更早地发现和解决问题,降低软件开发成本和风险。静态代码分析的主要方法包括：语法分析（通过分析源代码的语法结构,检测其中的语法错误和不合规范的语法）、语义分析（通过分析源代码的语义,检测其中的不合逻辑的部分、类型不匹配的问题等）、控制流和数据流分析（通过分析源代码中的控制流和数据流,检测其中不合逻辑的分支、循环,以及不合逻辑的流程、未初始化的变量等问题）、符号执行（通过对程序中所有可能的输入值进行符号化,分析程序的执行路径,找出其中的错误和漏洞)。

当前较为成熟的集成开发环境(IDE),如 Eclipse、Visual Studio,都引入了静态代码检查。比较基础的代码检查功能可以提示代码的语法错误,如使用未声明的变量。更为成熟的技术,可以检测所谓代码坏味和安全隐患,提示开发人员消除可能出现的质量问题。例如,静态分析可以提示某一变量可能会触发空指针引用这一异常,或者是栈溢出的问题。这些提示可以让开发人员在编码过程中及时修补潜在漏洞。

常用的静态检测工具包括 FindBugs、PMD、CheckStyle、SonarQube 等。FindBugs 是一款基于 Java 平台的静态代码分析工具,可以帮助开发人员找出 Java 代码中的潜在缺陷和问题。它通过扫描 Java 字节码来查找常见的错误、不良习惯和问题模式,并给出相应的警告和建议。与 FindBugs 类似,PMD 也是一款基于 Java 的静态代码分析工具。它通过分析代码的结构、语法、命名规则等方面来查找代码中的问题,并给出相应的警告和建议。CheckStyle 可以帮助开发人员在编码过程中遵循统一的编码规范。它通过对代码的结构、格式、命名等方面进行分析来检查代码的规范性,CheckStyle 支持多种编码规范,包括 Sun Code Conventions、Google Java Style、Spring Framework Code Style 等。此外,CheckStyle 还支持自定义规范和插件,以满足不同的需求。SonarQube 可以帮助开发人员找出 Java、C/C++、C♯等语言中的潜在问题和不良实践。它支持多种编程规范和检测规则,包括代码块长度、重复代码、未使用的变量、空指针引用、未释放资源、不恰当的异常处理等。此外,SonarQube 还支持自定义规则和插件,以满足不同的需求。SonarQube 具有丰富的功能,包括代码质量管理、缺陷管理、代码复杂度管理、安全漏洞检测等。它还提供了丰富的报表和图表,可以帮助开发人员更好地了解代码质量和进展情况。SonarQube 的使用相对复杂,需要搭建相应的服务器环境。开发人员可以将代码导入 SonarQube 中,进行代码分析,并查看分析结果和相应的警告和建议。通过 SonarQube 的输出,开发人员可以轻松地找出代码中的潜在问题和不良实践,并进行改进和优化。当前静态分析工具所面临的巨大挑战是易于给出大量错误的提示(假阳性提示),多数时候让开发人员感到困惑并放弃对这类工具的依赖。如何降低这类静态工具的误报率成为一项亟待解决的问题。

5. 代码重用

代码重用是一种提高软件开发效率和质量的有效手段,它可以帮助开发人员降低软件开发的成本和风险。在软件质量保证中,代码重用有以下优势:首先,它可以帮助提高软件质量。通过使用被测试和验证过的代码和组件,可避免重新开发已存在的功能,减少对新代码的测试工作量,从而减少缺陷数量。其次,代码重用还可以提高软件的可维护性。使用验证过的代码和组件可以降低软件维护的成本。最后,代码重用可提高软件开发效率。这是因为重用代码可避免重复编写相似的代码,从而减少软件开发时长,提高效率。

通过利用已有的、可复用的软件部件来构建新的软件系统或模块,来提高开发效率、降低成本和提高软件质量,是代码重用的核心思想。可被用于代码重用的库代码、平台等包括以下部分。

(1)组件库,它们是包含可重用组件的软件资源库,这些组件可以在新项目中重复使用。组件库可以是基于类、模块或其他软件单元的。

(2)框架,它们是一个开发环境,提供了一组通用的功能和组件,以帮助开发人员快速构建新应用程序。框架可以包括预定义的类、函数、模板和接口,以便开发人员可以快速构建新应用程序。

（3）设计模式(Design Patterns),它们是在软件开发过程中可重用的解决方案。设计模式是面向对象编程中的一个重要概念,它们被用来解决特定的编程问题,并且可以在不同的应用程序中重复使用。

（4）代码生成器(Code Generators),它们是一种软件工具,可以自动生成特定的代码或类,以便开发人员可以快速构建新应用程序。代码生成器通常使用模板和元数据来生成代码。

（5）第三方库(Third-party Libraries):它们是由其他开发人员创建和维护的可重用代码。第三方库通常提供了一些常见的功能,例如,图形用户界面、数据库连接和网络通信,以帮助开发人员快速构建应用程序。

有很多平台及软件可以辅助开发人员进行代码重用,提高软件的开发和维护效率。常见的平台和软件包括:①Maven,Maven 是一个开源的项目管理工具,可以帮助开发人员自动化构建、测试和部署软件,它提供了一个统一的构建框架和依赖管理系统,可以方便地重用已有的软件组件和库;②NuGet,NuGet 是一个面向.NET 平台的开源软件包管理器,可以帮助开发人员在.NET 应用程序中重用现有的软件包和组件,NuGet 提供了一个中央存储库和一组工具,可以方便地安装、升级和管理软件包;③Docker,Docker 是一个开源的容器化平台,可以帮助开发人员打包、分发和运行应用程序,它提供了一个统一的运行时环境,可以方便地重用已有的应用程序和服务;④GitHub,GitHub 是一个基于 Git 的代码托管平台,可以帮助开发人员在分布式团队中协作开发软件,GitHub 提供了一个中央代码仓库和一组工具,可以方便地管理和共享软件组件和库;⑤Eclipse,Eclipse 是一个开源的集成开发环境,可以帮助开发人员编写、测试和调试软件,它提供了一个插件架构和一组工具,可以方便地重用已有的插件和扩展。

本节介绍了 5 种常见的软件质量保证方法:质量标准与规范制定、软件评审、软件测试、软件静态分析、代码重用。表 1.2 总结了 5 种方法的性质、适用阶段。

表 1.2　软件质量保证方法、性质、适用阶段

保 证 方 法	性质	适 用 阶 段
质量标准与规范制定	静态	需求分析、总体设计、详细设计、编码和单元测试、集成测试、软件维护
软件评审	静态	需求分析、总体设计、详细设计、编码和单元测试、集成测试、软件维护
软件测试	动态	编码和单元测试、集成测试、软件维护
软件静态分析	静态	编码和单元测试、集成测试、软件维护
代码重用	动态	编码和单元测试

1.5　本章小结

本章围绕着什么是软件,介绍了软件的基本概念、构成和特点,以及常见的软件类型。进而介绍了软件生存周期的基本概念,详细阐述了软件生成过程涉及的各个阶段、主要任务和产出物。最后介绍了软件质量的基本概念和常见的软件质量模型,以及软件质量保证的基本思想和常见方法。

本章的学习重点是理解软件的基本概念和构成,了解不同软件类别的异同点;理解软件生存周期的概念和软件开发各个阶段的主要任务;理解软件质量和质量保证的概念,能够根据具体的应用场景选择合适的质量保证方法,分析和评估软件质量的好坏。

1.6 综合习题

1. 什么是软件? 软件就是程序吗?

2. 软件有哪些特性?

3. 软件主要有哪些类别? 你认为不同类别的软件的开发过程会有什么不同?

4. 什么是软件生存周期? 软件生存周期包括哪些阶段?

5. 什么是软件质量? 为什么软件质量很重要? 软件质量可以从哪些方面进行描述?

6. 什么是软件质量保证? 列举至少三种软件质量保证方法,并解释它们的优点和缺点。

7. 解释软件测试的目的是什么。列举至少三种不同的测试方法,说明它们的用途和优缺点。

8. 代码评审的好处有哪些?

1.7 引申阅读

[1] 吴军.浪潮之巅[M].4 版.北京:人民邮电出版社,2019.

阅读提示:一百多年来,总有一些公司幸运地、有意识或无意识地站在技术革命的浪尖之上。在这些公司兴衰的背后,有其必然的规律。本书系统地介绍了这些公司成功的本质原因,从工业革命的范式、生产关系革命等角度深入阐述了信息产业发展的规律性,探讨了硅谷不竭的创新精神究竟源自何处,并对下一代科技产业浪潮给出判断和预测。

[2] ISO/IEC. Systems and software engineering-Systems and software Quality Requirements and Evaluation (SQuaRE)-System and software quality models:ISO/IEC 25010:2013[S]. Geneva,Switzerland:ISO/IEC,2013.

阅读提示:读者可以通过该国际标准了解产品质量模型的组成,了解规定、测量和评价系统和软件质量特性及其子特性。这些特性和子特性为规定、测量和评价系统和软件产品质量提供了一致的术语,还可以用于比较所陈述的质量需求的完整性。

[3] Kshirasagar N, Priyadarshi T. Software Testing and Quality Assurance:Theory and Practice[M]. Wiley-Spektrum,2008.

阅读提示:软件测试是软件质量保证的一种重要手段,了解软件测试的基本方法和应用工具对于提升软件质量具有重要意义。该书以实际应用为重点,深入探讨了软件测试的理论和实践。它提供了丰富的案例研究和实例,帮助读者理解不同测试技术和方法的应用场景。此外,该书还关注了测试流程和策略的设计,以及如何建立有效的测试计划。

1.8   参考文献

[1]   Pressman R S,Maxim Bruce R. 软件工程：实践者的研究方法[M]. 9 版. 王林章,崔展齐,潘敏学,等译.北京：机械工业出版社,2022.

[2]   Sommerville I. 软件工程[M]. 10 版. 彭鑫,赵文耘,译. 北京：机械工业出版社,2018.

[3]   张海藩,牟永敏. 软件工程导论[M]. 6 版. 北京：清华大学出版社,1996.

[4]   毛新军,董威. 软件工程：从理论到实践[M]. 北京：高等教育出版社,2022.

[5]   彭鑫,游依勇,赵文耘. 现代软件工程基础[M]. 北京：清华大学出版社,2022.

[6]   王益晖. 软件质量保证与测试[M]. 北京：清华大学出版社,2019.

[7]   王艳,李昕. 软件质量保证[M]. 北京：高等教育出版社,2018.

[8]   张效祥. 计算机技术百科全书[M]. 北京：清华大学出版社, 2018.

[9]   全国科学技术名词审定委员会. 计算机科学技术名词[M]. 3 版. 北京：科学出版社,2018.

[10]   Khoshgoftaar T M，Allen E B，Hudepohl J P. Software Quality Assurance［M］. Springer，2020.

[11]   Mistrik I，Soley R M，Ali N，Grundy J，Tekinerdogan B. Software Quality Assurance：In Large Scale and Complex Software-intensive Systems[M]. Morgan Kaufmann，2015.

[12]   全国信息技术标准化技术委员会. 系统与软件工程   软件生存周期过程：GB/T 8566—2007 [S].北京：中国标准出版社,2022.

[13]   IEEE Standard Glossary of Software Engineering Terminology：IEEE 729—1983[S].

第 2 章

软件工程概述

本章学习目标

- 理解软件工程的概念、思想、目标和原则，了解软件工程发展历史。
- 理解软件危机的表现和根源。
- 理解计算机辅助软件工程的概念，了解计算机辅助软件工程工具。
- 理解软件工程从业人员需遵守的法律、法规和职业道德，能够在软件开发中遵守相应的法律、法规和职业道德规范。

本章首先介绍了软件工程这一概念的起源和基本思想，回顾了软件工程的发展历史中，不同时期软件开发面临的主要问题和由此产生的新技术和新方法；然后介绍了软件危机，这一直接导致软件工程产生的现象的特征和根本原因；接着介绍了计算机辅助软件工程这一概念和相关工具；其后介绍了软件从业人员需遵守的法律、法规和职业道德规范；最后通过小结，概要总结本章的主要内容和学习重点。

读者可以用 2.6 节综合习题巩固和检查本章所学基本知识的掌握情况；2.7 节给出的引申阅读材料可以帮助读者加深和扩展对相关知识的理解，学习学术界和工业界最新的研究成果和实践经验。

2.1 软件工程的概念

2.1.1 软件工程的概念和思想

软件是客观世界中问题空间与解空间的具体描述，它追求的是表达能力强、更符合人类思维模式、具有构造性和易演化性的计算模型。软件工程的任务就是通过工程化的方法，努力缩短或简化从应用所面临的问题空间到计算机所能提供的解空间的映射过程，抑制或缓解因应用的日益复杂化而可能引起的软件危机的进一步加剧。

"软件"这个术语早在 20 世纪 50 年代就有定义，但"软件工程"这一概念直到 20 世纪 60 年代才出现。一种说法是,前 MIT 科学家玛格丽特·汉密尔顿在参与阿波罗计划①工作期间发明了"软件工程"一词。玛格丽特谈到发明初衷时说,"我开始使用'软件工程'一词来将其与硬件和其他类型的工程区分开来,每种类型的工程都被视为整个系统工程过程的一部分"。她指出,使用"工程"一词是为了强调软件开发工作应该像推动技术进步的其他贡献一样被认真对待。

另外一种更广为认可的看法是,软件工程第一次被正式提出是在 1968 年。当时,一群计算机科学家和相关领域的专家们齐聚德国加米施(Garmisch),参加著名的北约软件工程会议。与会者包括人们耳熟能详的 Edsger Dijkstra、CAR Hoare、Alan Perlis、Peter Naur 和 Niklaus Wirth 等。这次会议的主题是"软件危机"——世界越来越依赖软件,但软件系统越来越复杂,项目超期、超预算且软件系统难以修改。专家们齐聚一堂讨论了导致这些问题的原因、可能的解决方案及相关技术和方法,并提出将软件的创建归于工程学范畴。NATO 会议基于会议讨论和论文摘录出版了一份 100 多页的报告,其标题即为《软件工程》。报告指出,选择"软件工程"这个术语意味着软件制造和传统的工程领域一样,既需要理论基础也需要实践经验。

那么,什么是工程呢?广义上说,工程是由一群人为达到某种目的,在一个较长时间周期内进行协作活动的过程。狭义上说,工程是以满足人类需求的目标为指向,应用各种相关的知识和技术手段,调动多种自然与社会资源,通过一群人的相互协作,将某些现有实体(自然的或人造的)汇聚并建造为具有预期使用价值的人造产品的过程。

所以,简言之,软件工程就是用工程化的方法来开发软件。在 Google,软件工程被认为是"随着时间而不断集成的编程"②。Barry Boehm 认为,软件工程是"运用现代科学技术知识来设计并构造计算机程序及为开发、运行和维护这些程序所必需的相关文件资料。" IEEE Std 610.12—1990 软件工程术语标准中给出了更加正式的定义:软件工程是指"将系统化的、规范的、可量化的方法应用于软件的开发、操作和维护,即将工程化的方法应用于软件"。IEEE 定义中的"系统化"是指软件工程的每个阶段都需要有明确的规划和方法,使整个软件开发过程能够有序、规范地进行。"规范的"是指软件开发过程中的各个环节均需提供明确定义的、需共同遵守的开发要求和约束,以确保生产过程和最终产出制品符合特定的标准和规范。"可量化"是指软件工程依据严格的数据采集和统计分析,基于定量数据来支持软件开发、运行和维护,提高软件开发决策的科学性。《计算机科学技术百科全书》中定义软件工程是"应用计算机科学、数学及管理科学等原理,开发软件的工程。软件工程借鉴传统工程的原则、方法,以提高质量、降低成本。其中,计算机科学、数学用于构建模型与算法,工程科学用于制定规范、设计范型、评估成本及确定权衡,管理科学用于计划、资源、质量、成本等管理"。

综上所述,软件工程是一门研究如何用系统化、规范化、可量化等工程原则和方法进行软件开发和维护的学科。其目标是创造"足够好"、用户满意的软件,即低成本、按时交付高质量的软件系统。其内容包括市场调研、正式立项、需求分析、项目策划、概要设计、详细设计、编程、测试、试运行、产品发布、用户培训、产品复制、销售、实施、系

---

① 阿波罗计划(Project Apollo)是美国国家航空航天局从 1961 年至 1972 年从事的一系列载人航天任务,主要致力于完成载人登陆月球和安全返回地球的目标。

② 《谷歌软件工程》。

统维护和版本升级等。软件工程包含从最初的系统规格说明直到投入使用后的系统维护,涉及软件生产的各个方面。不仅关注软件开发的技术过程,也关注软件项目管理以及支持软件开发的工具、方法和理论。

2.1.2　软件工程发展历史

软件工程是一门相对年轻的学科,它出现于 20 世纪中叶,主要是为了应对日益复杂的计算机系统以及对更加结构化和系统化的软件开发方法的需求。它的发展大致经历了以下阶段。

1. 20 世纪 40 年代到 20 世纪 60 年代:软件工程发展早期

在 20 世纪 40 年代末,数字计算机才刚刚发明。计算机体积大、价格昂贵,主要由政府和大公司用于开发科学和军事项目。在这些计算机上运行的软件通常是由对底层硬件有深入了解的计算机科学家和工程师开发的,使用的是低级机器语言和汇编语言。程序员通常在没有太多协调的情况下独立工作,几乎没有标准化或系统化的软件开发方法,这使得软件开发缓慢而困难。

这种情况在进入 20 世纪 50 年代后发生了变化。随着 SAGE[①] 防空系统和NASA 太空计划等大型项目的出现,需要更加规范和结构化的软件开发方法。在此期间,出现了许多关键思想和技术。1956 年,计算机科学家 John Backus 领导的团队开发了第一种高级程序语言 FORTRAN。FORTRAN 允许程序员以更自然和可读的方式编写代码,这使得开发和维护软件变得更加容易,为开发更复杂的软件系统铺平了道路。另一个重大进展是通用汽车研究所(General Motors Research)创建了第一个操作系统——基于 IBM704 的操作系统(GM-NAA I/O)。其他重要的技术发展还包括结构化编程技术的使用(例如,自上而下的设计和逐步细化)以及软件验证/确认的形式化方法的引入。这一时期应用最广泛的程序语言是在 20 世纪 50 年代末开发的 COBOL(通用商业语言)。COBOL 是一种面向数据处理的、面向文件、面向过程的高级程序语言,主要应用于金融和会计行业等非常重要的商业数据处理领域。虽然COBOL 多年来被视为过时的语言,但时至今日它仍在很多金融业核心遗留系统中使用。

总体来说,这一时期软件开发的主要问题是开发成本高、难度大,缺乏系统化的方法。但这一时期出现的高级编程语言和操作系统等基础技术,为后来出现的更复杂的软件开发实践奠定了基础。

2. 20 世纪 70 年代到 20 世纪 80 年代:软件工程的兴起

20 世纪 60 年代后期到 20 世纪 70 年代中期,随着软件系统的规模和复杂度持续增加,软件开发和维护过程中出现了一系列严重问题,包括软件开发成本超出预算、软件项目无法按时交付、软件质量难以保障、软件代码难以维护等,也就是人们常说的"软件危机"。Edsger W. Dijkstra 在 1972 年获得图灵奖时的演讲中提到,"软件危机的主要原因是计算机变强大了几个数量级! 在没有计算机的时候,编程根本不是问题;当我们有了几台能力较'弱'的计算机,编程开始变成小问题;而现在有了巨型计算机,编程就成为一个同样巨大的问题。"软件危机使人们认识到,中大型软件系统与早

---

① SAGE 是由美国空军在 20 世纪 50 年代开发的半自动地面防空系统,是最早的大型实时软件系统之一。

期的小型软件有着本质差异。大型软件系统开发周期长、生产率低、费用昂贵、软件质量难以保证,它们的复杂性已远超出人脑能直接控制的程度。大型软件系统不能沿袭早期软件开发的"手工作坊"模式,软件开发需要更规范、更系统化的方法。

这一时期最重要的事件之一是 1968 年召开的北约软件工程会议。该会议的主题是应对"软件危机"。会议定义了"软件工程"一词,并帮助该领域确立为一门独立的学科。同年,计算机科学家 Edsger W. Dijkstra 发表了开创性论文"*Go To Statement Considered Harmful*"。Dijkstra 在这篇论文中指出,在编程语言中不受限制地使用"go to"语句会导致代码难以理解且容易出错,提倡使用结构化编程技术。结构化编程是一种编程范式,强调使用循环、条件和子程序等控制结构来提高软件代码的清晰度、可靠性和可维护性。这一时期还见证了软件工程方法论的发展,例如瀑布模型的提出。瀑布模型强调软件开发应该有完整周期。软件开发过程中必须依次经过规划、分析、设计、测试若干阶段,同时还需要充分考量分析与设计的技术、时间和资源的投入等。瀑布模型在一定程度上能有效地确保软件系统质量,因此成为软件开发界最初的标准。此外,Barry Boehm 在 20 世纪 80 年代初提出了一种广泛使用的软件成本估算模型——COCOMO(Constructive Cost Model)。COCOMO 基于一组成本驱动因素,例如,项目规模、复杂性和团队经验,并提供了一个框架来估算开发软件项目所需的成本和工作量。

为了应对软件危机,各种各样新的技术、方法、工具层出不穷,并被奉为灵丹妙药。1986 年,弗雷德·布鲁克斯(Fred Brooks)发表了他著名的《没有银弹》(*No Silver Bullet*)一文。布鲁克斯认为,软件开发本质上是复杂的,没有简单的解决方案或捷径可以克服它所面临的挑战,即不存在可以显著提高软件生产力和质量的"银弹"或技术。他强调概念的完整性,即系统设计的连贯性和一致性,是软件开发成功的关键因素。软件开发需要优秀人才、流程和工具的结合,要采用整体方法和不断创新来提高其质量和生产力。

总体而言,软件工程在这个时期开始成为一门正式学科,并有了显著的发展。其标志是结构化编程技术、软件工程方法论和软件成本估算模型的出现,这些模型为更复杂的软件开发实践奠定了基础。

3. 20 世纪 90 年代:软件工程的成熟

进入 20 世纪 90 年代,软件工程学科继续发展和成熟,各种提高软件开发质量和效率的新工具、技术和方法论不断涌现。

面向对象程序设计出现于 20 世纪 60 年代。随着 C++ 和 Java 等编程语言的出现,它在 20 世纪 90 年代获得了广泛应用,并逐渐成为主流的开发范式。面向对象提供了一种软件设计的新方法,有助于开发人员构建更加模块化、可重用的代码。20 世纪 90 年代出现了一系列面向对象建模方法,包括 Booch 方法、对象建模技术(Object Modeling Technique,OMT)、面向对象软件工程(Object-Oriented Software Engineering,OOSE)等。在此基础上,Grady Booch、Ivar Jacobson 和 James Rumbaugh 提出了一种标准的建模语言,即统一建模语言(Unified Modeling Language,UML)。UML 在1997 年被对象管理组织(Object Management Group,OMG)采用为国际标准,后来也被国际标准化组织(ISO)发布为批准的 ISO 标准。UML 提供了一组图形符号来表示软件系统的不同方面,包括它的结构、行为和交互。UML 作为标准建模语言,得到了各种软件开发工具和框架的支持,在软件行业被广泛应用于一系列软件开发活动,包括需求分析、设计、实施和测试等。

同一时期,Rational Software 开发了统一软件开发过程(Rational Unified Process,RUP)——一种迭代式软件开发过程框架。RUP 将整个软件开发生命周期分为 4 个阶段:初始阶段、精化阶段、构建阶段和产品化阶段。RUP 的每个阶段又可分为一到多个迭代周期。RUP 描述了如何有效地利用商业的可靠的方法开发和部署软件,并提供了一系列指南、模板以及辅助工具。RUP 是一种重量级过程模型,适合大型软件团队开发大型复杂系统。

1991 年,卡内基·梅隆大学软件工程学院(Software Engineering Institute,SEI)正式发布了能力成熟度模型 CMM1.0。CMM(Capability Maturity Model)是一个软件过程改进框架,涵盖了一个成熟的软件开发组织所应具备的重要功能与项目。CMM 描述了软件发展的演进过程,为软件开发组织提供了一组可遵循的最佳实践,能够帮助他们提升软件开发能力,达到软件系统成本、周期、功能与品质的目标。

这一时期见证了面向对象编程(Object Oriented Programming,OOP)的发展,开发人员能够创建可重用的代码并更轻松地构建复杂的软件系统。统一建模语言(UML)提供了一种标准化的方式来记录和交流软件设计。一些软件开发过程模型(如 RUP)和过程改进模型(如 CMM)是软件工程专业化的重要一步,有助于为行业建立通用语言和最佳实践集合。

4. 2000 年至今:软件工程面临新挑战

20 世纪 90 年代末期,随着互联网的蓬勃发展,软件开发出现了一系列新特点,包括追求创新、快速响应用户变化、需求不确定性高、版本发布成本低且更新速度快等。越来越多的企业开始意识到,软件的快速交付与部署是决定一个企业生死存亡的关键因素。传统方法过于依赖计划和文档,导致软件开发过程烦琐、僵化和低效。这使得许多开发团队考虑摒弃重量级开发方法,尝试新的软件开发过程和方法。这些方法注重快速交付,减少过程和文档,通常被称为"轻量级"方法。其中比较知名的有 1991 年的快速应用程序开发(RAD)、1994 年的动态系统开发法(DSDM)、1995 年的SCRUM、1996 年的水晶清透法(Crystal Clear)和极限编程法(XP)、1997 年的功能驱动开发(Feature Driven Development)等。虽然这些方法很多出现在敏捷宣言之前,但人们经常也把它们归为敏捷软件开发方法的范畴。

敏捷开发方法的"敏捷"一词来源于 2001 年年初美国犹他州雪鸟滑雪胜地的一次轻量级方法发起者和实践者的聚会。与会者发布了著名的《敏捷软件开发宣言》,"敏捷"(Agile)一词被正式提出,作为所有轻量级方法的统称。宣言中这样写道:"我们通过亲身实践和帮助其他人实践,揭示更好的软件开发方法,通过这项工作,我们认为:人和交流胜过过程和工具;可工作的软件胜过面面俱到的文档;客户协作胜过合同谈判;响应变化胜过遵循计划。虽然右项也有价值,但是我们认为左项更重要。"

敏捷方法提出之后,随即得到了广泛的关注。一批与敏捷开发相关的著作得以出版,许多软件方法研究机构也开始转而研究敏捷方法,不断有新的基于敏捷的开发方法和实践被提出。敏捷开发的概念扩展到了建模、测试、数据库方法、需求分析、项目管理等软件开发的各个方面。采用敏捷方法的团队在客户满意度、软件交付期、代码质量、软件成本、团队个人能力等方面都得到了很大的提高,成功的案例越来越多。敏捷方法的成功开始吸引越来越多的公司和组织向敏捷转型,一些大型的软件公司如 IBM、微软、Google、华为等也开始尝试应用敏捷方法,并分享了很多敏捷实践的经验。

进入 21 世纪以后,软件工程继续发展并适应新技术和趋势。以下是一些值得注意的里程碑和发展。

(1) DevOps。DevOps 一词来源于 2009 年在比利时根特市举办的首届 DevOpsDays 大会。DevOps 是"开发(Development)"和"运维(Operation)"两个词的缩写。在传统的软件开发中,开发和运维通常是相对独立的流程。开发团队构造软件,然后将其交给运维团队进行部署和维护。这种方法通常会导致沟通不畅、延迟和错误,因为每个团队都在自己的孤岛中工作,没有清楚地了解对方的流程和需求。敏捷软件开发方法兴起之后,促进了开发与其他团队之间的协作,开发和运营之间仍然需要更简化的通信和集成。DevOps 的出现正是为了满足这一需求,强调将软件开发、测试和部署整合到一个单一的、连续的过程中。

DevOps 倡导在团队之间通过自动化的工具协作和沟通,构建更具协作性、更高效的关系来完成软件的生命周期管理,从而实现稳定的运行环境、超快速的交付、坚实的合作、时间优化(特别是在修复/维护阶段)和持续创新。DevOps 的实践包括持续集成和部署(CI/CD)、基础设施即代码、任务自动化、监控和日志等。总体来说,DevOps 是一种强调协作、自动化和持续改进的软件交付整体方法,其目标是更快、更可靠地交付高质量的软件。

(2) 云计算。云计算[①]是一种通过互联网提供计算资源和服务的新型计算方式,提供的资源和服务包括服务器、存储、数据库、网络和软件等。云计算作为一种新型的计算方式,通过互联网为开发者提供了强大的计算和存储资源。在云计算的架构下,开发者无须购买和维护昂贵的硬件设备,通过租赁云服务提供商的服务器、存储、数据库等资源即可快速构建自己的软件开发环境。这种灵活性和可扩展性使得软件开发更加便捷,开发者可以根据项目的实际需求快速调整资源分配,从而提高开发效率。

(3) 大数据。大数据是指传统数据处理应用程序无法处理的、极其庞大和复杂的数据集。它通常包括来自各种来源的结构化、半结构化和非结构化数据,包括社交媒体、网页、金融交易和来自物联网(Internet of Things,IoT)设备的传感器数据等。随着生成的数据及其使用率的不断提高,开发人员不得不创建新的技术和工具来处理和分析这些数据。这一现状不仅催生了一批新的软件架构,如 Hadoop 和 Spark,也使得一些擅长处理数据和进行统计分析的编程语言,如 R 和 Python,变得流行。此外,大数据还推动了云计算的发展,因为它提供了一种可扩展且经济高效的方式来存储和处理数据。Amazon Web Services(AWS)和 Microsoft Azure 等基于云的大数据平台的出现使开发人员更容易访问和利用大数据工具和技术。总体来说,大数据为软件开发带来了新的调整,要求开发人员考虑管理和处理大数据集的新技术和工具。

(4) 人工智能。人工智能技术,特别是以 ChatGPT 为代表的大语言模型(简称大模型)技术,以其强大的自然语言生成能力,为软件开发与演化提供了新的途径。通过海量文本内容的训练,大模型能够理解和处理各种复杂的自然语言任务,如问答、翻译、文本生成等。在软件开发的各个阶段,大模型可以通过自然语言交互的方式,帮助

---

① 中国电子学会 云计算专家委员会,《云计算技术发展报告 2012》。

开发人员更好地理解需求、生成代码、分析代码等。

- **需求分析与建模**：传统的需求分析往往依赖于人工的方式，效率低且容易出错。大模型可以通过自然语言交互的方式，帮助开发人员快速准确地理解需求，并生成相应的需求模型。这不仅可以提高需求分析的效率和准确性，还可以减少由于需求理解不一致导致的开发问题。

- **代码生成与辅助编程**：大模型可以通过学习大量的程序语言语料，生成预测性代码片段或完整的代码文件。这对于开发人员来说，无疑是一种强大的辅助工具。它可以帮助开发人员快速生成代码原型，减少手动编写代码的工作量。同时，大模型还可以根据开发人员的意图，推荐合适的代码片段或库函数，提高编程效率。

- **代码分析与测试**：大模型可以通过自然语言交互的方式，对代码进行自动分析和测试；可以帮助开发人员快速发现代码中的潜在问题，如语法错误、逻辑错误等。同时，大模型还可以根据开发人员的需求，生成相应的测试用例和测试数据，提高测试的覆盖率和准确性。

由于大模型本质是基于概率与统计原理和训练数据所形成的数学模型，具有不可解释性和不确定性，其生成的预测性内容缺失可信性判断。因此，大模型技术在提高软件开发效率和灵活性的同时，也面临着一些挑战。

首先，由于程序语言的复杂性和特殊性，大模型在理解和生成程序语言方面还存在一定的局限性。如何在自然语言生成大模型的基础上，充分利用程序语言的特点，同时考虑代码的环境相关性，构造对软件开发有更大助力的代码大模型，仍有很多亟待解决的关键技术问题。其次，需要探索如何正确引导大模型在软件开发过程中的行为。开发人员可以凭借对任务及领域的深入理解与丰富经验，通过提示工程和人机协同的交互方式，有效引导大模型发挥能力，提高人机协同工作效率。最后，如何确保大模型在软件开发与演化中的可信性也是一个需要解决的问题。大模型所生成的预测性内容的内涵和语义是什么、是否满足给定相关软件开发与演化任务的需求、是否存在缺陷、是整体可用还是部分可用、是否需要修改等，都需要软件开发与演化人员加以分析、理解、辨别、判断、选择、修改和确认，这对软件开发和演化人员来说是一项新的重要挑战。

总之，人工智能技术，特别是大语言模型，极大地提升了软件开发的效率和质量，正在成为软件工程领域的重要工具。大模型并没有改变人在软件开发过程中的主导地位，但在可解释性、可信性和资源需求等方面给开发人员提出了新的挑战。软件开发人员要正确分析、理解和确认大模型生成的预测性内容，并在此基础上完成决策性任务，进而开发出高质量的软件系统。

2.1.3 软件工程的目标和原则

软件工程的基本目标是，在给定的成本、进度等约束条件下开发出满足用户期望的"足够好"的软件系统。这里的"足够好"既指系统必须满足功能性需求，即系统应该提供用户期望的功能和服务，也指系统应满足非功能性需求，即用户对系统质量的要求。常见的质量需求包括性能、可靠性、易用性、可维护性、可扩展性等。

软件质量、项目进度和成本是构成软件工程目标的三个重要维度，它们之间往往存在着相互影响和制约的关系。软件质量是指软件产品满足用户需求和期望的程度。项目进度是指完成软件项目的时间表。项目成本是指完成一个软件项目所需的财务资源。构建高质量的软件系统通常需要在软件开发上投入更多的时间和精力,这往往会导致项目成本增加和项目进度延长。加快软件项目进度则意味着开发人员需要在更短的时间内完成工作,这使得他们不得不在软件质量保证方面打折扣,从而对软件质量产生负面影响;或者,项目管理者会在项目上投入更多的人力资源以加快开发进度,导致项目成本的增加。因此,软件工程需要研究如何管理软件质量、项目进度和项目成本这三个相互影响和制约的目标,以实现三者的平衡。

自软件工程诞生以来,研究人员和领域专家们提出了各种各样关于软件工程的原则或"银弹"。1983 年,著名的软件工程专家 Barry Boehm 在总结专家和自己多年开发经验的基础上,发表了 *Seven Basic Principles of Software Engineering* 一文,提出了软件工程的 7 条基本原则。他认为这 7 条原则互斥且完备,是确保软件产品质量和开发效率的最小集合。也就是说,这 7 条原则互相独立、缺一不可,在此之前提出的众多软件工程原则都可以由这 7 条原则蕴含或派生。7 条原则的具体内容如下。

(1) **使用分阶段的生命周期计划进行管理**。Boehm 认为,可以把软件生存周期划分为若干阶段,并相应地提出切实可行的计划,然后严格按照计划对软件开发与维护进行管理。在软件开发与维护的生存周期中,应制定并严格执行 6 类计划:项目概要计划、里程碑计划、项目控制计划、产品控制计划、验证计划、运行与维护计划。

(2) **坚持进行阶段评审**。统计结果显示:在软件生命周期各阶段中,编码阶段之前的错误约占 63%,而编码错误仅占 37%;并且,错误发现得越晚,更正它付出的代价就会越大,要差 2~3 个数量级甚至更高。因此,软件的质量保证工作不能等到编码结束以后再进行,必须坚持进行严格的阶段评审,以便尽早地发现错误。

(3) **实行严格的产品控制**。实践告诉我们,需求的改动往往是不可避免的。这就需要采用科学的产品控制技术来尽可能达到这种要求。实行基准配置管理(又称为变动控制)可对产品进行严格控制,即凡是修改软件的建议,尤其是涉及基本配置的修改建议,都必须按规定进行严格的评审,评审通过后才能实施。其中,基准配置指的是经过阶段评审后的软件配置成分及各阶段产生的文档或程序代码等。当需求变动时,其他各个阶段的文档或代码都要随之相应变动,以保证软件的一致性。

(4) **采用现代编程实践**。采用先进的程序设计技术,既可以提高软件开发与维护的效率,又可以提高软件的质量和减少维护的成本。

(5) **对结果保持明确的问责制**。软件是一种看不见、摸不着的逻辑产品。软件开发小组的工作进展情况可见性差,难于评价和管理。为更好地进行管理,应根据软件开发的总目标及完成期限,尽量明确地规定开发小组的责任和产品验收标准,从而能够清楚地审查。

(6) **开发团队应该少而精**。开发人员的素质和数量是影响软件质量和开发效率的重要因素,应该少而精。事实上,高素质开发人员的工作效率比低素质开发人员的工作效率要高几倍到几十倍,在开发工作中犯的错误也要少得多。

(7) **软件过程持续改进**。软件过程不只是软件开发的活动序列,还是软件开发的最佳实践。在软件过程管理中,首先要定义过程,然后合理地描述过程,进而建立企业过程库,并成为企业可以重用的资源。要对软件过程不断地进行改进,以不断地改善和规范过程,帮助提高企业的生产效率。

除了 Bohem 提出的 7 条原则以外,还有一些软件开发人员和工程师通常遵循的软件开发原则,能帮助他们达成软件工程的目标。其中的一些原则如下。

(1) **模块化**:遵循模块化原则意味着根据功能和职责将软件分解成更小的、独立的、可重用的组件或模块,这样开发的软件更易于理解、测试和维护。

(2) **抽象**:遵循抽象原则意味着将软件组件的行为与其实现分开。未能将行为与实现分开是产生不必要耦合的常见原因。隐藏模块或组件的实现细节,只暴露必要的信息,能够使软件更加灵活,易于改变。

(3) **封装**:将模块或组件的数据和功能包装到一个单元中,并提供对该单元的受控访问。这有助于保护数据和功能免遭未经授权的访问和修改。

(4) **DRY**(Don't Repeat Yourself):避免软件中代码和数据的重复。这使得软件更易于维护并且更不容易出错。

(5) **KISS**(Keep It Simple,Stupid):使软件设计和实现尽可能简单。这使软件更易于理解、可测试和可维护。

(6) **YAGNI**(You Ain't Gonna Need It):避免向软件添加不必要的特性或功能。这有助于使软件专注于基本需求并使其更易于维护。

(7) **SOLID**:指导软件设计以使其更易于维护、可重用和可扩展的一组原则。这包括单一职责原则、开放/封闭原则、里氏替换原则、接口隔离原则和依赖倒置原则。

以上这些原则是对既有经验的归纳和总结。大多数情况下,软件工程师们通过遵循这些原则,在给定的时间、成本约束条件下开发出了更高质量的软件。然而,正如布鲁克斯在《人月神话》中所说,软件开发本质上的复杂性,使得并不存在可以显著提高软件生产力和质量的所谓“银弹”。这些原则都有各自产生的背景、适用的场景和前提条件。过去的“成功”经验并不能保证一定适用于现在和未来的场景,尤其是在技术飞速发展的 IT 领域。因此,我们不能教条地看待和使用软件工程的原则:一方面,要吸收已有的成功经验,做到不仅知其然,还要知其所以然;另一方面,要结合相关领域最新的技术发展,灵活变通地应用相关原则,持续收集反馈数据并评估应用效果,及时调整相关原则并总结经验。

2.2　软件危机

软件作为一种新兴的电子制品,具有一定的特殊性。随着时代的发展,人类社会对于软件的依赖日益增加,软件也变得越来越复杂。这使得开发用户所期望软件的难度变得越来越高,引发所谓的软件危机。本节将首先解释软件开发的特殊性,并在此基础上,详细讨论什么是软件危机、软件危机的具体表现及其产生的根源。

2.2.1　软件开发的特殊性

软件开发是一项具有高度特殊性的工作,它不仅需要开发者具备多方面的技能和能力,同时也需要应对许多挑战和变化。在本节中,将探讨软件开发的特殊性及其对开发者和开发过程的影响。

(1) **软件开发的技术更新速度非常快**。这是一个不争的事实。随着时间的推移,新的编程语言、框架、工具和技术不断涌现,旧的技术也被淘汰或更新。这种快速的技术更新速度,使得软件开发人员需要不断地学习新知识,以跟上技术的步伐。对于软件开发人员来说,保持对新技术的了解非常重要。这不仅可以提高他们的竞争力,还可以提高他们的工作效率。如果软件开发人员不了解新技术,他们可能会在工作中使用过时的工具和技术,从而影响工作效率和质量。虽然学习新技术可能需要花费一些时间和精力,但这是非常值得的。为了跟上技术的步伐,软件开发人员可以通过参加培训课程、阅读技术博客和书籍、参加技术社区等方式来学习新知识。此外,开发人员还可以参加技术会议和研讨会,与同行交流经验和知识,了解最新的技术趋势和发展方向。总之,软件开发的技术更新速度非常快,这需要软件开发人员不断学习新知识,以保持竞争力和提高工作效率。通过不断学习和更新技术知识,软件开发人员可以为自己和公司带来更大的价值。

(2) **软件开发的需求变更频繁**。在软件开发领域,需求变更是一种常见的现象。随着业务需求的不断变化和市场竞争的加剧,软件开发过程中需要不断调整和改变需求。需求变更的频繁发生,往往会导致开发进度的延误,甚至会导致项目失败。因此,软件开发团队应建立灵活的开发流程和有效的沟通机制,以便快速响应需求变更。这包括及时进行需求分析和评估,评估变更对项目的影响和实现难度,并与客户和利益相关者进行充分沟通,以确保需求变更的准确性和可行性。另外,团队成员也应该具备良好的协作和沟通能力,以便在需求变更发生时能够迅速响应和协调。这包括及时更新需求文档、代码文档和测试文档,以确保团队成员能够及时了解变更内容和影响,并进行相应的调整和测试。

(3) **软件开发涉及的复杂性很高**。软件开发是一项极其复杂的工作,其复杂性来自多个方面,包括软件系统的规模、功能和架构设计,开发团队的规模和组织结构,开发过程的流程和方法,以及软件应用的环境和用户需求等。首先,软件系统的规模和功能通常非常庞大,涉及大量的代码和数据。这使得软件开发过程中需要处理大量的细节和复杂的逻辑,包括算法设计、数据结构设计、系统架构设计等。同时,随着功能的不断增加,系统变得越来越复杂,需要考虑不同功能之间的交互和影响。图 2.1 展示了随着 Linux 内核版本迭代更新代码量的变化,可以看到,Linux 内核的复杂度不

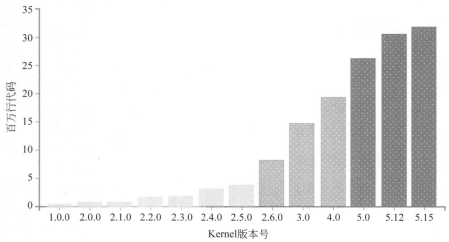

图 2.1   Linux 内核复杂度不断增加

断提升,代码量已超过三千万行。其次,开发团队的规模和组织结构也是软件开发复杂性的一个因素。开发团队通常包括多个人员,涉及不同的技术、经验和个人风格。因此,团队成员之间需要进行良好的协作和沟通,以确保开发工作的顺利进行。另外,软件开发过程的流程和方法也会影响软件开发的复杂性。不同的软件开发方法和流程可能涉及不同的活动、文档和工具,需要考虑不同活动之间的依赖和协作。同时,不同的方法和流程也可能会导致开发过程中出现冲突或者阻碍,需要及时进行解决。最后,软件应用的环境和用户需求也是软件开发复杂性的一个重要因素。不同的应用环境和用户需求可能会对软件系统的性能、安全性、可靠性等方面提出不同的要求,需要开发团队考虑到这些需求并进行相应的设计和测试。综上所述,软件开发涉及的复杂性很高,需要开发团队具备丰富的技术和经验以及良好的协作和沟通能力,才能够成功地完成开发工作。同时,还需要采用适当的方法和工具,以便更好地管理和控制软件开发过程中的复杂性。

(4) **软件开发需要团队协作完成**。这是因为软件开发涉及多个方面,需要不同领域的专业人士共同参与。团队协作可以提高开发的效率、质量和创新性,是软件开发过程中非常重要的一环。首先,团队协作可以提高开发效率。一个优秀的团队可以更好地分工合作,让每个成员专注于自己的工作,避免重复劳动和浪费时间。此外,团队协作也可以减少工作中的失误和错误,提高工作效率。其次,团队协作可以提高开发质量。不同成员之间可以互相监督,提出问题和建议,及时发现和解决问题,从而提高软件的质量和可靠性。此外,团队成员之间也可以分享经验和知识,相互学习和提高,从而推动整个团队的技术水平。最后,团队协作可以提高创新性。在团队合作中,不同成员可以共同探讨和研究新技术和新方法,发掘新的思路和灵感,从而带来更多的创新性和突破性的想法。当然,团队协作也有一些挑战和难点,如团队成员之间的沟通、协调和决策等问题。为了有效地应对这些挑战,需要建立良好的团队文化,注重沟通和协作,适当地分配工作和责任。因此,开发团队应该注重团队建设,加强沟通和协作,共同推动软件开发工作的顺利进行。

(5) **软件开发的成果需要长期维护**。这是因为软件开发完成后,用户需要长期使用并依赖该软件,而软件也需要不断地更新和维护以保持其正常运行和安全性。因此,软件开发的成果需要长期维护,这是软件开发过程中非常重要的一环。首先,长期维护可以保证软件的正常运行。随着时间的推移,软件可能会遇到各种问题,如漏洞、错误、兼容性问题等。长期维护可以及时发现和修复这些问题,从而保证软件的正常运行和稳定性。其次,长期维护可以增强软件的安全性。随着网络安全威胁的增加,软件的安全性也变得越来越重要。长期维护可以及时修复已知的漏洞和弱点,并随时跟进最新的安全问题,从而保证软件的安全性和稳定性。最后,长期维护可以推动软件的升级和更新。随着时间的推移,用户的需求和市场的变化也在不断地发生。长期维护可以及时收集用户的反馈和建议,并及时升级和更新软件,以满足用户的需求和市场的变化。当然,长期维护也有一些挑战和难点,如维护成本、维护难度和技术更新等问题。为了有效地应对这些挑战,需要注重软件的设计和开发质量,加强软件的测试和质量保障,以及不断学习和跟进最新的技术和安全问题。

(6) **软件开发需要保证软件的品质**。在软件开发中,保证软件的品质是至关重要的。一个高品质的软件可以提高用户体验,增加软件的可靠性和可维护性,降低维护成本和风险。那么,如何保证软件的品质呢? 首先,软件开发需要遵循一些质量标准和最佳实践,例如 ISO 9001 和 CMMI 等。这些标准和最佳实践可以帮助开发团队建立起统一的质量体系和开发流程,规范软件开发过程中的各个环节,确保软件的质量。其次,软件开发需要进行全面的测试和质量保障。在软件开发过程中,应该对软件的功能、性能、安全性、易用性等方面进行全面的测试,确保软件的各项指标符合要求。同时,还需要进行代码审查、质量检测等质量保障工作,确保软件的代码质量和安全性。再次,软件开发需要注重持续集成和持续交付。持续集成可以帮助开发团队及时发现和修复软件的问题,避免问题在生产环境中暴露;持续交付则可以保证软件在发布前经过充分的测试和质量保障,降低软件发布后出现问题的概率。最后,软件开发需要建立起高效的反馈和改进机制。在软件的使用过程中,用户可能会遇到各种问题和建议,开发团队需要及时对这些问题和建议进行处理和改进,以不断提升软件的品质。总之,保证软件的品质是软件开发过程中非常重要的一环。为了保证软件的品质,需要遵循质量标准和最佳实践,进行全面的测试和质量保障,注重持续集成和持续交付,以及建立起高效的反馈和改进机制。这些措施可以提高软件的可靠性和可维护性,降低维护成本和风险,提高用户的体验和满意度。

(7) 软件开发过程中需要进行风险评估和控制。在软件开发过程中,风险评估和控制是至关重要的步骤。软件项目可能会面临各种各样的风险,包括技术、商业、人员和时间等方面的风险。对这些风险进行评估和控制可以帮助开发团队避免潜在的问题,并确保项目能够按时交付。风险控制涉及一些关键步骤,包括风险识别、风险评估、风险规划、风险监控。风险识别是要对项目中可能面临的风险进行全面的分析和识别。这可以包括与技术、商业、人员和时间相关的所有方面;风险评估对于已经确定的风险,需要进行评估,以确定其可能性和影响程度。这可以帮助确定哪些风险是最严重的,并使开发团队能够针对这些风险进行重点关注;风险监控跟踪项目进展情况,并根据需要进行风险评估和更新风险管理计划。这可以确保团队能够及时应对新的风险或者已经发生的风险。此外,在整个软件开发过程中,要确保透明的沟通,包括项目风险的沟通。这可以帮助确保整个团队都了解潜在的问题,并提供他们需要的信息,以帮助他们做出正确的决策。总之,风险评估和控制是软件开发过程中不可或缺的步骤。通过全面的风险识别和评估以及适当的规划和监控,可以减轻风险的影响,并确保项目能够按时交付。

2.2.2　软件危机的表现和根源

软件危机是指在软件开发过程中出现的一系列问题,包括开发成本高、开发周期长、软件质量低、维护困难等问题。软件危机的出现是由于软件开发过程中存在着很多困难和挑战,包括技术问题、组织和管理问题、市场需求问题等,这些问题不仅导致软件开发成本和周期的增加,也导致软件质量的下降和维护难度的增加,给软件开发带来了很大的挑战。

“软件危机”一词于 1968 年召开的北约软件工程会议上被提出。当时,由于软件开发技术不断发展,软件规模不断扩大,软件的开发成本和周期急剧增加,软件质量下降、维护困难等问题愈加突出,从而引起了人们对软件危机的关注。软件危机已经成为一个广泛的话题,引起了软件工程领域的重视和研究。软件危机的具体表现如下。

（1）**所交付软件不符合用户的需求**。在软件开发过程中,交付的软件常常无法满足用户的需求和期望,这是一种普遍的现象。尽管开发团队付出了巨大努力,但用户通常会发现交付软件的一些功能不够完善,或者界面不够直观,这些问题常常导致使用体验不佳。

（2）**软件质量不可靠,得不到用户的信赖**。由于软件质量不可靠,用户难以对其产生信赖。频繁的崩溃、漏洞和性能问题不仅影响了用户的工作效率,还降低了用户对软件的信心,使得用户在使用过程中倍感挫折和不安。

（3）**项目超预算或延误**。这是软件危机的重要表现之一,也是软件开发中常见的问题。对软件开发周期估计不足不仅会导致成本大幅增加,还会对项目的整体进度造成严重影响。超预算意味着资源配置不足,导致开发团队难以完成既定目标,而延误则会使用户失去耐心和信心。

在软件危机被正式提出之前,软件普及程度并不高,软件开发也多以作坊模式呈现。这种开发方式沿用了个体化的软件开发方法。随着计算机应用的日益广泛,软件数量急剧膨胀,规模急剧扩张,个体化开发导致许多低质量、不可靠、用户体验差的软件产生,被大众诟病。引起软件危机现象的根源体现在以下几个方面。

（1）**软件复杂度**:随着软件功能的增加,软件的复杂度不断提高,需要处理大量的代码和数据,难以维护和测试,从而导致开发周期变长、成本增加、质量下降等问题。

（2）**软件开发技术问题**:虽然软件开发技术不断发展,但是许多旧的软件开发方法和技术仍然被广泛应用,这些方法和技术已经无法满足日益增长的软件需求。此外,软件开发中也存在着很多技术难题,如软件设计、架构、测试等。

（3）**组织和管理问题**:软件开发是一项复杂的工程,需要多个团队协同完成,涉及多个领域和技术,因此需要有效的组织和管理。但是在软件开发中,往往存在着组织和管理上的问题,如需求不清晰、进度不可控、沟通不畅等。

（4）**市场需求问题**:软件市场需求不断变化,要求软件快速适应市场需求,开发周期越来越短,开发成本越来越高,这也是导致软件危机的一个因素。

（5）**缺乏标准和规范**:软件开发缺乏一套行之有效的标准和规范,导致开发过程中存在很多不规范的做法,进而影响软件质量和开发效率。

综上所述,导致软件危机的原因是多方面的,需要从技术、组织和管理、市场需求、标准和规范等多个方面入手,才能有效地解决软件危机问题。因此,在软件开发过程中,需要注重技术的更新和发展,加强组织和管理的能力,紧密关注市场需求变化,同时建立一套行之有效的标准和规范,才能够有效地避免软件危机的发生。

2.3 计算机辅助软件工程及工具

本节首先给出计算机辅助软件工程的基本概念,进而介绍计算机辅助软件工程中使用的代表性工具。

2.3.1 计算机辅助软件工程的概念

计算机辅助软件工程（Computer Aided Software Engineering,CASE）这一概念起源于20世纪80年代,最初是指在信息管理系统开发过程中由各种计算机辅助软件和工具组成的软件开发环境。随着软件工程技术、工具和开发理念的不断发展，CASE 逐步演进成为辅助软件工程全生命周期的开发工具和方法集合，旨在帮助软件工程从业者们进行软件开发和维护，提高软件开发和运维效率，提升软件质量，为实现软件开发全生命周期的工程化、自动化和智能化提供基础支撑。

2.3.2　计算机辅助软件工程的工具

工具在软件工程中起着至关重要的作用，有助于提高开发人员的生产力、改进软件质量和加速开发流程。为此，CASE 工具需要在软件开发和维护过程中的诸多环节提供自动化和智能化支持。典型的 CASE 工具主要包括以下几类。

1. 系统分析与设计工具

系统分析与设计工具主要用于软件需求分析与设计过程，帮助需求分析人员和系统设计人员更好地理解和管理用户需求，完成需求分析与设计，对用户需求进行可视化建模，促进从需求到代码的转换。典型工具包括 Microsoft Visio、Rational Rose、StarUML、Visual Paradigm 等。

以 Microsoft Visio 为例，该软件提供了强大的绘图功能，为需求分析、软件设计、原型设计以及项目管理提供了一系列建模元素和模板，可以满足软件生命周期中各个阶段的绘图需要。主要功能如下。

- 支持通过预制的模板绘制各类 UML 模型，满足行业标准，同时可添加和修改各种关系类型，说明 UML 模型元素之间的关联。
- 支持绘制各种图表，可以直观地展现团队、层级或报告结构，并可以共享图表。
- 支持绘制数据流图、程序流图，方便开发人员进行软件的需求分析和系统设计。

2. 程序设计工具

程序设计工具的核心功能是辅助程序员完成软件开发的编码阶段，并在维护阶段为评审代码提供便利性，包括代码编写、代码补全、程序编译、程序调试、程序运行等功能。在软件生命周期中的编码、调试、测试、验收与运行、维护升级等各个阶段都发挥了重要的作用，主要服务于编程人员和维护人员。如今，面向不同的开发语言都已经涌现出了大量优秀的程序设计工具，JetBrains 公司的 IntelliJ IDEA 是这类工具的典型代表，其主要功能如下。

- 展示本地修改历史。源代码中的每一个改变都被跟踪，可以在本地差异查看器中高亮显示出来。
- 灵活的代码重格式化。可以为每个工程单独设置代码重格式化，可方便支持不同的代码标准，能快速完成重格式化过程。
- 动态的错误高亮显示。在输入 Java 代码时，XML 与 Java 文档标签可以被动态解析，如果发现错误也可以及时报告。

3. 软件测试与质量保证工具

软件测试与质量保证工具旨在提升软件测试效率、保障软件质量、降低软件缺陷。该类工具通常用于软件开发生命周期的测试阶段，包括单元测试、集成测试和系统测试，为编程人员和测试人员提供高效的测试支持。编程人员利用单元测试工具能够快速检查和核验程序代码中的缺陷，保证代码的高测试覆盖率，降低代码层面的异常；测试人员通过压力测试工具、持续集成测试流水线，能够监测程序在集成和运行过程中的性能指标、版本依赖关系、构建和运行时异常。以 Java 开发为例，常用的软件测试与质量保证工具包括 Java 压力测试工具 JMeter、Java 代码覆盖率工具 JaCoCo、Java 单元测试框架 JUnit 等。

例如，JMeter 是 Apache 组织基于 Java 开发的压力测试工具，通过脚本对服务器、网络或对象模拟巨大的负载，用以检测软件在高负载下的性能。其基本原理是以线程为核心建立线程池，通过多线程运行取样器来模拟产生大量负载，在运行过程中通过断言来判断结果的正确性，最后通过监听器来收集记录测试结果。JMeter 提供了一组可扩展的插件，允许用户自定义测试逻辑和数据收集方式，帮助开发人员和测试人员检测性能瓶颈和缺陷，进而优化系统性能。

4. 软件项目管理工具

软件项目管理工具在软件开发的整个生命周期中都发挥着重要作用，主要用于软件项目代码和文件的托管及团队协作开发，服务于软件项目的开发人员和管理人员。常见的集成式项目管理工具有 GitHub、Gitee、GitLab 等。

以 GitHub 为例，它是当前最流行的开源代码库，基于 Git 分布式版本控制系统进行项目版本控制。项目管理者可以在 GitHub 上新建代码仓库，将本地代码上传至 GitHub 仓库，并邀请其他开发者协作开发。开发者可以从主分支中拉出新的分支，并在完成开发后发起 Pull Request 将更改合并到主分支，从而实现互不冲突的协作开发。作为开源代码社区，GitHub 还支持用户关注或收藏其他用户的开源代码库，或对其他用户的项目提出问题；项目拥有者可以通过修改代码或回复来解决提出的问题，并将对应的问题关闭。目前，GitHub 上已经托管了上亿个开源项目，支持用户从中找到有价值的开源代码库并加以利用。

5. 软件运维工具

软件运维工具主要在软件生命周期中的运行与维护阶段使用，服务于软件开发和维护人员，支持将应用程序及其依赖项打包为可在任何环境中运行的可移植容器镜像，并在服务器集群中部署和管理这些容器，代表性的工具有 Docker、Kubernetes 和 Istio。

下面以用于大规模部署和管理容器化应用程序的开源工具 Kubernetes 为例进行介绍，该工具包括如下主要功能。

- 服务发现和负载均衡。可以使用 DNS 名称或自己的 IP 地址来暴露容器，进行负载均衡并分配网络流量，确保部署稳定。
- 自动部署和回滚。通过描述已部署容器的所需状态如镜像版本更新，容器集群可以以受控的速度将实际状态更改为期望状态。
- 自我修复。自动重新启动失败的容器、替换容器、杀死不响应用户定义的运行状况检查的容器，并且在准备好服务后才通告给客户端。
- 密钥与配置管理。允许存储和管理敏感信息，如密码、OAuth 令牌和 SSH 密钥，可以在不重建容器镜像的情况下部署和更新密钥和应用程序配置，也无须在堆栈配置中暴露密钥。

6. 一体化集成开发环境

除了在软件开发生命周期各个不同阶段的辅助支持工具外，各种全生命周期一体化集成开发环境也开始不断涌现,华为软件开发云 DevCloud、IBM Rational Team Concert(RTC)、Microsoft Azure DevOps 是这类软件的代表。以华为的 DevCloud 为例,该平台可以为软件开发提供全生命周期的系统化支持,能够为软件开发团队提供敏捷化项目管理协作、开发、部署、发布等服务。具体包括如下主要功能。

- 多项目管理、敏捷迭代管理、需求管理、缺陷跟踪、社交化协作、多维度统计报表等。
- 基于 Git 的在线代码托管服务,在开发完毕后可以一键推送至云端,实现线上线下的协同开发。
- 代码质量管理云服务,可在线进行多种语言的代码静态检查、代码安全检查、质量评分、代码缺陷改进趋势分析,辅助用户管控代码质量。
- 一体化的测试管理云服务,覆盖测试需求、用例管理、缺陷管理,多维度评估产品质量,帮助用户高效管理测试活动,保障产品高质量交付。
- 可视化、一键式的部署服务,支持并行部署和流水线无缝集成,实现部署环境标准化和部署过程自动化。云平台中预定义了主流编程语言的部署模板,包括 Tomcat、Java、PHP、Python、Node.js、Ruby 和 Go 等。
- 管理软件发布的云服务,提供软件仓库、软件发布、发布包下载、上传、发布包元数据管理等功能。

表 2.1 归纳了典型的 CASE 工具,这些工具可以在一定程度上帮助开发团队进行软件工程的实践活动。在实际使用中,需要结合开发团队的实际情况和待开发项目的特点,在软件开发生命周期的不同阶段选取合适的工具并加以合理运用,更好地为开发团队服务。

表 2.1   典型的 CASE 工具

工具类别	基 本 功 能	利益相关方	代表性工具
系统分析与设计工具	将用户需求进行可视化建模、分析和管理,生成需求规格促进从需求到代码的转换	需求分析人员、软件设计人员	Microsoft Visio、Rational Rose、StarUML、Visual Paradigm
程序设计工具	代码编写、代码智能补全、程序编译、程序调试、程序运行等	编程人员、维护人员	IntelliJ IDEA、Visual Studio、Eclipse、PyCharm
软件测试与质量保证工具	单元测试、集成测试、系统测试、性能测试等	编程人员、测试人员	JMeter、JaCoCo、JUnit
软件项目管理工具	软件项目代码和文件的托管、团队协作开发、软件工程管理	开发人员、管理人员	GitHub、Gitee(码云)、GitLab
软件运维工具	应用程序打包、部署、管理、监控	开发人员、维护人员	Docker、Kubernetes、Istio
一体化集成开发环境	项目管理、代码托管、协同开发、软件测试、软件运维等软件开发全生命周期管理	需求人员、设计人员、开发人员、测试人员、管理人员、维护人员	华为软件开发云 DevCloud、IBM Rational Team Concert(RTC)、Microsoft Azure DevOps

2.4 软件从业人员职业道德规范

道德是人类在社会生活中为调整人们之间以及个人与社会之间的关系,依靠内心信念、社会舆论和传统习惯所维系的行为规范的总和。职业道德规范是指特定职业领域中,从业人员应当遵循的行为准则、规则和标准,是维护职业领域公共利益和保障职业发展的基础性要求。职业道德规范是职业道德的具体体现,是对从业人员行为的规范和要求,是行业内部自律和监督的基础。

一般而言,职业道德规范的内容包括职业道德、职业操守、职业精神、职业风范等方面,主要涉及从业人员应当具备的素质、能力和行为准则,如诚实守信、敬业奉献、保守商业秘密、遵守法律法规、尊重知识产权、遵循行业规范等。

职业道德规范是各个行业或职业所特有的,具体内容和标准因行业而异。例如,医疗行业的职业道德规范要求医务人员要救死扶伤、严守医德、尊重病人隐私等;教育行业的职业道德规范要求教师要以身作则、教书育人、不利用职务谋取私利等。职业道德规范是行业的基本准则和标准,是从业人员必须遵循的基本要求,也是行业自律和规范化的重要手段。

2.4.1 软件从业人员需遵守的法律和法规

作为软件从业人员,必须遵守一系列法律和法规,以确保软件开发过程的合法性和合规性,保护用户的权益和隐私。以下是软件从业人员应该遵守的主要法律和法规。

- 著作权法:软件开发者必须遵守著作权法,确保他们开发的软件没有侵犯他人的知识产权,包括版权、专利和商标等。
- 数据保护法:随着互联网的发展,数据保护越来越重要。软件开发者必须遵守数据保护法,确保他们的软件处理用户数据的方式符合相关法规,同时保护用户隐私。
- 反垄断法:软件开发者必须遵守反垄断法,确保他们的软件不会垄断市场或破坏公平竞争。
- 网络安全法:软件开发者必须遵守网络安全法,确保他们的软件没有安全漏洞或后门,防止黑客攻击和数据泄露。
- 计算机软件保护条例:这是中国针对计算机软件保护制定的法规,规定了软件开发者和用户的权利和义务,保护软件知识产权。
- 工业和信息化部软件产品保护条例:这是工业和信息化部发布的软件保护规定,规定了软件开发者和用户的责任和义务,保护软件知识产权和用户权益。

2018 年曝光的 Facebook"数据门"丑闻就是一个典型的不遵守相关法律法规造成严重后果的例子。英国咨询公司"剑桥分析"在未经 Facebook 用户同意的情况下获取了几千万份 Facebook 用户的个人数据,用于为 2016 年特朗普的总统竞选活动提供政治广告。此事曝光后引起民众强烈反应,Facebook 的 CEO 马克·扎克伯格不得不前往美国国会作证。联邦贸易委员会宣布 Facebook 因违反隐私规定必须缴纳 50 亿美元的罚款。剑桥分析公司也因此申请破产。这次事件给我们的启示就是,在以数据为基础的互联网时代,我们需要在隐私、便利、商业、公共、科研等多种价值之间保持更好的平衡。

2022 年某出行服务平台被罚 80 亿元人民币,也给互联网企业敲响了数据安全的警钟。国家互联网信息办公室依据《网络安全法》《数据安全法》《个人信息保护法》《行政处罚法》等法律法规,对其依法做出网络安全审查相关行政处罚的决定。该平台违法事实包括,违法收集用户手机相册中的截图信息,过度收集用户剪贴板和应用列表信息,过度收集乘客人脸识别、年龄段、职业、亲情关系、学历信息等个人信息。此外,该公司存在严重影响国家安全的数据处理活动。大数据时代,数据虽然已成为影响企业发展的关键生产要素,但数据不仅仅是企业的,更是国家和人民的。出行服务平台属于国家公路水路运输行业领域的关键信息基础设施相关运营者,应依法开展网络安全审查,并对所掌握的"关系国家安全、国民经济命脉、重要民生、重大公共利益等数据",实行严格管理,且禁止其被传输到境外。该处罚事件,显示出国家治理信息安全、数据安全现存问题的态度和决心。企业和软件从业人员应当高度重视数据安全治理工作,在业务运营的同时充分考虑数据的安全使用场景和需求。尤其是涉及关键信息基础设施的核心数据、公民个人信息等重要数据,要通过相关部门的确认与审查。

总之,软件企业和相关从业人员必须遵守相关法律和法规,确保软件开发过程合法合规,并保护用户权益和隐私。同时,他们也需要时刻关注法律和法规的更新和变化,确保自己的软件开发工作符合最新的标准和规定。

2.4.2   软件从业人员需遵守的职业道德

除上述法律和法规外,软件从业人员还需要遵守一些行业标准和规范,如软件工程师职业道德规范、软件产品质量标准等。职业协会和机构如 ACM/IEEE 颁布了一般性的《计算机协会道德与职业行为准则》,旨在激励和指导所有计算机专业人员的道德行为,准则既包含基本道德原则,也给出了更具体的职业准则,具体内容如下。

计算机协会道德与职业行为准则

1. 一般道德原则。

1.1 为社会和人类的幸福做出贡献,承认所有人都是计算机的利益相关者。

1.2 避免伤害。

1.3 诚实可靠。

1.4 做事公平,采取行动无歧视。

1.5 尊重需要产生新想法、新发明、创造性作品和计算工件的工作。

1.6 尊重隐私。

1.7 尊重保密协议。

2. 职业责任。

2.1 努力在专业工作的过程和产品中实现高质量。

2.2 保持高标准的专业能力、行为和道德实践。

2.3 了解并尊重与专业工作相关的现有规则。

2.4 接受并提供适当的专业审查。

2.5 对计算机系统及其影响进行全面彻底的评估,包括分析可能的风险。

2.6 仅在能力范围内开展工作。

2.7 培养公众对计算、相关技术及其后果的认识和理解。

2.8 仅当获得授权或仅为公众利益之目的才能访问计算和通信资源。

2.9 设计和实施具有稳固又可用的安全的系统。

3. 专业领导原则。

3.1 确保公众利益是所有专业计算工作的核心问题。

3.2 明确、鼓励接受并评估组织或团体成员履行社会责任的情况。

3.3 管理人员和资源,提高工作生活质量。

3.4 阐明、应用和支持反映本准则原则的政策和流程。

3.5 为组织或团队成员创造机会,让其成长为专业人员。

3.6 谨慎修改或停用系统。

3.7 识别并特别关注那些融入社会基础设施里的系统。

4. 遵守《准则》。

4.1 坚持、促进和尊重《准则》的原则。

4.2 将违反本《准则》的行为视为不符合计算机协会会员资格。

此外,ACM/IEEE 还颁布针对软件工程师的《软件工程职业道德规范和实践要求》。规范中包含 8 项基本原则,阐明了职业软件工程师(包括软件工程行业从业者、教育者、监督者、政策制定者、接受培训的人员和学生等)肩负的基本道德责任和应履行的基本义务。8 条原则的具体内容如下。

软件工程师职业道德规范和实践要求

计算机在商业、工业、政府、医药、教育、娱乐和整个社会中的核心作用日渐突出。软件工程师是直接参与或讲授系统的分析、规格说明、设计、开发、认证、维护和测试的人员。基于在软件系统开发中的地位,软件工程师可能将事情做好也可能做坏,还可能让他人或影响他人将事情做好或做坏。为了最大限度地保证自己的工作是有益的,软件工程师必须保证使软件工程业成为对社会有益的、受人尊敬的行业。基于以上保证,软件工程师应当遵守下面的道德和职业行为准则。

(1) 公众:软件工程师应当以公众利益为目标。

(2) 客户和雇主:在保持与公众利益一致的原则下,软件工程师应注意满足客户和雇主的最高利益。

(3) 产品:软件工程师应当确保他们的产品和相关的改进符合最高的专业标准。

(4) 判断:软件工程师应当维护他们职业判断的完整性和独立性。

(5) 管理:软件工程的经理和领导人员应赞成和促进对软件开发和维护合乎道德规范的管理。

(6) 专业:在与公众利益一致的原则下,软件工程师应当推进其专业的完整性和声誉。

(7) 同行:软件工程师对其同行应持平等、互助和支持的态度。

(8) 自我:软件工程师应当参与终生职业实践的学习,并促进合乎道德的职业实践方法。

2.5   本章小结

本章主要介绍了软件工程的基本概念、思想、发展历史以及目标和原则,讨论了软件危机的基本特征和产生根源,介绍了计算机辅助软件工程的基本概念和相关工具,以及软件从业人员需遵守的法律、法规和职业道德规范。

本章的学习重点是理解软件工程的基本概念、思想、目标和原则,理解软件危机的表现和根源;理解软件质量和质量保证的概念,能够根据具体的应用场景选择合适的质量保证方法,分析和评估软件质量的好坏。

2.6   综合习题

1. 软件工程的"工程"体现在哪些方面?
2. 请举例说明面向对象程序设计中体现了哪些软件工程基本原则。
3. 软件危机有哪些表现?请列举并分析。
4. 请列举至少三个导致软件危机的原因,并分析其影响。
5. 你是否认为软件危机是不可避免的?请说明你的观点,并提出你的解决方案。
6. 计算机辅助软件工程对软件工程的意义是什么?
7. 列举你熟悉或使用过的 CASE 工具,分析它们分别在哪些软件开发活动中发挥了什么作用,是否存在什么不足或待改进的地方?

2.7   引申阅读

Broy M. The software crisis:A historical perspective[J]. IEEE Annals of the History of Computing,2016,38(3):5-9.

阅读提示:这篇论文回顾了软件危机的历史,分析了导致软件项目延迟、成本超支、质量等问题的根本原因。在论文中,作者介绍了早期计算机科学和软件工程的发展,以及人们在开发大型和复杂软件系统时所面临的挑战。作者还讨论了早期软件开发方法的局限性,以及这些方法如何在实际项目中导致了危机。此外,论文还涵盖了软件工程领域的进步和演变,以及如何通过引入新的方法、工具和最佳实践来应对软件危机。

2.8   参考文献

[1] Pressman R S,Maxim Bruce R. 软件工程:实践者的研究方法[M]. 9 版. 王林章,崔展齐,潘敏学,等译.北京:机械工业出版社,2022.

[2] Sommerville I. 软件工程[M]. 10 版. 彭鑫,赵文耘,译. 北京:机械工业出版社,2018.

[3] 张海藩,牟永敏. 软件工程导论[M]. 6 版. 北京:清华大学出版社,1996.

[4] 毛新军,董威. 软件工程:从理论到实践[M]. 北京:高等教育出版社,2022.

[5] 彭鑫,游依勇,赵文耘. 现代软件工程基础[M]. 北京:清华大学出版社,2022.

［6］ 卡帕斯·琼斯. 软件工程通史：1930—2019［M］. 李建昊，译. 北京：清华大学出版社，2017.

［7］ Brooks F P. 人月神话（40 周年中文纪念版）［M］. 汪颖，译. 北京：清华大学出版社，2015.

［8］ 张效祥. 计算机技术百科全书［M］. 北京：清华大学出版社，2018.

［9］ 全国科学技术名词审定委员会. 计算机科学技术名词［M］. 3 版. 北京：科学出版社，2018.

［10］ 朱光旭，谭浩强，林锐. 软件危机与软件工程［M］. 北京：清华大学出版社，2018.

［11］ Boehm B W. The Software Crisis Revisited［J］. IEEE Software，2018，35(1)：50-53.

第 3 章

软 件 过 程

本章学习目标
- 理解软件过程和过程模型的概念。
- 理解软件过程框架及其涉及的活动和任务。
- 掌握经典软件过程模型的特性。
- 具有选择和区分不同经典模型的初步能力。

本章向读者介绍软件工程中重要的概念之一——软件过程,它与软件开发技术相关联,但是侧重点不同。3.1 节介绍软件过程的概念,重点是软件过程的定义和软件过程模型的概念。3.2 节简述经典的软件过程模型,使读者具有软件过程模型选用的初步知识。3.3 节通过示例介绍软件开发中选择软件过程模型时需要考虑的主要因素。3.4 节为本章小结,概要总结了本章的主要内容和学习重点。3.5 节综合习题,用于巩固、扩展和检查本章所学知识。3.6 节提供实践指导,目的是通过实践活动加深读者对本章知识的理解。3.7 节推荐的读物供读者以不同的叙述方法了解相关的知识,还可以扩展知识,并获得新的理解。

3.1 软件过程的概念

成功地开发一个软件系统需要从事一系列复杂的工程活动,涉及技术和管理两方面,活动应有输入性和输出性的工作成果,需要合理安排活动的工序并提供支撑活动的资源。从软件工程发展历程看,早期没有软件过程的概念,相关的工程活动混乱到不堪回首,当产业界和学术界意识到必须解决工程活动的混乱后,过程概念被引进软件工程中,使得无序逐渐进步到有序,并建立起一套软件过程的方法和技术。

3.1.1 软件过程的概念和模型

软件过程(Software Process)是为建造高质量软件所需完成的任务的框架,即形成软件产品的一系列步骤,包括中间产品、资源、角色及过程中采取的方法、工具等范畴。

软件过程的通用构成框架如图 3.1 所示,它涉及软件生存周期中所涉及的一系列软件开发过程。过程(Process)是活动(Activity)的集合;活动是任务(Task)的集合;任务的作用是加工输入然后产生输出;输出是过程的产出的结果,这个结果可以是模型、程序、数据、文档、报告、表格等。活动之间的关系可以是顺序的、并行的或者是按某一规则安排的。3.2 节将介绍经典的软件过程模型,这些经典模型之间的根本差异就是软件开发时活动安排不同,而这些经典模型的活动安排都是软件开发最佳实践的总结。

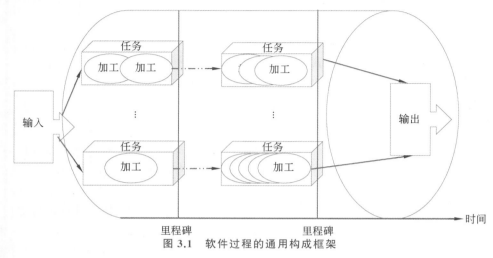

图 3.1   软件过程的通用构成框架

软件过程的基本目标是为了获得满足工程需求的软件,因此不仅要关注工程中的软件开发,还要关注涉及软件整个生命周期的工程支持和工程管理,包括需求获取、需求分析、软件设计、编程实现、软件测试、软件交付等工作任务。软件过程是软件项目管理的基础,它使得项目管理在此基础上运用技术和方法、规定产出的工作产品、设置里程碑、开展质量保证(SQA)、实施和控制变更等。

按照软件生命周期过程国际标准(ISO/IEC/IEEE 12207—2017 Systems and software engineering - Software life cycle processes),软件过程可概括为 4 类:协商过程、组织项目启用过程、技术管理过程、技术过程,如表 3.1 所示,表的第 2 列为软件过程的 4 个大类,第 3 列为大类的细分过程。协商过程包含两个过程:采购过程、供应过程。组织项目启用过程包含 5 个过程:生命周期模型管理过程、基础设施管理过程、投资组合过程、人力资源管理过程、质量管理过程。技术管理过程包含 8 个过程:项目规划过程、项目评估和控制过程、决策管理过程、风险管理过程、配置管理过程、信息管理过程、测量过程、质量保证过程。技术过程包含 14 个过程:业务和任务分析过程、干系人需求和需求定义过程、系统/软件需求定义过程、架构定义过程、设计定义过程、系统分析过程、实现过程、集成过程、验证过程、转移过程、确认过程、运行过程、维护过程、处置过程。

一个软件在其生命周期中,从策划、开发、运维到消亡大体涵盖上述 4 大类共 29 个过程,过程的发生及过程之间的关系并没有固定的规范,在实际执行中过程之间可能有顺序关系,也可能有并行关系。但是,在软件工程实践中,为了避免软件生命周期中过程的混乱,形成了一些相对固定的、有典型意义的过程模型,为软件开发的规划提供了明确的路线图,3.2 节将介绍经典的软件过程模型。随着计算机技术的进步、社会的发展,模型也在吐故纳新。

表 3.1 软件生命周期过程构成

	协商过程	采购过程
软件生命周期过程		供应过程
	组织项目启用过程	生命周期模型管理过程
		基础设施管理过程
		投资组合过程
		人力资源管理过程
		质量管理过程
	技术管理过程	项目规划过程
		项目评估和控制过程
		决策管理过程
		风险管理过程
		配置管理过程
		信息管理过程
		测量过程
		质量保证过程
	技术过程	业务和任务分析过程
		干系人需求和需求定义过程
		系统/软件需求定义过程
		架构定义过程
		设计定义过程
		系统分析过程
		实现过程
		集成过程
		验证过程
		转移过程
		确认过程
		运行过程
		维护过程
		处置过程

软件过程模型(Software Process Model)就是一种开发策略,是软件工程目标达成的保障。该策略为软件生命周期中的主要过程提供一套范型(Paradigm),为工程进度的安排提供指导。过程模型就是对软件生命周期中基本活动的执行顺序给出建议性安排,基本活动来源于表 3.1 中的技术过程,主要包括软件需求、设计、实现、验证、交付。由于软件过程模型关注的软件过程及活动具有顺序性和依赖性,不能任意地安排。软件过程模型在安排活动时,采取的策略是基本活动的整体安排和拆分安排,从而形成模型的不同基本范型。模型中基本活动形成线性顺序、迭代、增量和并行的特性,如瀑布模型是典型的线性顺序范型,迭代模型是一种迭代范型,增量模型具有并行特性。不同模型适用的场景,通常与需求规模和清晰度有关,还与交付期要求和管理水平有关,以及与采用的技术和员工能力有关。

3.1.2 软件过程框架及活动

软件过程是指为实现交付和工件预定义的目标,项目团队对软件产品的开发与维护的活动和基础设施,涉及工程和管理的技术和方法。一个软件过程的定义包含共性与特性两方面,特性是由不同的任务和不同的活动所决定的,特性不同过程就不同;共性是过程定义遵循的基本的、共同遵守的框架。如图 3.2 所示,过程框架就是共同方面,所有的软件过程都以此框架(模板)进行定义。特性是每个过程都有自己的目标、任务、交付物、质量保证点和里程碑。

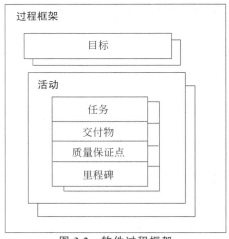

图 3.2　软件过程框架

　　活动(Activity),是要求角色执行的工作单元,角色通过执行一系列动作完成一个活动。活动主要实现宽泛的目标,例如,获取产品与产品组件需求,与应用领域、项目大小、结果复杂性等没有直接关系。

　　活动由 4 个基本单元构成:任务、交付物、质量保证点(要求)和里程碑。任务(Task)是基本的工作单位,通常作为一项工作指派给某人或某个团队,它能产生实际的成果,如建立产品需求。交付物是过程的产品物,是在指定的时间(里程碑)内提交的产品,并且要符合质量保证要求。质量保证点,是指在过程进行的某个时间点上要开展的质量保证活动,质量保证活动由保护性活动定义,如评审活动。里程碑是项目有关人员或管理人员负责的在预定时间将发生的事件,它用来标志过程执行时的工作进度,通常与工作产品提交时间和质量保证活动时间有关。

　　软件生命周期所需要开展的活动和需要完成的任务是多种多样的,没有一成不变的标准。其中,有核心的任务和为完成核心任务所需的基本活动,以及为做好核心任务而衍生的辅助或次要的任务和相关活动。要掌握软件过程的概念,首先要理解什么是软件生命周期中的核心任务和活动,以及这些任务和活动的目标和作用。过程中的活动是为了完成某一过程的一组密切相关的活动。以需求分析为例,其目的在于挖掘、分析并建立软件的需求规格,任务可细分为获取用户需求、开发产品的需求、确认需求。相关的活动包括领域理解、需求收集、需求检查、需求分类、需求优先级排序、需求描述、需求文档撰写、需求评审等。

　　生产一个软件的核心活动是编程,就是用程序设计语言描述软件,又称其为软件实现(Software Implementation),其他工作(活动)都是服务于编程的。但仅有编程活动无法保证开发出高质量的软件,还需要多项活动密切配合才能保证软件开发目标的实现,这就形成了基本的软件开发活动,包括需求获取(软件定义)、软件设计、代码编写、软件测试(有效性验证)、软件部署(交付)、软件维护(演化或进化)。有时将软件设计和代码编写合并称为软件构造(Software Construction)。

　　为了便于理解软件过程的概念,下面简要介绍基本软件开发活动。

　　(1) 需求分析(Requirement Analysis)。为完成准确地回答"目标系统必须做什么"这一核心任务;另外一项重要任务是用正式文档准确地描述和定义目标系统的需求,这一份文档通常被称为需求规格说明书(Requirements Specification),是需求分析这一活动的主要产出物。

（2）软件设计（Software Design）。基本任务是回答"怎样实现目标系统"，其中的主要任务是设计软件体系结构、数据存储方案，以及各功能模块或构件的实现方案，并产出软件设计规格说明书（Design Specification）。

（3）代码编写（Coding）。任务明确且单一，就是将软件设计规格说明书的软件设计方案用程序代码实现（及相应的程序调试），因此又被称为实现（Implementation）。当然，除了产生程序代码外，当下许多软件开发还有一项任务就是生成软件需要的数据。

（4）软件测试（Software Test）。软件测试是软件有效性验证最主要的技术手段，其任务是通过各种类型的测试验证软件是否达到预定的用户要求，即满足软件需求规格说明书。

（5）软件交付（Software Delivery）。任务是将开发完成的软件或软件的一个新功能部署到生产系统中，供用户使用。

（6）软件进化（Software Evolution）。主要任务是应对软件的变更，包括通过软件维护、变更和再工程等各种必要的手段使系统持久地满足用户的需求。

除了上述基本的活动外，还有一些保护性活动（Umbrella Activity），也被称为普适性活动，如配置管理、技术评审、风险管理、员工培训等。通常保护性活动与某一软件过程及这一个过程内的特定活动有关，但是又不局限于某个软件过程或其中某个活动。这类活动集自己可以构成软件过程。这些活动贯穿软件整个生命周期，以帮助软件开发团队管理和控制软件开发进度、质量、变更和风险管理等。以配置管理为例，几乎与所有软件开发活动有关，例如，需求变更需要配置管理过程支持，编码时产生的程序文件的提交和版本变更也需要配置管理过程支持。配置管理过程是一种支撑性的软件过程，其中的活动具有对其他软件工程活动的支撑作用。

典型的保护性活动如下。

（1）项目跟踪和控制。对于计划驱动的项目，项目管理者根据计划来评估项目进度，并且采取必要的措施保证项目进度、成本和软件质量符合计划目标。

（2）风险管理。应对可能影响项目成果或者产品质量的风险，降低风险的危害。

（3）质量保证。确定和执行保证软件质量的活动。

（4）技术评审。评估软件工程产品的质量，尽量在错误传播到下一个活动之前发现并清除错误。

（5）软件度量。定义和收集过程、项目以及产品的度量，以帮助团队发布的软件能满足利益相关者的要求。度量往往与其他活动配合使用。

（6）软件配置管理。在整个软件过程中管理变更及变更所带来的影响。

（7）复用管理。定义工作产品复用的标准（包括软件构件），并且建立构件复用机制。

（8）工作产品的准备和生产。包括生成产品（如建模、文档、日志、表格和列表等）所必需的活动。

理清纷杂的软件工程任务、活动和过程，可以先从通用过程框架入手，了解软件过程的各项任务和活动的内容和目标，再从通用过程模型来熟悉过程的定义，这样做可以从宏观再到微观全面地掌握软件过程的概念。过程框架定义了基本的若干框架活动，构成了实现完整的软件工程过程的基础，同时可以有选择地加入一些保护性活动。

通用软件工程过程框架包含以下 5 个活动。

（1）沟通。在软件开发工作开始之前，与客户的沟通和协作极其重要，其目的在于理解利益相关方对项目的需求，并定义软件特性和功能。现代的软件开发中，开发者之间、开发者与用户之间的沟通所起的作用越来越重要，特别是开发者与用户的沟通是当前许多软件开发不可或缺的前提条件。

（2）策划。策划就是为软件开发制订计划。计划驱动的软件开发依赖于明确的工作步骤，计划承担了定义和描述软件开发工作的任务和步骤，包括需要执行的技术任务、可能的风险、资源需求、工作产品和工作进度时间表等。

（3）建模。模型能帮助软件开发人员理解和描述软件的体系结构，确立构件的特性和构件之间的关系。软件的开发过程就是模型不断演化的过程，需求模型、设计模型都是模型。软件开发人员利用模型来理解软件需求，并完成满足需求的软件设计。

（4）构建。构建将设计模型建造为软件，是软件由模型实现为程序的过程，包括编码和测试，后者用于发现编码中的错误。

（5）部署。软件交付给用户，在用户能够使用前，需要将软件的不同构件部署到不同计算机和设备上，然后用户才能对其进行评测，并确认软件是否满足其需求。

定义软件过程是一项艰巨的工作，涉及软件工程中的技术、技能、组织、管理，既要符合企业的商业目标和软件产品特性，还要满足用户的交付要求等。过程定义通常可以参照标准模型，如 ISO 9001、ISO 15504、CMMI 等国际标准或行业标准，过程定义超出本章范围，有兴趣的读者可访问相关的网站：①IOS 9001 和 ISO 15504 可访问国际标准化组织（International Organization for Standardization，ISO）官网；②CMMI 可访问国际信息系统审计协会（Information Systems Audit and Control Association，ISACA）官网。

3.2　经典的软件过程模型

经典的软件过程模型是多年软件工程最佳实践的总结，并在软件开发中得到广泛应用。本节介绍的经典软件过程模型有瀑布模型、V 模型、增量模型、迭代模型、原型模型、螺旋模型、演化模型、统一过程模型，这些模型的主要差别在于过程流的不同。

过程流描述了在执行顺序和时间上如何组织框架中的活动任务，执行顺序和时间的安排直接影响到里程碑、基线和交付物的设置。线性过程流，如图 3.3 所示，从沟通到部署顺序执行。此类过程流包括瀑布模型和 V 模型。迭代过程流，如图 3.4 所示，在执行下一活动前重复执行之前的一个或多个活动，包括迭代模型、原型模型、统一过程模型。演化过程流，如图 3.5 所示，采用循环的方式执行各个活动，每次循环都能产生更为完善的软件版本，如演化模型、螺旋模型、增量模型。并行过程流将一个或多个活动与其他活动并行执行，如增量模型。

图 3.3　线性过程流示意图

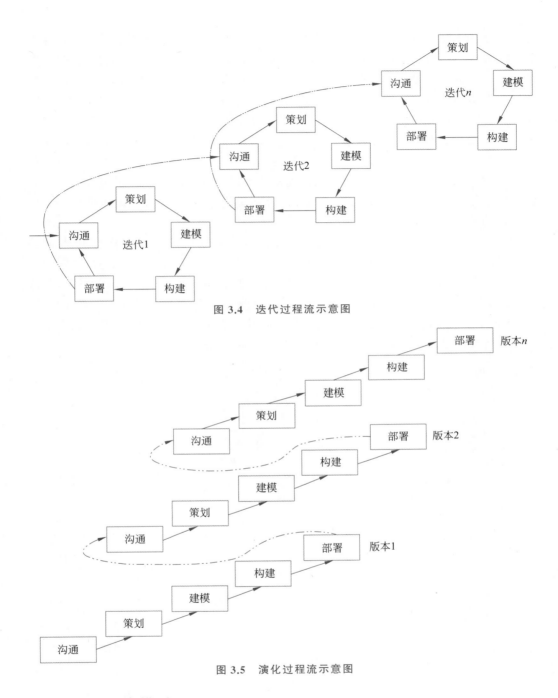

图 3.4 迭代过程流示意图

图 3.5 演化过程流示意图

3.2.1 瀑布模型

瀑布模型,又称为经典生命周期模型,起源于 20 世纪 70 年代,是一种典型的线性过程流模型。其突出的特点是一个阶段活动完成后再开始下一个阶段活动。由于该模型从一个阶段到下一阶段形似瀑布,所以被称为"瀑布模型"。尽管当前瀑布模型的应用并不多,但是它仍然是最著名的软件过程模型。它是最早试图解决软件开发和维护这一复杂问题的,从时间维度对其进行分解和简化问题,将软件生命周期按时间依次划分为需求分析、软件设计、编程(编码)、软件测试、运行与维护等阶段(里程碑)。

瀑布模型的重要贡献是揭示了软件开发的一些特性。其一是指明需求规格、软件设计、编码与测试存在阶段间的顺序性和过程输入输出间的依赖性；其二是推迟实现，即用成本较低的文档建模活动来建立软件的模型，再用成本较高的编码活动实现软件。瀑布模型提出的需求分析-设计-编码-测试的工作流程成为其他软件过程模型的基础工作流程。推迟实现也是各种工程实践中广泛采用的策略。

瀑布模型最重要的特性是基于确定性前提，即用户需求、软件运行环境等都是可以事先精确预知的。然而，大量软件工程实践表明，这一前提在大多数工程项目中很难满足，特别是在具有长生命周期、软件规模巨大以及新兴的软件应用领域的软件系统开发中，不确定性已经成为常态。当确定性前提能够得到满足时，瀑布模型就是效果最好的软件过程模型。

如图 3.6(a)所示的瀑布模型清楚地区分逻辑分析（需求分析和规格说明）与物理设计（设计），并尽可能地推迟程序的物理实现（编码）。每个阶段都必须完成规定的产出物，并经过质量评审（验证），交出的产出物不合格就是没有完成该阶段的任务，要返工，也就意味不能进入下一阶段。每个阶段结束前的验证，可以尽早发现问题，改正错误，这是瀑布模型的一大优点，作用是尽量不将软件的缺陷传递到下一阶段，效果是减少下一阶段的返工，达到降低开发成本和缩短工期的目的。

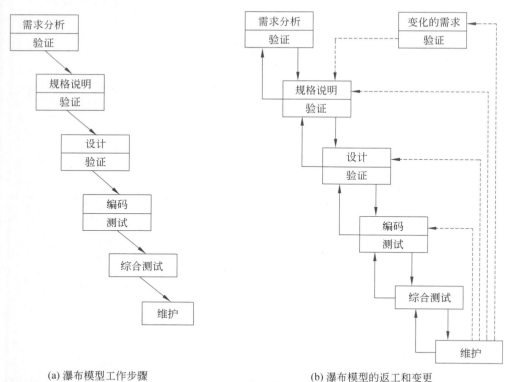

(a) 瀑布模型工作步骤　　　　　　　　(b) 瀑布模型的返工和变更

图 3.6　瀑布模型

瀑布模型也不是绝对不允许返工，图 3.6(b)中下一阶段返回上一阶段的箭头表示返工，当发现上阶段的工作成果有问题时，可以返回上一阶段，进行修正工作。图 3.6(b)中的虚线表明在软件交付后，仍然可以返工，修改前序的工作成果。瀑布模型的返工，由于阶段之间的依赖关系往往意味着较大的工作量和较长的工时。如果返工工作量大时,瀑布模型难以应对,意味着瀑布模型不适用。

瀑布模型的突出优点是过程可见,容易管理,项目管理者能够根据项目计划监控项目过程,减少项目的不确定性。它的缺点也显而易见,即客户通常难以清楚地描述所有的需求,对需求变更响应慢,难以及时发现系统的问题。工作任务和工程活动为线性组织方式,任务之间存在依赖性,开发团队难以并行工作,软件交付期难以缩短。确定性前提要求,导致它适用范围窄。

3.2.2　V 模型

V 模型,如图 3.7 所示,因整个开发过程构成一个字母"V"形而得名。编码构成了 V 的顶点,V 的左侧是需求分析和设计,V 的右侧是测试和运维,表达了左右两侧的关联关系。该模型是瀑布模型的一个变体,左侧大体遵照瀑布模型,在编码完成后反弹,逐阶段进行测试,强调在各个阶段进行不同的验证和确认,以提升软件质量。V 模型更明确地说明了隐藏在瀑布模型中的一些迭代和返工,V 的左右两侧关联意味着,如果在验证和确认期间发现问题,可以重新执行 V 左侧,在重新执行右侧的测试步骤之前修复和改进需求、设计和代码。V 模型的左右两侧的对应关系如下。

- 需求分析对应验收测试。
- 概要设计对应系统测试。
- 详细设计对应集成测试。
- 软件编码对应单元测试。

V 模型是瀑布模型的一种加强,提升软件质量以更多地消耗人力和时间为代价。相较于构造软件的工作,V 模型对测试工作更具有指导意义,因此,通常它也被认为是软件测试模型。V 模型的左侧,如同瀑布模型,其中的需求分析和软件设计是软件设计构造过程,但同时也伴随着质量保证活动——验证过程,通常是各种评审活动,属于静态的软件测试过程。按瀑布模型流程,在软件构造过程中,软件的程序要么不存在,要么存在但尚不完整,往往不能采用动态的软件测试方法进行测试。V 模型的右侧是对左侧结果的验证,是动态测试过程,即对需求分析和软件设计结果进行软件测试,以验证和确认软件是否满足用户需求。经过编码过程后,软件已经被构造成一个完整的系统,可以运行,此时也可以采用动态的软件测试方法进行测试。

从垂直方向看图 3.7,水平虚线上部,需求分析、验收测试和运行维护等工作主要是面向用户。水平虚线下部是技术工作,主要由软件工程师、测试工程师等技术人员完成。

从垂直方向看图 3.7,越往下面,白盒测试方法使用越多,中间部分是灰盒测试方法。在验收测试过程中,使用黑盒测试方法。

本书后续将有专门的章节讲解白盒测试和黑盒测试。

3.2.3　原型模型

20 世纪 80 年代中期,在许多软件开发的早期阶段,用户和开发者对系统的认识模糊,很难完全、准确地表达系统的需求,瀑布模型难以应用,原型模型应运而生。原型模型先借用已有软件系统作为"样品",通过向用户提供"可视化"的原型获取用户的反馈,保证开发出的软件能够满足用户真正的需求。原型模型采用逐步求精的方法完

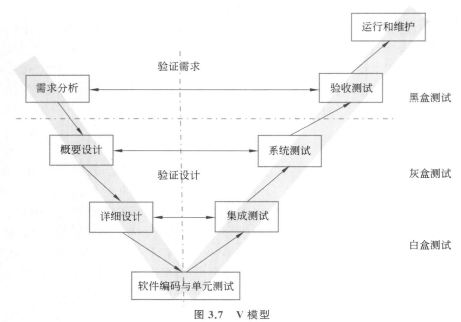

图 3.7　V 模型

善原型,使得原型能够"快速"开发,并取得用户的反馈,避免冗长的开发过程。原型模型与瀑布模型相比,原型开发过程短,可以快速地响应用户的反馈。

　　原型模型,是增量模型的另一种形式,是在开发真实系统之前,构造一个原型,在该原型的基础上,逐渐完成整个系统的开发工作。原型(Prototype)是指模拟某种产品的原始模型,是一个可实际运行、能够反复修改、需要不断完善的系统。软件开发中的原型是软件的一个早期可运行的版本,它反映了最终系统的重要特性。例如,开发一个打车软件,可以先设计开发基本功能,如用户注册与认证、乘客打车请求、乘客预约请求、出租车派单、司机接单/抢单等。原型系统推出后再逐步增加订单评价、定位导航、查看轨迹、沟通交流、在线支付、语音播报、实时监控等功能,还可以不断地修改或完善已有的功能。

　　原型开发的步骤如图 3.8 所示。

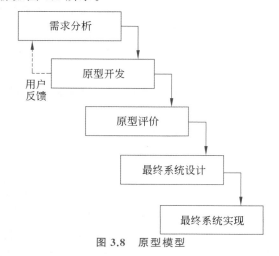

图 3.8　原型模型

首先,进行快速的需求分析,获取基本的需求。

其次,构造原型,先建立一个功能简单的原型系统;然后,进行原型评价,将原型系统展示给用户,在用户试用过程中,开发者收集用户的反馈。

最后,完善原型,通过对原型系统的反复评价、反复修改,从而逐步求精地确定各种需求的细节和变化,不断扩充完善系统的设计,最终得到较完整的软件系统。

在原型开发过程中,通过获取用户对原型的反馈来完善软件需求,经过"需求分析-原型开发"反复迭代,不断完善软件需求。

原型模型通过向用户提供原型获取用户的反馈,使开发出的软件能够真正反映用户的需求,因此,原型开发被认为是获取用户需求的一种方法,原型是为定义需求服务的。原型主要有以下三种类型。

(1)探索型。开发原型的目的是要弄清用户对目标系统的要求,确定所期望的软件特性,并探讨多种实现方案的可行性。此类原型主要针对开发目标模糊,用户和开发者对项目都缺乏经验的情况。

(2)实验型。原型并不是真正交付用户的软件,仅用于大规模开发和实际系统实现之前,验证方案是否合适,规格说明是否可靠。

(3)进化型。原型是交付软件的一部分,开发原型的目的不仅是改进规格说明,而是将软件系统建造得易于变化,在改进原型的过程中,逐步将原型进化成最终系统。

探索型原型和实验型原型采用废弃策略,即先构造一个功能简单而且质量要求不高的模型系统,系统构造完成后,原型系统被废弃。废弃型策略用于验证概念,适用设计选型、发现更多的问题和可能的解决方法。进化型原型采用追加策略,先构造一个功能简单而且质量要求不高的模型系统,作为最终系统的核心。

原型模型特点突出,它的优点表现为降低软件开发初期需求不明带来的风险。它的缺点表现在增加了软件开发管理的难度;也不利于非功能需求的满足,如可维护性、性能和安全性等。

3.2.4 增量模型

增量模型(Incremental Model),又称为渐增模型,也称为有计划的产品改进模型,它从一组给定的需求开始,通过构造一系列可执行的中间版本来实施开发活动。第一个版本(核心产品)纳入一部分需求,下一个版本纳入更多的需求,以此类推,直到系统完成。运用增量模型的软件开发过程是递增式的过程,是把待开发的软件模块化,将每个模块作为一个增量组件,从而分批次地分析、设计、编码、集成和测试这些增量组件。相对于瀑布模型而言,采用增量模型进行开发,开发人员不需要一次性地把整个软件产品提交给用户,而是分批次提交,交付的软件系统是集成一系列中间版本的成果。

增量模型是瀑布模型和原型模型的综合,在整体上按照瀑布模型的流程实施项目开发,即每个增量按瀑布模型的线性序列进行开发,每一个线性序列生产软件的一个可发布的"增量",以方便对项目的管理。为加快软件的开发速度,缩短交付期,不同的增量可以并行推进,情形如图 3.9 所示,"增量 1"可以与"增量 2"在时间上存在重叠,也就是说,增量 1 还没有交付,增量 2 已经开始,当然,增量 1 与增量 2 也可以是串行的。增量模型是将软件系统按功能分解为若干增量构件,并以构件为单位逐个地创建与交付,直到全部增量构件创建完毕,并都被集成到系统之中交付用户使用。

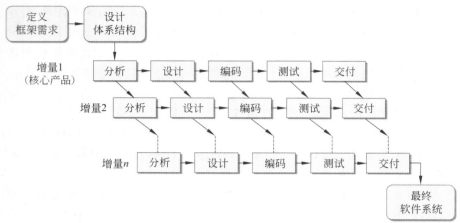

图 3.9   增量模型

增量模型适于不能提前制定出完整的问题解决方案的情况,采用摸着石头过河的方式,逐步逼近结果,本质上是迭代。同时,这种方法也体现了与时俱进的思想,可以较好地应对需求变更。增量模型分批地向用户提交产品,付出的代价是它的软件体系结构必须是开放的,适合软件的扩展并在较短期内交付产品。其强调每一个增量均发布一个可操作产品,早期的增量是最终产品的"可拆卸"版本,但提供了为用户服务的功能,并且为用户提供了评估的平台。把软件产品分解成增量构件时,唯一必须遵守的约束条件是,当把新构件集成到现有构件中时,所形成的产品必须是可测试的。

增量模型在项目管理和开发技术上都有较高的难度,使用时需要关注以下问题。

- 良好的可扩展性软件架构设计,是增量开发成功的基础。
- 由于一些模块必须在另一个模块之前完成,所以必须定义良好的接口。
- 与完整系统相比,增量方式对软件的评审难度更大,所以必须定义可行的过程。
- 要避免把难题往后推,首先完成的应该是高风险和重要的部分。
- 客户必须认识到总体成本不会更低。
- 分析阶段采用总体目标而不是完整的需求定义,可能不利于项目管理。
- 需要良好的计划和设计,管理必须注意动态分配工作,技术人员必须注意相关因素的变化。

增量模型的优缺点都很突出,相比于瀑布模型,主要优点有增量模型降低了应对需求变更的成本,能更经济、更容易、更快速地变更软件。由于更快地交付和部署,能够在较短时间内得到问题反馈,同时用户可以更早地使用软件并创造价值。其缺点也显而易见,缺乏整体规划,开发过程复杂,管理难度大,越往后变更越困难,导致功能堆砌,开发成本逐渐上升。

3.2.5   迭代模型

早在 20 世纪 50 年代末期,迭代模型(Iterative Model)就已出现在软件领域,那时软件工程还未诞生。最早的迭代模型被描述为分段模型(Stagewise Model),它的兴起得益于 RUP(统一过程模型)的推荐。瀑布模型是最早得到广泛应用的软件开发模型,但是,瀑布模型难以有效应对软件规模越来越大、交付时间越来越短等情况。使用瀑布模型完成软件开发存在不可控的需求风险及交付周期压力。在某种程度上,迭代模型是瀑布模型的缩小与循环,每次迭代都完整地经历需求分析、设计、实施和测试工作流程,类似小型的瀑布式项目。只是迭代模型是重复相同的类似瀑布模型的开发过程,见图3.10,每次的迭代都会产生一个可以发布的软件版本,这个软件版本是最终软件产品的一个子集。

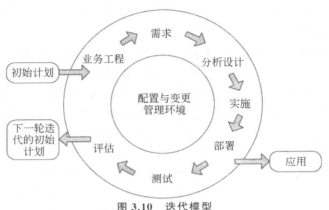

图 3.10　迭代模型

迭代策略与原型和增量策略不同,它是一种演进的思想,认为软件需求是可以逐渐逼近的,当用户需求不充分、需求变更较多,并且风险高时,可以通过迭代的演进方式达成目标。原型方法的核心思想是通过原型开发来获取用户的需求。增量方法是为了快速交付软件,而限制一次性开发庞大软件,通过增量累加逐步完成大型软件。而迭代有原型的思想,即每个迭代周期交付的软件可以是原型;也有增量的思想,每个迭代周期交付的软件都是上一个迭代周期的增量。

如图3.10所示的迭代模型示意图,形象地表明采用迭代模型进行软件开发就像一个不断向前转动的车轮,一步一步地逼近目标,车轮每转动一圈的过程是相同的,但车轮所经过的道路却不同,车子距离目标的距离也不同。车轮转动比作迭代周期,每个迭代周期都经历相同的软件开发活动,如图3.10中的业务工程、需求、分析设计、实施、部署、测试、评估等,每个迭代周期的结果通常是一个可运行的软件版本,甚至是可交付给用户的版本。当然,迭代模型也如同车子,也可能有后退的时候,这往往意味着有重要大需求变更,或者开发的软件版本有重大缺陷,需要回退重来。

迭代模型的优点是用户反馈时间短,每个迭代周期的工作成果可以快速地交付给用户,因此可以快速地获得用户使用效果的反馈;演进式推进可以降低软件项目的风险,在推进的过程中,可以结合上一个迭代周期的用户反馈来调整需求并变动部分功能/业务逻辑,再开始新一轮的迭代;阶段性的功能调整及快速质量反馈,使得开发人员清楚软件的功能定位和问题焦点,少走弯路,减少返工;当用户需求不能在项目一开始就做出完整和准确的定义时,迭代过程能够在后续的迭代周期中不断细化和完善,以更好地适应需求的变化。

采用迭代模型的项目,往往需求变更频繁,易导致软件体系结构频繁变动,对项目的管理、软件的质量控制都有非常高的要求,对软件开发团队的软件工程能力也有非常高的要求。

3.2.6   螺旋模型

螺旋模型(Spiral Model)在 1988 年提出。它是一种为应对大型、复杂、高风险软件开发项目,将原型模型的迭代和瀑布模型的系统性和严格监控结合起来的一种演进式过程模型。它具有风险驱动的特性,将开发活动与风险管理结合起来,提供了一种中止项目的止损机制。它采用迭代的方式逐步完善系统定义和推进系统的实现,以降低风险,即每次迭代都不是在原水平上进行,是对整个开发过程进行迭代,而不仅仅是对编码、测试进行迭代。

螺旋模型,如图 3.11 所示,采用迭代的策略,形似一圈套一圈的螺旋线,沿螺旋线自内向外,每旋转一圈就是一个迭代周期,每个迭代周期开发出一个新的软件版本(或新版本的原型)。从小规模开始,进行风险分析,制定风险控制计划,由此确定下一步是否还要继续项目,开始下一个螺旋的迭代。螺旋模型的一次迭代,包括制订计划、风险分析、实施工程、客户评估这 4 个阶段(如图 3.11 所示的 4 个象限)。

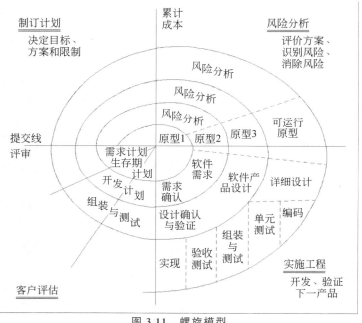

图 3.11   螺旋模型

第 1 象限:制订计划,该阶段要完成确定软件目标、选定实施方案、弄清项目开发的限制条件。

第 2 象限:风险分析,该阶段的工作有分析所选方案、识别和消除风险。

第 3 象限:实施工程,该阶段进行软件开发、验证工作。

第 4 象限:客户评估,该阶段的工作包括评价软件功能和性能,提出修正建议。

螺旋模型的突出优点体现在风险管理,能够有效降低项目不确定性带来的风险;一个迭代周期为一个关键的里程碑,确保利益相关方在一个迭代周期内都能支持项目推进。缺点为实践中很难说服客户以合同形式合作,并且需要依赖大量风险评估专家做风险评估工作。

在开发模型中加入风险管理,表面上看是加强风险管控,但是实际上现代的软件开发都是在现代项目管理管控下进行的软件开发,而现代项目管理都要求在里程碑处或有重要事件发生时进行风险分析。风险管理更偏向于管理人员承担的工作,不是软件开发人员擅长的工作。因此,螺旋模型的风险分析的作用有限,与其他模型相比优势并不是特别突出。

3.2.7　演化模型

演化模型(Evolutionary Model)利用演化的方法,渐进式地推进软件开发。在此模型指导作用下,软件经过一段时间的演化,逐步完善,达到满足用户需求的目的。此模型主要针对需求不够清晰,且常常变化,加之交付期要求紧迫的软件开发项目。它的基本思想是承认并未完全理解用户的需求,因而对于需求的理解将在后继演化(精化阶段)中不断完善。因此先提交一个有限的版本,该版本的目标只是在探索可行性,弄清软件的需求,细节部分可以在后续的开发中定义和完善。在整个软件的开发过程中采取分批循环演化开发的策略,每演化一次开发或完善一部分功能,演化的成果成为这个软件产品原型的新增功能。

演化模型的演进方式如图 3.12 所示,第一次演化(需求→设计→实现→测试→集成)→反馈→第二次演化(需求→设计→实现→测试→集成)→反馈→……实际上,这个模型可看作是重复执行了多个"瀑布模型",每一次演化就是执行了一次瀑布模型。

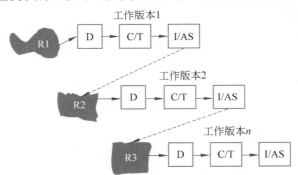

R:需求　D:设计　C/T:编码/测试　I/AS:安装和验收支持
图 3.12　演化模型

第一次演化,根据用户的基本需求,通过快速分析构造出该软件的一个初始可运行版本,这个初始的软件就是原型系统;第二次演化,根据用户在使用原型的过程中提出的意见和建议对原型进行改进,获得原型的新版本,为整个系统增加了一个可定义的、可管理的子集。重复这一过程,可直至软件生命周期终结。而随着软件变更的发生,其软件的结构逐渐变得更加复杂,需要额外的资源来保持和简化。

演化模型由于对待原型的策略不同可分为探索式演化模型和抛弃式演化模型,关于探索式原型和演化式原型可参见原型模型(3.2.3 节)。

演化模型为演化范型,与瀑布模型或者线性顺序范型模型的区别是,演化模型认为需求很难调研充分,现实环境中的软件必须进行变更,否则将逐渐失去在相应环境中的作用,所以很难一次性开发成功。因此演化模型提倡两次开发,第一次为试验开发,成果为试验性的原型产品,其目的只是在探索可行性,弄清软件需求;第二次是在第一次的基础上获得较为满意的软件产品。演化模型应用的前提是开发人员有能力把软件需求分解为不同组,以便分批演化开发。这种分组不是随意的,而是根据功能的重要性及对总体目标的要求而做出的决策。有经验表明,每个开发循环周期时长以6～8 周为宜。

演化模型的优点表现为原型演化的开发方法可以短期内见到可运行软件,并尽早地进入软件测试以验证软件是否满足需求;快速交付给用户的版本,有助于引出高质量的软件需求,并获得快速的应用反馈,为下一次演化打下好的基础;演化范式为配置管理提供了清晰的里程碑,也为风险管理提供了风险分析的软件产品,为下一次演化的继续或取消提供了决策数据。

演化模型的缺点在于需要开发团队要有强大的过程能力,否则模型退化为一种原始的无计划的"试-错-改"模式;软件需求在初期如果不完整的话,势必影响软件的总体设计,这可能削弱软件设计的完整性,并因此影响软件的性能、可靠性和可维护性等。

3.2.8　统一过程模型

统一过程是由 Rational 软件公司创立的软件工程方法,通常被简称为 RUP(Rational Unified Process),或者 UP(Unified Process)。UP 是一种以用例驱动、以体系结构为核心、迭代及增量的软件过程模型,由 UML 方法和工具支持,广泛应用于各类面向对象的软件开发项目。

1. RUP 迭代周期

RUP 是迭代和增量结合的过程,如图 3.13 所示,每个迭代周期分为 5 个阶段:起始、细化、构建、转移和发布。

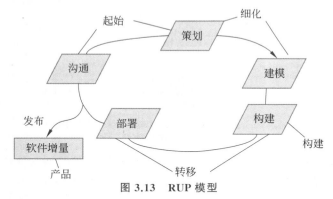

图 3.13　RUP 模型

1）起始阶段

起始阶段的任务是为系统建立用例模型,并确定系统的边界,为此必须识别所有与系统交互的外部实体,在较高层次上定义交互的特性。主要活动包括用户沟通和计划两个方面,强调定义和细化用例,并将其作为主要模型。起始阶段结束为第一个重要的里程碑,完成了系统目标、范围和外部交互特性的定义。

2）细化阶段

细化阶段的任务是分析问题,重点是建立需求分析模型和设计模型,包括类的定义和体系结构的表示,编制项目计划,淘汰项目中最高风险元素。为达到此目的,必须确定系统的范围、主要功能和非功能需求,建立系统的体系结构。同时为项目建立支持环境和准备工具。细化阶段结束为第二个重要的里程碑,要评估系统的目标和范围、体系结构,以及主要风险的管理方法。

3)构建阶段

构建阶段的任务是将设计转换为实现(编码),并进行集成和测试。此阶段是一个软件实现的过程,其目标是将系统构建出来,工作重点是资源、成本、进度和质量的管理。构建阶段结束是第三个重要的里程碑,即初始功能里程碑,此里程碑的主要提交物为可以在测试环境中部署的软件版本,也常被称为 β 版。

4)转移阶段

转移阶段的任务是将产品交付给用户,由用户进行测试评价。重点是确保软件对最终用户是可用的。用户反馈应主要集中在软件的优化、设置、安装和可用性问题上,所有主要的结构问题应该已经在项目生命周期的早期阶段得到解决。在转移阶段的终点是第四个里程碑,即产品发布里程碑。此时,要确定目标是否实现,是否应该开始下一个迭代周期。

5)发布阶段

在发布阶段,已完成的所有人工制品即所有的程序和文档都已完成并交付。软件开发告一段落,后续可以启动新的迭代周期继续软件的增量开发,或者进入维护期。当然,也有一些软件,如提供信息服务为目的的软件系统,一直在前四阶段迭代循环直到软件的生命周期结束。

2. RUP 软件开发过程主要特征

RUP 是一种重量级过程,除过程模型外,还包括大量优秀的实践方法,如迭代式软件开发、需求管理、基于构件的构架应用、建立可视化的软件模型、软件质量验证、软件变更控制等。RUP 软件开发过程的主要特征是:用例驱动、以体系结构为中心、迭代和增量的软件过程。简单介绍如下。

1)用例驱动

用例驱动指通过用例获取软件系统的功能需求,由用例驱动需求分析之后的所有阶段的开发。用例(Use Case)是系统应对外界请求的描述,是通过用户的使用场景来获取需求的技术。在 RUP 中指利用 UML 用例图展示用户与系统交互的一种需求分析方法。有关用例的内容在本书后续章节将有详细的介绍。

2)以体系结构为中心

以体系结构为中心指在项目早期定义一个基础的软件体系结构,然后将它原型化并加以评估,最后进行精化。一个好的体系结构涉及功能和非功能两个方面,对定义一个易修改、易理解和允许重用的系统尤其重要。创建软件体系的一个重要工作是逻辑上把系统划分成子系统,UML 中的包图等可支持体系结构设计。

3)迭代和增量的软件过程

迭代和增量的软件过程指整个软件开发过程由多个迭代周期组成,如图 3.14 所示,在每次迭代中只考虑系统的一部分需求,针对这部分需求进行分析、设计、实现、测试和部署等工作,每次迭代都是在系统已完成部分的基础上进行的增量,每个增量系统都能够增加一些新的特性,如此循环往复地进行下去,直至完成最终项目。

RUP 是以面向对象方法为基础的方法学,在业务建模、需求分析、设计、实现、测试等各个过程中始终贯穿面向对象方法,因此,RUP 更适合面向对象类项目。RUP是一种适应性软件过程,区别于瀑布模型类的预测性软件过程,它不假设从一开始就

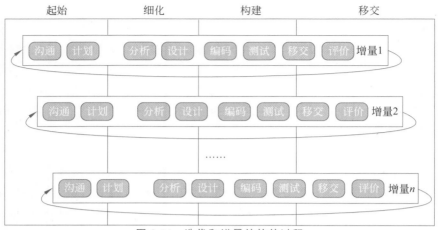

图 3.14   迭代和增量的软件过程

可以掌握软件开发的全过程,而是坚持以迭代方式推进软件开发,结合不断演进的项目状态和现实变化做出相应的调整,制订出新的计划。

RUP 作为一种重方法,定义了 9 个工作流,其中 6 个是针对软件开发的核心过程工作流,3 个是支持核心工作流;总结了经过多年商业化验证的 6 条最佳实践,这些内容本节不做介绍,读者可参看推荐阅读文献。

RUP 的优点是全面兼顾阶段、风险、工作流、质量监控、项目管理等方面,具备迭代开发的灵活性、增量开发的响应速度、基于构件开发的成本优势、面向对象开发的严谨。其缺点是模型庞大、涉及多种软件工程的方法学、掌握难度较大。

3.3   软件过程模型的选用

选择软件过程模型实质上是选择软件开发的策略,是为软件开发的主要活动提供一套范型,使工程的进展有章可循。软件过程模型来自于软件工程长期发展的经验总结,经典的软件过程模型都经过了几十年的工程实践的检验。由于实际的工程项目千差万别,软件过程模型的选择并不是一件简单的事情。而且,许多工程实践中也不完全套用某个模型,通常会根据项目的特点综合运用模型。

选择模型的总目标是有利于项目的实施,降低软件开发的风险。需要从多个维度进行评估,评估维度一般包括需求规模和清晰度、用户参与程度、软件应用行业的特点、企业的商业目标、开发团队的架构设计能力、实现软件的技术要求、项目管理要求、软件交付期压力、开发团队的软件工程能力等。如果软件开发项目的不确定因素多,往往就要选择迭代范型,如迭代、演化和原型类的模型。如果需求明确,开发时间充裕,往往选择线性顺序范型,如瀑布、增量。而如果交付期压力大时,通常选择交付短且有并行开发特性的模型,如增量、迭代类的模型。表 3.2 列出了选择软件过程模型时需要考虑的主要因素,各个模型与项目特点的关系并不完全如表中所示,表中只是一般情况下选择模型时要考虑的模型特性,而且其中没有定量指标,只是一些定性描述,并不严格。比如软件复杂度的高、中、低划分并没有明确的标准,软件工程至今也没有给出可操作的量化标准体系。还有对开发团队的经验和技能要求也不明确,如瀑布模型对团队要求相对较低,更能容忍团队成员技术上的明显差异,但通常只要求有一定数量的高技能成员。而迭代模型一般要求团队成员的技能水平普遍较高。

表 3.2　选择软件过程模型时需要考虑的主要因素

项目特点	瀑布	增量	原型	螺旋	演化	迭代	统一过程
行业特点	成熟领域	所有行业	新兴行业	所有行业	所有行业	新兴行业或研发型软件	所有行业
需求清晰度	清晰	较清晰	不清晰	不清晰	不清晰	不清晰	不清晰
特性要求(安全性、可靠性等)	高	高、中、低	中、低	高、中	中、低	中、低	中、低
软件复杂度	中、低	高、中	中、低	高、中	中、低	高、中、低	高、中、低
交付期压力	低	高	高、中	低	低	高、中	高、中
技术要求	成熟技术	少量新技术	新技术	新技术	成熟或新技术	新技术	成熟或新技术
项目风险	中、低	中、低	高、中	高	中、低	高、中	高、中
团队经验	不要求	不要求	有相似项目的经验	熟悉相似项目	熟悉相似项目	不要求	不要求
架构重构能力	成熟架构	成熟架构	架构重构	成熟架构	架构重构	架构重构	架构重构
管理要求	基线控制	版本规划	沟通和激励,原型验证	风险管理	过程控制	迭代周期控制	过程控制
用户参与度	低	低	必须参与	必须参与	中	高、中	高、中

3.3.1　软件过程模型选择示例

以开发一个面向公众和广大出租车司机的打车软件系统为例,选择一个适当的软件过程模型来开发这个打车软件系统。

1. 打车软件系统的特性描述

系统的目标是在乘客与出租车司机间搭建打车业务的交流平台,增强信息的透明度,提高预定出租车的准时率,降低出租车的空驶率,提高出租车的利用率。

系统的工作模式如图 3.15 所示,与打车软件系统交互的人或其他系统有乘客、司机、第三方支付公司和第三方地图提供商。乘客打车,司机驾驶出租车为打车乘客提供接送服务,第三方支付公司为打车系统提供打车费用的电子支票服务,第三方地图公司为打车系统提供打车导航和打车起点、终点定位服务。

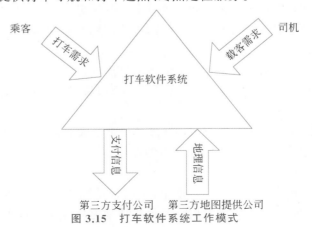

图 3.15　打车软件系统工作模式

2. 打车软件系统的基本功能

1）注册与验证

乘客和司机进行注册和验证操作,具体包括注册用户名、用户信息、手机号、车辆信息等相关信息,之后用手机发送短信,经过验证后即可成为系统用户。

2）乘客请求模块

现时请求:乘客通过此系统发出叫车请求,给出相应的乘车地点及目的地,当时即要求系统做出回应,给出可供选择的出租车。

3）预约请求

乘客通过此系统发出叫车请求,给出相应的乘车时间、乘车地点及目的地,要求系统在预定的时间做出回应,给出可供选择的出租车。

4）出租车司机抢单

在一定范围内的出租车司机都可以获得用户叫车请求,司机可抢单。

5）评价

评价打车乘客和司机的信用,评价司机的准确率和服务质量。

6）定位

提供打车乘客和出租车定位服务。

7）支付

司机提供电子账单,用户可以电子支付。

8）多种运行平台

系统可以运行在多种硬件和软件平台之上,包括手机等移动设备。

3. 开发打车系统选用增量模型

选择模型需要的一些评估因素在系统特性描述中并没有明确给出,这需要通过合理的假设加以解决,如系统开发时间、交付期限、开发团队的工程能力,以及打车软件系统是自研还是委托开发、企业的财务状况和企业商业目标等。

根据项目的特性、各个模型的特点,以及必要的假设,开发打车系统采用增量模型是一个好的选择,以下仅对选择增量模型的理由做简要说明。

1）系统需求明确

(1)打车软件历经多年的发展,在国内外都有许多大型、成熟的系统在运行,这为新开发同类系统,提供了借鉴和样板。

(2)针对乘客与出租车司机之间提供打车业务的交流平台的需求,通过系统特性描述以及现有同类系统作为样板,软件需求较为完整,具有明确的定义。

2）技术要求

(1)实现打车软件系统的主要技术都为成熟技术,但用户规模可能很大。当并发用户数量多时,对软件性能要求很高。系统构架可以选择成熟技术,一般情况下,不需要重构系统构架。

(2)有经验的团队几乎对所有软件开发项目都是大有益处的,团队软件工程能力强的话对软件质量和按时交付都是强有力的保障。

3）交付期压力

(1)如果企业希望打车系统尽快面市,可以将系统功能划分为不同的层次,分阶段投入市场,每个阶段专注于特定功能,从而更快地完成阶段性的开发目标。

（2）网约市场竞争激烈，新的业务需求频繁出现，增量模型提供了好的应对策略。

（3）网约车业务会不断发展和变化，要求软件长期持续地交付，增量模型有利于增加扩展打车软件的功能模块。

4）项目风险

（1）在技术要求中已对技术难度进行了分析，可以认为项目的技术风险不高。

（2）假设项目的其他风险也不高，因此项目不需要选用螺旋模型，也不必要选用迭代模型。

5）用户参与

（1）系统用于支持方便快捷的打车服务，但是网约车服务还没有国家和行业标准，因此用户反馈的作用非常重要。采用增量模型可以让用户更早地使用软件，并在使用过程中提供反馈，从而帮助开发团队及早发现和解决问题。

（2）打车软件作为通用类应用软件，用户群体并不明确，用户参与程度不高。

6）特性要求

（1）系统涉及用户的出行安全和个人隐私，对软件质量要求较高。

（2）采用增量模型可以保证系统有一个稳定的基础构架，后续增量不会影响系统的核心功能的稳定和安全。

7）系统开发周期较长

（1）系统设计较为复杂，涉及多个功能模块和不同类型的用户，因此系统开发周期较长。

（2）采用增量模型可以将整个开发过程分为多个阶段，每个阶段交付可用的软件版本，保持打车业务的正常运转。

如果以快速进入市场为企业追求的目标，并通过与用户磨合完善网约车服务的话，给出如下增量模型的版本发展方案，每个版本的主要特性包括：①增量1（核心产品）——注册和验证、乘客打车请求、乘客和出租车定位（即时）、出租车司机接单、电子支付；②增量2（功能扩展）——乘客打车和出租车司机接单（预约）、用户和司机的对话功能；③增量3（功能扩展）——评价和加价功能、支持多平台。

3.3.2　评估软件过程模型的适用性

除了借助于表3.2选择软件过程模型之外，还可以换一个角度，根据软件项目的特性，再结合软件过程模型的特性，评估过程模型是否适合于开发某一软件（项目），从模型的角度适配软件项目。首先是从回答以下12个问题开始，前6个问题是关于模型特性是否能满足项目的要求，后6个问题是关于项目和开发团队对模型的要求。需要回答的问题如下。

（1）模型是否适合团队的规模和他们的技能？

（2）模型是否适合项目中使用的技术？

（3）模型是否适合客户和利益相关者？

（4）模型是否适合项目规模及其复杂度？

（5）模型是否能满足企业的商业目标？

（6）模型是否能应对项目的风险？

（7）产品开发过程中是否会有任何变化？

（8）需求是否明确或需求变更频率与模型的特性是否相适应？

（9）用户或客户参与软件开发的程度能否满足模型的要求？

（10）软件交付期的压力对模型的要求是什么？

（11）开发团队的软件过程能力能否适应模型的要求？

（12）客户对模型有什么要求？

虽然模型并没有明确规定开发团队的规模，但是考虑管理的难度和成本约束，过程模型与团队规模之间还是存在联系，如瀑布模型非常适合大的项目团队，同时对团队成员技术要求不高，当然团队中一定要有技术高手，但不要求人人都是技术高手。而原型模型和迭代模型不适合于大的项目团队，如果团队人数多，团队成员之间的沟通成本会大幅度升高，软件质量控制将变得更难。当然，瀑布模型和增量模型也适用于小的开发团队。

开发技术对模型选择的影响主要体现在新技术引入所带来的风险上。新技术有两层含义，其一是整个软件行业新出现的技术，即以前没有的技术；其二是对开发团队而言是新技术，团队不熟悉该项技术。在开发过程中引入新技术，不可避免地要面对各种风险，如新技术本身存在不足、开发人员对新技术掌握不精和技术兼容性等风险。新技术引进带来的不确定性也会影响软件的开发过程，可能演化模型或迭代模型更好用，甚至为了评价新技术的效果也可能选择原型模型。如果新技术引进带来高风险，螺旋模型就是不二的选择。

客户和利益相关者，对产品的交付期、质量特性等有高要求时，将影响软件过程模型的选择，如希望快速交付可应用的版本，增量模型就是不错的选择。如果希望有非常高的软件质量特性，瀑布模型可能更适合。

如果项目规模大、复杂度高，演化模型和增量模型可能较为稳妥。如果需求明确的话，瀑布模型是最好的选择，因为它可以在充分的需求分析和精心的系统设计基础上构建软件系统。

企业的商业目标是软件系统的灵魂，软件产品的功能、质量特性、工期和交付时间、成本控制等，都是由企业的商业目标决定的。如创业公司希望产品尽早面市，抢占市场，可能用增量模型，而如果产品特性（需求）不明确时，可能用迭代模型。许多用敏捷开发方法的企业，多采用迭代模型、原型模型。

团队的过程能力不足，往往不宜采用过程管理复杂的模型，如演化、迭代等模型，瀑布和增量模型可能是相对更稳妥的选择。

软件过程模型不存在最好的选择，开发团队的喜好有时可能是选择某一模型的主要理由。往往一个软件项目可能采用不同的软件过程模型都能完成开发任务，多数情况下，很难说有最佳模型。

3.3.3　特定类型的软件开发适用的过程模型

特定类型的软件，如关键基础软件、大型工业软件、嵌入式软件、新型平台软件、行业应用软件，在当下格外受到关注，关注的主要原因是我们国家对这些类型的软件有迫切的需求，加之这些类型的软件开发难度往往较大。本节仅针对关键基础软件和工业软件开发时软件过程模型的选用做简要的介绍。

软件开发的过程质量、软件系统的结构质量和功能质量是开发高质量软件的保障,过程质量主要包括及时交付软件、不超出软件开发成本预算、可信地交付软件。结构质量主要指代码的结构质量,涉及代码的可维护性、可理解性、性能、安全性、可测性。功能质量主要指程序实现功能的质量,包括软件架构和性能满足用户需求、没有功能缺陷、软件易用性好。提升结构质量和功能质量主要依赖于架构设计审查、代码审查和各种测试。而过程质量与软件过程模型关系密切,如增量模型和迭代模型能更好地满足快速交付期的要求;可信地交付软件瀑布模型会更好,因为瀑布模型有严格的阶段性质量控制。其实结构质量与功能质量与过程模型也有关系,如原型模型、演化模型都对设计高质量的软件不利,因为软件经常被修改且缺少完整的需求规格和周密的软件设计。

1. 基础软件开发时的过程模型

基础类软件,按照软件的功能分类,属于系统软件和支撑软件,通常包括操作系统(Operating System,OS)、数据库管理系统(DataBase Management Software,DBMS)、中间件(Middleware)、软件开发环境(Software Development Environment,SDE)、网络软件(Network Software)和办公软件(Office-software)等。在信息系统中起着基础性、平台性的作用,有着极为广泛的应用,对信息安全有决定性的意义。例如,全球智能手机拥有量已超过 20 亿台,智能手机 OS 的装机量和保有量都十分巨大。据报道,2023年全球程序员的数量为 2690 万人,只要编程就离不开 SDE,可见 SDE 的使用量非常巨大,而且它还对程序的质量和编程效率有直接的影响。

基础软件的开发往往是大型、复杂的工程项目,产品线长,产品的生命周期也很长。软件过程模型对项目和产品规划有重要影响,选择模型要格外慎重。以大型通用关系数据库管理系统的开发为例,讨论此类软件开发时的软件过程模型的选择问题。为叙述方便,本节将大型通用关系数据库管理系统简称为 RDBMS(Relational DataBase Management System)。

RDBMS 作为软件市场主流的产品,历史悠久、特性明确,但是 RDBMS 软件产品功能多,结构极其复杂,可靠性和安全性要求非常高。RDBMS 产品的核心为数据库服务器,又被称为数据库系统的后端。前端部分是面向用户的各种工具,如查询工具、迁移工具、备份/恢复工具、开发工具、数据库访问接口 API 和数据库管理工具等。从以往商品化的 RDBMS 开发历史看,RDBMS 将被划分为多个子系统,一些子系统可独立构成软件产品,单独销售,单独销售的子系统往往独立地进行软件开发。

数据库服务器一般采用增量模型进行开发,前端工具可能采用与之不同的策略,如选用迭代、瀑布、原型等模型。数据库服务器选择增量模型的主要原因是服务器是一个成熟的领域,系统功能特性需求明确,但是由于服务器功能多,性能、可靠性、安全性等要求高,导致系统复杂,且产品特性难以在短时间内全部完成,而增量模型既有瀑布模型的优点,又能在尽可能短的时间内交付产品核心或用户迫切需要的功能,开发者的目标和用户的需求得以尽早实现。RDBMS 这类软件,特别需要得到实践的检验,在应用中不断完善。某些 RDBMS 的早期版本,本着够用原则,数据库服务器只支持很少量的 SQL 语句和语法,产品很快就投入了实际应用,在经过大规模应用考验后,其后继版本逐渐增加功能,并不断扩展应用领域。

RDBMS 的一些前端工具,自身也很复杂,开发难度也很高,这些工具本身就是一个软件产品。以迁移工具为例,它的基本功能是在两个不同的数据库之间迁移数据。

在实际应用中,经常有用户需要在不同的数据库产品之间迁移数据,因此迁移工具需要尽早交付给用户。当迁移的数据库产品有版本更新时,迁移工具也需要随之更新,因此,开发迁移工具就要选用迭代模型,首先开发迫切地需要迁移数据库的迁移功能,根据需要再在后继迭代周期中不断调整和扩展功能。

2. 工业软件开发时的过程模型

工业软件(Industrial Software)是指在工业领域里应用的软件。按软件功能分类,工业软件可细分为系统软件、应用软件、中间件。按软件运行环境分类,工业软件又可细分为嵌入式软件(Embedded Software)和非嵌入式软件(Non-embedded Software)。工业软件中的系统软件通常并不针对某一特定应用领域,而应用软件则领域特点非常突出,不同的应用软件因用户和所服务的领域不同差别非常大。嵌入式软件,如果是应用在军工电子和工业控制等领域之中,对可靠性、安全性、实时性要求特别高,必须经过严格检查和测评。

工业软件除具有一般软件的性质外,还具有鲜明的领域特色,它的开发需要设置特定的开发项目支撑,项目中既需要有专业的软件开发人员,又需要特定工业领域的专家。工业软件中的应用软件离不开工艺的支持,需要领域数据或知识库支撑,开发时往往要有明确的软件需求和合理的软件设计,这样才能有效地保证工业应用软件的质量,因此,工业应用软件多数采用瀑布模型,或者是演化模型。瀑布模型在需求明确的前提下最有利于保证软件质量。增量模型在高质量与快速交付之间寻求一种平衡,如果增量模型开发的软件能够满足用户需求,增量模型也是好的选择。其他模型是否就不能用于工业软件特别是应用类工业软件的开发? 不是这样的,只要管理得当,又具备模型执行的条件,其他模型也是可以用于开发工业软件的。最主要的是要关注哪种模型更有利于实现企业的商业目标,平衡软件工程中质量、进度和成本这三个核心要素。

3.3.4　软件过程模型的选择建议

对软件过程模型选择的具体建议如下。

(1) 在项目前期需求就已经明确的情况下,尽量采用瀑布模型。

(2) 在用户信息化能力低,且需求分析人员技能不足的情况下,建议借助原型来获取需求,具有原型特性的模型有原型模型、迭代模型、螺旋模型、演化模型。

(3) 当项目的不确定性因素很多时,难以事先制定详细计划时,尽量采用增量、迭代和螺旋模型。

(4) 需求易变或需求变化频率较高的项目,可以从增量、迭代、演化模型中选择过程模型。

(5) 在开发软件的资金无法一次到位的情况下,可以采用增量模型,将软件产品分为多个版本发布。

(6) 对于多个功能完全独立的软件,开发可以在需求阶段就分功能并行,每个功能开发应该遵循瀑布模型。对于整体性强的软件系统必须在设计完成后再开发增量或多增量并行推进。

(7) 对于软件工程师的经验或技能不足的情况,不要用迭代范型的模型,如原型、演化、迭代、RUP 模型,因为运用这类模型开发使项目管理的难度加大。

（8）需要增量、迭代和原型模型综合使用时，可选择 RUP 模型，但对第一个增量和后续的迭代都必须制定明确的验收标准和交付准则。

3.4　本章小结

软件过程是软件工程发展中借鉴并引入的重要概念，对于提升软件开发的组织和管理能力意义重大。软件过程模型是经过软件工程实践检验的、行之有效的软件开发策略。每种软件过程模型的提出都是为了解决软件开发中遇到的特定类型的问题，如应对需求变更、缓解交付压力、快速达成商业目标、提升软件工程能力等。软件过程模型不存在绝对的优劣或高低之分，关键在于是否适合软件开发的需要。随着软件开发技术和应用环境的变化，瀑布模型应用逐渐减少，而迭代、增量、演化模型的应用在上升。

经典软件过程模型在软件开发实践中得到广泛应用，是组织、管理软件开发的基础。在本章的学习中，首先要理解和掌握软件过程和过程模型的概念。在此基础上，掌握经典软件过程的特性，特别要从模型的提出，即用于解决哪种类型的软件开发项目入手，并理解过程模型通过对软件活动的不同组织方式以应对软件开发中遇到的问题。

初学者理解软件过程模型难度极大，只有走进大型的软件开发项目，特别是亲身实践，才能领悟过程的价值和过程模型的使用方法。软件过程模型与敏捷方法有关系，但它们是不同层面的概念，不要混为一谈。

基础软件和工业软件作为特殊类型的软件，本章专门进行了软件过程模型选择的讨论，并以关系数据库系统开发为例，阐述模型选择的理由和结论。

3.5　综合习题

1. 软件过程概念对于我们认识软件开发有什么作用？
2. 通用软件过程框架对指导软件开发的意义是什么？
3. 请举例说明所有的软件开发项目是否一定要使用经典的软件过程模型？
4. 软件过程模型可以混合使用吗？举例说明为什么。
5. 软件开发的过程流通常包括线性过程流、迭代过程流、演化过程流、并行过程流，试用过程流的概念进行分析，如何通过调整软件需求、设计、编码、测试和交付活动之间的关系，来应对软件需求变更和交付缩短的软件开发项目。
6. 指出迭代模型、原型模型、统一过程模型（RUP）之间的相同点与差异。
7. 指出瀑布模型与增量模型之间的区别与联系。
8. 用迭代模型开发基础软件和工业软件，需要注意哪些问题？

3.6　基础实践

实践任务：为软件开发项目选择软件过程模型。
实践内容：开发以下软件系统，适合采用哪些软件过程模型？

（1）开发新的大学教务管理系统，准备替换现有的系统。

（2）共享单车系统。

（3）网约打车软件系统。

（4）数据中心的运维系统。

（5）外卖订餐系统。

（6）物流配送系统。

（7）大型数据库管理系统（DBMS）。

（8）智能电动汽车的智能座舱软件系统。

实践要求：建议分组进行，组内讨论，组间分享。重点是说明开发上述项目选用软件过程模型的理由，选择过程模型时需要做许多假设，如商业目标、市场环境、开发团队的能力等，这些假设对模型选择起关键作用。

实践结果：给出选择的软件开发模型及理由，并说明重要的假设。

3.7   引申阅读

［1］ 毛新军，董威. 软件工程：从理论到实践［M］. 北京：高等教育出版社，2022.

阅读提示：可参考书中第 3 章软件过程模型和开发方法。

［2］ Pressman R S,Maxim Bruce R. 软件工程：实践者的研究方法［M］. 9 版. 王林章，崔展齐，潘敏学，等译.北京：机械工业出版社，2022.

阅读提示：可参考书中第 3 章软件过程结构和第 4 章过程模型。

3.8   参考文献

［1］ 毛新军，董威. 软件工程：从理论到实践［M］. 北京：高等教育出版社，2022.

［2］ Pressman R S,Maxim Bruce R. 软件工程：实践者的研究方法［M］. 9 版. 王林章，崔展齐，潘敏学，等译.北京：机械工业出版社，2022.

［3］ Sommerville I. 软件工程［M］. 彭鑫，赵文耘，译. 北京：机械工业出版社，2018.

第 4 章

软件开发方法

本章学习目标

- 了解软件开发的基本方法及发展历史。
- 理解各种软件开发方法的基本概念、思想和策略。
- 掌握结构化开发方法和面向对象开发方法的建模语言和模型。
- 掌握敏捷开发方法的两个重要的实践方法,即 XP 和 Scrum。
- 学会针对不同类型的软件项目,选择正确可行的开发方法。

随着软件开发技术的发展和软件应用领域的不断拓宽,人们日益感到需要总结和创建一系列的软件开发理论和方法,从而摆脱早期系统开发过程中的随意性和缺乏方法论指导而导致的"软件危机",脱离软件开发效率低下、成功率低的局面。从 20 世纪 60 年代至今,历经半个多世纪的研究、探索和总结,人们已经总结、创建、完善了多种软件开发方法、理论和最佳实践,主要包括结构化开发方法、面向对象开发方法、敏捷开发方法、群智化开发方法等。

本章主要介绍结构化开发方法、面向对象开发方法和敏捷开发方法。每种软件开发方法均为一节,内容包含开发方法的概念和思想、历史发展过程、建模语言与模型、应用于具体项目中的过程与策略等。同时给出了案例和习题,供读者深入理解相关知识点。

4.1 结构化开发方法

20 世纪 70 年代,软件工程领域产生了一系列软件开发方法学,如面向数据流的软件开发方法学、面向控制流的软件开发方法学、面向数据或过程的软件开发方法学等。这些方法学虽然在具体的技术细节上有所差别,但它们有一些共同特点,均采用自顶向下、逐步求精、模块化设计等基本原则来指导软件系统的分析、设计和实现,因而将它们统称为结构化软件开发方法学。

4.1.1　结构化开发方法的概念和思想

1. 什么是结构化开发方法

结构化开发方法是一种传统的软件工程方法。它采用结构化分析、结构化设计、结构化程序设计和结构化测试来完成软件开发的各项任务,并使用适当的软件工具或软件工程环境来支持结构化开发技术的运用。

"结构化"一词出自程序设计,即"结构化程序设计"。在结构化程序设计方法出现之前,程序员按照各自的习惯和思路编写程序,没有统一的标准,也没有统一的方法。同样一件事情,不同的程序员编写的程序所占用的内存空间、运行时间可能差异很大。更严重的是,这些程序的可读性和可修改性很差,一个程序员编写的程序,别人可能看不懂,修改更困难。

1964 年,玻姆(W. Bohem)和雅科比尼(G. Jaeopini)提出结构化程序设计的理论,认为任何一个程序都可以用顺序、选择和循环三种基本逻辑结构来编制。迪杰斯特拉(E. Dijkstra)等人主张在程序中避免使用 goto 语句,而仅用上述三种结构反复嵌套来构造程序。在这一思想指导下,一个程序的详细执行过程可按"自顶向下、逐步求精"的方法确定,即把一个程序分成若干功能模块,这些模块之间尽可能彼此独立,用作业控制语句或过程调用语句把这些模块联系起来,形成一个完整的程序。这种方法大幅提高了程序员的工作效率,提高了程序质量,增强了程序的可读性和可修改性。在修改程序的某一部分时,对其他部分的影响也不太大。可以说,这种方法使程序设计由一种"艺术"成为一种"技术"。

人们从结构化程序设计中受到启发,把模块化思想引入系统设计中,将一个系统设计成层次化的程序模块结构,这些模块相对独立,功能单一。为了使设计的系统满足用户的要求,在设计之前,应先正确理解和准确表达用户的要求,这就是系统分析阶段的基本任务。结构化系统分析强调系统分析员与用户一起按照系统的观点对企业活动由表及里地进行分析,通过调查分析明确系统的逻辑功能,并用数据流程图等工具把系统功能描述清楚。用户可以判断未来的系统是否满足其功能要求,而系统设计人员根据这种描述进行系统设计,保证系统功能的实现,这就是结构化开发方法的由来。

2. 结构化开发方法的思想

结构化开发方法的基本思想是对待开发的软件系统进行分层结构的抽象,以降低问题的复杂性,有效地控制软件开发过程的复杂性,提升开发效率和质量。

结构化开发方法的核心思想可以通俗地概括为:自顶向下、层层分解、分而治之,"大事化小、小事化了"。

如图 4.1 所示,它将软件系统的功能分解为小规模的、可分离的模块,这些模块之间可以形成复杂的关系,从而大幅降低软件开发的复杂性。

这种抽象整合的方式有助于开发者快速理解软件系统的功能及其交互性质。它也能够帮助开发者在分层模块之间找到明确的界线,从而明确各个模块的作用,有利于保证软件系统的可维护性和可重用性。

结构化开发方法也有助于增强软件的可测试性,只要对每个模块进行充分的测试,就可以很容易地确定整个系统是否正常工作。此外,结构化开发方法还可以提高代码的可读性,使程序更容易理解和进行调试。

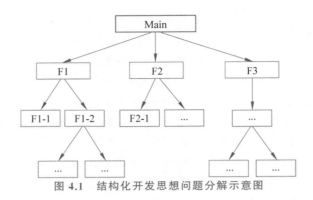

图 4.1 结构化开发思想问题分解示意图

4.1.2 结构化开发方法的建模语言

结构化开发方法的常用模型主要包括数据流图（Data Flow Diagram，DFD）、数据字典（DD）、实体-关系图（ERD）、HIPO 图（功能层次结构图＋输入/处理/输出图）、结构图（SC）等。

1. 数据流图

数据流图是描述软件系统中数据处理过程的一种图形化模型。数据流图从数据传递和加工的角度出发，刻画数据流从输入到输出的移动和变换过程。由于它能够清晰地反映系统必须完成的逻辑功能，所以它成为结构化需求分析阶段最常用的工具。

使用数据流图的基本目的是利用它作为交流信息的工具。分析员将对现有系统的认识或对未来系统的设想用数据流图描绘出来，供有关人员审查确认。由于在数据流图中通常仅使用 5 种简单的基本符号，而且不包含任何有关物理实现的细节，即使不是专业的计算机技术人员也容易理解，所以它是极好的沟通工具。数据流图的另一个主要用途是作为分析和设计的工具。设计数据流图只需考虑系统必须完成的基本逻辑功能，完全不需要考虑如何具体地实现这些功能，所以它也是系统设计的很好的出发点。

数据流图采用 5 个基本符号构成：正方形、箭头、圆角矩形、开口矩形（右侧开口）和闪电符号，如图 4.2 所示。

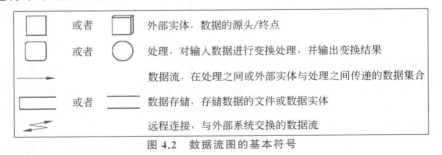

图 4.2 数据流图的基本符号

（1）外部实体：使用正方形来表示。它可以是一个企业、一个部门、一个人、一台机器或一个系统，它可以向系统发送或接收数据。外部实体也称为数据源或者数据的目的地，并且它位于所描述系统的外部。每个外部实体都标有一个合适的名称。它处于外部与系统进行交互。外部实体应当用一个名词来命名。在给定的数据流图中，为了避免数据流线交叉，相同的实体可以使用多次。

（2）处理（也称变换）：用圆角矩形来表示。它表达某个变换处理过程的发生。处理是针对输入数据流进行的变换并产生输出的数据流。处理的命名为动词或含有动词的名词性短语。一般遵循下面的格式之一进行命名。

① 在命名高级处理时，赋予整个系统的名称，例如"库存控制系统"。

② 命名主要的子系统时，使用诸如"库存报表子系统"。

③ 对于具体的过程使用"动词＋名词"格式，如"计算销售税""验证客户账号状态""准备发货单""打印备订报表""验证信用卡余额"和"添加库存记录"等。

每个"处理"还必须有一个唯一的标识号，指出它在图中的层次。

（3）数据流：使用实线箭头线来表示。它表达数据从一个地方流到另一个地方，箭头指向数据流向的目的地。数据流应该用一个名词短语来描述它。数据流可以在外部实体与处理之间、处理与处理之间、处理与数据存储之间存在。

（4）数据存储：使用右侧开口矩形来表示。数据存储可以表示人为业务活动中的保存数据的物品（如"档案柜""明细账本"等），但更多的是用来表示数字化的存储介质或数据文件（如"数据库中学生表""监测数据文件"等）。所以其命名也是名词或名词性词组。

（5）远程连接：使用"闪电符号"来表示。是一种特殊的数据流，表示跟外部系统之间的数据流。

图 4.3 给出了一个具体的数据流图（DFD）的样例。描述了在一个教学系统中学生注册课程，教务人员排课，最后生成上课的班级列表的客观需求，而且表达了教务人员、学生、教师等外部实体和选课、排课等业务过程，以及产生的数据流、数据存储之间的逻辑关系。

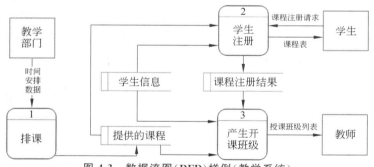

图 4.3　数据流图（DFD）样例（教学系统）

值得说明的是，使用数据流图进行需求分析和系统分析过程中，也需要采用结构化的思想。因为一个实用的软件项目，系统业务需求会很复杂，不可能在一张 DFD 图中充分表达出来。这就需要引入 DFD 模型的分层机制，从宏观到微观，自顶向下、层层分解，逐步将复杂的需求刻画出来。图 4.4 为抽象分层结构的 DFD 示例。

说明：图 4.4 表明，未来系统 S 可以分解为 3 个子系统（即图中第 1 层级中的处理 1、2、3），而这 3 个子系统还可以进一步细分为若干模块，例如，处理 1 分为 2 层级中的处理 1.1、1.2、1.3。这种分层结构是不限定层数的，根据需要可以 n 次分层，直到最后一层的处理的粒度已经足够小，容易理解为止。

最顶层的 DFD 称为"关联 DFD（或顶层 DFD/0 层 DFD）"，接下来的层次称为 1 层 DFD、2 层 DFD、i 层 DFD、……。

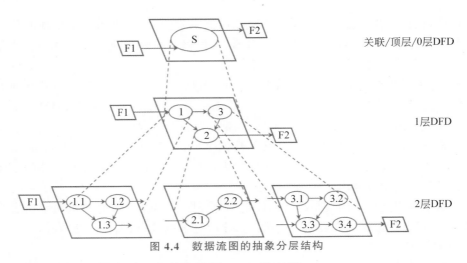

图 4.4　数据流图的抽象分层结构

如图 4.5 所示,给出了一个抽象分层 DFD 的实例。

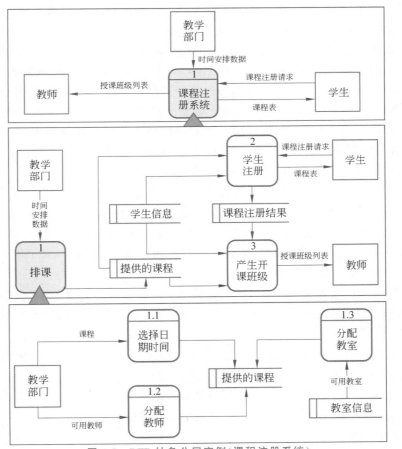

图 4.5　DFD 抽象分层实例(课程注册系统)

2. 数据字典

数据流图是结构化系统分析中不可缺少的有力工具,它描述了系统的分解,即系统由哪些部分组成,各部分之间有什么联系等。但它还不能完整地表达一个系统的全部逻辑特征。

　　因此,仅仅一套数据流图并不能构成系统需求说明书,只有当图中出现的每一个成分都给出详细定义之后,如数据流的内容、数据存储的内容、数据项的构成、处理的具体业务过程等,才能较全面地描述一个系统。

　　为此,需对数据流图中的每一数据流、基本数据处理过程、数据存储及数据项下一个"严格定义",所有这些定义按一定次序汇集而成,即为数据字典(Data Dictionary, DD)。数据字典是系统分析阶段的工具,也是系统设计阶段的工具。

　　通常所说的数据字典,称其为狭义的数据字典,包含数据项、数据结构、数据存储和数据流的定义和说明;而广义数据字典中则还包含对"处理"进行详细描述的结构化语言、决策树、决策表等内容。

　　数据字典中把数据的最小组成单位定义为数据项,而若干个数据项可以组成一个数据结构,通过以数据项和数据结构的定义来描述数据流、数据存储的内容。

　　1) 数据项

　　数据项是数据的最小组成单位,即不可再分的数据单位。例如,学生"姓名"可以看成是一个数据项,但要注意此时"姓"和"名"不能分开表示,如果分开表示,那么,"姓名"就不是数据项了。严格地说,一个人的出生日期和籍贯都不能算是一个数据项,因为出生日期由年、月、日三个数据项组成,而籍贯由省、市、区等组成。为了分析上的简便,也可以把出生日期和籍贯看成一个数据项。数据项的定义有以下内容。

　　(1) 数据项的名称:每个数据项均有一个名称加以标识。例如,学号、学生名字、课程名、考试成绩等都是数据项的名称。在整个系统中,数据项的名称应唯一地标识出这个数据项,以区别于其他数据项。数据项的名称应尽量反映该数据项的具体含义,以便容易理解和记忆。对于同一数据项,其名称可能不止一个,以适用多种场合下的应用。在这种情况下,还需对数据项的别名加以说明。

　　(2) 数据项的值域:指数据项的取值范围以及每一个值的确切含义。例如,学生的课程成绩的值域就是 0～100 分的数值。又如学生学籍信息中有"本科/硕士生/博士生"等枚举类型的数据,只能取其中之一。数据字典中应对每一个数据项的值域和取值含义都加以定义,以便在分析问题时加以使用。数据项的值域对于输入数据项时的检查、纠错起着重要的作用。

　　(3) 数据项的数据类型:指取值的数据类型。基本类型有数值型(包括整数与实数)、字符型(包括汉字的使用)、逻辑型等。例如,职工"工资"数据项为数值型,"文化程度"为字符型等。

　　(4) 数据项的长度:它规定该数据项所占的字符或数字的个数。例如,"文化程度"数据项的长度为 6 位(3 个汉字所占的字符长度)。

　　除了上述 4 项主要内容外,必要时还须对数据项的简单描述、与之相关的数据项或数据结构、处理过程等加以说明。数据项定义示例如图 4.6 所示。

　　2) 数据结构

　　数据结构用来定义数据项之间的组合关系。数据字典中的数据结构是对数据的一种逻辑描述,与物理实现无关。一个数据结构可以是若干数据项的组合,也可以由若干数据结构组成,还可以由若干数据项和数据结构混合组成。在数据字典中,对数据结构的定义如下。

　　(1) 数据结构的名称:用于唯一标识这个数据结构,以区别于系统中其他的数据

数据元素条目	
数据项名称：学号	**总编号：**1-001，**编号：**001
说明：本校学生编号	**有关编码说明：**
数据值类型：离散	学号构成，由 10 位数字构成，形式
类型：数字	GGGGDDPCNN，其中：
长度：10	**GGGG：**年级，示例 2023 表示"2023 级"
相关数据结构：学生成绩	**DD：**系编号，示例 02 表示"软件工程系"
学生登记卡	**P：**专业编号，示例 3 表示"数字媒体专业"
选课卡	**C：**班编号，示例 5 表示"5 班"
	NN：班内编号，示例 22 表示"班内 22 号"

图 4.6　数据项定义示例

结构，如"学生基本信息"等。

（2）数据结构的组成：包括数据项或数据结构。如果引用了其他数据结构，那么，被引用的数据结构应已被定义，这里只需列出被引用的数据结构的名称。

除此以外，对数据结构的定义还包括数据结构的简单描述、与之相关的数据流、数据结构或处理过程以及该数据结构可能的组织方式。数据结构定义示例如图 4.7 所示。

数据结构条目	
数据结构名称：学生登记卡	
说明：新生入学时填写基本信息的卡片	
	总编号：2-001，**编号：**001
结构：学号、姓名、性别、出生日期、入学日期、民族、家庭住址、联系电话	**有关数据流、数据存储：**学籍表

图 4.7　数据结构定义示例

3）数据流

数据流表明数据项或数据结构在系统内传输的路径。在数据字典中，对数据流的定义如下。

（1）数据流的来源：即数据流的源点，它可能来自系统的外部实体，也可能来自某一个处理过程或是一个数据存储单元。

（2）数据流的去向：即数据流的终点，它可能终止于外部实体、处理过程或是数据存储。

（3）数据流的组成：指它所包含的数据项或数据结构。一个数据流可能包含若干数据结构，这时，需在数据字典中加以定义。如果一个数据流仅包含一个简单的数据项或数据结构，则该数据流无须专门定义，只需在数据项或数据结构的定义中加以标明。

（4）数据流的流通量：指在单位时间内，该数据流的传输次数.例如，500 次/天。

（5）高峰时的流通量。

数据流定义示例如图 4.8 所示。

```
                        数据流条目
    数据流名称：新生信息
    说明：新生入学时带来的基本
          信息
    数据流来源：招生办          总编号：3-001，编号：001
    数据流去向：P1.1           流通量：3000 份/学期
    包含的数据结构：学号、姓
          名、性别、出生日期、
          入学日期、民族
```

图 4.8　数据流定义示例

4）数据存储

数据存储指数据结构暂存或被永久保存的地方。在数据字典中，只能对数据存储从逻辑上加以简单的描述，不涉及具体的设计和组织。通常，定义数据存储的内容如下。

（1）数据存储的名称以及必要时所给的编号。

（2）流入流出的数据流。

（3）数据存储的组成，即它所包含的数据结构。

（4）存取分析以及关键字说明等。

数据存储的定义示例如图 4.9 所示。

```
                        数据存储条目
    数据存储名称：学籍表          总编号：4-001，编号：001
    说明：存储学生所有信息的       有关数据流：
          记录                   P1.1 → 学籍表 → P3.1
    结构：基本信息、奖惩记录、      P1.2 → 学籍表 → P3.2
          学生动态、考试成绩       P2.1 → 学籍表
```

图 4.9　数据存储的定义示例

数据字典中，强调的是对数据存储结构的逻辑设计，并用数据结构表达数据项之间的逻辑关系。但是，这种结果并不能满足系统分析阶段的要求。任何一个信息系统中，都可能有成百上千个数据项，仅描述这些数据项是不够的，更重要的是如何把它们以最优的方式组织起来，以满足系统对数据的要求。

5）处理过程

对处理中具体操作过程的描述，不属于数据字典的范畴。这里仅对处理过程的部分数据特性做简单的描述，以便从数据字典中能得到系统所有部分的说明，以利于检索和查对。数据字典中，对处理过程的描述有以下几项内容。

（1）处理过程在数据流图中的名称、编号。

（2）对处理过程的简单描述。

（3）该处理过程的输入数据流、输出数据流及其来源与去向。

（4）其主要功能的简单描述。

处理的定义示例如图 4.10 所示。

处理过程条目
处理过程名称： 信息输入　　　　　总编号：5-001，编号：P1.1
说明： 输入新生的基本信息
输入： 招生办→P1.1
输出： P1.1→D1（学籍表）
处理： 将由招生办输入的学生 　　　登记卡的内容作为基本 　　　信息输入学籍记录中

图 4.10　处理的定义示例

6）外部实体

数据字典中，对外部实体的定义包括外部实体的名称、外部实体的简述及有关数据流。一个信息系统的外部实体不会太多。

外部实体的定义示例如图 4.11 所示。

外部实体条目
外部实体名称： 学校财务系统　　　　总编号：6-001，编号：001
简述： 学生缴纳学费、注册费、重 　　　修费等相关的外部系统
输入的数据流： 学生在财务系统中 　　　的账号、缴费额度
输出的数据流： 缴费结果信息

图 4.11　外部实体的定义示例

上述 6 个方面的定义构成了数据字典的全部内容，在实际应用中，常常将数据存储和处理过程的描述另立报告，而不在数据字典中描述。另外，有时也可省去一些内容，如外部实体的描述。但是，数据项、数据结构和数据流必须列入数据字典中并加以详细说明。

从上面的讨论可知，数据字典是对系统数据流图的详细、具体说明，是系统分析阶段的重要文件，也是内容丰富、篇幅很大的文件，因而，编写数据字典是一项十分重要而繁重的任务，特别是对一些中、大型的信息系统项目，其数据字典的编制工作量很大，往往需要多人共同完成。为了保证数据字典的正确、规范和统一，在编制数据字典的过程中，应遵循下述基本原则。

（1）数据字典的内容要以数据流图为基础，随着数据流图自顶向下、逐层扩展而不断充实。

（2）对数据流图上各种成分的定义必须明确、易理解、唯一。

（3）命名、编号要与数据流图一致，必要时（如计算机辅助编写数据字典时）可增加编码，以方便查询、检索和维护。

（4）符合一致性与完整性的要求，对数据流图上的成分定义与说明无遗漏项。数据字典中无内容重复或内容相互矛盾的条目。在数据流图中，同类成分的数据字典条目，无同名异义或异名同义者。

（5）格式规范，风格统一，文字精练，数字与符号正确。

（6）数据字典要随数据流图的修改与完善进行相应的修正，以保持数据字典的一致性和完整性。

通常说的数据字典是狭义的数据字典,即仅仅是对数据项、数据结构、数据流、数据存储进行描述的模型。而广义的数据字典还会包含对"处理"的详细描述,主要采用以下三种描述方法。

（1）结构化语言。即对处理的过程和细节用标准化的结构化语言的形式表达出来。这种语言与自然语言相比,具有一定的结构性,类似于编程使用的伪代码的形式。例如,在教学系统中,用结构化语言进行描述"学生选课处理过程",如图 4.12 所示。

学生选课处理过程的结构化语言描述
IF 学生注册过账号 **THEN**
直接登录教务系统
ELSE
需要先注册账号,再登录教务系统中
ENDIF
学生创建选课单
REPEAT
学生选择某门课程并加入选课单中
UNTIL 选购结束
学生提交选课单,等待审批

图 4.12　结构化语言描述处理过程的示例

（2）决策树或决策表。在对处理进行细节描述中,发现有些内容通过语言直接描述特别不直观、不容易读懂,则可以用决策树或决策表的形式来表达,例如下面的文字表述。

某大学教务系统中,有关课程学分绩的计算方法如下：对任何课程来说,若成绩 S（百分制）不及格（即 <60 分）,则学分绩不计（即 CS 为 0）。如果课程成绩为及格,则根据课程性质（即"必修课/选修课"）分别计算学分绩。若为必修课,则学分绩 CS 为课程成绩 S 乘以学分值 C 并 100% 加权计算。若为选修课,则考虑课程成绩良好（即 80 分及以上）和中等及以下分别计算。若中等及以下,则学分绩 CS 为课程成绩乘以学分值 C 并 40% 加权计算；否则（即良好及以上）,则根据课程学分值 C 分别计算,即当 C 为 1.5 学分及以上,则学分绩 CS 为课程成绩 S 乘以学分值 C 并 70% 加权计算,否则为课程成绩 S 乘以学分值 C 并 50% 加权计算。显然,上述文字表述,不是很容易读懂。如果采用决策树的形式来表达,就比较直观易懂,如图 4.13所示。

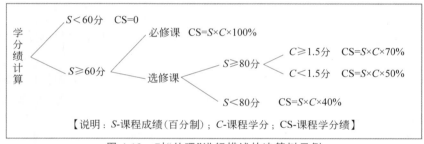

图 4.13　对"处理"进行描述的决策树示例

该需求描述还可用表格的形式来表达，即决策表，样例见表 4.1。

表 4.1 对"处理"进行描述的决策表示例（学分绩计算）

课程性质	课程成绩 Score（百分制）	课程学分 Credit	学分绩 CS	备注
任意	$S<60$	C	$CS=0$	
必修课	$S\geqslant60$	C	$CS=S\times C\times100\%$	
选修课	$S\geqslant80$	$C\geqslant1.5$	$CS=S\times C\times70\%$	
		$C<1.5$	$CS=S\times C\times50\%$	
	$60\leqslant S<80$	C	$CS=S\times C\times40\%$	

3. 实体-关系图

E-R 模型（实体-关系模型）是因美籍华人陈品山（Peter Chen）于 1976 年 3 月在 ACM Transactions on Database Systems 发表的论文 *The Entity-Relationship Model—Toward a Unified View of Data* 而被人熟知。因为它既能够帮助人们描述现实世界中事物与事物之间的联系，又能够指导数据库设计，所以迅速流行起来。

ERD（Entity-Relationship Diagram，实体-关系图）是指提供了表示实体、属性及其关联关系的模型图，用来描述现实世界的事物概念模型。E-R 方法是"实体-关系方法"（Entity-Relationship Approach）的简称，它是描述现实世界概念结构模型的有效方法。

E-R 模型比较接近人的习惯思维方式。此外，E-R 模型使用简单的图形符号表达系统分析员对问题域的理解，不熟悉计算机技术的用户也能理解它，因此，E-R 模型可以作为用户与分析员之间有效的交流工具。

E-R 图中包含实体（即数据对象）、关系和属性三种基本成分。通常用矩形框代表实体，用连接相关实体的菱形框表示关系，用椭圆形或圆角矩形表示实体（或关系）的属性，并用直线把实体（或关系）与其属性连接起来。这种形式的 E-R 图也称为陈氏图（Chen's ERD，以发明人陈品山先生的英文名字 Peter Chen 命名）。例如，图 4.14 是某学校教学管理系统中数据关系的 Chen's ERD。

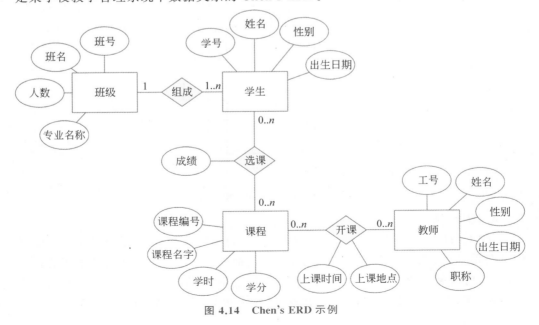

图 4.14 Chen's ERD 示例

实体(Entity)：具有相同属性的事物具有相同的特征和性质，用实体名及其属性名集合来抽象和刻画同类实体。在 E-R 图中用矩形表示，矩形框内写明实体名，如"学生""课程"等。

属性(Attribute)：实体所具有的特性，一个实体可由若干属性来刻画。在 E-R 图中用椭圆形表示，并用无向边将其与相应的实体连接起来，如学生的姓名、学号、性别，课程的课名、学时等。

关系(Relationship)：实体对象彼此之间相互的关联，如学生"选"课程，教师"开"课程等。需要说明的是，有些"关系"也可能衍生出来新的实体，如学生选课程会产生"选课"实体(包含"成绩"属性)，教师开课程会产生"开课"实体(包含"上课地点""上课时间"等属性)。

实体之间的关系会伴随数量关系，称为关系基数。常见的有以下三种类型。

(1) 一对一关系(1∶1)。例如，1 个部门有 1 个经理，而每个经理只在 1 个部门任职。

(2) 一对多关系(1∶N)。例如，1 位母亲可以有 N 个孩子，而 1 个孩子只能有 1 位母亲。

(3) 多对多关系(M∶N)。例如，1 名学生可以学习 N 门课程，而 1 门课程可以由 M 名学生来学习。

从客观情况来分析，上述基数关系也可以拓展为更广泛的数量关系，即($M∶N$)中的 M、N 取值范围可以为 $i..j(0≤i<j)$。

但是，Chen's ERD 表示法有一个最大的缺点，就是当实体属性比较多的时候，ERD 中的"椭圆"就特别多，显得特别杂乱。于是人们改造了 Chen's ERD 的形式，产生了"乌鸦脚"式 ERD(Crow's Foot ERD)，以及著名的 IDEF1X 图。图 4.15 和图 4.16 分别给出了 Crow's Foot ERD 和 IDEF1X 图的示例。

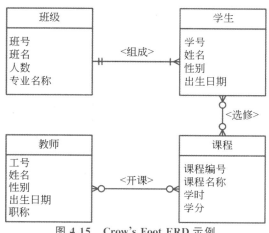

图 4.15   Crow's Foot ERD 示例

4. HIPO 图

HIPO(Hierarchy ＋ Input-Process-Output，层次＋输入-处理-输出)图是根据 IBM 公司研制的软件设计与文件编制技术发展而来的。最初只用作文档编写的格式要求，随后发展成比较有名的结构化软件设计模型。HIPO 设计模型图由两部分组成：层次模块结构关系图(即 H 图)和表达"输入-处理-输出"关系的 IPO 图。

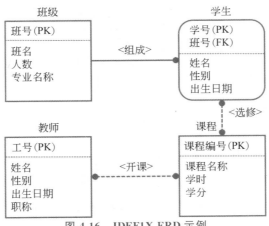

图 4.16　IDEF1X ERD 示例

其中,H 图展现了未来系统功能模块的层次关系,用它表达系统各个功能的隶属关系,构成了一个自顶向下逐层分解得到的多叉树状结构图,树的层数和每个节点的分支数是没有限制的,取决于未来系统的复杂程度。

H 图是可视目录表的主体,它的顶层是整个系统的名称和系统的概括功能说明;第二层把系统的功能展开,分成几个框;第二层功能进一步分解,就得到了第三层、第四层、……,直到最后一层。每个框内都应有一个名字,用以标识它的功能。还应有一个编号,记录它所在的层次及在该层次的位置。

在实际项目实施中,在概要设计阶段,H 图通常表示系统的逻辑功能点的宏观层次结构关系,以“系统→子系统→模块→功能→……”的结构来展现,如图 4.17 所示。而在详细设计阶段,H 图通常表示模块间的复杂调用的层级关系,如图 4.18 所示。

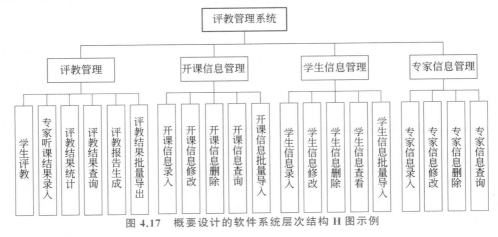

图 4.17　概要设计的软件系统层次结构 H 图示例

IPO 图则为每个功能模块提供具体的行为细节,即展示每个 P(功能模块)本身的行为以及与之密切相关的 I(输入)和 O(输出)。

IPO 图为 H 图中每一功能框详细地指明输入、处理及输出。通常,IPO 图有固定的格式,图中处理操作部分总是列在中间,输入和输出部分分别在其左边和右边。由于某些细节很难在一张 IPO 图中表达清楚,常常把 IPO 图又分为两部分,简单概括的称为概要 IPO 图,细致具体一些的称为详细 IPO 图。

图 4.19 为一个 IPO 图示例。

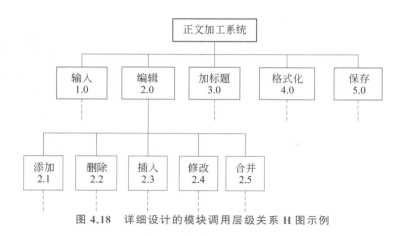

图 4.18   详细设计的模块调用层级关系 H 图示例

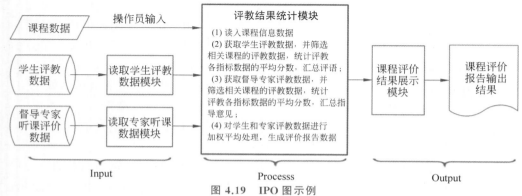

图 4.19   IPO 图示例

H 图说明了软件系统由哪些模块组成及其层次结构,而 IPO 图说明了模块间的信息传递及模块内部的处理。如果在结构化设计中,一个系统模块结构图很复杂,可采用层次图对其进行进一步的抽象,并且可以给结构图中的每一模块配以相应的 IPO 图进行描述。对于 IPO 图,软件开发人员可以利用它进行模块设计,编写、修改或维护程序,也可以根据它评价总体设计,所以说 IPO 图是系统设计阶段的一种重要文档资料。

4.1.3   结构化软件开发的过程及策略

结构化软件开发方法应用于软件开发过程,可以分为结构化分析、结构化设计、结构化实现以及结构化测试等过程阶段。每个阶段都充分体现了"结构化"的思想。下面对其主要的分析、设计阶段进行简要的介绍。

1. 结构化分析方法及过程

结构化分析方法是由美国 YOURDON 公司提出的,主要是利用数据流图来模拟数据处理过程,是一种面向数据流的开发方法,其基本原则是功能的分解和抽象。该方法建议了一组提高软件结构合理性的准则,如分解和抽象、模块的独立性、信息隐蔽等。

分解是指将一个复杂的系统分解成若干子系统,以降低复杂性。抽象则是把握问题的本质特性,再逐步细化。

结构化分析给出一组帮助分析人员产生功能说明的方法和技术,建立图形表述的需求分析模型。结构化方法以数据流图为核心,辅以数据字典、结构化英语或结构化语言、判定表和判定树等模型和方法。

结构化分析的总体过程如下。

(1)调查软件系统需求,描述需求,生成事件列表和事物列表。

(2)分析系统需求,建立数据流图(DFD)模型,弄清楚未来系统相关的数据和数据流,以及数据流转过程的处理。

(3)对数据流图进行详细的描述,建立详细的数据字典(DD),对数据流、数据存储、处理进行详细的描述。

(4)研究未来系统相关的数据实体及其之间的关联关系,建立实体-关系图(ERD),包括概念 ERD 和逻辑 ERD。

(5)建立人机接口模型。

(6)定义完整的需求规格说明书。

2. 结构化设计方法及过程

结构化设计方法把一个系统看成由一组功能操作构成的,是逻辑功能抽象的集合,即功能模块的集合。模块按一定的组织层次构造起来就形成了软件体系结构。结构化设计方法给出了帮助设计人员将数据流模型转换为层次型系统结构(称为“结构图”,Structural Chart,SC)模型的原则和方法,从逻辑功能模块到物理模块的映射则在设计的后期完成。

结构图(SC)设计模型是 Yourdon 提出的进行软件结构设计的工具。图中一个方框代表一个模块,框内注明模块的名字或主要功能;方框之间的箭头(或直线)表示模块的调用关系。尾部是空心圆表示传递的是数据,实心圆表示传递的是控制信息。

结构化设计的实质是将 DFD 转变成系统结构模型的过程,软件系统结构是指软件模块间的关系。设计的第一步是进行 DFD 的类型区分,一般来说,DFD 可分为两种类型:变换型和事务型。变换型数据流的特点是 DFD 可以明显地分为“输入-处理-输出”三部分,而事务型 DFD 则是对某个数据的处理分为不同的处理流。

图 4.20 与图 4.21 分别是变换型 DFD、事务型 DFD 转换为 SC 设计图的示例。

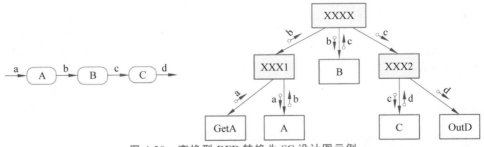

图 **4.20** 变换型 DFD 转换为 SC 设计图示例

结构化设计的主要过程如下。

(1)以 DFD 为输入,进行自动化边界划分。

(2)根据 DFD 进行系统设计,建立系统模块关系的结构图(SC),详细描述系统模块之间的调用关系、数据流传递关系等。

(3)对功能模块进行详细设计,给出算法或逻辑流程设计。

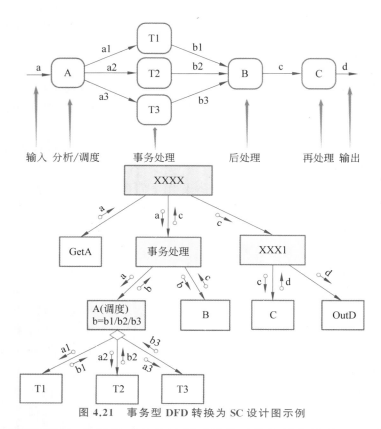

图 4.21   事务型 DFD 转换为 SC 设计图示例

（4）进行数据设计，包括用于系统运行时的临时数据结构设计，用于数据存储的数据文件格式设计或为数据库建立物理 ERD。

（5）进行 UI 设计、接口设计、报表设计等。

结构化分析与设计的策略：自顶向下、层层分解、逐步求精。

4.2   面向对象开发方法

面向对象开发方法是在 20 世纪 60 年代后期首次被提出的，经过将近 20 年的发展，到 20 世纪 80 年代后期在软件工程领域得到广泛应用。该方法涉及面向对象分析（OOA）、面向对象设计（OOD）、面向对象编程（OOP）、面向对象测试（OOT）和面向对象软件维护（OOSM）。而到了 20 世纪 90 年代以至目前，该方法已经成为人们在开发软件过程中首选的软件开发方法。采用面向对象开发方法构建的软件系统被称为面向对象的软件系统。

4.2.1   面向对象开发方法的发展及演化

OO 方法起源于面向对象的编程语言（OOPL）。20 世纪 50 年代后期，在用 FORTRAN 语言编写大型程序时，常出现变量名在程序不同部分发生冲突的问题。鉴于此，ALGOL 语言的设计者在 ALGOL60 中采用了以"Begin…End"为标识的程序块，使块内变量名是局部的，以避免它们与程序中其他位置同名变量的冲突。这是编程语言中首次提供封装（保护）的尝试。此后程序块结构广泛用于高级语言如 Pascal、

Ada、C 等之中。

20 世纪 60 年代中后期,Simula 语言在 ALGOL 语言基础上开发成功,它将 ALGOL 的"块"结构概念向前发展一步,提出了对象的概念,并使用了类,也支持类继承。20 世纪 70 年代,Smalltalk 语言诞生,它取 Simula 的类为核心概念,很多内容借鉴于 LISP 语言。由 Xerox 公司经过对 Smalltalk72、Smalltalk76 版本的持续不断改进后,于 1980 年推出商品化版本。它在系统设计中强调对象概念的统一,引入对象、类、方法(操作)、实例、消息等概念和术语,采用动态关联和单继承机制。

从 20 世纪 80 年代起,人们基于以往已提出的有关信息隐蔽和抽象数据类型等概念,以及由 Ada 和 Smalltalk 等语言所奠定的基础,再加上客观需求的推动,进行了大量的理论研究和实践探索,不同类型的面向对象语言(如 Object-C、Eiffel、C++、Java、Object-Pascal 等)如雨后春笋般地相继出现,也研发出来基于 OO 概念理论体系的软件系统。

正是通过 Smalltalk80 的研制与推广应用,使人们注意到 OO 方法所具有的模块化、信息封装与隐蔽、抽象性、继承性、多态性等独特之处,这些优异特性为研制大型软件,提高软件可靠性、可重用性、可扩充性和可维护性提供了有效的手段和途径。

20 世纪 80 年代以来,人们将面向对象的基本概念和运行机制运用到其他软件工程领域,产生了一系列相应领域的面向对象的技术。面向对象方法已被广泛应用于程序设计语言、形式定义、设计方法学、操作系统、分布式系统、人工智能、实时系统、数据库、人机接口、计算机体系结构以及并发工程、综合集成工程等,在许多领域的应用都得到了很大的发展。1986 年,在美国举行了世界上首届"面向对象编程、系统、语言和应用(OOPSLA'86)"国际会议,使面向对象受到世人瞩目,其后每年都举行一次,这进一步标志 OO 方法的研究已普及全世界。

4.2.2　面向对象开发方法的概念和思想

面向对象开发方法认为客观世界是由对象组成的,对象由属性和操作组成,对象可按其属性进行分类,对象之间的联系通过传递消息来实现,对象具有封装性、继承性和多态性。面向对象开发方法是以用例驱动的、以体系结构为中心的、迭代的和渐增式的开发过程,主要包括需求分析、系统分析、系统设计和系统实现 4 个阶段,但是各个阶段的划分不像结构化开发方法那样清晰,而是在各个阶段之间迭代进行的。

1. 面向对象开发方法的基本概念

面向对象开发方法的核心概念是"对象",并且围绕这个概念衍生出来类、封装、继承、组合、聚合、关联、消息、多态等基本概念。下面逐一进行简要解释。

1) 对象

对象(Object)是系统中用来描述客观事物的一个实体,它是构成系统的一个最基本单位,由一组静态特征的属性和动态行为特征的操作(也称为"方法")组成。

从一般意义上讲,对象是现实世界中的一个实际存在的事物,它可以是有形的,如学生、图书、建筑物等;也可以是抽象无形的,如任务、订单等。而人们在开发一个系统时,则在一定的范围(也称问题域)内考虑和认识与系统目标有关的事物,并用系统中的对象来抽象地表示它们。

对象是属性和操作构成的整体,对象的属性值只能由该对象的操作来读取和修改。

2）类

类（Class）是具有相同属性和操作的所有对象的集合，它为属于该类的全部对象提供了统一的抽象描述，其内部包括属性和操作两个主要部分。类表示了一组相似的对象，是创建对象的模板，用它可以创建多个对象实例。类所代表的是一个抽象的概念或事物，在客观世界中实际存在的是类的实例。以学校教学管理系统为例，"学生"是一个类，其属性具有姓名、性别、年龄等，可以定义"入学注册""选课"等操作。一个具体的学生"张三"是一个对象，也是"学生"类的一个实例。

3）封装

封装（Encapsulation）是把对象的属性和操作结合成一个独立的单元，并尽可能隐藏对象的内部细节。

封装是面向对象方法的一个重要原则，系统中把对象看成属性和操作的结合体，使对象能够集中而完整地描述一个具体事物。封装的信息隐蔽作用反映了事物的相对独立性，如果从外部观察对象，只需要了解对象所呈现的外部行为（即做什么），而不必关心它的内部细节（即怎么做）。

与封装密切相关的概念是可见性，它是指对象的属性和操作允许该对象外部其他对象访问和引用的权限。

4）继承

继承（Inheritance）是指子类可以自动拥有父类的全部属性和操作。

继承简化了人们对现实世界的认识和描述，在定义子类时不必重复定义那些已在父类中定义过的属性和操作，只要说明它是某个父类的子类，并定义自己特有的属性和服务即可。例如，动物和猫分别是两个类，动物具有分类、体重、喜好食物、寿命等属性和行走、睡眠、觅食等行为，而猫具有动物的全部属性和行为外，又有自己的特殊属性（如毛色）和行为（如抓老鼠），则我们认为猫是动物这个父类的子类。

一个子类可以有多个父类，它从多个父类中继承属性与操作，称为多继承（Multiple Inheritance）。当然，一个父类也可以有多个子类。

与父类/子类等价的其他术语有一般类/特殊类、超类/子类、基类/派生类等。

继承对于软件复用是十分有益的。如果将面向对象方法开发的类作为可复用构件，那么在开发新系统时可以直接复用这个类，也可以将其作为父类通过继承实现复用，从而大大扩展了复用的范围。

5）消息

消息（Message）是对象发出的操作请求，一般包含提供操作的对象标识、操作标识、参数信息和操作结果信息等。

通常，一个对象向另一个对象发出消息请求某项操作，接收消息的对象响应该消息，激发所要求的操作，并将操作结果返给发出请求的对象。例如，使用电子车钥匙对轿车锁车时，驾驶员通过车钥匙按钮发出"锁车"指令消息，轿车接收该消息，做车门落锁的操作，并将结果（发出锁车成功的声音）反馈给驾驶员。

面向对象技术的封装机制使对象各自独立，各司其职，消息通信则为它们提供了唯一合法的动态联系途径，使它们的行为能够相互配合，构成一个有机的运动系统。

6）关系

关系是对象属性之间联系的纽带，它通过对象的属性来表现对象之间存在的关系。在面向对象的术语中,对象之间的实例连接被称为链接(Link),而存在实例连接的类之间的联系称为关联(Association)。

例如,教师与学生是独立的两个类,它们之间存在"教学"联系,这种联系是通过类中的"教学课程""时间""地点"等属性建立起来的。

关联存在多重性,用以描述一个关联的实例中有多少个相互连接的对象。关联的多重性是一个取值范围的表达式或者一个具体值,可以精确地表示多重性为 1、0 或 0..1、多个 *、(0..*)、一个或多个(1..*),如果需要还可以标明精确的数值。

7)多态性

多态性(Polymorphism)是指在父类中定义的属性或操作被子类继承后,可以具有不同的数据类型或表现出不同的行为。

在具有继承关系的一个类层次结构中,不同层次的类可以共享一个操作,但却有各自不同的实现。当一个对象接收到一个请求时,它根据其所属的类,动态地选用在该类中定义的操作。

例如,在父类"几何图形"中定义了一个操作"绘图",但并不确定执行时绘制一个什么图形。子类"椭圆"和"多边形"都继承了几何图形类的绘图操作,但其功能却不相同:一个是画椭圆,一个是画多边形。当系统的其他部分请求绘制一个几何图形时,消息中的操作都是"绘图",但椭圆和多边形接收到该消息时却各自执行不同的绘图算法。

多态性机制不但为软件的结构设计提供了灵活性,还减少了信息冗余,明显提高了软件的可复用性和可扩充性。多态性的实现需要 OOPL 提供相应的支持,与多态性实现有关的语言功能包括重载(Overload)、动态绑定(Dynamic Binding)、类属(Generic)。

综上所述,有关对象之间或类之间的关系,除了前面提到的"继承"(后来也叫"泛化")关系、关联关系外,其他关系可以更精确地分类如下。

(1) 依赖关系:依赖(Dependency)关系是一种使用(Use)关系,它是对象之间耦合度最弱的一种关联方式,是临时性的关联。在代码中,某个类的操作通过局部变量、方法的参数或者对静态操作的调用来访问另一个类(被依赖类)中的某些操作来完成一些职责。

(2) 关联关系:关联(Association)关系是对象之间的一种引用关系,用于表示一类对象与另一类对象之间的联系,如学生与选课等。关联关系是类与类之间最常用的一种关系,分为一般关联关系、聚合关系和组合关系。除非特别说明,关联关系即指一般关联关系,可以是双向的,也可以是单向的。

(3) 聚合关系:聚合(Aggregation)关系是关联关系的一种,是强关联关系,是整体和部分之间的关系,是 Has-a 的关系,如计算机与键盘、鼠标的关系。

(4) 组合关系:组合(Composition)关系也是关联关系的一种,也表示类之间的整体与部分的关系,但它是一种更强烈的聚合关系,是 Contains-a 关系。例如,躯体与四肢、脏器的关系。当躯体不存在时,其他也没有存在的必要了。

(5) 泛化关系:泛化(Generalization)关系是对象之间耦合度最大的一种关系,表示一般与特殊的关系,是父类与子类之间的关系,是一种继承关系,是 Is-a 的关系。

(6) 实现关系:实现(Realization)关系是接口与实现类之间的关系。在这种关系中,类实现了接口,类中的操作实现了接口中所声明的所有的抽象操作。

根据关系的紧密程度,可以有如下结论。

$$继承＝泛化＝实现＞组合＞聚合＞关联＞依赖$$

对象之间或类之间的这些关系在 UML 建模语言中有丰富的模型进行表达。

2. 面向对象开发方法的思想

面向对象技术(Object Oriented Technology)是软件工程领域中的重要技术,这种技术比较自然地模拟了人类认识客观世界的方式,成为当前计算机软件工程学中的主流方法。应该特别强调的是,面向对象技术不仅是一种程序设计方法,更是一种对真实世界的抽象思维方式。

面向对象方法的基本思想是从现实世界中客观存在的事物(即对象)出发,尽可能地运用人类的自然思维方式来构造软件系统。它更加强调运用人类在日常的逻辑思维中经常采用的思想方法与原则,例如,抽象、分类、继承、聚合、封装等,使开发者以现实世界中的事物为中心来思考和认识问题,并以人们易于理解的方式表达出来。

面向对象方法认为:客观世界是由对象组成的,任何客观的事物或实体都是对象,复杂的对象可以由简单的对象组成;具有相同数据和相同操作的对象可以归并为一个类,对象是对象类的一个实例;类可以派生出子类,子类继承父类的全部特性(数据和操作),又可以有自己的新特性,子类与父类形成类的层次结构;对象之间通过消息传递相互联系;类具有封装性,其数据和操作等内容对外界是不可见的,外界只能通过消息请求进行某些操作,提供所需要的服务。

软件工程学家 Coad 和 Yourdon 认为:

$$面向对象＝对象＋类＋继承＋通信$$

如果一个软件系统采用这些概念来建立模型并予以实现,那么它就是面向对象的。

4.2.3   面向对象开发方法的建模语言 UML

1. UML 的产生

采用面向对象开发方法,最大的困难是定义对象的抽象类和建立系统各类模型。而且由于该开发方法的各个阶段之间的过渡是无缝的,抽象类和各类模型最好使用相同的符号描述。为此,人们设计了一种统一描述面向对象方法的符号系统,即统一建模语言(Unified Modeling Language,UML)。UML 实现了基于面向对象的建模工具的统一,目前已成为国际、国内可视化建模语言实际上的工业标准。

公认的面向对象建模语言出现于 20 世纪 70 年代中期。从 1989 年到 1994 年,其数量从不到 10 种增加到了 50 多种。在众多的建模语言中,语言的创造者努力推崇自己的产品,并在实践中不断完善。但是,OO 方法的用户并不了解不同建模语言的优缺点及相互之间的差异,因而很难根据应用特点选择合适的建模语言,于是爆发了一场"方法大战"。20 世纪 90 年代,一批新方法出现了,其中最引人注目的是 Booch 93、OOSE 和 OMT-2。

概括来说,首先,面对众多的建模语言,用户由于没有能力区别不同语言之间的差别,因此很难找到一种比较适合其应用特点的语言;其次,众多的建模语言实际上各有千秋;最后,虽然不同的建模语言大多雷同,但仍存在某些细微的差别,极大地妨碍了用户之间的交流。因此在客观上,极有必要在精心比较不同的建模语言优缺点及总结面向对象技术应用实践的基础上,组织联合设计小组,根据应用需求,取其精华,去其糟粕,求同存异,统一建模语言。

早在 1994 年 10 月,Grady Booch 和 Jim Rumbaugh 就开始致力于这一工作。他们首先将 Booch 93 和 OMT-2 统一起来,并于 1995 年 10 月发布了第一个公开版本,称为统一方法 UM0.8(Unified Method)。1995 年秋,OOSE 的创始人 Ivar Jacobson 加盟到这一工作中。经过 Booch、Rumbaugh 和 Jacobson 三人的共同努力,于 1996 年 6 月和 10 月分别发布了两个新的版本,即 UML0.9 和 UML0.91,并将 UM 重新命名为 UML(Unified Modeling Language)。

1996 年,一些机构将 UML 作为其商业策略已日趋明显。UML 的开发者得到了来自公众的正面反应,并倡议成立了 UML 协会,以完善、加强和促进 UML 的定义工作。当时的成员有 DEC、HP、I-Logic、Itellicorp、IBM、ICON Computing、MCI Systemhouse、Microsoft、Oracle、Rational Software、TI 以及 Unisys。UML 协会对 UML1.0(1997 年 1 月)及 UML1.1(1997 年 11 月)的定义和发布起了重要的促进作用。

在美国,截至 1996 年 10 月,UML 获得了工业界、科技界和应用界的广泛支持,已有 700 多个公司表示支持采用 UML 作为建模语言。1996 年年底,UML 已稳占面向对象技术市场的 85%,成为可视化建模语言事实上的工业标准。1997 年 11 月 17 日,OMG(Object Management Group,对象管理组织)采纳 UML1.1 作为基于面向对象技术的标准建模语言。UML 代表了面向对象方法的软件开发技术的发展方向,具有巨大的市场前景,也具有重大的经济价值和国防价值。

2. UML 的构成

UML 主要是用来描述模型的。它可以从不同视角为系统建模,形成不同的视图(View)。每个视图是系统完整描述中的一个抽象,代表该系统一个特定的方面;每个视图又由一组图(Diagram)构成,图包含强调系统某一方面的信息。

UML 提供了两类图即静态图和动态图。在 UML2.0 版本中共有 14 种模型图,而在 UML1.4 版本中共有 9 种模型图。由于高版本新增的 5 种图并没有带来本质的变化,只是一些补充,本节只介绍 UML1.4 的 9 种模型图。

(1)静态图包括用例图、类图、对象图、组件图和部署图。其中,用例图描述系统功能,类图描述系统静态结构,对象图描述系统某个时刻具体的静态结构,组件图描述实现系统的元素组织,部署图描述系统环境元素的配置。

(2)动态图包括状态图、时序图、协作图和活动图。其中,状态图描述系统元素的状态变化,时序图按时间顺序描述系统元素之间的交互,协作图按时间和空间的顺序描述系统元素之间的交互关系,活动图描述系统元素的活动。

UML 提供了 5 种视图,包括用例模型(功能)视图、结构模型(逻辑)视图、行为模型(并发)视图、实现模型(组件)视图和部署模型视图,也称为 UML 的 4＋1 模型视图。其中,用例模型视图驱动整个系统的开发,所以用例模型视图是"4＋1"中的"1"。UML 的 4＋1 模型视图组成了系统的逻辑构架。

(1)用例模型视图从用户角度表达系统功能,使用用例图和活动图来描述。

(2)结构模型视图主要使用类图和对象图描述系统静态结构,用状态图、时序图、协作图和活动图描述对象间实现给定功能时的动态协作关系。

（3）行为模型视图展示系统动态行为及其并发性，用状态图、时序图、协作图、活动图、构件图和部署图描述。

（4）实现模型视图展示系统实现的结构和行为特征，用组件图描述。

（5）部署模型视图展示系统的实现环境和组件是如何在物理结构中部署的，用部署图描述。

3. UML 图

UML 中最常用的图（Diagram）包括用例图、类图、对象图、状态图、时序图、协作图、活动图、组件图、部署图等。

1）用例图

用例图（Use-Case Diagram）用于显示若干角色（Actor）以及这些角色与系统提供的用例之间的连接关系。用例是系统提供的功能（即系统的具体用法）的描述。通常一个实际的用例采用普通的文字描述，作为用例符号的文档性质。当然，实际的用例可以用活动图描述。用例图仅从角色（触发系统功能的用户等）使用系统的角度描述系统中的信息，也就是站在系统外部察看系统功能，它并不描述系统内部对该功能的具体操作方式。用例图定义的是系统的功能需求。如图 4.22 所示为一个系统用例图示例。

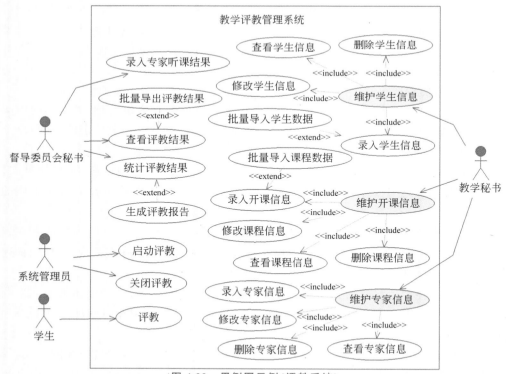

图 4.22   用例图示例（评教系统）

在实际的应用中，用例图可以分为业务用例图、概念用例图、系统用例图。它们之间的区别与联系如下。

这三类都属于用例图，从 UML 模型图角度来看是没有什么区别的，但表达的内容和用途是有区别的。

业务用例图：是用来分析业务需求的，一般是将提供手工业务服务的组织/部门（如学校、教务处、商店、公安局等）作为用例图的边界，组织外部的 Actor（如学生、教师、顾客、公民、其他系统等）对这个组织有什么期望，或者这些组织为这些 Actor 提供什么服务，这些期望或服务就是"业务用例"（它们可能会包含业务工人在内，如教学秘书为学生办理注册、商店的售货员售货、民警给居民上户口等），这些 Actor 就是被服务的人；用此图弄清楚某组织都有哪些为组织外人们提供的服务项目。

概念用例图：是用来分析未来软件系统的功能的，其边界是计划开发的未来系统（如教学系统、商城平台、公安局管理系统等），系统外部的 Actor（包括业务用例图中的所有 Actor＋被系统解放出来的原来业务用例图中的业务工人＋相关的外部系统等）期望未来系统能够完成哪些任务（可以理解为系统模块或者功能）。

系统用例图：其内容和形式跟概念用例图是一样的，区别是，概念用例图中不会考虑用例在未来系统中是否能够实现，只要跟需求有关的都要列出来，而系统用例图要裁减掉未来系统不打算实现或软件根本无法实现的用例，也要裁剪掉那些根本不会直接操作未来系统的 Actor（如校长等，他们虽然关心系统完成的结果，但不会去亲自使用系统）。

这三种用例图是对需求分析过程的渐进过程的结果。

2）类图

类图（Class Diagram）用来表示系统中的类和类与类之间的关系，它是对系统静态结构的描述。

类用来表示系统中需要处理的事务。类与类之间有多种连接方式（关系），如关联（彼此间的连接）、依赖（一个类使用另一个类）、通用化（一个类是另一个类的特殊化）或打包（Packaged）（多个类聚合成一个基本元素）。类与类之间的这些关系都体现在类图的内部结构之中，通过类的属性（Attribute）和操作（Operation）反映出这些术语来。在系统的生命周期中，类图所描述的静态结构在任何情况下都是有效的。

一个典型的系统中通常有若干类图。一个类图不一定包含系统中所有的类，一个类还可以加到几个类图中。

有关类图的表示，Jacobson 发明了 BCE 表示法，即将类分为边界类（Boundary Class）、控制类（Control Class）和实体类（Entity Class），从而区分了用于不同场合和不同用途的类。其中，边界类用于 UI 或系统接口，控制类用于业务逻辑和系统控制逻辑，实体类用于表达数据存储和处理。如图 4.23 所示为一个实体类图示例。

3）对象图

对象图是类图的变体，两者之间的差别在于对象图表示的是类的对象实例，而不是真实的类。对象图是类图的一个范例（Example），它具体地反映了系统执行到某处时系统的工作状况。

对象图中使用的图示符号与类图几乎完全相同，只不过对象图中的对象名加了下画线，而且类与类之间关系的所有实例也都画了出来。

对象图没有类图重要，对象图通常用来示例一个复杂的类，通过对象图反映真正的实例是什么，它们之间可能具有什么样的关系，帮助对类图的理解。对象图也可以用在协作图中作为其一个组成部分，用来反映一组对象之间的动态协作关系。

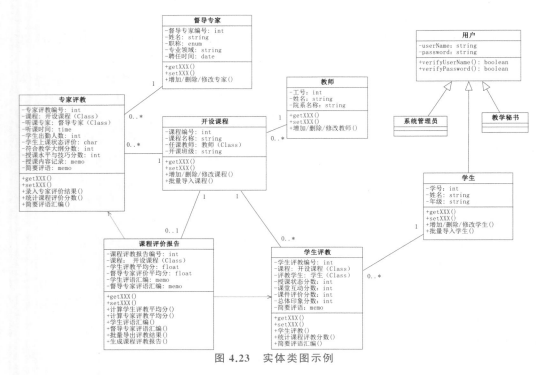

图 4.23　实体类图示例

4）状态图

一般来说,状态图是对类所描述事务的补充说明,它显示了类的所有对象可能具有的状态,以及引起状态变化的事件。事件可以是给它发送消息的另一个对象或者某个任务执行完毕(例如,指定时间到)。状态的变化称作转移(Transition)。一个转移可以有一个与之相连的动作(Action),这个动作指明了状态转移时应该做些什么。

并不是所有的类都有相应的状态图。状态图仅用于具有下列特点的类:具有若干个确定的状态,类的行为在这些状态下会受到影响且被不同的状态改变。

另外,也可以为系统描绘整体状态图。如图 4.24 所示为一个状态图示例。

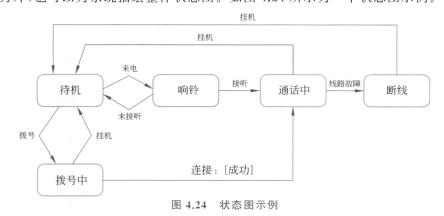

图 4.24　状态图示例

5）时序图

时序图用来反映若干对象之间的动态协作关系,也就是随着时间的流逝,对象之间是如何交互的。时序图主要反映对象之间已发送消息的先后次序,说明对象之间的交互过程,以及系统执行过程中,在某一具体位置将会有什么事件发生。

时序图由若干对象组成,每个对象用一个垂直的虚线表示(线上方是对象名),每个对象的正下方有一个矩形条,它与垂直的虚线相叠,矩形条表示该对象随时间流逝的过程(从上至下),对象之间传递的消息用消息箭头表示,它们位于表示对象的垂直线条之间。时间说明和其他的注释作为脚本放在图的边缘。

如图 4.25 所示为一个时序图示例。

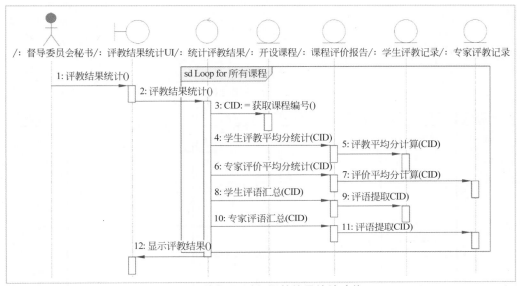

图 4.25　时序图示例(评教结果统计功能)

6) 协作图

协作图和时序图的作用一样,反映的也是动态协作。除了显示消息变化(称为交互)外,协作图还显示了对象和它们之间的关系(称为上下文有关)。由于协作图或时序图都反映对象之间的交互,所以建模者可以任意选择一种反映对象间的协作。如果需要强调时间和序列,最好选择时序图;如果需要强调上下文相关,最好选择协作图。

协作图与对象图的画法一样,图中含有若干对象及它们之间的关系(使用对象图或类图中的符号),对象之间流动的消息用消息箭头表示,箭头中间用标签标识消息被发送的序号、条件、迭代(Iteration)方式、返回值等。通过识别消息标签的语法,开发者可以看出对象间的协作,也可以跟踪执行流程和消息的变化情况。

协作图中也能包含活动对象,多个活动对象可以并发执行。如图 4.26 所示为一个协作图示例。

7) 活动图

活动图更常用于描述某个操作执行时的活动状况。

活动图由各种动作状态(Action State)构成,每个动作状态包含可执行动作的规范说明。当某个动作执行完毕,该动作的状态就会随之改变。这样,动作状态的控制就从一个状态流向另一个与之相连的状态。

活动图中还可以显示决策、条件、动作状态的并行执行、消息(被动作发送或接收)的规范说明等内容。

如图 4.27 所示为一个活动图示例。

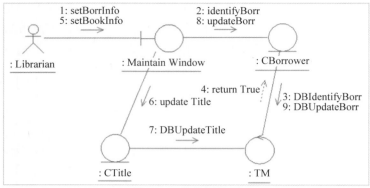

图 4.26　协作图示例

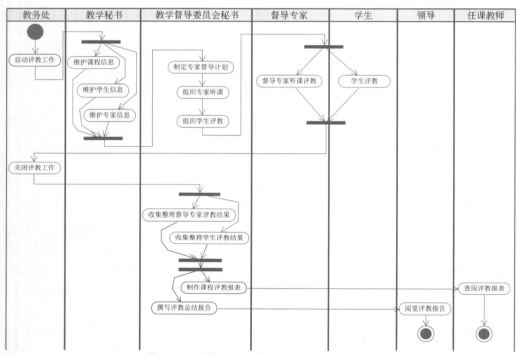

图 4.27　活动图示例（评教过程业务活动图）

8）组件图

组件图（Component Diagram）用来反映代码的物理结构。

代码的物理结构用代码组件表示。组件可以是源代码、二进制文件或可执行文件组件。组件包含逻辑类或逻辑类的实现信息，因此逻辑视图与组件视图之间存在着映射关系。组件之间也存在依赖关系，利用这种依赖关系可以很容易地分析一个组件的变化会给其他的组件带来怎样的影响。

组件可以与公开的任何接口（如 OLE/COM 接口）一起显示，也可以把它们组合起来形成一个包（Package），在组件图中显示这种组合包。实际编程工作中经常使用组件图。

如图 4.28 所示为一个组件图示例。

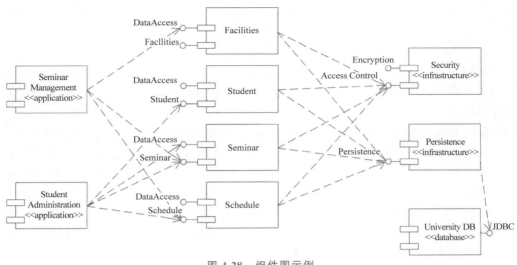

图 4.28 组件图示例

9）部署图

部署图（Deployment Diagram）用来显示系统中软件和硬件的物理架构。通常部署图中显示实际的计算机和设备（用节点表示），以及各个节点之间的关系（还可以显示关系的类型）。每个节点内部显示的可执行的组件和对象清晰地反映出哪个软件运行在哪个节点上。组件之间的依赖关系也可以显示在部署图中。正如前面所陈述，部署图用来表示展开视图，描述系统的实际物理结构。

用例视图是对系统模型的明确定义，而从物理架构的节点出发，能够找到它含有的组件，再通过组件到达它所实现的类，再到达类的对象所参与的交互，直至最终展现一个用例所能完成的系统功能。所以，从整体来说，不同视图从不同的角度对系统的描述应当是一致的。

如图 4.29 所示为一个部署图示例。

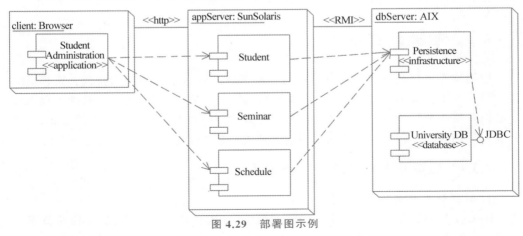

图 4.29 部署图示例

4.2.4 面向对象分析和设计的过程及策略

面向对象的软件工程方法是面向对象方法在软件工程领域的全面运用，涉及从面向对象分析、面向对象设计、面向对象编程、面向对象测试到面向对象软件维护的全过程。

其中,面向对象分析与设计过程是核心过程。

面向对象的分析(Object Oriented Analysis,OOA)就是采用面向对象的方法进行需求分析、系统分析。其主要任务是分析和理解问题域,找出描述问题域和系统责任所需的类及对象,分析它们的内部构成和外部关系,建立 OOA 模型。

面向对象的设计(Object Oriented Design,OOD)就是根据已建立的分析模型,运用面向对象技术进行系统设计。其主要任务是将 OOA 模型直接变成 OOD 模型,并且补充与一些实现有关的部分,包括接口设计、UI 设计、永久数据存储的数据设计、未来系统的任务控制设计等。

OOA 与 OOD 采用一致的表示法和建模方法,使得从 OOA 到 OOD 不存在大规模的转换,只有局部的修改或调整,并增加了与实现有关的独立部分。二者的关系主要有如下三点。

(1) OOA 关注的是未来系统的业务需求和用户需求,包括涉众的分析、业务过程的分析,一般建立以系统用例图和分析类图为主的分析模型;而 OOD 关注的是未来系统的实现细节,主要产生设计类图、系统功能对应的时序图等设计模型。

(2) OOA 与 OOD 过程中联系最紧密的是分析类图模型和设计类图模型。从外观形式上看,它们基本是一致的;但从细节内容来看,OOA 更关注有哪些类及它们之间的关系,并不关注类的具体内容,而 OOD 更关注类的实现细节,包括类的属性详细定义、类的操作详细定义。

(3) 基于 UML 的 OOA 和 OOD 过程,二者具体的建模过渡过程如下:OO 需求分析产生系统用例图和用例规约;OO 系统分析产生分析类图(主要包括 BCE 分析类图和实体分析类图);OO 系统设计产生设计类图和时序图。

因此,OOA 与 OOD 之间不存在传统方法中分析与设计之间的鸿沟,使得面向对象的分析与设计过程可以无缝连接,过渡平滑。

4.3　敏捷开发方法

敏捷软件工程是哲学理念和一系列开发指南的综合。这种理念推崇:让客户满意且尽早的增量发布;小而高度自主的项目团队;非常规的方法;最小化软件工程工作产品以及整体精简开发。开发的指导方针强调超越分析和设计活动结果的发布,以及开发人员和客户之间主动和持续的沟通。其核心理念就是:尽快交付、持续交付。

4.3.1　敏捷开发方法的理念、思想和原则

1. 敏捷开发方法的历史背景

随着互联网的发展和软件市场的严酷竞争,在现代经济生活中,通常很难甚至无法预测一个基于计算机的系统(如移动 App)如何随时间推移而演化。市场情况变化如此迅速,最终用户需求不断变更,新的竞争威胁毫无征兆地出现。在很多情况下,在项目开始之前,无法充分定义需求。因此,必须足够敏捷地去响应不断变化、无法确定的商业环境。

不确定性意味着变更,而变更意味着付出昂贵的成本,特别是在其失去控制或疏于管理的情况下,为这种变更而付出的成本费用是昂贵的。而敏捷方法最具强制性的特点之一就是它能够通过软件过程来降低由变更所引起的代价。

为什么要敏捷?

在 20 世纪 60~70 年代,最初的软件客户大多都是大型研究机构、军方等,他们需要软件系统来搞科学计算、军方项目、登月项目等,这些系统相当庞大,对准确度要求相当高。

到了 20 世纪 80~90 年代,软件进入了桌面软件的时代,开发的周期明显缩短,各种新的方法开始进入实用阶段。但是软件发布的媒介还是 CD、DVD,做好一个发布需要较大的经济投入,不能频繁更新版本。

而到了 20 世纪 90 年代中后期,尤其是 2000 年之后的互联网时代,大部分的软件服务是通过网络服务器端实现,在客户端有各种方便的推送渠道。由于网络的传播速度和广度向纵深方向发展,信息的获取和软件服务的获取更加容易、便捷。基于Internet 的很多软件服务层出不穷,而且呈现出小规模的软件应用被数以千万甚至亿计的用户共享使用。这些软件服务往往可以由一个小团队来实现。同时技术更新的速度在加快,用户需求的变化也在加快。

因此,在新的历史背景下,软件开发、迭代、更新的流程必须跟上这些快速变化的节奏,那种传统的一个大型团队用一个固定技术开发 2~3 年再发布的时代早已经过去了。敏捷软件开发方法便应运而生。

总之,敏捷软件开发应对的主要问题如下。

(1) 开发过程中的"变化"是无处不在的,也是不可避免的。

(2) 在实际项目中,很难预测需求和系统何时以及如何发生变化。

(3) 对开发者来说,应将变化的意识贯穿在每一项开发活动中。

2. 敏捷开发宣言

2001 年,软件开发方法大师 Kent Beck 和其他 16 位知名软件开发者、软件工程专家以及软件咨询师(被称为敏捷联盟)共同签署了"敏捷软件开发宣言"。该宣言声明:

我们正在通过亲身实践以及帮助他人实践的方式来揭示更好的软件开发之路,通过这项工作,我们认识到:

(1) 个人和他们之间的交流胜过了开发过程和工具。

(2) 可运行的软件胜过了宽泛的文档。

(3) 客户合作胜过了合同谈判。

(4) 对变更的良好响应胜过了按部就班地遵循计划。

也就是说,虽然上述右边的各项内容很有价值,但我们认为左边的各项内容具有更大的价值。

这就是敏捷联盟(The Agile Alliance)制定并发布的软件行业历史上最为重要的文件之一——《敏捷宣言》。敏捷宣言的内容包含 4 条核心价值观和 12 条原则。到目前,《敏捷宣言》已被翻译成了 60 多种语言,并作为一种信仰被推广至全球以及非软件行业。

一份宣言通常和一场即将发生的破旧立新的革命运动相关联。从某些方面来讲,敏捷开发确实是这样一场运动。

针对上述 4 个敏捷价值观,我们可以做进一步的解读和理解。

(1) 个人和他们之间的交流胜过了开发过程和工具。意味着虽然流程和工具重要(尤其是大型组织),但是它们无法替换有能力的个体和高效的互动。个体的技能和他们之间的互动才是最关键的。

当我们开发产品、解决问题或改进工作方式时,要寻找改进互动和提高能力的方法。在项目期间,产品管理和开发团队必须在一起工作;在项目期间,架构师、设计师和测试人员必须每天在一起工作;面对面沟通是极其重要的,它不能被其他形式完全替换。

(2) 可运行的软件胜过了宽泛的文档。意味着已集成、已测试、潜在准备发布的产品才是关键度量,它能够有效地跟踪项目进度和对发布做出决策。

要以小步增量的方式构建产品,做一些分析、设计,然后开始编码和测试以验证设计。如果需要传递信息给客户、维护工作的人员,简易文档还是必要的。

(3) 客户合作胜过了合同谈判。意味着我们应该超越谈判并尝试提升与客户的合作。我们还应该建立以合作为基础的关系,而不是靠公司内的市场部门。

在实践中,意味着产品经理、市场或销售人员在产品开发期间要经常从客户那里请求反馈并排列优先级。在与我们自己的业务方合作中,应该寻找开发期间增进和改善合作的方法。产品管理和开发应该密切合作,而不是通过契约或手续。

(4) 对变更的良好响应胜过了按部就班地遵循计划。意味着欢迎需求变化,哪怕是开发后期。

首先,预先知道所有需求是不可能的。每个项目都会有浮现和继承的需求。如果对客户需求变更做得好,就会增强客户的竞争优势,从而体现自己的价值。为了鼓励响应变化并使其更容易操作,需要建立流程和工作方式。承认计划的不确定性,计划是必要的,但计划必须适应变化,我们需要持续调整计划。前期花很长时间制定详尽的计划的结果会导致大量的返工。同时,我们需要有足够的计划水平来评估业务需求和对其长期影响的判断。这是一种平衡的艺术。

3. 敏捷开发原则

敏捷宣言的 4 条价值观的核心要义,可以细化为如下更详尽的可遵循的 12 条敏捷开发原则。

原则 1:我们的最高目标是通过尽早和持续交付有价值的软件来满足客户。

原则 2:欢迎对需求提出变更,即使是在项目开发后期;要善于利用需求变更,帮助客户获得竞争优势。

原则 3:要不断交付可用的软件,周期从几周到几个月不等,且越短越好。

原则 4:项目过程中,业务人员与开发人员必须在一起工作。

原则 5:要善于激励项目人员,给他们所需要的环境和支持,并相信他们能够完成任务。

原则 6:无论是团队内还是团队间,最有效的沟通方法是面对面的交谈。

原则 7:可用的软件是衡量进度的主要指标。

原则 8:敏捷过程提倡可持续的开发;项目方、开发人员和用户应该能够保持恒久稳定的进展速度。

原则 9：对技术的精益求精以及对设计的不断完善将提升敏捷性。

原则 10：要做到简洁，即尽最大可能减少不必要的工作，这是一门艺术。

原则 11：最佳的架构、需求和设计出自于自组织的团队。

原则 12：团队要定期反省如何能够做到更有效，并相应地调整团队的行为。

4. 敏捷开发思想

敏捷开发方法的核心思想可以从不同的视角总结概括为以下几点。

（1）从 4 个价值观角度：尊重"人"，强调"沟通"，看重"产品"，注重"灵活性"。

（2）从软件开发过程管理角度：快速开发，快速反馈，快速修改，增量交付。

（3）从软件开发的哲学角度：拥抱变化，大道至简，逼近极限，成败在人。

（4）从软件开发的具体执行角度：化整为零，小步快跑。

（5）从软件开发的本质角度：快速的增量开发，迭代方式开发。

4.3.2 典型的敏捷开发方法

敏捷开发方法是一种软件开发方法论，也是一种软件开发的思想。根据敏捷软件开发的 4 个核心价值观及 12 条原则，人们总结并实践了多种具体的敏捷开发实践，包括极限编程（eXtreme Programming，XP）、Scrum 方法、测试驱动开发（TDD），等等。

1. 极限编程

极限编程是一种广泛应用的敏捷开发方法。XP 思想产生于 20 世纪 80 年代后期，并由 Kent Beck 完善并付诸实践，同时，他编写了一本关于 XP 的著作 *Extreme Programming Explained：Embrace Change*（《极限编程解释：拥抱变化》）。

XP 方法认为，早期发现错误以及降低复杂度可以节约成本，极限编程强调将任务/系统细分为可以在较短周期内解决的一个个小的任务/模块，并且强调测试、代码质量和及早发现问题的重要性。通常，通过一个个短小的迭代周期，就可以获得一个个阶段性的进展，并且可以及时形成一个版本供用户参考，以便及时对用户可能的需求变更做出响应。

XP 方法强调 5 个核心价值观：沟通、简单、反馈、尊重、勇气。它们的含义可以解释为：

（1）实践极限编程的程序员持续不断地与客户和其他程序员沟通。

（2）保持设计简单整洁。

（3）从项目第一天起就对软件做测试，从测试中获得反馈。

（4）尽可能早地把系统交付给客户使用，尊重客户提出修改意见的权利；小步前进，每一次小的成功都会增进团队成员彼此之间的尊重与信任。

（5）在前面这些的基础上，极限编程的实践者们方有勇气积极响应不断变化的需求和技术。

如图 4.30 所示表达了 XP 过程的计划/反馈机制。该机制由版本计划、迭代计划、验收测试、每日站会、结对讨论、单元测试、结对编程等细节过程组成。其中，结对编程人员工作中将形影不离，随时可以沟通；单元测试以分钟为单位进行；成员间沟通可以在几小时内经常发生商讨；每日站会每天至少进行一次；验收性质的测试几天内做一次；迭代计划以几天为周期进行；版本计划的工作长度可以是几个月。这些 XP 环节将反复进行，直到项目开发完成。

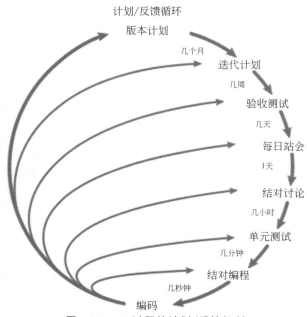

图 4.30   XP 过程的计划/反馈机制

采用 XP 方法进行软件开发,其迭代的过程主要分为 4 个阶段,即计划阶段、设计阶段、编码阶段和测试阶段。特点是以用户故事(User Story)来描述需求,整个开发过程充分体现测试驱动的开发(TDD),编程实现过程采用结对编程(Pair Programming),不断地持续集成(Continuous integration),见图 4.31。

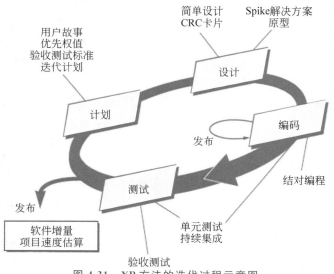

图 4.31   XP 方法的迭代过程示意图

1)计划阶段(XP Planning)

- 倾听客户陈述,形成一组"用户故事",描述其输出、特性、功能等。
- 按照价值或风险排序:客户为每个用户故事指定优先级(Priority)。
- XP 团队评估各个用户故事,确定开发成本(Cost,以"周"为单位),若超过两周,则拆分。

- 将若干用户故事指定为下一次发布的增量，并确定发布日期。
- 规划整体进度（Project Velocity）：以怎样的速度开展项目。
- 客户可以在开发过程中扩展新故事、去除原有故事、改变优先级、拆分等。

2）设计阶段（XP Design）

- 遵循 KIS(Keep It Simple)原则，即设计过程保持简单明了。
- 设计模型采用面向对象方法，具体使用 CRC 卡片（Class-Responsibility-Collaborator）。
- 遇到困难问题，创建"Spike Solutions"（探针原型），降低风险。
- 对设计方案不断重构（Refactoring）：遵循用户故事的外特性要求，改善内部结构，消除 bug，提高效率，提高易读性。

3）编码阶段（XP Coding）

- 测试驱动的开发（TDD）：在编码之前，根据用户故事设计单元测试用例，之后再依据测试用例写代码。
- 结对编程（Pair Programming）：两人一起编程，实时讨论、实时评审。

4）测试阶段（XP Testing）

- 自动化单元测试（Unit Test）。
- 持续集成（Continuous Integration）。
- 持续进行回归测试（Regression Test）。
- 验收测试（Acceptance Test）。

这里，结对编程是 XP 各个步骤中最有趣的环节。结对编程的具体工作过程如下。

两个程序员肩并肩地、平等地、互补地进行开发工作，他们并排坐在同一台计算机前，面对同一个显示器，使用同一个键盘、同一个鼠标一起工作，一起分析、设计、写测试用例、编码、单元测试、集成测试、写文档等。

在现实生活中也存在着类似这种的搭档存在。例如，越野赛车的驾驶和领航员、驾驶飞机的驾驶员和副驾驶员、战斗机的编组（长机、僚机）。

这里的驾驶员（Driver）是控制键盘和鼠标的人，他来写设计文档，进行编码和单元测试等 XP 开发流程。

而领航员（Navigator）则起到领航、提醒的作用。他负责审阅驾驶员的文档、驾驶员对编码等开发流程的执行。

驾驶员和领航员需要不断轮换角色，不宜连续工作超过 1h，领航员要控制时间。图 4.32 为结对编程的场景。

结对编程要选好对手，二人都应该有着积极和平等的工作态度。一般要求：

（1）工作需要主动参与，任何一个任务都首先是两个人的责任，也是所有人的责任；没有"我的代码/你的代码/他的代码"，只有"我们的代码"。

（2）只有水平上的差距，没有级别上的差异。尽管大家的级别资历可能不同，但不管在分析、设计或编码上，双方都拥有平等的决策权利。

（3）每人在各自独立设计、实现软件的过程中不免要犯这样或那样的错误，但可以互相监督、指正。

（4）在结对编程中，随时都要复审和交流，程序各方面的质量取决于一对程序员

图 4.32　结对编程场景示例

中各方面水平较高的那一位，程序中的错误就会少得多，程序的初始质量会高很多，这样会省下很多以后修改、测试的时间。

结对编程的好处如下。

（1）在开发层次上，结对编程能提供更好的设计质量和代码质量，两人合作能有更强的解决问题的能力。

（2）对开发人员自身来说，结对编程工作能带来更多的信心，高质量的产出能带来更高的满足感。

（3）在心理上，当有另一个人在你身边和你紧密配合，做同样一件事情的时候，任何一方都不好意思分神、敷衍，互相有监督与制约的效果。

（4）在企业管理层次上，结对编程能更有效地交流，相互学习和传递经验，能更好地应对人员流动；因为一个人的知识已经被其他人共享。

2. Scrum 方法

Scrum 是近年来最流行的一种敏捷开发方法的最佳实践，目前盛行于国内外各种规模的软件公司。根据笔者对一线工作的毕业生的反馈情况可知，几乎所有国内软件公司的开发团队都在广泛使用 Scrum 开发方法，或者自行改良的 Scrum 方法。

Scrum 是一个敏捷开发框架，其过程的本质也是增量/迭代的开发过程。

Scrum 方法是由 Jeff Sutherland 团队在 20 世纪 90 年代中期创立的敏捷方法，取名自橄榄球比赛中的术语"争球"；由 Schwaber 和 Beedle 做了进一步补充修改并付诸实践，从而使其日臻完善。

Scrum 方法的基本要点如下。

（1）整个开发过程由若干短的迭代周期组成，一个短的迭代周期称为一个冲刺（Sprint），每个冲刺的建议时间长度为 2～4 周。

（2）使用产品任务列表（Product Backlog）来管理需求，是一个按照商业价值排序的需求列表，列表条目的体现形式通常为用户故事。

（3）每个迭代周期（即一个冲刺），Scrum 团队从产品任务列表中挑选最高优先级的用户故事作为增量进行开发。

（4）在冲刺中，挑选的用户故事在冲刺计划会议上经过讨论、分析和估算得到相应的冲刺任务列表（Sprint Backlog）。

（5）在每个迭代结束时，Scrum 团队将提交潜在可交付的产品增量。

如图 4.33 所示，为 Scrum 方法的全程概览。其全过程详细描述如下。

（1）产品经理（Product Owner）组织会议将计划开发的产品分解成若干开发项，

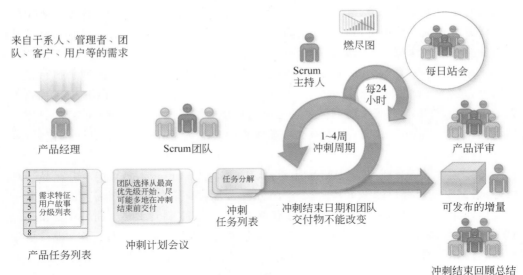

图 4.33　Scrum 敏捷方法框架概览

做出产品任务列表,该列表是有优先级的;该表中的开发项在没有被开发前是可以新增或删除的(引入需求变更)。

(2) 产品任务列表中的若干任务项,是一次 Scrum 冲刺要开发的一组用户故事;一个冲刺一般为 1~4 周;一旦冲刺被启动,在结束开发前是不允许变更需求的。

(3) 在冲刺开始前,Scrum 主持人(Scrum Master)组织 Scrum 团队(Scrum Team)会议,将冲刺的任务分解为更小的开发单元,即冲刺任务列表;每个 Scrum 团队成员每次领取的开发任务单元就是该列表中的某项任务。

(4) 一个冲刺启动后,每天需要召开一次会议,称为每日站会(Daily Scrum Meeting),一般不超过 15min,Scrum 团队每人需要简短陈述三句话:①上次站会后做了什么? ②遇到了什么问题? ③下次站会前计划做什么?(注意:提出的问题在站会上不做任何讨论)。

(5) 冲刺结束后,将展示产品新功能,并做冲刺评审和回顾。

上述冲刺过程循环进行,直到产品任务列表空了为止。

在整个 Scrum 开发过程中,涉及若干类参与者、事务和活动等。我们总结为"3人、4物、5会、6事"。具体内容叙述如下。

(1)"人",有 3 种角色:①产品经理,确定产品的功能,负责维护产品任务列表、截止日期、优先级、投资回报率(ROI),验收结果;②Scrum 主持人,保证开发过程按计划进行,组织每日站会、冲刺计划会议、冲刺评审会议和冲刺回顾会议,通过外在/内在协调,确保团队资源完全可被利用并且全部是高产出的;③Scrum 团队(ScrumTeam),规模 5~10 人,在每个冲刺中将产品任务列表中的条目转换成为潜在可交付的功能增量,该团队具备交付产品增量所需要的各种技能。

(2)"物",有 4 种列表:①产品任务列表,将待开发的软件产品分解为若干有优先级排序的用户故事;②冲刺任务列表,对冲刺开发任务进行更细粒度的任务分解,并指明工作量,表中每一项都是 Scrum 团队成员一次认领的任务;③任务看板(Task Board),一种具有常规格式的表格,一般会分为待认领、正在开发、已完成、停车场(即存放暂时难以解决的任务)等"泳道",实践中一般是用白板制作,将冲刺任务列表中的所有任务写在纸卡片中并贴在看板上,让大家去认领并完成,同时根据时间的推进,这些任务会在不同泳道中流转,大家都可以看得到任务的状态;④燃尽图/燃起图(Burndown/up Charts),在 Scrum 开发过程中一个非常重要能够反映出当前冲刺执行情况的图表,是 Scrum 项目进度管理的一种图表,将当前的任务总数和日期一起绘制,每天记录一下,可以看到每天还剩多少个任务。典型的燃尽图横坐标表示冲刺的具体日期,纵坐标表示剩余工作量(或故事点),虚线表示理想趋势,实线表示实际工作量(或故事点)变化情况。

(3)"会",有 5 种会议:①产品计划会(Product Planning Meeting),由产品经理主持,根据市场及客户的需求,将整个产品分解为若干产品增量,按照商业价值及紧迫程度排列优先级,最终产出一个产品任务列表;②冲刺计划会(Sprint Planning Meeting),由 Scrum 主持人召集团队召开的会议,针对本次冲刺开发任务,进行更细粒度的任务分解,并讨论每个任务的工作量,无须定义优先级,最终产出冲刺任务列表;③每日站会,Scrum 团队每日都要开的一个会议,以此督促激励个体工作;④冲刺评审会(Sprint Review Meeting),在一个冲刺完成时举行,要向客户演示已经完成的软件产品,主要是展示产品新功能;⑤冲刺回顾会(Sprint Retrospective Meeting),是冲刺结束后的总结会议,团队每个人都要发言,总结本次冲刺中遇到的问题,讨论分享经验和教训。

(4)"事",有 6 种活动:①冲刺,Scrum 开发过程中的基本活动单位,每次冲刺的结果都会成为产品的新增量、新特性;②5 种会议,前述 5 种 Scrum 会议,即产品计划会、冲刺计划会、每日站会、冲刺评审会和冲刺回顾会。

3. 测试驱动开发

测试驱动开发(Test-Driven Development,TDD)是一种不同于传统软件开发流程的新型的开发方法。它要求在编写某个功能的代码之前先编写测试代码,然后只编写使测试通过的功能代码,通过测试来推动整个开发的进行。这有助于编写简洁可用和高质量的代码,并加速开发过程。

Kent Beck 最早在其极限编程方法论中,向大家推荐"测试驱动"这一最佳实践,还专门撰写了《测试驱动开发》一书,详细说明如何实现。

测试驱动开发的基本思想就是在开发功能代码之前,先编写测试代码,然后只编写使测试通过的功能代码,从而以测试来驱动整个开发过程的进行。这有助于编写简洁可用和高质量的代码,有很高的灵活性和健壮性,能快速响应变化,并加速开发过程。

测试驱动开发不是一种测试技术,它是一种软件开发过程中的分析和设计技术,更是一种组织所有开发活动的技术。相对于传统的结构化开发过程方法,它具有以下优势。

(1)TDD 根据客户需求编写测试用例,对功能的过程和接口都进行了设计,而且这种从使用者角度对代码进行的设计通常更符合后期开发的需求。因为关注用户反馈,可以及时响应需求变更,同时因为从使用者角度出发的简单设计,也可以更快地适应变化。

(2)出于易测试和测试独立性的要求,将促使人们实现松耦合的设计,并更多地依赖于接口而非具体的类,提高系统的可扩展性和抗变性。而且 TDD 明显地缩短了设计决策的反馈循环,使开发者在非常快的时间内就能获得反馈。

(3)将测试工作提到编码之前,并频繁地运行所有测试,可以尽量避免和尽早发现错误,极大降低了后续测试及修复的成本,提高了代码的质量。在测试的保护下,不断重构代码,以消除重复设计,优化设计结构,提高了代码的重用性,从而提高了软件产品的质量。

(4)TDD提供了持续的回归测试,有利于整个系统的代码质量保证,同时,如果发现回归测试有重大问题,可以促使开发团队下决心进行整体或局部的系统重构。

(5)TDD所产生的单元测试代码就是最好的开发者文档,它们展示了所有的API该如何使用以及是如何运作的,而且它们与工作代码保持同步,永远是最新的。

(6)TDD可以减轻压力、降低忧虑、提高我们对代码的信心、使团队拥有重构的勇气,这些都是快乐工作的重要前提。

(7)快速地提高了开发效率。

4.4　本章小结

本章以软件开发方法的发展历史进程为线索,分别介绍了结构化开发方法、面向对象的开发方法和敏捷开发方法。

4.1节介绍了结构化软件开发方法的基本概念和朴素的"自顶向下"的开发思想,进而给出了该方法常用的表达模型,包括数据流图(DFD)、数据字典(DD)、实体-关系图(ERD)及层次结构图(HIPO图)等,并简要描述了该开发方法的过程与策略。4.2节介绍了面向对象软件开发方法的发展及演化历程,给出了该方法的基本概念与思想,进而重点介绍了被业界广泛应用的面向对象的统一建模语言即UML,最后给出了面向对象的分析与设计过程与方法。4.3节介绍了近年流行的敏捷开发方法。从敏捷开发方法产生的历史背景,引出敏捷开发宣言、原则和思想,进而给出了三个典型的敏捷开发实践方法。其中重点介绍了最常用的极限编程(XP)和Scrum方法。

本章的重点是基于UML的面向对象开发方法和Scrum敏捷开发方法。掌握这两种软件开发方法,将在软件开发实际工作中发挥巨大的作用。

4.5　综合习题

1. 什么是软件开发方法? 宏观上分为哪几个开发方法?
2. 在软件开发过程中建立模型的目的是什么?
3. 结构化开发方法的基本思想是什么?
4. 面向对象开发方法的基本思想是什么?
5. 敏捷宣言的4个核心价值观是什么? 并对其做简要解释。
6. 结构化开发方法与面向对象开发方法,其思想、模型差别都非常大,那么在同一个软件开发项目中,是否可以混用这两种方法?
7. 请描述一下敏捷开发方法产生的历史背景。
8. Scrum是近年来流行的敏捷开发方法最佳实践。请问该方法涉及的"3人(角色)、4 物(列表)、5 会(会议)、6 事(活动)"指的是什么？

9. 总结一下 XP 和 Scrum 之间的主要区别是什么。

10. UML 建模语言的常用 9 大类模型图都是什么？

11. 简要描述数据流图(DFD)及数据字典(DD)的构成。

12. 面向对象的分析(OOA)与面向对象的设计(OOD)过程中是如何做到平滑过渡的？

13. ERD 是什么模型图？说出三种表达形式。

14. 辨析一下业务用例图、概念用例图、系统用例图的区别与联系。

15. 什么是测试驱动开发(TDD)？它的优势是什么？

4.6　基础实践

实践案例：软件开发方法选型

现有三类软件项目,其总体需求及特点如下。通过学习本章讲述的三种软件开发方法,即结构化开发方法、面向对象开发方法和敏捷开发方法,假设你是项目经理,为每类项目的开发分别选用最适合的开发方法,并阐述理由。

项目 A：在机械设计或建筑设计过程中,对其最终结果物(例如机械设备、大楼或桥梁等)自身结构静止状态下或运行或投入使用状态下,整体结构和部件是否能够满足力学要求,保证安全、稳定,需要做详尽的科学计算。目前常用的方法是"有限元计算法"。其总体计算过程如下。

(1) 结构单元剖分：对设计的目标物三维模型体进行有限元划分(即将其划分成若干个长方体或者三棱锥体,即"结构单元")。

(2) 设定边界值：针对不同工况状态,给定边界条件,如运转速度、受力载荷值等。

(3) 进行结构力学计算：根据结构力学计算方法进行有限元计算,得到所有结构单元的应力结果。

(4) 后处理：根据第(3)步的计算结果,绘制目标物模型的应力分布场图(类似等高线分布图),进而得出该设计方案是否合理的结论。该项目是典型的科学计算类型的软件系统开发项目,会有大量复杂的计算公式和算法。

该项目的特点：①开发时间比较宽松；②需求非常明确；③开发团队成员有非常好的数学功底；④有结构力学计算的专家全程参与研发。

项目 B：某大学教务处计划开发一套评教管理系统,基本要求及要达到的主要目标如下。

(1) 在课程教学过程完成后,由学生对所选修的课程的教师授课情况进行打分评价。

(2) 在课程授课过程中,由督导专家通过抽查听课对教师授课情况进行打分评价。

(3) 最终对每门课程的学生评分和督导专家评分结果分别进行加权平均计算,统计得到每门课程授课情况的综合评价结果。

(4) 评教结果将通过书面形式反馈给任课教师、学校、教务处及学院领导,最终达到改进和提高教学质量的目的。

该项目的主要需求描述如下。

(1) 每学期开学初,教学秘书将录入该学期的所有开课的课程信息,包括课程编号、课程名称、任课教师、开课班级等。同时,教学秘书还要录入所有学生的信息,包括学号、学生姓名、年级等信息。

(2) 督导专家的听课打分结果是由教学督导委员会秘书录入的。最后,教学督导委员会秘书将统计学生和督导专家的评教结果,他/她可以浏览查看所有课程的评教结果,也可以批量导出课程的评教结果到 Excel 文件中,还可以生成并打印每门课程的评价报告(内容包括学生各项评价平均分、督导专家各项评价平均分、学生评语汇编、督导专家评语汇编等),并以书面形式反馈给任课教师。

(3) 学生对某门课程的评教信息主要有 5 项内容,即授课状态分、课堂互动分、课件评价分、总体印象分、简要评语等。

(4) 督导专家对课程的听课评价内容主要有 7 项,即听课时间、学生出勤人数、听课状态定性评价、符合教学大纲分数、授课水平和技巧分数、本次授课内容记录、简要评语等。

(5) 要求该评教系统允许学生、教学督导委员会秘书在任何地点均可以使用,只要能够访问 Internet。但系统管理员、教学秘书只能在局域网内使用。

该项目的特点:①业务过程相对复杂;②涉及的人员较多;③数据较复杂;④基于 Internet 的 B/S 架构,前后端结构较复杂。

项目 C:某软件公司有若干创新性项目开发团队,每个团队所承担的项目,大多都是基于 Internet 的移动端应用,如微信小程序、小型益智游戏、手机端或 Pad 端工具类型的 App 等。

该类项目特点:①自创需求,基于市场调研反馈信息,团队成员通过"头脑风暴"方式提出需求,目标是力图打造出网上"爆款"的应用产品,为公司带来较大的营收;②急迫上线,项目的战略需求一旦确定,则需要尽快启动开发工作并迅速推向市场,目标是以快制胜;③频繁变化,已被上线广泛使用的某个产品,根据市场用户的反馈状态,需要不断推出新版本,增加新功能或者改进软件性能及用户体验等,以期持久占领市场并扩大份额;④团队默契,开发团队相对稳定,为"自组织"团队,经验丰富、配合默契、开发效率高。

实践案例分析:

软件开发方法是人们对软件开发实践经验的提炼、总结、抽象出来的理论方法。从 20 世纪 60 年代到 21 世纪初,产生了三个被人们广泛接受的经典软件开发方法,即结构化开发方法、面向对象开发方法和敏捷开发方法。理论上来说,任何一个软件项目的开发过程,均可以采用任何一种开发方法,甚至可以混合使用。

但是,不同的软件开发方法都有其自身的明显特点,不同类型的项目选用合适的开发方法,会取得更好的效果。上述三个项目的业务目标和需求有很明显的区分度和特点。我们认为,项目 A、B、C 分别采用结构化开发方法、面向对象开发方法和敏捷开发方法是最适合的。具体做如下分析。

项目 A 开发过程更适合采用结构化开发方法。主要理由有以下两个。

(1) 该项目的需求非常明确,有限元计算的过程和步骤描述清楚,输入数据、计算步骤产生的中间数据和最终的输出数据,以及产生这些数据的计算过程和方法都可以用一系列明确的数学公式和算法给出来。使用结构化的"自顶向下、层层分解"的思想以及典型的数据流图模型进行任务分解、过程描述将十分流畅。

(2)该项目从总体需求来看,就是一个较纯粹的科学计算类型项目,而结构化开发方法,正是人们从对这类软件项目开发的经验总结、抽象、提炼而得到的软件开发方法。

项目 B 开发过程更适合采用面向对象开发方法。主要理由有以下三个。

(1)该项目是一个小型的信息管理系统类型项目,涉及被管理的实体对象较多,如领导、教师、教师、秘书、学生、课程、开课班级、课程评价等。这些对象之间的关系也比较复杂,如学生-课程、课程-教师、学生-开课班级、课程-开课班级、学生-教师、学生-课程评价、教师-课程评价等。面向对象开发方法的核心思想是"自底向上、先考虑对象再考虑关系",该思想恰恰容易表达上述众多实体对象及其复杂的关系。

(2)面向对象开发方法中"封装"的思想,即可以将对象的属性和行为(操作)进行封装,能够大大增强"内聚"、降低"耦合",比结构化开发方法更容易符合"高内聚、低耦合"的系统分析与设计的原则,使得项目开发中的分析、设计、实现等工作思路清晰,过程管控更轻松,更有利于项目开发成功。

(3)该项目的涉众较多,管理业务过程较复杂,而且跟实体对象之间的关联非常密切。在现代的面向对象软件开发方法中,分析与设计的建模几乎都在广泛采用UML。该建模语言通过用例图、类图、状态图、时序图等模型能够很容易对上述数据对象和业务处理过程进行充分的表达。这是传统的结构化开发方法很难胜任的。

项目 C 开发过程更适合采用敏捷开发方法。主要理由有以下三个。

(1)先回顾一下敏捷开发方法的核心思想和理念,主要体现在"以人为本、拥抱变化、快速迭代、持续交付"4 个方面。其中,"拥抱变化"应该说最重要的理念,是敏捷方法产生的根本原因。

(2)项目 C 类型的软件开发团队比较小,以自组织状态开展开发工作,这种自组织的"以人为本"的团队氛围和状态,能够充分释放人的积极性、创造性和高涨的热情,适合承接"短平快"和有一定创新性的项目。这充分体现了敏捷方法"以人为本"的思想和理念。

(3)项目 C 类型的项目愿景性需求较明确,而具体需求并不是很明确,但又急切要推出可用产品版本,并且要时刻关注市场上用户的反馈,进而快速响应并不断交付改进的新版本。从而达到持久占领市场、扩大用户量的目的。这种不明确时刻变化的软件需求,是结构化开发方法和面向对象开发方法无法应对的。只有快速迭代(一般周期不超过 4 周)的敏捷方法可以充分应对。这充分体现了敏捷方法"拥抱变化、快速迭代、持续交付"的思想和理念。

4.7 引申阅读

[1] 马晓星,刘譞哲,谢冰,等. 软件开发方法发展回顾与展望[J]. 软件学报,2019,30(1):3-21.

阅读提示:软件是信息化社会的基础设施,而构造并运用软件的能力成为一种核心竞争力,软件开发方法凝结了系统化的软件构造过程和技术。该论文简要回顾了20 世纪 70 年代以来软件开发方法发展历程中具有重要影响的里程碑,包括基于结构化程序设计和模块化开发的基本方法、面向对象方法、软件复用与构件化方法、面向方面的方法、模型驱动的方法,以及服务化的方法。而后针对 Internet 的发展普及以及人机物融合应用对软件开发方法提出的挑战,介绍了网构软件的研究和探索,并展望未来人机物融合的软件方法和技术。该篇论文对本章中软件开发方法中各知识点有很好的补充。

[2] 荣国平,张贺,邵栋,等. 软件过程与管理方法综述[J]. 软件学报,2019,30(1): 62-79.

阅读提示:工程化软件开发需要对软件开发整个过程进行有效的组织和管理,由此产生了一系列软件开发组织和管理方法,其主要目的是形成一种载体,用以积累和传递关于软件开发的经验教训。然而,由于软件开发的一些天然特性(如复杂性和不可见性)的存在,使得描述软件开发过程的软件开发与组织方法也天然地带着一定的抽象性。由此带来了很多概念上的误导和实践中的争论,影响了上述目的的达成。例如,对于究竟该如何选择和定义合适的软件开发过程以更好地满足某个特定项目的要求,目前仍然缺少可靠的手段。甚至有些面向工业界的调研报告表明:在实际软件项目开发中,过程改进(例如引入新的工具或者方法)的主要驱动力是佚闻。该论文试图厘清软件组织与管理话题的若干核心概念,系统梳理软件组织和管理方法的特征,并且以软件发展的历史为主线,介绍软件组织与管理方法的历史沿革,整理出这种历史沿革背后的缘由。在此基础上,讨论和总结若干发现,以期为研究者和实践者提供参考。该篇论文的内容跟本章知识点并不是直接重叠相关的,但会让读者体会软件开发方法是如何提炼出来的。

[3] 毛新军,董威. 软件工程:从理论到实践[M]. 北京:高等教育出版社,2022.

阅读提示:读者可从该书 3.2 节、3.3 节补充学习“敏捷方法”,扩充学习“群体化开发方法”;从 4.3 节、4.4 节补充学习“结构化需求分析方法”和“面向对象的需求分析方法学”;从 7.3 节、7.4 节补充学习“结构化软件设计方法”和“面向对象的软件设计方法学”。

4.8 参考文献

[1] 杨选辉,郭路生,王国毅. 信息系统分析与设计[M]. 北京:清华大学出版社,2021.

[2] 毛新军,董威. 软件工程:从理论到实践[M]. 北京:高等教育出版社,2022.

[3] 吴华军,赵艳红,段江,等. 软件工程——理论、方法与实践[M]. 西安:西安电子科技大学出版社,2010.

[4] Kendall K E,Kendall J K. 系统分析与设计[M]. 施平安,译. 北京:机械工业出版社,2014.

[5] 窦万峰,宋效东,史玉梅,等. 系统分析与设计方法与实践[M]. 北京:机械工业出版社,2013.

[6] 孙家广,刘强. 软件工程——理论、方法与实践[M]. 北京:高等教育出版社,2016.

[7] 黄孝章,刘鹏,苏利祥. 信息系统分析与设计[M]. 北京:清华大学出版社,2017.

[8] Pressman R S,Maxim B R. 软件工程:实践者的研究方法[M]. 9 版:王林章,崔展齐,潘敏学,等译. 北京:机械工业出版社,2022.

[9] Kent B. 测试驱动开发实战与模拟解析[M]. 白云鹏,译. 北京:机械工业出版社,2013.

[10] 王晓毅. 测试驱动开发的 3 项修炼:走出 TDD 丛林[M]. 北京:清华大学出版社,2008.

第 2 篇

软件开发阶段篇

第 5 章

需 求 工 程

本章学习目标

- 掌握需求工程的基本概念,理解需求工程过程的基本活动和过程模型。
- 掌握典型的需求获取方法,并能在实践中灵活运用。
- 掌握典型的需求建模与分析方法,并能在实践中灵活运用。
- 能够根据需求规约描述模板进行定制,描述实际系统的需求规约。
- 理解需求确认与验证的基本概念和原则,并能在实践中灵活运用需求确认与验证的典型方法。
- 理解需求管理的基本概念,能够熟练运用需求管理工具进行需求管理。

需求工程是软件开发生命周期中至关重要的一个环节。通过在需求工程过程各阶段灵活运用各种需求工程方法和技术,可以帮助涉众明确软件项目开发的目的、范围、功能与非功能需求,从而为软件项目的成功研发奠定坚实的基础。本章首先对需求工程的基本概念和过程模型进行概述,进而详细介绍需求获取、需求建模与分析、需求规约、需求确认与验证、需求管理等需求工程各个阶段的活动,而后通过本章小结,概要总结本章的主要内容和学习重点。

5.8 节的综合习题有利于读者巩固和检查对本章所学基本知识的掌握情况;5.9 节的基础实践案例分析给出了如何灵活利用本章所学方法解决特定场景下需求获取规划、需求建模与分析、需求确认等方面的样例,同时还给出了相对应的基础实践练习帮助读者检验其灵活运用的能力;5.10 节给出的引申阅读材料可以帮助读者加深和扩展对相关知识的理解,学习学术界和工业界最新的研究成果和实践经验。

5.1 需求工程概述

需求工程(Requirement Engineering,RE)是系统、规范地利用需求获取、建模、分析、确认、验证等过程明确需求,通过需求规约记录需求,并对需求全生命周期产生的制品进行管理的科学方法,是软件工程和系统工程的一部分。

需求工程的研究旨在提供一系列工程化的方法,以帮助涉众明确其对于待构建系统的目标与期望,对需求进行建模和分析,并通过确认与验证获得合理的需求,进而通过规约技术无歧义地描述需求,从而指导后续软件开发过程。

本节将分别从需求定义、需求类别和特点、需求工程过程三个方面对需求工程进行概要介绍。

5.1.1　相关定义

术语 1:"需求"

IEEE 610.12—1990 标准将术语"需求(Requirement)"定义为:

(1) 用户解决某个问题或者达到某个目标所需要的条件或能力。

(2) 一个系统或系统组件为了实现某个契约、标准、规格说明(规约)或其他需要遵循的文件而必须满足的条件或拥有的能力。

(3) 对(1)或(2)中所描述的条件或能力的文档化表示。

其中,(1)主要强调对用户需要和目标的定义,(2)则强调对系统所需具备的条件和属性的定义。

由于"需求"定义具有一定的主观性,因此并不存在一个一致认可、清晰客观的"需求"术语。公认的"需求"定义需要遵循的原则是:需求是定义做什么的,而不是定义怎么做的。

例如,"用户希望获得个性化商品推荐服务"是需求,在定义需求时不需要考虑或明确描述用什么方法或模型为用户提供个性化商品推荐服务。

优秀的需求描述应该具备 7 种特性,包括完整性、正确性、无歧义性、可行性、有优先级、必要性和可验证性。

1. 完整性

完整性又分为单个需求描述的完整性和整体需求描述的完整性。单个需求描述的完整性,是指每一项需求都必须将期待系统实现的功能描述得清晰完整,使开发人员能获得理解、设计和实现这些功能所需的所有必要信息。整体需求描述的完整性,是指针对待建系统的所有需求描述是无遗漏的,即整体需求描述能够涵盖当前定义的待建系统的所有需要,将来的需求变更中"新需求"主要是由于外部环境的变化而产生的。整体需求描述的完整性是软件工程师追求的目标,但通常难以达到。

以外卖平台系统为例,若需求描述中仅包含与店家菜品浏览、购物车、提交订单、订单分配、外卖推荐等相关的描述,那么这样的需求描述是不完整的。其中,没有涉及安全性需求,如身份验证、访问约束、用户特权级别等。

2. 正确性

正确性又分为需求描述本身的正确性和需求描述意图的正确性。需求描述本身的正确性,是指每一项需求都必须准确地陈述要开发的功能,通常可以通过需求分析、需求检测或需求验证技术来检验。需求描述意图的正确性,是指每一项需求都是用户意图的真实反映,通常可以通过需求确认技术来检验。

以外卖平台系统的一项需求描述"系统提供的在线支付功能应能支持用户线下支

付"为例,由于在线支付和线下支付存在冲突,因此需求描述不正确;若需求"系统应该支持用户线下支付"经过需求确认被用户否认,则该需求描述意图不正确。

3. 无歧义性

同一读者对一项需求只能做出一种解释,且不同读者对其也能在理解上达成一致。歧义主要是由于自然语言语义的模糊性导致的。避免歧义的有效方法主要包括制定需求描述规范以及需求确认和验证。

以外卖平台系统为例,需求"锁屏状态下应该支持调整屏幕亮度"对不同的读者而言就存在歧义:一种理解是"锁屏状态下应该支持系统(根据设置自动)调整屏幕亮度",另一种理解是"锁屏状态下应该支持用户调整屏幕亮度"。

4. 可行性

每一项需求都必须在已知系统和环境的权限和能力范围内是可以实施的。为评估需求的可行性,在每次获取需求后的需求整理阶段,最好由技术人员和领域专家分别对需求的技术可行性和业务可行性进行评估。

以外卖平台系统为例,对于需求"系统必须以100%的可靠性提供$7 \times 24h$服务",技术人员可以将其评估为技术不可行,进而要求需求提出者进行修改。当然,要求开发团队对所有的需求都进行早期的可行性评估是很难操作的,故可以将评估放在重要的需求项上。

5. 有优先级

由于人力、物力有限,需要对需求进行优先级评估,以区分其迫切需要的程度。需求优先级可以从多维视角进行评估,如期望-必备-可选视角、业务-技术-项目管理视角、成本-价值视角、收益-损失-成本-风险视角等。由于背景、职责、偏好不同,不同涉众对于同一组需求的优先级评价往往不一致。因此,需求优先级评估具有一定的主观性,优先级往往是相对的。

以外卖平台系统为例,从期望-必备-可选视角考察需求"系统必须提供商家菜品推荐功能"的优先级,涉众既可能评估其为期望型需求,也可能评估其为必备型需求或可选型需求。

6. 必要性

必要性是指需求对于待建系统而言是必须满足的。由于每一个需求的满足必定会需要一定的成本,不必要的需求满足会导致成本增加、进度延误,更有甚者,还可能导致项目失败。因此,确认需求的必要性对于确定需求的优先级至关重要。但需求的必要性又是随着时间变化的,以前必要的需求可能成为可选需求或无意义的需求;而现在可选需求可能随着用户要求提升成为必要需求。

以外卖平台系统为例,要求"系统必须为店家提供个性化的打折促销定制接口",在系统建设初期可能为非必要需求,暂时不予满足。但随着外卖平台的竞争加剧,该需求可能转变为必要需求。

7. 可验证性

每一项需求都应该能够通过设计测试用例或验证方法来确定系统是否满足该需求。如果需求不可验证,则难以判定其实施是否正确,进而给今后的系统验收带来隐患。

以外卖平台系统为例,要求"系统必须提供友好的用户界面",由于没有定义客观的度量标准,无法验证系统是否满足此项需求。

术语 2:"涉众"

在需求工程中,"涉众(Stakeholder)"又称为利益相关者,特指与待建系统相关的所有利益相关方,包括客户、用户、上下游环境或资源提供商、开发团队、受到待建系统影响的特定人群等。其中,客户和用户最容易被混淆:客户专指为待建系统提供资金支持的利益相关方,用户专指系统的使用者。两者在项目中既可以是同一主体,也可以是不同主体。

例如,若某外卖平台是某公司或部门委托开发的,则该公司或部门就是其客户,平台交付后由客户运营,依托外卖平台开展业务的买方、卖方等则是其用户。若某外卖平台是某公司 IT 部门自行研发的,后期拟通过自行运营交易抽成的方式获取利益,则该公司将成为依托外卖平台开展服务的平台方,则该公司既是该平台的用户又是客户。此外,与这个平台相关的支付交易提供商、快递服务提供商等都是该平台的涉众。

术语 3:"问题空间"与"解空间"

在需求工程中,"问题空间(Problem Space)"特指待建系统应解决的问题、满足的需求或达到的业务目标;"解空间(Solution Space)"特指针对问题的技术解决方案,即构建何种系统能够解决问题、满足需求,并最终达成目标。

需求工程方法和技术的主要目的就是帮助涉众理清需求,准确定义问题空间,并明确对解空间的设计约束。

5.1.2　需求分类

由于来源不同、层次不同、粒度不同,需求可以细分为以下类别。

1. 业务需求

业务需求又分为目标层业务需求和操作层业务需求。

目标层业务需求侧重于描述对系统开发具有决定权的主体对系统的高层次目标要求,即希望通过系统开发达成的目标。

注意:目标层业务需求通常来源于项目投资人、组织机构负责人、实际用户管理者、市场营销部门或产品策划部门等。需求规格说明书中使用前景和范围部分的内容往往来源于此。

操作层业务需求侧重于描述待建系统必须支持完成的实际业务、任务、工作流程或必须遵守的业务规则等。需求分析师通常可以从中进一步细化出具体的功能需求和非功能需求。

注意:操作层业务需求通常来源于待开发系统支持的各类业务的从业人员,这些从业人员很可能也是将来系统的用户。需求规格说明书中的功能需求与非功能需求往往来源于此。

以外卖平台系统为例,业务目标"外卖平台系统应该支持企业成为全国最大的餐饮中介服务提供商,为百万级餐饮服务提供商及亿级消费者提供餐饮服务"即为目标层业务需求,业务规则"只有已支付订单才能进行配送"即为操作层业务需求。

2. 用户需求

用户需求是指描述用户使用待开发系统需要完成什么任务以及如何完成的需求。用户需求通常是在业务需求定义的基础上通过用户访谈、调查等,获得用户使用的场景,并进行整理得到的。

注意:由于用户背景、职位以及在待开发系统中承担的角色等的不同,其提出的需求往往具有零散性和片面性,容易导致用户需求之间存在不一致或矛盾,需要通过需求分析或需求协商来解决。

以外卖平台系统为例,消费者的需求"希望能够在下单后 20min 内拿到餐品"和快递小哥的需求"希望在用餐高峰期和天气不好时延长送餐时限"间存在矛盾。

3. 系统需求

系统需求是指描述系统的顶级需求。系统可以包含软件子系统和硬件子系统,也可以只包含软件子系统。如果一个系统只包含软件子系统,那么系统需求就等同于软件需求;如果一个系统既包含软件子系统又包含硬件子系统,则系统需求包含软件需求和硬件需求。

注意:本章中后续讨论的系统均是只包含软件子系统的系统,即软件系统,后续涉及的各类需求工程方法和技术作用的对象主要指软件需求。

以外卖平台系统为例,该系统可以包含外卖平台商家子系统、骑手子系统和消费者子系统,这三个子系统均为软件子系统,该系统的系统需求即软件需求。

4. 软件需求

软件需求是指用户对目标软件产品在功能、行为、界面、性能、设计约束、质量保障等方面的期望。软件需求往往是由需求工程师主导,通过与利益相关方的多次交流、协商而最终形成的面向软件设计人员的需求。可见,软件研发是否能够取得成功,取决于软件需求是否真正体现了用户需求。

注意:软件需求和用户需求不同,软件需求的主体是软件系统,描述的是对软件功能和非功能需求的期望,而用户需求的主体是用户,描述的是用户的期望。需求工程师需要能够从用户需求中识别软件需求。

以外卖平台系统为例,用户需求"希望在用餐高峰期和天气不好时延长送餐时限"对应的软件需求为"系统应该提供送餐时限自定义功能,并支持根据设定的条件和当前状态自动计算送餐时限";用户需求"希望能够送餐入户"就不是软件能够完成的需求,因而不是软件需求。

5. 功能需求

功能需求是指目标软件产品必须实现的软件功能或软件系统应具有的外部行为。功能需求源于业务需求和用户需求,使用户能够利用这些功能来完成任务,达成业务目标,而开发人员则根据这些功能需求来设计软件。

注意:功能需求通常用以下三种方式描述。

(1) 系统应该支持何种功能或提供何种服务的描述。

(2) 系统在特定条件下的行为描述。

(3) 系统不能做什么的陈述。

以外卖平台系统为例,"系统应该支持根据设定条件和当前状态自动计算送餐时限""用户账户余额不足时支付失败"等都是功能需求。

6. 非功能需求

非功能需求是指目标软件产品为满足软件需求而必须具备的、除功能需求以外的需求。非功能需求描述软件产品必须具备的品质,与功能需求相辅相成密不可分。非功能性需求具有不易发现、不易表达、不易实现、不易测试等特点。

注意：非功能需求可以包括对外部界面的要求、对外部接口的要求、对输入数据的要求、对各种质量属性的要求等，具体的非功能特性可参考1.3节。

以外卖平台系统为例，界面需求"系统应该支持不少于4种界面风格"、数据需求"上传的菜品图片分辨率不低于512×384"、性能需求"系统支付功能应该能够支持百万用户并发访问"等都是非功能需求。

7. 设计约束

设计约束是指软件开发人员在设计和实现目标软件产品时必须满足的要求和必须遵从的标准规范。设计约束包括企业或组织对目标软件产品设计、构造、运维上的特殊限制和源于法律法规、风俗文化的要求。

注意：非功能需求与设计约束的主要区别在于，非功能需求是对功能需求的补充约束，主要来源于操作层业务需求和用户需求；而设计约束则主要描述对目标软件产品宏观、整体的要求，主要来源于目标层业务需求。

以外卖平台系统为例，时间约束"系统必须在半年内上线"、资源约束"系统必须运行在云平台上"、文化约束"系统应该使用红色显示注意事项或警告标志"、法律约束"系统只能允许具有营业执照和餐饮服务许可证的商家上线提供服务"等都是设计约束。

各类需求之间的关系如图5.1所示。需求分析师通过调研获取业务需求和用户需求后，通过整理分析得到系统需求，再从中分离出由软件子系统实现的需求形成软件需求，而后将其进一步具体化为对目标软件产品的功能需求和非功能需求，对于目标软件产品宏观、整体的要求则记为设计约束。

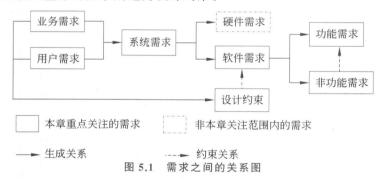

图 5.1　需求之间的关系图

5.1.3　需求工程过程

1. 需求工程过程概述

需求工程过程是指利用需求获取、需求建模与分析、需求规约、需求确认与验证、需求管理等活动收集、整理、建模、分析涉众需求，以最终获得待建目标软件的正确、完整、一致、无歧义的需求规格说明文档，并对整个过程进行管理的系列需求活动序列。

如图5.2所示，需求工程过程的输入包括领域知识、涉众需要和环境信息。

（1）领域知识。领域知识主要包括与待建系统相关的领域规章制度、运作规则、习惯等，往往容易被遗忘或忽略。

（2）**涉众需要**。涉众需要主要包括涉众对待建系统的各种显性或隐性需求。

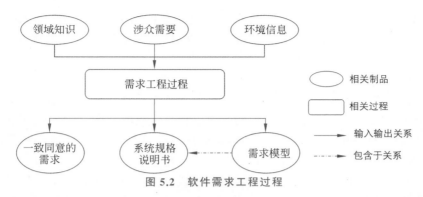

图 5.2　软件需求工程过程

（3）**环境信息**。环境信息主要包括将与待建系统进行交互的已有系统、运行环境中对待建系统运行所必需的信息和其对待建系统提出的能力要求。

需求工程过程的输出包括一致同意的需求、系统规格说明书以及需求模型。

（1）**一致同意的需求**。一致同意的需求是指消除了歧义和矛盾后得到的一致认可的需求，一般用自然语言描述，主要面向非技术人员。

（2）**系统规格说明书**。系统规格说明书是指系统功能的详细规格说明，一般需要按照特定需求规格描述规范撰写，主要面向软件开发人员。

（3）**需求模型**。需求模型是指按照特定需求建模与分析方法构建的模型，一般按照建模方法的要求撰写，常常出现在需求规格说明书的不同章节中，主要面向软件开发人员。

2. 需求工程活动

构成需求工程过程的需求工程活动主要包括需求获取、需求建模与分析、需求规约、需求确认与验证以及需求管理 5 个子活动。

1）需求获取

需求获取主要指从人、资料或者环境中获取待建系统需求的过程。一般通过咨询涉众、查阅系统文档、整理领域知识、开展市场需求调研等方法获得。需求获取一般包含以下需求工程子活动：领域及项目背景资料收集、项目目标和范围确定、调查对象确定、需求获取方法选择、需求获取方法执行等。

2）需求建模与分析

需求建模与分析主要指通过建模来整合需求获取阶段得到的各种信息，通过分析发现需求中存在的矛盾、冲突，通过协商解决问题，从而得到涉众共同认可的软件需求的过程。需求建模与分析一般包含以下需求工程子活动：需求建模、需求精化、需求优先级排序、需求协商等。

3）需求规约（文档化）

需求规约（文档化）主要指将各方共同认可的软件需求编写成规范文档的过程。其中，业务需求被写入项目前景和范围文档，用户需求被写入用户需求文档（或用例文档），软件需求被写入需求规格说明。需求规约一般包含以下需求工程子活动：文档模板定制、文档编写等。

4）需求确认与验证

需求确认与验证主要指检查需求模型/需求规格说明文档，以确保模型/文档中所包含的需求能够真实、正确地反映项目意图的过程。其中，需求确认重在确保需求描述能够真实地反映项目意图,需求验证重在确保需求满足正确性、无歧义性等特定属性。需求确认与验证一般包含以下需求工程子活动:需求确认、需求验证等。

5)需求管理

需求管理主要指对需求工程过程中产生的各种制品进行管理,以保障需求在软件产品整个生命周期中可利用、可管理、可追溯。值得一提的是,需求管理与其他活动不同,是贯穿整个软件生命周期的活动。需求管理一般包含以下需求工程子活动:需求跟踪、需求基线管理、需求变更管理等。

以上各个需求工程活动根据项目需要可组成各种不同的需求工程过程,最终得到符合要求的文档化需求规格服务。各需求工程活动之间的关系如图 5.3 所示。

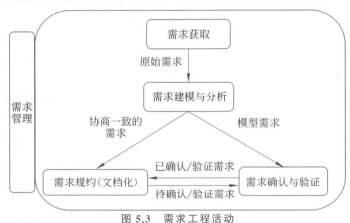

图 5.3   需求工程活动

3. 需求工程过程模型

同软件开发模型一样,需求工程过程模型也可以分为瀑布模型、迭代模型、增量模型等,可根据项目需要灵活选择。

1)瀑布模型

瀑布模型将软件需求工程过程划分成需求获取、需求建模与分析、需求确认与验证和需求规约 4 个步骤,4 个活动顺序开展,如图 5.4 所示。对于成熟、简单、小型系统的需求规约生成可以采用这种需求工程过程模型。

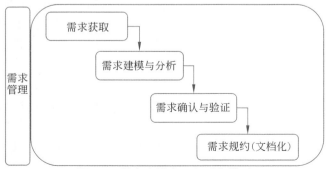

图 5.4   瀑布式需求工程过程模型

2)迭代模型

迭代模型是一种带反馈回路的需求工程过程模型,如图 5.5 所示,也是实际使用

过程中最常用的过程模型。对复杂、大型的系统而言,一次需求获取不可能获得所有
需求,需要通过建模与分析,发现缺陷后补充获取;同样,经过建模与分析得到的需求
也可能在确认与验证中发现问题,进而需要回溯等。

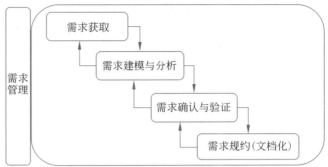

图 5.5　迭代式需求工程过程模型

3) 增量模型

增量模型是一种划分子系统实施需求工程过程的模型,如图 5.6 所示。对于由多
个子系统组成的复杂系统,可以根据每个子系统的特征,独立选择合适的需求工程模
型开展工作。

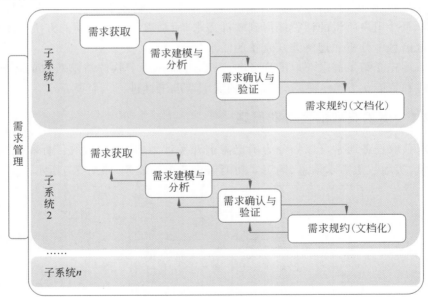

图 5.6　增量式需求工程过程模型

5.1.4　代表性的需求工程方法

需求工程过程的实践和需求活动的实施需要需求工程方法的指导。目前,需求工
程领域的代表性方法主要包括面向目标的方法、面向主体的方法、问题驱动的方法、面
向场景的方法、基于环境建模的方法等。其中,面向目标的方法将"目标"作为系统需
求的源头,按照目标分解关系、精化关系、操作化关系等自顶向下对需求条目进行梳
理,构建层次化的软件需求模型;面向主体的方法使用"主体(参与者)"来刻画能够主
动适应环境变化、自主活动的软硬件实体,基于组织环境上下文发现主体之间的依赖

关系,以识别系统的早期需求;问题驱动的方法主要指问题框架方法,即从现实世界的实体以及这些实体产生的现象之间的期望关系出发,推断出待开发软件的需求;面向场景(也称情景)的方法是一种自底向上的需求工程方法,主要从具体的场景实例中获取用户的需求,并建立用户与系统交互的行为模型;基于环境建模的方法以系统环境模型为基础,帮助需求工程师识别系统的环境关注点,引导其对这些环境关注点进行系统化的分析,从中引导出系统和环境的交互能力需求。

限于篇幅,本章主要介绍面向主体的方法和面向场景的方法如何指导需求获取、需求建模与分析等需求工程活动。

5.2　需求获取

需求获取(Requirement Elicitation),又称作需求抽取,是指发现、识别并收集软件需求的活动,也是涉众之间互相沟通、识别其需要的过程。简单来说,需求获取是一个从相关人员、资料和环境中得到软件系统开发所需的相关信息的过程,因此,需求获取不但涉及技术问题,而且涉及社会交往问题。

鉴于需求获取的关键性、困难性和易出错性,需求获取成为整个开发过程中最需要交流的活动,必须通过涉众间高度的合作、有效的沟通才能成功。需求分析人员并不是简单照抄用户所说的话就能得到软件需求,而是需要利用科学的方法从涉众所提供的大量信息中分析和理解涉众真正的需求。

本节首先介绍了需求获取的任务和原则,进而介绍了软件需求获取的传统方法、辅助方法和智能化方法。最后,对常用的需求获取工具进行了简要介绍。

5.2.1　需求获取的任务和原则

需求获取任务通常可以划分为确定需求开发计划、建立项目的目标和范围、确定调查对象、实地收集需求信息、确定非功能需求 5 个子任务,如图 5.7 所示。

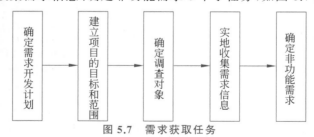

图 5.7　需求获取任务

1. 确定需求开发计划

基本任务:确定需求开发的实施步骤,安排好收集需求活动的具体工作与进度。

在确定需求开发计划时,需要遵循下列基本原则。

- 在安排需求开发的实施步骤、规划需求活动的进度和时间时,只考虑与需求开发相关的工作,不能将软件开发其他阶段(如设计阶段)的工作也在此考虑,以保证需求开发活动有充分的人员、时间和经费保障。
- 在安排进度时,应考虑困难性和灵活性。例如,在收集用户需求时,用户可能由于某些临时的计划或安排与约定的交流时间产生冲突,从而不一定能保证在规定的时间内进行交流。因此,需要与用户预约时间,并及时调整时间和计划。

- 书写和整理获取的需求也是需要花费时间的工作,在安排进度和时间时应予以考虑。

2. 建立项目的目标和范围

基本任务:考虑项目利益相关者的利益,制定能够使所有利益相关者共同获益的项目目标,并决定软件系统的范围。

项目的目标主要包括项目开发的目的和意义,以及软件系统应实现的目标(即目标层业务需求,简称为目标需求)。项目的范围则指软件系统具体应包括和不应包括的部分,以及软件系统所涉及的各个方面。不同利益相关者的需求、期望和利益会影响项目目标和范围的确定。由于不同的利益相关者可能对项目的目标和范围有不同的要求和期望,项目团队需要考虑并平衡他们的需求,以确保项目的目标和范围能够满足不同利益相关者的期望。

例如,某平台服务商希望能委托开发一个外卖平台系统,通过该项目为买家、商家、骑手等提供增值服务,构建餐饮新业态。考虑这 4 类利益相关者的需求、期望和利益等,该项目目标确定如下。

- 能够为买家提供方便快捷的外卖订餐服务,使买家能够不受天气、时间和地点影响,得到优质的送餐服务。
- 能够为商家提供高效的菜品发布和订单管理服务,使商家能够通过网上接单提高菜品销量,进而提高收益。
- 能够为骑手提供高效的抢单、订单配送路径规划服务,使骑手能通过送单获得收益。
- 能够为平台服务商提供运营平台的服务,帮助服务商管理平台入驻商家、买家、骑手,设置平台服务费收取规则,构建基于平台的餐饮新业态。

相应地,该项目的范围涉及面向不同利益相关者的不同类型(基于 Web、安卓或 iOS)的系统平台开发,包括面向买家的移动端/计算机端订餐平台、面向骑手的移动端接单平台、面向商家的移动端/计算机端菜品和订单管理平台、面向平台服务商的外卖管理平台等。

此外,不同利益相关者的目标需求可能产生冲突。例如,买家希望平台能够提供多样化的付款方式;对平台服务商而言,考虑公司高层战略发展目标、项目目标、预算和成本,可能决定仅支持某种支付系统。因此,当项目目标发生冲突时,一般以项目委托方的最后决定为主。

项目的目标和范围确定后,一方面可以判断用户所提出的需求信息是否合适,若不合适则予以拒绝;另一方面,有些用户需求可能是对项目的建议,尽管这些建议不在项目的范围之内,但可能具有一定价值。因此,可适当改变项目范围以适应这类需求。

3. 确定调查对象

基本任务:明确确定不同层次的需求来源和调查对象,并将其分类。

在确定调查对象时,首先要明确谁是产品的用户。由于缺乏用户参与以及最终形成的用户需求不完整是导致软件项目失败的主要原因,直接从软件系统的实际用户收集需求是十分必要的。其次,需求获取时易对不同层次的需求信息产生混淆。例如,能提供目标需求的人无法提供具体的功能需求,因为他们不是实际的使用者;实际的使用者能描述软件系统应完成的任务,但有时不能提供完成这些任务所需的所有功能需求。因此,应根据需求的不同层次对不同的调查对象进行区分。

根据图 5.1,软件需求来源于业务需求和用户需求,而后细分为功能需求、非功能需求与设计约束,因此可对调查对象进行如下划分。

1)提出目标层业务需求的涉众

能够提出目标层业务需求的涉众一般指能支付软件系统开发或采购费用的客户,如公司领导和高层管理人员。他们需要阐明软件系统的高层概念,如项目开发期望达成的战略目标或业务目标、总体规划等。

2)提出操作层业务需求和功能需求的涉众

能够提出操作层业务需求和功能需求的涉众一般指直接或间接使用系统的用户。这些用户清楚要使用该系统完成什么任务以及系统应具备哪些重要的功能和特性等,但不一定能提供该系统应实现的所有功能和非功能需求。

3)软件开发人员

这里的软件开发人员特指系统分析员。系统分析员不是用户,但他们必须从用户的角度,根据用户提供的需求信息和业务流程理解、分析并判断整个系统功能需求和非功能需求的技术、资源及时间可满足性,从而补充完善系统的功能需求、非功能需求与设计约束。

对用户分类后,需进一步寻找每类调查对象的代表或联络人,作为该类调查对象与需求分析师之间沟通的桥梁。每个调查对象代表在他所代表的调查对象类中收集需求信息,协调他所代表的调查对象在需求表达上的不一致和矛盾,整理成该调查对象类统一的需求信息,需要时,可要求需求工程师的协助。需求工程师通过与代表们的直接交流和协商,可以获得他们所代表的不同调查对象类的需求信息。

在需求获取过程中,调查对象类既可以是人,也可能是其他应用系统、计算机硬件设备或接口、领域法律法规等。为了不遗漏必要的需求信息,相关业务的市场调查和用户问卷调查、遗留系统或上下文相关系统的需求规格说明书、已开发完成和待开发的同类软件系统的相关文档、用户工作日志、领域法律法规、公司规章制度等都可以成为重要的需求来源。

在确定了调查对象、明确了用户需求的主要来源后,就可以通过多种渠道多种方式开展需求收集活动了。

4. 实地收集需求信息

基本任务:到现场实地调查,与用户进行交流,收集和理解项目的需求。

在确定了软件项目的目标、范围和调查对象后,需求分析师需要到现场与涉众进行充分的交流,了解涉众对于项目的看法和期望。实地调查通常分为以下三个步骤。

1)面向掌握"全局"的负责人收集需求

"全局"负责人应比较了解系统的概貌、发展规划和策略等,可以是组织机构的负责人或高层管理人员。"全局"负责人是目标层业务需求的主要来源,对他们展开需求调研有利于对系统建设目标进行宏观分析,明确系统的作用范围。

2)面向部门负责人收集需求

部门负责人不仅熟悉本部门的业务和业务流程,也熟悉部门之间的相互关系。面向部门负责人的需求调研有助于了解各部门的业务流程、主要功能需求和非功能需求以及与其他部门间的接口信息等。

3）面向业务人员收集需求

业务人员熟悉自身工作的处理细节，如具体数据或表格的作用、来源和去向、类型、精度、处理要求、输入输出格式等。对业务人员进行需求调查可获得系统具体功能和性能等方面的需求信息。

需要说明的是，在现场收集需求信息时，上述调查步骤中的步骤2和步骤3可以反复实施。此外，每次调研前需要制定调查提纲，之后要完成调查记录，并交由调查对象审查核实，以保证所调查需求信息的可靠性和准确性。

在需求调研过程中，需求分析师与调查对象之间的交流可能会遇到一些困难。一方面，能提出软件需求的调查对象没有充分的时间与需求工程师进行交流和讨论，可能导致收集的需求信息不完整。另一方面，需求工程师缺乏相关领域的业务知识，涉众缺乏计算机方面的专业知识，导致双方需求表达和理解存在差异，进而造成双方交流不顺畅，使得需求信息收集难以顺利进行。因此，针对不同的涉众、不同类型的需求信息获取任务，采用恰当的需求获取方法（详见5.2.2节），是需求信息收集成功的关键。

5. 确定非功能需求

基本任务：确定衡量软件能否良好运行的定性指标。

非功能需求是软件需求的重要组成部分，在实际的需求获取中，需求分析师还需要关注非功能需求的收集。由于非功能需求是隐性的，涉众往往不会显式提出非功能需求，或提出的非功能需求描述比较宽泛，因此，需要在实地需求信息收集完成后，专门开展非功能需求的获取活动。

涉众关注的非功能需求主要有性能、可靠性、可用性、安全性、健壮性等，但大部分涉众无法对提出的非功能需求进行量化。例如，涉众很难准确回答诸如"软件系统应该具备什么样的可靠性""互操作性是否重要"等问题。因此，在收集和确定非功能需求信息时建议使用如下方法。

将涉众提出的可能比较重要的非功能需求进行综合，并根据每个非功能需求设计一些问题，再次征求他们的意见，使这些需求更明确化。

邀请涉众参与制定非功能需求的测试和验证标准。如果缺乏非功能需求的评价标准，则说明该项非功能需求还需进一步明确化。

设计与非功能需求相冲突的假设示例，利用反例确定所需的非功能需求。

5.2.2 需求获取的典型方法

传统的需求获取方法包括访谈法、研讨会法、问卷调查法、观察法、基于视角的阅读等。

1. 访谈法

访谈法（Interview）是社会研究方法之一，主要用于收集调查资料。这种方法由研究者派遣访谈员面对面或通过电话向受访者提问并记录受访者的回答。在需求工程中，使用访谈法的目的是从利益相关者那里获取待建系统的需求和上下文信息。访谈可分为三类：标准化访谈、探索性访谈和非结构性访谈，其中，探索性访谈和非结构性访谈又称作开放式访谈。

（1）**标准化访谈**。在访谈期间，访谈员向受访者询问的是事先准备好的、与某方面相关的问题。不管受访者给出什么样的答案，访谈员都不能偏离所准备的问题。标准化访谈采用标准化的问题列表，适用于需要向多个利益相关者广泛了解关于相同问题的观点的场景，以便对不同利益相关者的标准化访谈结果进行比较。

（2）**探索性访谈**。与标准化访谈类似，探索性访谈的基础是一个准备好的问题列表。与标准化访谈不同的是，访谈员在访谈期间可能会偏离准备好的问题，例如，针对受访者给出的答案进行进一步的询问。因此，访谈员通过交谈可以抽取出受访者对于一些问题的独到见解。即使关注的问题相同，不同的探索性访谈的结果也较难进行相互比较。

（3）**非结构化访谈**。访谈员通常不会使用准备好的问题列表，而是在访谈期间进行广泛的自由提问，并允许受访者酌情将交谈引向其他方向。由于比较不同的非结构化访谈的结果是很困难的，因此，建议在需求获取中采用标准化访谈或探索性访谈。

2. 研讨会法

研讨会法（Seminar）是专门针对某一行业领域或者特定主题在集中场地进行研究、讨论、交流的会议。由于研讨会法针对行业领域或者特定的主题，专业性较强，针对面较窄，通常由行业或专业人士参加，参加会议的人员数量不宜过多。

在研讨会中，需求不再来自于参与者的个别讨论，而是与会者集体工作、共同讨论的结果。因此，研讨会也是需求抽取中最有效的方法之一。

在研讨会中，通常会用到一些不同的辅助技术，如头脑风暴、KJ 法、原型法等，这些辅助方法将在 5.2.3 节中详细介绍。

3. 问卷调查法

问卷调查法（Questionnaire Survey）是国内外社会调查中较为广泛使用的一种方法，侧重于对个人意见、态度和兴趣的调查。问卷调查是研究者利用以设问的方式表述问题的表格来收集资料的一种技术。在经由填答者填写完问卷后，研究者可以得知被测者对某项问题的态度和意见，并统计分析大多数人对该问题的看法以供研究者参考。在需求工程中，问卷调查是指开发方就用户需求中的一些个性化问题和需要进一步明确的需求（或问题），通过向用户发问卷调查表的方式达到彻底弄清项目需求的一种需求获取方法。

问卷中包含的问题通常可分为两类：开放式问题和封闭式问题。其中，封闭式问题是指为每个问题提供确定数量的答案选项，填答者通过选择一个或多个答案作答的问题；开放式问题是指不向受访者提供预定义选项的问题，需要填答者运用叙述、说明等方式回答问题。与开放式问题相比，封闭式问题能够保证回答具有更高的一致性，并且更易于进行统计和分析，是需求获取时主要采用的问题形式；但开放式问题能够获得填答者的个性化意见或建议，往往这部分信息更能反映填答者的真实意图。因此，合理利用两种类型的问题，才能取得良好的效果。

封闭式问题示例：你认为一个好的外卖平台应该能为用户提供哪些功能？（多选）

A. 外卖推荐

B. 线上支付

C. 自动定位

    D. 自动接单

    E. 外卖分类

    F. 查看订单完成进度

    G. 与客服沟通

开放式问题示例：如何更精确地为用户推荐外卖商家？

为避免收集到有缺陷甚至是无用的信息，问卷设计需注意以下事项。

（1）**问题描述应尽量简短**。填答者通常不愿意为了理解问题而认真分析问题。因此，问题应尽量简短以便让填答者能够迅速阅读并理解。

（2）**问题应清晰明了**。问题应清晰明了，避免在一个问题中包含多个子问题。复杂的问题往往包含多重内容，让填答者难以回答。

例如，在问卷中询问填答者是否同意以下陈述："外卖平台应当放弃 UI 界面优化，向优化推荐算法投入更多资金。"事实上，这个问题包含两个要素："放弃 UI 界面优化"和"向优化推荐算法投入更多资金"。如果填答者期待 UI 界面优化，同时也支持优化推荐算法，则很难选择"是"或"否"作为该问题的回答。

（3）**避免带有倾向性的问题和词语**。描述问题时使用了带有倾向性的措辞也将影响获得的答案的立场。

例如，"你是否认同以下陈述'平台应尽量保证用户的利益，压缩骑手和商家的利益'"是一种不含倾向性的问题描述；"你是否认同以下陈述'平台尽量压缩骑手和商家的利益来保证用户的利益是不道德的'"，则填答者很大可能倾向于同意该陈述，进而影响答案的可靠性。

（4）**避免否定性问题**。在问卷中使用否定词很容易造成误解。

例如，当被问及是否同意"外卖平台不应该在算法优化上投入太多"这个陈述时，很多受访者很容易忽略"不"字并在此基础上给出与其态度和意见相反的回答。

（5）**问题应该整齐平展**。因为担心问卷太长而在同一行中放置几个问题，可能会导致填答者遗漏后面的问题。

（6）**指定合适的问题序列**。在问卷中，一个问题出现的次序可能会影响填答者对其后面问题的回答。

例如，在连续多个询问外卖平台中自动接单模块重要性的问题后列出的问题是"你认为平台系统中哪个模块是核心模块？"，那么"自动接单模块"很容易被引用作为该问题的回答。

（7）**合理布局问卷的结构**。在问卷中，问题之间的结构可以是线性的，也可以是具有分支的树状结构。特别是，当某些问题跟一部分填答者相关而与另一部分填答者不相关时，建议对后者隐藏问题。

例如，关联问题通常采用如图 5.8 所示的树状结构，即只有回答为"有"的受访者需要回答关联的问题，而回答为"没有"的受访者则跳转到后面的问题。

（8）**问卷应附有问卷说明**。无论是什么形式的问卷，都应该在合适的地方对问卷的基本信息进行说明和介绍，以帮助受访者理解问卷。这些信息包括访问者期望了解来自受访者的哪些信息、问卷中每部分的内容和目的是什么、对受访者的答案有什么要求等。

（9）**问卷调查实施时应注意问卷的回收率**。一般来说，在分析和撰写报告时，问

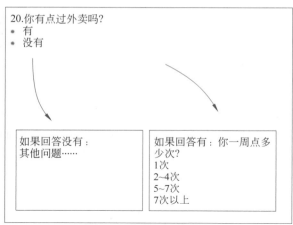

图 5.8　关联问题的格式

卷的回收率为 30% 左右时,基于问卷的统计和分析结果只能作为参考;回收率在 50% 以上的问卷结果,可采纳作为建议;回收率达到 70%～75% 时,其结果可作为研究结论的依据。因此,采用问卷进行需求获取时,应确保问卷的回收率一般不应少于 70%。如果回收率不足 70%,则需要进行问卷补寄以提高问卷的回收率。同时,还可以对未回答问题的部分受访者做小范围的跟踪调查,了解其基本看法,以防止统计和分析结果的片面性。

（10）补寄问卷的注意事项。补寄问卷是提高问卷回收率的有效方式之一。补寄问卷需要重新寄出一份调查问卷并附上一封催收的信函。一般而言,受访者拖延回复问卷的时间越长,他们越有可能不愿意回复,故需要在恰当的时间进行问卷补寄,以刺激问卷的回收率。通常,三次沟通（第一次发放问卷加上两次补寄）是最有效果的。若无法识别样本中未回复的受访者,应该将追踪邮件寄给所有的受访者对象,在感谢已寄回问卷的受访者的同时,提醒仍未寄回的受访者,并鼓励他们将问卷寄回。

4. 观察法

观察法（Observation）是指观察者通过观察利益相关者或现有系统进行需求抽取的一种方法。与研讨会法或访谈法相比,观察法是通过观察人们如何完成自己的工作来了解他们使用了哪些制品以及如何使用这些制品,一方面,被观察者可以在进行相关活动的同时更好地描述他们执行活动的目的、意义、步骤、注意事项等,而不是在完成活动之后通过回想来描述,从而减少遗漏;另一方面,观察者可以通过观察发现一些被隐藏或忽略的但对待建系统有重要意义的细节。

观察法可分为直接观察和人种学观察（Ethnographic Observation）。在直接观察过程中,观察者观看利益相关者执行特定任务或观察系统的自主运行,分析他们的活动并向他们提出问题。在人种学观察期间,观察者需要花费较长时间深入系统未来使用的工作环境,与利益相关者在一起,观察他们的日常工作,学习、理解和记录他们的工作方式和工作过程。因此,观察者会尽可能亲自体验利益相关者所有的工作流,通过自身对这些活动的体验,获得对相关活动的深刻理解。

每一次观察的过程都不一样。因此,不可能定义执行观察的标准化过程。下面将提供一些进行观察以及记录观察结果的重要指导原则。

观察的指导原则如下。

- 应该将观察的目标和理论依据告知被观察者以建立信任,使其愿意或乐于与观察者分享知识,帮助他们熟悉工作流程等。
- 应该以一种客观或中立的方式进行观察。由于观察的结果总是容易受到观察者主观理解的影响,因此,观察者必须对每一个记录的结果进行检查,以确定该结果的获取和记录是否客观。
- 在观察期间,被观察者可能会因为被观察而改变自己的行为,以不同于平常的方式执行活动。观察者应检查其观察的可靠性。如果被观察者信任观察者并知晓观察的目标和依据,观察对于其行为的影响可能会减少。
- 应该将被观察者视作执行相关任务的专家。因此,当观察者观察到自认为不合理的活动(或行为)时,也不应将其视作问题,而应该重点去了解其背后的原因。

观察者可以采用多种方式记录观察的结果。

- 文本记录:观察者在观察过程中使用纸、笔、计算机等记录观察纪要,对自己的观察和发现进行文档化。这种方式的缺点是记录纪要会分散观察者的注意力。
- 视频记录:观察者使用摄像机记录事件。这种方式的优点是不仅语义丰富,还可以在后续分析过程中根据需要反复观看;缺点是被观察者经常会对被拍摄到视频中感到不自在,并且对视频记录进行分析非常耗时。
- 音频记录:观察者可以使用音频来记录自己对于所观察到的情景的评论。音频记录可以作为文本和视频记录的一种替代或补充。

5. 基于视角的阅读

基于视角的阅读(Perspective Based Reading,PBR)是一种从已有文档(如国家法律法规、企业规章制度、遗留系统的设计文档或用户手册等)中获取需求的技术。在该方法中,需求工程师或利益相关者将从不同的视角(如用户、开发人员、测试人员等)阅读相关文档,从文档中抽取需求。使用这种方式阅读文档时,阅读者可以忽略所有与其视角无关的细节。例如,从用户的视角阅读文档时,可以忽略与该系统实现相关的技术细节。由于阅读是分不同视角进行的,多个视角的阅读可以达到更好的文档覆盖率,进而使获取的需求更加全面。

基于视角的阅读有以下两种基本方法:顺序阅读和自顶向下阅读。在顺序阅读过程中,阅读者从某个特定的视角(例如用户或测试人员的视角)出发从头到尾地阅读文档。自顶向下阅读一篇文档要求该文档具有合适的结构。文档的结构必须支持抽取与所选择的视角相关的信息,文档结构的质量决定着结果的质量。合理的结构元素包括有意义的标题、内容列表、索引、图和表格的列表等。与顺序阅读不同,读者是在文档中搜索与所确定的视角相关的文本结构,在内容列表中浏览标题以寻找与所确定的视角相关的内容。此外,读者还可以使用文档索引或关键词检索方法确定相关内容。

基于视角的阅读的成功实施需要注意以下事项。

- 基于视角的阅读的结果质量主要取决于为目标、视角、文档与阅读者之间的匹配程度。目标是否清晰准确、文档与视角是否全面、阅读者是否细致敏锐等都是影响结果质量的关键因素。

- 明确定义视角对基于视角的阅读的结果有着积极的影响,应清晰定义视角并尽可能减少重叠。
- 文档的结构对于自顶向下的阅读非常重要。如果对于文档结构的质量有疑问,建议使用顺序阅读来降低因忽略重要文本段落而产生的风险。

基于视角的阅读非常适合从文档中抽取现有的需求,但不足以开发新的创新性需求。然而,从特定的视角阅读一篇文档有时候可以触发一些以后可以进一步讨论和细化的新想法,在研讨会中讨论。

上述需求获取技术可适用于不同的需求工程方法。例如,使用面向主体的方法指导需求获取时,可采用访谈法、研讨会法、问卷调查法、基于视角的阅读等方法捕获策略主体、主体意图及其之间的依赖关系;使用面向场景的方法指导需求获取时,可采用访谈法、研讨会法、观察法、基于视角的阅读等方法收集用户与系统交互的场景实例。

5.2.3　需求获取的辅助方法

需求获取的辅助方法包括 KJ 法、头脑风暴、原型法等。这些方法主要用于辅助配合主要的需求获取方法以达到更好的需求获取效果。例如,可在研讨会期间应用头脑风暴进行需求获取。

注意:上述辅助方法不仅可以用于需求获取,还可以应用于其他需求工程活动,如原型还可以用于需求确认。

1. KJ 法

KJ 法由日本的人文学家川田喜二郎(Kawakita Jiro)提出,又称 A 型图解法、亲和图法(Affinity Diagram)。KJ 法是将未曾接触过的领域问题的相关事实、意见或设想之类的资料收集起来,通过分析其内在相互关系作出归类合并图,以便从复杂的现象中整理出思路,抓住实质,找出解决问题的途径的一种方法。

在需求工程中,该方法被用于从群组中的每一个参与者那里获取需求和需求来源。每位参与者在一组文件卡片上描绘自己的想法,每个文件卡片上都应当包含刻画单个需求或需求来源的关键词。随后,将这些卡片按照主题进行分组和展现。最终,参与者选择需要进一步处理的最好方案。

图 5.9 展示了一个外卖平台利益相关方使用 KJ 法汇集问题、分类整理的示例。

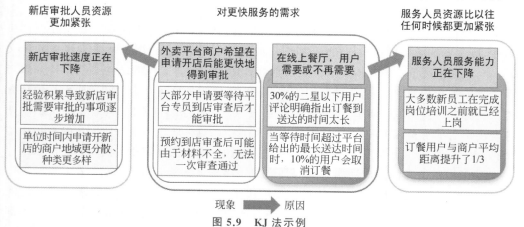

图 5.9　KJ 法示例

实施 KJ 法时,应遵循以下原则。

- **明确抽取目标**:与其他技术相似,必须清晰定义抽取过程的目标,且参与人员应对该目标有着共同的理解。
- **卡片的可读性**:卡片的可读性对于 KJ 方法而言非常重要。因此,KJ 法实施过程中所提供的笔和卡片应使得在较远的地方能看清卡片的内容。同时,一张卡片上只能写一个想法。
- **卡片的关联性**:在会议纪要中记录的解释、问题和回答都应与相应的卡片关联起来。如果卡片在展示期间进行了编号并且在抽取过程中使用该编号进行引用,则这种关系是十分清晰的。

2. 头脑风暴法

头脑风暴法(Brain Storming)是一种用于保证群体决策的创造性、提高和改善群体决策质量的方法,能够让利益相关者在正常融洽和不受任何限制的气氛中以会议形式进行讨论和座谈,积极思考,畅所欲言,充分发表看法。

在需求工程中,头脑风暴通常由一组利益相关者共同完成,其目标是产生大量新的想法。

头脑风暴在探讨方式上需遵循下述一般原则。

- **自由畅谈**:参加者应从不同角度、不同层次、不同方位发表看法,不应受任何条条框框的限制。
- **延迟评判**:必须坚持当场不对任何设想做出评价的原则。一切评价和判断都应延迟到会议结束后进行,以防止评判约束参会者的积极思维,破坏自由畅谈的有利气氛。
- **追求数量**:头脑风暴会议的目标是获得尽可能多的设想。每一个与会者都应抓紧时间多思考,多提设想,无须在会议中考虑设想的质量问题。在某种意义上,产生的设想越多,其中的创造性设想就可能越多。
- **取长补短、综合改善**:通过采纳其他参与者的贡献并进行结合,头脑风暴的参与者们可以互相激发并产生新的想法。

3. 原型法

原型法(Prototyping)通过把系统主要功能和接口通过快速开发制作为可视化的"软件样机",及时征求利益相关方的意见,从而更好地认识问题及其可能的解决方案,进而明确无误地确定利益相关方的需求。原型也可用于征求开发团队内部成员的意见,作为分析和设计接口的辅助手段,方便沟通。在需求工程中原型的使用并不局限于抽取需求,也可以用于确认需求。

根据意图不同,原型可分为抛弃型原型和演化型原型。

- **抛弃型原型**:抛弃型原型在使用后不再维护,故其实现质量处于次要的地位。
- **演化型原型**:演化型原型的目标是增量地扩展和改进原型,故其实现质量很重要。

根据功能不同,原型可分为横向原型和纵向原型。

- **横向原型**:横向原型实现了系统的一个功能层,如图形用户界面层或数据库层。
- **纵向原型**:纵向原型实现了跨越所有层次的系统功能的一个截面,例如,可以实现一个包括数据输入、数据处理、数据存储以及图形用户界面下数据可视化的特定使用场景。

原型法的优点在于，一方面，可以使用户更好地理解需求工程师的假设；另一方面，可以让需求工程师根据利益相关者的反馈来加深对利益相关者的理解。然而，构建原型需要花费一定的人力和经济成本，还有可能浪费开发时间，故成本较高。

5.2.4   需求获取中的智能化辅助技术

近年来，以众包方式在移动应用商店（如苹果 App Store、Google Play、豌豆荚等）、社交平台（如 Twitter、微博）、开源软件平台（如 GitHub、Gitee）等发布的用户评论以及其行为数据等，成为软件需求的一种新来源。由于用户评论、行为数据具有数据规模庞大、质量良莠不齐等特点，如何从这些数据中提取出对软件演化有意义的需求成为学界和业界关注的焦点之一。因而产生了一批利用自然语言处理、机器学习、深度学习等技术开展需求抽取的研究成果，具体包括：

- 采用自然语言处理技术对用户评论或其他文本输入进行语义分析和情感分析，从中提取用户的需求和意图。
- 利用机器学习技术，通过大量的用户数据训练模型，预测用户的需求和行为。
- 使用情感分析技术对用户在社交媒体、评论和反馈中的情感进行分析，了解用户对产品或服务的满意度和需求等。

为了降低从已有文档（包括领域法律法规、公司规章制度、遗留系统或同类软件系统的相关文档等）中获取与待建系统相关需求的人工抽取工作量，减少信息遗漏，也开展了系列智能需求获取方法研究，具体包括：

- 采用语义分析技术对法律法规进行分析，从中提取系统必须满足的业务需求。
- 采用自然语言处理技术，从同类软件系统的用户手册中提取系统功能列表等。

由于篇幅所限，读者可通过阅读 5.10 节的引申阅读，了解相关最新研究进展。

5.2.5   需求获取工具

需求获取是一项人力资源密集型活动，好的需求获取工具能够有效提高需求获取的效率。不同的需求获取方法需要不同的工具支持。

- 对于访谈法而言，除 Word、WPS 等文字记录工具外，录音笔、录像机都是很好的记录访谈内容的工具，能够用可回放的方式支持需求分析师抽取需求，可以有效避免需求遗漏或误解，但这种方法需要得到被访谈者的同意，也需要考虑使用录音、录像设备可能导致被访谈者产生顾虑而隐藏部分想法。另外，录音、录像的整理会带来额外的时间成本，可以考虑使用 Word 的 Dictate 插件或 WPS 语音速记软件帮助完成语音到文字的自动转换。
- 对于研讨会法而言，除投影仪、白板等硬件设备外，PowerPoint 和 WPS Office 都可以快速制作展示会议议程、研讨主题和成果等的报告，方便与会者交流。
- 对于问卷调查法而言，使用 Google Form、问卷星、乐调查等专用工具可以快速完成问卷制作、问卷发放、问卷回收和问卷统计分析等工作。如果有特殊需要，还可以使用专用统计工具 SPSS 等完成更复杂的统计分析。
- 对于 KJ 法而言，除采用传统的卡片、钉卡板外，还可以使用诸如 SmartDraw 这类图形软件支持 KJ 法，以提高方法实施效率。

- 对于头脑风暴而言,可以使用 XMind、百度脑图、MindMaster、MindManager、MindNow 等思维导图类工具帮助记录、整理头脑风暴中产生的各种想法。
- 对于原型法而言,Figma 是一款基于浏览器、支持多人实时协作的 UI 设计工具,可用于完成用户界面(UI)设计、原型设计和交互设计等。与其他设计工具相比,Figma 基于浏览器的这一特性使得用户无须下载安装包,即可跨越多操作系统进行 Figma 文件的共享和协同编辑。在需求获取过程中,当开发商和用户都不太清楚需求的情况下,可以利用 Figma 开发"界面原型",加快对需求的挖掘以及双方对需求的理解。
- 对于智能化方法而言,也有各种智能化的需求获取工具。例如,iRequire 是一款支持用户需求实时收集的移动应用,无论用户在何时何地有了新的需求或想法,都可以通过 iRequire 提供的拍照功能拍摄产生想法的场景,通过录音或文字记录当前想法,并支持将其汇总上传;八爪鱼、HTTrack 等各种爬虫工具是辅助获取用户评论常用的工具;PaperTrail、Splunk、LOGalyze 等日志分析工具能够辅助用户进行日志数据分析,帮助用户发现用户行为背后的需求。

5.3 需求建模与分析

本节首先对需求建模与分析任务进行概述,进而介绍两类典型的需求建模与分析方法,即面向主体的需求建模与分析方法和面向场景的需求建模与分析方法。进一步给出需求分析的辅助方法,包括需求协商和需求优先级排序。最后,归纳了智能化需求建模与分析方法方面的研究进展,并列出了几种典型的需求建模与分析工具。

5.3.1 需求建模与分析概述

需求建模与分析任务是在通过需求获取阶段获得的初始软件需求基础上,对初始需求进行建模、精化、协商和优先级排序等,获得更为完整详尽的关于软件在功能、质量、约束等方面的需求;同时,发现并解决软件需求中潜在的问题,得到准确、完整和一致的软件需求。

具体而言,通过需求建模来整合和抽象刻画需求获取阶段得到的关键需求,通过需求精化分析对抽象需求进行细化并发现需求中存在的矛盾、冲突等问题,通过需求协商解决各种冲突或不一致性问题,通过需求优先级排序对需求的重要性进行多个视角的分析并排序,从而得到参与各方共同认可的软件需求。

需求建模与分析过程中需要遵循的原则主要包括以下 5 个方面。

1. 准确地反映用户真实意图

需求模型需要真实地反映实际的软件需求。软件需求来源于用户,需求模型的变更需要征求用户的意见,最后确定的需求模型也需经过用户确认。

2. 抽象地表达业务领域需求

软件需求模型不是对当前业务流程的简单模拟,而是对当前业务流程的改造和创新,需求模型需要在具体业务的基础上进行抽象表达。

3. 完备地刻画软件需求

需求模型需要全面反映软件的功能需求、性能需求和相关约束,对软件需求需要清晰全面地加以刻画。

4. 直观地表现软件需求

需求模型应该简单、直观地反映软件需求,使用户、开发人员和其他利益相关方容易理解。在需求建模过程中要尽量用简单、直观、易懂的形式进行描述。

5. 一致地描述软件需求

需求模型应该具有一致性,在模型中不应该存在矛盾、冲突和不一致之处。需求模型中的术语、定义、符号应该具有一致性,避免引起二义性。

5.3.2 需求建模与分析的典型方法

1. 面向主体的需求建模与分析

i^*(iStar)框架是加拿大多伦多大学提出的一种面向主体的需求工程方法,主要用于需求工程的早期阶段,可以对组织环境及信息系统进行建模和推理,在此基础上诱导得出软件需求。除了关注系统将要做什么(What),i^*框架中更加关注的是理解、建模与系统需求相关的组织情境和基本原则,即为什么要这样做(Why)。

下面围绕 i^* 的最新版 iStar 2.0 介绍面向主体的需求建模与分析方法。

(1)建模元素。

i^* 的主要建模元素包括参与者和意图元素两类。

① **参与者(Actor)** 是指在 i^* 中代表具有一定策略和意图的、主动自主的实体,通过与其他参与者合作并利用自身的知识来实现其目标。参与者可以是人或机器。通过对参与者及其之间的复杂关系进行建模和分析,可以得出他们的真正意图。

在 i^* 中,定义了以下两种具体的参与者。

- **主体(Agent)**:指具有具体的、物理表现的实体,可以是个人、组织或部门,如张三、李四等。
- **角色(Role)**:指对一个领域或特定上下文内参与者行为的抽象刻画,如骑手。

在 i^* 的建模图符中,参与者用圆表示,主体在圆的顶部添加一条直线,而角色在圆下部添加一条曲线。参与者意图通过参与者边界进行显式界定。参与者边界用虚线表示,意图元素和关系位于虚线包围的区域内,因此,该边界也成为意图元素及其相互关系的图形容器。图 5.10 给出了主体("张三")和角色("骑手")的建模图符示例。

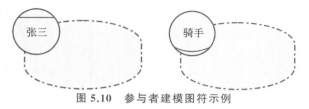

图 5.10 参与者建模图符示例

② **意图元素(Intentional Element)** 是描述参与者期望的元素,负责对不同类型的需求进行建模,是 i^* 的核心。出现在参与者边界内的意图元素表示该参与者的需要或期望。意图元素也可以出现在参与者边界之外,作为两个主体之间依赖关系的一部分。

意图元素包括如下 4 类。

- **目标(Goal)**:代表参与者想要达到的状态,是否能够达到该状态有明确的判定准则,如"外卖订单跟踪(Order Tracked):能够动态跟踪外卖订单状态变化"。

- **质量（Quality）**：代表参与者期望达成某种状态的属性要求。质量可以定量或定性描述。质量可以指导寻找待实现目标的解决方案，也可作为目标实现方案的评估准则。如"快捷预订"。注意：i^*属于早期需求工程方法，在早期需求建模阶段允许对质量需求进行定性描述，但在后期的规格说明阶段需要通过需求精化和分析过程将其转换为定量描述。
- **任务（Task）**：表示参与者希望执行的动作或活动，通常是为了实现某个目标而执行的动作或活动，如"支付订单"。
- **资源（Resource）**：执行任务所需要的物理或信息实体，如"信用卡"。

意图元素建模图符示例如图 5.11 所示。

图 5.11 意图元素建模图符示例

（2）链接关系。

参与者之间的链接关系包括关联和依赖两类。

① 参与者之间的关联链接包括两类：子类型（is-a）和参与（participates-in）。每个关联链接只能关联两个参与者，如图 5.12 所示。

- **is-a**：用于刻画概念间的泛化/具体化关系，表示一种角色是另一种角色的子类。例如，餐馆（角色）是商家（角色）的一种。
- **participates-in**：表示两个参与者之间除 is-a 之外的任何关联。例如，张三（主体）扮演了骑手（角色）这一角色。

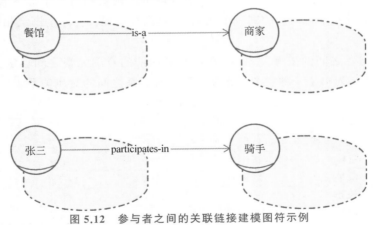

图 5.12 参与者之间的关联链接建模图符示例

② 参与者之间的依赖关系代表了 i^* 中的社会关系。如图 5.13 所示展示了顾客与外卖平台之间在外卖订单有效性检查方面的依赖关系。可以看出，参与者之间的依赖关系包含 5 个参数。

- **依赖者（Depender）**：指需要依赖其他实体提供某些依赖项的参与者，如本例中的"顾客"。
- **依赖元素（DependerElmt）**：指依赖者边界内的意图元素，是依赖关系的出发点，代表依赖关系存在的依据，如本例中的任务"填写订单"。
- **依赖项（Dependum）**：指依赖的对象，如本例中的任务"验证表单字段"。

- 被依赖者（Dependee）：指应该提供依赖项的参与者，如本例中的"外卖平台"。
- 被依赖元素（DependeeElmt）：用于解释被依赖者如何提供依赖项，属于被依赖者边界内的意图元素，如本例中的任务"检查地址有效性"。

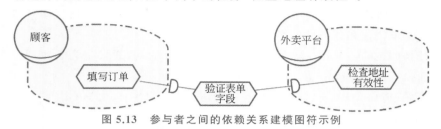

图 5.13   参与者之间的依赖关系建模图符示例

依赖关系的建立需要遵循以下三个规则。

规则 1：当一个意图元素成为依赖者的依赖元素时，意味着它不能被依赖者自身满足或实现，即这个依赖元素不能成为一个分解关系的出发点，也不能被依赖者的内部资源所满足（即不能和内部资源建立"需要"关系）。例如，图 5.13 中的任务"填写订单"成为依赖者"顾客"的依赖元素后，意味着其在"顾客"内部不能进一步分解或实现，只能依赖于外卖平台完成该任务。换言之，一个意图元素或者是自身通过分解或实现来完成，或者是通过依赖关系依赖他人来完成，两者只能选择其一。

规则 2：一个依赖关系中的依赖元素、依赖项和被依赖元素允许有相同的元素名称。即便如此，这些元素也是不同的，因为它们分别反映了依赖者的观点、两个参与者之间的关系和被依赖者的观点。

规则 3：多个依赖关系不应该共享相同的依赖项，因为每个依赖项都是概念上不同的元素。换句话说，一个参与者的一个依赖项不能依赖超过一个参与者，或者两个参与者不能依赖一个参与者的同一个依赖项，这两种情况都会产生围绕相同依赖项的多个依赖关系。

除了参与者之间的依赖关系，i^* 在参与者内部的意图元素之间也定义了 4 种推理关系。表 5.1 列出了 4 种意图元素和 4 种推理关系之间的对应关系。

表 5.1   意图元素与推理关系的对应

		终　　点			
		目标	质量	任务	资源
源点	目标	精化	贡献	精化	—
	质量	约束	贡献	约束	约束
	任务	精化	贡献	精化	需要
	资源	—	贡献	需要	—

① 精化（Refinement）关系：该关系表示目标和任务间的分层关联，是将一个父元素与一个或多个子元素关联起来的 n 元关系。精化关系中的父元素可以是目标或者任务，子元素也可以是目标或者任务，且子元素中目标和任务可以同时出现。精化有两种方式：AND 表示当所有 $n(n \geq 2)$ 个子元素均满足时，父元素才可满足；OR 表示当 $n(n \geq 1)$ 个子元素中至少一个子元素满足时，父元素即可满足。在精化关系中，父元素只能通过一种精化方式进行精化。

精化关系中父元素和子元素具有不同的语义，如表 5.2 所示。

表 5.2 精化关系中的关联语义

精化方式	父元素种类	子元素种类	
		目 标	任 务
AND	目标	子元素是父目标的子状态	子元素是父目标必须完成的子任务
	任务	子元素通过分析父任务而得到	子元素是完成父元素的一部分
OR	目标	任一子元素的达成均可实现父元素	子元素是实现父元素的一种特定方式
	任务	子元素是通过分析父任务而得到的目标,可以替代父任务	子元素是执行父元素的一种特定方式

例如,如图 5.14 所示,任务"食物送达"通过 AND 分解为目标"订单提交"、任务"支付订单"、目标"送餐确认",而任务"选择商家"通过 OR 分解为任务"平台自动推荐"和任务"手动搜索"。

图 5.14 AND/OR 精化关系示例

② 需要(NeededBy)关系: 将任务与资源链接起来,表明参与者需要资源来执行任务。该关系并没有具体说明产生这种需求的原因。

例如,如图 5.15 所示,任务"支付订单"需要资源"信用卡"。

③ 贡献(Contribution)关系: 指从源端的意图元素对质量的影响关系,分为强支持(Make)、弱支持(Help)、弱损害(Hurt)和强损害(Break)4 种。强支持指源端的意图元素对质量的实现提供了充分的积极证据;弱支持指源端的意图元素对目标质量的实现提供了微弱的积极证据;弱反对指源端的意图元素对否认质量提供了微弱的证据;强反对指源端的意图元素对否认质量提供了足够的证据。

图 5.15 需要关系示例

例如,如图 5.16 所示,任务"提供个性化推荐"对质量"更好的选择食品"有非常大的帮助,属于强支持关系;任务"推送热门食品"对质量"更好的选择食品"有一定的帮助,属于弱支持;任务"提供安全检查"由于增加了一些额外的处理,会对质量"使用方便"产生轻微的阻碍;任务"部门主管授权"完全由部门主管来决定,受其个人处理时

图 5.16 贡献关系示例

间、空闲状况等因素影响,对质量"快速预订"有严重的阻碍。

④ 约束(Qualification)关系:指质量和它约束的对象(目标、任务和资源)之间的关系。对目标的约束限定了实现目标的方式,对任务的约束限定了任务完成的程度,对资源的约束则限制了资源的覆盖范围。当然,质量可以独立存在,不对特定的对象而是对参与者进行约束。

例如,如图 5.17 所示,"支付订单"应该做到"无错误"。

(3) 策略依赖模型和策略推理模型。

图 5.17　约束关系示例

在 i^* 中,主要定义了策略依赖(Strategic Dependence,SD)模型和策略推理(Strategic Reasoning,SR)模型。其中,SD 模型包含所有的参与者以及参与者间的依赖关系(包括参与者间的关联链接和依赖链接),主要侧重参与者间的依赖分析。而 SR 模型则在 SD 的基础上列出各个参与者的内部意图元素及其关系,主要侧重对参与者内部对象的推理分析。

在面向主体的需求建模与分析过程中,需要将上述两类模型有机结合。利用策略依赖模型以简洁清晰的方式展现软件交互过程中不同参与者之间的关联和依赖关系;而在策略推理模型中则重在呈现参与者内部的具体意图和目标的精化和推理关系。通过目标精化和推理,明确每个参与者的上层目标是如何满足的,为什么需要依赖其他参与者。在目标精化和推理过程中,通过 AND/OR 分解可将上层目标分解为子目标,子目标及与之关联的软件需求可视为上层目标的候选实现方案。通过分析子目标和与上层目标关联的非功能目标之间的贡献关系,可评估候选实现方案,帮助需求分析人员做出选择和决策。例如,"推送流行商家"和"提供个性化推荐"两个子目标对与上层目标"商家选择"关联的非功能目标"更好的商家选择"的贡献不同,需求分析师可根据贡献的差异选择一种需求实现方案,支持需求分析与决策。

(4) 建模实例。

下面以外卖平台为例,介绍使用 i^* 进行建模的实例。在面向主体的建模过程中,首先要明确系统涵盖哪些参与者。然后,对每个参与者的内部活动进行分析建模,以及对参与者之间的依赖关系进行分析建模。参与者内部活动分析和参与者间依赖关系分析没有严格的先后顺序,可以根据系统实际情况以及优先级顺序进行分析建模,分析建模过程可以反复多次迭代。

在外卖平台中,通常包含商家(Merchant)、骑手(Courier)、顾客(Customer)、外卖平台(Delivery Platform)4 类角色。

对于顾客而言,其主要目标是获得良好的消费体验。为此,要求外卖平台尽量优化顾客的使用流程,帮助顾客方便快捷地选择合适的食品,能帮助顾客在订单异常时可以方便联系商家,以界面友好的方式设计该软件系统。

对于商家而言,其主要目标是能够接到尽可能多的用户订单以获取更多的利润,同时尽可能节约人力和租房成本。为此,平台应为商家的市场活动提供便利,如提供折扣设置、提供方便的配送服务、提供备注留言功能、提供推荐机制等功能。

对于骑手而言,其主要目标是接到分配的订单,安全准时地进行订单派送,以获取尽可能多的报酬。为此,平台需要给骑手分配订单任务、提供工资结算等功能。另外,这种劳务关系还需满足国家法律规定。

对于外卖平台而言,主要目标是提供外卖服务,管理顾客、商家和骑手之间的业务,并与此三方建立良好而长久的合作关系。从这个角度分析,需要为商家提供订单导流服务,对骑手进行合理调度安排,提高外卖服务的易用性以吸引用户等。从获得经济利益的角度考虑,还有相应的拓展服务范围、提供增值服务、降低经营风险等方面的需求。

通过目标分解能够对上层目标和任务逐步细化。在细化过程中,对于角色自身无法完成的任务,可以依赖其他角色完成,从而建立角色间的依赖关系;通过不断迭代分析找出外卖平台需要完成的任务,从而获得其需要实现的需求。此外,还需要关注 4 种角色之间的关系,例如,为方便顾客、商家、骑手互相联系而设计专用界面,提供角色之间的评分、打赏机制。

图 5.18 展示了从顾客的视角进行分析得到的建模结果。在外卖场景中,顾客的顶层目标是"食物送达(Food Delivered):将所需食物按需要送达",该目标通过"订单提交(Order Placed):顾客下单选择所需的食物""支付订单(Payment Made):顾客支付订单的费用""送餐确认(Delivery Confirmed):顾客确认订单已送达"三个子目标达成。其中,目标"订单提交"可以进一步分解为"选择商家(Select Merchant):顾客选择特定的商家""选择食物(Choose Food):顾客从餐厅的菜单中选择所需的食物""填写订单(Fill in Order):填写完整订单信息",以及"确认下单(Place Order):客户确认并生成订单"4 个子任务。目标"送餐确认"可进一步分解为"接收送餐通知(Receive Delivery Notification):接收到送餐员信息和预计送达时间等通知"和"检查送达食物(Inspect Delivered Food):顾客检查所收到的食物"两个子任务。任务"支付订单"需要资源"信用卡"来实现。

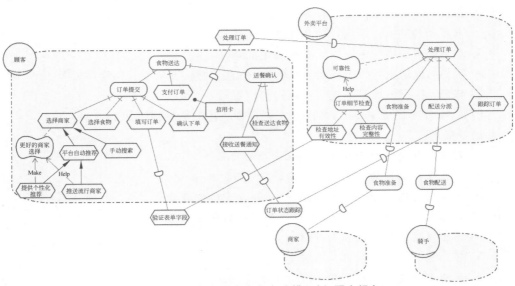

图 5.18 基于 i^* 的外卖平台建模示例(顾客视角)

对于任务"选择商家",可以通过 OR 分解为"平台自动推荐(Automatic Recommendation by Platform):由平台自动推荐合适商家"和"手动搜索(Manually Search):由客户输入关键词手动搜索"两个任务。"平台自动推荐"可以通过 OR 分解为"提供个性化推荐(Provide Personalized Recommendation):根据顾客的偏好进行个性化推荐"和"推送流行商家(Recommend Popular Merchant)：向顾客推荐最热门的商家"两个子任务。任务"选择商家"有一个相关的质量约束"更好的商家选择(Better Merchant Selection)""推送流行商家"对该质量的实现具有弱支持,而"提供个性化推荐"对其具有强支持。

顾客的任务"确认下单"依赖于外卖平台的任务"处理订单",该任务可以通过 AND 分解为目标"订单细节检查"、目标"食物准备"、目标"配送分派"和任务"跟踪订单"。目标"食物准备"依赖商家完成,目标"配送分派"依赖骑手完成。注意,由于篇幅所限,图中未对商家和骑手的内部意图元素进行展开分析。

模型分解得到的低层任务往往与软件的功能需求相关。通过对该模型进行分析,可以获得系统相关的需求列表,例如,顾客能够查找商家;系统能够为顾客推荐商家;顾客能够选择食物;顾客能够填写订单;顾客能够支付订单;顾客能够收到派送通知。

需要指出的是,i^* 不仅能对待建系统进行建模,还可以对系统内外环境以及系统的使用者和参与者进行建模,从而对系统参与的社会活动进行完整表述,明确系统引入的必要性。

2. 面向场景的需求建模与分析

场景记录了用户在使用软件过程中为了满足特定业务目标而采取的一系列与软件交互的步骤,明确软件在用户使用过程中所展现出的行为特性。通过将不同场景下的软件交互加以综合分析,可以推导出用户需要的软件功能、使用方式和约束等。通常来说,描述场景一般需要记录以下要素。

- 角色：与系统进行交互的特定类型的人或其他系统。
- 目标：满足或未满足的目标。
- 前置条件：执行该场景前必须满足的条件。
- 后置条件：执行完场景后必须满足的条件。
- 资源：成功执行一个场景所需的人、信息、时间、资金或其他物质资源。
- 场所：执行该场景的现实或虚构的位置。

例如,在外卖场景中,从顾客点外卖到食物送达的场景描述如下。

场景描述：

- 顾客在外卖平台浏览并选择在营业的商家。
- 顾客查看商家的菜单并选择食物。
- 顾客将所选的食物添加到购物车,并设置所需数量。
- 顾客查看购物车,确保订单中包含想要的食物。
- 顾客提供送货地址和支付信息。
- 顾客确认订单并利用其进行支付。
- 外卖平台接收到订单并生成订单确认信息。
- 外卖平台通知顾客订单已成功下单,提供订单号以备后续查询。
- 外卖平台将订单详细信息发送给商家。
- 外卖平台将订单任务下发给骑手。
- 商家收到订单并开始准备食物。
- 骑手接受任务并前往商家取货。

- 骑手将外卖食物配送到顾客提供的送货地址。
- 顾客收到通知，告知外卖正在途中，可以跟踪订单的送货进度。
- 骑手在顾客收到外卖食物后确认完成。
- 外卖平台标记订单为已送达，完成交易。

在这个场景中涉及的角色包括顾客、外卖平台、骑手、商家；希望完成的目标是顾客成功点外卖；前置条件是顾客已经打开外卖平台应用程序并成功登录；后置条件是订单状态为已送达；资源包括订单信息、信用卡信息等；场所可以是在任何顾客可访问外卖平台的地方，如家里或办公室等。

按照不同的分类方式，场景可以分成不同的类别。最常用的分类方式是按使用模式进行划分，主要包括正常场景和异常场景两类。

- 正常场景：描述能够满足特定目标的一组交互序列。
- 异常场景：描述未能满足特定目标的一组交互序列。进一步，异常场景可以划分为允许或禁止的异常场景。允许的异常场景：即使一个异常场景的出现会导致某些目标无法满足，系统也需要支持其所描述的交互序列。

例：用户单击支付订单，因用户余额不足导致用户支付订单失败。

禁止的异常场景：如果异常场景是禁止出现的，则无法满足特定目标是不能容忍的，系统应采取适当的措施防止出现禁止的负面场景。

例：用户单击支付订单，余额扣除支付成功，但由于网络问题用户下单失败。

另一种常用的场景分类方式是按主次顺序进行分类，主要包括主场景、可替代场景、例外场景三类。这三类场景的实例可见下述规则 7 的实例。

- 主场景：描述为满足特定目标通常需要执行的交互序列。
- 可替代场景：描述可以替代主场景执行的交互序列，该交互序列的执行同样可以满足主场景的相关目标。
- 例外场景：描述当异常发生时执行的交互序列，这通常意味着与原始场景相关的一个或多个目标无法得到满足。

和目标描述规则类似，场景描述规则也是对自然语言表达的场景描述的一些要求。下面以外卖平台为例，给出每个规则及其对应的示例。

规则 1：描述场景时尽量使用一般现在时。

原描述：用户已将他的用户名和密码输入系统。平台已验证输入数据的正确性。

改进描述：用户将他的用户名和密码输入系统。平台验证输入数据的正确性。

规则 2：描述场景时尽量使用主动语态。

原描述：待用户名和密码输入后进行验证。

改进描述：用户将他的用户名和密码输入系统。平台验证输入数据的正确性。

规则 3：描述场景时尽量使用主谓宾句式。

原描述：通过用户数据库，平台验证用户数据。

改进描述：平台通过访问用户数据库验证用户数据。

规则 4：描述场景时避免使用情态动词。

原描述：平台应该验证用户数据。

改进描述：平台验证用户数据。

规则 5：避免在同一句子中描述多个场景。

原描述：用户向平台提交一个商家搜索请求，从搜索结果中选择一个商家，并进入其中点餐。

改进描述：用户向平台提交一个商家搜索请求。平台显示商家搜索结果列表。用户从列表中选择一个商家。用户进入该商家的点餐页面点餐。

规则 6：当场景包含多个步骤时，为每个步骤单独编号。

原描述：用户向平台提交一个商家搜索请求，从搜索结果中选择一个商家，并进入其中点餐。

改进描述：

(1) 用户向平台提交一个商家搜索请求。

(2) 平台显示商家搜索结果列表。

(3) 用户从列表中选择一个商家。

(4) 用户进入该商家的点餐页面点餐。

(5) 用户重复步骤(1)～(4)直到点餐结束。

规则 7：每个场景只包含一个交互序列。

原描述：

…

(1) 用户下单。

(2) 用户填写收货地址。

(3) 用户发起支付。

(4) 用户选择支付方式。

(5) 如果用户支付订单成功，跳转到(8)。

(6)（前提条件：用户支付订单失败）用户再次选择支付方式。

(7) 用户支付订单成功，跳转到(8)。

用户再次支付订单失败，跳转到(9)。

(8) 用户进入等待配送页面。

(9) 用户进入支付失败页面。

……

改进描述：

主场景：

……

(1) 用户下单。

(2) 用户填写收货地址。

(3) 用户发起支付。

(4) 用户选择支付方式。

(5) 用户支付订单。

(6) 用户进入等待配送页面。

......

可替代场景：如果步骤(5)不成功；

(5a.1)用户选择支付方式。

(5a.2)用户支付订单。

例外场景：在步骤(5)中，如果用户连续两次支付订单失败。

(5b.1)用户进入支付失败页面。

规则 8：从外部视角(远景视图)描述场景，不要描述不必要的场景细节。

原描述：

(1)平台接收用户的用户名和密码。

(2)平台对用户数据进行加密。

(3)平台登录用户服务器。

(4)平台将用户数据传输到用户服务器。

(5)用户服务器解密用户数据。

(6)用户服务器通过用户数据库验证用户数据。

(7)用户服务器返回用户数据正确消息。

(8)平台退出登录用户服务器。

(9)平台通知用户登录成功。

改进描述：

(1)用户使用自己的用户数据登录。

(2)平台验证用户数据。

(3)平台通知用户登录成功。

规则 9：明确地列出场景中的参与者。

原描述：

(1)用户登录平台。

(2)平台报告没有网络连接。

(3)平台重启。

(4)重新建立网络连接。

(5)用户登录平台。

改进描述：

(1)用户登录平台。

(2)平台报告没有网络连接。

(3)平台重启。

(4)平台重新建立网络连接。

(5)用户登录平台。

除了通过自然语言描述场景外，UML 模型也是广泛采用的图形化场景需求建模方法。UML 顺序图描述了一组角色之间的消息交换序列，可以看作对单个场景的刻画。与顺序图相比，UML 用例图不适合直接用来描述系统与参与者之间的交互序列。然而，用例图可以刻画系统中不同用例之间以及参与者与用例之间的关系，同时，用例图附属的用例描述中也可以刻画具体的交互信息。关于 UML 的基本介绍参见4.2.2 节，下面对基于 UML 的需求建模进行概述。

基于 UML 的需求建模是软件工程领域的一种常用建模方法,用以系统地捕捉和描述软件系统的各种需求。该方法利用多种视图,即用例视图、行为视图和结构视图,从不同的角度展现软件需求,从而能够全面地理解和分析软件系统需求。

其中,用例视图关注软件系统的功能,旨在回答以下问题:软件系统开发的目的是什么? 具体的功能是什么? 如何响应用户或其他系统的输入? 在 UML 中,用例视图的刻画主要是通过 UML 用例图来完成的。通过用例图描述不同的用例以及它们之间的关系,帮助需求建模人员理清系统核心功能,识别系统中的各种角色和参与者,以及它们之间的交互方式。

行为视图则更加专注于用例的实现方式,即系统如何通过对象之间的交互来满足特定用例的需求。行为视图涵盖了用例从输入到输出的动态交互过程。在 UML 中,行为视图的刻画主要是通过顺序图、状态图、活动图、通信图等模型来完成。本章重点关注其中的顺序图,利用顺序图展示对象之间的消息传递和交互流程,分析如何通过对象间的交互协作完成系统功能。

结构视图关注的是构成面向对象系统的内部类的组织,重点刻画系统中各种重要领域概念以及它们之间的关系。在 UML 中,结构视图的刻画主要是通过类图、包图、对象图、构件图等模型来完成。本章重点关注其中的类图,利用类图展示系统中各个类之间的关系、属性和方法,帮助建模人员了解系统内部的构成,有助于设计和实现系统的各个部分。

在明确了上述不同建模视图后,下面介绍基于 UML 的需求建模整体流程。

1) 用例图构建

根据已获取特定场景的用户需求建立用例图,以图形化的方式呈现不同用例以及它们与参与者之间的交互关系。构建用例图的主要步骤描述如下。

(1) 用例识别。基于已收集的需求,识别出系统中的不同用例。每个用例代表一个特定的功能或用户操作,例如,登录、选择商家、浏览食物、提交订单等。每个用例都应该能够独立地为用户提供某种价值或服务。

(2) 用例描述。针对每个用例,详细描述其名称、目标、参与者(用户)、前置条件和后置条件。这有助于确保建模人员准确地理解用例的背景和上下文,以及用例的执行流程。

(3) 建立用例图。将用例表示为图中的椭圆形,每个用例都与相关的参与者相连。这种图形化表示方式能够在一个视图中展示系统的主要功能以及参与者与系统之间的交互。

(4) 关系建立。在用例图中建立用例和用例之间、用例和参与者之间、参与者和参与者之间的关系,包括包含(包含一个用例的步骤可以被另一个用例重复使用)、扩展(用例可以在某些条件下扩展另一个用例的功能)、继承等,从而体现不同用例之间的依赖和关联关系。

(5) 细化用例。对于某些复杂的用例,可能需要进一步细化,将其拆分为更小的子用例,以便更好地理解和管理系统的功能。

图 5.19 给出了外卖系统中与前述用户点外卖场景相关的用例图。值得指出的是,这里的参与者包括顾客、骑手、商家,场景描述中的外卖平台实际是待开发的系统,不能在用例图中作为参与者。

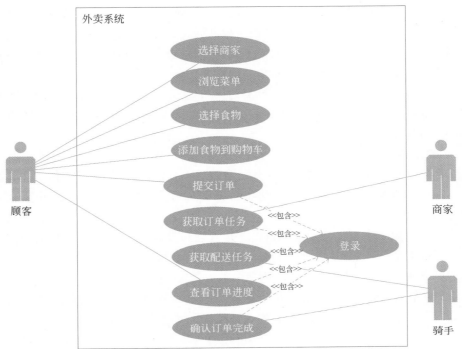

图 5.19 外卖系统中的用例图示例

2）顺序图构建

对于构建的用例图,只能描述系统的主要功能及其与参与者之间的关系,但无法刻画功能的具体实现方式和实现细节。为此,需要进一步分析用例中的参与者、各种对象之间的具体交互关系,明确用例是如何通过一组对象之间的交互来完成,在此基础上构建顺序图。构建顺序图的主要步骤描述如下。

（1）分析用例涉及的对象及其所属的类。在进行用例相关的对象或类识别过程中,可以参考 Jacobson 的 BCE(Boundary-Control-Entity)表示法。如 4.2.3 节所述,该表示法将类划分为边界类、控制类和实体类,边界类用于处理用户界面或系统接口,控制类用于实现业务逻辑和系统控制逻辑,实体类则用于处理数据存储和处理。

① 边界类的识别。

边界类通常用于表示系统与外部世界(如用户、外部系统、设备等)之间的交互点,一般负责处理用户界面、输入输出、数据格式转换等与外部世界的接口任务。

用例往往由外部参与者进行触发,因此,用例执行过程中需要建立一个边界类对象,用以协调和管理待构建软件系统与外部参与者之间的交互。在用例驱动的需求分析过程中,边界类一方面需要处理来自外部参与者的输入数据,并根据业务逻辑进行相应的处理。另一方面,边界类也负责将系统的输出数据传递给外部参与者,确保有效的双向信息交流。

在顺序图中,边界类通常位于与外部参与者进行直接交互的位置,表现形式一般为用户界面类或接口类,边界类名称通常以"UI"(User Interface)或类似的词汇结尾,可以通过在类对象处增加构造型<<boundary>>进行声明。

② 控制类的识别。

控制类通常用于表示系统中的控制逻辑和决策点,负责协调不同的对象、处理业务逻辑、执行决策和控制系统的流程。控制类对象负责处理边界类对象发来的任务请求，进行任务分解，并协调系统中的其他对象共同完成系统行为。

通常来说，控制类不进行具体的任务处理，而是负责进行任务分解，通过消息传递将任务下发给其他对象，协调这些对象共同完成任务。

在顺序图中，控制类通常位于边界类的下游，处于边界类和实体类之间。名称通常包含"Controller""Manager""Handler"等词汇，可以通过在类对象处增加构造型<<controller>>进行声明。

③ **实体类的识别。**

实体类通常用于表示系统中的具体对象或数据，代表实际的业务实体。实体类对象通常包含属性和方法，用于描述对象的特征和行为。通常具有持久性，用于在系统和数据库之间进行数据存储和交互。

实体类对象负责根据系统需求进行状态管理和数据操作，完成用例所对应业务流程中的具体功能，提供相应的业务服务。它们可以与其他实体类对象进行交互，执行系统中的各种操作（如查询、修改、保存等）。

在顺序图中，实体类对象通常位于控制类对象的下游，接收来自控制类的消息或请求，并执行相应的操作。它们的名称通常反映了系统中具体对象的特征，例如，如果系统涉及订单管理，可定义一个名为"Order"的实体类。实体类的声明可以通过在类对象处增加构造型<<entity>>。

（2）**对象间的交互流程的识别。**在识别了用例交互的各种对象后，下一步需要分析这些对象是如何通过相互协作来完成特定的用例功能。为此，需要确定对象之间交互什么消息以及消息的传递方式，准确刻画对象间的交互流程。

需求分析人员应尽可能用应用领域相关的具体术语来表达消息的名称和参数，以便不同的利益相关方能够对其加以直观地理解。消息的名称表达了对象间交互和协作的意图（如请求或通知），也体现了接收方对象应该承担的职责，即明确发送方对象希望接收方对象提供什么样的功能和服务。除了通过消息名称表达交互意图外，在很多情况下还需要提供必要的交互内容。这些交互内容通常以消息参数的形式出现，明确向其他对象通知和请求的内容。

（3）**顺序图的绘制。**根据上述分析结果绘制相应的顺序图，用以展示针对特定用例的交互模型。通过该交互模型呈现对象之间的消息传递顺序，帮助分析人员理解用例的具体执行过程。

在顺序图中，用方框表示交互的对象，可以标明对象的名称和类别。在对象的排列上，可以根据具体情况有一些灵活性。以下是关于对象排列布局的建议：首先外部执行者（通常是系统的用户或其他外部实体）是用例的起点，应位于图的最左侧；用户界面或外部接口的边界类对象可以放置在外部执行者的右侧，表示它们是外部执行者与系统之间的接口；控制类对象负责协调系统中的对象以完成用例，位于边界类对象的右侧。最后，实体类对象位于控制类对象的右侧。值得指出的是，在实际建模中需要根据具体系统的架构和交互方式来决定对象的排列方式，保持清晰和一致的表示方式对于有效传达用例的执行流程至关重要。

消息以箭头表示，箭头的方向表示消息的发送方和接收方。同时需要明确同步信息或异步消息及其返回。对象间的消息传递采用自上而下的布局方式，按照时间顺序将消息排列在顺序图中,反映消息交互的先后次序。可以使用数字或时间线来表示消息的顺序,以确保消息按照正确的顺序传递。最后,在顺序图中添加必要的细节和注释,以帮助理解用例的执行过程。这可以包括说明特定消息的条件或约束,以及对用例执行中关键步骤的描述。

以下是一个完整的顺序图工作生命周期示例,展示了用例的启动和执行过程。

- 外部执行者(例如,用户)启动一个特定用例(例如,下外卖订单)。
- 边界类对象(例如,订单界面)接收外部执行者提供的信息,将信息从外部形式(用户填写的表单)转换为内部形式(系统可处理的数据结构)。
- 边界类对象通过消息传递将信息发送给控制类对象(例如,订单控制器)。
- 控制类对象接收到信息后,根据业务逻辑处理流程,产生并分解任务。它与相关的实体类对象(例如,食物库存管理)进行交互以请求完成相关任务,或者向实体类对象提供业务信息,或者请求实体类对象持久保存业务逻辑信息(例如,将订单信息存储到数据库),或者请求获得相关的业务信息。
- 实体类对象(例如,食物库存管理)执行与任务相关的行为(例如,检查食物库存是否足够)。执行完任务后,实体类对象向控制类对象反馈信息处理结果(例如,返回库存检查结果)。
- 控制类对象接收到处理结果信息后,处理信息(例如,更新订单状态或生成订单确认信息),并将处理结果通知边界类对象。
- 边界类对象接收到处理结果信息后,对信息进行必要的分析,将其从内部形式转换为外部形式,并通过用户界面将处理结果展示给外部执行者(例如,显示订单确认信息给用户)。

通过上述流程可以展示不同对象之间的消息传递和交互流程,以完成特定用例的功能。相应的顺序图如图 5.20 所示。

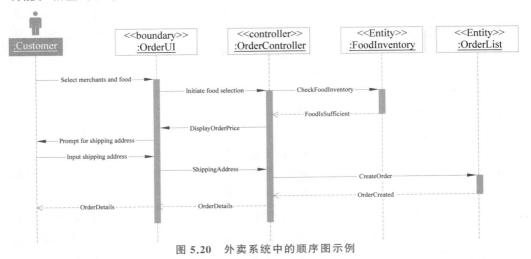

图 5.20　外卖系统中的顺序图示例

3)类图构建

在得到顺序图的基础上,进一步从中抽取类及其关系,构建类图。

(1)确定类。

从顺序图中识别涉及的所有类,包括外部执行者(例如 Customer)、边界类(例如

OrderUI)、控制类(例如 OrderController)和实体类(例如 OrderList 和 FoodInventory)。

（2）确定类的属性。

属性是描述类的特征和状态的数据项。

审查顺序图中的消息传递,消息的内容通常包含对象之间传递的信息,其中可能包括属性值。例如,"顾客向购物车发送消息(包括商品数量和总价格)以添加商品到购物车"。购物车对象的属性可以包括购物车中的商品数量、总价格等。

关注在顺序图中的操作或函数调用,这些操作的输入和输出参数往往意味着发送或接收对象需要保存和处理相应的信息,可能需要在对象中设置与此相对应的属性。例如,顺序图中有一个名为"getOrderStatus"的操作,它接收订单作为输入,并返回订单的状态信息。为此,订单类需要设置一个名为"status"的属性,用于存储订单的状态信息,如"待处理""已完成"等。

（3）确定类的方法。

每个类都有其职责,即相应的方法,从而提供相关的服务。在顺序图中,对象接收的消息与其承担的职责之间存在一一对应关系,即如果一个对象能够接收某个消息,它就应当承担与该消息相对应的职责。例如,OrderController 向 FoodInventory 发送的消息是 checkFoodInventory(),则意味着 FoodInventory 需要提供一个操作 checkFoodInventory()。

（4）确定类之间的关系。

类之间的关系主要包括继承、关联、依赖、聚合、组合等。在顺序图中,如果存在两个类对象之间的消息传递,那么意味着两个类间存在关联、依赖、聚合或组合等关系。如果得到的若干类之间存在一般和特殊的关系,那么可对这些分析类进行层次化组织,标识出它们间的继承关系。

（5）绘制类图。

使用类图的符号和标记,将类、属性、方法和关系之间的连接表示出来。为每个类和关系添加标签和说明,以使类图更易于理解。最后,检查类图,确保所有类、属性、方法和关系都正确表示系统的结构和功能,并根据需要进行优化和调整。

例如,图 5.21 给出了外卖系统中的一个类图示例。

需要指出的是,上述三类模型的构建是一个不断迭代不断优化的过程,每类模型的修改都可能会促进其他两类模型的调整。

3. 需求建模与分析方法小结

本节对面向主体的需求建模与分析和面向场景的需求建模与分析这两类经典的需求建模与分析方法进行了介绍。概括来说,面向主体的需求建模与分析适用于早期需求建模阶段,主要用于捕捉用户、利益相关者和参与者之间的社会属性和交互关系。该方法有助于明确系统的主要参与者和其期望,定义系统的边界和功能,将抽象目标转换为可测量的具体需求,帮助确定项目的成功标准。面向场景的需求建模与分析适用于详细分析系统内部的交互和功能,以及参与者之间的动态行为。该方法提供了对系统内部功能和交互的深入了解,有助于发现潜在的问题和错误。

这两种需求建模方法在不同阶段和场景中具有各自的优势,通常需要根据项目的需求和阶段选择适当的方法或将它们结合使用,以确保全面而准确地捕捉和分析需求。

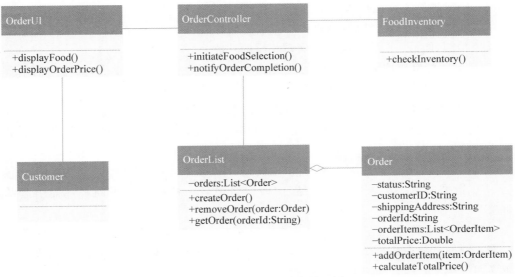

图 5.21　外卖系统中的类图示例

5.3.3　需求分析辅助方法

1. 需求协商

1）需求协商概述

软件开发的目标是应当尽可能全面考虑并实现不同涉众的所有要求和愿望。如果在涉众之间没有就软件要实现的需求达成一致，据此开发的软件系统就难以满足所有涉众的需要，导致部分涉众不再支持系统开发，甚至导致软件项目失败。为此，需要通过需求协商技术，解决在矛盾的需求之间以及提出矛盾需求的涉众之间存在的冲突。

如果不同涉众对于系统的要求和愿望互相矛盾，或者一些要求和愿望无法实现，那么就出现了软件需求的冲突。

例如，用户希望平台能够提供多种可选的支付方式，而对于平台服务商而言出于开发周期和成本考虑，在当前版本仅支持某种支付方式。又如，用户希望订单能够在尽可能短的时间内送达，以获得快速的服务体验。快递员则希望有足够的时间来完成配送，以减轻工作压力，并确保能够按时完成任务。

未解决的冲突会对由涉众实施的系统验收带来负面影响。除了会带来潜在风险外，冲突的解决也可能会带来机遇，因为冲突的解决方案能够有助于挖掘并产生新的想法和选择，为软件项目的顺利实施提供机会。为此，需要系统合理地在涉众间进行需求协商，以便顺利解决冲突。

需求协商的目标是在所有涉众中对待建系统的需求取得共同和一致的理解。

需求协商的子任务主要包括以下 4 个方面。

（1）识别冲突：需求冲突具有一定的隐蔽性，往往不容易发现。通常，需求冲突是关于同一个需求或者同一个系统方面的。因此，需求工程师应注意识别并记录不同涉众针对同一个需求或相似需求进行表述时存在的潜在冲突。此外，相似的冲突应加以合并，以便在冲突分析与解决过程中进行综合考虑。

（2）分析冲突：分析冲突的目标是确定所识别冲突的类型，在此基础上进行冲突解决。需求冲突主要包括如下类型。

① **功能需求冲突**：指不同的功能需求之间存在冲突或矛盾，如一个需求要求实现某项功能，而另一个需求却要求实现相反的功能。

② **非功能需求冲突**：指不同的非功能需求之间存在冲突或矛盾，如一个需求要求实现快速响应，而另一个需求却要求实现高度的数据安全性。

③ **约束性需求冲突**：指不同的约束性需求之间存在冲突或矛盾，如一个需求要求实现某项功能的同时需要遵循某个特定的标准或规范，而另一个需求却要求遵循另一个标准或规范。

从引发需求冲突的原因考虑，需求冲突还可以划分为如下类型。

① **数据冲突**：指由于信息不足、虚假信息或者一些信息的不同解释而引起的冲突。

例如，对于需求"待开发的系统响应时间在有效的数据请求前提下不得超过 2s"，一部分涉众可能会认为 2s 的响应时间比较合理，另一部分涉众则认为 2s 时间大大降低了用户体验，要求"响应时间必须低于 0.5s"。

② **利益冲突**：指由于涉众主观或客观上的不同利益或者目标引起的冲突。

例如，考虑降低系统开发成本的涉众主要侧重于保持系统总体估算成本在一定范围内，而期望该系统有高水平质量的涉众则侧重于使用更好的设备和技术。当某个高质量需求会大大提高系统的开发成本时，前者会倾向于拒绝这个需求，后者则倾向于坚持这个需求。

③ **价值冲突**：指由于涉众评价问题时采用的不同准则（如文化差异、个人理念）引起的冲突。

例如，在考虑系统某些需求的具体实现技术时，一部分涉众喜欢使用开源技术，认为开源是生命力的保证；另一部分涉众则喜欢使用闭源技术，认为闭源是独创性的标志。

（3）**解决冲突**：针对某个具体的冲突，在解决过程中需要所有相关涉众参与，可以通过后面介绍的需求协商的方法进行解决。

（4）**记录方案**：相同或相近的需求冲突在需求工程生命周期有可能会重复出现，如果不能对需求冲突解决方案进行文档化记录，在未来发生类似冲突时，势必会花费大量人力物力成本进行重复性工作。为此，需要对需求冲突及其解决方案进行文档化记录，以便在后续需求工程活动中进行查询和追踪，从而加快类似冲突解决的成本。

2）**需求协商方法**

需求协商法主要包括协商一致法、决定一致法和 WinWin 模型三类。

（1）协商一致法。

协商一致法旨在通过协商让不同涉众就冲突点达成一致。协商目标主要包括以下三类。

① **认同**：所有冲突方就解决冲突进行协商讨论，各方交流信息、论据和意见，努力说服其他冲突方认同己方观点，最终达成一个所有冲突方均能认同的解决方案。

② **折中**：所有冲突方在各自方案中找到与其他冲突方矛盾的替代解决方案来满足矛盾方的需求。与认同相反，折中包括将不同的替代解决方案合并和融合。折中还意味着可能会创造性地开发全新的解决方案。

③ **兼顾**：通过允许待开发系统导出变体、选择定义变体的参数或者通过选择可

变属性来定义变体的方法,兼顾各冲突方的需求。

（2）决定一致法。

决定一致法旨在通过合理的表决方法让所有冲突方选出一个方案。这种决策可以通过以下方法来做出。

① 投票:所有冲突方各提交一个解决方法,每个涉众选择一个方案,最后得票最多的方案作为最终的冲突解决方案。

注意:冲突方和涉众往往不是一个群体,冲突方往往指的是部门、集体,而涉众往往指的是个人。因此,为了使投票结果更具权威性,在选择涉众时要慎重。

② 决策矩阵:创建如表 5.3 所示的决策矩阵表,表格中每一行代表一个可供选择的解决方案,每一列代表一个决策标准(决策标准可以考虑优先级等属性来确定)。对于标准和方案的每个组合,所有涉众可以通过一种合理的评估方式(如从完全不相关到完全相关赋 $0\sim10$ 分)进行评估。最终,每一个方案在每一个评估标准中的评估结果会被累加,最后评估价值最高的方案作为选定的解决方案。

表 5.3　决策矩阵表

	决策标准 1 (0~10)	决策标准 2 (0~10)	...	决策标准 m (0~10)	总分
解决方案 1					
解决方案 2					
...					
解决方案 n					

③ 层级论:通过组织的层级关系来解决。在冲突方中层级较高的涉众可以否决层级较低的涉众,或者由第三方层级较高的涉众来选择同级冲突方的方案。在其他冲突解决技术都失败的情况下或者由于资源(如时间)的限制不适合使用其他方法,可以通过此方法解决冲突。

（3）WinWin 模型。

WinWin 模型是一种以寻求冲突方通过协商达成共赢为目标的冲突解决方法。

取得所有冲突方共赢的关键是要理解冲突方在冲突点不同时的利益诉求,设身处地理解冲突方的利益关切,共同讨论并确定适当、现实的期望。为此,需要采取的主要步骤如下。

- 确认冲突:首先需要识别出冲突的存在,并确保所有冲突方都认同这一点。
- 了解对方:了解冲突各方的需要、利益、关注点和愿望,以及他们对冲突的看法。
- 找出共同点:找到冲突各方之间的共同点和共同利益,建立合作基础,明确共赢条件。
- 探讨解决方案:与冲突各方一起讨论解决方案,以确保它们满足各方的需要和利益,并达成共赢的结果。
- 方案实施:将达成的共识转换为实际行动计划,并确保所有相关方都能够遵循它。
- 跟进:跟进解决方案的实施和结果,并进行必要的调整和改进。

上述步骤必须在协商、合作和沟通的基础上实现,以确保所有冲突方都能够获得满意的结果,并保持长期合作关系。

2. 需求优先级排序

1) 需求优先级排序概述

需求优先级排序是指在软件开发前将一个软件中的不同需求按照其重要程度和紧急程度进行排序,以便在有限的资源下优先满足最重要和最紧急的需求。

需求优先级排序是一个复杂的多标准决策过程,其核心是根据成本、质量、可用资源和交付时间等方面来选择利益相关者的核心需求。对软件需求进行合理的排序是确保高效的需求工程过程的关键,对制定软件发布计划、预算控制和工作调度有重要的影响。通常,需求优先级排序包括如下基本步骤。

(1) 确定需求优先级排序的标准及度量:在进行需求优先级排序之前,需要确定哪些标准可以用来衡量需求的重要程度和紧急程度。这些标准可以包括重要程度、业务价值、风险等级、技术实现难度等。在确定标准后,还需要确定每种标准的度量方式、度量指标。例如,某软件需求在"重要程度"上,可用"必要、可选、期望"等度量指标来衡量。

(2) 列出所有需求:将所有需求罗列出来,包括客户提出的需求、与竞争对手相关的需求等。在列出所有需求时,需要尽可能详细地描述每个需求,以便更好地进行排序。

(3) 进行初步筛选:在列出所有需求之后,需要进行初步筛选,将那些明显不符合业务目标、技术实现难度过高或者不具备足够价值的需求剔除掉,以减小需求优先级排序的复杂度。

(4) 确定各个需求的优先级:对于每个需求,确定其在每一个评价标准中的度量值。例如,某需求在"重要程度"上,度量值为"必要"需求。

(5) 实施排序:将所有需求按照优先级进行排序,优先级越高的需求越先得到满足。需要注意的是,首先,需求优先级排序往往不是按照某一个单一标准进行排序,而是综合考虑多种因素,因此,如何综合是优先级排序的关键;其次,排序时还需要考虑到资源的可用性和限制性,以便更好地满足实际需要。

(6) 定期更新优先级:需求的优先级不是一成不变的,随着业务发展和市场变化,需求的优先级也会发生变化。因此,需要定期更新需求的优先级,并根据实际情况进行调整。

2) 需求优先级排序技术

经典的需求优先级排序技术主要包括 KANO 分类、层次分析法(Analytical Hierarchy process,AHP)、二叉搜索树(Binary Search Tree,BST)、游戏规划(Game Planning,GP)、累积投票(Cumulative Voting,CV)、价值成本方法(Value Cost Approach,CVA)等方法。下面以 KANO 分类法为例进行介绍。

KANO 分类法是东京理工大学提出的一种需求分类和排序方法,通过分析用户对软件功能的满意程度实现对产品功能的分级。它将系统特征或客户需求按照它们对客户满意度的影响进行分类,从而确定其在软件实现过程中的优先级。在 KANO 方法中,首先将用户需求分为以下 5 种类型。

(1) **基本型需求(Essential Requirements)**:也称为必备型需求。如果系统必须实现某个需求才能发布,那么该需求就是一个基本型需求。

对用户而言,这类需求是必须满足的核心需求。如果此类需求没有得到满足或者表现欠佳,用户满意度会大幅降低。但即便大幅优化此类需求,用户满意度也不会得到显著提升。为此,开发团队要注重不要在这方面减分,需要不断深入地调查和了解用户需求,并通过合适的方法在产品中体现这些要求。

(2)期望型需求(Expected Requirements):如果用户主动要求在系统中实现某需求,那么这个需求就是一个期望型需求。

期望型需求对顾客满意度起着正面影响,即当满足这类需求时,用户满意度就会提升;反之,当不能提供这类需求或这类需求的实现程度较低时,用户满意度就会降低。因此,这类需求往往同时被用户、开发团队和竞争对手所关注,也是体现产品竞争力的需求。对这类需求,开发团队应该注重提高完成质量,开发出有竞争力的产品。

(3)兴奋型需求(Attractive Requirements):此类需求一旦满足,即使完成得并不完善,也能带来客户满意度的急剧提高;同时,即便此类需求得不到满足,往往用户满意度也不会降低。

此类需求往往是用户意想不到的潜在需求,需要开发团队进行深入挖掘和洞察,从而大幅提升产品的竞争力,提高用户的黏度。

(4)无差异型需求(Indifferent Requirements):这类需求是否满足对产品体验完全没有影响。它们的满足与否不会带来客户满意度的变化,因此,这类需求的优先级往往较低。

(5)反向型需求(Reverse Requirements):这类需求的实现会导致用户不满意,但往往不是所有用户对这类需求的态度都相同。

例如,通常年轻用户喜欢高科技产品,而喜欢许多炫酷的功能,而年纪大的用户则喜欢产品的基本型号——如果产品具有过多的额外功能,则会感到不满意。

图5.22展示了KANO模型中5种主要的需求类型。

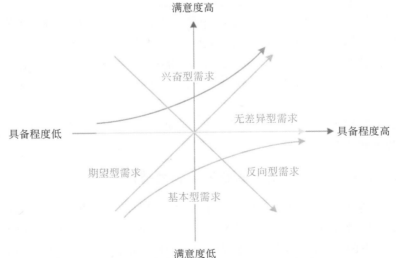

图 5.22　KANO 模型中 5 种主要的需求类型

示例:在外卖场景中,用户注册、用户登录、用户点单、用户下单等需求属于基本型需求,是软件必须要提供的功能,订单状态查询、用户评价、商家推荐、预约配送时间等需求属于期望型需求,红包发放、优惠券推荐、再来一单等需求则属于兴奋型需求。

在 KANO 分类法中,对系统特征或软件需求分类包括如下步骤。

步骤 1：识别一组待分类的系统特征或软件需求。

例如，上述示例中的软件需求。

步骤 2：设计调查问卷。问卷中包含对每一个系统特征或软件需求的一个问题，以此来征集涉众对该特征或需求被满足时的满意程度和不满足时的满意程度。例如，可以对每个问题的满意程度划分为 5 级：非常满意、满意、一般、不满意、很不满意。

例如，在"订单状态查询"页面，是否需要直接提供"拨打骑手电话"的功能？针对该问题，问卷中设置正反两道题：

① 如果我们在"订单状态查询"页面，提供"拨打骑手电话"的功能，您的感受是：A. 非常满意，B. 满意，C. 一般，D. 不满意，E. 很不满意

② 如果我们在"订单状态查询"页面，不提供"拨打骑手电话"的功能，您的感受是：A. 非常满意，B. 满意，C. 一般，D. 不满意，E. 很不满意

步骤 3：分析调查问卷的答案，计算平均值。

对收集到的数据进行清洗。例如，对于全部选择"非常满意"或者全部选择"很不满意"的问卷进行剔除。

步骤 4：根据如表 5.4 所示的对照表标识每个功能的类别。

表 5.4　评价结果对照表

		不提供该功能				
		非常满意	满意	一般	不满意	很不满意
提供该功能	非常满意	Q	A	A	A	O
	满意	R	I	I	I	M
	一般	R	I	I	I	M
	不满意	R	I	I	I	M
	很不满意	R	R	R	R	Q

其中，M 表示基本型需求；O 表示期望型需求；A 表示兴奋型需求；R 表示反向型需求，甚至对该功能有反感；I 表示无差异型需求；Q 表示有疑问的结果。

通过上述步骤，每一个需求均可以被指派为一种优先级类型（即上述 5 种需求类别之一）。该优先级可以在发布计划中用来决定哪些需求应当在哪些系统版本中被实现。

注意：为了确保在某个系统版本中能够实现一个特定的功能，该功能依赖的所有相关需求均要被实现。

5.3.4　需求建模与分析中的智能化辅助技术

如前所述，需求建模关注如何构建便于理解和解释的需求概念模型，而需求分析注重评估需求的质量，识别需求中的二义性、不一致性和不完备性等问题。随着互联网上群体化软件开发的逐步流行，各种自然语言文本，如移动应用和社交媒体的用户反馈、问题跟踪系统与开发者论坛的用户评论等，逐步引起了需求工程研究者们的关注。

需求建模与分析中的智能化辅助技术旨在利用各种人工智能技术（如自然语言处理、机器学习、深度学习等）在需求建模与分析过程中提供自动化和智能化的支持，从大量的自然语言描述的需求文本中抽取形式化的需求模型或需求规约，自动识别需求中的二义性、不一致性和不完备性，分析需求间是否存在矛盾和冲突，并提出针对性的

智能解决方案,以提高建模与分析的质量和效率,指导后续的软件开发和测试。

　　针对需求建模和分析阶段的任务,各种智能化方法,如自动需求检测方法、需求概念抽取方法、需求自动分类方法、需求智能建模方法、需求检索方法等纷纷被提出。另外,基于众包的智能化需求分析方法利用众包和群体协同的方式整合领域知识,以基于社区的群体协同方式编辑和维护需求信息,促进需求共享和交流。针对敏捷开发过程的用户故事自动抽取方法也引起了研究者的关注。

　　与此同时,各种智能化的需求建模与分析工具也逐步涌现出来。例如,IBM 开发了一个需求质量助理 IBM Engineering Requirements Quality Assistant(RQA),帮助自动检测需求缺陷、识别不一致性和评估需求质量等。QRA 公司开发了 QVscribe 工具,用于智能识别需求规约中的风险、错误、不一致性等问题,确保需求质量。Qualicen GmbH 公司开发了一个名为 Requirements Scout 的工具,用以自动分析需求规约中的坏味道。

　　人工智能技术的不断发展,推动着智能化需求建模与分析技术的快速演进。迁移学习、零样本学习、注意力机制等新技术已经开始在智能化需求建模与分析中得到了应用。最新的 ChatGPT 和 GPT4 等大模型技术也展示出了在需求意图理解、需求不一致性检测、需求模型自动生成方面的潜力,必将推动需求建模与分析向更加智能化和自动化的水平迈进。

5.3.5　需求建模与分析工具

　　本节将介绍典型的软件需求建模与分析工具,如表 5.5 所示。

表 5.5　需求建模与分析工具

工　　具	功　　能	输　　出
T-tool	该工具是一个基于 Tropos 方法的软件工程工具,提供了一个图形化编辑器,用户可通过拖曳模型元素如 Actor、Agent、Goal、Task、Resource 等,创建和编辑 i^* 模型和 Tropos 模型;支持验证模型的一致性、完整性和可达性等;生成符合 Tropos 模型的 Java 代码,辅助系统快速开发	i^* 模型、Tropos 模型,Java 代码
Objectiver	该工具是一个广泛采用的 KAOS 建模工具,能够帮助用户分析和定义系统的需求、目标、前置条件、后置条件、假设、用例和场景等,特别是通过防御性建模机制帮助用户识别系统的潜在风险和威胁,并制定风险管理策略和措施	目标模型、领域对象模型、代理模型和操作模型等
ArgoUML	该工具是一个开源的 UML 建模工具,可以帮助建模人员创建和编辑 UML 模型等需求模型,支持模型驱动开发、模型验证和基于 UML 模型的代码自动生成	UML 模型、流程图、数据流图、E-R 图等
Microsoft Visio	该工具提供了大量建模和设计模板、图形和符号库,用以帮助建模和分析人员通过图形拖曳的方式设计 UML 模型、流程图、数据流图、组织结构图等	UML 模型、流程图、数据流图、组织结构图等

5.4　需求规约

　　需求规约,也被称为软件需求规格说明书(Software Requirement Specification,SRS),是对待建软件系统所必须满足的功能需求、非功能需求及约束的精确阐述,是整个需求工程过程的最终成果。在本章中,需求规约特指软件需求规约。

本节将主要介绍描述需求规约的结构、内容和描述方式。

5.4.1   需求规约的结构和内容

1. 需求规约描述规范

需求规约是客户和开发团队对待建软件系统达成一致的协议,是所有项目规划、设计和编码的基础,也是系统验收的重要参考。因此,需求规约编制的结构和内容成为业界关注的焦点,出现了多种规范需求规约撰写的标准。下面列举了部分有代表性的国际、国家、行业和企业需求规约撰写标准或指南,感兴趣的读者可以查阅全国标准信息公共服务平台。

1)国际标准

IEEE/ISO/IEC 29148:2018 *Systems and software engineering—Life cycle processes—Requirements engineering*

2)国家标准

- GB/T 9385—2008《计算机软件需求规格说明规范》
- GB/T 35681—2017《电力需求响应系统功能规范》
- GB/T 39260.2—2020《用例方法 第 2 部分:用例模板、参与方清单和需求清单的定义》
- GB/T 40473—2021《银行业应用系统 非功能需求》

3)行业标准

- TB/T 3478—2017《铁路视频监控需求规范 铁路公安用户》
- TB/T 3530—2018《CTCS-3 级列车运行控制系统系统需求规范》
- DL/T 1731—2017《电力信息系统非功能性需求规范》

4)企业标准

Q/ZHK 010—2020《城市轨道交通 CBTC 信号系统技术规范:系统需求规范》,某公司

2. 需求规约描述的参考模板

以现行的国家标准 GB/T 9385—2008《计算机软件需求规格说明规范》为例,其中给出了系列需求规格说明模板,供需求工程师根据客户偏好或待建系统特征进行选择。

- 按运行模式组织的 SRS 模板(版本 1、版本 2)
- 按用户类别组织的 SRS 模板
- 按系统特征组织的 SRS 模板
- 按激励组织的 SRS 模板
- 按功能层次组织的 SRS 模板
- 体现多种组织形式的 SRS 模板

图 5.23 以第一种模板为例,展示了 SRS 的结构和内容要点。

根据上述模板撰写的需求规约应该遵循以下 5 个原则。

原则 1:规约应对其所属的系统进行描述

如果目标软件是一个大系统中的子系统,那么整个大系统也应该包括在规约的"产品描述"之中,重点描述该目标软件与大系统中其他子系统交互的方式。

原则 2：规约必须局部化和解耦

规约应尽可能地按照模块化的要求描述功能需求，不同的功能之间应尽可能地保持松耦合关系，从而使得需求变更只需要更改局部需求即可。

原则 3：功能与实现相分离

规约应该能够清晰、准确地描述软件需求，即要软件"做什么"而不是"怎么做"。因此，应该描述要实现的结果，而不是描述实现的过程。

例如，需求描述"外卖平台应该通过 Web 服务调用接入第三方支付功能"。

存在的问题：Web 服务调用仅仅是接入第三方支付的一种方式，若这种接入要求不是必需的，应该延迟到设计阶段再决定，否则会影响技术方案的选择。

建议的需求描述：外卖平台应该提供微信、支付宝等第三方支付功能。

目录

1.引言

  1.1 目的：描述 SRS 的目的和预期读者。

  1.2 范围：描述待建软件系统要做什么，不做什么，以及其相关收益、目标和目的。

  1.3 定义、简写和缩略语：定义 SRS 中的术语、简写和缩略语。

  1.4 引用文件：提供 SRS 引用的所有文件的完整清单。

  1.5 综述：描述 SRS 其余章节包含的内容以及 SRS 的组织方式。

2.总体描述

  2.1 产品描述：若本产品是独立的和完全自包含的，则直接描述本产品；若本产品是一个大系统的组成部分，则应站在全局视角，描述本产品和大系统中其他部分之间的关系，特别是和其他部分的接口。

  2.2 产品功能：以任何读者都易于理解的方式描述产品的功能概要。

  2.3 用户特点：描述产品预期的用户特征，包括教育程度、经验、专业技术情况等。

  2.4 约束：描述限制开发人员选择技术方案的任何事项。

  2.5 假设和依赖关系：描述可能引起 SRS 需求变更的相关因素。

  2.6 需求分配：描述可能延迟实现的需求。

3.具体需求(以按运行模式组织的 SRS 版本 1 为例)

  3.1 外部接口需求：详细描述本产品所有输入和输出接口。

    3.1.1 用户界面

    3.1.2 硬件接口

    3.1.3 软件接口

图 5.23 GB/T 9385—2008 中按运行模式组织的软件需求规格说明模板(版本 1)

3.1.4 通信接口

3.2 功能需求：描述本产品在接受和处理输入以及处理和产生输出中必须发生的基本动作，一般情况下，使用"系统应……"的方式来陈述。

3.2.1 模式 1：描述本产品的第 1 种操作或运行模式下的所有功能需求

3.2.1.1 功能需求 1.1

…

3.2.1.n 功能需求 1.n

3.2.2 模式 2：描述本产品的第 2 种操作或运行模式下的所有功能需求

…

3.2.m 模式 m：描述本产品的第 m 种操作或运行模式下的所有功能需求

…

3.3 性能需求：描述对本产品的数量化需求，如支持的终端数量、支持同时运行的用户数量，在某时间段内处理的事务处理数、任务数和数据量等。

3.4 设计约束：描述由其他标准、硬件局限等引发的设计约束。

3.5 软件系统属性：描述产品在可靠性、可用性、安全保密性、可维护性、可移植性等其他非功能属性上的要求。

3.6 其他需求

附录：可选，可以包括有助于读者理解 SRS 的背景信息等。

索引：为方便 SRS 阅读而建立的索引。

图 5.23 （续）

原则 4：使用面向处理的说明语言描述功能需求

描述软件的功能需求时，建议使用面向处理的说明语言，即描述清楚何种输入会导致软件系统产生何种输出，从而得到"做什么"的规约。

例如，需求描述"外卖平台应该提供店铺搜索功能"。

存在的问题：店铺搜索功能过于宽泛，不同设计人员设计出的店铺搜索功能可能差异巨大。

建议的需求描述：外卖平台提供的搜索功能应该支持通过菜品名称搜索能够提供菜品的店铺、通过店铺名称搜索店铺、通过定位搜索附近的店铺等。

原则 5：规约必须允许不完整性并允许扩充

没有一个真正的规约是完全完整的，应该约定规约变更或补充的方式。同时，用于辅助规约撰写和测试规约的分析工具必须能够处理不完整性，最好能够度量规约的不完整性或不确定性程度。

3. 需求规约应满足的特性

由于需求规约是软件开发、测试和验收最重要的基准,需求规约中需求条目出现错误或不可满足等都将导致软件项目的返工或失败,代价极大。因此,需求规约必须具备一定的特性,才能成为高质量的需求规约。是否具备这些特性也成为判断需求规约是否有问题的标准。以现行国家标准 GB/T 9385—2008 为例,需求规约必须具有以下特性。

1)正确性

所谓需求规约是正确的,当且仅当 SRS 中的每一项需求都是软件产品应满足的需求。

虽然不存在确保 SRS 正确性的工具或规程,但是可以通过如下方式减少缺陷的发生。

(1)当软件是大系统的一部分时,将软件 SRS 与系统需求规格说明进行比对。

(2)将 SRS 与其他项目文件和其他适用标准进行比对。

(3)建立需求来源(如业务需求、用户需求等)与 SRS 需求描述间的跟踪关系。

(4)通过用户或客户确定 SRS 是否反映了实际需要。

2)无歧义

所谓需求规约无歧义,当且仅当 SRS 中的每一项需求都只有一种解释。如果存在某个需求存在不同解释,则这个需求是模糊的或有二义性。

由于 SRS 将在软件设计、实现、项目监控、验证、确认以及培训活动中起到关键指导作用,且涉及的相关人员背景往往各不相同,因此可以针对不同的涉众采用不同的需求描述方式。例如,为开发人员改进的 SRS 描述可能会降低用户对 SRS 的理解,反之亦然。因此,建议采用以下措施减少或避免歧义的发生。

(1)当在特定背景中使用的术语存在多种含义时,应该将该术语包含在术语表中,以便更加具体地说明其含义。

(2)当使用自然语言编制 SRS 时,建议引入第三方进行评审,以识别描述中容易引起歧义的部分并予以纠正。

(3)当需要描述安全攸关的软件或模块需求时,建议使用形式化需求规格说明语言(如 B 语言)编写 SRS,从而利用该语言对应的编译器对其语法、句法和语义进行检测。注意,虽然利用编译器能够检测出错误,但由于这类语言一般在描述能力上有其局限性,同时利用这类语言编写 SRS 的难度大且具有一定的学习门槛,多数非专业人员难以理解。因此,往往只在安全攸关软件的关键部分(如安全敏感部分)的 SRS 编制中使用。

(4)当需要编制大型软件 SRS 时,建议使用支持 SRS 编制的方法、语言和工具,以提高 SRS 编制效率和工作量。

3)完备性

所谓需求规约是完备的,当且仅当 SRS 具备以下特性。

(1)所有重要的需求,不论是否与功能、性能、设计约束、属性或者外部接口有关,都应当在 SRS 中描述,尤其是由系统规格说明所施加的任何外部需求。

(2)软件对所有可接受的输入数据类型的响应,包括对于有效输入和无效输入的软件响应,都应当在 SRS 中描述。

（3）SRS 中所有图表都应该进行标记并建立索引，所有术语和度量单位都应该有定义。

任何含有"待定"（To Be Determined，TBD）的 SRS 是不完备的，但有时使用"待定"是不可避免的。若必须使用"待定"，应做如下说明。

（1）为什么成为待定需求。

（2）怎样处理待定需求。

（3）谁、什么时候处理待定需求等。

4）一致性

所谓需求规约是一致的，当且仅当 SRS 同时具有外部一致性和内部一致性。外部一致性是指 SRS 应该与其他的需求规约或其他软件需求、高层需求（系统或业务需求）不产生矛盾；内部一致性是指 SRS 中的任意两项需求间不会发生矛盾。

SRS 中可能存在多种矛盾。

（1）对现实世界对象规定的特征可能相互矛盾。

例如，一个需求规定所有的按钮是绿色，而另一个需求规定所有的按钮是蓝色。

（2）在两个规定的行为之间可能存在逻辑上的或时间上的冲突。

例如，一个需求指出"A"必须在"B"之后发生，而在另一个需求中要求"A"和"B"同时发生。

（3）可能两个或更多的需求描述现实世界的相同对象，但使用不同的术语。

例如，在一个需求中程序对用户输入的请求称为"提示符"，在另一个需求中称为"提示"。

此时，使用标准术语和定义可以改善一致性。

5）重要性和/或稳定性分级

重要性是指需求对满足业务目标或用户期望的重要性，也称作优先级。

例如，可以用基本需求（必须满足的需求）、有条件的需求（满足后能提升用户满意度的需求）和可选需求（可供客户选择的需求）进行重要性的标识。

稳定性是指需求可能发生变更的程度，可以用需求的期望变更次数或频率进行标识。

通常是通过为 SRS 中每条需求赋予重要性或稳定性标识来表明 SRS 的重要性或稳定性级别。明确 SRS 中每个需求的重要性和稳定性，一方面可以使客户更仔细地考虑每个需求，以帮助澄清客户可能引入的任何隐藏的假设；另一方面能够帮助开发人员做出正确的设计决策，并根据其重要性和稳定性投入适当的工作量和资源。

6）可验证性

所谓需求规约可验证，当且仅当 SRS 中的每个需求都是可验证的。当且仅当存在一个有限成本、有限人力投入的有效的过程能够检查软件的需求可满足性，或者存在某种自动化程序或过程能够检查软件的需求可满足性，该需求才是可验证的。

一般说来，任何有歧义或者描述含糊不清的需求都是不可验证的。

例如，包含诸如"工作良好""友好的人机界面"之类的陈述。因为不同的人对"良好""友好"等定性描述词汇的认识不同，故这些需求是不可验证的。同时，陈述"程序应绝对不进入无限循环"也是不可验证的，因为理论上该特性是不可测试的。

如果不能设计出一种方法以确定软件是否满足某个具体的需求，那么该需求应该被删除或被修改。为使需求可验证，建议尽量采用定量、具体的描述，而避免定性描述。

7）可修改性

所谓需求规约可修改,当且仅当 SRS 的结构和形式能够支持对任何需求进行修改且易于修改,同时修改后能够保持结构和形式不变,SRS 才是可修改的。

通常,可修改性要求 SRS 具有以下特征。

(1) 具有连贯、方便使用的结构,包含目次、索引及清晰的相互引用。

(2) 没有冗余,即相同的需求在 SRS 中只应出现一次。

(3) 分别表述每个需求,而不与其他需求相混淆。

尽管冗余本身不是缺陷,但它容易导致错误。尽管冗余偶尔可以提升 SRS 的可读性,但更新存在冗余的文件可能会引起不一致问题。例如,可能对出现多处的某个需求仅在一处做了修改,而使得 SRS 内容不一致。当需要冗余时,SRS 应包括一个清晰的交叉索引表,以增加其可修改性。

8）可追踪性

如果 SRS 每个需求的来源清晰,并在将来编制或更新文档的过程中便于索引,那么该 SRS 是可追踪的。可追踪性有以下两种类型。

- 逆向可追踪性,即每个需求能够清晰地追溯到其来源,如 SRS 中的软件需求与业务需求、用户需求之间的关系追踪。
- 正向可追踪性,即每个需求能够清晰地追踪到由它产生的所有后续制品,如 SRS 中的软件需求与设计、代码和测试用例之间的关系追踪。

当软件产品进入运行和维护阶段时,SRS 的正向可追踪性尤其重要。一方面,需求变更时,能够确定需求变更可能影响的设计和代码;另一方面,随着设计和代码的修改,能够确定这些修改可能影响的全部需求集合。因此,通常 SRS 中的每个需求都有唯一的名称或标识,以方便追踪。

5.4.2　需求规约的描述方法

1. 需求规约的非形式化描述方法

需求规约的非形式化描述方法主要以自然语言和受限自然语言为代表。

由于自然语言具有免学习、表达方式灵活、表达能力强、易于理解等优点,是需求描述,特别是面向非专业人士进行需求沟通时最常用的一种需求描述方法。然而,自然语言固有的模糊性、歧义性往往也为需求描述和交流带来了障碍。为此,可以通过以下几种手段提高用自然语言描述的需求规约的质量。

1）定义术语表

为需求规格中重点的领域词汇建立术语表,统一对术语的理解。表 5.6 展示了术语表的一种结构。

表 5.6　术语表结构示例

术　　语	术　　语　　名
定义	定义文本
同义词	同义词-1;[…]
相关术语	术语-1;[…]
示例/反例	对于示例/反例的引用

2）定义语法模式

基于自然语言需求规约中的语法结构经验,定义需求描述常用的语法模式,用以规范需求描述的语法结构以及其中每一个组成部分的含义。图 5.24 描述了经典的 GWT(Given-When-Then)语法模式。限于篇幅原因,GWT 语法模式的详细用法参见参考文献[2]。

图 5.24　GWT 需求描述语法模式

3)定义专属的受控语言

通过定义专属的术语表、语句模式和使用规则来规范需求描述的技术语言。与传统的形式化语言相比,由于受控语言具有与自然语言类似的表达方式,故其更容易理解。与自然语言相比,由于受控语言有一套简化的基础语法以及一组预定义的、具有精确语义的术语,因而能够显著降低需求描述的二义性。

2. 需求规约的半形式化描述方法

需求规约的半形式化描述方法主要以结构化规格说明语言为代表。

结构化规格说明语言介于自然语言和形式化语言之间,是一种语法结构受到一定限制、语句内容支持结构化的描述语言,也称为半形式化语言。结构化规格说明语言具有与自然语言较为接近的优点,易于阅读和理解。同时,由于其文法和词汇受到一定的限制,用它描述软件的需求规格说明可以为需求一致性和完整性检验提供准则,从而部分地排除了需求规格说明中存在的二义性。

结构化规格说明语言的不足之处在于其语言本身仍存在语义方面的含糊性,仍然隐含着错误的根源。不过,结构化语言是目前最现实的一种需求规格说明描述语言,既具有自然语言的表达和理解力,又保证了说明的一致性。结构化规格说明语言的典型代表有伪语言、问题陈述语言(Problem Statement Language,PSL)、需求陈述语言(Requirement Statement Language,RSL)等。

3. 需求规约的形式化描述方法

形式化的需求规约主要指由数学意义上的形式语法和语义(数学符号及由符号组成的规则)严格定义的形式语言描述的需求规格说明,其主要的数学基础是集合论、逻辑学和代数学。

形式化的需求规约描述方法主要用于建模和描述系统行为,特别是功能性行为和并发行为,通常分为以下三类。

1)基于系统特性的方法

基于系统特性的方法可细分为两类:一类是将系统外部可见的性质定义为公理,然后用推导出的定理规定规约应满足的条件;另一类是利用代数方法描述不同类型数据间的操作以及操作间应满足的限制,并以此定义系统应满足的特性。基于系统特性方法的需求规约描述语言的代表是 OBJ、ACTONE 等。

2)基于模型的方法

基于模型的方法通常建立在集合论和一阶谓词逻辑的基础上,往往使用数学符号对系统的模块、数据类型、过程、函数、对象、类等进行建模,进而支持对计算机系统的行为、结构、逻辑进行分析、验证、改进和测试等。这类方法的代表性规格说明语言有Z、VDM 和 B 等。其中,Z 语言是一种半图形化的模式语言,能用比较直观、有条理的方式来表达规格说明,可读性较好;VDM 和 B 语言则纯粹是一种规格说明方法,但在支持后续设计和实现工作中有优势。

3) 基于进程代数的方法

前面两类方法主要关注系统的功能属性和顺序行为,缺乏对并行行为的描述能力。由于进程代数建模时更关注并发过程之间的交互,因而更适合对于并发系统的需求描述。因此,这类规格说明语言的代表是 CSP(Communicating Sequential Process)、CCS(Calculus of Communicating System)和 LOTOS(Language Of Temporal Ordering Specification)。

形式化方法可以借助一些数学工具来验证需求规约中隐含的一些性质,提高规约的可信程度。因此,形式化方法在保障需求规约的正确性方面要优于非形式化方法和半形式化方法。它不仅能够对规约的正确性、完整性和一致性进行形式化检查,还能够排除规约中的二义性。与自然语言相比,形式化规约的分析工具比较易于研制。此外,当形式化描述可以通过某些方法转换成编码阶段的源程序时,就可以将需求阶段与编码阶段紧密结合起来。

然而,形式化方法仍然存在一些问题。

(1) 主观需求难以描述。有些非常主观的需求很难用形式化方法建模。

(2) 使用代价高。需要需求工程师有相应形式化描述能力,并需要大量时间去关注细节。很多时候,开发团队认为在需求工程时期这样做不值得。

(3) 难以理解和交流。阅读和使用形式化语言描述的需求规约有相当高的技术门槛,一般用户难以理解和交流。

(4) 缺少工具支持。虽然已经有了一些形式化建模工具,但其在建模能力和易用性上还存在短板,应用面有限。

5.4.3 需求、需求规约与需求规格说明书

根据不同的文档化目标,将各种需求工程活动中所产生的信息以不同的表达形式和不同的详细程度记录下来,称作需求的文档化。例如,一次需求抽取活动可能产生一些以非正式和非结构化的方式记录的需求,包括访谈记录、草图、谈话录音等。需求工程师和/或其他涉众需要分析从抽取活动中得到的信息,从而按照项目的文档化规则与指南将其记录在抽取结果中。

需求规约文档化是一种特定类型的需求文档化。仅当某个需求的文档化符合为项目所定义的规约规则与指南时,文档化的需求才被视作一个规约的需求。而在撰写的需求规格说明书中,除主体内容外,还包含诸如目的、范围等帮助我们理解需求规约的必要信息。

如图 5.25 所示,无论是原始需求记录、需求模型、需求规约还是需求规格说明书,只要是在需求工程阶段产生的与需求相关的文档,都统称为需求制品。

在撰写项目需求规格说明书时,往往会参照国际、国家、行业或企业制定的描述模板,但切忌死记硬背和生搬硬套。建议根据项目的实际需要对模板进行裁剪、调整和定制。裁剪时要慎重,可以在模板中的某一特定部分不适合项目需要时,通过在原处保留标题并注明该项不适用的方式达到裁剪的目的,从而防止将来项目演化需要时,裁剪内容不会被遗漏。

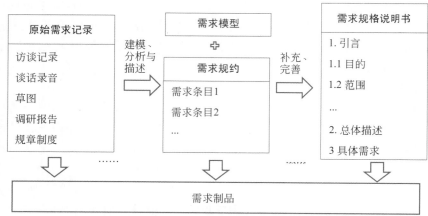

图 5.25　需求制品的组成

5.5　需求确认和验证

5.5.1　需求确认和验证概述

需求确认是通过检查和提供客观证据,确定需求制品是否能够反映涉众真实需要的方法和过程。需求确认要确保需求制品能够追溯到其来源,并真实表达了用户需求。确认过程提供的证据表明分配给软件的系统需求能够满足用户需求,并解决了相应问题。因此,需求确认往往是通过涉众参与完成的。

需求验证是通过检查和提供客观证据,证明需求制品是否符合相关质量标准(如正确性、完整性、一致性)的方法和过程。因此,需求验证往往可以借助一些辅助验证工具来完成。

下面将分别介绍需求确认和需求验证常用的方法。

5.5.2　需求确认

需求制品是需求工程活动执行过程中的产物,其质量关系到整个项目的开发成败。尽早发现需求制品的缺陷至关重要。需求确认的主要目的就是通过将各类需求制品反馈给涉众,请他们审查这些制品,以检查出文档化的需求与涉众真实需求与期望之间的偏差。需求确认的目的还包括检查是否以正确的方式执行了正确的活动来获得需求制品,以及检查是否使用了正确的输入来产生需求制品等。

需求确认分为两种:内部确认和外部确认。

所谓内部确认,是指引入开发团队(或大型组织中的相关部门)中专门负责需求确认的涉众评判需求制品的质量。由于公司内部的规章决定了应该引入确认过程的小组人选、确认技术、确认过程和确认模板,可以节省大量的准备时间。内部确认比较适合对中间结果进行检查,例如,检查一个中间的里程碑是否达成。确认结果一般也只在开发组织内部保留,即使同外部涉众进行交流,也只是根据需要选择特定的部分确认结果进行交流。

所谓外部确认,是指引入开发团队(或大型组织中的相关部门)外的涉众评判需求制品的质量。相比于内部确认,外部确认必须更早地规划、更早地邀请以保证外部涉众能够参与。外部确认过程是由开发组织和外部涉众协商决定的。由于引入外部涉众需要的人力成本和时间成本更高,因此,外部确认只应针对那些基本完成的需求制品进行确认。否则,外部审查者识别出一个缺陷时,将很难判断是需求制品的撰写者确实犯了这个错误还是由于制品的低完成度所导致的缺陷。

1. 需求确认的原则

需求确认的六大原则如下。

1)正确涉众的参与

在需求制品的确认期间,必须根据确认目标和待确认的制品引入恰当的涉众(即审查者)。审查者必须具备对相关制品进行检查的专业知识。同时,在组成一个确认团队时,必须考虑审查者的独立性,即审查者不应由需求制品的撰写者来进行检查,建议选择熟悉该领域但不知晓需求制品开发历史的涉众作为审查者。另外,也应该考虑内部确认和外部确认的优势和劣势,来确定确认团队的组成。

2)区分缺陷检测和缺陷修正

需求确认的主要目标是进行缺陷检测。聚焦缺陷检测允许审查者在一开始主要专注于需求缺陷的识别,而不用考虑如何修正。修正活动只有在相关责任人对缺陷有了全面了解并且缺陷得到确认后才会进行。这样做的优势是:需求确认目标明确,审查者不用担心修正困难。

3)从不同角度来确认

如果能够从多个独立视角对需求制品进行确认,然后用系统的方式予以合并,创建一个更有条理的全局画面,则有可能发现不同视角中的矛盾或差异。例如,同一个主体在两个或者多个视角中的声明矛盾表明至少一个视角存在错误。不同审查者在同一个视角下的判断也可能存在冲突,例如,不同审查者对于相同的需求制品审查结果不同,此时应该由参与确认的所有审查者一起协商解决。

4)使用恰当的文档类型

对于特定的审查者,并非每一种文档化格式都同样适合于需求确认。例如,用自然语言书写的用例适合提供给系统用户代表进行确认,而基于模型的系统体系结构需求更适合提供给具有专业背景的审查者进行确认。需求工程师可以在需求确认之前或需求确认期间对需求的文档格式进行修改,以尽可能符合审查员的阅读习惯,从而提高缺陷检测率。

5)确认期间开发原型制品

需求确认期间开发原型制品的目的是检查需求制品是否适合作为开发体系结构制品、测试制品或者使用手册等的基础。在确认期间,开发原型制品的开发活动是作为示范被执行的。相比只阅读需求,开发原型制品的过程一般能使审查员更直观、更可靠地发现需求制品中的缺陷,但这种确认方式要耗费更多的资源。

6)反复确认

在需求工程期间,涉众会持续获得新的知识,对系统的理解也可能随着时间而改变,对系统的需求也可能发生变化。因此,在一个特定时间点执行的需求确认和发布不能保证需求在后期的时间点上仍然是有效的。尤其在长期项目中,非常早期的需求确认、需求制品的复用、高度创新的系统和知之甚少的领域等情况中,已确认(可能已经发布)的需求制品应该在恰当的时间点被再次审查。

2. 需求确认的方法

1）审查法

审查法是通过应用一套严格的过程系统地检查需求制品缺陷的方法。

审查法由计划准备阶段、计划执行阶段和后续阶段组成。各阶段的任务具体如下。

（1）计划准备阶段（必要环节）。

计划准备阶段需要明确审查目标、审查方式、审查结果记录方式和在审查阶段的角色和参与者。本阶段由**审查组织者**负责。

（2）计划执行阶段（必要环节）。

由主持人引导审查会议，确保参与者能够遵守预先定义的审查计划，协调需求撰写者和审查者之间的冲突。主持人需要尽量中立和客观。因此，未参与制品创建的中立人员才能担任这个角色。

① 概述阶段。被审查需求的撰写者需要向所有审查人员进行需求的解释和说明，从而在审查员中达成对需求的共同理解。本阶段的重要参与者是**需求的撰写者**和**审查者**。

② 缺陷检测阶段。每一个审查员可以单独执行缺陷检测，也可以在团队中寻求合作。本阶段的重要参与者是**审查者**，专注于缺陷识别。

③ 缺陷收集阶段。收集和整理已识别的缺陷。通过缺陷整合，可以发现被重复识别的缺陷和被错误识别为缺陷的非缺陷。本阶段的重要参与者是**主持人**、**审查者**、**记录者**。

（3）后续阶段（可选环节）。

① 缺陷修正阶段。对已确认的缺陷进行修正。通常本阶段的参与者是原需求制品的撰写者。若审查者能够胜任缺陷修正任务，也可以帮助完成缺陷修正。

② 修正审查阶段。审查所做的缺陷修正。本阶段的重要参与者是组织者、修正者和审查者。组织者可以根据审查计划确定用什么方式对缺陷修正进行审查。

③ 反思阶段。向所有参与涉众收集审查过程质量提升的建议。

基于审查目标，不同角色也可以由同一人担任。例如，组织者和主持者、需求制品撰写者和记录者、需求制品撰写者和修正者、审查者和修正者、审查者和记录者等均可由同一人担任。

审查法适合于对各类需求制品进行详尽检查。在缺陷收集阶段，主持人依次展示各审查者的审查结果，在冲突发生时，审查者需要对冲突进行讨论并协商解决，从而整合所有审查结果。

审查法也能够用于确认审查者是否已经充分理解了待建系统的需求。因此，要对审查时所提出的问题和所引发的争议进行记录，并在缺陷纠正过程中，对需求制品进行相应修改，以解决所有的争议和问题。

2）走查法

走查法是指在一个共享的过程中诊断出需求制品的质量缺陷并在所有参与走查工作的涉众中得到共识的方法。走查可以被看作一种轻量级的审查，至少需要包含需求撰写者、审查员、记录者和主持人等人员角色。

走查法没有严格区分的角色分配，也没有一个规范定义的流程。这意味着在走查过程中不会使用规范定义的角色和流程。一般来说,由需求撰写者把他挑选的需求制品介绍给审查者。

走查法适用于项目的初始阶段,可以帮助其了解其他涉众对需求的不同看法,并在其他涉众的帮助下确认需求制品。走查法不仅支持在开发团队内部交换意见,还支持开发团队和参与走查的外部涉众沟通和交换意见。通过走查,能够在初始阶段非正式地检查对系统基本需求描述的理解是否达成了一致。

3)桌面检查法

桌面检查法是需求撰写者通过自我检查或者邀请其他涉众检查的方式诊断需求缺陷的方法。采用单人检查的方式进行桌面检查时,需要参与的角色为需求撰写者和检查者;采用小组会话的方式进行桌面检查时,需要参与的角色还应包含主持人和记录者。

在桌面检查法中,每一个检查者既可以自行决定用何种方式检查分派到的制品,也可以为他们提供统一的评审指南,如检查表。在缺陷检测过程中,每一个检查者都应以合适的方式把确认的缺陷记录下来。

桌面检查法可以让需求撰写者获得每一位检查者对需求制品的反馈信息。如果采用小组会话的方式进行桌面检查,还需要考虑如何使得检查者对需求制品的意见达成一致、如何提高决策的质量、如何探讨开放性问题等。

桌面检查法与审查法的不同之处在于,审查法的小组会话仅把重点放在缺陷收集上,而不会讨论开放性问题和需求冲突的解决方案。

3. 需求确认的辅助方法

1)确认检查表

需求确认检查表包含着一些易于检查出错误的相关问题或者应该重点审查的内容清单,可以在前文介绍的需求确认方法(见 5.5.2)中使用。

可通过多种不同的来源确定一个确认检查表中的检查项。这些来源包括:需求确认的原则(见 5.5.2)、需求规约的标准(见 5.4.1)、需求确认中积累的经验和需求缺陷统计等。

确认检查表既可以作为确认的辅助材料提供给审查者参照,也可以作为强制要求,要求审查者对照检查项一一作答。强制要求作答的检查表更加耗时,但由于在执行过程中记录了每个问题的答案,其结果也可以作为确认活动的证据,并用于将来改进检查表项,如对不能有效发现缺陷的问题进行重写或取消等。

确认检查表能够帮助确认小组中的审查者采用系统的、一致的方式来查找缺陷,使得每个审查者目标明确,提高效率。然而,如果检查表的设计考虑不周,则更容易误导审查者忽略缺陷,带来潜在风险。

2)基于视角的阅读

在需求确认中,基于视角的阅读意味着采用不同的视角去检查需求制品。

例如,从客户或用户视角,审查者必须检查需求制品是否描述了客户或用户所期望的功能和质量要求;从软件架构师视角,审查者必须检查需求中是否包含开发体系结构所需的必要信息,包括诸如系统所需性能和所需的可移植性等体系结构因素;从测试人员的视角,审查者必须检查需求制品能否作为创建测试制品(如测试用例)的基础,是否能够从其中抽取测试用例的输入数据和期望结果,以及确定测试用例对需求制品的覆盖程度。

当组织者为每个审查者分配视角时,还可以提供特定视角的确认检查表,以帮助审查者发现缺陷。如果审查者不仅能阅读需求制品,还能创建与所分配视角对应的(部分)制品的话,那么需求的确认就能更加彻底。为此,可以为审查者提供相应指南来指导审查者如何创建所需制品。

特定视角的确认检查表不仅能够指导缺乏经验的涉众进行确认,还能够提高有经验涉众的确认质量。由于基于视角的阅读中审查者的角色差异,特别有利于在早期及时发现和修正无法在涉众之间达成一致的需求。同时,提供的特定视角的确认检查表,还可以不断根据确认检查表的使用效果和反馈优化确认过程。

3)创建原型制品

创建原型制品是指针对部分重要的待确认需求创建原型制品,以更直观的方式确认需求的方法。

为确保使用原型制品辅助需求确认的效果,在确认时还需要对使用原型制品的场景进行约定。同时,提供原型的使用手册和确认检查表,帮助审查者明确审查的目标、场景和方法。

5.5.3 需求验证

1. 需求验证的目标

为了确保需求规格说明书既能真正反映涉众意图又能保证质量,除了需求确认外,还需要使用一种系统性的方法来帮助验证需求满足质量要求。

严格来说,需求验证就是利用形式化或非形式化方法建模和检验软件需求规格说明,以发现其中的遗漏和错误,从而使其中不再出现不正确、不完整或不一致等问题。

2. 需求验证方法

需求确认的方法同样可以用于需求验证,下面主要介绍其他的需求验证方法。

1)形式化验证方法

采用形式化建模语言对待建系统进行严格、精确的描述,形成形式化需求规约后,再对其进行建模并验证的方法,称作需求的形式化验证。现有的形式化验证方法包括 B 方法、VDM 方法等。

形式化验证方法的本质是对需求描述不断精化的过程。如图 5.26 所示,一方面,使用形式化语言描述,将非形式化需求描述转换为第一层形式化需求规格说明。第一层形式化需求规格说明本质上是对目标系统的高度抽象,因此,需要通过确认技术确保其是对非形式化需求的正确抽象。另一方面,由于其高度抽象,需要对其进行进一步的精化,得到第二层形式化需求规格说明。第二层规格说明需要验证是否符合第一层规格说明的要求。而后,在软件开发的过程中,对形式化规格说明进行层层精化,每一次精化得到的下一层需求规格说明均需要通过验证证明符合上层需求规格说明的要求。最终,在该精化过程中自然而然得到可以验证的软件系统,且该系统可以通过层层递进的验证来证明软件能够满足各种质量要求。理论上来说,对需求文档的不断精化,最终可以得到经过验证的目标代码。

由于形式化方法的数理逻辑性质,形式化验证可以保证 100% 的正确率。然而,在构建理想的形式化需求规格说明过程中,由于其往往要耗费大量的人力和物力,导

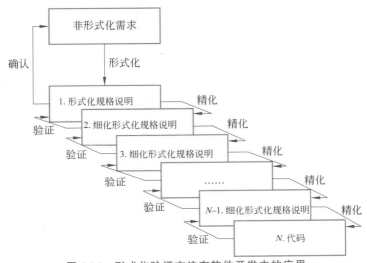

图 5.26　形式化验证方法在软件开发中的应用

致在工业上大规模应用受到了巨大的限制。同时,由于其证明过程中遇到的"状态爆炸问题",导致理想的形式化验证方法在工业过程中的应用仍然面临巨大的挑战。

因此,通常只对于安全攸关的系统或系统中安全攸关的模块采用需求验证的方法验证需求规格的正确性或者需求规格必须满足的性质,如一致性、完整性等。由于篇幅限制,在此不再展开。

2)非形式化方法

(1)需求测试。

需求工程活动与测试之间的关系密切。一方面,完整、一致且可读的需求规格说明能够支持测试用例的定义。另一方面,在需求验证阶段执行测试活动,尤其是定义测试用例,是发现需求不完整、不明确、有二义性的有效方法。

需求测试是指在需求验证阶段,通过要求验证者根据需求定义测试用例的方法验证需求正确性、完整性、无二义性的一种方法,是一种非形式化的需求验证方法。当系统分析员、客户和开发人员根据需求规约描述设计测试用例时,会对软件产品如何运行更加清晰,对需求把握更加准确。

如何开展需求测试活动和需求规格描述中采用的描述方法有关。由于篇幅限制,在此不再展开。

(2)其他的非形式化方法。

其他的非形式化方法都是建立在需求建模方法基础上的,即在建立合适的需求模型后对其性质进行验证,包括故障分析方法、Statechart、SOFL、SPARDL、CASDL 等方法。由于篇幅限制,本节不再展开。

5.6　软件需求管理

5.6.1　需求管理概述

需求管理是需求工程过程的管理活动,是贯穿整个项目生命周期的持续过程。如图 5.27 所示,通过对产生需求的来源、生产需求的活动以及生成的需求制品进行记录、分析、跟踪等,需求管理能有效支持需求生产、变更及其影响分析,从而确保其能够满足利益相关者的期望,为后续项目开发各阶段的工作开展提供质量保障。

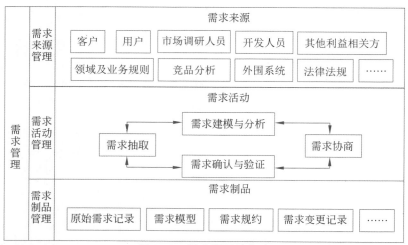

图 5.27　需求管理的范畴

5.6.2　需求跟踪

需求跟踪是指建立需求与其前后两个方向相关元素之间关联关系的活动,其主要目的是建立并维护"需求来源—需求规约—设计文档—程序代码—测试用例"之间的一致性,以确保所有的工作成果符合用户的需求。因此,需求跟踪又可以分为前向需求跟踪(Pre-Requirements Traceability)和后向需求跟踪(Post-Requirements Traceability)。

前向需求跟踪是指建立一个需求制品与其起源(如需求提出者、业务规则以及需求来源文档)之间的可跟踪关系,以确保需求可以追踪到它的起源,从而证明其存在的合理性。

后向需求跟踪是指一个需求制品与其后继制品(如支持该制品的设计文档、验证该制品的测试用例、实现制品的代码等)之间的可跟踪关系。换言之,后向需求跟踪能够确保一个需求能被追踪到与它的详细设计、具体实现相关的软件制品,从而验证需求是否被满足。同时,当需求发生变化时,也能快速定位其变化的影响范围。

1. 需求跟踪的分类

如图 5.28 所示,需求跟踪进一步可以细分为以下 4 种类型。

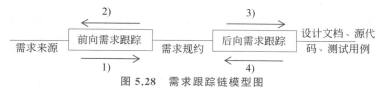

图 5.28　需求跟踪链模型图

1）从需求来源跟踪到需求规约

这类跟踪能建立从需求来源(如提出需求的人、用户需求、工业标准)到需求规约中的需求条目之间的链接关系,可以用来评估由于原始需求变更而受到影响的需求条目。

2）从需求规约回溯到原始需求

这类跟踪能建立从需求规约中的需求条目到需求来源的链接,可以帮助需求工程师确认需求规约中的每一条需求条目是否是真需求（有明确来源的需求）。

3）从需求规约跟踪到后继制品

这类跟踪能建立需求条目与设计文档、源代码、测试用例等制品之间的链接，可以帮助利益相关者确定每个需求对应的后继制品，进而评估是否每个需求都被后继制品满足。

4）从后继制品回溯到需求规约

这类跟踪能建立从设计文档、源代码、测试用例等制品回溯到需求条目的链接，可以帮助开发者明确每个后继制品存在的理由。

此外，还可以建立需求条目和说明为什么需要该需求的描述之间的链接关系，以方便事后追溯需求决策的理由；还可以建立需求与需求间的跟踪链接，以记录需求条目之间的依赖与被依赖关系等。

2. 需求跟踪链接生成技术

需求跟踪关系的建立有两种途径：正向跟踪链接生成和逆向跟踪链接恢复。此外，为了确保生成或恢复的跟踪链接的正确性和一致性，还需要进行相应的正确性验证和一致性检查。

正向跟踪链接生成是指利用统一的项目管理平台或需求管理工具，一方面通过支持需求工程师从需求获取、需求建模到需求规格说明的撰写，从而支持需求的前向跟踪链接自动生成；另一方面，支持基于需求规格说明的任务指派、架构设计、详细设计、代码编写、测试用例生成等，从而支持后向跟踪链接的自动生成。支持需求跟踪关系自动生成的工具将在 5.6.4 节重点讲述。

逆向跟踪链接恢复是指当原始需求、需求规格说明书已经完成，系统设计、编程、测试等阶段的工作制品已经产生后，通过人工、自动或半自动方法恢复需求制品和其他制品之间跟踪链接的过程。

自动或半自动的逆向跟踪链接恢复技术有基于信息检索的方法、基于数据挖掘和机器学习的方法、基于关键词和本体匹配的方法、基于规则的方法、基于群体演化算法的方法、基于框架的方法。具体方法由于篇幅限制，在此就不再展开。

3. 需求跟踪表示技术

需求跟踪表示技术可以用于维护需求跟踪链接关系，主要包含需求跟踪矩阵、需求跟踪关系表和需求跟踪图三种常用的表示技术。

1）需求跟踪矩阵

需求跟踪矩阵是表示需求条目和跟踪对象间链接关系的最常用的方式。如表 5.7 所示，需求跟踪矩阵是一个由 n 个需求条目和 m 个跟踪对象间跟踪关系组成的矩阵。将需求条目 R_1 到 R_n 沿水平方向列出，将跟踪对象 O_1 到 O_m 沿垂直方向列出，两者之间的关系标识在矩阵单元格中。其中的需求条目和跟踪对象可分别用编号或唯一标识表示。

表 5.7　需求跟踪矩阵

	R_1	R_2	R_3	...	R_n
O_1		*			
O_2					*
...					
O_m					*

表 5.7 中单元格中的"＊"表示其所对应的行和列之间存在依赖。

- 当对象 O 表示原始需求记录时，表示需求条目 R_2 来源于原始需求记录 O_1，需求条目 R_n 来源于原始需求记录 O_2、O_m。当追溯 R_2、R_n 的需求来源时，可以定位到 O_1、O_2 和 O_m。
- 当对象 O 表示代码模块时，表示需求条目 R_2 由代码 O_1 实现，需求条目 R_n 由代码 O_2、O_m 实现。当需求条目 R_2、R_n 发生变更时，可以评估其对代码 O_1、O_2 和 O_m 的影响。
- 当对象 O 表示需求条目本身时，表示需求条目 R_2 依赖于需求条目 O_1，需求条目 R_n 依赖于需求条目 O_2 和 O_m。当需求条目 O_1、O_2 和 O_m 发生变更时，可以评估变更对需求条目 R_2、R_n 的影响，等等。

通过区分链接关系的类型，能够将表中简单的需求跟踪矩阵进行扩展，从而描述"说明/被说明""依赖/被依赖""约束/被约束""满足/被满足""实现/被实现"等关系。

显然，如果一个项目的需求条目相对较少，则可以利用需求跟踪矩阵来实现需求跟踪。如果需求条目数量很大，使用矩阵表示就会很不方便。此时，可以采用层次法或分组法将需求条目进行分组，先实现组内需求跟踪矩阵，再给出组间需求跟踪矩阵，从而减少部分复杂性。此外，还可使用需求跟踪关系表降低需求追踪复杂性。

2）需求跟踪关系表

需求跟踪关系表是需求跟踪矩阵的简化形式。可以根据关系类型（如依赖/被依赖等）建立不同的跟踪关系表。对每一个需求条目，可以只列出与该需求相关的对象。例如，表 5.8 是与表 5.7 对应的需求跟踪关系表。

表 5.8   需求与对象间的需求跟踪关系表

需 求	对 象
R_1	
R_2	O_1
...	...
R_n	O_2、O_m

这种关系表比需求跟踪矩阵更加简洁，也更易于管理，但缺点是不易访问逆向关系。例如，当表 5.8 中的关系为依赖时，R_n 依赖的对象很容易通过查表得到，但如果想查询对象 O_m 被哪些需求条目所依赖，则必须遍历跟踪关系表才能发现哪些需求依赖于它。如果希望维护这种"逆向"信息，则需要另外建立一张表来表示这种关系。

3）需求跟踪图

需求跟踪图也是需求跟踪矩阵的一种直观、简化表达形式。当需求跟踪矩阵描述的是需求条目与需求条目之间的关系时，可以将每一个需求条目用一个节点进行表示，将需求条目与需求条目之间的跟踪关系用边表示，即可建立起对应的关系图。当需求跟踪矩阵描述的是需求条目与其他制品之间的关系时，则可用二部图进行表示。由于篇幅限制，在此不再展开。

4. 需求跟踪的作用

在整个开发项目中，使用需求跟踪表示技术的作用包括但不限于：

- 通过跟踪信息可以帮助评审和确保所有需求的可跟踪性。
- 在需求的增加、删除和变更中,可以确保能够找到每个受到影响的系统元素。
- 可靠的跟踪信息能正确、完整地实施变更,提高软件生产率。
- 支持需求重用。

5.6.3 需求基线与变更管理

在整个软件产品生存周期中,由于存在各种外部因素与内部因素,需求不可避免地会发生改变。具体而言,引起软件需求发生变化的典型的外部因素包括要解决的问题发生变化、用户对系统的要求发生变化、外部环境发生变化等;引起软件需求发生变化的典型的内部因素包括在需求采集阶段没有得到正确的需求或遗漏了需求、需求到设计的迭代开发过程中产生了新的需求等。因此,需求变更管理尤为重要。

需求管理一般是以配置管理为基础,通过建立需求基线和变更控制来管理。下面将分别介绍相关概念。

1. 需求配置

需求配置,即需求制品的一个配置,是由一组特定版本的相关需求制品组成的。需求制品的版本一般通过一个唯一的数字进行标识。例如,标识"1.001"表示版本 1和版本 1 中的第 1 个增量。当需求制品发生较小变更时,增加增量号的数值;当其发生较大变更时,增加版本号的数值。每当版本号的数值增加时,增量号被重置成 0,也就是说,每一个版本是从增量 0 开始的。

需求制品的一个配置具有如下属性。

(1) **唯一标识(ID)**:每个配置具有一个唯一标识符(ID),它明确地标识了该配置。

一致性:一个配置中的不同需求制品之间的版本应该具有一致性。也就是说,在该配置中不同需求制品的版本之间不应该存在冲突。

例如,当需求制品的一个配置中包含多个子系统的需求规格说明 $RS_1, \cdots, RS_n$时,多个子系统需求规格说明的版本应该具有一致性,其核心要求是多个子系统需求规格说明中使用的术语、边界定义、功能需求与非功能需求等均应一致,不存在矛盾、冲突。

(2) **不可变性**:一个配置中的任何制品都不能发生改变。如果属于该配置的任何一个制品发生了变化,都将产生一个不属于该配置的新制品版本。如果这个变更需要被包含在配置中,必须定义一个新的配置,涵盖这个新的制品版本。

(3) **回滚**:当需求制品的一个配置确定之后进行需求变更时,可能由于变更考虑不周或其他原因,导致变更后的需求制品与原配置中的其他制品发生冲突,且冲突无法消除,那么,可以通过回滚到之前的配置,恢复整组需求制品的一致性。

2. 需求基线

需求基线,即需求制品的一个稳定的需求配置。与普通的需求配置相比较,一条需求基线定义了在一个交付给客户或向市场发布的系统版本中所要实现的需求制品,通常对应着一个特定的系统发布版本。

需求基线除具有需求配置的所有性质外,还具有如下特性。

- **对客户的可见性**:一条需求基线通常是对客户可见的一个需求配置。

- **变更管理的主体**：需求基线所包含的需求是不可变的,因此,它也是需求变更管理的主体。如果需求基线中的某个需求制品发生了变化,那么该制品的新版本将不再是基线的一部分,同时还会触发变更管理以分析变更影响。

需求基线支持开发过程中的许多重要活动。

- **系统发布的计划和定义**：需求基线是客户可见的、稳定的需求配置。因此,需求基线也是计划和定义系统发布的基础。
- **实现工作量的估算**：需求基线可作为估算特定系统发布所需工作量的基础。
- **与竞争产品的比较**：基于需求基线,利益相关者可以在一个特定的时间对系统特征和竞争系统所提供的特征进行比较。

3. 变更管理

需求的变化会对依赖于需求的设计、编码、测试、维护等活动都造成重大影响,也会给项目开发带来很多风险因素,需要建立一套发现、应对与管理需求变更的处理过程,才能将需求变更对项目成本、进度、质量等方面的影响降到最低。

如图 5.29 所示,一个典型的需求变更处理过程包含变更请求分类、变更影响分析以及是否采纳变更的决策。如果决定接受该变更,变更管理过程还将通过变更监控监测变更实施的过程。

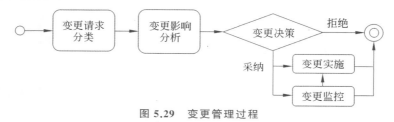

图 5.29   变更管理过程

1) 变更请求分类

当接收到一项新的变更请求时,首先应由变更管理责任人或整个变更管理控制委员会对该请求进行分类。变更可以分为以下三种类别。

(1) **修正型变更**：如果变更请求的主要原因是由于某种错误或疏漏造成的,并且至少有一个需求制品对该错误或失误负有责任,那么该变更请求则为修正型变更。

(2) **改善型变更**：如果变更请求的主要原因是由于新的需要或环境变化等导致的,并且原来不存在与之相关的需求,那么该变更请求则为改善型变更。

(3) **紧急变更**：如果变更是绝对必要的,并且必须被立即集成,那么该变更请求则为紧急变更。换句话说,对这类变更的处理不遵循常规的变更集成过程。紧急变更可以是修正型变更,也可以是改善型变更。

通常可以由变更管理责任人或变更控制委员会对变更请求进行优先级排序,以决定是否立即实施需求变更。紧急变更由于需要尽快实施,故不再需要变更决策过程。

2) 变更影响分析

当对变更请求进行分类之后,可对其进行变更影响分析。变更影响分析的目标是评估集成变更请求所需花费的工作量。该工作量不仅涵盖对那些受到变更请求影响的需求制品进行调整的工作量,还包括对系统架构、实现、集成进行调整的工作量,以及由于变更集成后需要对系统进行重新测试的工作量。例如,当变更影响分析的结论为"需要将整个系统架构或者是其部分架构进行重新设计"时,意味着集成该变更需要非常大的工作量。

为了评估这个工作量,需要识别出变更请求影响的所有需求条目。针对识别出的每一个需求条目,通过需求跟踪关系识别出需要进行调整的所有后继制品(如架构设计、代码模块、测试用例、用户手册等)。随后,对每一个受影响的制品,估算变更集成的工作量,以确定所需的整体开销。

变更影响分析可以由变更管理责任人或变更控制委员会施行,也可以由第三方施行。

3)变更决策

变更控制委员会基于变更影响分析得到的工作量估算结果,对执行这个变更请求的成本与收益进行评估。这些收益可能是市场地位的提升、避免合同违约以及避免声誉损失等。在这个评估的基础上,变更控制委员会可以决定是接受还是拒绝变更请求。如果存在不同意见,可以使用协商和调解的方式得到一致意见。

4)变更实施

如果接受了某一项变更请求或部分变更请求,那么变更控制委员会将对它们进行优先级排序(可使用第 5.3.3 节中的一种或多种排序技术进行优先级排序)。根据优先级排序的结果,统一实施变更请求。

变更请求在实施时,需要考虑变更请求的优先级、它们之间的依赖关系以及变更所影响到的制品之间的依赖关系。

5)变更监控

变更控制委员会不负责实现变更请求,但它有责任亲自或利用工具监控变更请求的实现以及变更集成的结果,并持续地将变更请求的当前状态告知给相应的变更请求发起者。

5.6.4　需求管理工具

需求管理工具是支持需求管理的重要手段,其支持的活动通常包括需求的定义和结构化、需求讨论、需求优先级排序、需求状态维护、需求版本管理、需求与需求之间以及需求和其他开发过程制品间的关系追踪等。同时,由于需求管理作为软件研制的核心部分,与软件生命周期中其他阶段的过程和工具往往有很多交互,工具厂商倾向于提供与其他过程和工具的接口。下面介绍一些典型的需求管理工具。

1. Jira Service Management

Jira Service Management 是一款帮助团队管理和解决客户服务请求的 IT 服务管理软件,使组织能够简化和自动化其服务台操作。该工具支持事件管理、问题管理、变更管理和服务请求管理,被广泛应用于客户服务、需求收集、任务跟踪、缺陷跟踪、项目跟踪和敏捷管理等工作领域。其核心能力包括:

* 支持根据组织需求自定义事件管理、问题管理、变更管理和服务请求管理。
* 提供标准的需求模板,支持明确的优先级分类、标签分类、状态定义等,支持文档、导图、文件等各类文件的共享,支持将需求关联到代码和各类文档等。
* 支持自助服务门户构建、任务排期及需求流转过程定义,提供报告和可视化工具,帮助利益相关者了解需求的状态和进展,并确定潜在的障碍或需要改进的领域。

- 通过它的应用市场与 Slack、Microsoft、Google Workspace、Zoom、AdobeXD、Invision、Figma、Glify、Draw. io、Balsamiq、Lucidchart、Miro、Opsgenie、Jenkins、Dynatrace、GitHub、Zendesk、Trello、Optimizely 等第三方应用程序集成。
- 对第三方开发者开放 API。

2. PingCode

PingCode 是国内知名的需求管理工具之一,能够满足产品管理、目标管理、项目管理、测试/缺陷管理、效能度量、文档管理、自动化等方面的需求,被广泛应用于需求收集、项目跟踪、缺陷跟踪、客户服务、任务跟踪、敏捷管理等工作领域,支持私有部署、SAAS、二次开发等模式。其核心能力包括:

- 支持敏捷开发、瀑布开发、看板式项目管理等研发管理模式。
- 支持工单收集、工单字段自定义、需求评审。
- 支持通过多维度数据对需求进行优先级决策、产品路线图规划等。
- 允许将需求与设计、代码、测试计划、测试案例、集成信息等关联起来。
- 明确优先级分类、标签分类、状态情况等,让整个需求规划更有序。
- 对应的责任人分布,事情对应到个人。
- 提供详细的需求步骤流程,支持需求进度展示。
- 集成 GitHub、Gitlab、Jenkins、钉钉、飞书等。

3. Modern Requirements

Modern Requirements 是一款协作式需求管理工具,支持在线文档编写、流程自动化和可视化,为用户提供端到端的可追溯性。作为 Microsoft Azure DevOps 的内置扩展,能够直接从 Azure DevOps 项目中创建、管理、分析需求,生成相关报告。其核心能力包括:

- 支持需求、工作项目和用例提交。
- 支持在线审查和电子签名。
- 支持显示和管理端到端的可追溯性。
- 支持创建产品路线图和版本计划。
- 支持将需求与图表、模拟图和用例关联起来。
- 支持生成定制的报告和审计。

4. Jama Software

Jama Software 是一款面向复杂系统和关键软件的需求管理工具,支持在项目开发过程中获取和沟通需求、目标、进度,建立依赖关系,支持需求、风险和测试管理,并能减少合规性证明的工作量。其核心能力包括:

- 支持复杂系统中软件、硬件和固件开发的利益相关者沟通协同,支持人员、数据和流程的端到端实时跟踪以及团队协作的实时影响分析、审查和批准。
- 支持定义、组织和执行基于需求的测试计划和测试用例,显示与上游和下游需求有关的变化影响,以确保质量和合规性。
- 支持重用经过验证的需求,支持其在不同产品间的复制、共享。
- 支持需求和测试计划与应用生命周期(Application Lifecycle Management)、产品生命周期(Product Lifecycle Management)、质量保障(Quality Assurance)和基于模型的系统工程(Model Based System Engineering)的集成,以确保整个

生命周期的可追溯性、可见性和协作。

5. IBM Rational RequisitePro 与 IBM Rational DOORS

IBM Rational RequisitePro（RequisitePro）与 IBM Engineering Requirements Management DOORS（DOORS）是 IBM 公司推出的两款需求管理工具。RequisitePro 更擅长软件需求的管理，而 DOORS 更擅长复杂 IT 系统需求的管理。

RequisitePro 是一款能够帮助项目团队增强协作开发，控制开发过程，降低项目风险的需求管理工具。它通过将 Microsoft Word 链接到需求仓库的方式组织需求，并提供覆盖项目生命周期的跟踪、变更管理能力。该工具具有以下几个特点。

- 将需求的数据存放在数据库中，而把与需求相关的上下文信息存放在 Microsoft Word 文档中，通过与 Word 的集成，为需求的定义和组织提供熟悉的环境。
- 提供数据库与 Word 文档的实时同步能力，为需求的组织、集成和分析提供方便。
- 支持需求详细属性的定制和过滤，以最大化各个需求的信息价值。
- 提供详细的跟踪视图，支持需求间的父子关系及需求间相互影响关系可视化展示。
- 通过导出的 XML 格式的项目基线，可以比较项目间的差异。
- 可以与 IBM Software Development Platform 中的许多工具集成，如 ClearQuest、ClearCase、Rose、TestManager 等。

动态面向对象需求系统（Dynamic Object-Oriented Requirements System，DOORS）是一种工程需求管理工具，支持捕获、跟踪、分析和管理需求，以帮助企业控制需求，优化整个组织和整个供应链的需求沟通、协作和验证，从而降低 IT 企业生产成本、提高效率和提高产品质量。DOORS 具有以下几个特点。

- 可以在 Windows 和 Linux® 系统上运行。
- 支持 Web 浏览器，可以通过 DOORS-Web Access（DWA）创建、分析、编辑、讨论需求，以及访问需求数据库。
- 拥有自己的内置数据库，并以此为依托进行需求获取和管理。
- 支持业务用户、市场营销人员、供应商、系统工程师和业务分析师等通过系统提供的需求讨论功能直接进行协作，也可以使用需求交换格式（Requirements Interchange Format，ReqIF）让供应商和开发合作伙伴参与开发过程。
- 可以将需求链接到项目设计、测试计划、测试用例和其他需求，以实现可追溯性，也可以与其他 Rational 工具集成，包括 Rational Team Concert、Rational DOORS Next Generation、Rational Quality Manager、Rational Rhapsody®、Jazz® Reporting Service 和 Rational System Architect，以及许多第三方工具，提供全面的可追溯性解决方案。
- 使用生命周期协作开放服务（OSLC）规范进行需求管理、变更管理和质量管理。

6. Visure Requirements

Visure Requirements 是一款易于使用和定制的需求管理工具，支持需求管理、风险管理、测试管理、问题和缺陷跟踪以及变更管理，支持从概念到测试和部署的端到端

可追溯性,以及标准认证合规性,使利益相关者进行需求协作。其核心能力包括:

- 支持从概念、系统需求一直到代码、测试和部署的端到端可追溯性。
- 支持工作流程(数据模型)的图形表示以及流程审批。
- 支持一键式影响分析和人工智能驱动的质量分析,支持风险管理、测试管理、错误跟踪等。
- 支持创建可重用的组件、需求和测试用例。
- 支持 ISO 26262、IEC 62304、IEC 61508、CENELEC50128、DO178/C、FMEA、SPICE、CMMI 等标准合规模板的定制。
- 支持敏捷模型、瀑布模型、V-模型等开发模型。
- 支持与 IBM DOORS、Jira、Jama、Siemens Polarion、PTC、Perforce、Enterprise Architect、HP ALM、Microfocus ALM、TFS、ReqIF、MATLAB、Microsoft Word、Excel、Test RT、RTRT、VectorCAST、LDRA 等工具无缝集成。

7. 禅道

禅道是一款通用项目管理工具,支持产品管理、项目管理、测试管理、计划管理、发布管理、文档管理、事务管理等功能。其核心能力包括:

- 内置项目集、产品、项目和执行 4 个管理框架,功能可组合使用,可只做缺陷管理、需求管理或任务管理。
- 支持基于标准需求模板的定制,支持需求描述和可验收标准的定义,显示详细的需求流转过程。
- 支持需求与项目、模块等的关联,支持需求任务分派,支持需求动态跟踪,可直接共享 Word 等类型附件。
- 支持敏捷项目模型、瀑布项目模型、看板模型等。
- 支持 CMMI 标准的落地实施,可私有部署,也可以选择云服务方案。

为方便读者选用合适的需求管理工具,表 5.9 从功能特色、付费方式和是否国产方面对上述需求管理工具进行了比较。

表 5.9   需求管理工具特色比较表

工具名称	特色	付费方式	是否国产
Jira Service Management	支持企业自定义其服务工作台,并基于工作台进行需求管理	服务租赁模式	否
PingCode	覆盖研发管理全生命周期	25 人以下免费	是
Jama Software	支持具有软件、硬件、固件的复杂系统需求管理,减少合规性正面的工作量	订阅模式和版权模式付费	否
Modern Requirements	内置于 Microsoft Azure DevOps,与开发集成紧密	订阅模式和版权模式付费	否
IBM Rational RequisitePro 与 DOORS	支持与 Rational 工具集的高度集成	订阅模式和版权模式付费	否
Visure Requirements	支持多种开发模型,支持基于标准的模板定制,支持 Word、Excel 需求导入	基于申请的付费	否
禅道	支持多种开发模型,支持 CMMI 标准的落地实施	开源版免费、企业版、旗舰版付费	是

其他需求管理工具(如 Redmine、Worktile、ReqView 等)的功能和特点读者可以自行查阅,在此不再赘述。

5.7　本章小结

需求工程是指利用需求获取、建模、分析、确认、验证等过程明确需求,通过需求规约记录需求,并对需求全生命周期产生的制品进行管理的科学方法。

本章的主要内容总结如下:5.1 节主要介绍了需求工程的基本定义和需求分类,描述了需求工程过程活动和过程模型。5.2 节介绍了需求获取的任务和原则,以及几种代表性的需求获取方法。不同的需求获取方法适用范围存在差异,需要根据具体问题场景灵活选择或综合运用。5.3 节介绍了需求建模与分析的任务,详细分析了两种代表性的需求建模与分析方法,包括面向目标的需求建模与分析方法和面向场景的需求建模与分析方法,不同的建模与分析方法从不同视角提出且适用范围各异,同样需要面向具体问题灵活选择不同方法。5.4 节描述了需求规约结构、内容和描述方法,对如何撰写需求规格说明书给出了指导。5.5 节介绍了需求确认与验证的基本概念和原则,并对需求确认与验证的主要方法进行重点阐述。5.6 节阐述了需求管理、需求跟踪、需求基线与变更管理的基本概念,介绍了几种代表性的需求管理工具。

本章的学习重点是掌握需求工程的基本概念、原则和过程模型,学会使用典型的需求获取、建模与分析方法,能够撰写规范的需求规格说明书,能够利用需求确认和验证技术验证需求的有效性和正确性,熟练掌握一种需求管理工具,并能在实践中综合运用所学的各种原则、方法和工具,解决实际问题。

5.8　综合习题

1. 以你所熟悉的某大学校园综合信息管理服务平台为例,分析其有哪些相关涉众(至少列出 5 种)。

2. 根据图 5.1 说说各类需求之间的联系与区别。

3. 软件需求获取的数据来源有哪些?尝试针对不同的数据来源,阐述应该选择何种需求获取方法并说明选择理由。

4. 软件需求建模与分析的主要任务是什么?这个阶段与需求获取和需求规格说明生成阶段之间的关系是什么?

5. 试分析面向目标的需求建模与分析和面向场景的需求建模与分析两类方法各自的特点和适用场景。

6. 针对一个你熟悉的软件,尝试分析其中潜在的需求冲突。如果你是这个软件的需求分析人员,你会如何解决这些需求冲突?

5.9　基础实践

1. 需求开发计划实践案例

案例描述:你是"未来 IT"公司的需求工程师,公司接到一个委托项目开发任务,要求你给出一个需求开发计划,具体情况如下。

(1)委托项目开发单位:某大型车辆制造企业。

(2)项目任务:为该企业开发一个 ERP 平台。

(3)开发单位规模:负责采购人员 20+;负责销售人员 30+;负责库存管理人员 30+;人员管理层级 CEO-CFO、分管负责人、区域负责人、团队负责人(经理)、工作人员。

(4)上游供应商规模:供应商 100+;采购商品种类 1000+。

(5)下游分销商规模:4S 店 500+;其他车商 1000+。

实践要求:建议根据要求综合利用各种需求获取方法及其辅助方法制定需求开发计划,既要考虑到需求开发的可行性,获得需求的完整性,又要考虑经济性。

实践结果:给出可行的需求开发计划。

案例分析:供参考的需求开发计划。

(1)利用访谈法,访谈委托项目开发单位项目负责人,了解委托单位项目目标及范围、能够投入的资源、提供的支持以及对项目实施的要求,如时间约束等。

(2)建立专题小组,通过分析已经有的系统和竞争对手的产品,阅读相关文档,抽取 ERP 平台初始需求。

(3)阅读该企业的业务过程文档及相关规章制度,抽取与 ERP 平台有关的业务需求。

(4)根据了解到的需求,分别撰写针对销售人员、采购人员、管理人员、供应商、分销商的调查问卷,并抽取采购人员、销售人员、管理人员、供应商代表各 2~3 人试用调查问卷,根据反馈修改问卷,以提高调查问卷的质量;接着向所有销售人员、采购人员、管理人员、供应商、分销商分别发放调查问卷,汇总调查结果。

(5)对调查结果进行分析,抽取出销售人员、采购人员、管理人员、供应商、分销商等的需求,并与每类利益相关者分别召开研讨会,确定每类利益相关者的用户需求和需求优先级。

(6)需求分析师分析不同利益相关者的需求及其优先级,找出存在矛盾冲突的需求组织专题研讨会。

(7)邀请销售人员、采购人员、管理人员、供应商、分销商代表各 2~3 人,召开专题研讨会,对矛盾需求进行协商,最终达成一致需求,并确定优先级。

(8)最后向项目开发单位项目负责人反馈需求获取最终成果。

2. 需求获取实践案例

案例描述:你是"未来 IT"公司的需求工程师,根据需求开发计划,拟利用访谈法获取公司高层对项目目标及范围、能够投入的资源、提供的支持以及对项目实施的要求,如时间约束等。

实践要求:建议根据访谈法实施要点,做出详尽的访谈计划,并根据计划实施访谈,记录并整理访谈结果。访谈计划应该就访谈目标、访谈时间、访谈地点、访谈形式与方法、访谈对象、访谈问题、访谈准备材料、访谈记录方式以及访谈中应注意的事项等进行规划,并开展一次成功的访谈。

实践结果:给出可行的访谈计划和访谈报告。

案例分析:供参考的访谈计划和访谈报告。

访谈目标:获取公司 CEO 对项目目标及范围、能够投入的资源、提供的支持以及对项目实施的要求。

访谈对象：公司首席执行官(CEO)。

访谈时间：××××年××月××日10～11点。

访谈地点：CEO办公室。

访谈形式与方法：1对1访谈,半结构化访谈。

访谈问题：

(1) 公司希望通过项目实施达到的战略目标是什么?

(2) 公司希望通过项目实施改变哪些业务流程? 达成哪些业务目标? 涉及哪些业务部门?

(3) 公司能够投入哪些人力资源与物力资源促进项目实施?

(4) 公司对于项目实施在时间进度和资金规划方面是否有具体要求?

(5) 其他需要关注的问题。

访谈准备材料：

(1) 项目可行性分析报告。

(2) 竞品调研分析报告。

(3) 公司发展战略、主营业务、业务部门背景调查。

(4) CEO背景调查(了解CEO的学术背景、从业经历和话语体系,方便沟通)。

(5) 可能涉及的术语表。

访谈记录方式：记录员手工记录,并就是否同意使用录音笔征求意见。

访谈结果：略。

访谈结果反馈方式：于访谈结束一周内反馈访谈分析报告并征求意见。

3. 需求建模与分析实践案例

案例描述：针对外卖订餐平台中用户订餐的场景,利用面向主体的需求建模方法进行需求建模与分析,列出最终得到的待开发系统的功能需求和非功能需求。

实践要求：建议分组进行,组内讨论,组间分享。重点是围绕上述场景,分析清楚场景中的涉众及其各自的目标诉求,明确待开发系统的功能需求和非功能需求。

实践结果：给出针对特定场景待开发系统的需求模型和需求列表。

案例分析：供参考的需求模型和需求列表。

该外卖平台的目标模型如图5.30所示,主要的需求列表如下。

(1) 顾客。

- 选择商家：顾客在平台界面中查看要选择的商家。包括平台推荐商家和用户手动搜索商家、分享商家。
- 分享商家：顾客分享当前查看的商家信息到其他平台。
- 搜索商家：顾客通过输入关键词来查找商家。
- 选择食物：顾客在店铺商品界面选择想要购买的食物。
- 填写订单：顾客在订单提交页填写顾客信息,如联系方式、地址、备注等。
- 确认下单：顾客在订单填写完成后确认下单,进行支付。
- 查看订单进度：顾客能够在确认下单后看到订单完成情况,包括商家是否接单、骑手是否接单、骑手是否开始送餐、餐品是否送达等。
- 评价骑手和商家：顾客可以对骑手和商家做出文字评价和打分,以反馈用餐体验。

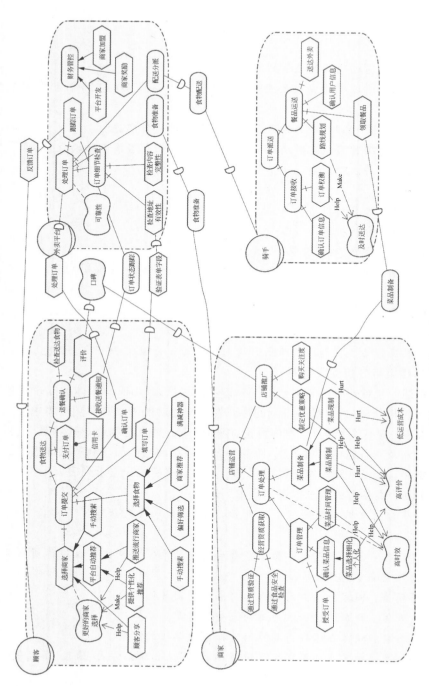

图 5.30 外卖平台的目标模型

（2）外卖平台。

- 推荐商家：外卖平台根据顾客个人喜好个性化推荐商家。
- 提供折扣：外卖平台为顾客提供红包、满减神器等多种折扣方式。
- 提供交流平台：外卖平台为每一个订单建立骑手、顾客、商家三方的临时群聊。
- 规划配送路线：外卖平台根据骑手接单情况为骑手规划配送路线。
- 显示评价和回复：外卖平台显示商家、骑手的平均评分、顾客的文字评价内容、商家的回复等。

（3）骑手。

- 接单：骑手在接单界面选择接单。
- 查看接单情况：骑手查看自己已接订单和订单状态。

（4）商家。

- 注册店铺：商家在外卖平台注册店铺，提供相应的经营资质证明等。
- 编辑店铺信息：商家在外卖平台编辑店铺信息，包括店铺公告、地址、营业时间、食品安全档案等。
- 编辑商品：商家在外卖平台编辑自己售卖的各种商品以及商品信息。
- 接受订单：商家接受顾客在外卖平台下达的订单。
- 回复评价：商家可以在外卖平台回复顾客的评价。
- 制定优惠策略：商家可以在外卖平台制定优惠策略，如满减等。
- 推广店铺：商家可以在外卖平台购买关注度，以获得更高频率的推送。

5.10 引申阅读

[1] Maalej W，Nayebi M. Toward data-driven requirements engineering[J]. IEEE Software，2015，(33)：48-54.

阅读提示：传统的需求工程活动大多依赖人工决策，本文提出应该系统地利用显式或隐式的用户反馈来支持需求决策。读者可从论文中了解作者对于未来如何进行需求工程决策、谁来进行决策以及对什么进行决策的观点。

[2] Zhao L，Alhoshan W. Natural Language Processing for Requirements Engineering：A Systematic Mapping Study[J]. ACM Computing Survey，2022，54 (3)：55：1-55.

阅读提示：文中阐述了 36 年来学界和业界对于 NLP4RE 方向的研究历史及现状。论文提出了一个 NLP4RE 概念框架，帮助读者了解本领域未来的研究方向和技术转让需求。论文研究发现，NLP4RE 当前的研究大多数（67.08%）是通过实验室实验或示例应用评估的，只有一小部分（7%）是在工业环境中评估的；大部分研究（42.70%）集中在需求分析阶段，以质量缺陷检测为中心任务，以需求规范为常用文档类型；从这些研究中提取的 NLP4RE 工具只有 17 个（13.08%）可供下载；大多数新的 NLP 方法和专用工具很少使用。

[3] 风笑天.现代社会调查方法 [M].6 版.武汉：华中科技大学出版社，2022.

阅读提示：书中第 3 章调查设计和第 6 章问卷设计中介绍了设计调查和问卷的方法，第 4 章抽样介绍了如何选择调查对象以及抽样的办法，第 5 章介绍了如何设计量表以及如何测量问卷的信度与效度,第 9～11 章介绍了如何利用统计学方法进行问卷分析。

　　[4]　Marchese F T.A KAOS Tutorial[J]. PACE University,2007.

　　阅读提示:文中系统地介绍了 KAOS 建模方法及其案例。

　　[5]　Dermeval D,Vilela J. Applications of ontologies in requirements engineering:a systematic review of the literature[J].Requirements Engineering,2016,(21):405-437.

　　阅读提示:文中描述了使用本体论方法支持需求工程活动(包括需求获取、分析、规范、验证和管理)的研究现状和主要挑战,帮助读者在需求工程过程中更好地利用本体论提升需求质量。

　　[6]　Irshad M,Petersen K.A systematic literature review of software requirements reuse approaches[J].Information and Software Technology,2018,(93):223-245.

　　阅读提示:文中系统阐述了需求复用的最新研究现状,并可通过关联阅读了解如何进行需求复用。

　　[7]　Robeer M,Lucassen G. Automated extraction of conceptual models from user stories via NLP[C]. IEEE 24th International Requirements Engineering Conference (RE),2016:196-205.

　　阅读提示:文中提出了一种利用 NLP 技术从用户故事中自动抽取概念模型的方法,生成的概念模型能够帮助团队中对此不熟悉的团队成员沟通、讨论。

　　[8]　Yang B,Guo H.Evaluation and assessment of machine learning based user story grouping:A framework and empirical studies[J]. Science of Computer Programming. 10.1016/j.scico.2023.102943. (102943). 2023.

　　阅读提示:文中提出了一种基于机器学习的用户故事分组方法,帮助需求工程师管理用户故事。

　　[9]　Ajagbe M A,Zhao L. Retraining a BERT Model for Transfer Learning in Requirements Engineering:A Preliminary Study[C]. RE 2022:309-315.

　　阅读提示:文中介绍了一个基于 BERT 的模型 BERT4RE,将从文本需求中识别 9 个类别的领域概念建模为一个多分类任务,从而为如何使用大语言模型完成需求工程任务,如需求分类、检测需求描述中的语言问题等提供了借鉴。

　　[10]　Alhoshan W,Ferrari A. Zero-Shot Learning for Requirements Classification:An Exploratory Study[J]. Information and Software Technology,2023(159):1-15.

　　阅读提示:文中介绍了如何使用零样本学习方法来进行功能需求与非功能需求分类、非功能需求类别的识别以及安全性需求与非安全性需求分类,为使用机器学习方法辅助需求分类提供了可行手段。

5.11　参考文献

[1]　金芝,刘璐,金英,等. 软件需求工程:原理和方法[M]. 北京:科学出版社,2010.

[2]　金芝,刘璐,陈小红,等.软件需求工程方法与实践[M].北京:清华大学出版社,2023.

[3]　Pohl K. 需求工程:基础、原理和技术[M]. 彭鑫,沈立炜,赵文耘,等译. 北京:机械工业出版社,2012.

[4]　Yu E,Giorgini P. Social Modeling for Requirements Engineering[M]. The MIT Press,2010.

第 6 章

软 件 设 计

本章学习目标

- 理解软件设计的概念和思想,软件设计的目标、过程和原则,以及软件设计的质量要求。
- 理解软件体系结构的概念,掌握软件体系结构的描述方法和典型的软件体系结构风格及其使用,掌握并运用软件体系结构设计方法和软件体系结构设计的归档方法。
- 理解用户界面设计的任务和原则,掌握并能运用用户界面设计方法。
- 理解软件详细设计的概念和基本过程,理解数据设计概念并掌握数据设计基本方法,掌握软件详细设计的规约方法。

本章围绕软件设计,首先介绍软件设计的概念和思想,软件设计的目标、过程和原则,软件设计的质量要求;其次介绍软件体系结构和风格的概念,软件体系结构的描述方法,典型的软件体系结构风格及其特点以及软件体系结构设计的任务和过程;最后介绍了用户界面设计的方法和软件详细设计的方法。

读者可以用 6.7 节的综合习题巩固和检查本章所学基本知识的掌握情况;6.8 节的基础实践案例分析给出了如何灵活利用本章所学方法解决特定场景下软件设计问题;6.9 节给出的引申阅读材料可以帮助读者加深和扩展对软件设计相关知识的理解,了解学术界和工业界最新的研究成果和实践经验。

6.1 软件设计概念

6.1.1 软件设计的概念和思想

谈到“设计”,我们最先想到的往往是针对有形实体的设计,如产品设计、建筑设计等。那么,软件这类无形的产品如何设计? 软件设计的目标、过程和原则是什么? 以及如何满足软件设计的各类质量要求? 这些是本章所要回答的问题。

关于软件设计的定义有很多,每个定义都有不同的侧重。“设计”这个词既是动词又是名词:它既可以指一个过程

（如"设计"过程），也可以指这个过程的结果（如"设计"模型）。本书对软件设计的定义是：构建数据和计算的抽象，并将这些抽象元素组织成可操作的软件应用程序。该定义看起来有些理论化，但当我们考虑到抽象这个词的所有含义（包括变量、类、对象等）时，我们就会发现，设计本身是一个逐步"抽象"的过程。

在软件开发实践中，设计过程本质上是一个决策的过程。例如，应该使用一个列表还是一个堆栈？界面应该提供什么服务？错误应该在哪里？何时进行处理？将设计视为决策，就会产生一个设计空间（Design Space）的概念。设计空间可以被看作一个 n 维的几何空间，其中每个维度对应着特定的设计质量属性。典型的设计质量属性包括设计的可理解性、可重用性和易实现性等。图 6.1 中用两个维度的设计质量属性（即维度 A 和维度 B）说明了设计空间与设计决策的关系，在该设计空间中，每个设计决策都对应着空间中的一个坐标，代表着决策的结果（即同时满足特定的设计质量维度 A 和设计质量维度 B，这里"属性"和"维度"两个词可以看作同义词）。当增加所考虑的设计质量属性时，设计空间就变为一个三维、四维或者 n 维的几何空间，制定设计决策的复杂性也随之提升。在软件设计实践中，任何设计决策都是一种折中方案，即可能在某些设计质量维度上是好的，但在其他维度上却不那么好。我们称之为设计决策的权衡。设计就是这样一个决策过程，很少有唯一的"正确答案"，只有在某些方面更好或更差的设计解决方案。

现实中的软件设计充满了不确定性。首先，并非所有可能的设计决策都是已知的（比如可以采用哪些最新的数据处理技术），在复杂的情况下，可能有无数可能的决策。其次，估算和判断某个设计决策在多大程度上满足了特定的质量属性（例如，设计的可理解性）是一个非常近似的过程，没有标准的公式来计算或推导抵达设计空间中的一个点（见图 6.1）。在大多数的软件开发中，设计和实现软件需求通常需要遵循一套预先确定的过程和步骤。软件设计也是一个高度启发式的过程，它包括在设计经验、设计原则和设计技术指导下的迭代地解决设计问题。软件设计过程的启发式性质也使其成为一种创造性的软件开发活动。

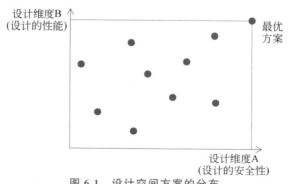

图 6.1   设计空间方案的分布

构成设计空间维度的质量属性可以看作设计的目标。软件设计最重要的目标之一就是降低软件系统的复杂性，因为复杂性降低意味着系统更容易被理解；设计简洁、易于理解的代码不容易出错，也容易修改。而混乱的代码会掩盖系统最初的重要设计决策，导致开发者忽视现有的设计决策约束，并以一种不符合原始设计决策的方式来修改代码，掩盖了原始开发者的重要决策，从而引入错误，导致代码的质量降低。例如,开发者破坏了原有的分层设计决策(只能相邻层调用),形成了跨相邻层的调用,虽然提升了系统的执行效率,但导致系统难以维护和添加新的功能。

一般来说,软件设计目标的相对重要性取决于其所处的设计上下文。设计上下文是指在特定领域内的一组要求和限制条件(例如软件系统对数据隐私的要求),软件设计方案需要满足这些要求和限制条件,并在其中找到并融合可能的设计方案。例如,由于经济考虑或项目合同的约束,某个软件的设计需要最大化其各部分的可重用性。或者,如果一段代码需要集成到安全攸关的应用程序中,那么需要优先考虑其鲁棒性(即对错误的弹性)。同时,软件设计的可理解性也是设计非常重要的质量属性,例如,代码本身能够体现潜在设计决策及其设计的意图。将设计决策在代码中明确体现的理念,也称为软件设计的可持续性,对软件系统的长期维护与演化都非常重要。

如果把设计过程看作关于软件抽象元素(如包、接口、依赖等)的一系列设计决策活动,那么可以得出这样的结论:软件设计是一组良好定义的设计决策的集合。在正式的软件开发环境中(如开源或工业软件开发),这组设计决策可能是官方的标准化设计文档;在不太正式的软件开发情境中,设计决策也可能被记录在各类软件制品,如代码注释、图表或与项目相关的各种文档中,作为一种显性知识。在极端的情况下,设计决策可能没有被记录,而只存在于做出这些设计决策的开发人员的脑海中,作为一种隐性知识。但人的记忆是会流失的,或忘记或记错,导致很难恢复这些设计决策知识,对软件系统的维护和演化造成困难。所以我们应当在软件开发中明确记录软件设计决策,尤其是重要和关键的设计决策,尽量避免采用后一种依赖软件设计人员去记忆的方法。

6.1.2　软件设计的目标、过程和原则

软件设计的目标:软件设计需要满足以下核心目标。首先,软件设计旨在满足用户的需求和期望,一般是指系统的功能需求,并确保设计方案能够提供可用的解决方案。其次,软件设计要满足系统用户的质量需求,如系统的可靠性、稳定性和性能效率等用户可感知的外部质量属性。针对可靠性,设计师需要考虑各种可能的异常情况和错误,以保证软件在各种条件下都能运行良好且不会崩溃或丢失数据。最后,软件设计要满足系统本身的质量属性,如系统的可扩展性和可维护性等内部质量属性。针对可扩展性,设计师需要考虑软件系统可能的新需求和扩展点,以保证现有软件设计能够在限定的时间和成本下完成系统功能的添加。

软件设计的过程:软件设计是软件系统开发过程中的活动之一。而软件开发本身需要遵循特定的过程模型(如瀑布模型、敏捷模型等)。软件过程模型描述了创建系统所需的各个步骤是如何组织起来的,不同的软件过程模型为不同的开发目的提供了不同的工作方式。在软件开发实践中,针对不同系统需要首先确立适用的开发过程。举例来说,用于开发视频游戏的过程与用于开发银行或航空软件的过程会有所不同。软件设计同样需要遵循特定的过程。设计过程能帮助新的设计人员形成良好的设计习惯。在典型的软件设计过程中,设计师首先通过分析和理解用户的期望和需求,明确系统功能和行为,确立软件系统的整体目标和方向;其次,通过概要设计规划高层次的系统结构和构件之间的关系,确保软件系统的整体框架合理且有效。最后,通过详细设计定义每个模块和构件的具体实现,确定数据结构、接口等,以确保代码的高质量

和可维护性。此外,软件体系结构设计,即概要设计,是软件设计过程中的一个关键环节,它决定了软件系统的整体布局和演化路径,影响着系统的最终可扩展性和可维护性。总体而言,软件设计是一个创造性且复杂的过程,需要设计师的技术知识、判断力和创造力,以确保最终交付符合用户期望且功能和质量完备的软件设计。

软件设计的原则:在软件设计中,遵循一系列重要的原则是确保创建出高质量、可维护和可扩展软件系统的关键,这些原则也是软件设计的基础。第一个原则是模块化原则,即将软件系统划分为相互独立且可重用的模块。通过模块化,可以降低系统的复杂性,提高代码的可读性和可维护性。第二个原则是高内聚低耦合原则,即确保模块内部的元素高度相关,同时模块之间的耦合度尽可能低。这样可以使得模块更加独立,易于测试和修改。第三个原则是单一责任原则,即每个模块应该有一个明确的功能,并且只负责完成这个功能。这有助于保持代码的简洁性和可扩展性。另一个重要的软件设计原则是开闭原则,它要求软件设计应该对扩展开放,对修改关闭。通过使用接口和抽象类,可以使得软件系统在需求变化时能够灵活地进行扩展,而无须修改原有代码。此外,还有一些常用的设计原则,如 DRY 原则(Don't Repeat Yourself),即避免重复代码,将公共功能封装成可复用的代码块,提高代码的维护性和重用性。这些软件设计原则为设计师创建出功能强大、高效可靠且易于维护的软件系统提供了基础。

6.1.3 软件设计的质量要求

在考虑系统的功能需求时,需要同时考虑其质量属性;同样地,系统的质量属性本身也不是孤立的,它们与系统的功能息息相关。我们以"当用户按下绿色按钮时,选项对话框将出现"这个功能性需求为例,那么该功能的性能质量属性的说明可以描述对话框出现的速度;可用性质量属性的说明可以描述这个功能最多允许出现多少次失效,以及修复失效所需的时间;而用户体验质量属性的说明可以描述学习这个功能的难易程度。质量属性是软件系统非常重要的方面,是软件设计的重要驱动之一。质量属性也有很多的分类和定义。从设计师的角度来看,对系统质量属性的定义需要考虑以下三个方面。

(1)可检验的质量属性定义。说某个系统是"好的",这个定义实际上毫无意义,因为对好的程度没有标准,或者说这个系统是"可修改的",也没有意义,因为每个系统都是可修改的,需要具体说明可修改部分的范围。其他质量属性的定义也存在类似的问题,比如一个系统可能对某些故障是鲁棒的,而对其他故障则是脆弱的,而非整体的鲁棒或脆弱。在定义系统的质量属性时,需要保证这个定义是可以被检验和判定的。

(2)特定质量问题属于多个方面。例如,拒绝服务攻击导致的系统故障是可靠性的一个方面,同时也会造成可用性、性能和安全问题。所有这 4 种质量属性都会和拒绝服务攻击造成的系统故障相关联。作为架构师,则需要理解和创建软件体系结构设计解决方案来处理这些相关联的质量属性。

(3)质量属性的词汇表。性能一般通过系统的"事件"来表达,安全则通过到达系统的"攻击"来表达,可用性通过系统的"故障"来体现,也可以用"用户输入"来说明。所有这些词汇可能是指同一事物,但我们在质量需求的描述中可能使用不同的术语,因此需要通过质量属性词汇表进行术语的管理,尤其是当系统的涉众来自不同领域时，他们对质量属性的描述用语会多种多样。

满足上述前两个质量属性方面的要求（即可检验的质量属性定义和关联的质量属性问题）的方法是使用质量属性场景作为定量描述质量属性的手段；针对第三个质量属性方面的要求可以集中在特定质量属性的基本关注点上，以说明对该质量属性重要和核心的概念。

软件系统所关注的质量属性有两类：第一类是描述系统在运行时的属性，即用户可感知的质量属性，如可提供性、性能或可用性；第二类是描述系统开发过程中的属性，即开发人员关注的质量属性，如可修改性或可测试性。由于软件系统的复杂性，质量属性不可能孤立地实现或达到，任何质量属性的实现都会对其他质量属性的实现产生影响，有时是正面的影响，有时是负面的影响。例如，几乎所有质量属性都会对性能产生负面影响，以可移植性为例，目前实现软件系统可移植性的主要技术是隔离系统间的依赖关系，而这必然在系统的执行中引入额外开销，导致系统的性能下降。从这个角度看，满足所有质量属性要求的设计，本质上是对这些质量属性进行权衡决策的过程（如可移植性与性能的权衡）。我们在设计过程中，应当关注如何明确说明质量属性，什么样的架构决策能够实现特定的质量属性，以及解决哪些关键的质量属性将使架构师能够做出正确的设计决策。

6.1.4 软件设计的质量要求说明

在软件设计的质量属性说明中，对给定质量属性的要求说明应该是明确的和可测试（检验）的。我们使用一种通用的模板来明确描述所有质量属性的需求，这种方法的优点在于强调了所有质量属性之间的共性，使得质量要求说明具有一致性。然而，缺点是在某些情况下可能对某些质量属性的特殊方面的描述适用性不强，这种情况下，可以对质量要求说明模板进行扩展。质量属性描述中场景的描述主要包括以下 4 个元素。

（1）刺激。"刺激"表示到达系统的某个事件。对于用户来说，刺激可以是可用性方面的用户操作或者安全方面的攻击。对于开发者而言，刺激可以是系统的修改请求或者是完成了某个开发阶段（需要开始相应的测试）。

（2）刺激源。刺激必须有一个来源，即它必须来自某个地方。刺激的来源可能会影响系统对它的处理方式，例如，受信任用户的请求和不受信任用户的请求，系统对两者的处理方式肯定是不同的。

（3）响应。系统应如何响应刺激也需要明确说明。响应包括系统（针对运行时质量属性）或开发人员（针对开发时质量属性）在响应刺激时应履行的职责。例如，在性能场景中，某个事件的到来（刺激），系统应处理该事件并产生一个响应；在可修改性场景中，提出的特定修改请求（刺激），开发人员应该在没有副作用的情况下实现修改，然后测试和部署该修改。

（4）响应度量。判断某个响应是否令人满意，即需求是否被满足，是通过提供具体的响应措施来实现的。对于性能来说，这可能是一个延迟或吞吐量的测量；对于可修改性来说，它可以是执行修改、测试修改和部署修改所需的工作量。

以上提到的场景描述的 4 部分是质量属性说明的核心元素。另外还有两个重要的特征：环境和制品。需求的环境是指场景发生时所处的环境。环境一般作为刺激的限定因素。例如，在代码被冻结发布后提出的修改请求（需求），与在冻结发布之前提出的请求会区别对待；一个构件的第 5 次连续故障与该构件的第 1 次故障也会区别对待。制品（artifact）。这里的制品指基于需求得到的设计结果，制品可以是整个系统，也可以是系统的特定部分（如子系统或模块）。例如，数据存储中的故障处理模块的设计结果。

软件设计的质量属性说明通常也可以省略其中一个或多个部分，特别是在系统的早期开发阶段（质量需求不确定），但明确说明质量需求的所有部分会帮助架构师考虑每个部分及其关联（例如激励与响应的关联）。总的来说，系统质量属性的说明包括以下 6 个部分。

（1）刺激的来源。刺激的来源是一些实体（如人、计算机系统或其他执行者），刺激的来源会产生刺激。

（2）刺激。刺激是一种条件，当它到达系统时需要系统做出反应。

（3）环境。刺激在一定条件下发生。该系统可能处于过载状态或正常运行状态，或其他相关的状态，而环境就是指系统当前是在哪种状态下运行。

（4）制品。制品指刺激所激励的对象，可能是整个系统，或者系统的某个或几个部分。

（5）响应。响应是指系统对刺激进行反应所执行的活动。

（6）响应度量。当这种反应发生时，它应该是可测试和度量的，并以某种方式来测试其反应是否达到了需求。

我们将那些适用于任何系统的场景称为一般的质量属性场景（简称为"一般场景"），将那些与特定系统有关的场景称为具体的质量属性场景（简称为"具体场景"）。我们可以将质量属性描述为一般场景的集合（如所有系统都具有的"性能场景"）。而当面向特定系统时，为了把这些通用的质量属性特征转换为对特定系统的质量需求，需要把"一般场景"细化为特定系统的场景，即"具体场景"。图 6.2 显示了本节介绍的质量属性场景的 6 个说明部分，图 6.3 则给出了关于可提供性的"一般用户场景"的说明例子。

图 6.2   软件质量属性的场景描述模板

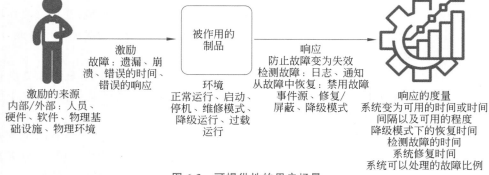

图 6.3   可提供性的用户场景

6.2 软件体系结构及模式

6.2.1 软件体系结构的概念

软件体系结构的定义有很多,下面是本书中采用的定义。

一个系统的软件体系结构是对该系统进行推理(即涉众的理解)所需的一组结构,这组结构包括软件元素、元素之间的关系以及两者的属性。

结构信息在软件系统中相对容易识别,如包之间的依赖关系,这些信息能够有效地表达系统的设计。基于本书对软件体系结构的定义,下面列出了软件体系结构的内涵。

1. 软件体系结构是一组结构的组合

这是软件体系结构定义本身最明显的含义,即"结构"包含一组由某种关系连接起来的元素。软件系统是由多种结构组成的,主要有三类结构,它们在软件体系结构的设计、归档和分析中发挥着重要作用。

(1) 第一类结构是系统的静态结构,它将系统划分为实现单元,在本书中我们称之为"模块"。模块被分配了特定的计算任务(或职责),是开发团队工作分配的基础(例如,团队 A 负责数据库,团队 B 负责业务规则,团队 C 负责用户界面等)。在大型项目中,这些元素(模块)被进一步细分,以分配给子团队。例如,一个大型企业资源计划系统(ERP)实现的数据库可能非常复杂,以至于它的实现被分割成许多部分。这种系统分解的结构是一种模块结构,或称为模块分解结构。另一种模块结构是作为面向对象分析和设计类图的输出出现的。如果把模块聚合成层,就创造了另一种(而且非常有用的)模块结构-分层结构。模块结构是一种静态结构,因为它关注的是系统功能被划分以及如何把这些功能分配给实现团队。

(2) 第二类结构是系统的动态结构,也就是说,这类结构关注的是各元素在运行时相互作用的方式,以执行和完成系统的功能。假设系统被构建为一组服务,这些服务、它们交互所依赖的基础设施以及它们之间的同步和交互关系构成了另一种经常用来描述系统的结构,即系统的动态结构。这些服务则是由第一类结构所描述的各种实现单元中的程序组成(由其编译而成)。在本书中,也把运行时结构称为构件和连接件(Component & Connector)结构,其中,构件是指系统中运行时的实体,连接件表示运行时构件之间的数据流或调用/返回的交互。

(3) 第三类结构是系统的部署结构,描述了从软件结构到系统的组织、开发、安装和执行环境的映射。例如,某个模块被分配给特定团队进行开发,并被分配到文件结构中的指定位置进行实施、集成和测试。某个构件被部署到特定硬件上,以便执行。这些映射都被称为部署结构。

如果一个结构能够支持涉众对系统和系统属性的理解,那么它就是软件体系结构层面的结构。系统属性的理解一般是关于系统的特定属性的理解,这些属性对某些涉众来说很重要。这些属性包括系统所实现的功能(对用户来说很重要)、系统在面对故障时能否继续使用(可提供性,对用户来说很重要)、对系统进行特定修改的难度(可修改性,对开发者来说很重要)、系统对用户请求的响应能力和效率(性能,对用户来说很重要），以及许多其他系统质量属性。除了以上提到的三类软件结构，软件体系结构的"结构"集合并不是固定的或有限的，而每个系统所选取的结构就是在当前的设计环境中对系统最有用的部分。

2. 软件体系结构是一种抽象

由于软件体系结构由一组结构组成，而结构由元素和关系组成，因此，软件体系结构由软件元素以及元素之间的关系组成。这意味着软件体系结构省略了某些对系统理解无用的元素信息，特别是省略了那些只对单个元素产生影响的信息（例如，对度量进行单位转换的信息，只对度量转换元素产生影响）。因此，软件体系结构首先是系统的抽象，它选择了某些细节，同时简化了其他细节。在所有的现代软件系统中，元素之间通过接口相互作用，元素的细节可以划分为公共和私有部分。软件体系结构关注的是这种划分的公共部分；元素的私有细节（仅与内部实现有关的细节）不是软件体系结构需要描述的部分。除了接口之外，软件体系结构的抽象还可以让开发者从元素的角度来看待系统，元素是如何排列的，是如何互动的，是如何组成的，它们有哪些属性来支持我们对系统属性的理解，等等。这种软件体系结构层面的抽象对于管控系统的复杂性至关重要，从而让软件系统的开发在软件体系结构层面是可控和可度量的。

3. 每个软件系统都有其软件体系结构

每个软件系统都是由元素和它们之间的关系组成的，这些元素和元素间关系用来支持特定的推理，如推理系统的安全性是否得到满足。在最极端的情况下，一个系统本身就是一个单块的元素，但它也是一个软件体系结构，因此每个软件系统都有其软件体系结构。即使每个系统都有其软件体系结构，并不意味着这个软件体系结构能够被涉众所了解。也许所有设计该系统的人已经不在开发团队（无人了解系统的软件体系结构），也许该软件体系结构的文档已丢失（或从未提供），也有可能系统的源代码也丢失了（或从未交付过），只有执行（运行）中的二进制代码。以上这些情况也揭示了软件体系结构描述（文档）的重要性，即软件系统的体系结构和该体系结构的描述之间的区别，如果不对软件体系结构进行描述，软件系统的体系结构就不存在。

4. 软件体系结构包括行为

软件体系结构中每个元素的行为也是软件体系结构的一部分，这些行为体现了元素之间是如何相互作用的，是软件体系结构定义和构成不可缺少的一部分。当谈论系统的软件体系结构时，最先考虑到的是系统的组成部分，即框线图所描述的软件体系结构，例如，框线图中表示的数据库、图形用户界面、执行者等，但涉众很难仅仅通过框图的名字想象出这些框图所表示的相应元素功能和行为。因此，软件体系结构中对元素行为的描述是必不可少的，它说明了系统在运行时每个元素的确切行为和交互活动，例如，元素之间通过消息传递完成特定的任务。当一个元素的行为影响了另一个元素（如管道过滤器软件体系结构模式中上一模块的输出作为下一模块的输入），或者影响了整个系统，那么这个行为就必须在软件体系结构中明确表示，作为软件体系结构描述的一部分。

5. 什么是好的软件体系结构设计

一个良好的软件体系结构设计首先需要适应最初的项目需求，并可以根据新的需求进行调整，即保持软件体系结构设计的弹性，所有良好的软件体系结构都需要考虑当前和未来的情景。这也要求软件体系结构灵活并易于维护,并可以根据需要进行扩展(或缩减)。软件体系结构是为特定用户使用的系统而构建的,因此无论是针对开发人员还是其他终端用户,无论是系统的内部开发还是外部使用感受,如系统的性能和可用性对用户体验都有关键影响,也是一个好的软件体系结构设计的基本要求。同时,良好的软件体系结构还需要了解开发团队的组织结构,即康威定律"任何产品都是其(人员)组织沟通结构的缩影",例如,谁对特定模块进行维护,以降低沟通的成本。以上这些好的软件体系结构设计特征也反映了软件体系结构设计和软件体系结构评估的重要性,通过评估活动来评价软件体系结构设计的好坏和适合程度。

6.2.2 软件体系结构模式的概念

设计良好的软件体系结构往往需要架构师具备丰富的经验,对新手架构师来说是具有挑战性的,因此如何能够有效地捕捉和重用架构师成功的设计经验知识,是非常重要的。在建筑的设计中,人们会重用已有的建筑设计模式,例如,室内采光设计、通风设计等。类似地,软件体系结构模式和策略是已被证实的好的软件体系结构设计方案,也是软件体系结构设计知识重用的基础。软件体系结构模式是指:

- 在实践中反复出现的一组软件体系结构设计决策的集合。
- 能够满足特定的系统质量属性。
- 描述了一类软件体系结构设计的解决方案。

模式(即重复出现的解决方案)是在实践中发现并总结出来的,对这些软件体系结构的模式进行分类和管理类似于植物学家或动物学家对动植物进行分类的工作:"发现"模式并描述它们的共同特征,从而让架构师更好地理解和使用这些"模式"。由于模式是用来处理特定问题的常用解决方案,而新的问题会不断出现,因此只要针对新的问题有新的解决方案,并且这些方案被重复使用,新的模式就会出现。

软件体系结构的设计和软件开发类似,很少从头开始,有经验的架构师通常会根据关键需求选择、调整和组合模式来创建系统的初始软件体系结构,因此在很大程度上,软件体系结构设计的过程是将模式实例化的过程,即如何使特定模式适合特定的设计上下文和设计问题的约束。

6.2.3 软件体系结构模式的描述方法

软件体系结构模式的描述一般包括以下三个基本元素。

(1) 上下文(Context):指在软件体系结构设计中反复出现、常见的情况,通常这些情况会导致特定的问题。

(2) 问题(Problem):指软件体系结构设计需要解决的问题,即在特定的环境中产生的问题。模式所解决的问题是若干具体问题的抽象,包括该问题及其变体。软件体系结构设计解决的问题通常包括系统必须满足的质量属性。

(3) 解决方案(Solution):针对特定问题适合的软件体系结构设计方案,该解决方案描述了解决该问题的软件体系结构的构成元素,以及该设计如何平衡各方面的设计约束(如质量属性的平衡)。解决方案还描述了每个元素的职责以及它们之间的静态关系(即模块之间的关联),或元素之间运行时的交互行为(如构件和连接器或动态部署结构)。模式的解决方案通常包括以下部分。

- 一组元素类型(例如,数据库、进程和对象)。
- 一组交互机制或连接器(例如,方法调用、事件或消息总线)。
- 构件的拓扑布局(即静态结构)。
- 一组针对拓扑结构、元素行为和交互机制的语义约束。

解决方案的描述还应该明确说明元素的静态和运行时配置满足了哪些系统质量属性。这种{上下文、问题、解决方案}的形式构成了描述和记录软件体系结构模式的基本模板。

复杂的软件系统会同时采用多种软件体系结构模式,即模式的组合。例如,基于网络的系统可能会采用三层的客户-服务器软件体系结构模式,但在这个模式中它也可能使用复制(镜像)、代理、缓存、防火墙、MVC 等,其中每一种体系结构模式都可能采用(嵌套)更多的其他体系结构模式和策略,而所有这些客户端/服务器模式都可能采用分层(模式)的方式在内部构造它们的软件模块。

6.2.4　典型软件体系结构模式及其特点

1. 软件体系结构模式的类别

本节列出了软件体系结构设计中广泛使用和最具代表性的模式,其中包括运行时的软件体系结构模式(如代理模式或客户端/服务器模式)和设计时的软件体系结构模式(如分层模式)。对于每种软件体系结构模式,给出了上下文、问题和解决方案的说明,在解决方案部分,简要描述了每种软件体系结构模式的构成元素、元素间关系和约束。

在软件系统设计中应用特定软件体系结构模式并不是非黑即白的过程(即使用或未使用特定模式),而是会存在一些中间状态(即对模式的修改和违反)。虽然本章节给出的软件体系结构模式都是严格定义的,但在设计实践中,架构师可能会选择以小的方式违反模式设计的约束(即通过牺牲一点违反的代价而获得一些其他方面的提升)。例如,分层模式明确禁止分层设计中的下层模块使用上层模块提供的功能,但在某些情况下(例如为了获得性能上的优势),在采用分层模式的软件体系结构设计中可能会出现下层模块使用上层模块功能的情况,也被称为软件体系结构模式的违反,这种违反在获得某些系统质量属性优势的同时,降低了系统的可维护性,因此需要架构师来进行权衡,这种对模式的修改和违反是否值得。

软件体系结构模式可以按其主要元素类型来进行分类:模块模式展示了系统的模块(静态结构模式),构件与连接器模式展示了系统的构件和连接器(动态交互模式)。下面将介绍 8 种常用的软件体系结构模式,其中模块模式包括分层模式,构件与连接器模式包括代理模式、MVC 模式、管道过滤器模式、客户端/服务器模式、点对点模式、面向服务的体系架构模式、发布订阅模式。可以看到大部分的软件体系结构模式都是动态交互模式。

2. 分层模式

上下文:所有复杂的软件系统都需要尽量将系统中独立开发和演化的部分分离开,这是软件设计的基本原则之一(即高内聚和低耦合)。基于这个设计考虑,系统的开发者需要对系统进行明确和合理的关注点分离,这样系统的各个模块才能独立开发、维护和演化。

  问题：软件系统如何分割才能使得各模块能单独地开发和演化，并且各部分之间的交互尽量少，支持可移植性、可修改性和重用性。

  解决方案：为了实现上面提到的关注点分离，分层模式的基本思想是将软件系统划分为称为层（Layer）的若干单元。每一层由若干模块组合而成，作为一个整体对外部提供服务。分层模式对各层之间允许使用的关系有如下限制：这些关系必须是单向的，层与层之间不能双向调用。这些层将软件系统完全分割开来，每个分割区（层）都通过公共接口对外提供服务。每个层都需要遵循严格的排序关系来进行交互（调用）。例如，在（A，B）这个关系中，A 层的功能实现可以使用 B 层提供的功能，但反之B 层不可以使用 A 层提供的功能。在某些情况下，一个层的模块可能被要求直接使用不相邻的下层中的模块，这种上层的软件模块使用不相邻的下层模块的情况被称为层桥接，在分层模式中是不建议使用的。因此，如果在分层模式的使用中出现很多层桥接的情况，系统的可移植性和可修改性就会变差，因为某个层不再是只依赖其相邻的底层，而是依赖于很多其他层，导致其修改的影响范围变大。遵从严格的分层调用关系则有助于实现系统的修改，因为在这种模式下，向上使用层和层桥接都是不允许的。

  当然，使用分层模式时，要首先设计和构建这些层，这往往会增加系统设计的前期成本和复杂性。另外，如果分层设计不正确，例如，不能提供较低层次的合理抽象，则会导致系统底层的利用率较低。而且，将单块系统分层不可避免地会给系统带来性能上的损失，因为对上层功能（函数或服务接口）的调用，在被硬件执行之前，它可能要调用许多下层的功能。这些层中的每一层调用都会增加相应的开销。表 6.1 总结了分层模式的解决方案。图 6.4 给出了分层模式的几何邻接表示。

表 6.1   分层体系结构模式的解决方案

模式描述项	描述项说明
模式简述	分层模式定义了层（一组协同服务的模块）和层之间单向的可用（allowed-to-use）关系，通常用代表层的框图垂直叠放来图形化展示该模式
模式元素	"层"是一种模块。层的描述应该定义该层包含哪些模块，以及该层所提供的一组具有内聚性的服务的特征
元素关系	"（可用）allowed to use"关系是更通用的"（依赖）depends on"关系的一种特化。利用分层模式的软件体系结构设计应该定义层的使用规则是什么（例如，"一个层可以使用任何低层"或"一个层只能使用与它相邻的下层"）
约束条件	• 每个构件都被分配到一个特定层。 • 系统至少包含两层（但通常有三层或更多）。 • 层之间的使用关系不能构成循环（即低层不能使用上面的层）
模式弱点	• 增加层会给系统带来设计成本和复杂性。 • 增加层会导致系统性能的下降

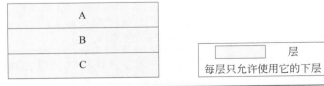

图 6.4   分层体系结构模式的叠加箱符号

3. 代理模式

上下文：许多系统都由分布在多个服务器上的一组服务构成，因此实现这些系统是复杂的，需要考虑系统间如何相互操作：它们如何连接、如何交换信息，以及构件服务的可用性。

问题：如何构建分布式软件体系结构，使得服务使用者不需要知道服务提供者的性质和位置（即服务透明），并进一步让动态改变服务的用户与服务提供者之间的绑定变得更容易？

解决方案：代理模式通过插入中间件（称为代理）将服务的使用者（客户端）与服务的提供者（服务端）分离开来。当客户端需要使用服务时，它会通过服务接口查询代理。代理再将客户端的服务请求转发到服务端进行处理。服务的调用结果从服务端返回到代理，代理再将结果（以及可能的服务调用的异常）返回给请求的客户端。通过这种方式，客户端不需要知道服务端的身份、位置和特性。由于这种客户端与服务端的分离，当某个服务端不可用时，代理可以动态选择替代的服务。代理在代理模式中是唯一需要知道这种替代变化的构件，因此客户端不受任何影响。

代理模式的缺点是它增加了系统的复杂性（必须设计和实现代理，以及消息传递协议），并在客户端和服务端之间添加一层，即代理，导致直接连接变为间接连接，这将增加服务端与客户端之间的通信延迟。同时由于代理在系统中是一个关键节点，所有调用都会经过代理，调试代理相对困难，因为导致其故障的条件可能难以复制。从安全角度来看，代理也是一个明显的攻击点，其漏洞会影响到整个系统。此外，代理还可能成为大型复杂系统的单点故障和通信的瓶颈。表 6.2 总结了代理模式的解决方案。图 6.5 给出了代理模式的建模表示。

表 6.2　代理体系结构模式的解决方案

模式描述项	描述项说明
模式简述	代理模式定义的运行时构件，也是核心构件，称为代理（Broker），用于在多个客户端和服务端之间进行通信的中介
模式元素	客户端，即服务的请求者。 服务端，即服务的提供者。 代理，将请求转发给服务端，并将结果返回给客户端。 客户端代理，即管理客户端与代理的实际通信，包括消息编组、发送和取消编组等操作的中介。 服务端代理，即管理服务端与代理的实际通信，包括消息编组、发送和取消编组等操作的中介
元素关系	"附属（Attachment）"关系将客户端（以及可选的客户端代理）和服务端（以及可选的服务端代理）与代理相关联
约束条件	客户端只能连接到代理（可能通过客户端代理），而服务端也只能连接到代理（可能通过服务端代理）
模式弱点	代理在客户端和服务端之间增加了一层，因此增加了系统延迟，而这一层可能成为系统的通信瓶颈。代理可能成为单点故障；代理增加了系统的复杂性；代理可能成为安全攻击的目标，并且代理本身难以进行测试

代理（Broker）是代理模式中的关键组成部分。该模式通过使用中介策略具备了可修改性优势、可用性优势（代理模式使得更换失败的服务端变得容易），以及性能优势（代理模式可以将工作分配给最不繁忙的服务器）。然而，使用该模式也会带来一些

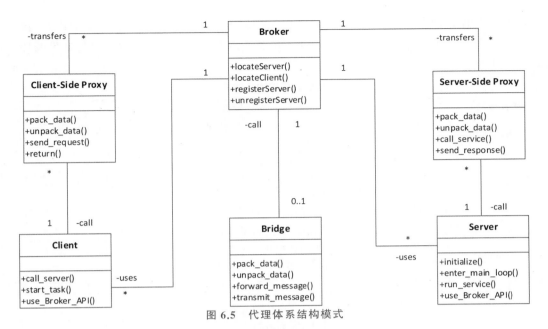

图 6.5 代理体系结构模式

负面影响。例如,使用代理无法执行针对服务端的精确定位和性能优化。此外,使用此模式也会增加中介的开销(资源消耗)以及延迟(性能下降)。

代理模式在工业界的首个广泛应用是通用对象请求代理体系结构(CORBA),能够让不同编程语言编写的构件连接起来。其他常见的使用该模式的例子包括企业级构件平台 Enterprise Java Bean(EJB)和微软的.NET 平台。基本上任何分布式服务提供者和消费者的平台都会实现某种形式的代理模式,例如,面向服务的软件体系结构(SOA)方法在很大程度上依赖于代理,最常见的使用方式是通过企业服务总线来实现代理模式。

4. MVC 模式

上下文:大部分软件系统都通过图形用户界面(GUI)来与用户进行交互,而图形用户界面通常是这类交互式应用中最经常修改的部分。因此,从软件体系结构设计的角度,将对图形用户界面的修改与系统其他部分的修改分离开对高效的软件维护和演化很重要。例如,用户通常希望从不同的角度来查看数据,如条形图或饼图。这些不同的数据视图都能反映出数据的当前状态。

问题:如何在用户界面功能与应用程序功能相互分离的情况下,仍然对用户输入或应用程序数据的变化做出响应? 当应用程序数据发生变化时,如何创建、维护和协调多个用户界面视图?

解决方案:模型-视图-控制器(MVC)模式将应用程序功能分为以下三类构件。

- 模型(Model):包含应用程序的数据及其模型。
- 视图(View):显示数据的一部分并与用户进行交互。
- 控制器(Controller):作为模型与视图之间的中介,并管理系统状态变化的通知。

MVC 模式并不适用于所有的设计。构成 MVC 模式的三类构件的设计与实现,以及它们之间各种形式的交互都会导致系统的复杂性和开发成本,因此对于相对简单的用户界面来说,MVC 模式并不是必需的。表 6.3 总结了 MVC 模式的解决方案。

图 6.6 给出了 MVC 模式的建模表示。由于构成 MVC 模式的三类构件松散耦合,因此可以对这些构件进行并行开发和测试,并且对其中任何构件的更改对其他构件的影响都很小。

表 6.3　MVC 体系结构模式的解决方案

模式描述项	描述项说明
模式简述	MVC 模式将系统功能分解为三类构件:模型、视图和控制器,控制器在模型和视图之间进行协调
模式元素	模型是应用程序数据或状态的表示,它包含应用程序的逻辑(如数据模型)。 视图是用户界面构件,它可以为用户生成模型的表示形式,或者允许用户通过用户界面进行特定形式的用户输入。 控制器管理模型与视图之间的交互,将用户操作转换为对模型或视图的更改
元素关系	"通知(Notifies)"关系连接模型、视图和控制器的实例,通知元素相关状态的变化
约束条件	• 必须至少有一个模型、视图和控制器的实例。 • 模型构件不应直接与控制器交互,而是通过视图来交互
模式弱点	MVC 体系结构模式具有一定的复杂性,对于简单的用户界面来说不是必须使用

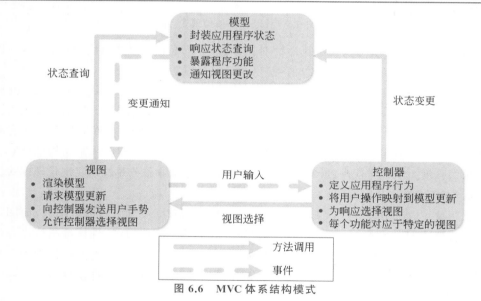

图 6.6　MVC 体系结构模式

在 MVC 模式的实际应用中,一个模型可能有多个视图和多个控制器。例如,一组业务数据可以表示为电子表格(如 Office Excel)中的数字列、散点图或饼图。每个视图都是独立的,且每个视图都可以在模型变化时动态更新(例如,在股票处理系统中显示实时交易)。一个模型也可以由不同的控制器来更新,例如,地图可以通过鼠标移动、轨迹球移动、按键或语音命令进行缩放和平移,这些不同形式的行为输入都需要由控制器来进行管理。构成 MVC 的三类构件通过某种类型的通知(如事件或回调)相互连接,这些通知包含状态更新,控制器将模型中的更改通知到视图,以便更新这些视图的显示。同时,用户输入等外部事件也可以通知控制器来更新模型,所以通知可以是双向的(即推送或拉取)。

MVC 体系结构模式在用户界面库中被广泛地使用,如 Java 的 Swing 类、微软的 ASP.NET 框架、Adobe 的 Flex 软件开发工具包、Nokia 的 Qt 框架、Spring 的 Web

MVC 框架等。因此,一个单一的应用程序通常包含多个 MVC 模式应用的实例(通常是每个用户界面都对应一个具体的 MVC 模式应用)。

5. 管道过滤器模式

上下文:许多系统需要将离散的数据流(如待编译的源代码)从输入转换为输出。实践中也有很多数据类型的输入输出转换需要反复进行,因此可以将这些负责数据类型转换的部分创建为独立的、可重用的部分(构件)。

问题:这些系统需要分成可重用、松散耦合的构件,且构件之间具备简单、通用的交互机制。通过这种方式,这些构件可以灵活地按需组合在一起(调整过滤器的连接顺序)。由于这些构件是通用、松散耦合和独立的,因此也易于重用,并可以并行执行(如多条管道并行执行)。

解决方案:管道过滤器模式中数据到达过滤器的输入端口,经过转换,通过管道传递到下一个过滤器的输入端口。单个过滤器可以从一个或多个端口来获取输入数据或产生数据。

管道过滤器模式也存在一些缺点。例如,这种模式通常不适合用于交互式系统的体系结构设计,因为该模式不允许循环(循环对于用户反馈很重要)。此外,大量独立的过滤器可能会增加计算开销,因为每个过滤器都运行在自己的线程或进程中。此外,如果没有添加某种形式的检查点/还原功能,管道过滤器模式不适用于长时间运行的计算系统,因为任何过滤器(或管道)的故障都可能导致整个管道的失败。表 6.4 总结了管道过滤器模式的解决方案。图 6.7 给出了管道过滤器模式的建模表示。

表 6.4 管道过滤器体系结构模式的解决方案

模式描述项	描述项说明
模式简述	数据通过由管道连接的过滤器执行一系列转换,从系统的外部输入数据转换为其外部输出数据
模式元素	过滤器(Filter)是一类构件,它将从其输入端口读取的数据转换为写入其输出端口的数据。多个过滤器可以并行执行,也就是说,当某个过滤器开始处理输入数据的同时,其他过滤器可以开始产生输出数据。过滤器的重要特征包括处理速率、输入输出数据格式。 管道(Pipe)是将数据从一个过滤器的输出端口传输到另一个过滤器的输入端口的连接器。管道具有单个输入源和单个输出目标。管道保留了数据项的顺序,即先进先出,并且不会改变通过管道传递的数据。管道的重要特征包括缓冲区大小、交互协议、传输速度以及通过管道传递的数据格式
元素关系	"附属(Attachment)"关系将过滤器的输出与管道的输入相关联,也可以将管道的输出与过滤器的输入相关联
约束条件	• 管道连接过滤器的输出端口和过滤器的输入端口,管道与连接的过滤器必须就传递的数据类型达成一致。 • 管道和过滤器可以连接为无环图或线性序列(称为管道),但不能连接为有环图
模式弱点	• 管道过滤器模式通常不适合用于交互式系统。 • 大量独立的过滤器可能会增加系统的计算开销。 • 管道过滤器模式不适用于长时间运行的计算

管道在通信过程中缓冲数据。由于这个特性,过滤器可以异步和并发地执行。此外,过滤器通常不(需要)知道其上游或下游过滤器的身份,而只需要知道其输入或输

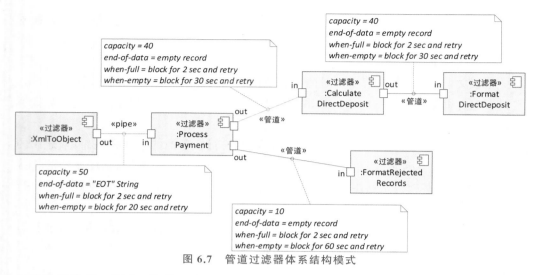

图 6.7　管道过滤器体系结构模式

出的数据类型。因此,管道过滤器系统具有良好的功能组合属性,也使得架构师更容易推理系统端到端行为的特性(即管道的初始输入和最终输出)。

管道过滤器模式通常用于设计需要进行数据转换的系统,每个过滤器负责输入数据的整体转换(如卫星图像生成)的一部分(如去掉卫星图像原始数据中的噪声)。每个数据处理步骤(模块)均可独立处理,且支持重用和并行化。信号处理应用程序是典型的管道过滤器系统,通过传感器接收数据并用过滤器进行初始过滤,之后每个过滤器压缩数据并进行特定处理(如平滑处理),下游过滤器进一步简化数据并与来自不同传感器的数据进行综合,最终的过滤器会将其数据传递给应用程序,例如,将数据输入可视化工具,呈现给用户。

还有很多使用管道过滤器模式的典型系统,包括程序编译系统、Apache Web 服务器的请求处理系统、Map-Reduce 编程模型,以及许多工作流引擎和处理分析大量数据流的科学计算系统。

6. 客户端/服务器模式

上下文:分布式系统中的客户端需要访问一些共享的资源和服务,同时当存在大量的访问请求时,对访问进行控制并保证服务质量。

问题:如何管理一组共享的资源和服务,让服务与其使用者分离,并且只需要在单个位置或少数位置进行修改就可以实现服务的重用? 如何通过集中控制这些资源和服务,将资源分布在多个物理服务器上,来提高可扩展性和可用性?

解决方案:客户端通过请求服务器提供的一组服务来进行交互,其中某些构件可能既充当客户端又充当服务器,而服务器可以是一个中央服务器或多个分布式服务器。

表 6.5 给出了客户端/服务器模式的解决方案,其中构件类型为客户端和服务器,客户端/服务器模式的主要连接器类型是由请求/响应协议驱动的数据连接器,用于调用服务。客户端/服务器模式也存在应用的缺点,当客户端的请求较多时,服务器可能成为性能瓶颈,也可能成为单点故障。此外,在系统实现之后,如果需要更改功能所在位置(比如将某个功能放在客户端还是服务端),这类修改的成本非常高,因为会涉及众多服务端和客户端。

表 6.5 客户端/服务器模式的解决方案

模式描述项	描述项说明
模式简述	客户端发起与服务器的交互,根据需要从这些服务器调用服务,并等待请求的结果
模式元素	客户端(Client)是调用服务器(Server)所提供服务的构件,客户端具有描述其所需服务的端口。 服务器(Server)是提供服务给客户端的构件,服务器具有描述其所提供服务的端口。服务器构件的重要特征包括有关服务器端口的信息(例如可以连接多少个客户端)和性能特征(例如最大服务调用速率)。 请求/响应连接器(Request/Reply Connector)是一种使用请求/响应协议的数据连接器,用于客户端调用服务器上的服务。其重要特征包括调用是本地调用还是远程调用,以及请求/响应数据是否加密
元素关系	"附属(Attachment)"关系将客户端与服务器关联起来
约束条件	• 客户端通过请求/响应连接器连接到服务器。 • 服务器构件可以同时是其他服务器的客户端。 • 可以限定服务器给定端口的附属连接数量。
模式弱点	• 服务器可能成为性能瓶颈。 • 服务器可能成为单点故障。 • 关于将特定功能放在客户端还是服务器端的决策的修改成本很高

使用客户端/服务器模式的常见系统包括:运行在网络上的信息系统,其中,客户端是基于图形用户界面(GUI)的应用程序,服务器是数据库管理系统;基于 Web 的应用程序,其中,客户端是 Web 浏览器,服务器是 Web Server 上部署运行的业务应用(如网上银行系统、电子商务系统)。

客户端/服务器系统的计算流程是不对称的,即客户端通过调用服务器的服务来启动交互,因此客户端必须知道要调用的服务器的标识;相反,服务器在服务请求之前不需要知道客户端的标识,只需要响应客户端的请求。客户端/服务器模式将客户端应用程序与它们使用的服务分开,并且这些服务通过对外调用接口是可重用的。由于服务器可以被任意数量的客户端访问,因此可以很容易地向系统添加新的客户端。同样,可以通过(动态)复制服务器来实现系统的可伸缩性和可提供性。

万维网(World Wide Web)是基于客户端/服务器模式的系统中最典型的例子,允许客户端(Web 浏览器)使用超文本传输协议(HTTP)从 Internet 的服务器访问信息。HTTP 是一种请求/响应协议,是无状态的;在每次从服务器获得响应后,客户端和服务器之间的连接被终止。图 6.8 使用非正式符号来描述银行自动取款机(ATM)系统的客户端/服务器视图。

7. 点对点模式

上下文:分布式计算系统中的每个实体都提供自己的资源,同时利用别的实体的资源,它们通过协作,为分布式用户社区提供服务。

问题:如何通过一种共同的协议连接一组"平等的"分布式计算实体,这些实体组合起来可以以高可用和可扩展的方式组织和共享服务。

解决方案:在点对点(P2P)模式中,构件直接作为"点"进行交互。所有"点"都是"平等的",没有任何"点"或一组"点"的重要性高于其他"点"。点对点通信通常是一种请求/响应交互,没有客户端/服务器模式中的不对称性。也就是说,任何构件原则上都可以与任何其他构件交互,并被其他服务请求其服务。交互可以由系统中的任何一

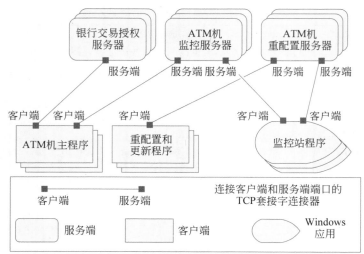

图 6.8   ATM 银行系统的客户端/服务器体系结构模式实例

个"点"来发起,也就是说,每个"点"构件既是客户端又是服务器。每个点提供和使用类似的服务,并使用相同的协议。点对点系统中的连接器涉及双向交互,反映多个点对点构件之间的双向通信。

任何新加入的节点都首先连接到点对点网络,在其中发现可以交互的其他节点,然后通过请求服务与其他节点合作以实现"点对点"计算。通常情况下,节点寻找另一个节点是通过从一个节点向其连接的节点发送询问消息来实现的。点对点模式中也可以有专门的节点(称为超级节点)来负责索引或路由功能,并允许普通节点的搜索到达更多的节点。点对点网络中的任何节点都可以被添加或移除,而不会对系统造成重大影响,从而使整个系统具有良好的鲁棒性和可扩展性,也为在分布式平台上部署系统提供了灵活性。

通常,点对点模式中多个节点具有重复的功能,例如,提供对相同数据的访问或提供相同的服务。因此,作为客户端的一个节点可以与多个充当服务器的节点合作完成某个任务。如果这些多个服务器节点中的某一个不可用,其他服务器节点仍然可以提供服务以完成任务,这样可以提升系统整体的鲁棒性。点对点模式还具有性能优势:因为任何节点都可以作为服务器节点,因此随着系统中不断加入的点,所有节点的负载都会减少。

点对点模式的缺点与其优点密切相关:由于点对点系统是分散的,没有任何中心节点,因此管理整个系统的安全性、数据一致性、数据和服务可用性、备份和恢复等都更加复杂。在许多情况下,由于节点的动态进出,很难为点对点系统提供保证。在实际应用中,架构师可以设置系统所需要达到的特定质量目标(如系统可靠性)的概率,而这些概率通常随着系统节点数量的变化而变化。

表 6.6 总结了点对点模式的解决方案。点对点模式经常用于分布式计算,例如,文件共享、即时通信、路由和无线自组织网络。点对点系统的典型示例包括诸如 BitTorrent 和迅雷之类的文件共享网络,以及 Skype 等即时通信应用程序。图 6.9 显示了点对点模式的应用实例。

表 6.6　点对点模式的解决方案

模式描述项	描述项说明
模式简述	计算是通过跨网络请求服务并互相提供服务的协作方式来实现的
模式元素	点(Peer)是在网络节点上运行的独立构件,特殊的点构件可以提供路由、索引和点的搜索能力。 请求/响应连接器用于连接到点网络,搜索其他点,并从其他点调用服务。在某些情况下,点的请求或数据发送不需要回复
元素关系	"关联(Relation)"关系将每个点与其连接器关联起来,同时这些关联可以在运行时更改
约束条件	• 允许连接到任何给定点的连接数量。 • 系统中点的感知能力(即哪些点知道其他哪些点)
模式弱点	• 管理安全性、数据一致性、数据/服务可用性、备份和恢复等方面都更为复杂。 • 小型点对点系统可能无法达到性能等质量目标

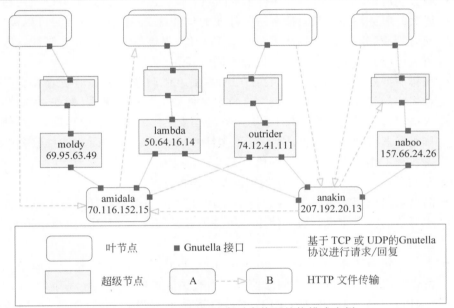

图 6.9　Gnutella 网络的点对点体系结构模式实例

8. 面向服务的体系结构模式

上下文:服务由服务提供者提供和描述,并由服务使用者使用。服务使用者需要能够在不了解服务实现细节的情况下理解和使用这些服务。

问题:如何支持在不同平台上运行、用不同实现语言编写、由不同组织提供、分布在互联网上的分布式构件的互操作性? 如何定位服务并将它们组合(或动态重新组合)成有意义的更大力度的服务,同时实现组合服务合理的性能、安全性和可用性?

解决方案:面向服务的体系结构(SOA)模式描述了一组提供和/或消费服务的分布式构件组成方式。在 SOA 模式中,服务提供者构件和服务消费者构件可以使用不同的实现语言和平台。服务在很大程度上是独立的:服务提供者和服务消费者通常是独立部署的,可以属于不同的系统甚至不同的组织。服务构件描述了它们从其他构件请求的服务和它们提供的服务接口。可以使用服务级别协议(Service-Level Agreement,SLA)来指定和保证服务的质量属性。服务构件通过请求彼此的服务来实现计算。

SOA 模式中的元素包括服务提供者和服务消费者，它们可以采用不同形式来实现，从 Web 浏览器上运行的 JavaScript 到主机上运行的各类程序。除了服务提供者和服务消费者构件之外，SOA 应用还会使用充当中介的专用构件来提供基础设施服务。

- 企业服务总线（Enterprise Service Bus，ESB）可以协调服务的调用。ESB 在服务消费者和服务提供者之间执行消息路由。此外，ESB 可以将消息从一种协议转换为另一种，执行各种数据转换（例如格式、内容、拆分、合并），执行安全检查并管理事务。使用 ESB 有助于促进服务的互操作性、安全性和可修改性。当然，通过 ESB 通信也会增加系统的开销，从而降低性能，并引入额外的故障点。当没有 ESB 时，服务提供者和消费者则以点对点的方式通信。
- 服务注册表：为了提高服务提供者的独立性，在 SOA 模式中可以使用服务注册表。服务注册表是对服务进行注册的构件，使得服务在运行时可以被发现，通过隐藏（分离）服务提供者的位置和身份，提高了系统的可修改性。服务注册表可以允许多个服务的不同版本同时存在。
- 编排服务器（或编排引擎）：在 SOA 系统中协调各种服务消费者和服务提供者之间的交互。编排服务器会在特定事件发生时执行脚本（例如，收到购买订单请求）。使用明确定义的系统业务流程或工作流程的应用程序，通过使用编排服务器可增强其可修改性、互操作性和可靠性。许多商业编排服务器都支持各种工作流或业务流程的语言标准。

以下是面向服务的体系结构中使用的基本连接器类型。

- 简单对象访问协议（Simple Object Access Protocol，SOAP）是 Web 服务技术中通信的标准协议。服务使用者和提供者通过在 HTTP 之上交换请求/响应 XML 消息来进行交互。
- 表现层状态转移（Representational State Transfer，REST）是一种服务消费者发送非阻塞 HTTP 请求的通信方式。这些请求依赖于 4 个基本的 HTTP 命令（POST、GET、PUT、DELETE），告诉服务提供者创建、检索、更新或删除资源。
- 异步消息传递是一种"发送并忘记"的信息交换方式。参与者不需要等待接收确认，只需要依靠消息发送基础设施来保证传递消息。消息传递连接器可以是点对点模式，也可以是发布订阅模式。

在实际的业务环境中，SOA 系统可能包括上述三种连接器的混合使用，以及其他通信方式（例如 SMTP）。IBM 的 WebSphere MQ、微软的 MSMQ、Apache 的 ActiveMQ 和阿里巴巴的 RocketMQ 等商业产品都支持异步消息传递的通信方式。

从 SOA 模式可以看出，在设计和实现时具有一定的复杂性（由于服务的动态绑定和服务元数据的使用）。SOA 模式的其他潜在问题包括中间件的性能开销（服务与客户端之间的中间件），以及性能保障（由于服务是共享的，所以性能不受请求者的控制）。这些弱点主要和代理模式有关，因为 SOA 模式包含代理模式中的许多设计概念和目标。此外，由于难以控制单个服务的演化，因此基于 SOA 模式搭建系统的维护成本较高。

表 6.7 总结了 SOA 模式的解决方案。SOA 的主要优点和主要驱动因素是互操作性。由于服务提供者和服务使用者可能在不同的平台上运行,面向服务的体系结构通常集成各种系统,包括遗留系统。特殊的 SOA 构件,如服务注册表或企业服务总线,也允许动态重新配置,在需要替换或添加构件版本而不中断系统时非常有用。图 6.10 显示了 SOA 模式应用的实例。户外运动者(Adventure Builder)应用允许客户通过选择目的地的活动、住宿和交通来定制度假方案。应用与外部服务提供者交互来实现度假定制的应用,并与银行服务交互以处理相关的付款。中央订单处理中心(OPC)构件负责协调内部和外部服务使用者和提供者的交互。外部服务提供者可以是遗留的大型计算机系统、Java 系统、.NET 系统等,而 SOAP 通信协议为连接这些系统提供了所需的互操作性。

表 6.7　面向服务体系结构模式的解决方案

模式描述项	描述项说明
模式简述	计算是通过一组相互合作的构件通过网络协议提供和/或使用服务来实现的,通常使用工作流语言来连接服务(描述计算过程)
模式元素	构件 • 服务提供者:通过发布接口提供一个或多个服务。服务的相关问题通常与所选的实现技术有关,包括性能、授权限制、可用性和成本。这些属性可以在服务级别协议(SLA)中指定。 • 服务消费者:直接或通过中介调用服务。 • 服务提供者也可以是服务消费者。 • ESB:是一种中介元素,可以在服务提供者和消费者之间路由和转换消息。 • 服务注册表:提供者可以使用它来注册其服务,消费者可以在运行时通过注册表发现服务。 • 编排服务器:根据业务流程语言来协调服务消费者和提供者之间的交互。 连接件 • SOAP 连接器,它使用 SOAP 在 Web 服务之间进行同步通信,通常是通过 HTTP。 • REST 连接器,它依赖于 HTTP 的基本请求/响应操作。 • 异步消息连接器,它使用消息系统提供点对点模式或发布/订阅模式的异步消息交换
元素关系	"附属(Attachment)"关系将不同类型的构件(服务)附加到相应的连接器上
约束条件	服务消费者连接到服务提供者,但可能会使用中间件构件(例如 ESB、服务注册表、编排服务器)
模式弱点	基于 SOA 模式的系统通常构建相对复杂,无法控制独立服务的演化,中间件也会带来性能开销,而部分服务可能成为系统性能的瓶颈,因此很难从整体上保证系统的性能

9. 发布订阅模式

上下文:有若干个独立的数据生产者和消费者需要相互交互,这些数据生产者和消费者的数量和性质并不是预先确定或固定的,它们分享的数据也不是预先定义好的。

问题:如何创建一种集成机制,支持在数据生产者和消费者之间传递消息,且它们不需要知道彼此的身份,甚至可能不知道对方的存在?

解决方案:在发布订阅模式中,构件通过发布的消息或事件进行交互(见表 6.8)。构件可以订阅一组事件。发布订阅模式运行时基础架构的工作是确保每个发布的事件都传递给该事件的所有订阅者。因此,在该模式中,主要形式的连接器是事件总线。

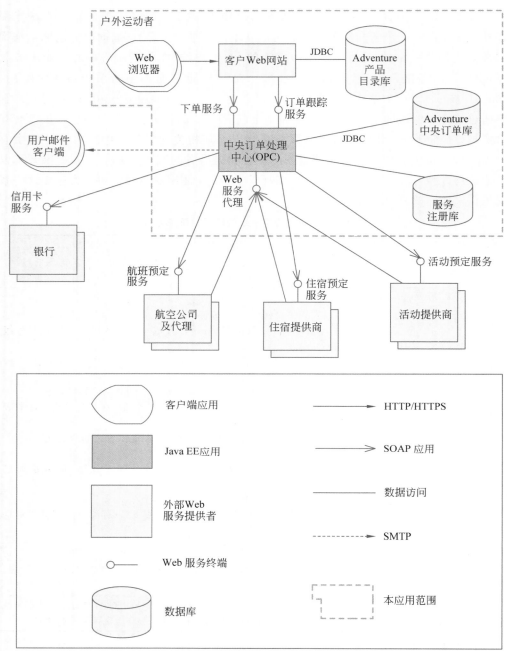

图 6.10 面向服务体系结构模式实例

发布者构件通过宣布事件将事件放置在总线上，然后连接器将这些事件传递给已注册且对这些事件感兴趣的订阅者构件。发布订阅系统中任何构件都可以既是发布者又是订阅者。

表 6.8 发布订阅体系结构模式的解决方案

模式描述项	描述项说明
模式简述	构件发布和订阅事件，当一个构件发布事件时，连接器体系结构将事件分派给所有已注册的订阅者

续表

模式描述项	描述项说明
模式元素	每个 C&C 构件至少有一个发布或订阅端口。关注的问题包括发布和订阅哪些事件以及事件的粒度。发布订阅连接器将有公告和监听角色,为希望发布和订阅事件的构件提供服务
元素关系	"附属(Attachment)"关系将构件与发布订阅连接器相关联,通过规定哪些构件发布事件和哪些构件注册接收事件来实现
约束条件	• 所有构件都连接到一个事件分发器,可以将其视为总线连接器或构件。 • 发布端口连接到 announce 角色,订阅端口连接到 listen 角色。 • 约束可以限制哪些构件,可以侦听哪些事件,构件是否可以侦听自己的事件以及系统中可以存在多少发布订阅连接器
模式弱点	使用该模式通常会增加延迟,并对消息传递的可扩展性和可预测性产生负面影响,对消息顺序的控制较少,消息传递的交付也无法得到保证

发布订阅模式在发送者和接收者之间添加了一个间接层,这会导致系统延迟,同时对系统的可扩展性产生负面影响。如果系统有实时响应要求,通常不建议使用发布订阅模式,因为该模式会引入消息传递时间的不确定性。发布订阅模式的另一个劣势是它无法对消息排序进行控制,并且消息传递不能得到确认(因为发送方不能确定接收方是否收到)。这使得发布订阅模式不适用于对可靠性要求较高的应用。

在 Eclipse 平台上实现的发布订阅模式示例如图 6.11 所示。

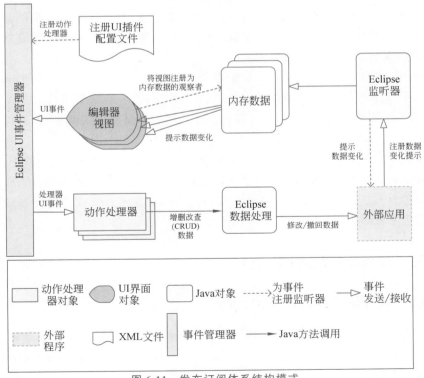

图 6.11 发布订阅体系结构模式

(1)将 Eclipse 的编辑器视图注册为内存数据的观察者(即订阅者),观察内存数据的变化。

（2）Eclipse 事件管理器将处理器 UI 事件发布到动作处理器，动作处理器完成后续的动作执行（如数据修改）。

（3）数据修改导致的变化被发送到 Eclipse 监听器，监听器提示内存数据进行修改。

（4）编辑器视图作为已订阅的内存数据观察者收到内存数据变化的通知。

发布订阅模式用于向一个未知的接收者集合发送事件和消息。由于事件接收者的集合对于事件生产者是未知的，因此生产者的正确性通常不能依赖于这些接收者。因此，新的接收者可以在不修改生产者的情况下添加。

发布订阅模式让构件之间相互独立，这样系统易于修改（添加或删除数据的生产者和消费者），但代价是运行时性能较差，因为发布订阅模式会引入调用的间接性，导致延迟增加。此外，如果发布订阅连接器完全失败，这会成为整个系统的单点故障。发布订阅模式有以下几种形式。

- 基于订阅列表的发布订阅模式是实现此模式的一种形式，其中每个发布者维护一个订阅列表，即注册了接收事件的订阅者列表。此版本的发布订阅模式比其他模式耦合度更高，因此它不提供太多的可修改性，但它在运行时开销方面非常高效。此外，如果构件是分布式的，那么就没有单点故障。

- 广播式发布订阅模式与基于列表的发布订阅模式不同，发布者对订阅者的了解较少（或没有）。发布者只需发布事件，然后进行广播。订阅者（或在分布式系统中代表订阅者的服务）检查每个到达的事件，并确定发布的事件是否感兴趣。这种模式有可能效率非常低，特别是当有很多消息，而某个特定的订阅者对大部分消息都不感兴趣时。

- 基于内容的发布订阅模式和前两种类型不同，它被归类为"主题（Topic）型"。主题型包括预定义的事件或消息，构件订阅主题下的所有事件。每个事件都与一组属性相关联，只有当这些属性与订阅者定义的模式匹配时，事件才会被发送到订阅者，即消息的过滤。

在实践中，发布订阅模式通常通过某种形式的面向消息中间件实现，其中，中间件作为代理实现，管理生产者和消费者之间的连接和信息通道。这种中间件通常负责路由和存储消息，以及消息（或消息协议）的转换。因此，发布订阅模式同时继承了代理模式的优点和缺点。

6.3　软件体系结构设计

6.3.1　软件体系结构设计的目的

软件体系结构设计作为系统的顶层设计，其设计任务主要包括系统分解（System Decomposition）和满足体系结构重要需求（Architecturally Significant Requirements）。

1. 系统分解

软件体系结构重点关注系统的质量属性，而质量属性往往是系统作为一个整体的特性。例如，延迟是指事件到达和事件处理输出之间的时间间隔，可提供性是指系统提供服务的能力，等等。鉴于质量属性往往作用于整个系统，如果我们希望在设计中实现质量属性需求,则必须从整个系统层面出发。随着设计的分解,质量属性需求也可以分解并分配给分解元素。

分解策略并不意味着我们的设计要全部从头开始,因为大部分系统往往会使用到现有系统的构件,无论这些构件是从外部导入的还是原有系统遗留的构件。同时,设计上的约束可以通过分解策略来适应和满足(如某些构件之间必须进行数据隔离)。在某些情况下,系统可能主要由现有构件来搭建,而在其他情况下,现有构件可能只是整个系统的一小部分(大部分构件需要重新开发)。无论是上述哪种情况,设计分解活动的目标都是生成一个符合约束条件、实现系统质量和业务目标的体系结构设计。

前面已经讨论了模块分解,但在软件体系结构中常常还有其他类型的分解,尤其是基于软件体系结构模式的分解,例如,在构件与连接件(C&C)模式中将构件分解为其子构件;在模型-视图-控制器(MVC)模式中系统被分解为多个模型构件、一个或多个视图构件和一个或多个控制器构件。

2. 满足体系结构重要需求

软件体系结构重要需求是驱动软件体系结构设计的需求。驱动设计意味着这些需求对软件体系结构有深远的影响,这也是它们为什么重要的原因。换句话说,系统的软件体系结构设计必须满足这些需求。这也带来了两个问题:其他非体系结构重要需求如何处理? 是让软件体系结构设计满足某个体系结构重要需求还是同时满足多个重要需求?

其他非体系结构重要需求如何处理? 在实际软件开发中,除了体系结构重要需求,还有其他需求,也需要通过设计来满足。对于这些其他需求,通常有以下三个选择。

(1) 现有设计仍然可以满足其他需求。

(2) 可以通过轻微调整现有设计来满足其他需求,这种轻微调整不会影响体系结构重要需求的满足。

(3) 无法在当前设计下满足其他需求。

选择(1)或(2)可以不对现有设计进行大的更改。在选择(3)时,有三个选择: ①如果接近满足该需求,可以尝试放宽该需求;②可以重新调整需求的优先级并重新审视设计;③可以明确说明无法满足该需求。

是让软件体系结构设计满足某个体系结构重要需求还是同时满足多个重要需求? 这个问题的答案取决于架构师的经验。例如,当学习下棋时,首先学习每种棋子的走法;熟悉了各种棋子的走法后,就会将各种走法相结合,并在每一步向前看得更远或提前预判。在软件体系结构设计中满足重要体系结构需求也是这样,初级架构师往往一次只关注某一个重要体系结构需求,但随着设计经验的增长和学习,可以通过使用软件体系结构模式(模式可以同时满足多个质量需求)来同时为多个重要体系结构需求进行设计。

6.3.2 软件体系结构设计过程

和软件开发过程一样,软件体系结构设计也需要遵循特定的过程。无论使用什么样的软件开发过程或生命周期模型,软件体系结构的设计过程都包括创建软件体系结构、使用该体系结构指导和实现完整的设计,以及管理目标系统演化等活动。具体来

说,这些软件体系结构的设计活动包括:

(1) 为系统制定商业案例。

(2) 理解体系结构的重要需求。

(3) 创建或选择特定体系结构。

(4) 记录和沟通体系结构设计。

(5) 分析和评审体系结构设计。

(6) 基于体系结构设计实施和测试系统。

(7) 确保实现符合体系结构设计。

1. 为系统制定商业案例

商业案例简言之是从业务角度对待开发项目的合理性进行说明,用来帮助预测待开发系统对组织的可能影响,并最终决定是否进行开发。在项目启动后,将通过审查商业案例来评估最初估算的准确性(即待开发系统是否会对组织的业务发展产生正面影响)。详细的商业案例一般需要给出系统开发的预期成本、利益和潜在风险,商业案例同时也可以作为待开发系统的业务说明和营销案例。组织的管理层也通过商业案例来确定项目可能的行动方案(如何时启动该项目)。

创建商业案例并不仅是简单评估待开发系统的市场需求,它包括产品应该定价多少?产品的目标市场是什么?产品的目标上市时间和生存周期?产品是否需要与其他外部系统进行连接?是否需要遵循一些约束限制(如数据隐私要求)?这些商业案例问题都是系统架构师和涉众一起需要分析解决的专业知识问题。这些商业案例问题涉及领域不能单凭架构师来决定,而如果在创建商业案例时没有咨询架构师,则无法从软件体系结构角度发现问题,导致无法实现商业目标。

通常在项目启动之前就会创建一个商业案例,在项目进行过程中也会重新审视该案例,以确定组织是否继续在该项目上进行投资。如果最初版本的商业案例中的假设条件发生变化,则需要架构师来重新分析预期成本、利益和潜在风险。

2. 理解体系结构的重要需求

在需求获取和分析活动中有各种各样的方法从涉众获取需求。例如,面向对象分析使用用例和场景来体现需求;安全攸关系统会采用更严格的方法,如有限状态机模型或形式化规范语言来说明获取的需求。对软件体系结构来说,重要的体系结构需求大部分来自系统的质量属性,因此这里主要讨论和捕获质量属性需求。

同时,很少有系统是从头开始开发,对大部分系统来说,系统或多或少都基于已有的系统来开发,因此需求获取技术包括理解这些已有系统的质量属性特征。

另一种帮助我们理解体系结构重要需求的技术是创建系统原型。原型可以帮助我们对期望的行为进行建模和探索,设计用户界面或者分析资源的利用,这有助于让系统在涉众眼中变得更加"真实",能够有效辅助相关涉众进行系统体系结构设计和用户界面设计。

3. 创建或选择特定体系结构

创建或选择特定体系结构,即设计和选择适当的软件体系结构风格与模式,以满足先前获取的软件体系结构重要需求。这些需求主要是系统的质量需求,如性能、可扩展性、可维护性和安全性等。通过选定的软件体系结构风格与模式,可以确保系统在满足质量需求的前提下,有效支持系统的业务目标和技术要求。

4. 记录和沟通体系结构设计

为了使软件体系结构设计有效支撑项目的开发,设计结果必须清晰明确地向所有涉众传达,即在涉众中达成一致理解,这些理解包括:开发人员必须理解软件体系结构对他们的工作分配要求,测试人员必须了解软件体系结构对他们测试的接口要求,管理人员必须了解软件体系结构对项目时间进度安排的影响,等等。

为了实现这一目标,软件体系结构的文档应该信息丰富、无歧义,并且易于不同涉众理解(适合多种背景的人阅读)。软件体系结构文档还应该尽量简洁,并面向将使用它的涉众来提供相应的信息。我们不需要为了文档而撰写文档,而只需要记录重要的软件体系结构部分,软件体系结构文档的编写应当基于良好的文档实践,同时在体系结构文档依赖的内容发生变化时使体系结构文档保持更新。

5. 分析和评审体系结构设计

在任何设计过程中,都需要考虑多个候选设计方案。有些明显不满足体系结构重要需求的设计方案会被首先排除,而其他设计方案则会保留下来做进一步的分析和评审。如何以合理有效的方式在这些候选设计方案之间做出选择是架构师的重要工作之一,因此对体系结构设计方案进行评估以确定其支持的质量属性(体系结构重要需求)成为软件体系结构设计过程中的重要活动。目前通用和有效的对软件体系结构进行分析和评审的方法是基于场景的方法,其中最成熟的软件体系结构评审方法是软件体系结构折中分析方法(Architecture Trade-off Analysis Method,ATAM)。

6. 基于体系结构设计实施和测试系统

架构师设计、分析并得到了在概念上合理的软件体系结构设计方案,但如果实施者(如编码人员)忽视了该设计方案,那么前期的体系结构设计就会失去意义。同时,让开发人员遵循软件体系结构所限制的结构和交互协议同样重要。基于此,要确保软件体系结构设计在实施中的一致性需要有明确定义且涉众认可的软件体系结构设计。

开发人员不遵循(违反)软件体系结构设计的原因有很多种:可能软件体系结构设计没有被适当地记录和传播;可能设计过于复杂;可能是开发人员偶尔犯错,因此应当在体系结构设计的实施和测试阶段发现和修改这类"违反"。

7. 确保实现符合体系结构设计

当目标系统的软件体系结构设计被创建和使用后,该设计会进入维护阶段。在这个阶段,架构师和开发人员需要确保实际架构和其实现保持一致。当体系结构设计和实现在很大程度上不同步(一致)时,必须修复实现或更新软件体系结构文档。

6.3.3 软件体系结构设计归档

从根本上说,软件体系结构文档有以下三个用途。

(1)软件体系结构文档作为一种教育手段。教育用途包括向人们介绍系统,以及团队的新成员,外部分析师,甚至是新的架构师。在许多情况下,"新"人可能是第一次向其展示解决方案的客户,这是项目开发团队希望能获得资金支持或批准的重要演示。

(2)软件体系结构文档是各涉众之间沟通的主要工具。软件体系结构作为沟通工具的具体用途取决于哪些涉众选择软件体系结构文档这种制品进行沟通。新架构师需要了解他们的前任是如何解决系统的困难问题以及做出特定决策的原因。

(3)软件体系结构文档作为系统分析和构建的基础,告诉实施者应该实现什么。

每个模块都有必须提供的接口,以及使用其他模块的接口。这些文档不仅提供有关提供和使用的接口的说明,还确定了与开发团队必须进行沟通的其他团队。

与软件体系结构文档相关的最重要的概念就是"视图"。软件体系结构是一个复杂的实体,无法用简单的一维方式描述。视图是一组系统元素及其之间的关系的表示。例如,系统的层次视图将显示"层"类型的元素,即显示系统的分解为各个层次的结构以及这些层次之间的关系。视图的概念提供了软件体系结构文档化最基本的元素。

那么什么是相关视图?这完全取决于设计的目标。正如之前所见,软件体系结构文档可以有许多用途:实施者的任务陈述、分析的基础、自动代码生成的规范、系统理解和资产恢复的起点,或项目规划的蓝图。架构师可以根据需要构建相应的软件体系结构视图。

不同的视图还会以不同程度展示不同的质量属性。因此,对系统开发的涉众来说,最关心的质量属性将影响选择要文档化的视图。例如,层次视图将帮助推理系统的可移植性,部署视图将帮助推理系统的性能和可靠性,等等。不同的视图支持不同的目标和用途。这就是为什么不主张特定的视图或视图集合。架构师应该根据对文档的预期用途来确定需要文档化的视图。不同的视图将突显不同的系统元素及其关系。

6.4　用户界面设计

用户界面(User Interface,UI)设计,是指为计算机、电器、移动通信设备、网站、App 应用等软/硬件系统设计用户界面,使系统的可用性和用户体验得到最大化。好的用户界面设计,能让用户通过与界面尽可能简单、高效地互动完成任务,而不必因为界面设计本身分散我们的注意力。著名的设计大师 Donald Norman 曾经说过:"界面的真正问题在于它是一个界面。界面妨碍了我。我不想把我的精力集中在界面上。我想专注于工作⋯⋯我不想认为自己在使用计算机,我想认为自己在做我的工作。"设计界甚至出现了"不可见 UI"(Invisible UI)这样的热门话题。这是对 UI 设计的更高要求,借助新的技术让用户与系统以更自然的方式交互,为用户提供更直观的体验,使得用户可以完全聚焦在所要完成的任务上,而忽略了界面的存在。

用户界面设计过程必须在技术功能与视觉元素(如心智模型)间找到平衡才能使系统在满足用户需求的同时具备良好的可用性。因而,用户界面设计是设计软件产品所涉及的几个交叉学科之一。不论是用户体验(User Experience,UX)、交互设计(Interaction Design,ID)还是视觉/图形设计(Visual / Graphic Design),都涉及用户界面设计。

6.4.1　用户界面的组成

用户界面是系统和用户之间进行交互和信息交换的介质,它实现信息的内部形式与人类可以接受形式之间的转换。用户向系统发出指令,系统执行相关的操作并给出反馈,用户则根据收到的反馈决定下一步采取什么操作,直到最终完成任务。用户界面的概念涵盖十分广泛,凡是涉及人类与机器(软硬件系统)的信息交互的领域都存在着用户界面。

根据表现形式,用户界面可以分为命令行界面、图形界面和多通道用户界面。命令行界面可以看作第一代用户界面,其中,人用手操作键盘,输入数据和命令信息,机器界面只能反馈输出静态的文本字符。命令行用户界面非常不友好,难于学习,错误处理能力也比较弱,因而交互的自然性很差。图形界面可看作第二代用户界面,由于引入了图标、按钮和滚动等交互技术,提高了交互效率。而多通道用户界面则进一步综合采用视觉、语音、手势等新的交互通道、设备和交互技术。从输入角度而言,用户可以通过触摸板、遥控器、操纵杆、RFID 阅读器、手势,甚至人脑-计算机交互(脑机接口)进行。而输出形式同样是多样化的,如语音、混合现实、增强现实、可触式界面、可穿戴计算等。用户利用多个通道以自然、并行、协作的方式与系统对话,系统通过整合来自多个通道的输入来捕捉用户的交互意图,大大提高人机交互的自然性和高效性。在目前的计算机应用中,图形用户界面仍然是最为常见的交互方式,因此下面主要介绍图形用户界面的设计方法。

一般而言,用户界面的组成元素主要如下。

输入:让用户可以进行选择或输入信息,包括复选框、单选框、下拉框和文本域等交互组件等。

导航:用于选择目的地和筛选信息的组件,包括下拉菜单、滚动条、面包屑、页签和分页等。

信息:向用户提供反馈的交互元素,包括图标、文字、媒体、进度条和提示等。

施乐 Xerox Star 系统促使了图形用户界面(Graphic User Interface,GUI)的诞生,为用户与系统交互开辟了新的可能性。最初的 GUI 叫作 WIMP,包含以下 4 个要素。

- **窗口**(Window)是屏幕上的一些可见区域,通常被视为独立运行的程序并与其他窗口隔离。这些单独的程序容器使用户能够在不同窗口之间流畅地切换。窗口通常提供各种控件,以便用户可以使用鼠标滚动、拉伸、重叠、打开、关闭和在屏幕上移动窗口。
- **图标**(Icon)是用来执行程序或任务的快捷方式,通常设计为图像以写实或抽象的方式再现它所代表的功能。用户单击图标时可以打开或激活相应的应用程序、对象、命令和工具。
- **菜单**(Menu)是一种基于文本或图标的选择系统。菜单提供类似于餐厅中点餐的功能,用户可以滚动浏览以选择和执行目标程序或任务。
- **指针**(Pointer)在 WIMP 系统中通常表示为由输入设备(如鼠标)控制的光标。根据执行任务的不同,指针有时候是一个箭头,有时候又变成十字准线、钟表或沙漏。因为 WIMP 系统十分依赖于"点选"(Pointing & Selecting),即指点和选择图标这类交互模式,因而指针扮演着十分重要的角色。用户通过鼠标控制光标,单击屏幕上的窗口、菜单和图标,以完成目标任务。

最早的用户界面主要是盒状设计,用户交互很大程度上受限于计算机屏幕上的对话框以及可用的 GUI 小组件(Widget),如按钮、滚动条、复选框等。如今,WIMP 系统的基本构建单元已经演变成多种不同的形式和类型。例如,对于移动设备和触屏设备,大多数用户的默认动作是使用单个手指滑动和触摸屏幕,而不是使用鼠标和键盘作为输入。图标和菜单也发展出音频图标/菜单、3D 动画图标,以及智能手表上基于微小图标的菜单等。除此之外,各种类型和用途的窗口,例如,各种对话框、交互式反馈框、错误消息框已经变得普遍。此外,像工具栏、图标栏、滚动图标等过去不是WIMP 系统界面一部分的很多新元素也已经包括在 GUI 中了。

6.4.2　用户界面设计的任务和原则

1. 用户界面设计的任务

用户界面设计所要完成的任务就是如何设计系统交互界面,以便有效地帮助用户使用系统功能完成任务。用户界面设计主要涉及以下几个任务。

1) 理解用户

用户界面设计必须以用户为中心,要充分理解用户的体验水平差异、年龄差异、文化差异及健康差异等对界面设计的影响。设计人员需要观察用户是如何理解内容和组织信息的,从而在进行交互设计时更合理地组织信息。主要的方法有情境访谈(Contextual Interviews)、焦点小组(Focus Groups)和单独访谈(Individual Interviews)。在情境访谈中,设计人员需要深入用户的生活场景,例如,和他们一起完成与工作和家庭相关的任务,参与并观察用户的生活,常常聊一些与当下所做的事或者他们的习俗有关的事。通过沉浸在用户的环境中,设计人员希望能发现或揭示出一些其他途径不能表达且只有全身心进入用户环境中才能发现的问题。尤其是在那些产品或服务需要多人在一起合作时,这种观察能发现他们之间的全部、完整的互动。观测结束后,设计人员需要对观测得到的结果进行分析,总结出几个主要的设计主题。通常用可视化的形式来展示给设计团队。

2) 任务分析

用户使用软件系统的目的是能够高效地完成他们所期望的任务。一般而言,用户在自己的知识和经验基础上构建起完成任务的思维模型。如果用户界面的设计与用户的思维模型相吻合,用户只需要花费很少的时间和精力就能理解系统的操作方法。反之,用户就需要较多的时间、精力来理解系统的设计逻辑,学习系统的操作方法。这种不一致有时甚至会造成用户完成任务的低效与失误,严重影响用户的使用体验。

因此,任务分析是用户界面设计的重要环节。基于前一阶段收集的关于用户的各种信息,任务分析最主要的任务是理解和获取用户的思维模型。常用的方法就是对象模型化,即将用户分析的结果按照讨论的对象进行分类整理,并且以 UML 模型描述其属性、行为和关系。此外,层次任务分析法(Hierarchical Task Analysis,HTA)也是一种常用的任务方法。HTA 主要描述目标及其子目标(Sub-goals)层次体系结果;提供了通用的目标或任务分析描述框架,通常用于分析人类要完成的目标或者机器系统要完成的任务,同时提供了多种表示方式,且能够表示子目标之间的多种时序关系。

3) 概要设计

概要设计也称架构设计,其主要任务是明确用户界面的高层次设计或架构,映射出高层次的概念,如用户、控件、界面显示、导航机制、整体工作流程等。概要设计有时候也称概念设计,因为在软件工程中,可通过概念之间的关系,将高层的概念组织为概念图。该阶段需要根据前两个步骤所获取的界面规格需求说明,详细分解任务动作,并分配给用户或计算机或二者共同承担,确定适合于用户的系统工作方式。

4）详细设计

高层次的概念及其关系是进行详细设计的起点。这一阶段需要规划出用户和系统之间的所有交互操作。用户界面的详细设计一般包括环境设计、界面类型设计、交互设计、艺术设计，以及帮助和出错信息设计等活动。

环境设计主要是确定系统的软硬件支持环境带来的限制，甚至包括了解工作场所、向用户提供的各类文档要求等。界面类型设计是根据用户特性以及系统任务和环境，指定最为合适的界面类型，包括确定人机交互任务的类型，估计能为交互提供的支持级别和复杂程度。交互设计是根据界面规格需求说明和交互设计原则以及所设计的界面类型，进行界面结构模型的具体设计，考虑存取机制，划分界面结构模块，形成界面结构详图。屏幕显示和布局设计是首先制定屏幕显示信息的内容和次序，然后进行屏幕总体布局和显示结构设计。艺术设计主要进行艺术设计完善，包括为吸引用户的注意所进行的增强显示的设计，例如，采取运动，改变形状、大小、颜色、亮度、环境等特征（如加线、加框、前景和背景反转），应用多媒体手段等。帮助和出错信息设计决定和安排帮助信息和出错信息的内容，组织查询方法，进行出错信息、帮助信息的显示格式设计。

5）可用性评估

可用性评估分成两类，即可用性审查和可用性测试。前者是让评估人员审查用户界面。这通常被认为比可用性测试成本更低，并且可以在开发过程的早期使用，因为它可以用于评估系统的原型或规范，一些常见的可用性检查方法包括启发式评估（应用一组启发式规则识别 UI 设计中的可用性问题）、认知走查（它侧重于为新用户完成系统任务的简单性），以及多元走查（选定的一组人逐步完成任务场景并讨论可用性问题）等。可用性测试是在实际用户身上测试原型。通常使用一种称为"出声思维（Think Aloud）"的技术，即让用户在体验过程中谈论他们的想法。可用性测试允许设计者从观众的角度理解设计的接受度，从而有助于创建成功的应用程序。

2. 用户界面设计的原则

Jakob Nielsen 提出的 10 条可用性原则，广泛适用于各种交互系统的设计，也可作为指导用户界面设计、提高系统可用性的一般性启发式原则。

1）简约设计原则

用户界面应当尽可能简洁。因为在屏幕上每增加一个额外的功能或信息，都意味着用户需要学习更多的东西，产生误解的可能性会随之增加，而用户从中查找所需的信息也会变得更困难。此外，界面设计应当尽可能地以一种自然的方式符合用户任务，即信息对象的排列和对它们的操作次序应符合用户高效完成任务的工作方式。例如，用户界面设计可以只显示与上下文有关的信息，用窗口分隔不同种类别的信息，隐藏当前状态下不可用的命令，只显示有意义的出错信息，避免因数据过多而使用户厌烦等。

2）贴近场景原则

用户界面应该使用用户熟悉的概念和语言，而不是系统术语。系统的功能操作应遵循现实世界的惯例，让信息符合用户自然思考的逻辑。界面设计的图形、文字、配色和风格，都应使用户清晰理解交互场景和任务。界面设计元素应模仿现实世界的产品或者使用映射,使用户能够利用现有的知识,从而降低学习成本,轻松快速地理解界面。

图形化用户界面中的一个重要设计思想——桌面隐喻(Desktop Metaphor)就是该原则的具体体现。桌面隐喻是指在用户界面中用人们熟悉的桌面上的图例清楚地表示计算机可以处理的能力。例如,Windows 操作系统中用磁盘的图标表示存盘操作,用打印机的图标表示打印操作等。这样的界面设计直观易懂,用户不需要任何额外的说明就能把图标和其所代表的任务关联起来,并轻松地完成相应操作。

3)记忆负担最小原则

界面设计应尽量减少用户对操作目标的记忆负荷,动作和选项应该是可见的。用户不必记忆一个页面到另一个页面的信息。系统的使用说明应该是可见或容易获取的。尽可能让用户选择所要执行的操作(例如,菜单中的选项、桌面的图标),而不是自己输入它们的名称(例如,命令行)。

4)一致性原则

一致性原则在界面设计中体现在两个方面。一方面,界面设计应保持平台的一致性。在同一用户界面中,所有的菜单选择、命令输入、数据显示和其他功能应使用相同的术语,并尽可能保持风格一致。用户不用担心不同的术语、情境或操作是否会指向或产生相同的结果。同时,一致性的界面风格会给人一种简洁、和谐的美感。另一方面,界面设计要尽量和用户的习惯保持一致,这就意味着用户不再需要重新学习,在各种应用之间切换没有学习成本。

5)反馈原则

系统应该保持界面状态可见,在适当的时间内做出适当的反馈,让用户了解当前状态、位置、进度以及操作是否成功,减少不确定性。用户在系统上的任何操作,不论是单击、滚动还是按键,页面应即时给出反馈,并引导他们在正确的方向上交互,而不是浪费精力在重复操作上。"即时"是指页面响应时间小于用户能忍受的等待时间。当系统响应时间超过 1s 时,应通过加载动画、占位符、分步加载等方式,减缓用户等待等焦虑感。如果超过 10s 还没有得到系统响应,那么通常需要给用户适当提示,例如,下载提示、刷新提示、新页面加载提示等。对于不常用的操作和重要的操作,系统应该提供详细的信息反馈。此外,界面设计时还应提高系统和用户对话的效率,尽量减少按键次数,缩短鼠标移动距离,避免使用户产生无所适从的感觉。

6)回退原则

为了避免用户的误操作,界面系统应提供撤销和重做功能,所有的操作应该可逆。可逆的动作可以是单个操作,也可以是一个相对独立的操作序列。

7)灵活易用原则

好的界面设计应同时兼顾新用户和资深用户的需求。对新用户来说,界面设计需要功能明确、清晰,对于有经验的用户,需要快捷高效地使用高频功能。常用操作的使用频度大,应该减少操作序列的长度,并设计相应的快捷方式。这样不仅会提高用户的工作效率,还能保证界面在功能实现上简洁而高效。对用户频繁使用的功能,提供重复操作入口或者模板。还可以通过提供系统默认选项,减少用户额外的操作。

8）容错原则

系统错误信息应避免使用难以理解的错误代码（如 404），应该清晰、准确地表达问题所在，并且提出一个建设性的解决方案，帮助用户从错误中恢复，将损失降到最低。如果无法自动挽回，则提供详尽的说明文字和指导。

9）防错原则

好的界面设计会尽量避免用户错误的发生。在用户选择动作发生之前，就要防止用户容易混淆或者错误的选择。在出现错误时，系统应该能检测出错误，并且提供简单和容易理解的错误处理功能。错误出现后系统的状态不发生变化，或者系统要提供纠正错误的指导。对所有可能造成损害的动作，坚持要求用户确认。例如，当用户删除文件时要求用户再次确认，如果用户之前是误操作选了"删除"，则可以通过"取消"操作避免误删文件。

10）帮助和文档

对于操作不熟练的用户，特别是新用户来说，帮助和文档十分重要。界面设计应该提供上下文敏感的求助系统，让用户及时获得帮助，尽量用简短的动词和动词短语提示命令。复杂的流程可以通过分步骤来引导用户逐步完成。

Nielsen 的可用性原则是针对交互系统的通用经验法则，适用于大多数系统，但是某些原则对于评估不同应用领域的产品来说过于笼统。因此，用户界面开发人员通常会根据具体领域的设计指南、市场调研、需求文档等来修订 Nielsen 的启发式原则，开发出他们自己的启发式原则，用于设计和评估范围广泛的产品，包括共享群件、视频游戏、多人游戏、在线社区、信息可视化、验证码和电子商务网站等。因为篇幅所限，不在这里做更多详细介绍，感兴趣的读者可以参见推荐阅读部分内容。仅以 Andy Budd 提出的针对网页设计的启发式原则为例，具体内容如下。

（1）清晰：使系统对于目标受众尽可能清晰、简洁和有意义。具体包括：

- 撰写清晰、简洁的副本。
- 仅对技术受众使用技术语言。
- 编写清晰、有意义的标签。
- 使用有意义的图标。

（2）尽可能降低不必要的复杂性和认知负荷：使系统尽可能简单，以便用户完成任务。具体包括：

- 删除不必要的功能、流程步骤和视觉混乱。
- 使用逐渐展开的方式以隐藏高级功能。
- 将复杂的过程分解为多个步骤。
- 优先使用大小、形状、颜色、对齐和相邻。

（3）为用户提供情境：界面应该向用户提供一种时间和空间上的情境感。具体包括：

- 提供清晰的网站名称和目的。
- 突出显示导航中的当前区域。
- 提供一个痕迹线索（即显示网站中用户已访问过的内容）。
- 使用适当的反馈信息。
- 显示进程中的步骤数。

- 通过提供视觉提示（例如进度指示器）或允许用户在等待期间完成其他任务来减少延迟时间感知。

（4）促进愉快和积极的用户体验：用户应该受到尊重，设计应该美观，并且能促进愉快和有益的体验。具体包括：

- 创造一种令人快乐和有吸引力的设计。
- 提供容易实现的目标。
- 为使用和进步提供奖励。

这些方法与 Nielsen 的启发式原则的不同之处在于，它们更加聚焦信息内容的有效展示，并且原则更加具体。

20 世纪 80 年代中期，Ben Shneiderman 还提出了后来被称为"8 条黄金法则"的用户界面设计准则，这些准则常常被用作评估界面的可用性，具体内容如下。

（1）争取一致性。

（2）寻求普遍的可用性。

（3）提供信息反馈。

（4）设计对话框以产生闭包。

（5）防止错误。

（6）使逆转动作容易进行。

（7）保持用户的控制。

（8）减少短期记忆负荷。

可以看到若干设计原则之间存在内容重叠，而且它们在范围和具体程度上差别很大。因而，开发和测试人员在使用这些原则的时候需要根据系统的类型、界面的特征等诸多因素，选择、制定合适的可用性准则。

6.4.3   用户界面设计方法

在用户界面设计中，原型设计是最常用的设计方法。人们常说，用户不能告诉你他们想要什么，但是当他们看到并使用产品时，他们很快就能知道他们不想要什么。原型作为一种强大的设计工具，提供了一个设计概念或想法的具体表达形式，使得用户和开发人员能通过原型交流和沟通想法。构建原型的活动也是开发人员探索设计思想的有效途径，它鼓励了设计中的反思，能够帮助开发人员在各个设计备选方案中进行选择。原型可以用来测试一个设计想法的技术可行性，澄清一些模糊的需求。开发人员还可设计特定的场景，并用原型进行评估和测试。

原型设计根据其保真度不同可以分为低保真原型和高保真原型。原型的保真度是指它与最终产品的外观在细节、真实感级别等方面的匹配程度。保真度越高的原型与最终产品越接近，但其构建成本也越高。显然，低保真原型更适合早期的构思和设计，因为这些原型能较容易地创建和丢弃。

1. 低保真原型

低保真原型通常外观与最终产品差别较大，也不能提供相同的功能。它可能使用完全不同的材料，如纸张和纸板，而不是电子屏幕和金属。也可能只执行有限的功能，例如，只能显示预先设定好的查询结果，而不能执行真正的查询操作。低保真原型简单、廉价、可以快速生产，这意味着很容易对其进行快速修改，因而可以更好地探索不同的备选设计方案。在开发的早期阶段,例如在概念设计期间,这一点特别重要,因为用于探索想法的原型应该是灵活的,并鼓励探索和修改的。

　　草图(Sketch)和故事板(Storyboard)都是常见的低保真原型。草图不是绘画,是设计。开发人员在使用草图时不应受绘画技巧和质量的限制,可以按需设计符号和图标来创建自己的"草图语言",以便表示各种实体和交互行为,其最终目的是能够简易、快捷地探索尽可能多的界面设计想法。故事板由一系列草图组成,经常与场景结合使用,展示用户如何使用正在开发的产品完成任务。它可以是一系列用户界面的草图,也可以是一系列展示用户如何使用系统执行交互任务的场景。当与场景一起使用时,故事板将提供更多的细节,用户、开发人员和评估专家都可以通过逐步遍历场景与原型进行交互。图 6.12 展示了一款智能盆栽培育助手的物理硬件设备,以及手机 App 的几个核心功能的用户界面设计草图。图 6.13 则详细展示了其中一个功能,即植株自动照料的使用情境。

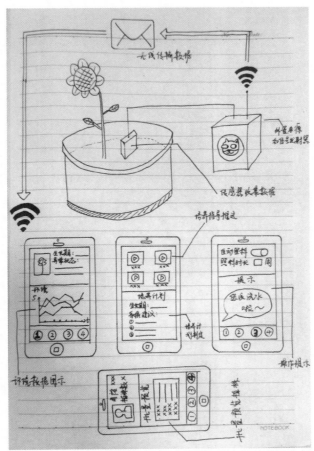

图 6.12　智能盆栽培育助手 App 用户界面设计的草图示例

2. 高保真原型

　　高保真原型看起来更像最终产品,它通常提供比低保真原型更多的功能。例如,使用 Python 或 Axure 开发的原型比基于索引卡的原型具有更高的保真度。虽然开发一个具有完整交互功能的高保真原型需要更多的成本,但它能够让用户或评估人员在真实情境中尝试完成完整的交互任务并提供了宝贵的反馈。图 6.14 展示了用

Fixma 设计的智能盆栽培育助手 App 的高保真原型。

表 6.9 总结了低保真原型和高保真原型的优缺点对比。一般而言,低保真原型更适合在设计早期进行头脑风暴,向客户、开发人员和其他项目参与者演示设计想法。低保真原型便于把握关键功能,确定相关概念、交互流程、信息架构等,能够对上述要素进行一定程度的评估。高保真原型更常出现在设计阶段的后期,主要用来模拟用户在真实情境下与系统的交互,确保核心功能满足了用户的基本需求,可以对用户界面设计的可用性进行更全面的评估,能有效地减少界面设计问题导致的错误和返工。

图 6.13   智能盆栽培育助手 App 植株自动照料场景的故事板示例

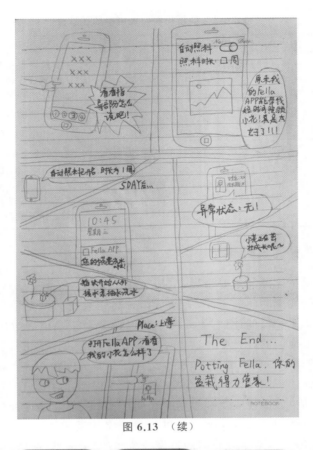

图 6.13 （续）

图 6.14 智能盆栽培育助手 App 高保真原型示例

表 6.9 低保真和高保真原型的优缺点

类 型	优 点	缺 点
低保真原型	• 较低的开发成本 • 评估多个设计概念 • 方便的交流工具 • 快速修改 • 概念验证	• 有限的错误检查 • 只能展示有限的导航和工作流 • 很难让用户测试 • 缺乏详细的开发规范
高保真原型	• 接近最终产品的外观和功能 • 完全用户驱动的交互 • 充当"活的"或不断演变的规范 • 营销和销售工具	• 较高的开发成本 • 修改很难、很耗时 • 不宜用于需求获取 • 被误认为最终产品的可能性 • 设定不当预期的可能性

6.4.4 用户界面设计评估

评估是软件质量保障的重要手段,也是软件开发过程中不可或缺的关键步骤。用户界面评估根据所发生时间的不同,大致可以分为两大类。一类是"形成性评估",即在用户界面设计阶段进行的评估,主要用于确保设计者正确地理解用户的需求,并将其适当地体现在了他们的设计中。这类评估涉及直接或间接地采集和分析用户(或专家)在设计制品(如草图、纸原型等)上模拟交互任务时的体验和评价,其核心目标是改进用户界面的设计的可用性(例如系统易用、易学的程度)和用户在与系统交互时的体验(例如令人感到满意、愉悦或受到激励的程度)。另一类"总结性评估"是为已完成的产品的用户界面所做的评估。这类评估更偏重于完整系统的用户界面的功能、性能、界面形式、可用性等。本节主要介绍的是设计阶段的"形成性评估"方法。

用户界面评估的理想情况是通过观察和分析用户与系统的交互来评估用户界面的可用性。但让用户参与评估并不总是可行的。首先,寻找用户并不容易,让用户参与评估会花费较长的时间以及较高的成本。其次,在设计阶段,并没有一个功能完整的可运行系统供用户使用,对于普通用户而言,要在草图或纸原型等设计制品上模拟交互任务并给出准确的评价具有一定的难度。因此,开发人员借鉴软件开发中的代码审查方法,替代需要用户参与的可用性测试。用户界面设计的审查方法包括启发式评估和走查法。其主要思想是由专家扮演典型用户来审查用户界面的设计,并预测用户在与界面交互时可能遇到的问题。这类方法的优势之一就是它们可应用于用户界面评估的任何阶段,特别是早期设计阶段。即使在项目后期用户界面已经完全实现的阶段,它们也可作为用户可用性测试的有效补充。

1. 启发式评估

在启发式评估(Heuristics Evaluation)中,评估专家在一组称为启发式原则的可用性原则(例如 6.4.2 中介绍的 Nielsen 的 10 条原则)的指导下,评估用户界面元素(如对话框、菜单、导航结构、在线帮助等)是否符合实践检验的原则。启发式评估可以分为以下三个主要阶段。

• 简报会议:向评估专家简要介绍评估的目标。如果有多个专家,则要确保每个人都得到相同的简报。

• 独立评估阶段:在此期间,评估专家通常使用启发式原则进行评估,花费 1~

2h 独立审查用户界面设计制品。

- **汇报会议**：评估专家聚集在一起，与设计师讨论他们的发现，优先考虑他们发现的问题，并为解决方案提出建议。

通常，评估专家会对用户界面至少进行两次评估。第一次重点关注与用户界面的交互流程，以及用户是否能使用系统完成预期的任务。第二次更专注于审查特定用户界面元素的设计，并识别潜在的可用性问题。

2. 走查法

走查法（Walkthrough）提供了一种启发式评估的替代方法，可以在不进行用户测试的情况下预测用户问题。走查法涉及对产品的任务进行走查，并注意存在问题的可用性特性。虽然大多数走查法不涉及用户，但也存在一些方法（如多元走查法）涉及可能包括用户、开发人员和可用性专家的团队。

认知走查法由评估专家模拟用户身份，用走查整个用户界面的方式完成一些典型任务，探索在与系统交互中的每一步是如何解决问题的，其重点是评估设计的易学性。

认知走查法的主要步骤如下。

（1）确定并记录典型用户的特征，并开发示例任务，提供要开发的界面的描述、模型或原型，以及用户完成任务所需的操作的清晰序列。

（2）由一个设计师和一个或多个评估人员一起进行分析。

（3）评估人员遍历每个任务的操作序列，将其放在一个典型场景的情境中，并试图回答以下问题。

① 正确的操作是否对用户来说足够明显？用户是否知道如何完成任务？

② 用户会注意到正确的操作可用吗？用户可以看到下一个操作应该使用的按钮或菜单项吗？当需要的时候，它是否明显？

③ 用户是否正确地关联并解释动作的响应？用户会从反馈中知道他们的行为选择是正确的还是错误的吗？换句话说，用户是否知道该做什么、看到如何操作，并从反馈中了解操作是否正确完成？

（4）当走查法完成时，记录关键信息。

① 对关于什么会导致问题以及为什么会产生问题的假设进行确定。

② 对次要问题和设计变更进行说明。

③ 编辑评估结果摘要。

（5）修改设计以解决所提出的问题。在进行修复之前，通常通过与实际用户进行测试来检查从走查法中获得的见解。

在进行认知走查法时，重要的是要记录下整个过程，并记录下哪些有效、哪些无效。可以使用标准化的反馈表单，在其中记录每个问题的答案。任何否定的答案都被仔细地记录在一个单独的表单上，此外还有产品的详细信息、版本号和评估日期。记录问题的严重性也很有用。例如，问题发生的可能性有多大、对用户来说有多严重。该表单还可以用于记录步骤（1）～（4）中概述的流程细节。

多元走查法是另一种成熟的走查法，在这种走查法中，用户、设计人员和评估人员一起工作，逐步完成任务场景。在多元走查法中，每个人都要扮演一个典型的用户角色。由几个原型屏幕组成的使用场景会提供给每个人，并且每个人都要独立写下从一个屏幕转换到另一个屏幕的操作序列，并且不能彼此协商。接下来，他们讨论各自建议的行动,然后再进入下一轮屏幕的操作。这个过程一直持续到所有的场景都被评估完毕。多元走查法的好处包括在深层次上更关注用户的任务,即查看所采取的操作步骤。这种级别的分析对于某些类型的系统,如安全系统来说是非常宝贵的,因为其中单个步骤相关的可用性问题可能对安全性或效率至关重要。不仅如此,评估人员带来了各种各样的专业知识和意见来解释交互的每个阶段。这种方法的局限性在于需要除评估人员之外的更多参与者,而且评估过程耗时通常较长,而且由于时间的限制,通常只能探索有限数量的场景和界面。

启发式评估和走查法都可以在没有用户参与的情况下,揭示用户界面设计中的一些问题,但这类方法也存在风险。专家的数量、启发式原则的质量、可用性问题的性质和类型,都会影响该类方法应用的有效性。专家可能对任务域或目标用户群体不够了解。因此,选择那些熟悉项目情况、知识渊博并与开发团队保持长期关系的专家,有助于提高这类评估方法的成功率。此外,不同的人在相同的界面中会发现不同的问题。故而,选择由 3~5 名专家组成的评审小组一起进行评估效率会更高。但即使是经验丰富的评估专家,也很难准确预测典型用户主的所有行为。因而,不应该将启发式评估视为可用性测试的替代品,而应将二者看作互为必要的补充。

6.5　软件详细设计

软件详细设计是软件开发过程中的一个阶段,由软件设计人员将抽象的软件需求规范转换为具体的软件设计。软件详细设计的目标是详细描述软件系统将如何实现以满足软件需求规范中描述的要求。软件详细设计对系统的用例实现方案、软件体系结构、数据结构、算法、接口、模块等进行了详细的定义和描述。详细设计是指导开发过程并帮助确保正确构建软件的软件系统蓝图。

软件详细设计产物包括各种 UML 图,以及描述软件系统实现的其他图表和文档。它还定义了不同软件组件、算法和数据结构之间的关系。软件详细设计是软件开发过程中的关键步骤,因为它提供了对软件系统的清晰和全面的理解,有助于降低缺陷风险并提高软件的整体质量。它还可以作为开发团队在实施阶段的参考,有助于确保软件在预算内按时按质量交付。

6.5.1　详细设计概述

软件详细设计是一个软件开发过程,在此过程中,软件需求和体系结构被转换为对软件组件及其交互的完整且有据可查的描述。软件详细设计的目的是提供一个清晰、准确、完整的软件系统规范,包括用例设计、类设计、数据设计、文档化详细设计等。

用例设计:在需求分析阶段,已经建立了用例分析模型,明确了系统功能。在用例实现方案设计阶段,需要解决的问题是怎么样去实现用例,对用例的具体实现过程进行设计。可以通过绘制详细的顺序图来表达设计结果。

类设计:在分析阶段,已经建立了领域模型(例如概念类图),在此基础上,结合用例实现方案,可以进行类的设计。类的设计任务包括实体类、边界类、控制类等的确定,以及确定类的属性和操作。而类的操作的确定需要依据通用的类职责分配原则(例如 GRASP)、面向对象设计原则、设计模式等。对于类中的一些重要或者复杂操作,需要绘制例如活动图或者状态图以明确操作流程,从而作为后续编码的依据。

数据设计:确定软件系统永久化存储的数据、存储的组织形式以及对数据的操作等。软件详细设计的总体过程如图 6.15 所示。

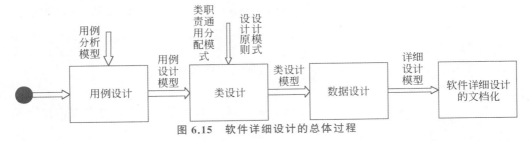

图 6.15　软件详细设计的总体过程

总之,软件详细设计过程的输出是一个全面的、有据可查的设计规范,作为软件开发实施阶段的蓝图。详细的设计规范应该足够清晰和完整,以供开发人员用来编写实现软件系统的代码。

6.5.2　用例设计

用例设计是创建详细描述系统或软件应如何响应用户的一组特定操作、事件或输入的过程。用例设计的目标是确定系统的功能需求,并定义系统应如何与其用户交互以满足他们的需求和期望。从分析模型到设计模型的转换是软件开发中的一个关键步骤,在这个步骤中,分析模型中定义的功能需求被转换为详细设计,概述了系统的技术实现。设计模型通常包括特定的细节,例如,软件体系结构、组件、数据结构、算法、接口和构成软件的其他元素。此转换的目的是将分析模型中定义的高级抽象和概念转换为可用于构建软件的具体、可实施的解决方案。设计模型应该提供对系统应该如何构建和运行的清晰和全面的理解,使开发人员更容易构建、测试和维护软件。

1. 用例设计活动

在软件需求分析模型的基础上,在详细设计阶段,需要进行用例设计。用例设计的主要活动如下。

(1)设计用例实现方案。在分析阶段,明确了软件系统需要做什么,在设计阶段,需要明确怎么做。对于每个用例,需要给出每个用例对应的业务处理功能及动作交互序列的明确实现方案。这个阶段主要可以采用顺序图描述。

(2)给出设计类图。在上述步骤的基础上,明确每个类的职责,给类分配属性和操作,明确类和类之间的关系,构造设计类图。

(3)优化用例设计方案及类图。整合所有用例的设计方案,以及考察各子功能的类图,进行用例设计方案的整体优化以及类图的优化。这个阶段可以应用面向对象的设计原则以及设计模式进行优化。

2. 设计用例实现方案

以某音像店租借管理软件为例。某音像商店拟委托开发一个音像制品租借管理软件,该系统描述如下。

- 音像制品可以是任何媒体:磁带、DVD 等。
- 对于该软件系统,店员负责执行日常操作。

- 客户必须在音像店注册成为会员,然后才能租用音像制品。注册信息包括标准的人口统计信息,如姓名、地址、电话号码等。每个客户都有单独的会员资格。
- 商店跟踪每个客户当前租用的音像制品,例如,哪些租借已过期,以及客户应承担哪些未付的逾期费用。
- 当客户租用一个或多个音像制品时,会生成一份租借协议,并由客户支付租借费用。当音像制品被退回时,将酌情确定逾期费用。
- 商店店员管理会员资格。
- 商店的店员和经理可以查询音像制品目录和租借信息。经理可以查询租借报告(系统应每周生成租借报告)。
- 系统管理员负责管理系统的用户。
- 所有用户必须事先登录才能使用系统。

对于本系统,在进行面向对象分析的时候,抽取主要的实体类,以建立领域模型。构建领域模型是后续用例设计方案的基础。针对"租借音像制品(Rent video)"这个用例,领域模型如图 6.16 所示。

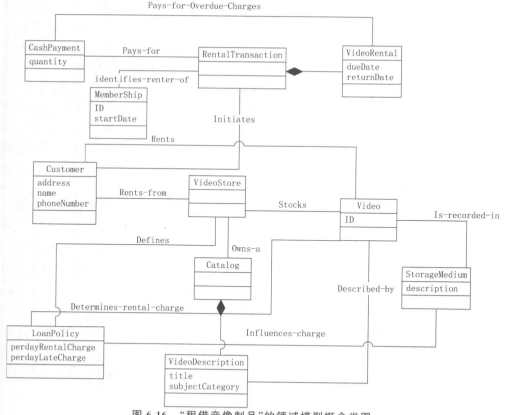

图 6.16　"租借音像制品"的领域模型概念类图

有了领域模型的概念类图,针对每个具体的用例,可以画出交互图,明确用例的实现流程。在这个过程中,除了已经有的实体类以外,可以明确边界类以及控制类。并且按照交互图的消息发送情况,确定每个类里面的具体方法。基本方法是:发送消息的对象负责调用方法,接收消息的对象负责实现方法。这里以租借音像制品用例为例,展示用例的实现。

对于该系统,"Rent video"是一个核心用例,该用例简单描述如下:客户拿着音像制品在服务台进行租借,顾客出示会员身份卡,店员负责录入身份信息进入系统。系统展示会员信息,包括该会员是否有未付的欠款等。对于租借的每一个音像制品,店员录入相应的信息。系统展示租借音像制品的所有信息,例如,音像名称、租借起始日期、租借时长、费用等。以下是该用例的实现方案。该用例场景的具体设计结果可以用时序图表达,如图 6.17 所示。

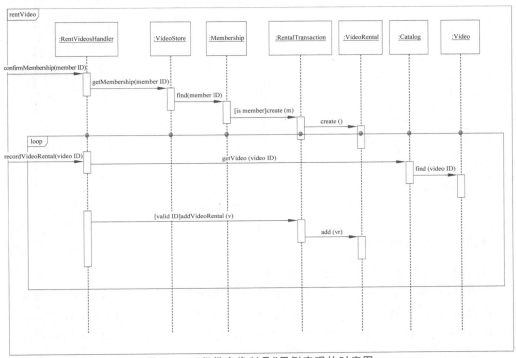

图 6.17 "租借音像制品"用例实现的时序图

首先,店员通过边界类对象(本例中省略边界类)给控制类 RentvideoHandler 对象输入顾客的会员信息,以确认该会员是否为合法会员,控制类转发给实体类对象 videoStore 进行确认,如果是合法用户,继续向 Membership 对象发送消息,查询该会员的详细信息,并创建 RentalTransaction 对象,接着由 RentalTransaction 对象创建 VideoRental 对象(这是因为一次租借可以租多个音像制品),接着店员输入租借音像制品信息进行查找,同样由控制类 RentVideoHandler 首先接收该消息,并转发给 Catalog 对象,在 Catalog 中找到后再给 Video 对象发消息以返回 video 的详细信息,接着给 RentalTransaction 对象发消息,以创建新的 videoRental 对象。

"确认会员身份"用例实现方案,具体设计结果如图 6.18 所示。"确认会员身份"功能的实现主要是通过 Membership 对象提供的服务,查询顾客是否是合法的用户。图 6.18 省略了边界类。首先通过边界类输入用户的 ID,控制类 RentVideoHandler 对象接收到消息以后,给 VideoStore 对象转发消息获取 member 对象,具体的 member 对象信息是存储在 Membership 对象中的,所以接着 VideoStore 发送 find()消息给

Membership 对象,如果经验证是合法会员,那么由控制类 RentVideoHandler 对象给
RentalTransaction 对象发送 create()消息以创建租借事务对象,再接着由 RentalTransaction
对象发送 create()消息以创建 VideoRental 对象。

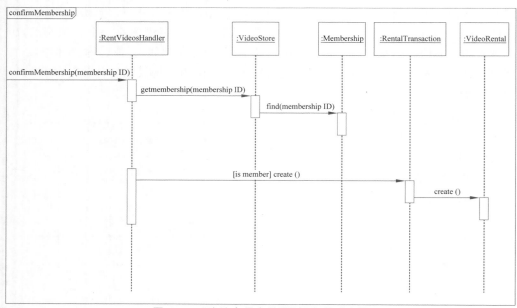

图 6.18　"确认会员身份"用例实现时序图

6.5.3　构建初始设计类图

1. "确认会员身份"用例实现的设计类图

从领域模型的概念类图以及"确认会员身份"用例设计的顺序图,可以较容易导出
"确认会员身份"用例对应的设计类图(见图 6.19)。根据顺序图中的消息发送接收情
况,按照"发送消息的对象负责调用,接收消息的对象负责实现"的基本原则,可以确定

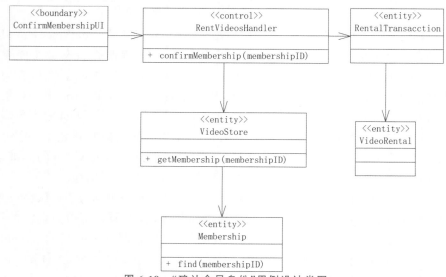

图 6.19　"确认会员身份"用例设计类图

每个设计类当中主要的操作。ConfirmMembershipUI 是边界类,负责提供界面接受输入,然后将请求数据交由 RentVideoHandler 控制类进行处理,控制类接收到请求后,将 confirmMembership 任务分发给其他实体类对象完成。这里类之间的关系是单向关联关系。

2. "租借音像制品"用例实现的设计类图

和以上"确认会员身份"用例设计类图类似,从领域模型的概念类图以及"租借音像制品"用例设计的顺序图,可以较容易导出"租借音像制品"用例对应的设计类图(见图 6.20)。需要注意的是,RentalTransaction 可以包含多个 VideoRental(一次租借事务,可以租借多个音像制品),所以这里是聚集关系。

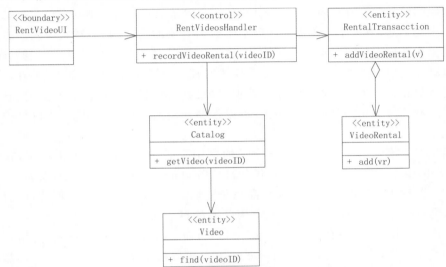

图 6.20 "租借音像制品"用例实现的设计类图

6.5.4 类设计

初步进行了类的设计后,很多时候需要进行类设计的优化,例如,可以通过类设计的通用职责分配原则、面向对象设计原则以及设计模式等,对类设计进行总体考虑及优化。

1. 通用职责分配模式

GRASP(General Responsibility Assignment Software Patterns)是软件设计中对类进行职责分配的一种通用模式。它提供了一种方法来确定软件系统中各个对象的职责和责任。

GRASP 的 9 个模式如下。

(1) 信息专家(Information Expert):保存信息的对象应该执行与该信息相关的操作。

(2) 创建者(Creator):对象的创建者负责它的初始化。

(3) 低耦合(Low Coupling):对象间的耦合应该尽可能低。

(4) 高内聚(High Cohesion):对象内部的各个部分应该高度一致,同时完成相同的任务。

(5) 控制器(Controller):对象的控制者负责控制它的行为。

（6）多态（Polymorphism）：对象的行为应该可以在运行时多态地被替换。

（7）非直接（Indirection）：消除直接耦合，通过间接耦合来提高灵活性。

（8）纯虚构（Pure Fabrication）：由一个对象创建另一个对象，以提高模块性和可维护性。

（9）变化隐藏（Protected Variations）：隐藏变化，使得变化不会影响到其他对象。

GRASP 可以帮助设计人员建立清晰、结构化的软件系统，提高代码的可读性、可维护性和可扩展性。下面对前 5 个模式进行详细的描述，其他模式可参见参考文献。

信息专家模式：信息专家模式是一种软件设计模式，旨在解决对象之间的数据传递问题。该模式通过在那些最熟悉某个特定数据对象的对象中存储该数据对象，从而简化对象间的通信。在信息专家模式中，一个对象被认为是对其他对象的数据结构的专家。因此，如果有一个对象需要访问某个数据对象的信息，则该对象应该通过访问专家对象来获取该信息。通过这种方式，该模式可以避免在多个对象之间复制数据，并可以减少对象之间的耦合。信息专家模式通常用于管理对象的状态，以便在需要时对其进行更新。该模式还可以用于在数据对象的生命周期中管理其变化。信息专家模式是一种非常有用的软件设计模式，可以帮助开发人员构建更灵活、更可维护的软件系统。

信息专家模式示例：例如，对于常见的应用于商场超市的 POS 机系统，在设计时，有 Sale（销售）、SalesLineItem（销售条目）、ProductDescription 等设计类，那么如果想知道一次销售行为所产生的购买商品总价、具体每个销售条目的销售总价等信息，分别由哪些类负责返回这些信息呢？从以下的概念类图（见图 6.21）中，可以发现 ProductDescription 类持有商品单价 price 信息，而 SalesLineItem 类持有商品条目数量 quantity 信息，这样在类 SalesLineItem 中，就可以根据这两个信息计算出商品条目的总价 subTotal，Sale 类包含 SalesLineItem，从而也可以计算出一次销售的购买总额 Total。据此根据信息专家模式，getTotal()应该放在类 Sale 中，而 getSubTotal()应放在类 SalesLineItem 中。

创建者模式：创建者模式是 GRASP 中的一个模式，用于确定哪个对象负责创建和初始化另一个对象。

在创建者模式中，创建者对象负责创建和初始化其他对象。创建者对象通常具有创建对象所需的所有信息，因此创建者对象是最熟悉这些信息的对象。创建者模式可以帮助开发人员消除对象间的耦合，并使对象的创建过程更加简单。该模式可以使创建对象的过程更加清晰，并使创建的对象具有更好的可维护性。

例如，因为类 Sale 包含 SalesLineItem，所以对于 SalesLineItem 而言，Sale 就是创建者对象，如图 6.22 所示。

低耦合模式：低耦合模式是 GRASP 中的一个模式，它旨在减少对象之间的耦合。在低耦合模式中，对象之间的耦合度非常低，以至于对象的变化不会影响到其他对象。这意味着，如果某个对象发生变化，它不会对其他对象产生任何影响，因此其他对象可以继续工作。使用低耦合模式可以使软件系统更灵活，更易于维护。如果软件系统中存在高耦合，则对其中一个对象的任何更改都可能对其他对象产生影响，从而使整个系统的维护变得困难。低耦合模式通常通过抽象和封装来实现。例如，可以使用接口或抽象类将对象与其他对象隔离，并仅通过抽象接口与其他对象进行通信。

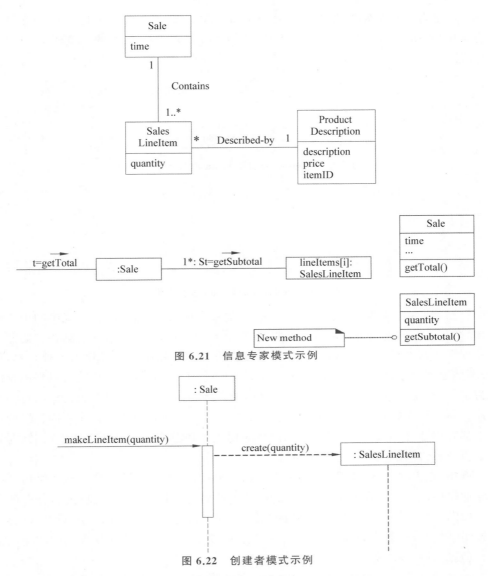

图 6.21 信息专家模式示例

图 6.22 创建者模式示例

高内聚模式：高内聚模式是 GRASP 中的一个模式，它旨在提高对象的内聚性。内聚性是指一个对象的各个部分是如何紧密相关的。如果一个对象的各个部分紧密相关，则该对象是高内聚的。这意味着，该对象具有较强的整体结构，因此该对象更易于维护和扩展。

在高内聚模式中，所有相关的任务都应该在同一个对象中执行，以便维护整个系统的内聚性。对象的职责应该被限制在该对象的范围内，以便保持该对象的内聚性。使用高内聚模式可以使软件系统更简单，更容易维护。如果对象的内聚性较低，则该对象可能具有多重职责，并且不同的职责可能相互矛盾，从而使该对象难以维护。高内聚模式通常通过对对象的封装和抽象来实现。例如，可以使用接口或抽象类将对象的职责限制在该对象的范围内，并将该对象的实现隐藏。

高内聚低耦合模式示例：例如，在 POS 机销售系统中，收银员处理一次销售发生在一个收银台 Register，销售 Sale 会对应支付 Payment，按照高内聚低耦合模式，

Register 在第一种方案中(见图 6.23),分别和 Sale 以及 Payment 发生关联,而在第二种方案中(见图 6.24),只和 Sale 发生关联,因此,创建 Payment 的职责最好分配给 Sale,而不是 Register。

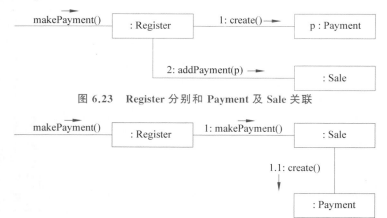

图 6.23 Register 分别和 Payment 及 Sale 关联

图 6.24 Register 只和 Sale 发生关联

控制器模式:控制器模式是 GRASP 中的一个模式,它用于确定系统中的中心对象,并在其他对象之间进行通信。控制器模式中,通常存在一个主控制器,该控制器负责处理来自其他对象的请求,并与其他对象进行通信。控制器通过使用多种技术,例如,事件处理程序、状态机和命令,来管理系统的行为。使用控制器模式可以将系统的行为统一,并使其他对象的行为与主控制器的行为相对独立。如果其他对象的行为与主控制器的行为相互依赖,则很难管理系统的行为。控制器模式在许多不同类型的系统中都有用处,例如,GUI 应用程序、网络应用程序和游戏。在这些系统中,控制器是用于管理和协调系统的行为的重要组件。

例如,在 POS 机销售系统中,来自于用户界面的请求,并不是直接和系统后端的业务逻辑层以及实体模型层交互,而是首先由控制器层接收这些消息,进行任务的分发。如图 6.25 所示,针对 POS 系统的"处理销售"和"处理退货"两个用例,可以分别设置两个控制类,职责是接收来自用户界面的"发起一次销售"以及"退货"的请求消息,以及进行任务的分发。

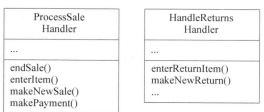

图 6.25 控制器模式示例

GRASP 模式的综合应用:在以上音像店租借软件系统中,针对确认会员身份用例,对于职责的分配,有图 6.26 的协作图体现。RentVideosHandler 作为控制类对象,负责接收来自用户界面的 confirmMembership(shipID)消息,这里就用到了控制器模式。因为 VideoStore 类对象持有会员信息,是会员信息的"信息专家",所以由它来负责接收 getMembership(membershipID)消息,这里用到了信息专家模式。RentVideosHandler 作为控制类对象,持有 RentalTransaction 类对象,并有相应的用于创建该类对象的数据信

息 m，所以 RentalTransaction 类对象的创建就由 RentVideosHandler 类对象实施，这里用到了创建者模式。

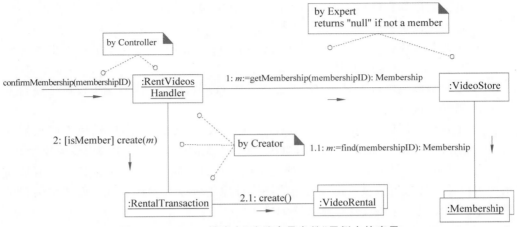

图 6.26　GRASP 模式在"确认会员身份"用例中的应用

同样地，在以上音像店租借软件系统中，针对租借音像制品用例，对于职责的分配，有图 6.27 的协作图体现。RentVideosHandler 作为控制类对象，负责接收来自用户界面的 recordVideoRental(videoID)消息，这里就用到了控制器模式。因为 Catalog 类对象持有 Video 信息，是 Video 信息的"信息专家"，所以由它来负责接收 getVideo (videoID)消息。这里用到了信息专家模式。RentalTransaction 持有 VideoRental，且有相应的用于创建该类对象的数据信息 v，所以 VideoRental 类对象的创建就由 RentalTransaction 类对象实施，这里用到了创建者模式。

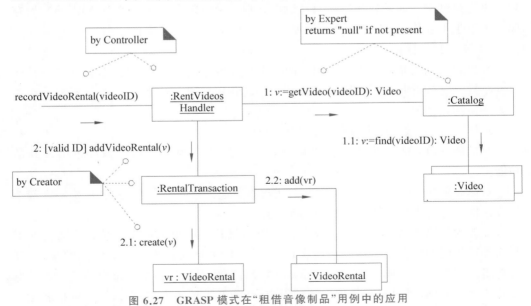

图 6.27　GRASP 模式在"租借音像制品"用例中的应用

2. 设计原则

软件设计原则是指在软件设计过程中应遵循的一些基本准则。下面是一些常见的软件设计原则(SOLID)。

- 单一职责原则(Single Responsibility Principle,SRP):一个类或模块应该仅有一个引起它变化的原因。
- 开放封闭原则(Open/Closed Principle,OCP):软件实体(类、模块、函数等)应该是可以扩展的,但是不可修改。
- 里氏替换原则(Liskov Substitution Principle,LSP):任何基类可以出现的地方,子类一定可以出现。
- 接口隔离原则(Interface Segregation Principle,ISP):客户端不应该依赖它不需要的接口。
- 依赖倒置原则(Dependency Inversion Principle,DIP):高层模块不应该依赖低层模块,两者都应该依赖其抽象;抽象不应该依赖细节;细节应该依赖抽象。

这些原则并不是强制的,它们一般用来作为设计的指导方针,根据具体的需求和情况可以适当地进行调整。正确遵循软件设计原则可以使软件具有良好的结构和可维护性。以下是对这些设计原则的详细描述。

1)单一职责原则

单一职责原则(Single Responsibility Principle,SRP)是指一个类、模块或函数只负责一项职责,并且这项职责应该是独立的。这意味着如果需要修改这项职责,只需要修改这个类、模块或函数,而不会对其他的类、模块或函数造成影响。实际上,单一职责原则是为了避免代码的冗长和复杂,保证代码的可读性和可维护性。这样可以提高代码的质量和提高开发效率。

举个例子,如果一个类负责多个职责,如同时负责数据存储和数据处理,那么如果数据存储方式发生了变化,就需要修改这个类,同时也可能影响到数据处理的代码,导致代码更难维护。如果将数据存储和数据处理分别封装在不同的类中,则即使数据存储方式发生了变化,也不会对数据处理代码造成影响,更容易维护。

2)开放封闭原则

开放封闭原则是软件设计原则中的一个重要概念,它是对软件系统设计的一种建议性指导。它告诉我们,在设计软件系统时,应该以一种可以被扩展但是不能被修改的方式来构建系统。

具体来说,开放封闭原则的两个关键点如下。

对扩展开放:这意味着系统应该允许在不修改其内部结构的情况下增加新的功能。

对修改关闭:这意味着系统内部的实现细节应该被隐藏起来,并且系统的内部结构应该被设计为不依赖于任何特定的实现细节。

开放封闭原则的目的是使系统更加稳定,更加可靠,更加易于维护。当需要在不影响现有代码的情况下扩展系统功能时,开放封闭原则可以作为指导。总的来说,开放封闭原则是一种经典的软件设计原则,是设计高质量软件系统的重要参考。通过遵循开放封闭原则,可以提高软件系统的稳定性,降低维护成本,提高系统的可扩展性。

3)里氏代换原则

里氏代换原则是面向对象设计原则中的一个重要概念,它是由 Bertrand Meyer 提出的。里氏代换原则的核心思想是:如果一个程序中的对象 O_1 是另一个对象 O_2 的类型,那么在程序中使用 O_1 的地方一定可以使用 O_2,而不会影响程序的正确性。

换句话说,里氏代换原则强调的是继承关系在软件设计中的重要性,并强调父类对象与子类对象之间的可替代性。通过遵循里氏代换原则,可以提高代码的可读性,降低维护成本,提高代码的灵活性和可扩展性。

4) 依赖倒置原则

依赖倒置原则是面向对象设计原则中的一个重要概念,它强调了对抽象编程,而不是对具体编程的重要性。依赖倒置原则的核心思想是:高层模块不应该依赖低层模块,两个都应该依赖于抽象。抽象不应该依赖于细节,细节应该依赖于抽象。

依赖倒置原则的好处在于:它可以降低系统的耦合性,提高系统的灵活性和可扩展性,方便系统的单元测试,降低系统的维护成本。总的来说,依赖倒置原则是一种非常重要的软件设计原则,它强调了对抽象编程的重要性,并且可以帮助我们降低系统的耦合性,提高系统的灵活性和可扩展性。

5) 接口隔离原则

接口隔离原则是面向对象设计原则中的一个重要概念。它要求我们在设计系统时应该把系统分成一些独立的模块,并且在这些模块之间通过接口来进行通信。接口隔离原则的核心思想是:客户端不应该依赖它不需要的接口,即一个接口不应该强制客户端实现它不需要的方法。接口隔离原则的好处在于:它可以降低系统的耦合性,提高系统的灵活性和可扩展性,方便系统的单元测试,降低系统的维护成本。

设计原则综合应用案例:某软件公司开发人员在开发 CRM 系统时发现该系统经常需要将存储在 TXT 或 Excel 文件中的客户信息转存到数据库中,因此需要进行数据格式转换。在客户数据操作类 CustomerDAO 中将调用数据格式转换类的方法来实现格式转换,初始设计方案结构如图 6.28 所示。

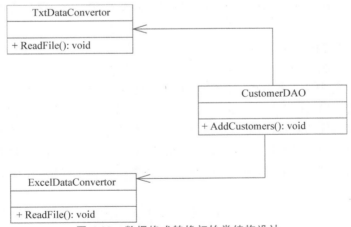

图 6.28　数据格式转换初始类结构设计

在编码实现如图 6.28 所示结构时,该软件公司开发人员发现该设计方案存在一个非常严重的问题,由于每次转换数据时数据来源不一定相同,因此需要经常更换数据转换类,例如,有时候需要将 TXTDataConvertor 改为 ExcelDataConvertor,此时,需要修改 CustomerDAO 的源代码,而且在引入并使用新的数据转换类时也不得不修改 CustomerDAO 的源代码,系统扩展性较差,违反了开放封闭原则,需要对该方案进行重构。重构后的设计方案结构如图 6.29 所示。

引入了抽象类 DataConvertor 以后,具体类都继承了该抽象类,当需要扩展时,增

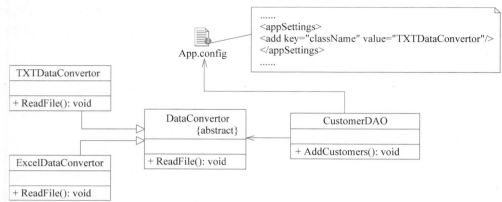

图 6.29   按照设计原则重构的类结构设计

加相应的具体类即可。客户类 CustomerDAO 也依赖于抽象类 DataConvertor，当具体类有变化时，客户类不用修改，只需要更改相应的配置文件 App.config 即可。系统类设计符合单一职责原则、开放封闭原则、依赖倒转原则。

3. 设计模式

设计模式是一种被广泛应用于软件工程中的编程思想，它提供了一系列被认为是最佳实践的设计解决方案，用于解决在软件开发过程中常见的重复性问题。这些问题包括对象的创建和管理、对象间的通信和协作、数据的结构和算法的实现等。

设计模式的一个主要目标是提高代码的可读性、可维护性和可扩展性，从而帮助开发人员编写更高质量、更可靠的代码。

设计模式通常被分为三种类型：创建型模式、结构型模式和行为型模式。创建型模式主要用于对象的创建，结构型模式主要用于对象的组合和组织，行为型模式主要用于对象间的通信和协作。

创建型模式包括以下几种。

- 工厂方法模式(Factory Method Pattern)：定义一个创建对象的接口，但让子类决定要实例化哪个类。工厂方法模式使一个类的实例化延迟到其子类。
- 抽象工厂模式(Abstract Factory Pattern)：提供一个接口，用于创建一系列相关或相互依赖的对象，而不需要指定它们具体的类。抽象工厂模式允许客户端使用抽象的接口来创建一组相关的产品，而不必关心这些产品的具体实现细节。
- 单例模式(Singleton Pattern)：保证一个类仅有一个实例，并提供一个全局访问点以访问该实例。
- 建造者模式(Builder Pattern)：将一个复杂对象的构建与它的表示分离，使得同样的构建过程可以创建不同的表示。
- 原型模式(Prototype Pattern)：通过复制现有对象来创建新对象，而不是通过实例化来创建新对象。原型模式通常用于创建相似的对象。

创建型设计模式提供了一些通用的方法来创建对象，并允许在不同的上下文中使用这些方法。这些模式提供了更高的灵活性和可扩展性，并使得代码更易于维护和测试。

结构型设计模式包括以下几种。

- 适配器模式(Adapter Pattern)：将一个类的接口转换为客户端希望的另一个

接口。适配器模式可以让原本不兼容的类可以一起工作。

- 桥接模式(Bridge Pattern):将抽象部分与它的实现部分分离开来,使它们可以独立地变化。桥接模式可以减少类之间的耦合,从而使系统更加灵活。
- 组合模式(Composite Pattern):将对象组合成树状结构来表示"部分-整体"的层次结构。组合模式可以使客户端统一处理单个对象和组合对象。
- 装饰器模式(Decorator Pattern):动态地给一个对象添加一些额外的职责。装饰器模式可以提供比继承更加灵活的功能扩展方式。
- 外观模式(Facade Pattern):为子系统中的一组接口提供一个一致的界面,以便客户端更容易地使用这些接口。外观模式可以简化客户端的使用,并降低客户端与子系统之间的耦合度。
- 享元模式(Flyweight Pattern):运用共享技术来有效地支持大量细粒度的对象。享元模式可以减少内存消耗,提高系统性能。
- 代理模式(Proxy Pattern):为其他对象提供一种代理以控制对这个对象的访问。代理模式可以在不改变原始对象的情况下,增加访问控制和其他的功能。

行为型设计模式如下。

- 观察者模式(Observer Pattern):定义对象之间的一对多依赖关系,使得当一个对象改变状态时,所有依赖于它的对象都会被自动通知并更新。
- 策略模式(Strategy Pattern):定义了一组算法,并将每个算法封装起来,使得它们可以相互替换。策略模式可以使算法的变化独立于使用它们的客户端。
- 模板方法模式(Template Method Pattern):定义一个算法的骨架,将一些步骤延迟到子类中实现。这样可以使得子类在不改变算法结构的情况下,重新定义算法的某些步骤。
- 迭代器模式(Iterator Pattern):提供一种访问聚合对象中各个元素的方法,而又不暴露聚合对象的内部表示。
- 命令模式(Command Pattern):将请求封装成对象,从而使得请求可以被参数化、记录、撤销和重做。
- 职责链模式(Chain of Responsibility Pattern):将请求的发送者和接收者解耦,从而使得多个对象都有机会处理请求。将这些对象串成一条链,并沿着这条链传递请求,直到有对象处理为止。
- 状态模式(State Pattern):允许对象在内部状态改变时改变它的行为,对象看起来似乎修改了它的类。
- 访问者模式(Visitor Pattern):定义了对一个对象结构中各元素的操作,可以在不改变这些元素的类的前提下,定义作用于这些元素的新操作。
- 解释器模式(Interpreter Pattern):给定一个语言,定义它的文法的一种表示,并定义一个解释器,使用该解释器来解释语言中的句子。

这里针对每种类型的设计模式介绍一种具体的设计模式,其他的设计模式请参见相关的文献。

1)工厂方法模式

(1)模式定义。

工厂方法模式(Factory Method Pattern)又称为工厂模式,也叫虚拟构造器

(Virtual Constructor)模式或者多态工厂(Polymorphic Factory)模式,它属于类创建型模式。在工厂方法模式中,工厂父类负责定义创建产品对象的公共接口,而工厂子类则负责生成具体的产品对象,这样做的目的是将产品类的实例化操作延迟到工厂子类中完成,即通过工厂子类来确定究竟应该实例化哪一个具体产品类。

(2)模式结构。图 6.30 展示了工厂方法模式类结构图。

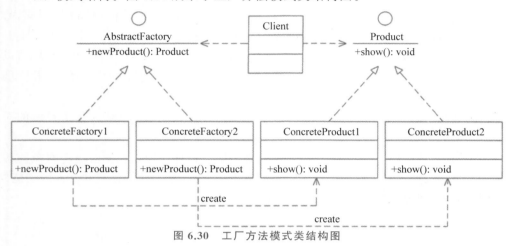

图 6.30　工厂方法模式类结构图

(3)模式应用效果。

工厂方法模式具有以下优点。

- 在工厂方法模式中,工厂方法用来创建客户所需要的产品,同时还向客户隐藏了哪种具体产品类将被实例化这一细节,用户只需要关心所需产品对应的工厂,无须关心创建细节,甚至无须知道具体产品类的类名。
- 基于工厂角色和产品角色的多态性设计是工厂方法模式的关键。它能够使工厂可以自主确定创建何种产品对象,而如何创建这个对象的细节则完全封装在具体工厂内部。工厂方法模式之所以又被称为多态工厂模式,是因为所有的具体工厂类都具有同一抽象父类。
- 使用工厂方法模式的另一个优点是在系统中加入新产品时,无须修改抽象工厂和抽象产品提供的接口,无须修改客户端,也无须修改其他的具体工厂和具体产品,而只要添加一个具体工厂和具体产品就可以了。这样,系统的可扩展性也就变得非常好,完全符合"开放封闭原则"。

工厂方法模式具有以下缺点。

- 在添加新产品时,需要编写新的具体产品类,而且还要提供与之对应的具体工厂类,系统中类的个数将成对增加,在一定程度上增加了系统的复杂度,有更多的类需要编译和运行,会给系统带来一些额外的开销。
- 由于考虑到系统的可扩展性,需要引入抽象层,在客户端代码中均使用抽象层进行定义,增加了系统的抽象性和理解难度,且在实现时可能需要用到 DOM、反射等技术,增加了系统的实现难度。

2)组合模式

(1)模式定义。

组合多个对象形成树状结构以表示"整体-部分"的结构层次。组合模式对单个对象(即叶子对象)和组合对象(即容器对象)的使用具有一致性。

组合模式又可以称为"整体-部分"(Whole-Part)模式,属于对象的结构模式,它将对象组织到树结构中,可以用来描述整体与部分的关系。

(2) 模式结构。

组合模式类结构图如图 6.31 所示。

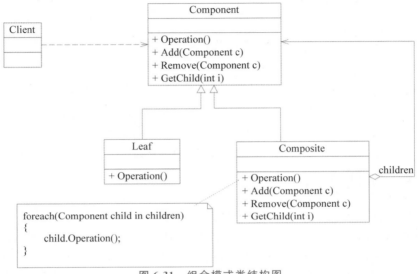

图 6.31　组合模式类结构图

(3) 模式应用效果。

组合模式具有以下优点。

- 可以清楚地定义分层次的复杂对象,表示对象的全部或部分层次,使得增加新构件也更容易。
- 客户端调用简单,客户端可以一致地使用组合结构或其中的单个对象。
- 定义了包含叶子对象和容器对象的类层次结构,叶子对象可以被组合成更复杂的容器对象,而这个容器对象又可以被组合,这样不断递归下去,可以形成复杂的树状结构。
- 更容易在组合体内加入对象构件,客户端不必因为加入了新的对象构件而更改原有代码。

组合模式具有以下缺点。

- 使设计变得更加抽象,对象的业务规则如果很复杂,则实现组合模式具有很大的挑战性,而且不是所有的方法都与叶子对象子类都有关联。
- 增加新构件时可能会产生一些问题,很难对容器中的构件类型进行限制。

3) 观察者模式

(1) 模式定义。

定义对象间的一种一对多依赖关系,使得每当一个对象状态发生改变时,其相关依赖对象皆得到通知并被自动更新。观察者模式又称发布-订阅(Publish/Subscribe)模式、模型-视图(Model/View)模式、源-监听器(Source/Listener)模式或从属者(Dependents)模式。观察者模式是一种对象行为型模式。

（2）模式结构。

观察者模式类结构图如图 6.32 所示。

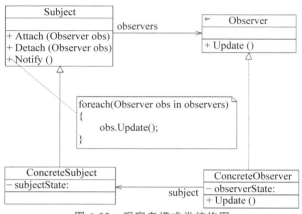

图 6.32   观察者模式类结构图

（3）模式应用效果。

观察者模式具有以下优点。

- 可以实现表示层和数据逻辑层的分离。
- 在观察目标和观察者之间建立一个抽象的耦合。
- 支持广播通信，简化了一对多系统设计的难度。
- 符合开放封闭原则，增加新的具体观察者无须修改原有系统代码，在具体观察者与观察目标之间不存在关联关系的情况下，增加新的观察目标也很方便。

观察者模式具有以下缺点。

- 如果一个观察目标对象有很多直接和间接的观察者的话，将所有的观察者都通知到会花费很多时间。
- 如果在观察者和观察目标之间有循环依赖的话，观察目标会触发它们之间进行循环调用，可能导致系统崩溃。
- 观察者模式没有相应的机制让观察者知道所观察的目标对象是怎么发生变化的，而只是知道观察目标发生了变化。

6.5.5   类的精化

类的精化是指对类的设计进行改进和完善，以使其更符合实际业务需求。下面是三个方面的具体内容。

关系的精化：这是指通过审查类与类之间的关系，以确保它们的关系适当且合理。例如，在一个类的设计中，如果存在不必要的关系，可以将它们删除；如果关系类型不适当，可以改变它们的类型。

属性的精化：这是指审查类的属性，以确保它们的设计合理。例如，如果某个属性不再使用，可以删除它；如果某个属性类型不适当，可以改变它的类型；如果某个属性缺少必要的限制，可以加入限制条件。

方法的精化：这是指审查类的方法，以确保它们的设计合理。例如，如果某个方法不再使用，可以删除它；如果某个方法有冗余代码，可以删除冗余代码；如果某个方法实现不正确，可以修改它的实现。

　　总的来说,类的精化旨在使类的设计更加合理、更加有效。

1. 关系的精化

　　在面向对象的软件模型中,类与类之间的关系主要有继承、组合、聚合、(普通)关联、依赖等关系。以上关系由强到弱。继承是类间最强的一种关系,描述了一般和特殊的关系。组合和聚合则刻画了类间整体和部分关系,是一种特别的关联关系。(普通)关联关系描述了类间一般的逻辑性关系,而依赖则描述了类间的语义相关性,一个类的变化会导致另一个类的修改,总体而言,是一种类间临时性的关系。在确定类与类之间关系的时候,除了考虑类之间语义上的因素以外,总体而言,尽量使用关系较弱的类关系。这样设计实现出的软件系统更符合高内聚低耦合的设计原则。

　　在音像店租借软件系统中,有不同的角色参与不同用例的执行,在设计时,可以泛化出一个 User 类,同时有 Customer、Clerk、Manager、Administrator 等类继承 User 类(如图 6.33 所示),这样类的层次关系更清晰,也有利于系统的实现。

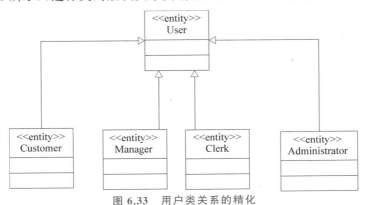

图 6.33　用户类关系的精化

2. 属性的精化

　　类设计的主要工作之一就是设计类的属性。精化类的属性需要针对类中的各个属性,明确属性的名称、类型、可见范围、初始值等。另外,在精化类属性时,还可以调整属性,例如,有的属性可以作为单独的类存在。例如,在 POS 销售系统中,销售 Sale 是发生在商场 Store,在初始的设计中,把 Store 作为 Sale 的一个属性,但是实际上 Store 是复杂属性,可以进行分解,分解的属性信息是系统所需要的,这样在属性的精化阶段,可以更改设计如图 6.34 所示。

图 6.34　属性的精化示例

　　类属性的可见范围分为三种。public 对软件系统的所有类可见,protected 仅对本类及子类可见,private 仅对本类可见。确定属性可见性需要遵循信息隐藏的基本原则,一般要尽可能缩小属性的作用范围。

　　当类之间存在关联关系时,例如,一个类包含另一个类的实例作为属性时,需要考虑如何设计类的属性,以便实现类之间的协同工作。以下是一些设计类属性的最佳实践。

（1）**定义属性类型**。定义属性类型时,应考虑与关联的类的类型匹配。例如,如果一个类包含另一个类的实例作为属性,则属性的类型应该是被包含类的类型。在定义属性时,应该考虑属性的默认值。如果属性的默认值是另一个类的实例,则需要在类的构造函数中创建该实例,并将其赋值给属性。

（2）**定义属性的访问和修改方式**。在设计属性时,应该考虑如何访问和修改属性,以便实现类之间的协同工作。可以使用属性装饰器来定义属性的访问和修改方式。

（3）**定义方法来访问和修改关联的类的实例**。除了直接访问和修改属性之外,也可以定义方法来访问和修改关联的类的实例。这种方式可以更加灵活地处理关联关系,并允许进行其他逻辑操作。

3. 方法的精化

类的设计不仅涉及属性的定义,还涉及方法的定义。在设计类的方法时,可以考虑以下几点来精化方法。

（1）**方法命名**。方法命名应该清晰明了,反映出方法的功能和作用。可以使用动词来描述方法的行为,例如,get_xxx() 表示获取某个属性或数据,set_xxx() 表示设置某个属性或数据,process_xxx() 表示处理某个数据等。

（2）**参数类型和默认值**。方法的参数类型应该和属性类型匹配,以保证方法的正确性和可靠性。同时,为了提高方法的可用性,可以为方法设置默认参数,减少使用时的烦琐性。

（3）**返回值类型**。方法的返回值类型应该和属性类型匹配,以保证方法的正确性和可靠性。同时,为了提高方法的可用性,可以根据不同的返回值类型,为方法设置不同的返回值,例如,返回布尔值、整数、浮点数、字符串等。

（4）**方法的实现**。方法的实现应该清晰明了,符合语义。在实现方法时,可以使用其他方法或属性,以减少代码冗余和提高代码的可读性和可维护性。

6.5.6 数据设计

1. 数据设计概述

软件数据设计是软件工程中的一个重要环节,旨在确定和组织应用程序中的数据元素。它是软件开发过程中的一个前期规划,旨在提高数据组织、存储和使用的效率。

软件数据设计包括识别和定义数据类型、建立数据模型、定义数据存储方式和数据关系等内容。它还涉及数据安全和数据管理问题,以确保数据在软件中的安全存储和使用。好的软件数据设计不仅可以提高数据的组织性和可用性,还可以帮助优化数据处理速度,提高软件的性能。因此,软件数据设计是软件开发过程中不可忽视的重要环节。

数据设计的原则如下。

- 数据独立性原则:数据库设计应该保证数据的独立性,即数据的修改、增加或删除不应该影响应用程序的运行。这个原则可以通过使用数据模型和数据字典来实现。

- 数据完整性原则:数据库设计应该保证数据的完整性,即数据应该符合预定的约束和规则。这个原则可以通过使用数据类型、数据校验和数据约束来实现。

- 数据一致性原则：数据库设计应该保证数据的一致性，即同一数据在不同位置应该是相同的。这个原则可以通过使用数据冗余和数据更新规则来实现。
- 数据可扩展性原则：数据库设计应该具有可扩展性，即能够适应未来的需求变化。这个原则可以通过使用标准化的数据结构、建立灵活的关系和使用可扩展的数据类型来实现。
- 数据安全性原则：数据库设计应该保证数据的安全性，即只有授权用户才能访问和修改数据。

数据设计需要确定软件系统中需要持久保存的数据条目，采用数据库或是数据文件等方式、数据存储的组织方式，设计支持数据存储和读取的操作等，有时还需要进行数据设计的优化，从而节省存储空间，提升数据操作性能等。

2. 数据设计的过程

数据设计首先需要确定需要持久保存的数据。这些数据来自于需求模型和设计模型。接着需要确定数据存储和组织的方式。是存储为数据文件还是数据库，根据不同的存储方式，设计数据的组织形式，例如，定义数据库的表以及字段。再就是设计数据操作。定义对数据的读取和写入、更改、删除、验证等操作。最后是评审数据设计，主要是结合软件的非功能性需求优化数据设计。

1）确定需要持久化的数据

在面向对象的软件系统中，需要永久保存的数据通常被抽象为相应的类以及属性，尤其是实体类。例如，在本章租借音像制品的案例中，实体类 Customer 有其固有属性，如姓名、住址、电话等，这些信息需要存储到永久介质中。为此，需要设计数据库的表以及支持对 Customer 信息进行增删改查的操作。在租借音像制品案例的领域模型中，其他的实体类的属性信息也是需要永久保存的，也需要设计相应的数据操作。

2）确定持久数据的存储和组织方式

持久化数据可以存储在多种存储介质中，常见的存储介质有关系型数据库、NoSQL 数据库、文件系统和云存储等。

- 关系型数据库：关系型数据库是一种使用关系模型组织数据的数据库，常见的关系型数据库有 MySQL、Oracle、SQL Server 等。
- NoSQL 数据库：NoSQL 数据库是一种不使用关系模型组织数据的数据库，常见的 NoSQL 数据库有 MongoDB、Cassandra、Redis 等。
- 文件系统：文件系统是一种将数据存储在文件中的方式，常见的文件系统有 NTFS、FAT32、EXT 等。
- 云存储：云存储是一种将数据存储在互联网上的方式，常见的云存储有 Amazon S3、Google Cloud Storage、Microsoft OneDrive 等。

不同的存储介质具有不同的特点和优势，在选择存储介质时应根据应用程序的需求和数据特征进行选择。

如果是用数据库进行数据的存储，需要设计数据库表。在面向对象的软件设计中，一个实体类往往对应一个数据库的表，而属性对应的是数据库表的字段，属性值对应的则是表里面的记录。在数据设计的过程中，需要根据类之间的关联关系以及多重度的对应关系确定数据在数据库表中的组织方式。基本策略如下。

（1）两个设计类是一对一或者一对多的关系。对应存储数据的表分别为 T_C1

和 T_C2。两个表分别有自己的主键。存储方式如图 6.35 所示。

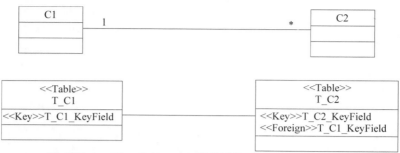

图 6.35 一对一或者一对多类关联关系到数据库表的映射

（2）两个设计类是多对多的关系。对应存储数据的表分别为 T_C1 和 T_C2。在这种情况下，往往需要设计第三个表——关联表 T-Association，其组织形式如图 6.36 所示。

图 6.36 多对多类关联关系到数据库表的映射

3）设计数据操作

确定好了数据存储和组织方式以后，剩下的就是设计对数据的增删改查操作了。这里以对音像制品租借系统中 T_Customer 数据库表的操作为例，可以有如下操作。

```
Boolean insertCustomer(Customer)
Boolean deleteCustomer(Customer)
Boolean updateCustomer(Customer)
Customer getCustomerByID(ID)
```

6.5.7 软件设计规约

软件设计规约文档是一个描述软件设计的规范和约束的文档。它是在软件设计阶段编写的一份重要文档，目的是确保软件开发的一致性和高质量，遵循一定的设计原则和标准。软件设计规约文档包含软件设计的各个方面，如系统架构设计、接口设计、数据库设计、流程设计、安全设计、性能设计等，以及对各个组件的设计、实现和测试等方面的规定。在软件开发过程中，软件设计规约文档是一个非常重要的文档，可以作为开发人员、测试人员和其他相关人员的参考，确保软件开发过程的高效性和质量。

软件设计规约主要包括如下方面。

1. 软件设计文档概述

这部分包括软件设计文档的编写目的、组织结构、读者对象、术语定义、参考文献等。

2. 系统概述

概括描述软件系统的整体状况,包括系统描述、建设目标、主要功能、边界和范围、用户特征、运行环境等。

3. 软件设计目标和原则

明确说明本文档中的设计模型实现了哪些功能性和非功能性目标。软件设计过程中遵循了哪些设计原则等。

4. 软件设计的约束

影响本软件产品设计和实现的约束条件,需要考虑哪些实际情况和限制。

5. 软件体系结构设计

详细介绍软件体系结构设计的结果。采用可视化模型和自然语言相结合的方式。

6. 用户界面设计

展示用户界面的原型设计、界面之间的跳转关系以及界面设计对应的类图等。在这个阶段,可以利用各种原型设计工具,例如 Axure、Mockplus、墨刀等。

7. 用例设计

介绍软件系统中各用例的实现方案。

8. 类设计

描述每个类的实现细节,包括类的职责、属性的定义、算法的设计等。

9. 数据设计

描述系统中永久存储的数据设计,例如,数据文件或者数据库的设计、数据操作的设计等。

10. 接口设计

描述软件系统与外部系统之间的交互接口。

软件设计文档的评审是软件开发过程中的一项重要环节,用于确保设计文档的质量和正确性。设计文档是软件开发中的关键文档之一,通常包括软件的架构、模块设计、接口设计、数据库设计等方面的内容,是指导软件开发的重要依据。下面是软件设计文档评审的一些步骤和方法。

① 准备评审材料。评审材料应包括设计文档以及相关的需求文档、测试计划、用户手册等。评审材料需要提前发给评审人员,以便他们能够在评审会议之前充分了解评审内容。

② 选择评审人员。评审人员应该包括设计师、项目经理、测试人员等开发团队中的相关人员。评审人员应该具有足够的技术能力和经验,以便能够深入评估设计文档的技术内容和质量。

③ 设计评审议程和目标。在评审会议之前,应该制定评审议程和目标。评审议程应该包括评审时间、评审内容和评审方法等方面的信息。评审目标应该明确指定,例如,检查设计文档是否符合业务需求、是否符合组织的规范和标准等。

④ 进行评审会议。评审会议是软件设计文档评审的核心环节。在评审会议中,评审人员应该对设计文档进行逐一检查和讨论,发现并记录文档中的问题和不足,并制定改进方案。评审会议应该充分利用评审人员的技术和经验,集思广益,以确保评审的全面性和准确性。

⑤ **记录和跟踪问题**。在评审会议中,评审人员应该记录设计文档中的问题和不足,并制定改进方案。评审人员还应该跟踪问题的解决情况,以确保所有问题都得到了解决。

⑥ **完成评审报告**。评审报告应该包括评审的目的、议程、人员、过程和结果等方面的内容。评审报告应该明确指出设计文档中存在的问题和不足,并提出改进方案和建议。评审报告应该及时提交给开发团队,以便他们能够及时进行改进。

软件设计文档评审是软件开发过程中不可或缺的环节,可以帮助开发团队发现和解决设计文档中的问题,确保软件系统的质量。

6.5.8   不同类型软件的软件详细设计

1. 行业应用软件

行业应用软件的软件详细设计活动是软件开发过程中的一个关键环节,因为其独有的特点,在进行软件详细设计时,需要重点考虑以下方面。

- 需求详尽:行业应用软件通常是为特定行业或领域定制的,因此软件详细设计活动需要充分理解并明确软件的需求,包括功能、性能、安全、界面等方面的要求。需求的详尽性对于行业应用软件尤为重要,因为行业应用软件往往需要满足复杂的业务流程和行业标准,因此在软件详细设计阶段需要对需求进行全面的梳理和分析。

- 行业专业性:行业应用软件通常需要对特定行业的业务流程、业务规则、行业标准等进行深入了解,并在软件详细设计中体现出来。因此,软件详细设计活动需要具备行业专业性,包括对行业领域的知识和经验的掌握,对行业标准和规范的遵循,以确保软件设计能够满足行业需求,并符合行业的规定。

- 系统整合性:行业应用软件通常需要与其他系统进行集成,包括与企业内部其他系统或外部系统的数据交互、业务流程的衔接等,例如,与企业资源计划(ERP)系统、客户关系管理(CRM)系统、供应链管理系统等系统的集成。因此,软件详细设计活动需要考虑系统的整合性,包括如何与其他系统进行数据交互、接口设计、业务流程的对接等,以确保整个系统能够协同工作并实现预期的业务目标。

- 数据处理复杂性:行业应用软件通常需要对大量的数据进行处理和管理,包括数据的采集、存储、查询、分析等。因此,在软件详细设计中,需要考虑数据模型的设计、数据库的选型和优化,确保系统能够高效地处理大量的数据。

- 用户界面复杂性:行业应用软件通常需要为不同角色和权限的用户提供复杂的用户界面,包括数据输入、业务处理、报表生成等功能。因此,在软件详细设计中,需要考虑用户界面的设计和优化,以提供良好的用户体验和操作效率。

- 安全性和稳定性:行业应用软件通常涉及企业的核心业务和重要数据,因此安全性和稳定性是软件详细设计中的重要考虑因素。在软件详细设计活动中,需要充分考虑系统的安全需求,包括数据的保护、用户权限的管理、系统的防护等,以确保系统在运行过程中能够保持稳定性和安全性。

- 可扩展性和可维护性:行业应用软件通常需要随着业务的发展和变化而不断演进和扩展,因此软件详细设计需要考虑系统的可扩展性和可维护性。这包括合理的系统架构设计、模块化的设计思想、清晰的接口定义和文档等,以便于后续的系统维护和扩展。

行业应用软件的软件详细设计活动具有需求详尽、高度定制化、复杂的系统集成、数据处理复杂性、用户界面复杂性、安全性要求高以及持续维护性等特点。在软件详细设计中,需要充分考虑这些特点,并针对特定行业的需求进行详细设计,以确保软件能够满足行业的业务要求并能够稳定运行。此外,良好的文档编写和团队协作也是行业应用软件详细设计活动中的重要方面,以便于团队成员之间的沟通和协作,以及后续的系统维护和升级。

2. 大型工业软件

大型工业软件的软件详细设计活动具有以下特点。

- 复杂性:大型工业软件通常具有复杂的业务逻辑和功能需求。设计人员需要考虑多个模块和组件之间的交互关系,以及大规模数据处理、并发访问、分布式系统等复杂技术要素。

- 可扩展性:工业软件通常需要支持未来的扩展和功能增加。在软件详细设计中,需要考虑模块化设计、松耦合架构和可插拔组件等方式,以便后续的功能扩展和模块替换。

- 性能要求:大型工业软件通常需要处理大量的数据和并发请求,因此性能要求非常高。在软件详细设计中,需要考虑合理的算法选择、高效的数据结构、并发处理和负载均衡等技术手段,以满足系统对响应时间和吞吐量的要求。

- 可靠性:工业软件通常用于关键业务流程和系统控制,因此可靠性是非常重要的。在软件详细设计中,需要考虑容错机制、错误处理和异常情况的处理,以确保系统的稳定性和可靠性。

- 安全性:工业软件往往处理敏感信息和重要业务数据,因此安全性是必不可少的要求。在软件详细设计中,需要考虑用户认证、访问控制、数据加密和安全审计等安全机制,以保护系统免受未授权访问和数据泄露的风险。

- 可维护性:大型工业软件通常具有长期的使用寿命,因此可维护性是重要的考虑因素。在软件详细设计中,需要考虑可读性和可维护性的代码设计、模块化和清晰的文档,以便后续的维护和升级。

- 高度团队合作:大型工业软件的开发通常需要多个开发人员和团队的合作。在软件详细设计中,需要确保设计文档和接口规范清晰明确,以便团队成员能够理解和共享设计意图,减少沟通和集成的障碍。

- 规范和标准:大型工业软件的开发往往需要遵循行业标准和规范,如软件架构模式、编码规范、安全标准等。在软件详细设计中,需要遵循相关的规范和标准。

- 技术复杂性:大型工业软件通常涉及多种技术和平台的应用,如分布式系统、云计算、大数据处理等。在软件详细设计中,需要考虑不同技术的集成和应用,以实现系统的高效运行和互操作性。

- 测试和验证:大型工业软件的软件详细设计需要考虑测试和验证的需求。设计人员需要定义详细的测试用例和验证方法,以确保软件在各种情况下的正确性和稳定性。

- 项目管理和时间约束：大型工业软件的开发通常是一个复杂的项目，需要考虑项目管理和时间约束。在软件详细设计中，需要合理规划和安排设计工作，以满足项目的进度和交付要求。
- 软件配置管理：由于大型工业软件的复杂性和团队合作的特点，软件配置管理是非常重要的。在软件详细设计中，需要建立合适的版本控制和配置管理机制，以确保设计文档和代码的一致性和追溯性。

大型工业软件的软件详细设计活动具有复杂性、可扩展性、性能要求、可靠性、安全性、可维护性等特点。设计人员需要综合考虑这些因素，制定合理的设计方案，并与团队成员紧密合作，以确保软件系统的成功开发和交付。

3. 嵌入式软件

嵌入式软件的软件详细设计具有以下特点。

- 硬件依赖性：嵌入式软件通常运行在特定的硬件平台上，因此软件详细设计需要考虑与硬件的紧密集成。设计人员需要了解硬件的功能和限制，并确保软件在硬件平台上能够正确运行。
- 实时性要求：嵌入式系统通常需要实时响应和处理事件，因此软件详细设计需要考虑实时性要求。设计人员需要合理规划任务和调度，确保关键任务在预定的时间内完成，并满足实时性要求。
- 资源限制：嵌入式系统通常具有有限的资源，如内存、处理器速度和存储空间等。在软件详细设计中，设计人员需要优化资源的使用，减少内存占用和功耗，以提高系统的效率和性能。
- 低功耗设计：嵌入式系统通常需要在有限的电池或电源供应下运行，因此软件详细设计需要考虑功耗的优化。设计人员需要合理管理和控制系统的功耗，采取有效的省电策略，延长系统的电池寿命。
- 实时操作系统（RTOS）：许多嵌入式系统使用实时操作系统来管理任务和资源。在软件详细设计中，设计人员需要考虑 RTOS 的使用和配置，包括任务管理、中断处理、优先级调度等。
- 驱动程序开发：嵌入式系统通常需要与外部设备进行交互，如传感器、执行器、通信接口等。在软件详细设计中，设计人员需要开发相应的驱动程序，与硬件进行通信和控制。
- 可靠性和安全性：嵌入式系统通常用于关键任务和安全相关的应用，因此可靠性和安全性是非常重要的。在软件详细设计中，设计人员需要考虑容错机制、错误处理和数据安全等，以确保系统的稳定性和安全性。
- 版本控制和配置管理：嵌入式软件通常需要进行多个版本的开发和维护，因此软件详细设计需要建立合适的版本控制和配置管理机制，以确保设计文档和代码的一致性和可追溯性。

嵌入式软件的软件详细设计在硬件依赖性、实时性要求、资源限制、低功耗设计等方面具有特点。设计人员需要充分理解硬件平台和系统需求，合理规划和优化软件设计，确保软件能够高效、可靠地运行。此外，对于嵌入式软件，还需要特别关注实时性要求、功耗管理、驱动程序开发和系统可靠性与安全性等方面。软件详细设计人员应该具备深入的嵌入式系统知识和经验，能够在限制资源和硬件环境下进行有效的设计和优化。

4. 基础软件

基础软件是指为其他应用软件提供支持和服务的软件,如操作系统、数据库管理系统、网络协议栈等。基础软件的软件详细设计具有以下特点。

- 高度可复用性:基础软件通常是为多个应用软件提供服务的,因此其设计需要考虑到可复用性。模块和组件应该被设计成可独立使用和扩展的,以便能够在不同的环境和应用中重复利用。

- 可扩展性:基础软件需要具备良好的可扩展性,能够适应不断变化的需求和增加的功能。软件详细设计应该考虑到未来的扩展需求,采用模块化和接口规范的方式,以便方便添加新的功能和组件。

- 高效性:基础软件通常需要处理大量的数据和请求,因此在软件详细设计中需要考虑到高效的算法和数据结构的选择。性能优化和资源管理也是重要的设计考虑因素,以确保基础软件能够高效地运行并提供快速的响应。

- 可靠性和稳定性:基础软件对于系统的可靠性和稳定性至关重要。软件详细设计应该考虑到错误处理和异常处理机制,确保基础软件在面对异常情况时能够正确地响应和恢复。同时,设计人员还需要进行充分的测试和验证,以确保基础软件的正确性和稳定性。

- 安全性:基础软件通常处理敏感的数据和系统资源,因此安全性是一个重要的设计考虑因素。在软件详细设计中应该考虑到安全机制和防护措施,以保护基础软件免受潜在的安全威胁和攻击。

- 可维护性:基础软件需要长期维护和支持,因此可维护性是一个重要的设计目标。软件详细设计应该注重代码的可读性和可理解性,采用清晰的结构和命名规范。此外,设计应该考虑到易于调试和修改的因素,以便在维护过程中能够快速定位和修复问题。

- 平台依赖性:基础软件的设计需要考虑目标平台的特性和限制。不同的操作系统、硬件架构和编程语言可能对基础软件的设计产生影响。设计人员需要了解目标平台的要求,并采用适当的设计方法和技术来满足平台的要求。

- 兼容性和互操作性:基础软件通常需要与其他软件和系统进行交互和集成。因此,设计人员需要考虑到兼容性和互操作性的问题。接口规范和标准化的数据格式是确保基础软件能够与其他系统无缝集成的重要因素。

- 严格的质量控制:基础软件对于整个系统的稳定性和可靠性至关重要,因此对其质量有着严格的要求。在软件详细设计中,设计人员需要制定有效的质量控制策略,包括代码审查、单元测试、集成测试和性能测试等,以确保基础软件的质量和可信度。

- 文档化和知识管理:由于基础软件通常是长期使用和维护的,因此对于设计决策、接口规范和系统架构的文档化非常重要。设计人员需要编写清晰的文档,以便日后的维护和升级。此外,对于基础软件的知识管理也非常重要,包括记录设计决策的背景和原因,以及解决问题的经验和教训。

基础软件的软件详细设计活动具有高度的可复用性、可扩展性、高效性、可靠性和安全性的特点。设计人员需要综合考虑平台依赖性、兼容性、质量控制、文档化和知识管理等因素,以确保基础软件能够稳定、高效地提供支持和服务。

6.6　本章小结

软件设计是软件系统开发从问题域(需求)到解域(实现)的第一步,对软件系统开发的后续流程起到至关重要的作用。本章主要介绍了软件设计的概念,软件体系结构的概念,常用的软件体系结构模式,软件体系结构设计的任务和过程,用户界面设计以及软件详细设计,贯穿了整个软件设计过程。

本章的学习重点是理解软件设计的概念和思想,掌握典型的软件体系结构模式及其使用,理解用户界面设计的任务和原则,掌握并能运用用户界面设计方法进行软件界面设计,掌握并能运用软件详细设计方法,在设计层面保证软件系统的质量。

6.7　综合习题

1. 作为一个概念性的类比,软件体系结构经常被比作建筑物的结构。建筑物与软件体系结构和视图的对应关系是什么? 和软件体系结构模式的关系是什么? 这个类比的不足是什么?

2. 你所熟悉的软件体系结构是否有不同的定义? 如果有,请将其与本章给出的定义进行比较和对比。许多定义包括"原理"(说明软件体系结构是什么的原因)或软件体系结构将如何随时间演变等考虑。你是同意还是不同意这些考虑因素应该成为软件体系结构定义的一部分?

3. 软件体系结构在降低项目风险方面的作用是什么?

4. 找一个你感兴趣的开源系统的项目网站。在网站上寻找该系统的软件体系结构文档。有哪些文档? 有哪些文档缺失? 缺失的这些文档是否会影响开发者为该项目贡献代码?

5. Nielsen 的 10 条可用性原则与 Shneiderman 的 8 条黄金法相比,内容有哪些异同?

6. 软件详细设计的主要任务是什么?

7. 在类的设计中,GRASP(通用职责分配模式)有何作用? 主要解决什么问题?

8. 用例实现方案中的顺序图,以及类设计中的类图,有无先后的设计次序? 二者是一种什么关系?

9. 设计模式的作用是什么? 在所有场景中,都需要用到设计模式吗? 为什么?

10. 软件详细设计中的活动图,在什么情况下需要绘制? 有何作用?

11. 类和类之间的关系有哪些? 这些关系有何联系及区别?

12. 面向对象分析阶段的分析类及类图,与详细设计阶段的类及类图,有何联系和区别?

13. 数据设计主要解决什么问题?

6.8 基础实践

1. 为软件开发项目选择适合的软件体系结构设计模式

实践内容：开发以下软件系统，适合采用哪些软件体系结构设计模式。

（1）智能物联网（AIoT）设备接入系统。

（2）共享单车的车辆实时管理系统。

（3）电子商务交易应用系统。

（4）大数据处理和分析系统。

实践要求：重点说明选择特定软件体系结构设计模式的理由，包括选择的软件体系结构设计模式给待开发软件系统带来的优点和缺点，尤其是对系统质量属性方面的影响，并给出基于该模式的软件体系结构设计。

实践结果：给出选择特定软件体系结构设计模式及理由，并给出设计结果。

案例分析：

（1）智能物联网（AIoT）设备接入系统。

选择的软件体系结构设计模式：代理模式。

（2）共享单车的车辆实时管理系统。

选择的软件体系结构设计模式：发布订阅模式。

（3）电子商务交易应用系统。

选择的软件体系结构设计模式：分层模式。

（4）大数据处理和分析系统。

选择的软件体系结构设计模式：管道过滤器模式。

2. 为图书馆管理系统设计详细的类图

实践内容：在设计图书馆管理系统时，将关注以下一系列需求。

图书管理员主要负责对图书、会员信息的增删改查。图书管理员还可以对图书的借出、预订和归还进行操作。

所有会员都可以搜索图书，以及借书、预订、续借和归还图书。

任何图书馆会员都应该能够按书名、作者、主题类别以及出版日期搜索图书。

每本书都有一个唯一的识别号和其他细节，包括一个书架号，这将有助于实际定位该书。

一本书可能不止一个副本，图书馆的会员应该可以借出并预订任何一本。我们称每一本书为书项（bookItem）。

该系统应该能够提供检索信息功能，如检索哪个会员什么时间借走或者预订了哪本特定的书。

不同类型的会员对应不同的借阅规则，例如，允许借阅书籍的数量，或者借阅天数不一样。

系统应该能够对到期日以后归还的图书收取罚款。

系统应该能够在预订的书籍可用时以及在到期日内未归还书籍时发送通知。

每本书和会员卡都有一个唯一的条形码。该系统将能够读取这些条形码。

实践要求：请根据以上需求描述，绘制图书管理系统的详细设计类图。对于需求不明确之处,可以自己做出合理的需求假设。

实践结果:用 UML 图给出图书馆管理系统设计的详细类图设计及说明。

6.9　引申阅读

[1]　梅宏,申峻嵘.软件体系结构研究进展[J].软件学报,2006,17(6):19.

阅读提示:本文是软件体系结构研究方面的综述论文。读者可从论文中了解软件生命周期的不同阶段软件体系结构的研究与应用,同时作者给出了软件体系结构领域的发展与研究方向。

[2]　张贺,王忠杰,陈连平,等.面向持续软件工程的微服务架构技术专题前言[J].软件学报,2021,32(5):1229-1230.

阅读提示:本专刊涵盖了以微服务软件体系结构为代表的持续软件工程方法、技术以及支持工具等方面的高水平研究成果。读者可从专刊论文中了解当前微服务软件体系结构与持续软件工程相结合的发展与研究方向。

[3]　崔晓峰,孙艳春,梅宏.以决策为中心的软件体系结构设计方法[J].软件学报,2010(6):12.

阅读提示:本文提出了一种以决策为中心的软件体系结构设计方法,读者可从论文中了解如何从决策的视角对体系结构进行建模,降低软件体系结构设计的复杂性。

[4]　王桐,廖力,李必信.一种基于演进原则度量的软件架构持续演进效果评估方法[J].电子学报,2019,47(7):7.

阅读提示:本文介绍了一种软件体系结构的评估方法,读者可从论文中了解如何基于演化原则来度量和评估软件体系结构持续演进的效果,从而针对性地进行处理。

[5]　徐永睿,梁鹏.面向模式软件体系结构合成中的冲突消解方法[J].软件学报,2019,30(8):25.

阅读提示:本文介绍了一种面向模式的软件体系结构合成活动中设计冲突的消解方法,能有效解决面向模式的软件体系结构合成中的冲突问题。

[6]　宋晖,黄罡,武义涵,等.运行时软件体系结构的建模与维护[J].软件学报,2013,24(8):15.

阅读提示:本文介绍了运行时软件体系结构的建模与维护方法,提出了一种模型驱动的运行时体系结构构造方法,提高了运行时体系结构构造过程的效率与可复用性。

[7]　刘春,张伟,赵海燕,等.一种"用例+控例"驱动的软件分析与设计方法[J].软件学报,2013,24(4):21.

阅读提示:本文介绍了一种软件分析与设计的方法,提出了"用例+控例"模型用来表达软件系统的功能性需求和可信性需求,从而在软件分析与设计过程中满足功能性和可信性需求。

[8]　比尔·巴克斯顿.用户体验草图设计工具手册[M].黄峰,等译.北京:电子工业出版社,2014.

阅读提示:本书是一本草图设计的实用入门书籍,作者作为微软的交互设计专家,介绍了多种草图设计方法,通过大量的示例指导读者如何一步步用草图来表达设计理念,帮助读者深刻理解创新设计的方法和路径。

［9］ Gamma E,Helm R,Johnson R,et al. 设计模式:可复用面向对象软件的基础［M］. 李英军,等译. 北京:机械工业出版社,2019.

阅读提示:这本书归纳总结了 23 种设计模式,其对应的英文原版书是设计模式的开山之作。希望全面了解各种设计模式知识的读者,可通读此书。

6.10　参考文献

［1］ Bass L,Clements P,Kazman R. Software Architecture in Practice:Software Architect Practice,Fourth Edition［M］. Boston:Addison-Wesley Professional,2021.

［2］ 孙昌爱,金茂忠,刘超. 软件体系结构研究综述［J］. 软件学报,2002,13(7):1228-1237.

［3］ 张莉,高晖,王守信. 软件体系结构评估技术综述［J］. 软件学报,2008,19(6):1328-1339.

［4］ Martin P R. Introduction to Software Design with Java,Second Edition［M］. Hanover:Springer,2022.

［5］ Clements P,Kazman R,Klein M. Evaluating Software Architectures:Methods and Case Studies［M］. Boston:Addison-Wesley Professional,2002.

［6］ Bachmann F,Bass L,Garlan D,et al. Documenting Software Architectures:Views and Beyond,Second Edition［M］. Boston:Addison-Wesley Professional,2011.

［7］ Gamma E,Helm R,Johnson R,et al. Design Patterns:Elements of Reusable Object-Oriented Software［M］. Boston:Addison-Wesley Professional,1995.

［8］ 毛新军,董威. 软件工程:从理论到实践［M］. 北京:高等教育出版社,2022.

［9］ 齐治昌,谭庆平,宁洪. 软件工程［M］. 4 版.北京:高等教育出版社,2019.

［10］ Larman C. UML 和模式应用［M］. 3 版.李洋,等译. 北京:机械工业出版社,2018.

［11］ 刘伟. 设计模式［M］. 2 版.北京:清华大学出版社,2018.

［12］ Shneiderman B.用户界面设计:有效的人机交互策略［M］. 6 版.郎大鹏,等译. 北京:电子工业出版社,2017.

［13］ 海伦·夏普.交互设计:超越人机交互［M］. 5 版.刘伟,等译. 北京:机械工业出版社,2020.

［14］ 孙悦红,孙继兰,司慧琳,等. 面向用户的软件界面设计［M］. 北京:清华大学出版社,2009.

［15］ 孟祥旭. 人机交互基础教程［M］. 3 版.北京:清华大学出版社,2016.

［16］ 唐纳德·诺曼,设计心理学［M］. 小柯,等译. 北京:中信出版社,2015.

［17］ Nielsen J.可用性工程［M］. 刘正捷,等译. 北京:机械工业出版社,2004.

第 7 章

编 码 实 现

本章学习目标
- 理解程序设计语言编码规范及风格的概念和设计原理。
- 了解代码重用的概念及方法。
- 了解程序调试的概念,掌握常用的程序调试技巧。

本章介绍软件工程中编写程序代码所涉及的一些概念和技巧。其中,7.1 节介绍编码规范及风格,帮助读者理解如何设计和编写高质量代码;7.2 节简述代码重用技术,使读者进一步了解软件工程中提高生产力的方法;7.3 节阐述程序调试的概念及常用的技术,总结软件调试在实际工程中的最佳实践;7.4 节简要介绍了发展迅速、影响深远的低代码技术的概念和基本工作原理。

7.1 编码规范及代码风格

不同的计算机程序设计语言有着不同的编码规范,而且很多语言并没有公认的编码规范,例如,C 语言程序中有些人习惯将大括号写在一行的末尾,而有些人则喜欢写在每行的起始位置。哪种风格更好是存在一定争论的,因此很多组织、机构和公司都会推行自己的编码规范。Google 编码风格 Google Styles Guides(请参阅 Google 的 styleguide 网页)代表了一种主流的编码规范,但并不是唯一的标准,如国内的互联网大厂都有自己的编码规范。在此以 Google 风格为基础进行编码规范的探讨。

本节首先阐述高质量代码需要达到的要求,其次探讨高级程序设计语言的语法层面和代码风格层面的编程规范。

7.1.1 程序代码的质量要求

软件的核心是程序,程序的描述用源代码(Source Code),又称为源程序(Source Program),简称代码(Code),因此软件质量的核心就是代码的质量。代码质量至少可以从三个维度衡量:一是从执行代码平台的维度,代码的语法和执行逻辑正确,执行效率和资源利用率高;二是从编程者维度,代码的可读性好,便于调试修改;三是从软件工程的维度,代码应利于维护、移植、测试等。决定代码质量的首要因素是算法和数据结构,其次是代码的表示形式。本节介绍如何从代码表示形式上提高软件的质量。

优秀的代码通常具有健壮性、高性能、可读性、可扩展性、可移植性、可重用性、可测试性等特性,下面将逐一说明这些特性。

1. 健壮性

健壮性(Robustness)好的代码,不仅能被正确地执行,还能应对各种异常情况,如用户非正常的输入、陡增的流量,甚至硬件故障等。在很多产品级别的代码中,异常处理逻辑的占比甚至大于功能实现部分。而且很多软件的算法或架构都要为增强健壮性而做出专门设计。例如如下函数,它的功能是返回两个整数(x,y)的平均值。

```
int getAverageNum(int x, int y) {
    return (x + y) / 2;
}
```

这段程序乍一看没有问题,但实际上 $x+y$ 可能会因为超过 int 的取值范围 $[-2^{32}, 2^{32}-1]$ 而导致计算结果不正确。为了提高这段代码的健壮性,需要考虑溢出的可能,代码改写为

```
int getAverageNum(int x, int y) {
    long sum = (long)x + y;
    return sum / 2;
}
```

先用一个 long 型临时变量 sum 存储 int 型的 x 和 y 相加的结果,避免溢出,再求均值。但这样显然增加了编码的复杂度。如果程序自身逻辑可以确定 x 和 y 相加一定不会溢出(例如,该函数只用来计算两个人的平均身高),那么此限定条件已经能满足程序的健壮性需求,无须进行过度设计和编码。

2. 高性能

从一行代码到整个程序,代码都应该尽可能高效。在运用同样的算法时,好的代码实现也能提高程序运行效率,减少资源使用,本章后续会有具体讲解。

3. 可读性

代码逻辑要清晰易懂,这样不仅能使编程者自己思路清晰,也有利于项目合作者正确理解设计思想,同时方便代码的日常维护。好的代码风格可以提升程序的可读性,7.1.3 节中将会做进一步讨论。当然,有一种代码混淆(Obfuscated Code)技术是专门为了让代码变得复杂难懂,以此来保护代码所表示的算法,防止算法被窃取,但这并不在本书的讨论范围内。

4. 可扩展性

可扩展性强的代码通常在整体代码结构和接口层面都做出了精妙的设计,以使得程序员仅通过很小的改动就能快速实现新增的功能。例如,C++ 中的模板就是一种提升程序可扩展性的方法,通过扩展模板函数的数据类型,下列程序仅用一个 Max 函数就能实现多种类型 a、b 变量求其中的最大值的运算。

```
template <typename T>
T const& Max (T const& a, T const& b) {
```

```
        return a > b ? a : b;
}
int main () {
    int i = 15;
    int j = 8;
    cout << "Max(i, j): " << Max(i, j) << endl;

    double f1 = 6.6;
    double f2 = 32.7;
    cout << "Max(f1, f2): " << Max(f1, f2) << endl;

    string s1 = "Hello";
    string s2 = "World";
    cout << "Max(s1, s2): " << Max(s1, s2) << endl;

    return 0;
}
```

如果不运用模板,要实现整型、浮点型、字符串类型数据的同样功能,就需要定义多个数据类型不同的 Max 函数来应对不同的数据类型,这样的程序就缺乏可扩展性。

5. 可移植性

可移植性是为了满足代码在不同平台或环境下运行的需求,要求代码中屏蔽底层环境的差异,做到尽可能通用。很多高可移植性代码,例如 C 语言基础库中常能看到类似如下的代码。

```
#ifdef _WINDOWS_
    CreateThread();                          //Windows 下创建线程
#else
    pthread_create();                        //Linux 下创建线程
#endif
```

通过预编译宏来解决不同平台下接口差异的问题。提高可移植性往往会将程序变得复杂甚至降低运行效率,对于大多数软件开发者,通常不必过分考虑代码的可移植性。

6. 可重用性

程序内部重复的逻辑应该尽量以函数或类等方式重用,保证代码的简洁。同时程序本身或一部分代码片段也能被其他程序重用,节省重复编码的成本。在上面探讨可扩展性时举了一个 C++ 中模板的示例,其中,Max 函数在提供高可扩展性的同时也兼具了高可重用性,无论对哪种类型的变量求最大值时,Max 函数的代码总能重复使用。在 7.2 节还会进一步介绍代码重用技术。

7. 可测试性

可测试性高的代码方便编写单元测试程序以验证程序正确性,从而提高软件质量。下面示例展示了一段判断当前时间为哪一时间段的 Python 代码。

```
import time
def getCurrentTime():
    now = time.strftime("%H:%M:%S", time.localtime()) #获取当前时间
    if "00:00:00" < now < "06:00:00":
        return "night"
if "06:00:00" < now < "12:00:00":
```

```
        return "morning"
    if "12:00:00" < now < "18:00:00":
        return "afternoon"
    return "evening"
```

如果不更改 getCurrentTime( ) 函数的代码, 很难为其编写一个单元测试程序来验证其功能是否正确。原因是变量 now 实际上是一个隐式输入, 造成程序在不同时刻运行结果不同。为了提高该函数的可测试性, 可以在函数外获取当前时间 now, 再将 now 变量通过参数传入, 这样整个 getCurrentTime( ) 函数的功能将变得可测试。

7.1.2　程序代码的编码规范

编码规范, 又称编码规则, 是为了提高代码的正确性、稳定性、可读性, 程序编码所要遵循的规则。一般某一程序设计语言的编码规范会涵盖其大多数语法和特性。从变量的声明、关键词的使用, 到面向对象和类的运用, 以及一些特殊语法等。同一程序设计语言的编码规范也会随程序设计语言标准的变化而发生变化, 例如, 适配 C++ 11/14/17 标准的编码规范就会因标准不同有少许差异。

本节主要探讨编程人员为了提高代码质量特性, 如可读性、可扩展性等, 应当遵循/避免某些语法。由于不同程序设计语言的编码规范不尽相同, 在此以主流的 C++ 语言为例。同时本节只列举了几条规范示例, 旨在帮助读者理解编码规范的设计思想和实际作用, 起到抛砖引玉的作用。

1. 局部变量使用

建议 1: 将函数的局部变量尽可能放置在最小的作用域内。

解释:

C++ 允许编程人员在函数中任意位置声明变量, 但应该提倡在尽可能小的作用域中声明变量, 这样可以减少变量命名冲突。同时应该接近首次使用变量的位置声明变量, 这样代码读者更容易找到声明的位置, 代码可读性更好。

例如, 仅在 if、while、for 代码块中使用的变量, 应当在其语句内进行声明, 这样可以限制该变量的作用域, 例如:

```
while (const char * p = strchr(str, '/')) str = p + 1;
```

在 while 的条件表达式括号中声明变量 p。但值得注意的是, 这样做并不总是最优。下面代码中对象 f 定义在 for 循环体内时, 导致每次循环都要执行构造函数和析构函数, 降低了程序的执行速度。

```
for (int i = 0; i < 1000000; ++i) {
    Foo f;          //不好的定义方式:变量 f 的构造函数和析构函数执行了 1 000 000 次
    f.DoSomething(i);
}
```

而如果将对象 f 定义在 for 循环体外时:

```
Foo f;                          //好的定义方式:变量 f 的构造函数和析构函数只执行 1 次
for (int i = 0; i < 1000000; ++i) {
    f.DoSomething(i);
}
```

构造函数和析构函数只执行一次,程序执行速度更快。

建议 2:变量在声明时就进行初始化。

解释:

变量在声明时就进行初始化,而不是先声明再赋值,这样通常执行效率更高,且不会存在忘记初始化的糟糕情况。例如:

```
int i;
i = f();                     //不好的初始化方式:初始化和声明分开
int j = g();                 //好的初始化方式:声明并初始化

std::vector<int> v;
v.push_back(1);              //不好的方式:先调用了默认构造函数,再用 push_back()
                             //赋值,效率低下
v.push_back(2);
std::vector<int> v {1, 2};   //好的方式:声明并初始化,只调用了一次构造函数,效
                             //率高
```

2. 异常处理

建议:慎用异常。

解释:

使用异常的缺点如下。

(1) 在现有函数中添加 throw 语句时,必须检查所有调用点,否则永远捕获不到异常。例如,如果函数 f() 调用了函数 g(),函数 g() 又调用了函数 h(),函数 h() 抛出的异常被函数 f() 捕获,那么函数 g() 很可能会因疏忽而未被妥善清理。

(2) 更普遍的情况是,如果使用异常,光凭查看代码很难评估程序的控制流,函数返回点可能在编程人员意料之外,这会导致代码管理和调试困难。虽然可以通过规定何时、何地、如何使用异常来降低开销,但是让编程人员必须掌握并理解这些规定带来的代价更大。

(3) 异常安全要求同时采用 RAII(Resource Acquisition Is Initialization,资源获取即初始化)和不同编程实践。要想轻松编写正确的异常安全代码,需要大量的支撑机制配合,成本非常高。

(4) 启用异常使生成的二进制代码体积变大,延长了编译时间,还可能增加地址空间压力。

(5) 异常的实用性可能会怂恿编程人员在不恰当的时候抛出异常,或者在不安全的地方从异常中恢复。例如,处理非法用户输入时就不应该抛出异常。

但使用异常也有其优点。

(1) 异常允许上层应用决定如何处理在底层嵌套函数中"不可能出现的"失败。

(2) 很多现代程序设计语言都使用异常。引入异常使得 C++ 与 Python、Java,以及其他 C++ 相近的语言更加兼容。

(3) 许多第三方库使用了异常,禁用异常将导致很难集成这些库。

(4) 异常是处理构造函数失败的唯一方法。虽然可以通过工厂函数或 initialize() 方法替代异常,但它们分别需要堆分配或新的"无效"状态。

(5) 在测试框架中使用异常很方便。

通过上述分析可以看出,使用异常会牵连所有相关代码,造成异常向外扩散,增加

编码的复杂度。总的来说,弊大于利,因此不建议使用异常。

3. 权威的编码规范简介

编码规范可分为不同的级别,如语言级有 C++ Core Guidelines,企业级有 Google C++ Style guide 企业级,行业级有 MISRA C/C++。开源项目的公开、开放、协作、社区支持和快速发展的特点对编码规范有更高的要求,它的编程规范也更有影响力,如 360 安全规则集合、Google 开源 C/C++ 项目代码规范。为了提高编码的安全防范能力,业界著名企业发布安全编码规范,如华为 C & C++ 语言安全编程规范、腾讯代码安全指南。

1) Google C++ Style guide

简称 GSC 是 Google 的 C++ 编码规范,对代码的具体样式有详细的规定,是企业级的编码规范,在软件行业有较大的影响。GSG 是最佳实践的总结,形成的时间较长,且在不断发展中。

2) C++ Core Guidelines

简称 CCG,是 C++ 发明人(Bjarne Stroustrup,Herb Sutter)对 C++ 代码编写的原则性指导,以规则条款形式指明要遵循的原则和避免编程方式,重点是阐述现代 C++ 的编码思想,属于语言级规范。

3) SEI CERT Coding Standards

简称 CERT,是卡内基·梅隆大学软件工程研究所(SEI)发布的 C/C++ 编程规范,专注于安全问题,需要与其他规范配合使用。

4) MISRA C/C++

由英国汽车工业软件可靠性协会(The Motor Industry Software Reliability Association,MISRA)发布的 C/C++ 语言编码标准,在嵌入式开发领域有较高的权威性,是行业级的编码规范。

5) 华为 C & C++ 语言安全编程规范

从代码排版、注释、标识符命名、代码可读、变量/结构、函数/过程、程序效率等方面规定了编码面临的资源、安全、敏感信息等关键问题。此规范简洁,适合于代码审查使用。

6) 腾讯代码安全指南

面向各种库或 API 的调用,关注代码的安全问题和解决方法,支持多种编程语言,如 C、C++、Java、JavaScript、GO、Python 等,有较高的实用价值。

7) 360 安全规则集合

提供不同场景的规划,适用于桌面、服务器端及嵌入式软件系统。安全规划集合侧重违规代码的量化界定,严格遵循 C11 和 C++ 11 并兼顾 C18 和 C++ 17 标准,属于语言级编程规范。

4. 总结

编码规范的本质是在程序设计语言语法支持的基础上,对编程人员如何使用语法做出进一步的限制,通过这些限制强制编程人员写出可读性好和执行效率高的代码。为什么程序设计语言在设计时没有考虑这一点,会容忍可读性差和执行效率低下的语法存在呢? 其实,上述示例一和示例二已经回答了这个问题。即任何的语法都有其优势和劣势两个方面,甚至连最被诟病的 goto 语句都有其存在的合理性。程序设计语言设计者希望可以给编程人员更多的选择和灵活性,而编程人员则需要根据自身的业务场景和利弊权衡之后再定夺。编程人员要想提升编码水平,不应该死记硬背规范本身,更应该了解规范背后的程序设计思想和软件工程的考量。

7.1.3　程序代码风格

最早出现的代码风格是 K&R 风格。K&R 即指 *The C Programming Language* 一书的作者 Kernighan 和 Ritchie 二人,这是世界上第一本介绍 C 语言的书,而 K&R 风格即指他们在该书中书写代码所使用的风格。代码风格虽然也因程序设计语言而异,但并不像编码规范那样五花八门。代码风格通常从以下几个方面来规范代码格式。

- 代码排版。包括文件组织、分行和空行、缩进、括号、语句长度、函数长度、函数参数返回值格式等。
- 命名规范。包括文件命名、函数命名、变量命名、类命名、宏命名等。
- 注释规范。包括一般注释,文档化注释等。

大多数代码风格不像编码规范,通常并无好坏之分,只反映了编码习惯和个性。例如,对变量的命名有下画线法和驼峰法,只是根据编程人员的喜好进行选择。但代码风格在同一个软件,或者整个项目,甚至一个团队中应当保持统一,这样便于理解算法,避免语义歧义。同时也应摒弃明显糟糕的代码风格,例如,给变量命名为"a""b""c",或者代码没有空行和缩进等。

下面从空行、空格、成对书写、缩进、对齐、代码行、注释 7 个方面简要介绍主流的代码风格。

1. 空行

空行起着分隔程序段落的作用,使得程序的布局更加清晰。空行与编译后生成的可执行代码无关,也不会占用存储空间。

相对独立的程序块(代码段)、变量说明之间必须要加空行,就如同写文章的自然段,这样看起来程序的逻辑关系更清晰。

2. 空格

请先看如下程序,其功能是判断输入的年份 year 是否为闰年,当 year 是闰年时输出某年是闰年(is a leap year.),否则输出某年不是闰年(is not a leap year.)。代码中存在大量的空格,如关键字之间、运算符与运算数之间等,对其中 C 语言语法已明确要求有空格的地方不予标注,但是语法上可有可无而代码风格主张加空格的地方用"□"代替,以突出表现空格。行首编进空格用一个长的"□"表示,不标明格式个数,其他每个"□"为一个空格。

```
#include □<iostream>
using namespace std;
int main()
{
□ unsigned int year,□ leap;
□ cin □>>□ year;
```

```
   leap □=□ year □%□ 4 □==□ 0 □ && □ year □%□ 100 □!=□ 0 □||□ year □%□ 400 □==□ 0;

   if □(leap)
      cout □<<□ year □<<□" is leap year."□<<□ endl;
   else
      cout □<<□ year <<□" is not a leap year."□<< □endl;

   return 0;
}
```

关键字之后要留空格。像 const、case、int 等关键字之后至少要加一个空格,否则无法辨析关键字。像 if、for、while 等关键字之后应加一个空格再跟左括号"(",以突出关键字。

函数名之后应紧跟左括号"(",不加空格,以区别于关键字。

左括号"("后不加空格,右括号")"、逗号","和分号";"向前紧跟不加空格。

逗号","之后要加空格。

如果分号";"不是一行的结束符号,其后要加空格。

赋值运算符、关系运算符、算术运算符、逻辑运算符、位运算符,如 =、==、!=、+=、-=、*=、/=、%=、>>=、<<=、&=、^=、|=、>、<=、>、>=、+、-、*、/、%、&、|、&&、||、<<、>>、^等双目运算符的前后都应当加空格。

注意,求余运算符"%"是一种双目运算符,与 scanf() 和 printf() 函数中的格式符"%"不同,格式符,如"%d"中的"%",前后不能加空格。

单目运算"!、~、++、--、-、*、&"等前后都不加空格。

像数组运算符"[ ]"、结构体成员运算符"."、指向结构体成员运算符"->",这类操作符前后都不加空格。

3. 成对书写

成对的符号一定要成对书写,如"()"和"{}"。不要写完左括号然后写内容最后再补右括号,这样很容易漏掉右括号,尤其是写嵌套程序的时候。

4. 缩进

缩进可以使程序更有层次感。原则是:如果地位相等,则不缩进;如果属于某一个代码的内部代码就需要缩进。

5. 对齐

对齐主要是针对花括号"{ }""{"和"}",如果采用各自独占一行的写法,互为一对的"{"和"}"要位于同一列,即列对齐,并且与引用它们的语句左对齐。

"{ }"之内的代码要向内缩进,且同一地位的要左对齐,地位不同的继续缩进。

现代的 IDE(Integrated Development Environment)都有"对齐、缩进修正"功能。如果没有对齐、缩进,可以使用自动缩进(Indent)功能整理代码。

6. 代码行

一行代码只做一件事情。例如,只定义一个变量,或只写一条语句。这样的代码容易阅读,并且便于写注释。

if、else、for、while、do 等语句(或关键字)自占一行,执行语句不得紧跟其后。此外非常重要的一点是,不论执行语句有多少行,就算只有一行也要加"{}",并且遵循对齐的原则,这样可以防止语句嵌套时出现嵌套逻辑混乱。

7. 注释

C 语言中,注释通常用于重要的代码行或段落提示。只有一行注释时一般采用"//…"格式,多行注释必须采用"/ * … * /"格式。一般情况下,有效注释量必须占源程序的 20% 以上,如果达不到这个比例,说明程序中注释数量不够。有些代码审查会以此为代码提交的标准,甚至比例高达 30%,达不到标准的程序必须返工补充注释。

需要注意的是,注释是对代码的"提示",而不是文档。如果代码本身就很清楚,则不必加注释。程序中的注释不可喧宾夺主,注释太多会让人眼花缭乱。

边写代码边注释,修改代码的同时要修改相应的注释,以保证注释与代码的一致性,不再有用的注释要删除。

当代码量比较长特别是有多重嵌套的时候,应当在段落的结束处加注释,这样便于阅读。

C 语言程序中,每一条宏定义的右边必须要有注释,说明其作用。

7.1.4 代码审查及工具

代码审查是软件开发过程中把好软件质量关的重要技术手段,是开发团队进行严谨的源代码审查的过程。实践证明,代码审查能有效地减少程序中的缺陷,提高程序源代码提交的质量,并持续守护存量代码质量。

代码审查(Code Review)是指对计算机源代码系统化地审查,以发现程序错误、安全漏洞和违反程序规范为目标的源代码分析。其目的是在找出及修正在软件开发初期未发现的错误,提升软件质量及开发者的技术。代码审查有多种不同的方式,最常用的审查方式是同行评审(Peer Review)。

源代码审查无须运行被测代码,仅从数据流、语义、结构、控制流、配置流等方面,对源代码的语法、结构、过程、接口等进行分析来检查程序的正确性,报告源代码中的可能导致安全风险的薄弱之处,找出代码隐藏的错误和缺陷,如参数不匹配、有歧义的嵌套语句、错误的递归、非法计算、可能出现的空指针引用等。

代码审查通常分为三个等级:基本规范、程序逻辑、软件设计。基本规范审查检查代码编写是否满足编码规范;程序逻辑审查检查基本的程序逻辑、性能、安全性等是否存在问题,用户交互流程是否满足正常的软件使用要求;软件设计审查检查软件的基础设计、模块之间的耦合关系、第三方库或框架的使用是否合理。

源代码审查有人工审查和工具审查两种方式。人工代码审查常采用同行评审的方式,主要有三种具体做法,即正式的代码审查、结对编程,以及轻量型的非正式代码审查。源代码审查往往工作量巨大并且需要专业知识的积累,采用人工审查成本高、效率低,还极容易产生遗漏。在软件编码完成后,使用源代码审核工具,从客观角度对源代码进行全面的检查,能极大地减少软件中的缺陷和安全漏洞。代码检查工具能够自动化地拦截代码质量和安全问题,确保编码规范落地。因此,当前广泛应用的代码审查方法是采用自动化源代码审查工具承担代码检查和分析工作。

优秀的代码开发实践表明,代码审查要与开发作业流融合统一,编程人员在编写代码和提交代码时,开发作业流同步自动地审查代码,对开发团队产出的代码进行持续的编码规范和质量检查。这也是 SDL(Security Development Lifecycle,安全开发过程)、DevSecOps(Development Security Operations)等开发模式推荐的开发过程的要求。为此,需要在企业级层面上建立公司、产品线、产品三层的质量管理体系,对代码入库进行全生命周期守护。特别是在编码、入库、版本发布三个阶段必须进行代码审查,并配置不同的检查规则,将缺陷拦截在前端。最常见的三级代码检查部署方式如下。

(1) IDE 级检查,即集成开发环境(Integrated Development Environment,IDE)级,部署代码检查工具在 IDE 桌面上,针对本地待提交代码进行检查。

(2) MR 门禁级检查,即合并请求(Merge Request,MR)级,部署在 MR 阶段,针对待合并入分支的变更程序文件进行检查。

(3) RP 版本级检查,部署在发布阶段(Release Phase,RP),针对待发布的主干或分支全量代码做检查。

华为云正式发布的 CodeArts Check 是一个企业级的代码检查工具,是华为云 CodeArts 系列产品中的一个专门用于代码检查服务的产品,支持海量源代码的风格、质量和安全检查,可实现百亿行大规模并行扫描,并提供完善的修改指导和趋势分析,帮助开发团队管控代码质量。CodeArts Check 作为一款源代码检查工具提供丰富的 API、IDE 代码检查插件,与代码仓库协同支持代码提交时自动检查,与流水线协同支持软件全生命周期代码检查,做到了三级防范代码缺陷引入。CodeArts Check 服务的突出特点有“快车道”精准、快速检查前移,频繁检查,对开发人员干扰最小;“慢车道”全面、深度检查夜间进行,防止代码检查遗漏。如果希望深入了解 CodeArts Check 的服务和产品详细信息,可访问华为云的产品中的 codecheck 网页。

目前有很多可供实际软件开发使用的源代码审查工具,这些工具可分为开源工具和商业工具两类。优秀的源代码审查工具通常具有如下特点。

(1) 功能强大:具备多种功能,如代码分析、语法检查、数据流分析、代码度量以及安全性分析等。此外,还应该支持自定义插件和脚本,以满足用户个性化的代码检查需求。

(2) 多平台性:为适应大型软件开发中的代码审查需求,应尽可能地支持多种编程语言和不同的操作系统。

(3) 可扩展性:由于新的软件需求层出不穷,源代码审核工具应能支持知识库扩展和升级,支持添加新的分析技术。

(4) 知识性:能为软件开发人员指出编码中的缺陷,也应同时提供正确的编程方式指导,即提供知识的教学和传递。

(5) 集成性:能与集成开发环境(IDE)集成,或支持 make、ant 等编译命令,便于编码和调试时随时发现代码中存在的缺陷。

(6) 用户体验好:代码审核高效准确,用户体验良好,包括界面友好、操作方便、审核结果清晰等。

下面简要介绍几款常用的代码审查工具,详细信息可访问推荐的网页。

1. CodeBeat

它可以提供自动化的代码审查与反馈,支持多种常用的程序设计语言,如 Python、

Ruby、Java、JavaScript、Golang、Swift 等。它有团队管理功能，当团队中出现开发人员调整时，能够保持代码的一致性。由于能够与 GitHub、GitLab、Bitbucket、Slack 和 HipChat 等许多流行工具相集成，因此它能够很好地支持软件团队协同工作。

详细信息请参阅 CodeBeat 官网。

2. Codebrag

它是一款简单、轻巧、免费但非开源的代码审查工具。它操作简单，部署和使用相对方便。内建评论和点赞，支持代码直接讨论、智能邮件提醒。它支持开源版本控制系统 Git 和 SVN。

详细信息请参阅 Codebrag 的官网。

3. CodeStriker

它是一个免费、开源、基于 Web 的代码审查工具，已获得 GPL 许可。它不但允许开发人员将问题、意见和决定记录在数据库中，还为实际执行代码审查提供了一个便利的工作区域。它支持传统的文档审查，可以与 Bugzilla、ClearCase、CVS 等集成。

详细信息请参阅 CodeStriker 在开源网站 SourceForge 中的网页。

4. Collaborator

SmartBear Collaborator 是面向开发团队的代码和文档审查工具，可以帮助开发、测试和管理团队协同工作，用于生成高质量的代码。使用 Collaborator 一个工具就能审查源代码、设计文档、需求文档、用户案例、测试计划等。审查结果以电子签名和详细报告的形式呈现。它支持 11 种软件配置管理工具，如常用的 Git、SVN、TFS、Perforce、CVS、ClearCase、RTC 等，能够与 GitHub、GitLab、Bitbucket、Jira、Eclipse、Visual Studio 等开发工具集成。

SmartBear 是一家美国的软件公司，详细信息请参阅 SmartBear Collaborator 的官网。

5. Crucible

它可以审查代码、讨论修改，通过内联注释、线程引用和对话来协作开发，实时跟踪被审查代码在整个项目过程中被重构和修改情况，并且通过单击即可将审查意见转换为问题。它能够与版本控制工具 Subversion、CVS、Perforce 和 Jira 缺陷跟踪工具协作工作。

详细信息请参阅 Crucible 官网。

6. DeepSource

它是一种静态分析工具，可用于查找反模式（Anti-patterns 或 Pitfalls）、代码缺陷、运行性能等方面的问题。目前，可以针对各种流行的通用编程语言，如 Python、JavaScript、Golang、Ruby、Java 等语言，提供自动化的代码分析。除了代码检测，DeepSource 还能够生成并跟踪依赖项计数、文档覆盖率等指标。它可免费用于开源组织、学生组织，以及非营利组织。

详细信息请参阅 DeepSource 官网。

7. Phabricator

它是一个开源的、基于 Web 的软件开发协作工具，主要功能有源代码审查（Review）/审计（Audit）、支持 Git/Hg/SVN 的代码托管、Bug 跟踪。最初它是由 Facebook 开发，现已开源，由 Phacility 公司负责，基本理念就是凡是被很多人不断重复的、好的习惯,要将其自动化,并绑定到工具之中。

详细信息请参阅 Phabricator 官网。

8. Review Assistant

由 Devart 提供的 Review Assistant 是 Visual Studio 的代码审查插件,允许在不离开 Microsoft Visual Studio 的情况下创建审阅请求并对其做出响应。Review Assistant 支持 TFS(Team Foundation Server)、SVN(Subversion)、Git(GitHub)、hg(Mercurial)和 P(Perforce)。

详细信息请参阅 Review Assistant 官网。

9. Review Board

它是开源的、可扩展的、友好的、基于 Web 的代码评审工具,采用 Python 框架 Django 开发。

详细信息请参阅 Review Board 的官网和它的中文网站。

10. RhodeCode

它是开源的、基于 Web 的、企业级软件代码审查工具,其中,社区版是免费和开源的,可以免费下载和编译,其他版本要付费使用。该工具使团队能够通过迭代的对话式代码审查进行有效协作,以提高代码质量,还为安全开发提供了一层权限管理。它支持 Mercurial、Git 和 Subversion 三种版本控制系统。

详细信息请参阅 RhodeCode 官网。

11. JArchitect

它是用于 Java 代码库的商用静态代码分析工具,提供交互式图形界面和 HTML 报告,用于查找代码中的过于复杂或有问题的区域,并能够分析比较随时间变化的代码重构情况。支持 LINQ(Language Integrated Query)查询语言,可用于构建强制执行的软件项目编码规则。

详细信息请参阅 JArchitect 官网。

7.2　代码重用

现代软件工程越来越注重软件质量和开发效率,尤其是步入移动互联网时代后,各种软件产品推陈出新,迭代速度极快。编程人员要想加快软件生产,同时又能保质保量地完成程序编写,代码重用必不可少。

7.2.1　代码重用的概念

代码重用(Code Reuse),又称代码复用,也称软件重用。顾名思义,它是对现有(已经写好的)代码进行重复使用。这些代码可以来自外部资源,也可以来自以往的项目,甚至是当前项目,并用其开发新的软件或代码。代码重用的范畴非常广泛,小到一个函数,大到整个模块的代码都可以被重用。应该说,现代软件工程中几乎所有项目都涉及代码重用,如面向对象编程中派生类的继承,实际上是对基类代码的重用。最简单的代码重用就是利用剪贴板复制代码,这不在本节的讨论范围,本节重点讨论对外部或开源代码的重用。

1. 代码重用的利弊

代码重用明显的优势如下。

(1) 提高开发效率。现在软件迭代的速度较 10 年前甚至 5 年前有大幅提升,这正是因为有越来越多现成的开源软件或工具库供程序员使用。对于小型项目,代码重用可能体现在库函数或代码片段的重用;对于大型项目,甚至整个模块和系统框架都可以重用。这极大地减少了软件开发的工作量。

(2) 降低开发成本。通过重用代码,减少了很多重复性的编码工作。例如,一个访问数据库的工具对象类可以被反复使用而不必每次都重新写。更重要的是,代码重用降低了程序开发的壁垒,很多新手编程人员,甚至是非专业人员,都能通过引入外部代码,并稍加修改来完成自己的业务处理,甚至无须了解代码的内部细节。同时,重用高质量代码也可以减少引入程序缺陷的概率,进一步降低程序调试和测试的工作量。

(3) 使软件更简洁。重用封装好的外部代码可以避免项目代码过于臃肿复杂,提高可读性。同时一些重用手段,例如引入动态库等,还可以减少程序可执行文件大小,缩短程序打包时间。

当然,代码重用并不一定都是良药,有时候代码重用也会带来以下副作用。

(1) 不可控。重用闭源的代码,如某些编译好的静态库文件等,会导致整个软件开发变得不可控。由于看不到代码细节,编程人员无法进行代码审查,使得项目上线后充满了不确定性。有些被重用的程序甚至留有后门,重用后会给整个软件带来安全风险。

(2) 增加外部依赖。一旦引入了外部代码,那么整个软件也对外部产生了依赖。例如,当前很多软件都依赖于 OpenSSL(Open Secure Sockets Layer),但其曾被发现存在高危安全漏洞,这使得所有依赖它的软件都不得不进行升级。同时,由于类似OpenSSL 的软件被广泛使用,也更会得到黑客们的"青睐"。当然,这并不意味着重用内部项目代码就没有风险,往往内部代码的软件缺陷会更多。

2. 代码重用的原则

代码重用最重要的原则是必须重用高质量的代码。重用低质量的代码不仅会让整个项目漏洞百出,还可能会影响程序运行效率。因此在重用代码前编程人员需要做充分的技术评估。评估重用代码的基本原则如下。

1) 重用权威代码

重用的代码库或函数尽量来自于官方途径,或者是大型开源社区中的明星项目,例如,Apache 软件基金会中的顶级项目、GitHub 上的优质项目等。这些项目有着大量的用户群体和贡献者,意味着程序有很好的可用性、可维护性等。同时文档会更全面,也不用担心项目某一天突然没人维护。

2) 维护代码版本

由于外部代码的更新迭代是不可控的,所以更需要做好版本管理。例如,很多编程人员会在软件的初始化构建脚本中直接拉取远程代码仓库中依赖的代码,尤其是主干分支的代码。而如果远程代码发生了更新,很有可能导致程序不能正确运行甚至不能编译。因此,一定要固定好依赖的版本,更新时要编程人员自己主动更新,而不是随外部代码的更新而被动更新。

3）注重选型

当编程人员明确某一功能需要引入外部代码重用后，选型至关重要。好的选型会使项目开发事半功倍，不好的选型不仅不会提高开发效率，反而会给项目留下很多隐患。现在无论是打算实现什么功能，网络上基本都有各种各样的代码可以重用，但真正贴合自己业务场景的代码并不多。在选型时，需要对自己的业务以及待选用的代码都要进行充分的评估，切不可盲从。对于一个优秀的编程人员来说，选型能力和编码能力都很重要。

概括地讲，可重用代码应该接口清晰、简明、可靠，有详尽的文档说明，有好的模块独立性，这样的代码段才能分割功能而且接口简单，比较容易重用。独立的模块比较容易测试和维护，错误传播范围小，具有高度可塑性，方便扩充和修改。

7.2.2　代码重用的方式和方法

代码重用方式很多，如类、对象、方法、变量等重用；面向对象语言内置的实例重用、继承重用和多态重用；还有更高层面的函数库、组件、模板、框架之类的重用。根据重用代码被调用的方式不同，可以分为运行时重用的动态库和建造时重用的静态库。

1. 代码重用方式

代码重用层次由低到高可分为三个层次，即代码片段、组件和框架。层次越高重用的代码量越大，编程的效率越高，对新开发系统的影响越大，掌控的难度也越大。层次低的重用，操作简单，技术难度低，对新开发系统的影响小。

1）代码片段重用

将重用的代码段以函数、静态库、动态库、类等方式在代码中调用都可算是代码片段重用，这是最广泛也是最直观的重用方式。例如，在 C 语言程序中经常会通过"＃include"的方式来引入头文件，从而重用头文件中声明的函数或变量等。

2）组件重用

相比代码片段重用，组件重用粒度更大。例如，一名编程人员曾经做过一个网络通信库的项目，而他现在做的消息队列项目恰好可以重用之前做的网络通信库来实现生产者或消费者与队列间的通信。当然，对于组件重用或者代码片段重用，并不意味着完全照搬。还是要根据自身程序和业务场景做适当的修改。

3）框架重用

框架重用也被称为模式重用，框架本身并不是完整的代码，而是为使用者提供了编码的规范。例如，被广泛应用的 Spring MVC 框架等，程序员在框架内填充自己的业务逻辑实现特定功能，而框架能够帮助编程人员组织整个软件架构，提升了整个软件的效率和可维护性等。

2. 静态库实现代码重用

利用静态库重用代码时，首先用编译器（Compiler）将静态库对应的源程序编译成目标文件，如 C 和 C++ 源程序，在 Windows 系统中生成的目标文件后缀是.obj，在 Linux 和 macOS 系统中生成的目标文件后缀是.o；然后再用连接器（linker）将这些目标文件打包成为一个静态库文件，文件名前冠以 lib，后缀通常为.lib 和.a，注意要将这些程序引用的代码也打包进来，否则静态库中的程序是不完整的，打包静态库将失败。当一个程序调用静态库时，如 C 和 C++ 程序只需要在程序中调用＃include ＜header＞

预编译指令声明静态库接口,然后在连接阶段引入静态库文件即可,连接器会从静态库中提取出需要的目标文件完成连接,静态库就与调用程序融合在同一可执行代码之中,这样就实现了代码重用。

开发工具或编译系统安装的静态库,是应用最广泛代码重用方式。编程人员也可以将自己或项目中所引用函数制作为静态库,这样的静态库个性更突出。静态库方式重用代码的缺点是可执行程序由于包含引用的静态库中的代码变得更大,且引用相同静态库中函数的程序同时运行时,内存中有多份相同的静态库中引用的代码,造成内存浪费。静态连接对程序的更新、部署和发布会带来不利的影响,一旦静态库的程序有更新,整个程序可需要重新连接后再发布给用户。静态库的优点是实现的机制简单,方便软件的构建和重用代码的调用。

生成静态库,可以用各种 IDE 工具,如 Microsoft Visual Studio、Eclipse、PyCharm、IntelliJ IDEA、Xcode、DEV-C++ 等,也可以使用 gcc。由于不同 IDE 生成静态库的操作各不相同,但基本操作步骤相同,请参考互联网上的资料,在此不赘述。本节只介绍 gcc 的静态库制作过程,这种方式所用的命令简单,用 gcc 命令调用编译器和连接器,用 ar 命令维护连接编辑器使用的索引库,gcc 和 ar 命令的详细使用方法可参考互联网上的资源。gcc 创建静态库主要分为 4 步,首先,编写静态库的源程序,包括.cpp 或.c 程序文件和.h 头文件;其次,由 gcc 和 ar 命令生成静态库文件;然后编写调用静态库的程序;最后,编译和执行调用静态库的程序,并观察结果。

现有一个 C++ 程序 mycalc,它包括两个文件 mycalc.h 和 mycalc.cpp,内含供调用的函数 add(),下面是在 Windows 环境下,采用命令行操作方式,制作静态库,并引用静态库的操作过程。

(1) 定义静态库程序,包括头文件 mycalc.h 和源程序文件 mycalc.cpp。

静态库源程序的头文件 mycalc.h:

```
//mycalc.h
int add(int x, int y);
```

静态库源程序的程序文件 mycalc.cpp:

```
//mycalc.cpp
#include "mycalc.h"

int add(int x, int y)
{
    return x + y;
}
```

(2) 生成静态库,库文件名为 libmycalc.a,其中,lib 为静态库文件前缀,.a 为其后缀。

```
gcc -c mycalc.cpp                //编译 mycalc.cpp,生成目标文件 mycalc.o
ar -crv libmycalc.a mycalc.o     //将目标文件 mycalc.o 打包为静态库 libmycalc.a
```

gcc 的-c 参数,是用来编译源代码文件,生成目标文件的选项,该选项只汇编成目标文件(通常为.o 文件),但并不会进行连接操作,也就是不会把目标文件和库连接成可执行程序。gcc -c mycalc.cpp 生成的目标文件为 mycalc.o。在这个过程中,gcc 首先会将 mycalc.c 编译成汇编代码（默认为汇编语言），然后再将其汇编成机器码，并存储到 mycalc.o 中。如果需要将多个目标文件连接成可执行程序，则需要使用 gcc 的-l 选项进行连接。

ar 的-c 参数作用是如果库文件 libmycalc.a 不存在，则创建库文件，并且不显示 ar 发出的警告；ar 的-r 参数作用是向库文件 libmycalc.a 中插入.o 文件，并替换已有的同名文件；ar 的-v 参数作用是在 ar 程序执行时显示详细的信息。

（3）编写调用静态库主程序，源文件名为 a1.cpp，其中包含引用静态库 mycalc 中的函数 add()的代码。

```
//主程序文件 a1.cpp
#include "stdio.h"
#include "mycalc.h"                //引用静态库中的函数

int main()
{
    int x = add(1, 2);            //调用静态库 libmycalc.a 中的函数 add()
    printf("%d\n", x);

    return 0;
}
```

（4）编译主程序文件，其中，主程序为 a1.cpp，生成的可执行文件为 mycalc.exe。

```
gcc -o mycalc.exe a1.cpp -L. -lmycalc      //编译 a1.cpp 文件，连接静态库 mycalc
```

执行主程序 mycalc.exe：

```
mycalc.exe
```

执行结果输出为

```
3
```

gcc 的-o 参数的作用是指定编译生成的可执行文件名，本例为 mycalc.exe，不加此参数默认生成 a.out 文件；gcc 的-L 参数的作用是指定静态库文件所在目录，"."为指定当前目录，就是与 a1.cpp 在同一个目录中，为简化起见，a1.h、a1.cpp、libmycalc.a、mycalc.exe 都在同一个目录中；gcc 的-l 参数的作用是指定静态库 mycalc，静态库对应文件 libmycalc.a。

3. 动态库实现代码重用

利用动态库重用代码时，首先生成动态库，又称为动态连接库（Dynamic Link Library，DLL），将需要重用的源代码编译生成动态库文件。这个过程和构建可执行程序的过程相同，只不过没有在 main()函数前添加启动函数_start()的过程，因为动态库本身是不能独立执行的程序文件，也就不需要主函数 main()。

动态库有两个主要的文件扩展名，分别是.so 和.dll，其中，.so 文件是 Linux 系统下的动态库，.dll 文件是 Windows 系统下的动态库。如果源代码引用了别的动态库，则在 Windows 系统中需要指明这些库的位置，而在 Linux 系统中则不需要指明被引用的动态库。通过设置连接器的相关选项，也可以让 Linux 系统像 Windows 系统一样检查库的引用情况。

构建引用动态库的可执行程序时,源代码文件首先被编译成目标文件。再由连接器检查目标函数中未解决引用的接口信息是否出现在动态库中,但是并不会将动态库的内容整合到目标文件中。此外,连接器会通过特定的代码段的信息来指定动态加载器和程序依赖的动态库名称以及接口信息。

加载动态库时,首先,加载器根据特定的段信息和环境变量找到动态库的位置。根据相关环境变量可以判断该库是否已经被加载。若没有加载,则将动态库完整加载到内存中,并将可执行程序中引用接口的地址改为已经加载后的接口地址即可。Windows 系统中的动态库类型,即文件名后缀有以下两种。

- .dll 文件:程序运行时加载的动态库。
- .lib 文件:程序构建时,连接器使用的动态库,它只包含库内的接口信息。

在 Linux 中,可以调用 gcc 编译器将多个目标文件生成一个动态连接库,假设文件存储目录为

```
--testdir
    |--test.c
    |--test.h
```

生成动态连接库的 gcc 命令如下。

```
gcc test.c -fPIC -shared -L./testdir -o libtest.so
```

上述命令执行结束,testdir 文件夹中生成动态连接器文件 libtest.so,如下。

```
--testdir
    |--test.c
    |--test.h
    |--libtest.so
```

gcc 编译器调用命令各参数解释如下。

-fPIC:生成与位置无关的代码,这是生成动态连接库的必选项。

-shared:指示连接器生成动态库而不是可执行文件。

-L:指定 C 源程序文件所在的路径,如果在当前编译器路径下时不需要此参数。

-o:指定编译器输出文件名为 libtest.so,lib 为固定前缀代表动态连接库,test 为库名,so 为固定后缀,前缀和后缀命名须遵循规范。

test.c:为用于生成动态库的 C 源程序。

test.h:为 C 程序调用的头文件。

调用动态库的优点是可执行程序较小,且容易更新动态库。缺点是发布程序时,可能要带有动态库,否则可能因为执行程序的系统没有预装所用的动态库而不能执行程序;再者就是 DLL 噩梦,即各种硬件平台、编程语言、编译器、连接器和操作系统之间的 ABI(Application Binary Interface)相互不兼容,由于 ABI 的不兼容,各个目标文件之间无法相互连接,破坏了二进制兼容性。

4. 面向对象编程的代码重用

面向对象程序设计语言提供代码重用机制,既可以重用数据代码,也可以重用函数代码,这是面向对象编程的一大优势。面向对象内置以下三种代码重用机制。

- 实例(Instance)复用。
- 继承(Inheritance)复用。

- 多态(Polymorphism)复用。

类实例化为对象时,每个被创建的对象都在重用类的代码,包括类的成员函数(方法)和属性(变量)定义,即算法重用和数据结构重用。

继承是面向对象编程的基本概念,与多态、封装共为面向对象的三个基本特征。子类继承父类时,继承使得子类具有父类的属性和方法,即子类重用了父类的代码,这也被认为是面向对象中最重要的代码重用机制。

多态是函数调用的多种形态,即同一操作作用于不同的对象,可以有不同的解释,产生不同的执行结果。多态调用就是用基类的引用指向子类的对象,它是建立在继承的基础上,先有继承才能有多态。因此,多态也可以被看作一种代码重用方法。

面向对象中的类的组合通过在新的类中加入现有类的对象就可以实现组合,即新的类是由现有类的对象所组成。因此,组合也可以被看作一种代码重用。

面向对象中重载(Overloading)、接口(Interface)和标准模板库(Standard Template Library,STL)等都可看作代码重用机制。

5. 组件技术支持的代码重用

组件(Component),也称为构件,简单地讲它是系统或程序的基本部分。严格意义上讲,此处的组件是自包含的、可编程的、可重用的、与语言无关的软件单元,它可以很容易地被组装到应用程序中。这就要求组件几乎是独立的、可替换的,在明确定义的构架环境中实现确定的功能。

组件代表系统中的一部分独立的代码段,包括程序代码(源代码、二进制代码或可执行代码)或其等价物(如脚本或命令文件)。目的是将组件作为构造软件的“零部件”,符合并提供一组接口的物理实现的程序模块。组件具有以下特点。

(1)可独立部署。组件是一个独立的可部署单元。同时,作为一个部署单元,一个组件不允许被部分地部署,第三方也无法获取组件的内部实现细节。

(2)有良好的接口。组件是一个由第三方进行集成的单元,同其他组件一起组合使用。这就要求组件封装其实现细节,并通过定义良好的接口与其他环境进行交互。

(3)可替换性。组件通过接口与外界进行交互,明确定义的接口是组件之间唯一可视的部分。实现接口的具体组件本身就是可替换的部分。组件的可替换性为组件的装配者、使用者提供了可选择的空间。

组件技术,简单地讲就是运用组件复用思想开发软件的技术。规范地讲是指通过组装一系列可复用的软件组件来构造软件系统的软件技术。组件技术是支持分布式计算和 Web 服务的基础,网络应用中的软件组件也被称为中间件(Middleware)。组件技术是一种类似于集成组装的软件生产方式,是一种社会化的软件开发技术,随着软件技术的不断发展,软件组件作为一种独立的软件产品出现在市场上,供应用开发人员在构造应用系统时选用。

软件组件化不需要代码的重新编译和连接,而是直接将组件作为功能模块在二进制代码级装配软件系统。组件连接是建立在目标代码级之上,与平台无关。只要遵循组件技术标准,可以用多种程序设计语言去实现可复用的软件组件,按照其标准可以使用组件,组件版本的独立更新不会导致兼容性的问题。这在独立的应用程序间建立了相互操作协议,实现了代码重用和系统集成。组件技术极大地改变了软件开发方式,可以将软件开发的内容分成若干个层次,每个层次封装成一个个的组件,在构建应用系统时,将这些组件有机地组装起来,就成为一个系统。

组件技术的基础是组件标准,统一的接口描述、规范的组件通信协议、标准的对象请求方式和远程调用方式是组件应用的核心,也是组件标准的核心。主流的组件标准如下。

(1) CORBA(Common Object Request Broker Architecture,公共对象请求代理)由 CMG(Object Management Group,对象管理集团)提出,是最早最权威的组件标准,但现在已很少被使用。

(2) EJB(Enterprise JavaBean,企业级 JavaBean)最早由 Sun 公司(该公司已被Oracle 公司收购)提出。EJB 是用于开发和部署多层结构的、分布式的、面向对象的Java 应用系统的跨平台的组件架构。

(3) COM/DCOM,由微软公司提出。COM(Component Object Model,构件对象模型)是微软公司于 1993 年提出的组件标准。DCOM(Distributed Component Object Mode,分布式构件对象模型)是微软公司于 1996 年提出的。COM+是微软公司于 1999 年提出的,是 COM、DCOM 和 MTS(Microsoft Transaction Server)的集成,形成一个全新的、功能强大的组件体系结构。DCOM 扩展了 COM,使其能够支持在局域网、广域网、Internet 上不同计算机的对象之间的通信。DCOM 具有语言无关性,任何语言都可以用来创建 COM 构件。COM 是由 OLE(Object Linking and Embedding,对象连接和嵌入)发展而来,而 OLE 又是由 DLL 发展而来。DCOM 和COM+由 COM 发展而来。

(4) .NET,微软于 2002 年发布了第一个版本,它是一种用于构建多种应用的免费开源开发平台。维基百科的".NET Framework"词条描述为.NET 框架(.NET Framework)是一个致力于敏捷软件开发、快速应用开发、平台无关性和网络透明化的软件开发平台。.NET 框架是以一种采用系统虚拟机运行的编程平台,以通用语言运行库(Common Language Runtime,CLR)为基础,支持多种程序设计语言,如 C♯、VB.NET、C++、Python 等。

6. 微服务与代码重用

近些年,微服务(Microservices)的理念逐渐盛行。微服务是一种软件架构风格,它是以专注于单一责任与功能的小型功能区块为基础,利用模块化的方式组合出复杂的大型应用程序,各功能区块使用与语言无关的 API 集相互通信。

微服务的核心是服务治理(SOA Governance, Service Oriented Architecture Governance),而服务治理的关键是服务划分,服务划分的实现方法是保证服务可独立部署。独立部署的要求与通常软件模块独立性原则相一致,主要包括:

1) 功能单一职责原则

为了遵循单一职责原则,微服务架构中的每个服务都具有自己的业务逻辑,不同的服务通过"管道"的方式组合,很好地支持模块的高内聚、低耦合。

2) 轻量级通信

服务之间通过轻量级的通信机制实现互连互通。轻量级通信机制通常指与语言无关、平台无关的交互方式,如广泛使用的 REST(Representational State Transfer)就是实现服务间互相协作的轻量级通信机制之一。

3）服务独立性

每个服务在应用交付过程中独立地开发、测试和部署。在微服务架构中，每个服务都是独立的业务单元，与其他服务高度解耦，只需要改变当前服务本身，就可以完成独立的开发、测试和部署。

4）进程隔离

微服务架构中的应用程序由多个服务组成，每个服务都是高度自治的独立业务实体，可以运行在独立的进程中，不同的服务能非常容易地部署到不同的主机上。

因此，微服务也可以看作一种代码重用的技术，对代码重构的支持体现在三个方面：一是它的各个服务与语言无关，意味着编程人员有了更多的自由度，使得可重用的代码数大为增多；二是与传统的代码重用技术相比，这种方式甚至无须在自身的项目中集成外部代码，而仅仅是以 API 的方式调用即可；三是公共微服务的调用或微服务之间的调用，可以为独立部署的微服务提供支持（共享），即每个新开发部署的微服务应用可调用已有的公共服务或其他微服务，重用已有代码。

7.3　程序调试

著名计算机科学家迪杰斯特拉（Edsger Wybe Dijkstra）曾说过"如果 Debug 是一个移除程序缺陷（Bug）的过程，那么编写程序代码一定是一个引入缺陷的过程。"一个程序员通常只有 20% 的时间是用来设计并编写程序代码，而另外 80% 的时间则都花费在 debug 上，由此可见 debug 的重要性。Debug，也被称为程序调试，作为计算机领域的术语，它是由调试解决（de-）和程序缺陷（bug）合成的词，含义是排除缺陷。

Debug 一词源于一个典故，在 1945 年，哈佛大学有一台叫 Mark II 的计算机，一个名叫格蕾丝·霍珀（Grace Hopper）的海军上尉，当时是一名程序员，后来成为著名的计算机科学家，并成为美国历史上第一位女海军准将。有一天，计算机出现故障，霍珀拆开继电器发现有只飞蛾被夹扁在继电器的触点中间，"卡"住了机器的运行。于是，她诙谐地把程序缺陷统称为 Bug，把排除程序缺陷叫 Debug。

遇见各式各样的程序缺陷是一个编程人员成长的必经之路，而成为优秀编程人员的关键就在于能熟练地运用程序调试技术，快速并准确地定位与修复程序缺陷。

7.3.1　程序调试的概念

程序调试是指一系列定位并移除程序中缺陷（Bug）、错误（Error）以及异常（Exception）的过程，通常需要结合程序运行结果，辅以专业的程序调试工具。程序调试流程一般包括理解程序缺陷及症状，定位缺陷相关代码，修复代码与回归测试。

1. 理解程序缺陷及症状

程序的缺陷主要分为三大类：语法错误、运行时错误和逻辑错误。

1）语法错误

语法表示程序的结构或形式，亦即表示构成语言的各个记号之间的组合规律。语法错误指编写代码时产生的一些不符合编程语言记号之间的组合规律的错误。例如，C 语言中语句结尾忘记加分号，Python 语言中缩进不正确等。对于编译性语言（如 C、C++、Java），这类错误通常都伴随着编译器在编译或连接阶段就会给出相关错误

(Error)和警告(Warning)提示,进而无法生成可执行程序文件,当然程序也就不能运行。而对于解释性语言(如 Python、PHP、JavaScript),这类错误会在程序运行阶段暴露,并给出相关错误语句的提示信息。

值得注意的是,有些错误尽管看似是语法错误,但实际上是符合语法规律可以被编译器认可的,只是程序执行了预期之外的操作,如以下示例所示的 C 程序段。

```
if (var = 0) {
    printf("var is zero\n");
}
```

这段代码的本意是当 var 等于 0 时,执行 if 分支内容。但由于错误地将等于操作符＝＝写成了赋值操作符＝,导致 if 分支判断条件恒为真,这不符合程序编写的初衷。但这却是一个符合语法的写法,因此代码可以正常生成并执行。

2)运行时错误

运行时错误指代码在执行过程中,出现了非预期的错误,导致程序失败或崩溃等。这种错误对于一些编译性语言尤为常见,例如,C 语言中空指针异常,或者找不到所需的动态连接库,以及除数为 0 等。对于一些程序,除了编程人员编写代码时的失误以外,软件运行环境的改变往往也可以导致程序运行时错误。例如,C 语言中指针变量在 32 位机器上占用 4B,而在 64 位机器上占用 8B,如果代码中使用了该变量的长度而又没有考虑可移植性,则很可能会造成意想不到的运行时错误。再例如,一个聊天软件的后台需要为每一个在线用户分配一定量的内存空间,如果某一天在线人数突然暴涨,那么操作系统很可能面临分配不出内存空间而导致程序崩溃。

3)逻辑错误

逻辑错误是最复杂也是最难发现并定位的一类错误。凡是程序可以正常运行,但结果却不符合预期的错误都可归为逻辑错误。一个著名的案例是,1999 年美国宇航局 NASA 丢失了一个价值 1.25 亿美元的火星轨道飞行器,而丢失的原因是飞行器的设计者洛克希德·马丁公司的软件工程师在设计软件时使用的算法都是英制度量单位(英寸、英尺等),而 NASA 用的是国际公制(厘米、米等),因此虽然输入的数据都是正确的,程序看上去也运行正常,但因为单位不同而导致导航信息错误,飞行器因此丢失,造成了重大损失。

2. 定位缺陷相关代码

当理解了程序缺陷的症状后,便可以有针对性地去定位缺陷相关的代码。在定位相关缺陷时切不可盲目地调试,而是要在分析清楚缺陷的具体类型后缩小定位的范围,最终确定出问题的代码段或程序逻辑。一个优秀的编程人员就像是一个经验丰富的医生,当得知病人的症状后,通过一系列有针对性的问诊,以及检查、化验便能定位病因所在。针对前文总结的三大类错误,下面给出一些最常用的定位手段。

1)直接定位法

如果程序出现了语法错误,那么通过编译器或程序运行时的提示,通常可以直接定位到出错的代码语句。如果是使用 IDE(例如 Visual Studio Code,IntelliJ IDEA 等)进行编程,那么很多错误会更直观地在文本编辑器中被标注。例如,C 语言中缺少分号或者关键字拼写错误,在 IDE 中会标注出红线。编程人员甚至不需要去编译程序就能发现问题所在。

2）回溯法

如果程序出现了运行时错误，那么需要从出错的位置向前追溯错误原因，因为出错位置后面的代码并没有执行到（循环程序可能是例外），可以先忽略。当然，这并不意味着后面的代码就是正确的，可能需要逐一去排查。例如，当程序运行时报"Line 10：runtime error：division by zero"错误，很自然地想到是程序第 10 行出现了除数为 0 的情况。再进一步排查保存除数的变量是在哪个地方被赋值为 0，便可一直追溯到错误源头，定位到缺陷代码。

下面通过调试一个简单的 C++ 程序，进一步说明缺陷定位的方法。C++ 程序的功能为求一元二次方程 $ax^2+bx+c=0$ 的根，执行过程为输入方程的三个系数 a、b、c，输出方程的根 root。程序根据 a、b、c 的值为 0 还是非 0，计算并输出不同形式的根，包括无根、任意根、单根、实数双根和虚数双根。以下程序代码可以满足程序的功能要求，但是为了展示定位缺陷的方法，采用错误注入的方法将第 18 行注释中的代码替代正确的代码，即用"else if（a ＝! 0.0)"替代"else if（a != 0.0)"，模拟编程人员输入代码时误将关系运算符"!＝"错写成"＝!"，导致程序执行结果错误。

```cpp
1   #include <cmath>
2   #include <iostream>
3   using namespace std;
4   int main()
5   {
6       float a, b, c;
7       double disc, term1, term2;
8
9       cout << "Enter 3 coefficients of a quadratic equation--a, b, c: ";
10      cin >> a >> b >> c;
11
12      if (a == 0.0 && b == 0.0 && c == 0.0)        //a,b,c均为0,任意解
13          cout << "Arbitrary answer due to a=b=c=0.\n";
14      else if (a == 0.0 && b == 0.0)               //a,b为0,c不为0,无解
15          cout << "unsolvable!\n";
16      else if (a == 0.0 && b != 0.0)               //a为0,b不为0,解为单根
17          cout << "the single root is " << -c / b << endl;
18      else if (a != 0.0)                           //else if (a =! 0.0)
19      {   //a不为0,解为两个根
20          disc = b * b - 4 * a * c;
21          term1 = -b / (2 * a);
22          term2 = sqrt(fabs(disc)) / (2 * a);      //绝对值开平方
23          if (disc < 0.0)                          //判断是实数解还是虚数解
24              cout << "complex root:\nreal part = " << term1 << ", imag part = " << term2 << endl;
25          else
26              cout << "real root:\nroot1 = " << term1 + term2 << ", root2 = " << term1 - term2 << endl;
27      }
28      return 0;
29  }
```

当被注入错误的程序执行时，执行结果为

```
Enter 3 coefficients of a quadratic equation--a, b, c: 2 6 1
real root:
root1 = -0.171573, root2 = -5.82843
```

已知程序的正确结果为

```
Enter 3 coefficients of a quadratic equation--a, b, c: 2 6 1
real root:
root1 = -0.177124, root2 = -2.82288
```

很明显,程序输出的两个根均与已知正确结果不同,下面采用回溯法定位代码中的缺陷。输出结果的代码在程序的第 26 行,以此行为起点,逆向依次逐行仔细检查代码,代码执行的逆向序列为 26-25-23-22-21-20-19-18…。这段代码语法清晰,逻辑简单,不难发现第 18 行代码"else if（a =! 0.0）"书写错误,误将逻辑运算符"! ="错写为"=!",导致表达式"a =! 0.0"与"a != 0.0"计算结果不同。实际上,"=!"并不是一个运算符,但它符合语法,能通过编译器的语法检查。表达式"a =! 0.0"相当于"a =（! 0）",即! 0 结果为 1,再将 1 赋给变量 a,a 中存储的值即为表达式的计算结果,这样 if（1）判断后选择执行求解两个根的代码。代码执行轨迹没有错误,但是方程系数 a 的值原本为 2.00000000,在第 18 行处被错误地修改为 1.00000000。由于方程系数发生变化,求解的根自然与已知解不同。这样就定位出代码的缺陷是表达式"a =! 0.0"。接下来,可将表达式修改为"a != 0.0",再编译和执行程序,以验证代码纠错是否成功。

3）排除法

通过直接定位法或回溯法能直接排查出的程序缺陷通常为可复现的程序缺陷。在软件工程中可复现是指只要程序执行时的环境和初始条件相同,不论程序如何重复执行,都将获得相同的结果。对于有随机变量或多线程的程序而言,代码缺陷通常是不稳定复现或不可复现,这极大地提高了定位缺陷代码的难度。通常的解决方法是,首先需要找到可能产生不稳定复现的因素,例如,多线程同时执行;再通过反复试探的方法人为去除掉一些随机因素,例如,去掉一个线程或注释掉临界区的代码等,排除干扰因素;最终定位到出现问题的代码段。该方法同样适用于可稳定复现出的程序缺陷,可以通过不断地反复注释不同的代码（段）观测程序运行结果,来判断出是哪段代码的逻辑出现了问题。

采用排除法定位求一元二次方程 $ax^2+bx+c=0$ 程序中的缺陷可以从代码执行轨迹入手,只检查执行的代码,暂时排除不执行的代码,从而缩小排查范围,提高调试效率。程序执行从第 9 行开始,终止于第 29 行,执行代码顺序为 9-10-11-12-14-16-18…,依次仔细检查代码,可以发现第 18 行代码中的错误,即误将逻辑运算符"! ="错写为"=!"。修改错误,将表达式修改为"else if（a =! 0.0）",再编译和执行程序,验证代码纠错是否成功。

4）辅助工具定位法

除了编程人员自身的经验外,还有很多程序调试工具可以辅助编程人员去定位程序缺陷,例如,内存错误检查工具 Address-Sanitizier、Valgrind 等,这些工具可以辅助编程人员发现内存泄漏、堆栈缓存溢出等运行时错误。甚至编程人员还可以针对特定的业务场景,自己编写工具来帮助定位特定的程序缺陷。

3. 修复代码与回归测试

定位到问题的代码和逻辑后,下一步便可以进行代码修复。对于同一个程序缺陷,修复的方法往往不止一种;对于一些低内聚高耦合的复杂软件,往往牵一发而动全身。因此在修复代码缺陷时,应该优先选择改动影响最小的方法。例如,当某个函数中的逻辑存在缺陷时,应该尽量不修改函数的参数,包括参数的类型、顺序和个数,否则就会影响函数的调用者。如果实在需要修改函数参数,可以考虑新增一个参数用作缺陷的修复,对于某些编程语言还可以为其添加默认值,这样把影响范围降到最低。

其次,在修复代码的影响范围处于可控的前提下,应选择改动成本最低的方法。对于一些开发周期短,甚至正在对外服务的系统,往往需要在最短的时间内修复缺陷并完成新版本发布。这时候应当权衡程序缺陷的严重性与紧迫性之间的关系,选择成本最低的修复方式。

最后,还需要考虑代码修复后软件的执行效率和可维护性。满足改动影响最小和改动成本低的修复方式,往往是最好的选择。如果能做到简单而不简陋,自然最佳。但是如果修复的代码影响到了软件的运行效率,或者后续的维护效率,那么还需要从长计议,在解决燃眉之急后,要做更妥善的代码修复。

值得注意的是,修复问题代码的过程也可能继续引入新的程序缺陷,更有甚者会将本来正确的功能改出错误。因此在修改代码之后,必须对之前已经正确的功能做回归测试。回归测试是指修改了旧代码后,重新进行测试以确认修改没有引入新的错误或导致其他代码产生错误。第 8 章会对软件测试做更详细的介绍。

7.3.2　程序调试的技术和工具

程序调试的技术有许多,使用不同编程语言或不同专业方向的编程人员都有自己特定的调试工具和技术,在此只列举一些广泛使用的技术和工具。

1. 打印中间结果和日志

对于一些规模较小的程序,最简单的调试方法是直接打印一些有助于排查问题的中间变量或中间结果。而对于一些工业级别的大程序最朴素的调试方法则是增加一些日志(Log)记录,帮助编程人员查找错误原因。相比于使用专业的 debug 工具,这两种方法都是最常用的调试技术,几乎没有使用和学习的门槛,而且最为直观。

打印中间结果和日志的最大优势在于,它可以协助编程人员去调试一些在线服务。例如,编程人员想去调试一个电商网站的后台程序,但程序错误只有在晚间流量高峰时期才能复现。如果搭建线下调试环境去复现错误,成本很高。这时候可以在线上运行的代码中加入一些日志来记录中间结果,这既能帮助编程人员辅助定位错误代码,又不会影响正在对外服务的程序功能。

需要注意的是,这种调试方式实际上也有成本,一些对性能要求极高的程序打印日志的操作开销非常大,因为日志输出到文件是一系列 I/O 操作,其开销远大于一般的内存、缓存或寄存器操作。因此需要适当控制日志打印的频率,不要事无巨细都去打印,这样不仅会干扰错误定位,也会影响程序性能。

2. 使用工具

使用程序调试工具是程序员的必备技能之一,用好调试工具可以起到事半功倍的效果。例如,调试器能够在程序运行时利用单步运行和断点功能使程序遇到某些种类的事件时停止,以及追踪某些变量的变化。有些调试器在调试程序运行时,能够改变它的状态,而不只是用来观察程序的执行状态。

无论是使用 Windows 平台,还是 macOS 和 Linux 等平台进行程序开发,支持程序调试的工具都有很多。对于不同的平台、不同编程语言和不同的调试需求,调试工具不尽相同。例如,使用 C/C++ 编程语言的编程人员需要更多地关注内存问题,因此需要选用 GDB、Address-Sanitizier 等支持查看内存堆栈或有内存检测的工具。Python 语言编程人员基本无须关注内存问题,通常仅需要关注各个变量的变化以及函数调用是否符合预期,因此选用 PDB、PySnooper 等工具。而对于网络工程师,他们更关注网络报文是否符合预期,所以会选用 tcpdump 等抓包工具来调试程序。很多优秀的 IDE 工具则是支持图形化的程序调试手段,更进一步提高了调试程序的效率。

无论是何种调试工具,在使用前都需要充分了解其原理和所调试语言的特性,否则可能无法定位到程序错误。例如,采用较早版本的 Microsoft Visual Studio 调试一个多线程程序,并在其中某一个线程的代码片段中加入了一个断点。当调试器走到该断点时,会使得程序中所有线程都停止,直到程序员执行继续的指令,所有线程才再恢复运行。这不符合程序实际运行情况,因为实际运行过程中某一线程挂起时,其余线程是可以继续正常执行的。这就导致使用程序调试工具时不能真实地模拟程序运行状况,从而可能无法复现程序原本的错误。

除了专门的程序调试工具外,很多操作系统自带的工具或者第三方工具也可帮助编程人员定位程序缺陷。例如,Linux 操作系统的 dmesg 工具可以查看内核错误信息。当程序发生某些内核错误,如内存溢出、越界等异常时,通过该工具便可辅助编程人员定位到错误类型。再例如,Windows 操作系统中常用的任务管理器可以查看到进程占用的 CPU 和内存等信息,如果通过任务管理器观察到进程占用的内存持续飙升,那么大概率它发生了内存泄漏。

当程序运行发生挂起或死锁现象时,如果调试器是属于源语言级调试器或符号调试器,调试器可以显示出错误所在位置的源代码。如果是属于底层调试器或机器语言调试器,它能逐行显示反汇编代码。

指令集仿真器(Instruction Set Simulator,ISS),也叫软仿真器,可以模拟实际处理器的所有行为。ISS 也可以用来调试程序,特别是嵌入式软件开发中,但是程序运行在 ISS 中,将比直接在运行平台以及处理器上运行速度要慢。

一个好的调试器对编程人员固然重要,同时它对一种编程语言或程序运行平台也至关重要,如果没有高效的调试环境,对于软件开发是不可接受的。目前调试器也有短板,如在多任务环境或分布式系统下,它很难模拟或调试并发程序运行时的问题。调试器除了能够用来调试程序,还被用来作为破解软件的工具,像是用来跳过软件的防复制保护,还有破解序列号验证,以及其他软件保护功能。

3. 调试外部代码

编程人员编写代码时会经常用到许多外部代码库,例如,大名鼎鼎的微软基础类库 MFC 等,因此很多的程序故障也可能会出现在外部代码中。

一种情况是外部代码中本身存在缺陷。例如,一个项目中的其他编程人员所负责的模块出现了问题,或是调用的开源社区代码中某些存在逻辑缺陷的代码。很多编程人员在遇到外部代码的缺陷时会显得不自信,尤其是在使用一些著名的代码库或开源代码时。其实外部代码库中存在缺陷的情况非常多,特别是某些老版本的代码。

另一种情况是编程人员没有按照规范使用外部代码,导致其出现问题。例如,某些库函数会在文档里明确标注该接口是线程不安全的,但却往往被使用者所忽视,而将其用在了多线程的场景中,这就会导致程序出现不可预期的错误。

还有一种情况更匪夷所思,但在软件开发中并不少见,编程人员在自己写的代码中出现了错误,但影响到了外部代码中的逻辑,导致看似是外部代码引入了程序缺陷。例如,编程人员在自己的一段代码中出现了内存访问越界的情况,而恰好所访问的内存地址是他调用的外部库函数中申请的,这样程序崩溃时的异常报错和堆栈现场看上去都像是外部库的缺陷所导致。

当遇到上述几种情况时,还是可以按照 7.3.1 节中阐释的方法去定位问题。但由于外部代码并非编程人员自己所写,而且有些代码甚至不开源,这就大大增加了错误定位的难度。经验告诉我们,当调试程序束手无策时,应该想到去查阅代码的官方文档,或是去社区论坛翻阅是否有其他人也遇到了类似问题,是否有相关的 issue,以及是否有修复缺陷后的新版本可以使用。

当遇到上述最后一种情况时,由于程序中引入的外部代码可能并不是症结所在,所以既不能“头痛医头,脚痛医脚”,也切不可对自己编写的代码盲目自信,在查找外部代码可能存在缺陷时完全忽视了自己的代码可能存在缺陷。

4. 常用调试工具

现代的软件开发支撑环境中,调试程序的软件工具不只有调试器,还有性能分析工具、日志分析工具、日志记录工具、单元测试框架和静态代码分析工具等。

1)调试器

调试器用在程序执行过程中逐行执行和检查代码,它的基本功能是设置断点、观察变量的值、跟踪函数调用和返回等,可以帮助编程人员观察程序的状态、跟踪函数调用、分析内存使用等。

常见的调试器有 GDB(GUN 调试器)、LLDB(LLVM 调试器)、WinDbg。

2)性能分析工具

性能分析工具通常能够收集程序运行时间、CPU 使用率、内存占用等性能数据,并提供可视化报告,辅助开发人员识别代码中的性能瓶颈和优化机会。

常用性能分析工具有 perf、gprog、JProfiler。

3)日志分析工具

日志是记录程序执行过程和问题的一种重要方式。使用日志分析工具可以帮助开发人员更好地理解程序的状态和分析问题。日志分析工具通常会提供搜索、过滤、格式化等功能,使日志文件变得更加易于理解和分析。

常用日志分析工具有 ELK、Splunk、Graylog、Kieker。

4)日志记录工具

用于在代码中插入日志语句,以记录程序执行期间的关键信息。这些信息有助于理解代码的执行流程,查找错误和问题。

常用日志记录工具有 Log4j、Logback 和 Python 的 logging 模块。

5)单元测试框架

提供一种自动化测试代码的方式,用于验证函数、方法和类的行为是否符合预期。

通过编写测试用例,可以针对特定功能或场景运行代码,并检查是否正确。

常用的单元测试框架有 JUnit(Java)、Pytest(Pythone)和 PHPUnit(PHP)。

6) 静态代码分析工具

通过静态分析源代码来检查潜在的编码问题和不良习惯。它们可以识别常见错误、代码风格问题、未使用的变量等,并提供改进建议。

常用静态代码分析工具有 SonarQube、ESLint、Ptlint 和 CheckStyle。

7.4　低代码编程

7.4.1　低代码的发展

效率是企业数字化及信息系统发展中一个非常重要的因素,由于用户对应用软件需求的市场增长与软件交付能力存在巨大差距,促使软件生产技术不断革新。低代码技术抽象并封装了软件开发所需要的编程知识,系统开发人员不必编写大量的代码,只需要从可重用的、已经组件化、插件化、模板化的资产中进行选择,通过可视化拖曳与参数化配置,简化了软件系统构造过程,并提高了软件系统交付能力,让专业人员更加专注于更具有价值和创新的工作。低代码技术极大地革新了软件交付模式,作为一种新机制,促进了软件的快速开发及其自动化,同时兼顾业务人员(非专业软件开发人员)和专业软件开发人员的"编程"工作,极大拓展了软件开发人员的范围。

软件开发的简单化始终是软件技术发展的原动力,高效地构建软件已经不依靠传统手动编程效率的提高,软件工程进步的一个重要成果——"开发不等于写代码"。低代码起源于快速开发工具,早在 20 世纪 80 年代就已经有了雏形。2014 年,Forrester(弗雷斯特市场咨询,一家独立的技术和市场研究公司)正式提出低代码/零代码概念。零代码,又称无代码,即没有代码,是一种不需要写代码就能够快速开发出业务应用系统的理念或者说模式。低代码是一种可视化的应用开发方法,用较少的代码、以较快的速度来交付应用程序,将不需要程序员开发的代码自动化。2016 年,Forrester 认为使用低代码平台可以使应用程序生成速度提高 6~20 倍。本节只介绍低代码的基本概念,不涉及零代码知识。

7.4.2　低代码的概念

在业界,低代码的概念还未达成一致,它的基本含义是,低代码是通过配置产生新的软件或者软件功能的技术。低代码是一种技术(方法),将其应用于软件开发中的载体是工具——低代码平台,即一种只需用很少甚至不需要代码即可快速开发软件系统,并将其快速配置和部署的工具。

低代码平台,又称为低代码开发平台(Low-Code Development Platform,LCDP),是一种软件定制平台。通过低代码平台提供的界面、逻辑、对象、流程等可视化编排工具可以完成大量开发工作,实现快速创新应用、快速试错、敏捷迭代,从而大幅提升开发效率,减少开发成本,降低技术门槛。广义地讲,任何能节省用户编程工作的工具都属于"低代码",甚至电子表格 Microsoft Excel 也是一种低代码工具,用它也可以开发应用系统。

通常情况，LCDP 都会提供一套功能组件，如数据表、工作流、自动化、自定义 API、图表视图、脚本、拓展包、权限设置等，所有功能在实现的过程中都不需要编写大量的代码，也不需要执行脚本测试。既有适用于业务人员的 LCDP，也有适用于开发人员的 LCDP。

在 Gartner(高德纳咨询公司，美国的一家信息技术研究分析公司）的定义中，低代码平台被称为企业级低代码应用平台(Enterprise Low-Code Application Platform，Enterprise LCAP)。它支持快速应用开发，使用陈述性、高级的编程抽象(如基于模型驱动和元数据编程语言)实现一站式应用部署、执行和管理的应用平台。不同于传统的应用平台，低代码平台支持用户界面、业务逻辑和数据服务的开发，并以牺牲跨平台的可移植性、应用开放性为代价来提高生产效率。

7.4.3 低代码的种类

实现低代码的技术路线可分为以下几种。

1. 表格驱动

理论基础是关系数据库的二维关系的数据表，以工作流加表格完成业务流转，是一种面向业务人员的开发模式，多用于面向类似 Excel 表格界面的企业信息处理软件。

2. 表单驱动

通过软件中的业务流程来驱动表单，围绕业务表单数据对其进行分析和设计，适合轻量级应用场景构建。

3. 数据模型

通过数据模型建立业务关系，通过表单、流程支持完整的业务模式，能够满足企业复杂场景的开发需求，适合对中大型企业的核心业务创新场景进行个性化定制。

4. 领域模型

从领域知识中提取和划分不同子领域(核心子域，通用子域，支撑子域)，并对子领域构建模型，再分解领域中的业务实体、属性、特征、功能等，并将这些实体抽象成系统中的对象，建立对象与对象之间的层次结构和业务流程，最终在系统中解决业务问题，适合业务框架与技术架构非常成熟的大型企业。

应用的个性化定制是软件构建的技术难题，目前尽管有许多商品化或开源的 LCDP，但大多是模块预定制、存储过程预定制之类。即先定制某些功能模块单元，然后通过可视化编辑或者少量代码来实现功能单元的调用，预定制方法适用于标准化的、成熟的、功能简单的应用软件。当涉及复杂的以及新的功能时，预定制方式需要依赖平台供应商提供新的功能单元来支持，增加了工期和成本控制风险。另外，很多 LCDP 采用内嵌 WebView(网页视图)实现客户端，用 HTML 方式来定制应用。由于浏览器(网页平台)适配差、运行缓慢且与硬件(PC、手机、平板电脑)交互效果参差不齐，导致用户体验不好。

低代码的实现有不同的技术路线，产品针对不同技能的用户，因此低代码产品的特性各不相同，但综合来看，LCDP 包含如下功能特性。

(1) AI 融合。AI 技术的发展为低代码提供了有力的支撑，通过深度融合 AI 技术，LCDP 具备高效构建企业业务系统的能力，激发开发人员对数字化应用的创新能力。

（2）大数据承载。通过分布式、集群部署等方式应对大数据量、大并发量的业务需求，提供上亿级数据承载能力的方案。

（3）自动化蓝图。提供图形化的编程环境，支持开发人员通过创建数据表，操作预定制的控制与变量、函数、界面交互等自动化地实现复杂的程序逻辑设计。

（4）工作流引擎。遵循 BPMN 2.0（Business Process Model and Notation，业务流程模型注解）标准，开发人员以标准化业务流程建模方式，直接采用工作流引擎建立复杂多样的业务流程，灵活地应对业务需求的变化。

（5）复杂函数。低代码平台提前封装大量数据处理、逻辑运算、流程控制等操作（函数），支持用户高效构建复杂业务逻辑和应用流程，大幅提升软件系统的可维护性和可重用性。

（6）脚本编码。脚本编码方式便于开发人员实现更为复杂的逻辑和功能，且可以极大地缩短软件系统开发、部署、测试和调试的周期，从而提高系统的灵活性和适应性，满足企业个性化定制需求，实现应用系统的快速开发。

（7）拓展包。为满足企业的个性化需求，LCDP 采用 Java 拓展包或集成第三方服务的方式来增强平台功能，以提高软件系统的可定制性和可复用性。

（8）自定义 API。LCDP 的自定义 API 可以集成其他系统或服务，以更为灵活的方式扩展应用功能，增强系统适用性与实用性。

（9）移动集成。不需要过多设计和更改配置的情况下，能够在不同种类的移动设备上开发、部署和连接企业微信、钉钉、飞书等平台，实现随时随地办公。

（10）数据报表。数据报表功能，提供可视化的自定义图表配置工具，支持企业根据业务需求，配置由多种卡片类型组成的可视化数据看板。

7.4.4 低代码的工作原理

低代码的意思为较少的代码，但并不是完全没有代码。低代码的技术原理是将复杂的代码编写过程进行提前封装，底层架构进行提前设计，将这些复杂的代码包装成可视化的模块，以降低开发技术门槛，提高开发速度。以自定义表单的开发场景为例，从中可以看到低代码发展过程是代码重用效率逐步提高的过程。

1. 代码级重用阶段

最初是代码级重用，如果计划在一个新的程序中实现一个自定义表单功能，通常做法是将以往程序中类似或相同的代码复制、粘贴一份，然后对一些样式或变量做必要的修改，如果程序调试通过，新的表单功能就完成了。

2. 组件级重用阶段

然后是组件级重用，当越来越多的应用程序需要自定义表单功能时，人们发现将自定义表单的代码抽象成一个函数库，需要时通过传递函数参数调用函数库。这样更方便，不再需要自行手工复制、粘贴代码，新开发程序的代码量减少了，程序结构也更清晰，代码的可维护性和编码速度都得到明显的提升。

3. 服务级重用阶段

最后是服务级重用，把自定义表单功能做成一个提供一系列常用表单模板的独立应用或微服务。使用时，在自定义表单应用中选择一个模板进行配置，复制链接到目标应用中粘贴即可。这样自定义表单变成了一个 SaaS(Software as a Service,软件即服务)服务,开发新的应用软件时,在要开发自定义表单功能时就已经不需要编写代码了,实现了低代码应用。

上述过程,广义地讲,三个阶段都是低代码技术的应用。狭义地讲,最后的服务级代码重用是当前追求的低代码应用。在 1 和 2 两阶段的低代码技术,是为专业程序设计人员所用的技术。而第 3 阶段实现了编程技术质的飞跃,将应用场景的极致抽象并且模板化,对系统开发人员来说,屏蔽了编程技术和程序处理逻辑,数据管理技能、编码知识、硬技能技能对系统开发人员来说变得不那么重要了。

实际上,低代码不是一个新东西。在软件工程中早已有之,只是实现低代码的方式不断发展进步,体现了通用性、低门槛、高效率的编程技术发现的趋势。

低代码技术引入软件开发中,对软件开发流程有重大影响。如果一个系统完全采用低代码技术进行开发的话,突出的特点是编程工作弱化,开发流程变化如下。

(1)需求分析:定义应用程序的功能和需求,确定开发目标和范围。

(2)数据建模:设计数据库和数据模型,确定数据结构和关系。

(3)界面设计:设计用户界面和交互方式,确定页面布局和关系。

(4)业务逻辑编写:编写业务逻辑代码,实现应用程序的核心功能。

(5)集成测试:对应用程序进行集成测试,测试各个组件之间的集成效果和稳定性。

(6)部署和维护:将应用程序部署到生产环境中,并定期进行维护和更新。

如果一个软件系统部分采用低代码技术的话,开发流程将是上述流程与传统开发流程的混合使用,不能用低代码技术开发的部分将仍然遵循传统的开发流程。

7.4.5　低代码平台举例

表 7.1 提供了国内一些低代码平台的名称和开发厂商,作为了解相关平台的索引供参考。这些低代码平台的详细信息可以从各产品的主页上获取。

表 7.1　低代码平台

平　台　名　称	开　发　厂　商
宜搭	阿里巴巴
爱速搭	百度
轻舟	网易
微搭	腾讯
J2PaaS	吉鼎科技
IVX	云动力科技
活字格	葡萄城
简道云	帆软软件
明道云	万企明道
云表	乐途软件
搭搭云	九章信息
JePaaS 平台	凯特伟业
华炎魔方	华炎软件
APICloud	用友

平 台 名 称	开 发 厂 商
轻流	易校信息
魔方网表	魔方恒久软件
ClickPaas	爱湃斯科技
JeecgBoot	国炬信息
氚云	奥哲
织信 Informat	基石协作
CodeArts Snap	华为

7.5 本章小结

本章介绍了软件工程中编码实现阶段所涉及的一些概念及技术。主要有编码规范及风格的概念及其背后蕴含的原理;代码重用的概念、原则及方法;以及程序调试的方法和常用技巧;最后介绍了近几年发展迅速的低代码技术。概括而言,本章包含以下核心内容。

- 高质量的代码应该具备健壮性、高性能、可读性、可扩展性、可移植性、可重用性和可测试性。
- 编码规范是在程序设计语言语法的基础上对如何编写代码做出的进一步限制,是对语法在实际软件工程实践中的优劣进行了综合判断和考量后制定的。
- 编码风格反映了程序员编码的习惯,通常无好坏之分,但应摒弃明显糟糕的编码风格。
- 正确地使用良好的编码规范及风格有助于提升代码质量。
- 代码重用是对已经编写好的代码进行使用,有代码片段重用、组件重用、框架重用等几种方式。
- 代码重用可以提升开发效率,降低开发成本,使软件更简洁。但同时会引入不可控和增加外部依赖等问题。
- 代码重用应该秉持重用高质量代码,做好代码版本控制和重用前注重选型等原则。
- 代码重用的高级阶段——低代码技术对软件开发带来实质性的冲击,影响深远。
- 程序调试包括定位并移除程序中的缺陷、错误以及异常,程序调试一般需要利用程序调试工具并结合程序运行的结果。
- 程序缺陷的表现有语法错误、运行时错误及逻辑错误。
- 常用的定位程序缺陷的方法有直接定位法、回溯法、排除法和辅助工具定位法。
- 在修复程序缺陷后要进行回归测试,避免引入新的问题。
- 有必要学习和掌握一些低代码平台。

7.6　综合习题

1. 下列程序是否满足健壮性需求？如果不是，请说明原因并修改相关代码。

程序的功能为计算数组中所有元素的平均值，其中，数组元素个数 count 不大于 100。

```
double calcArrayAverage(int * arr, int count) {
    double sum;
    for (int i = 0; i < count; i++) {
        sum += arr[i];
    }
    return sum / count;
}
```

2. 请解释既然程序设计语言都有各自的语法，为什么还需要用编码规范来做限制？

3. 请结合你的软件开发实践，列举一个代码片段重用的例子。

4. 开发一个学生成绩管理系统时，是否需要使用代码重用技术？如果是，请详细说明如何使用。

5. 下列程序是否有缺陷？如果有，会造成什么错误？并请简述定位该错误的过程，并修复相应缺陷。

```
#include <stdio.h>
#include <string.h>
#include <stdlib.h>

void setString(char * str) {
    str = (char *)malloc(4);
    memset(str, '\0', 4);
    strcpy(str, "abc");
}

void printSecondLetter(char * str) {
    printf("%c\n", str[1]);
}

void clearString(char * str) {
    free(str);
    str = NULL;
}

int main() {
    char * str = NULL;
    setString(str);
    printSecondLetter(str);
    clearString(str);
    return 0;
}
```

6. 请结合实例说明，如何调试一个不稳定复现的程序缺陷。

7. 除了本章列举的方法外,你还用过哪些其他的程序调试方法,请举例说明。

8. 低代码开发平台中运用了哪些代码重用技术? 请结合具体产品说明。

7.7 基础实践

1. 阅读编程规范并对比分析

实践任务：阅读编程规范。

实践内容：自行获取互联企业或软件企业的编程规范文档,研读源程序的编码规范。

实践要求：选择自己熟悉的程序设计语言的编码规范,阅读编码规范并理解企业的意图。

实践结果：对比企业的编码规范,寻找自己编程时在程序风格上的不足。

2. 阅读商用软件系统的源代码,总结编程风格

实践任务：阅读商用软件系统的源代码。

实践内容：自行下载商用级别的大型软件系统的源代码,如 Linux、MySQL、Tomcat 等,熟悉源代码的组织结构并浏览源程序,熟悉其代码风格,特别是可移植性程序的编码方式。

实践要求：选择一种大型、经典的开源软件系统,在浏览整个软件系统的代码基础,精读少量函数,学习编程风格。

实践结果：总结所读软件系统的编程风格,并针对不理解的编程方式开展讨论。

7.8 引申阅读

［1］ 毛新军,董威. 软件工程：从理论到实践［M］. 北京：高等教育出版社,2022.

阅读提示：参阅该书的第 12 章 编写代码,了解编码与程序调试技巧。

［2］ Pressman R S,Maxim Bruce R. 软件工程：实践者的研究方法［M］. 9 版. 王林章,崔展齐,潘敏学,等译.北京：机械工业出版社,2022.

阅读提示：参阅该书的第 13 章 构件级设计,了解编码与程序调试技巧。

［3］ 腾讯前端编程规范. 请查阅 tgideas 文档库网页。

阅读提示：学习业界编程规范。

［4］ 京东前端-后端编码指南(*Front-End Coding Guidelines*)。

阅读提示：学习业界编程规范。

［5］ 阿里巴巴 JavaScript 编码规划. 请查阅 airbnb/javascript 网页。

阅读提示：学习业界编程规范。

［6］ 百度 JavaScript 编码规划. 请查阅 javascript-style-guide 网页。

阅读提示：学习业界编程规范。

［7］ 阿里巴巴 Java 规范. 请查阅百度文库中的网页。

阅读提示：学习业界编程规范。

［8］ 360 安全规则集合. 请查阅 Qihoo360/safe-rules 网页。

阅读提示：学习业界编程规范。

［9］　微软 C♯ 编程规范. 请查阅微软的 C♯ 文档网页。

阅读提示：学习业界编程规范。

［10］　Clay R，John R. New Development Platforms Emerge for Customer-Facing Applications.FORRESTER 官网 REPORT 网页，June 9th，2014.

阅读提示：重点了解现有的低代码开发方法和应用。

7.9　参考文献

［1］　毛新军，董威. 软件工程：从理论到实践［M］. 北京：高等教育出版社，2022.

［2］　Pressman R S，Maxim B R. 软件工程：实践者的研究方法［M］. 9 版. 王林章，崔展齐，潘敏学，等译.北京：机械工业出版社，2022.

［3］　Sommerville I. 软件工程［M］. 彭鑫，赵文耘，译. 北京：机械工业出版社，2018.

第 8 章

软 件 测 试

本章学习目标

- 理解错误、缺陷、故障的概念。
- 理解软件测试的概念、思想、原理、目标和准则。
- 掌握软件测试用例的概念及构成、测试用例的表示,并能在实践中灵活运用。
- 理解软件测试的过程,掌握并能熟练运用软件测试的策略。
- 理解白盒测试和黑盒测试的概念和思想,掌握并能运用典型的测试技术。
- 了解软件测试前沿技术,以及常见测试工具。

软件测试是评估和验证软件系统或应用程序是否完成了其预期功能的过程,是软件生命周期中一项非常重要且非常复杂的工作,对软件可靠性保证具有极其重要的意义。软件测试在软件开发过程中占有重要的地位,贯穿整个软件生命周期,是保证软件质量的重要手段之一。研究数据显示,在国外软件开发的工作量中,软件测试在总工作量中占比达到 40% 左右,而在开发总费用中占比达到 30%～50%。对于一些安全攸关的软件系统,软件测试占用的时间和费用可能更多更高。尽管已有很多研究试图利用形式化方法,证明程序的正确性,但目前这些技术离实际应用还有较大的距离。因此在未来相当长的一段时间内,软件测试仍然是确保软件质量的关键环节。

本章围绕软件测试,首先介绍软件错误、缺陷和故障的基本概念,其次介绍软件测试的概念、思想和原理,接着阐述软件测试用例的概念及其构成与表示,探讨软件测试过程和策略,以及白盒测试技术和黑盒测试技术的概念和思想。本章还简要介绍了软件测试前沿技术以及测试工具。最后通过本章小结,概要总结本章的主要内容和学习重点。

读者可以用 8.11 节综合习题巩固和检查本章所学基本知识的掌握情况;8.12 节的基础实践案例分析给出了如何灵活利用本章所学方法解决特定场景下测试计划设计等方面样例,同时还给出了相对应的基础实践练习帮助读者检验其灵活运用的能力;8.13 节给出的引申阅读材料可以帮助读者加深和扩展对相关知识的理解,学习学术界和工业界最新的研究成果和实践经验。

8.1　软件错误、缺陷和故障

在本节中,将讨论软件错误、缺陷、故障的概念及其差异。这些术语描述了软件系统或应用程序的异常情况,与软件开发生命周期(Software Development Life Cycle, SDLC)密切相关。在软件测试中,这些听起来像"近义词"的术语经常使用,然而许多新的测试工程师在使用这些术语时往往感到困惑,因此理解这些术语的概念及其差异非常重要。

8.1.1　软件错误、缺陷和故障的概念

软件错误(Software Error/Mistake)是指代码中的问题,是一种人为错误,即由于开发人员没有正确理解需求或需求未被正确定义,从而导致开发人员编码错误。

软件缺陷(Software Defect)在非正式情况下常被称为 Bug,有关软件缺陷的概念繁多,以下介绍几个比较常用的软件缺陷的定义。

(1) IEEE Std 729—1983《软件工程术语》中对软件缺陷(Software Defect)的定义为"从产品内部看,软件缺陷是软件产品开发或维护过程中所存在的错误、偏差等各种问题;从外部看,软件缺陷是系统所需要实现的某种功能的失效或违背"。

(2) 软件生产能力成熟度模型(Software Capability Maturity Model,SW-CMM)是这样定义软件缺陷的:"系统或系统成分中的能造成它们无法实现其被要求的功能的缺点。如果在执行过程中遇到缺陷,它可能导致系统的失效。"

(3) IEEE 982.1—2005《软件可信性度量标准词汇》中对软件缺陷的定义为"一个通用术语,涉及软件故障原因和失效影响"。

(4) 国内软件可靠性工程领域广泛使用的定义为"软件缺陷是存在于软件(文档、数据、程序)中的、不期望的或不可接受的偏差,其结果是当软件运行于某一特定条件时将出现'软件故障'(即软件缺陷被激活),软件缺陷以一种静态的形式存在于软件的内部,是软件开发过程中'人为错误'的结果"。

软件缺陷涉及以下主要特征。

- 软件未达到软件产品需求规格说明书指明的要求。
- 软件出现了软件产品需求规格说明书中指明不应出现的错误。
- 软件功能超出软件产品说明书指明的范围。
- 软件未达到软件产品说明书未指明但应达到的要求。
- 软件测试人员认为难以理解、不易使用、运行速度慢或最终用户认为不好。

软件故障(Fault)是指在计算机程序中出现的不正确的步骤、过程或数据定义,使得软件运行时丧失了在规定的限度内执行所需功能的能力,执行输出错误结果,导致失效等。例如,数据越界,程序崩溃,功能失效。以下原因可能导致软件故障:资源不足、无效的步骤、不正确的数据定义。

8.1.2　软件错误、缺陷和故障的差异性

如图 8.1 所示展示了软件错误、缺陷、故障的区别和联系,可以看出这三个概念存

在时序关系,软件错误是指代码错误,是一种人为错误。一个软件错误必定产生一个或多个软件缺陷。软件缺陷存在于软件产品中,是人们不希望或不可接受的偏差,当一个软件缺陷被激活时,便产生一个软件故障。同一个软件缺陷在不同条件下被激活,可能产生不同的软件故障。软件故障是指在软件运行过程中,程序执行输出错误结果。软件故障如果没有容错措施加以处理,便不可避免地导致软件失效。

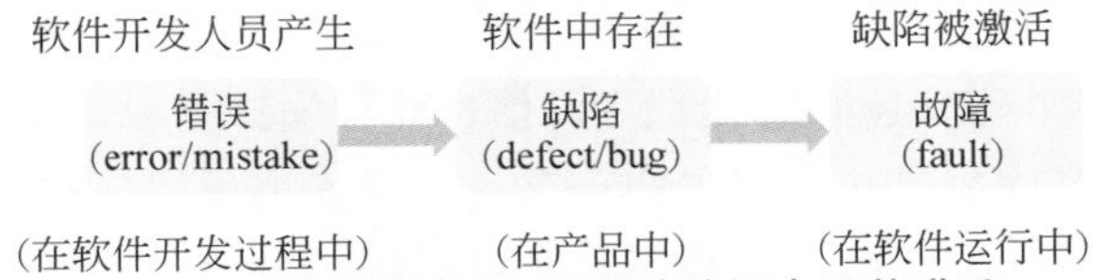

图 8.1 软件错误、缺陷、故障的概念及其联系

下面的例子展示了这三个概念的区别。

```python
#需求:求两数之和
if __name__ == "__main__":
    a = int(input())
    b = int(input())
    res = a + b
    print("sum of two numbers is: ", res)
```

【软件错误】由于程序员粗心,将 a+b 写成了 a-b。

【软件缺陷】应该计算加法,结果却是减法。

【软件故障】用户使用了这个程序(输入 3 和 4),激活了缺陷,产生了故障,输出—1,而不是 7。

表 8.1 从定义、类型、根源,以及预防措施几方面列出了软件错误、缺陷、故障这几个概念的重要区别。

表 8.1 软件错误、缺陷、故障对比

对比	软 件 错 误	软 件 缺 陷	软 件 故 障
定义	错误是指编码错误;也是为什么不能运行和编译代码的原因	缺陷是实际结果和预期输出之间的差异	故障是导致软件不能完成其基本功能的一种状态
不同类型	语法错误、用户界面错误、异常处理错误、控制流错误、计算错误、硬件错误等	基于优先级:高、中、低。基于严重性:极重要的、重要的、次要的、不重要的	业务逻辑故障、功能和逻辑故障、用户界面故障、性能故障、安全故障、硬件故障等
根源	代码错误;无法编译/执行程序;代码逻辑中的歧义;误解需求;设计和体系结构问题;逻辑错误	接收和提供不正确的输入、编码/逻辑错误导致软件缺陷	数据定义的错误设计;软件中逻辑异常导致软件无法正常工作
预防措施	进行同行评审和代码审查;验证错误修复并增强软件的整体质量	实现开箱即用的编程方法;遵循正确的软件编码实践	对测试文档和需求进行同行评审;验证软件设计和编码的正确性

8.2 软件测试概念和思想

在软件开发过程中,软件测试是非常重要的一个环节,测试可以使得软件中的缺陷在软件产品交付之前及早识别并解决。经过适当测试的软件产品可确保可靠性、安全性和高性能,从而进一步节省时间、提高成本效益和客户满意度。本节介绍软件测试的概念、思想和原理,以及软件测试的目标和准则。

8.2.1　软件测试的概念

软件测试(Software Testing)是一种检查实际软件产品是否符合预期需求并确保软件产品无缺陷、错误的方法。它涉及通过手动或自动化工具来执行软件或系统组件,从而对一个或多个感兴趣的属性进行评估。软件测试的目的是识别软件中存在的错误、差距,或者与实际需求相比缺失的需求。要完整地理解软件测试,就要从不同方面和视角去辩证地审视软件测试。概括起来,软件测试就是贯穿整个软件开发生命周期、对软件产品(包括阶段性产品)进行验证和确认的活动过程,其目的是尽快尽早地发现在软件产品中存在的各种问题——与用户需求、预先的定义不一致的地方。

下面列举几个关于软件测试的经典定义。

(1) 1983 年,IEEE 提出的软件工程术语中对软件测试给出如下定义:"使用人工或自动的手段来运行或测定某个软件系统的过程,其目的在于检验它是否满足规定的需求或弄清预期结果与实际结果之间的差别。"

(2) 在 Glenford J. Myers 的经典著作《软件测试之艺术》(*The Art of Software Testing*)中,关于测试给出了如下定义:"程序测试是为了发现错误而执行程序的过程。"尽管这个定义被软件测试业界所认可,并经常被引用,但实际上,这样的定义还不能完全反映软件测试的内涵,它仍局限于"程序测试"。随后,Glenford J. Myers 进一步提出了有关程序测试的三个重要观点,那就是:

- 测试是为了证明程序有错,而不是证明程序无错误。
- 一个好的测试用例在于它能发现至今未发现的错误。
- 一个成功的测试是发现了至今未发现的错误的测试。

(3) Bill Hetzel 在《软件测试完全指南》(*Complete Guide of Software Testing*)一书中指出:"测试是以评价一个程序或者系统属性为目标的任何一种活动。测试是对软件质量的度量。"这个定义至今仍被引用。

示例:汽车制造商测试汽车的最高速度、燃油效率和安全系数。这些测试后来成为汽车销售广告策略的一部分。

8.2.2　软件测试的思想和原理

软件测试的基本思想是在规定的条件下对程序进行操作,以发现程序错误,衡量软件质量,并对其是否能满足设计要求进行评估。根据测试过程中是否执行程序,软件测试可以分为静态测试和动态测试。下面就这两类测试分别阐述其基本思想和原理。

在"静态测试"中,只是检查和审阅程序,不必运行软件,通过分析或检查源程序的语法、结构、过程、接口等来检查程序的正确性。静态测试的被测对象是各种与软件相关的有必要进行测试的产物,是对需求规格说明书、软件设计说明书、源程序做结构分析、流程图分析、符号执行来找出欠缺和可疑之处,例如,不匹配的参数、不适当的循环嵌套和分支嵌套、不允许的递归、未使用过的变量、空指针的引用和可疑的计算等。静态测试结果可用于进一步的查错,并为测试用例选取提供指导。静态测试可以手工进行,充分发挥人的思维优势,并且不需要特别的条件,容易展开,但是静态测试对测试人员的要求较高,至少测试人员需要具有编程经验。

如图 8.2 所示,根据审查过程中是否依赖于工具,静态测试技术可以分为静态测试(不依赖于工具)和静态分析(依赖于工具)。其中,非正式的静态测试例如代码走查,正式的静态测试包括技术评审以及代码审查。

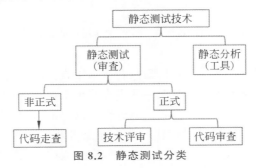

图 8.2   静态测试分类

代码走查(Code Walkthrough)是一个开发人员与架构师集中讨论代码的过程。这种讨论过程一般是非正式的,比审查更具有技术性。代码走查的目的是交换有关代码是如何书写的思路,并建立一个对代码的标准集体阐述。在代码走查的过程中,开发人员都应该有机会向其他人来阐述他们的代码。通常地,即便是简单的代码阐述也会帮助开发人员识别出错误并预想出对以前麻烦问题的新的解决办法。

代码走查的流程通常如下。

(1)计划走查会议:成立走查小组,安排走查会议的时间和地点,为审查人员分发材料。

(2)走查产品:为走查做准备,并且在需要的时候要熟悉标准、检查表和其他任何提供的用于走查的信息。

(3)执行走查:让事先准备好的测试用例沿程序的逻辑运行一遍,随时记录程序的踪迹,供分析和讨论用。

(4)解决缺陷:程序员和走查人员解决走查中发现的问题。

(5)走查记录:记录走查人员的名字、被审查的产品、走查的日期、缺陷、遗漏、矛盾和改进建议列表。

(6)产品返工:根据走查的记录,程序员更新产品,纠正所有的缺陷、遗漏、效率问题和改进产品。

走查着重从流程的角度考察程序,借助程序流程图或调用图对数据流和控制流进行静态分析。调用图中,节点表示程序单元,有向边表示程序单元之间的控制和调用关系,通过调用图可以检查程序中变量的说明和引用,全局变量、参数误用的问题,同时还为动态测试用例的设计提供可靠的依据,在调用图中是不能对程序进行修改的。

技术评审(Technical Review)是最正式的审查类型,具有高度的组织化,要求每个参与者都接受训练。技术评审由开发组、测试组和相关人员(如质量保障专员、产品经理等)联合进行,综合运用走查、审查技术,逐行、逐段地检查软件。表述者不是原来编写代码的程序员。检查的要点是需求和设计规格说明书、代码标准/规范/风格和文档的完整性与一致性。

代码审查(Code Inspection)是一种静态测试,旨在审查软件代码并检查其中的任何错误。它有助于减少缺陷的比率,并通过简化所有初始错误检测过程来避免后期错误检测。实际上,代码审查发生于任何应用程序的审核过程。其核心工作流程如下。

（1）主持人、读者、记录员（录音机）和作者是审查团队的关键成员。主持人引导代码审查,这是与作者不同的角色;读者大声朗读代码,该代码允许其他团队成员识别错误;记录员或录音机会记录代码审查的过程及团队发现的缺陷;作者是代码的原始作者。

（2）被审查方向审查团队提供相关文件,然后计划审查会议并与审查团队成员进行协调。

（3）如果审查团队不了解该项目,则作者将为审查团队成员概述项目和代码。

（4）然后,每个审查团队通过遵循一些审查清单来执行代码检查。

（5）完成代码审查后,与所有团队成员进行会议,分析审查的代码。

"动态测试"是指通过运行被测程序,检查运行结果与预期结果的差异,并分析运行效率和健壮性等性能。如图 8.3 所示,要执行动态测试,应该编译并运行软件,包括通过给出输入值和执行特定的测试用例（可以用手动或自动化过程完成）来检查输出是否和预期一致。在此过程中,会根据测试用例的执行结果,对测试用例进行补充和修改。

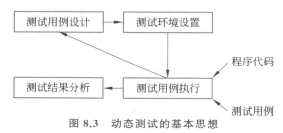

图 8.3   动态测试的基本思想

动态测试可从不同角度进行分类。从是否关心软件内部结构和具体实现的角度划分,可分为白盒测试、黑盒测试、灰盒测试（介于白盒测试与黑盒测试之间的一种测试）。从软件开发过程的角度划分,可分为单元测试、集成测试、系统测试、验收测试、回归测试。从测试实施组织的角度划分,可分为开发方测试（α 测试）、用户测试（β 测试）、第三方测试。相关概念将在后续章节中进行详细介绍。

8.2.3   软件测试的目标和准则

1. 软件测试的目标

软件测试的主要目标是尽早找到错误并修复错误,并尽可能确保软件不含错误。如图 8.4 所示,软件测试的目标可以分为三个主要类别:直接目标、长期目标、发布后目标。

1）直接目标

直接目标是测试的直接结果。

* 发现缺陷:这是在软件开发任何阶段中软件测试的直接目标。软件测试的主要目的是在开发过程的任何步骤中检测缺陷。早期检测到的问题数越高,软件测试成功率越高。

* 预防错误:这是发现缺陷的即时作用。软件开发团队通过对已发现的缺陷进

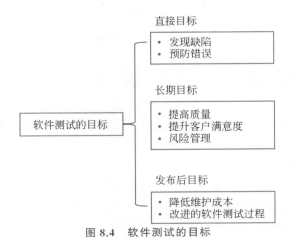

图 8.4 软件测试的目标

行分析,以确保在随后的阶段或未来项目中不会出现重复错误。

2)长期目标

从长远来看,充分的测试能够帮助软件产品达成以下长期目标。

- 提高质量:由于正确性、完整性、效率和可靠性都是影响软件质量的因素,因此为了确保质量,必须保证通过充分的测试保障上述所有因素都达到要求,从而确保软件产品卓越的质量。

- 提升客户满意度:此目标验证客户对开发的软件产品的满意度。从用户的角度来看,软件测试的主要目的是客户满意度。如果希望客户对软件产品感到满意,则测试应该是广泛而彻底的。

- 风险管理:风险是发生不确定事件的可能性,即可能导致负面后果的潜在损失。为了减少潜在损失,必须进行风险管理,以减少产品的故障。

3)发布后目标

产品发布后,这些目标变得至关重要。

- 降低维护成本:发布后的错误修复成本更高,也难以识别。由于有效的软件不会损耗,任何软件产品的维护成本都不等同于物理成本。软件产品由于缺陷导致的故障是唯一的维护费用。但是它们很难被发现,所以发布后的错误总是需要花费更多的成本去纠正。因此,需要彻底而有效地进行测试,从而降低失败的风险。

- 改进的软件测试过程:在一个项目的测试过程中,很可能无法发现所有缺陷。因此,评估缺陷历史和软件发布后的效果,对于确定当前测试过程中可能存在的不足,并在未来项目中改进非常重要。通过评估缺陷历史,可以分析过去项目中出现的缺陷类型、频率、严重程度以及修复难度。这有助于识别常见问题和需要改进的领域。例如,如果发现某个类型的缺陷在多个项目中反复出现,就可以思考如何改进测试策略,以提前发现和解决这类问题。此外,评估软件发布后的效果也非常重要。用户反馈、性能指标和稳定性等方面的评估可以帮助了解软件在实际使用中的表现,并发现可能存在的问题。通过收集用户的意见和建议,可以改进软件的用户体验,并修复可能影响用户满意度的缺陷。

2. 软件测试的准则

在过去的 40 多年里,测试工作中有一些准则已经被普遍接受,广泛应用。在测试中,应当始终牢记以下 7 条准则。

1）测试可以证明缺陷存在，但不能证明缺陷不存在

测试可以证明产品是失败的,也就是说,产品中有缺陷。但测试不能证明程序中没有缺陷。适当的测试可以减少测试对象中的隐藏缺陷。即使在测试中没有发现失效,也不能证明其没有缺陷。

2）穷尽测试是不可能的

考虑所有可能输入值和它们的组合,并结合所有不同的测试前置条件进行穷尽测试是不可能的。在实际测试过程中,对软件进行穷尽测试会产生天文数字的测试用例。所以说,每个测试都只是抽样测试。因此,必须根据风险和优先级,控制测试工作量。

3）测试活动应当尽早开始

在软件生命周期中,测试活动应当尽早开始,而且应当聚焦于定义的目标上。这样可以尽早发现缺陷。

4）缺陷集群性

通常情况下,大多数的缺陷只存在于测试对象的极小部分中。缺陷并不是平均分布而是集群分布的。因此,如果在一个地方发现了很多缺陷,那么通常在附近会有更多的缺陷。在测试中,应当机动灵活地应用这个原理。

5）杀虫剂悖论

如果同样的测试用例被一再重复地执行,会减少其有效性。先前没有发现的缺陷也不会被发现。因此,为了维持测试的有效性,战胜这种"抗药性",应当对测试用例进行不断修改和更新。这样软件中未被测试过的部分或者先前没有被使用的输入组合就会重新执行,从而发现更多的缺陷。

6）测试依赖于测试内容

测试必须与应用程序的运行环境和使用中固有的风险相适应。因此,没有两个系统可以以完全相同的方式进行测试。对于每个软件系统,测试出口准则等应当根据它们使用的环境分别量体定制。例如,安全关键系统与电子商务应用程序要求的测试是不同的。

7）"没有失效就是有用系统"是一种谬论

找到失效、修正缺陷并不能保证整个系统可以满足用户的预期要求和需要。在开发过程中用户的早期介入和原型系统的使用就是为了避免问题的预防性措施。

8.3　软件测试用例

软件测试的重要性毋庸置疑,但如何投入最少的人力物力,在最短的时间内完成测试,进而发现软件系统的缺陷,保证软件的质量,是软件公司探索和追求的目标。每个软件产品或软件开发项目都需要有一套优秀的测试方案和测试方法。其中,软件测试用例最为关键。本节将介绍软件测试用例的基本概念,以及测试用例的构成及表示。

8.3.1 软件测试用例的概念

测试用例(Test Case)是在系统上执行的一系列操作,以确定是否正确地满足软件需求和功能。测试用例的目的是确定系统内的不同功能是否按预期执行,并确认系统满足所有相关标准、准则和客户需求。测试用例的序列或集合被称为一个测试套件(Test Suit)。编写测试用例的过程也可以帮助揭示系统中的错误或缺陷。测试用例通常是由质量保证(QA)团队或测试团队的成员编写的。一旦从需求中创建了测试用例,执行这些测试用例就是测试人员的工作了。测试人员阅读测试用例中的所有细节,执行测试步骤,然后根据预期和实际结果,将测试用例标记为通过或失败。

编写测试用例具有以下优缺点。

(1) **优点**。

- 组织性、有计划、规划、规范:通过规划和规范的方式编写测试用例,可以提高测试的质量和效率,并且使测试工作更加可控。
- 有科学依据或经验支撑:通过借鉴过去的测试经验和行业最佳实践,可以确保测试用例的设计和编写更加准确和可靠。
- 避免重复、冗余,降低成本、提高效率:通过合理的设计和组织测试用例,可以确保每个功能和场景只需要被测试一次,避免了重复的测试工作。
- 功能覆盖:通过编写全面的测试用例,可以验证系统在不同功能和场景下的行为和性能,提高系统的质量和可靠性。
- 可持续复用:测试用例可以作为测试工作的资产,可以在不同的项目或者不同的测试阶段进行复用。这样可以节省测试用例编写的时间和成本,并且提高测试的一致性和可重复性。
- 跟踪:通过记录测试用例的执行结果和问题,可以及时发现和解决问题,并且提供对测试工作的可见性和追溯性。
- 测试确认:通过执行测试用例并验证其结果,可以确认系统的功能和性能是否符合预期,从而提供对系统质量的评估和保证。

(2) **缺点**。

测试用例的设计是费时费力的工作,往往设计测试用例所花费的时间比执行所花费的时间还多。

8.3.2 软件测试用例的构成及表示

在编制测试用例时会形成测试用例文档,一般会提供模板。然而并不存在标准的模板,因为对于每个公司和每个应用程序测试用例文档都是不同的,这取决于测试工程师和测试主管。但是,对于一个应用程序的测试,所有的测试工程师都应该遵循一个通用的模板。测试用例应该用简单的语言编写,这样新的测试工程师也可以理解并执行相同的测试用例。

图 8.5 给出了一个测试用例示例,从该例子可以看出,测试用例由头部信息、主体、尾部信息组成,主要包含以下内容。

- 测试用例名称/编号:每个测试用例的唯一标识符,可以根据项目或测试计划的需要进行命名或编号,以方便识别和跟踪测试用例。

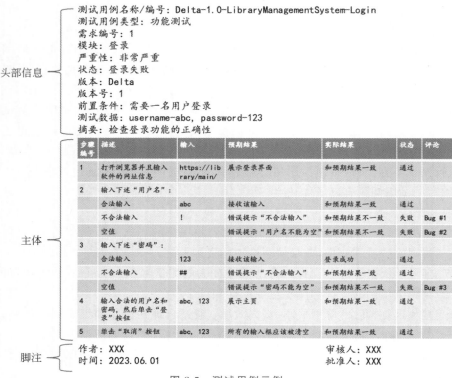

图 8.5   测试用例示例

* 测试用例类型：可以是功能测试用例、集成测试用例或系统测试用例，也可以是正面测试用例或负面测试用例。
* 需求编号：该测试用例所对应的需求标识符，可以帮助测试人员追溯测试用例与需求之间的关联，并确保测试用例的完整性和一致性。
* 模块：该测试用例所涉及的软件模块或功能模块，可以帮助测试人员在测试计划中进行模块划分和组织，并确定该测试用例的范围和相关联的模块。
* 严重性：严重性可能是非常严重、一般严重或不严重，严重程度反映了该测试用例的重要性。严重性可以基于模块进行评估，以图书馆管理系统为例，表 8.2 展示了"登录"和"用户反馈"两个模块的严重性。

表 8.2   图书馆管理系统各模块的严重性

模　　块	严　重　性
登录	非常严重
用户反馈	不严重

* 状态：该测试用例目前的执行状态，可以帮助测试人员跟踪和管理测试工作的进展。
* 发布版本及版本号：一个发布版本可以包含许多版本号。
* 前置条件：这些是在开始测试执行过程之前，每位测试工程师都需要满足的必要条件，或是需要为测试创建的数据配置或数据设置。例如，在应用程序中，我们正在编写测试用例以添加用户、编辑用户和删除用户，则编辑和删除用户 A 的前置条件是存在用户 A。

- 测试数据：这些是需要按照规定创建的值或输入，例如，当测试数据为用户名和密码时，测试工程师可能会得到已有的用户名和密码来测试应用程序，也有可能由测试工程师自己生成用户名和密码来进行测试。
- 摘要：摘要简要描述了测试用例的目的，帮助测试工程师理解该测试用例。
- 测试步骤：根据测试用例执行的步骤进行编号，从而方便记录预期结果与实际结果不相符的步骤编号，从而确定任务优先级，并确定它是否是关键的错误。
- 作者：该测试用例的撰写者。
- 时间：该测试用例的完成时间。
- 审核人：负责审核该测试用例的开发者。
- 批准人：批准该测试用例通过的开发者，一般为测试部门的负责人。

在设计测试用例时应遵循以下基本思想。

（1）设计测试用例时，要寻求系统设计、功能设计的弱点。测试用例需要确切地反映功能设计中可能存在的各种问题，而不要简单复制软件设计规格说明书的内容。

（2）设计正面的测试用例，应该参照软件设计规格说明书，根据关联的功能、操作路径等设计。而对孤立的功能则直接按功能设计测试用例。基本事件的测试用例应包含所有需要实现的需求功能，覆盖率达 100%。

（3）设计负面的、异常的测试用例，如考虑错误的或者异常的输入，往往可以发现更多的软件缺陷，这显得更为重要。

例如，登录功能，在进行用户校验的时候，考虑错误的、不合法的（如没有@.& *等特殊符号的输入）或者带有异常字符的（单引号、斜杠、双引号等）名称输入，尤其是在做 Web 页面测试的时候，通常会出现因一些字符转义问题而造成异常情况。

8.4　软件测试过程和策略

软件测试是软件质量保证的关键步骤，为了能更好地保障软件质量，在执行软件测试时，需要遵循特定的软件测试过程和一些流程以达到这一目标。

8.4.1　软件测试过程

如图 8.6 所示，软件测试的执行过程一般涉及以下几个步骤。

1. 分析测试需求

测试人员在制定测试计划之前需要先对软件需求进行分析，以便对要开发的软件产品有一个清晰的认识，从而明确测试对象及测试工作的范围和测试重点。在分析需求时还可以获取一些测试数据，作为测试计划的基本依据，为后续的测试打好基础。此外，分析测试需求也是对软件需求进行测试，以发现软件需求中不合理的地方。

被确定的测试需求必须是可核实的，测试需求必须有一个可观察、可评测的结果。无法核实的需求就不是测试需求。测试需求分析还要与客户进行交流，以澄清某些混淆，确保测试人员与客户尽早地对项目达成共识。

以"在线购物平台"为例，该步骤涉及以下要点：首先测试人员与业务方、客户、用户等相关人员进行沟通，核实各方对在线购物平台的需求和期望。这包括功能需求

图 8.6　测试流程

（如用户注册、商品搜索、下单流程等）、性能需求（如响应时间、并发用户数等）、安全需求（如用户信息保护、支付安全等）等。接下来将收集到的需求进行整理，并对其进行分析。这包括理解各个需求之间的关系和优先级，以及评估每个需求的可行性和可验证性。然后与客户进行详细的沟通，澄清需求中的任何不明确或模糊的地方。通过与客户的沟通，可以确保对需求的理解是准确的，并且可以及时解决任何疑问或误解。根据与客户的沟通和需求分析的结果，确定可核实的测试需求。这些需求应该是具体、可观察、可测量的，以便在测试过程中进行验证。与客户的沟通和确认是确保测试需求准确性的重要环节。

2. 制定测试计划

测试计划一般要做好以下工作安排。

- 确定测试范围：明确哪些对象是需要测试的，哪些对象是不需要测试的。
- 制定测试策略：测试策略是测试计划中最重要的部分，它将要测试的内容划分为不同的优先级，并确定测试的重点。根据测试模块的特点和测试类型（如功能测试、性能测试）选定测试环境和测试方法（如人工测试、自动化测试）。
- 安排测试资源：根据测试难度、时间、工作量等因素对测试资源合理安排，包括人员分配、工具配置等。
- 安排测试进度：根据软件开发计划、产品的整体计划来安排测试工作的进度，同时还要考虑各部分工作的变化。在安排工作进度时，最好在各项测试工作之间预留一个缓冲时间以应对计划变更。
- 预估测试风险：罗列出测试工作过程中可能会出现的不确定因素，并制定应对策略。

在制定"在线购物平台"的测试计划时，需要进行以下详细步骤。

（1）**确定测试范围**，明确需要测试的功能模块，如用户注册、商品搜索、购物车管理、支付功能等，同时排除不需要测试的功能模块，如用户账户管理等。

（2）**制定测试策略**，根据需求分析和测试目标，确定测试的优先级和重点。这可以包括将支付功能和订单流程作为测试的重点，将用户评论作为次要测试的功能。同时，选择适当的测试环境，如确定所需的硬件设备、操作系统和浏览器，并选择合适的测试方法。

（3）**安排测试资源**，根据测试工作的难度、时间和工作量，合理分配测试团队的人员,并确定他们的角色和责任。同时,配置所需的测试工具和设备,以支持测试工作的进行。

(4) **安排测试进度**,根据软件开发计划和产品整体计划,制定测试工作的进度安排。这包括考虑各部分工作的变化和延迟情况,例如,节假日、人员流动风险等,并预留缓冲时间以应对计划变更和紧急情况。

(5) **预估测试风险**,识别可能出现的测试风险,如功能不完整、性能瓶颈、安全漏洞等,并制定相应的应对策略。例如,进行冒烟测试检查系统主要功能是否能够启动、基本操作是否可行,以及是否存在明显的错误或故障,使用性能测试工具来评估系统的负载能力等。

3. 设计测试用例

主要是基于测试用例模板编写测试用例,不同的公司有不同的测试用例模板,虽然它们在风格和样式上有所不同,但本质上是一样的,都包括测试用例的基本要素。在编写测试用例时会参考需求文档(原型图)、概要设计、详细设计等文档,用例编写完成之后会进行评审。

下面给出了在线购物平台的"搜索商品"以及"添加商品到购物车"功能的测试用例基本要素。

用例名称:搜索商品。

前提条件:用户已成功登录进入平台的主页。

测试步骤:在平台主页的搜索框中输入关键词,单击"搜索"按钮或按 Enter 键。

预期结果:平台展示与关键词相关的商品列表,商品列表中显示商品名称、价格和其他相关信息。

用例名称:添加商品到购物车。

前提条件:用户已成功登录进入平台的主页。

测试步骤:在商品列表中选择一个商品,单击商品的"添加到购物车"按钮。

预期结果:商品成功添加到用户的购物车中,购物车显示添加的商品信息和数量。

4. 测试执行

测试执行就是按照测试用例执行测试的过程,这是测试人员最主要的活动阶段。在执行测试时要根据测试用例的优先级进行。在执行测试过程中,测试人员还需要密切跟踪测试过程,记录缺陷、形成报告等。

5. 测试评估

出具测试报告,确认是否可以上线。测试报告一般包括以下内容。

* 引言:测试报告编写目的、报告中出现的专业术语解释及参考资料等。
* 测试概要:介绍项目背景、测试时间、测试地点及测试人员等信息。
* 测试内容及执行情况:描述本次测试模块的版本、测试类型,使用的测试用例设计方法及测试通过覆盖率,依据测试的通过情况提供对测试执行过程的评估结论,并给出测试执行活动的改进建议,以供后续测试执行活动借鉴参考。
* 缺陷统计与分析:统计本次测试所发现的缺陷数目、类型等,分析缺陷产生的原因给出规避措施等建议,同时还要记录残留缺陷与未解决问题。

- 测试结论与建议：从需求符合度、功能正确性、性能指标等多个维度对版本质量进行总体评价，给出具体明确的结论。

8.4.2　软件测试的实施策略

软件测试工程师通常会结合软件开发流程循序渐进地开展软件测试。依据执行时间，传统测试流程会涉及以下几类测试。

1. 单元测试

单元测试也称为模块测试，是对软件中最小可测试单元（人为规定的最小必测功能模块）进行检查和验证，目的是检验软件基本组成单位的正确性。单元测试是在软件开发过程中要进行的最低级别的测试活动，软件的独立单元将在与程序的其他部分相隔离的情况下进行测试。

- 测试阶段：编码后。
- 测试对象：最小模块。
- 测试人员：开发者。
- 测试依据：代码、注释、详细设计文档。
- 测试方法：白盒测试。

2. 集成测试

集成测试是在单元测试之后进行的，它的目标是验证不同模块之间的接口是否正确，以及模块之间的协作是否正常。在集成测试中，开发人员将已经通过单元测试的模块按照要求进行组装，形成子系统或系统。然后，对这些子系统或系统进行测试，以确保它们在整合后能够正常工作。集成测试有助于发现模块之间的接口问题、数据传递问题、资源共享问题等。它通过模拟实际使用场景，测试整个系统的功能完整性和相互协作性。如果在集成测试过程中发现问题，开发人员可以进行调试和修复，确保系统在整合后能够正常运行。

- 测试阶段：单元测试完成后。
- 测试对象：模块间的接口。
- 测试人员：开发者。
- 测试依据：单元测试模块、概要设计文档。
- 测试方法：黑盒与白盒结合。

3. 冒烟测试

冒烟测试是一种针对软件系统的最基本功能进行验证的测试。它的目的是在软件系统集成测试之后，快速检查系统是否具备基本的稳定性和可用性，以确保后续的详细测试能够顺利进行。在集成测试完成后，不同的软件模块已经被组合在一起，形成了一个整体的软件系统。冒烟测试通过执行一组简单、核心的测试用例来验证系统的基本功能是否正常工作。如果冒烟测试通过，意味着系统在整体上是稳定的，可以继续进行更详细的测试；如果冒烟测试失败，意味着系统存在严重的问题，需要修复后再次进行冒烟测试。冒烟测试的主要目标是快速排查系统中的重大问题，例如，系统崩溃、重要功能无法正常使用等。通过尽早发现和解决这些问题，可以减少后续测试阶段的工作量，并提高整体的测试效率。

- 测试阶段：集成测试完成后。

- 测试对象：整个系统。
- 测试人员：测试工程师。
- 测试依据：冒烟测试用例。
- 测试方法：黑盒测试(手工或自动化手段)。

4. 系统测试

系统测试是对整个系统的测试,将硬件、软件、操作人员看作一个整体,检验它是否有不符合系统说明书的地方。它的目标是验证整个系统是否符合系统说明书或需求规格,以及是否满足用户的需求和预期。在系统测试中,测试人员会模拟真实的使用场景,并执行各种操作和功能,以验证系统是否能够正常工作、是否符合规格说明书的要求。通过系统测试,可以发现和解决系统设计和实现中的问题,提高系统的质量和可靠性,确保系统能够满足用户的需求和预期。

- 测试阶段：冒烟测试通过后。
- 测试对象：整个系统。
- 测试人员：测试工程师。
- 测试依据：需求文档、测试方案、测试用例。
- 测试方法：黑盒测试。

一般系统的主要测试工作都集中在系统测试阶段。根据不同的系统,所进行的测试种类也很多。在系统测试中,又包括如下测试种类：①功能测试,是对产品的各功能进行验证,以检查是否满足需求的要求；②性能测试,是通过自动化测试工具模拟多种正常、峰值以及异常负载条件来对系统的各项性能指标进行测试；③安全测试,检查系统对非法入侵的防范能力；④兼容测试,主要是测试系统在不同的软硬件环境下是否能够正常地运行。

5. 验收测试

验收测试是软件开发过程中的最后一个测试阶段,在部署软件之前进行。它是一种技术测试,也被称为交付测试或用户验收测试。验收测试的目的是确保软件已经准备就绪,并且可以让最终用户按照既定的功能和任务来使用。在验收测试中,测试人员会验证软件是否满足用户的需求、目标和期望,并且是否符合预定的验收标准。验收测试通常由最终用户、客户或代表客户的人员来执行。他们会根据预先定义的测试用例或验收标准,对软件进行测试和评估。在验收测试过程中,用户会执行一系列操作和任务,以确认软件是否满足他们的业务需求,并且是否能够正常运行。验收测试不仅关注软件的功能和性能,还关注用户界面的友好性、易用性以及与现有系统的集成等方面。它是确认软件已经达到可交付状态的重要步骤。通过验收测试,可以获得最终用户或客户对软件的认可和确认,确保软件可以成功部署和使用。如果在验收测试中发现问题或不符合需求的地方,那么需要及时进行修复和调整,以满足用户的期望和要求。

- 测试阶段：发布前。
- 测试对象：整个系统。
- 测试人员：用户/需求方。
- 测试依据：需求、验收标准。
- 测试方法：黑盒测试。

随着测试过程管理的发展,软件测试专家通过实践总结出了一些经典的测试过程模型。这些模型将测试活动进行了抽象,并与开发活动有机地进行了结合,是测试过程管理的重要参考依据。

图 8.7 描述了软件测试 V 模型。V 模型是开发模型中瀑布模型的一种改进。瀑布模型将软件生命周期划分为计划、分析、设计、编码、测试和维护 6 个阶段,由于早期的错误可能要等到开发后期的测试阶段才能发现,所以可能带来严重的后果。V 模型在这点改进了瀑布模型,在软件开发的生存期,开发活动和测试活动几乎同时开始,在开发活动进行的时候,测试活动开始进行相应的文档准备工作,从而改进软件开发的效率和效果。V 模型的优点是明确地标注了测试过程中存在着哪些不同的测试类型,并且可以清楚地表达测试阶段和开发过程各阶段的对应关系。

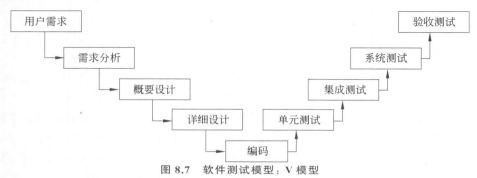

图 8.7 软件测试模型：V 模型

但是,它也有一些缺点。例如,容易让人误解为测试是在开发完成之后的一个阶段。而且由于它的顺序性,当编码完成之后,正式进入测试时,这时发现的一些缺陷可能不容易找到其根源,并且代码修改起来很困难。在实际工作中,因为需求变更较大,使用 V 模型可能导致要重复变更需求、设计、编码、测试,返工量会比较大。

图 8.8 展示了另一种软件测试模型——W 模型。W 模型从 V 模型演化过来。相对于 V 模型,W 模型增加了软件各开发阶段中应同步进行的验证和确认活动。W 模型由两个 V 字形模型组成,分别代表测试与开发过程,图中明确表示出了测试与开发的并行关系。测试与开发是同步进行的,有利于尽早全面发现问题。W 模型认为测

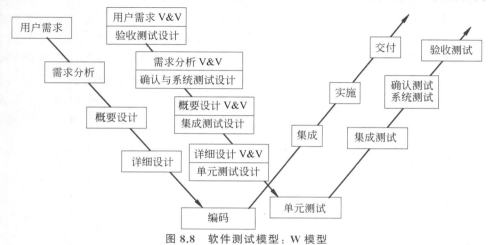

图 8.8 软件测试模型：W 模型

试伴随着整个软件开发周期,而且测试的对象不仅是程序,需求、设计等同样要测试。W 模型有利于尽早地全面地发现问题。例如,需求分析完成后,测试人员就应该参与到对需求的验证和确认活动中,以尽早地找出缺陷所在。对需求的测试也有利于及时了解项目难度和测试风险,及早制定应对措施,这将显著减少总体测试时间,加快项目进度。使用 W 模型的优点很明显。首先测试的活动与软件开发同步进行,而且测试的对象不仅是程序,还包括需求和设计。这样可以尽早发现软件缺陷,可降低软件开发的成本。

但是 W 模型还是存在一些缺点。例如,开发和测试依然是线性关系,需求的变更和调整依然不方便。而且如果没有文档,根本无法执行 W 模型。使用 W 模型对于项目成员的技术要求也更高,要求团队具备全面的技术知识和能力,能够在各个阶段进行开发和测试活动。

8.5　白盒测试技术

白盒测试,顾名思义是将软件系统视为一个透明可视的盒子,允许开发人员利用程序内部逻辑结构设计测试用例进行测试,是软件测试用例的一种重要设计方法。本节介绍白盒测试的概念和思想,以及典型的白盒测试技术。

8.5.1　白盒测试的概念和思想

白盒测试(White-box Testing)又称透明盒测试、结构测试、逻辑驱动测试,或基于代码的测试等。如图 8.9 所示,白盒测试是一种测试用例设计方法,盒子指的是被测试的软件,白盒指的是盒子是可视的,即清楚盒子内部的东西以及里面是如何运作的。白盒测试方法要求测试人员全面了解程序内部逻辑结构、对所有逻辑路径进行测试,是穷举路径测试。在使用这一方案时,测试人员必须检查程序的内部结构,从检查程序的逻辑着手,得出测试数据,类似逐一排查电路中的节点。测试者了解待测试程序的内部结构、算法等信息,这是从程序设计者的角度对程序进行的测试。

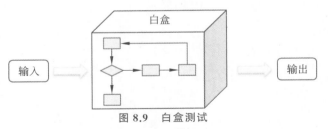

图 8.9　白盒测试

白盒测试可以应用于单元测试、集成测试,以及系统测试流程,可以测试一个单元内的路径,集成过程中单元之间的路径,以及系统级测试期间的子系统之间的路径。尽管这种测试设计方法可以发现许多错误或问题,但它有可能无法检测需求说明书中未实现的部分或遗漏的需求。

白盒测试的基本过程要求测试人员对要测试的源代码有深入的了解,从而知道要创建什么样的测试用例,以便对每个可见路径进行测试。为了创建测试用例,白盒测试采取了以下三个基本步骤。

（1）输入不同类型的需求、功能规格说明、详细的设计文档、正确的源代码以及安全规格说明书。这是白盒测试的准备阶段，以列出所有的基本信息。

（2）对整个测试过程进行风险分析，设置合理的测试计划，执行测试用例，并对测试结果进行讨论分析。该过程的主要目的是确保测试用例能够充分对应用程序进行测试，测试结果能够被正确记录。

（3）输出最终的测试报告，该报告包括所有准备工作以及测试结果。

采用白盒测试方法必须遵循以下原则。

（1）保证一个模块中的所有独立路径至少被测试一次。

（2）对所有的逻辑判定均需测试取真和取假两种情况。

（3）在上下边界及可操作范围内运行所有循环。

（4）检查程序的内部数据结构，保证其结构的有效性。

如表 8.3 所示，白盒测试主要有以下优缺点。

表 8.3　白盒测试的优缺点

优　　点	缺　　点
测试人员对源代码有一定的了解，因此很容易找出哪种类型的数据可以帮助有效地测试应用程序； 提高代码的质量，发现代码中隐藏的问题； 由于测试人员对代码的了解，在编写测试场景时可以获得最大的覆盖率	由于需要熟练的测试人员进行白盒测试，因此成本增加了； 有些情况下不可能查看每一个细节来找出可能产生问题的隐藏错误，因为许多路径没有经过测试； 执行白盒测试是困难的，因为它需要专门的工具，如代码分析工具和调试工具

8.5.2　典型的白盒测试技术

白盒测试技术用于测试证明每种内部操作和过程是否符合需求规格和要求，允许测试人员利用被测程序内部的逻辑结构和有关信息设计或选择测试用例。典型的白盒测试技术包括语句覆盖、判定覆盖、条件覆盖、判定-条件覆盖、多重条件覆盖。以下述程序为例，对这些技术分别进行介绍，图 8.10 则展示了该程序的流程。

```
int function(int x,int y,int z)
{
    if(y>1 && z==0)
        x=(int)(x/y);
    if(y==3 || x>1)
      x=x+1;
    return x;
}
```

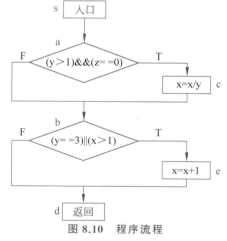

图 8.10　程序流程

1. 语句覆盖

作为最基本的逻辑覆盖方法，语句覆盖的含义是：选择足够多的测试数据，使得被测程序中的每个语句至少执行一次。通过语句覆盖，可以直观地从源代码得到测试用例，无须细分每条判定表达式。然而，语句覆盖对程序的逻辑覆盖很少，对于一个包含多个条件的判定表达式，它只关心判定表达式的值，并没有分别测试判定表达式中每个条件取不同值的情况。所以语句覆盖无法全面反映多分支的逻辑运算,是很弱的逻辑覆盖标准。

例如,对于上述 C 语言程序,为了使每条语句都能够至少执行一次,可以构造以下测试用例。

输入：x＝6,y＝3,z＝0

执行路径为：sacbed

语句覆盖虽然可以测试执行语句是否被执行到,但却无法测试程序中存在的逻辑错误。因此,语句覆盖是一种弱覆盖。例如,如果上述程序中的第一个逻辑判断符号"＆＆"误写成了"||",使用上述测试用例同样可以覆盖 sacbed 路径上的全部执行语句,但却无法发现错误。同样,如果第二个逻辑判断符号"||"误写成了"＆＆",使用同样的测试用例也可以执行 sacbed 路径上的全部执行语句,但却仍然无法发现上述逻辑错误。

语句覆盖的目的是测试程序中的代码是否被执行,它只测试代码中的执行语句,这里的执行语句不包括头文件、注释、空行等。语句覆盖在多分支的程序中,只能覆盖某一部分路径,使得该路径中的每个语句至少被执行一次,但不会考虑各种分支组合情况。

2. 判定覆盖

判定覆盖也称分支覆盖。其含义为：不仅每个语句必须至少执行一次,而且每个判定的每种可能的结果都应该至少执行一次,即每个判定的每个分支都至少执行一次。判定覆盖相对于语句覆盖,其逻辑覆盖能力更强。然而判定覆盖也具有和语句覆盖一样的简单性,大部分的判定语句是由多个逻辑条件组合而成,它也仅判断判定表达式的最终结果,而忽略每个条件的取值情况,故在执行过程中必然会遗漏部分测试路径。

以上述代码为例,构造以下测试用例即可实现判定覆盖标准。

输入：① x＝1,y＝2,z＝0,执行路径为 sacbd

(判断的结果分别为 T,F)

输入：② x＝3,y＝1,z＝1,执行路径为 sabed

(判断的结果分别为 F,T)

上述两组测试用例不仅满足了判定覆盖,而且满足了语句覆盖,从这一点可以看出判定覆盖比语句覆盖更强一些。所以只要满足了判定覆盖就一定满足语句覆盖,反之则不然。判定覆盖仍然具有和语句覆盖一样无法发现逻辑判断符号"＆＆"误写了"||"的逻辑错误。判定覆盖仅判断判定语句执行的最终结果而忽略每个条件的取值,所以也属于弱覆盖。

3. 条件覆盖

条件覆盖的目标是确保每个条件都取到各种可能的结果,包括真和假。而判定覆盖只关注整个判定表达式的结果,而条件覆盖更加细致,要求覆盖每个条件的所有可能取值。例如,对于判定语句 if(a＞1 AND c＜1),该判定语句有 a＞1、c＜1 两个条件,则在设计测试用例时,要保证 a＞1、c＜1 两个条件取"真""假"值至少一次。相比判定覆盖,条件覆盖增加了对复合判定情况的测试,可以发现更多的潜在问题。因此,通常而言,条件覆盖比判定覆盖强,因为条件覆盖使得判定中的每一个条件都取到了不同的结果,这一点判定覆盖则无法保证。但是,条件覆盖并不能保证判定覆盖,因为它只关注每个条件的覆盖,而未考虑所有的判定结果。在一个判定中,可能有多个条件组合产生相同的判定结果,条件覆盖无法保证每个判定的所有可能情况都被覆盖到。

仍然以上述程序为例,要使程序中每个判断的每个条件都至少取真值、假值一次,可以构造以下测试用例。

输入:① x=1,y=3,z=0,执行路径为 sacbed

(条件的结果分别为 TTTF)

输入:② x=2,y=1,z=1,执行路径为 sabed

(条件的结果分别为 FFFT)

从条件覆盖的测试用例可知,使用两个测试用例就达到了使每个逻辑条件取真值与取假值都至少出现了一次,但从测试用例的执行路径来看,条件分支覆盖的状态下仍旧不能满足判定覆盖,即没有覆盖 bd 这条路径。相比语句覆盖与判定覆盖,条件覆盖达到了逻辑条件的最大覆盖率,但却不能保证判定覆盖。

4. 判定-条件覆盖

由于判定覆盖不一定包含条件覆盖,条件覆盖也不一定包含判定覆盖,故提出一种既能满足判定覆盖标准又能满足条件覆盖标准的覆盖方法,即:判定-条件覆盖。其含义是:选取足够多的测试数据,使得判定表达式中的每个条件都取到各种可能的值,而且每个判定表达式也都取到各种可能的结果。例如,对于判定语句 if(a>1 AND c<1),该判定语句有 a>1、c<1 两个条件,则在设计测试用例时,要保证 a>1、c<1 两个条件取"真""假"值至少一次,同时,判定语句 if(a>1 AND c<1) 取"真""假"也至少出现一次。然而,判定-条件覆盖准则也存在不足,即未能考虑条件的所有组合情况。

以上述程序为例,为满足判定-条件覆盖原则,可以构造以下测试用例。

输入:① x=6,y=3,z=0,覆盖路径:sacbed

(条件的结果分别为:TTTT,判断的结果分别为 TT)

输入:② x=1,y=1,z=1,覆盖路径:sabd

(条件的结果分别为:FFFF,判断的结果分别为 FF)

判定-条件覆盖满足了判定覆盖准则和条件覆盖准则,弥补了二者的不足。但是判定-条件覆盖没有考虑条件的组合情况。

5. 条件组合覆盖

条件组合覆盖是更强的逻辑覆盖标准,其含义是:选取足够多的测试数据,使得每个判定表达式中条件的各种可能组合都至少出现一次。满足条件组合覆盖准则的测试数据必然满足判定覆盖、条件覆盖和判定-条件覆盖准则。因此,条件组合覆盖是上述几种覆盖标准中最强的。然而,条件组合覆盖存在两个不足之处:一是线性地增加了测试数据的数量;二是满足条件组合覆盖标准的测试数据不一定能使程序中的每条路径都执行到。

对于上述程序,每个判断各有两个条件,所以各有 4 个条件取值的组合(TT,TF,FT,FF)。我们取 4 个测试用例,就可用以覆盖所有条件取值的组合。这里不考虑两个判定间的组合。

输入：x＝6,y＝3,z＝0,覆盖路径：sacbed

（条件的结果分别为：TTTT,判断的结果分别为 TT）

输入：x＝1,y＝3,z＝1,覆盖路径：sabed

（条件的结果分别为：TFTF,判断的结果分别为 FT）

输入：x＝3,y＝1,z＝0,覆盖路径：sabed

（条件的结果分别为：FTFT,判断的结果分别为 FT）

输入：x＝1,y＝1,z＝1,覆盖路径：sabd

（条件的结果分别为：FFFF,判断的结果分别为 FF）

6. 路径覆盖

路径覆盖要求选取足够多的测试数据,覆盖程序中所有可能的路径。其优点是：可以对程序进行彻底的测试,比前述 5 种的覆盖面都广。然而,由于路径覆盖需要对所有可能的路径进行测试(包括循环、条件组合、分支选择等),故需要设计大量、复杂的测试用例,使得工作量呈指数级增长。

上面的程序有 4 条不同的路径：sacbed、sabed、sacbd、sabd,可见上面的条件组合测试用例,漏了 sacbd 路径。满足路径覆盖的测试用例只要在条件组合覆盖的测试用例基础上再加一条就可以了：x＝3,y＝4,z＝0。

8.6　黑盒测试技术

8.5 节介绍了白盒测试技术,在白盒测试中,应用程序对于测试人员来说是透明可见的,而黑盒测试则是将应用程序视作不可见的黑箱,也是软件测试中非常重要的一类测试技术。本节介绍黑盒测试的概念和思想,以及典型的黑盒测试技术。

8.6.1　黑盒测试的概念和思想

黑盒测试(Black-box Testing)又称为功能测试、数据驱动测试或基于规格说明的测试。如图 8.11 所示,黑盒测试中测试者不了解程序的内部情况,无须具备能够读懂应用程序的代码、内部结构和程序语言的专门知识。黑盒测试只需要知道程序的输入、输出和系统的功能,是从用户的角度针对软件界面、功能及外部结构进行的测试,而不考虑程序内部逻辑结构。因此,测试用例是按照应用系统应该具备的功能、规范或需求等设计。测试者选择有效输入和无效输入来验证系统输出是否正确。

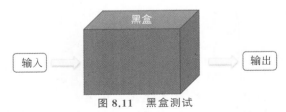

图 8.11　黑盒测试

黑盒测试注重软件产品的"功能性需求",可适合大部分的软件测试,如单元测试、集成测试、系统测试,以及验收测试等阶段中。但是如果外部特性本身设计有问题或规格说明有误,用黑盒测试方法是发现不了的。黑盒测试主要是为了发现以下错误。

- 是否有功能错误或遗漏。
- 是否能够正确地接收输入数据并产生正确的输出结果。
- 是否有数据结构错误或外部信息访问错误。
- 是否有程序初始化和终止方面的错误。

如表 8.4 所示,黑盒测试有以下优缺点。

表 8.4　黑盒测试优缺点

优　　点	缺　　点
非常适合大型代码段; 不需要代码访问; 通过角色定义将开发者和用户明显地区分开; 大量经验一般的测试人员可以在没有编程语言或操作系统知识的情况下测试应用程序	覆盖范围有限,因为实际上仅执行了选定数量的测试场景; 由于测试人员对于应用程序的知识有限,因此测试是不充分的; 测试覆盖率未知,因为测试人员不能针对特定代码片段或者错误; 测试用例很难设计

8.6.2　典型的黑盒测试技术

典型的黑盒测试方法包括等价类划分法、边界值分析法、错误推测法、判定表法、因果图法、正交试验法、功能图法等。下面分别对上述方法进行简要介绍。

1. 等价类划分法

等价类划分法指将输入域划分为若干子集合,对于每个子集合,其中的各个输入数据对于揭露程序中的错误都是等效的,测试这个子集合的任一代表值就等于对这一子集合其他值的测试。因此,可以将这些子集合视作若干等价类,在每一个等价类中取一个数据作为测试的输入条件,就可以用少量代表性的测试数据,取得较好的测试结果。等价类划分有两种不同的情况:有效等价类和无效等价类。有效等价类代表对程序有效的输入,而无效等价类则是其他任何无效的输入(即不正确的输入值)。在设计测试用例时,要同时考虑这两种等价类,因为软件不仅要能接收合理的数据,也要能接收意外的数据而不出错,这样的测试才能确保软件具有更高的可靠性。

例如:

需求:人的年龄为 0～120 的整数(Age)

有效等价类:$0 \leqslant Age \leqslant 120$

无效等价类 1:$Age < 0$

无效等价类 2:$Age > 120$

2. 边界值分析法

边界值分析法是对等价类划分方法的补充,测试工作经验告诉我们,大量的错误是发生在输入或输出范围的边界上,而不是发生在输入、输出范围的内部。因此针对各种边界情况设计测试用例,可以查出更多的错误。使用边界值分析方法设计测试用例,首先应确定边界情况。通常输入和输出等价类的边界,就是应着重测试的边界情况。应当选取正好等于、刚刚大于或刚刚小于边界的值作为测试数据,而不是选取等价类中的典型值或任意值作为测试数据。

例如：

需求 1：输入值的有效范围是 $-1.0 \sim +1.0$，测试用例为 -1.0、1.0、-1.001 和 1.001。

需求 2：某个输入文件可容纳 $1 \sim 300$ 条记录，测试用例为 0、1、300 和 301 条记录。

3. 错误推测法

基于经验和直觉推测程序中所有可能存在的各种错误，从而有针对性地设计测试用例的方法。错误推测法的基本思想是列举出程序中所有可能有的错误和容易发生错误的特殊情况，根据它们选择测试用例。例如，在单元测试时列出的许多曾在模块中常见的错误、以前产品测试中曾经发现的错误等，这些就是经验的总结。另外，输入数据和输出数据为 0 的情况，这些都是容易发生错误的情况。可选择这些情况下的例子作为测试用例。需要注意的是，错误推测法的设计过程主要依赖测试人员的经验和直觉，因此不同的测试人员可能会有不同的错误推测和测试用例设计。为了增加测试的全面性和效果，建议结合其他测试方法和技术，如边界值分析、等价类划分等。同时，与开发团队的紧密合作和及时的反馈，有助于发现和修复潜在的问题。

例如：

需求：一个函数用于计算两个整数的商。

测试用例：除以零错误，函数在除数为零时应该返回一个特定的错误值。

4. 判定表法

判定表法是分析和表达多逻辑条件下执行不同操作的情况的工具。逻辑条件取值的组合过多时，判定表是一个不错的选择。如表 8.5 所示，判定表通常由 4 个部分组成。

表 8.5 判定表结构

条件桩：列出问题的所有条件	条件项：列出左列条件桩的取值（真假值）
动作桩：列出问题规定可能采取的操作	动作项：列出在对应的条件项组合下应采取的动作

判定表法的具体步骤如下。

- 列出所有条件和动作。
- 如何确定规则的个数？假如有 n 个条件，每个条件有两个取值 $(0, 1)$，故有 2^n 种规则。
- 生成判定表。
- 简化判定表（合并相似规则，即相同动作）。
- 得出测试用例。

例如，某公园实行以下门票优惠政策，"对年龄大于 60 岁的老人或本地市民且享受国家最低生活保障的群众，给予免票优惠"，请给出判定表。

（1）列出所有条件和动作。

条件：年龄大于 60 岁？本地市民？享受国家最低生活保障？

动作：免票。

（2）生成判定表（见表 8.6）。

表 8.6　公园门票软件判定表

用 例 序 号		1	2	3	4	5	6	7	8
条件桩	年龄大于 60 岁	1	1	1	1	0	0	0	0
	本地市民	1	1	0	0	1	1	0	0
	享受国家最低生活保障	1	0	1	0	1	0	1	0
动作桩	免票	√	√	√	√				
	不免票						√	√	√

（3）简化判定表（合并相似规则，即相同动作），简化后的判定表如表 8.7 所示。

表 8.7　简化后的公园门票软件判定表

用 例 序 号		1	2	3	4
条件桩	年龄大于 60 岁	1	0	0	0
	本地市民	1/0	1	1	0
	享受国家最低生活保障	1/0	1	0	1/0
动作桩	免票	√	√		
	不免票			√	√

（4）得出测试用例。

- 无论是否是本地市民，是否享受国家最低生活保障，只要年龄大于 60 岁，预期输出为"免票"。
- 年龄不大于 60 岁，本地市民且享受国家最低生活保障，预期输出为"免票"。
- 年龄不大于 60 岁，本地市民，但不享受国家最低生活保障，预期输出"不免票"。
- 无论是否享受国家最低生活保障，当年龄不大于 60 岁且非本地市民，预期输出"不免票"。

5. 因果图法

前面介绍的等价类划分方法和边界值分析方法，都是着重考虑输入条件，但未考虑输入条件之间的联系、相互组合等。考虑输入条件之间的相互组合，可能会产生一些新的情况。但要检查输入条件的组合不是一件容易的事情，即使把所有输入条件划分成等价类，它们之间的组合情况也相当多。因此必须考虑采用一种适合于描述对于多种条件的组合，相应产生多个动作的形式来考虑设计测试用例。这就需要利用因果图（逻辑模型）。因果图方法最终生成的就是判定表。它适合于检查程序输入条件的各种组合情况。

因果图法设计测试用例的步骤如下。

- 分析程序的规格说明书中哪些是原因，哪些是结果。所谓原因，是指输入条件或输入条件的等价类，而结果是指输出条件。给每一个原因和结果赋一个标识符。
- 分析程序规格说明书中的语义，确定原因与原因、原因与结果之间的关系，画出因果图。
- 由于语法环境的限制，一些原因与原因之间、原因与结果之间的组合不能出现。对于这些特殊情况，在因果图中用一些记号标明约束或限制条件。
- 将因果图转换为判定表。
- 根据判定表的每一列设计测试用例。

例如，需求：有一个处理单价为 10 元的咖啡自动售货机软件。若投入 10 元，按下"美式"或"拿铁"按钮,相应的咖啡就送出来。若投入的是 20 元,在送出咖啡的同时退还 10 元。

如表 8.8 和表 8.9 所示,分析输入输出。

表 8.8 咖啡自动售卖机软件可能的输入

编　号	输　入
C1	投入 10 元
C2	投入 20 元
C3	按下"美式"按钮
C4	按下"拿铁"按钮

表 8.9 咖啡自动售卖机软件可能的输出

编　号	输　出
E1	退还 10 元
E2	送出美式
E3	送出拿铁

分析输入之间的关系:

- C1 与 C2 为异或关系。
- C3 与 C4 为异或关系。
- C1(C2) 与 C3(C4) 为且的关系。

分析什么原因导致结果:

- C2 与 C3(C4) 导致 E1。
- C1(C2) 与 C3 导致 E2。
- C1(C2) 与 C4 导致 E3。

如图 8.12 所示,绘制因果图。考虑 C1、C2 不能同时为 1,C3、C4 也不能同时为 1,因此可以在图上对其施加 E(异) 约束。

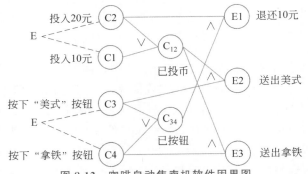

图 8.12 咖啡自动售卖机软件因果图

如表 8.10 所示,写出判定表(关于判定表的定义之后将详细介绍)。

表 8.10 咖啡自动售卖机软件判定表

	用 例 序 号	1	2	3	4
条件桩	C1:投入 10 元	1	1	0	0
	C2:投入 20 元	0	0	1	1
	C3:按下"美式"按钮	1	0	1	0
	C4:按下"拿铁"按钮	0	1	0	1
	C_{12}:已投币	1	1	1	1
	C_{34}:已按钮	1	1	1	1
动作桩	E1:退还 10 元			√	√
	E2:送出美式	√		√	
	E3:送出拿铁		√		√

6. 正交试验法

有时候,可能因为大量的参数组合而引起测试用例数量上的激增,同时,这些测试用例并没有明显的优先级上的差距,而测试人员又无法完成这么多数量的测试,就可以通过正交表来进行缩减,从而达到尽量少的用例覆盖尽量大的范围的可能性。正交试验需要同时满足以下特点。

- 分布均匀:任一列中,任一因素的水平(状态)出现的次数相同。
- 整齐可比:任两列中,任意一个水平组合出现的次数相同。

例如,存在 4 个因素 A、B、C、D,每个因素都有三种取值(水平)1、2、3,使用正交试验法只需要构造 9 个测试用例(见表 8.11)。

表 8.11   正交表 $L_9 3^4$

	A	B	C	D
测试用例 1	1	1	1	1
测试用例 2	1	2	2	2
测试用例 3	1	3	3	3
测试用例 4	2	1	2	3
测试用例 5	2	2	3	1
测试用例 6	2	3	1	2
测试用例 7	3	1	3	2
测试用例 8	3	2	1	3
测试用例 9	3	3	2	1

7. 功能图法

功能图法由状态迁移图和布尔函数组成,状态迁移图用状态和迁移来描述。状态指系统或对象在某个特定时刻的数据状态或情况,而迁移则指明状态的改变。同时要依靠判定表或因果图表示逻辑功能。状态迁移图法生成测试用例的步骤如下。

(1)明确状态节点。分析被测对象的测试特性及需求规格说明书,明确被测对象的状态节点数量及相互迁移关系。

(2)绘制状态迁移图。利用圆圈表示状态节点,有向箭头表示状态间的迁移关系,根据需要在箭头旁边标注迁移条件。可以利用绘图软件绘制状态迁移图。

(3)绘制状态迁移树。根据状态迁移图,按照广度优先搜索或深度优先搜索算法绘制状态迁移树。首先确定起始节点和终止节点,在绘制时,当路径上遇到终止节点时,不再扩展,遇到已经出现的节点也停止扩展。

(4)抽取测试路径设计用例。根据绘制好的状态迁移树,提取测试路径,从左到右,横向抽取,每条路径构成一条测试规则,然后再利用等价类和边界值等测试用例设计方法设计具体的测试用例。

例如,一个社交软件可以改变用户的状态,一共有三种可选状态:在线、忙碌、隐身。

想要测试这个功能,首先,分析上述需求可以得出,该功能共有三种状态,假设"在线"为起始状态,那么可以得到如图 8.13 所示的状态迁移图。

根据上述状态迁移图,绘制如图 8.14 所示的状态迁移树。

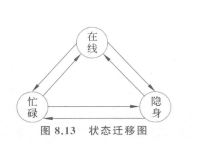

图 8.13 状态迁移图

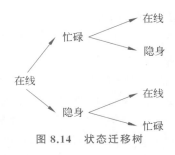

图 8.14 状态迁移树

从状态迁移树,可以推导出以下测试用例路径。

在线→忙碌→在线

在线→忙碌→隐身

在线→隐身→在线

在线→隐身→忙碌

8.7 灰盒测试技术

前面介绍了白盒测试与黑盒测试,灰盒测试结合了白盒测试与黑盒测试的优点,也是软件测试中非常重要的一类测试技术。本节介绍灰盒测试的概念和思想,以及典型的灰盒测试技术。

8.7.1 灰盒测试的概念和思想

灰盒测试(Gray-box Testing)是软件测试的一种方法,结合了白盒测试和黑盒测试的优点。如图 8.15 所示,在灰盒测试中,测试人员具有部分系统内部的知识,但不了解系统的所有细节。他们在测试过程中使用这部分知识来设计测试用例和检查系统的行为。灰盒测试的思想是在测试过程中,既考虑系统的功能需求(黑盒测试),也考虑系统内部的结构和逻辑(白盒测试)。通过了解系统的部分内部结构,测试人员可以更有针对性地设计测试用例,以覆盖关键路径、边界条件和异常情况等。

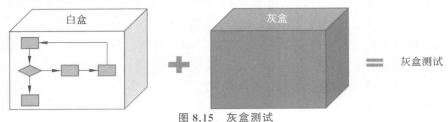

图 8.15 灰盒测试

执行灰盒测试的一般步骤如下。

(1) 确定程序的所有输入和输出。

(2) 确定程序所有状态。

(3) 确定程序主路径。

(4) 确定程序的功能。

(5) 产生验证子功能 X 的输入。

(6) 制定验证子功能 X 的输出。

（7）执行测试用例。

（8）检验测试用例的结果正确性。

（9）对其余子功能，重复（5）～（8）。

（10）进行回归测试。

灰盒测试在 Web 应用中是非常常见的，它可以帮助测试人员识别特定于上下文的错误并提高测试覆盖率。由于灰盒测试结合了白盒测试和黑盒测试的特点，测试人员可以通过对系统内部的部分了解，更准确地识别并测试特定上下文的错误。例如，测试人员可以根据系统内部结构和逻辑，针对不同的用户角色、权限设置、数据输入等进行测试，以验证系统在不同上下文中的正确性和安全性。此外，灰盒测试可以实现实时测试和快速修复。在灰盒测试中，测试人员对代码进行修改以解决缺陷，并进行实时测试。这样可以快速发现和修复问题，提高软件的质量和稳定性。灰盒测试也可以提高测试覆盖率。灰盒测试可以覆盖系统的各个层次，包括表示层（用户界面）、业务逻辑层和数据访问层等。通过综合考虑不同层次的测试需求，灰盒测试可以确保系统在各个层次上的正确性和一致性。

灰盒测试在集成测试和渗透测试中也有广泛的应用。在集成测试中，灰盒测试可以测试系统各个组件之间的交互和协作。在渗透测试中，测试人员可以借助灰盒测试的方法，通过了解系统的内部结构和逻辑，发现系统的潜在漏洞和安全风险。总的来说，灰盒测试具有以下优点。

- 更广泛的测试覆盖率：相比于纯黑盒测试，灰盒测试可以在测试过程中利用部分系统内部结构和逻辑的知识，设计更加有针对性的测试用例，覆盖更多的代码路径和功能场景，从而提高测试覆盖率。

- 发现隐藏的错误：通过了解系统的部分内部结构，灰盒测试可以更容易地发现一些隐藏的错误和潜在的问题。测试人员可以利用系统的结构和逻辑信息，针对性地设计测试用例，捕捉到可能被纯黑盒测试忽略的边界条件、异常情况等。

- 提高测试效率：由于灰盒测试结合了白盒测试和黑盒测试的优点，测试人员可以更加高效地设计测试用例，并减少不必要的重复测试。灰盒测试可以帮助测试人员更快速地定位和修复问题，提高整体测试效率。

- 更好地调试和故障排除：当测试人员在灰盒测试过程中发现问题时，他们可以根据对系统内部结构的了解，更准确地定位问题出现的原因，并提供有针对性的调试和故障排除建议。这有助于开发人员更快速地修复问题，减少调试的时间和成本。

- 结合白盒和黑盒的优点：灰盒测试充分利用了白盒测试和黑盒测试的优点，既考虑系统的功能需求和外部行为，又关注系统的内部结构和逻辑。这种综合的测试方法可以提供更全面和准确的测试结果，帮助发现更多的问题和缺陷。

然而，灰盒测试并不适用于简单系统，例如，只包含一个模块的系统。由于灰盒测试关注于系统内部模块之间的交互。如果某个系统简单到只有一个模块，那就没必要进行灰盒测试了。其次，灰盒测试对测试人员的要求比黑盒测试高。灰盒测试要求测试人员清楚系统内部由哪些模块构成，模块之间如何协作。因此，对测试的要求就提高了,从而会带来一定的培训成本。最后,灰盒测试不如白盒测试深入细致。

8.7.2　典型的灰盒测试技术

典型的灰盒测试方法包括数据驱动测试、基于规则的测试、接口测试、数据库测试、异常处理测试、性能测试等。下面分别对上述方法进行简要介绍。

(1) 数据驱动测试(Data-driven Testing):根据对系统内部结构的了解,设计测试数据集,以覆盖不同的情况和路径。通过多样化的数据输入,测试系统在不同情况下的行为和响应。

(2) 基于规则的测试(Rule-based Testing):利用已知的系统规则和约束条件,设计测试用例,以验证系统是否符合这些规则。通过制定和应用规则,测试人员可以测试系统在特定规则下的正确性和一致性。

(3) 接口测试(Interface Testing):测试人员通过调用系统的接口,观察接口返回的结果是否符合预期,以验证系统的功能和性能。灰盒测试中的接口测试可以结合对接口的部分了解,更有针对性地设计测试用例。

(4) 数据库测试(Database Testing):通过对系统的数据库进行操作,验证系统对数据的正确性、完整性和一致性的处理。测试人员可以利用对数据库结构和查询语言的了解,设计测试用例以覆盖不同的数据库操作场景。

(5) 异常处理测试(Exception Handling Testing):针对系统的异常情况,设计测试用例以验证系统是否能够正确处理这些异常。灰盒测试中,测试人员可以根据对系统内部逻辑的了解,有针对性地设计异常情况的测试用例。

(6) 性能测试(Performance Testing):通过模拟并观察系统在不同负载条件下的性能表现,验证系统的性能指标是否满足要求。灰盒测试中,测试人员可以根据对系统内部结构和资源使用情况的了解,设计性能测试用例和负载模型。

示例:假设要对一个在线银行系统进行灰盒测试。我们将综合运用上述灰盒测试方法来测试该系统。

数据驱动测试:设计测试数据集,包括各种不同的交易类型、账户余额、转账金额等,以覆盖系统在不同交易情况下的行为和响应。

基于规则的测试:根据系统规则和约束条件,设计测试用例来验证系统的合规性和一致性。例如,测试用户不能转账超出账户余额的金额,测试系统是否根据规则进行交易验证等。

接口测试:通过调用系统的接口,观察接口返回的结果是否符合预期。可以测试用户登录接口、转账接口、查询交易记录接口等,以验证系统在不同接口调用下的功能和性能。

数据库测试:对系统的数据库进行操作,验证系统对于账户信息、交易记录等数据的正确性和完整性的处理。可以设计测试用例,模拟数据库读取和写入操作,确保系统与数据库的交互正常。

异常处理测试:设计测试用例,模拟系统的异常情况,如密码错误、账户锁定、网络连接中断等,以验证系统是否能正确处理这些异常情况,并提供适当的错误提示和处理机制。

性能测试:模拟多个并发用户同时进行各种交易操作,观察系统的响应时间、吞吐量和资源利用情况,以评估系统在高负载情况下的性能表现,并发现潜在的性能瓶颈。

通过综合运用这些灰盒测试方法,可以全面地评估在线银行系统的功能、逻辑、边界情况、安全性和性能等方面。这样可以确保系统的稳定性、安全性、合规性和用户体验。

8.8　软件测试前沿技术

前面介绍了软件测试的基本概念和原理,以及经典的测试技术。伴随着软件产业的发展,软件测试也逐渐走向成熟,越来越多的测试思想和技术被提出并广泛应用。本节主要介绍一些典型的前沿软件测试技术,包括测试用例自动生成方法、测试预言,以及智能化测试技术。

8.8.1　测试用例自动生成方法

软件测试是提高软件质量的重要环节。随着软件规模和复杂程度的急剧增加,设计合理的测试用例,有助于及时发现并修复软件中存在的错误,从而避免软件在使用中发生故障。传统的由人工设计测试用例的方法需要测试人员具备丰富的经验,且易受人为因素影响,可能无法保证测试的充分性,因此,测试用例自动生成技术对提高软件测试的效率有着重要意义。根据测试方法的不同,测试用例自动生成技术可以分为以下 4 大类型。

1. 随机测试方法

软件测试从抽象粒度来看,就是构造输入,并作用于被测系统,然后观察实际输出,并与期望输出进行比较的过程。随机测试(Random Testing),顾名思义就是通过随机的方式产生测试输入,是一种应用广泛且极具潜力的软件自动化测试技术,本质上属于黑盒测试技术。随机测试已被广泛应用到各领域,如 UNIX 工具集、Windows GUI 应用软件、Java 程序等的测试中。

随机测试的核心思想类似于无限猴子定理(The Infinite Monkey Theorem),因此随机测试也被称为 Monkey Testing。无限猴子定理是 1909 年由概率论专家 Émile Borel 提出,其中描述了这样一个场景:让一只猴子在打字机上随机地按键,当按键时间达到无穷时,几乎必然能够打出任何给定的文字,如莎士比亚的全套著作。将该定理应用到测试领域则是指测试程序通过不断地随机生成测试输入,其能完整测试整个程序并寻找到程序中异常的可能性会不断增大。

随机测试方法在发展过程中经历了以下几个关键时间点。

1971 年,Melvin Breuer 首次对硬件进行随机测试;1975 年,Prathima Agrawal 和 Vishwani D. Agrawal 首次尝试评估其有效性。

1984 年,Joe W. Duran 和 Simeon C. Ntafos 首次对软件进行了随机测试,并对测试的有效性进行了调研,结果表明相对于系统化的测试技术,随机测试是一个成本低收益高的替代品。

2000 年,William E. Howden 在《功能测试和分析》一书中描述了假设检验作为随机测试的理论基础,并提出了一个用于估计测试次数的简单公式。该公式下界是 O

（$n\log n$），这表明需要大量的无故障测试才能在一定容错情况下有较高信心保证软件正确。

随机测试方法主要包含以下几个步骤。

（1）定义输入域，即从软件规格说明中确定被测程序输入变量的有效域范围。

（2）从输入域独立/随机选择测试输入。

（3）执行生成的测试用例。

（4）比较测试结果和软件规格说明书的一致性，验证需求是否满足。

（5）测试用例执行后得到的实际结果与预期结果不一致，采取必要措施。

随机测试方法具有以下优缺点。

（1）优点。

- 容易实现和使用：随机测试方法不需要对程序的实现细节有深入了解，输入数据是随机生成的。这使得随机测试方法相对容易实现和使用，无须花费过多的时间和精力去设计特定的测试用例。

- 对程序不存在偏见：随机测试的输入数据是随机生成的，没有人为因素的影响。因此，随机测试不会因为对程序某一部分的信任而忽略潜在的漏洞。它能够全面地覆盖程序的各个部分，发现可能存在的漏洞。

- 能够快速查找漏洞：随机测试方法的测试速度较快，通过快速而大量的测试，能够在短时间内找到大量的候选漏洞。这些候选漏洞需要进一步的人工确认和验证，但随机测试方法可以帮助快速发现潜在的问题点。

（2）缺点。

- 寻找漏洞的精度不高：由于随机测试的输入是完全随机生成的，测试过程中可能会找到一些无关紧要的错误，而忽略了一些潜在的重要漏洞。因此，仅依靠随机测试方法可能无法提供高精度的漏洞检测。

- 代码覆盖率较低：随机测试方法往往无法保证对程序的完全覆盖，即使进行了大量的随机测试也可能无法涵盖所有可能的执行路径。这意味着某些程序部分可能没有经过充分的测试，潜在的漏洞可能会被忽略。

- 缺乏深入理解和控制：随机测试方法并不需要对程序的内部结构和工作原理有深入的理解，仅依赖于随机生成的输入数据。这可能导致在测试过程中缺乏对程序内部细节的控制和理解，无法针对特定的漏洞或边界情况进行有针对性地测试。

2. 符号执行测试方法

符号执行（Symbolic Execution）是一种经典的程序分析技术，可生成高覆盖测试用例，有助于在复杂程序中寻找深层错误。该方法以符号值作为输入，而非具体值进行程序执行。通过分析得到路径约束，利用约束求解器获取客户触发目标代码的具体值。该方法的目标是在给定时间内探索尽可能多的不同程序路径。符号执行可以避免发出错误的警告，因为通过符号执行发现的任何错误都代表了真实可行路径，并且可以通过演示错误的测试用例进行验证。

符号执行最初在 20 世纪 70 年代提出并应用于程序分析领域。然而，由于它依赖于自动定理证明，并且受限于当时的算法和硬件性能，在经历了短暂的研究期后，符号执行方法的研究进展缓慢。随着现代计算机计算能力和存储能力的增强，符号执行通过优化搜索策略、内存模型以及改进可满足性模理论(Satisfiability Modulo Theories，SMT)技术(如 Z3)，提高了约束求解能力，重新引起了研究人员的关注。

符号执行的核心思想是使用符号值代替具体值作为程序输入，并使用符号表达式表示与符号值相关的程序变量的值。在遇到程序分支指令时，程序的执行会搜索每个分支，将分支条件加入符号执行保存的程序状态的路径约束中(表示为 π)。收集路径约束后，使用约束求解器验证约束的可解性，以确定该路径的可达性。如果路径约束可解，则说明路径是可达的；否则，说明路径不可达，结束对该路径的分析。

符号执行示例代码：

```
1.  foo(int x, int y, int z){
2.     a=0, b=0, c=0
3.     if(x>0){a=-2;}
4.     if(y<5){
5.        if(y+z>0){b=1;}
6.        c=2;
7.     }
8.     if(a+b+c==3)
9.        //some error
10.       exit()
11. }
```

以上述示例代码为例阐述符号执行的原理，程序第 9 行存在错误，我们的目标是要找到合适的测试用例来触发该错误。若使用随机生成测试用例对程序实行具体测试的方法，对于整型输入变量 x,y,z 而言，其取值分别有 2^{32} 种，通过随机生成 x,y,z 取值作为程序测试的输入，则能够触发程序错误的可能性较小。而符号执行的处理是，使用符号值代替具体值，在符号执行的过程中，符号执行引擎始终保持一个状态信息，这个状态信息表示为 (pc,π,σ)，其中：

- pc 指向需要处理的下一条程序语句，其可以是赋值语句、条件分支语句或者是跳转语句。
- π 指代路径约束信息，表示为执行到程序特定语句需要经过的条件分支，以及各分支处关于符号值 α_i 的表达式。在分析的过程中，将其初始定义为 $\pi=$ true。
- σ 表示与程序变量相关的符号值集，包括含有具体值和符号值 α_i 的表达式。

据此分析上述代码段。

首先，由于 x,y,z 是程序的输入，将 x,y,z 的值定义为符号变量 $\sigma:\alpha,\beta,\gamma$，且由于还未执行到任何的条件分支，因此初始状态为 $\sigma:\{x\to\alpha,y\to\beta,z\to\gamma\};\pi=$ true。这里需要说明，除去初始被定义为符号变量的 x,y,z 之外，假如在代码运行过程中出现了与 x,y,z 相关的赋值操作，则也须将新产生的变量当成符号变量进行处理。例如，假设在第 2 行和第 3 行代码之间添加一个赋值操作，即令 $w=2*x$，则对应的 w 也会被认为是符号变量，因此程序状态将变为 $\sigma:\{x\to\alpha,y\to\beta,z\to\gamma,w\to 2*\alpha\};\pi=$ true。

当程序分析到第一个分支判断语句 if $x>0$ 时，将会分叉出两条路径，即 true 路径和 false 路径，从该分支处延伸出两个分析状态，分别是 if $x>0\to\sigma:\{x\to\alpha,y\to\beta,z\to\gamma\};\pi:\alpha>0$ 和 if $x\leqslant 0\to\sigma:\{x\to\alpha,y\to\beta,z\to\gamma\};\pi:\alpha\leqslant 0$。

以 true 路径为例,沿着 true 路径继续搜索,即满足 $x>0$,将遇到第二个分支判断 if $y<5$,从该分支处将再产生两条路径,路径状态分别为 if $y<5\to\sigma$:$\{x\to\alpha,y\to\beta,z\to\gamma\}$;$\pi$:$\{\alpha>0\wedge\beta<5\}$ 和 if $y\geqslant5\to\sigma$:$\{x\to\alpha,y\to\beta,z\to\gamma\}$;$\pi$:$\{\alpha>0\wedge\beta\geqslant5\}$;以第一条路径为例,即继续沿 true 路径搜索,遇到第三个分支判断 if $y+z>0$,产生两条路径及两个新的状态 if $y+z>0\to\sigma$:$\{x\to\alpha,y\to\beta,z\to\gamma\}$;$\pi$:$\{\alpha>0\wedge\beta<5\wedge\beta+\gamma>0\}$ 和 if $y+z\leqslant0\to\sigma$:$\{x\to\alpha,y\to\beta,z\to\gamma\}$;$\pi$:$\{\alpha>0\wedge\beta<5\wedge\beta+\gamma\leqslant0\}$。

至此,与符号变量相关的操作都已处理完毕,则需要使用 SMT solver 来求解满足各路径约束条件的解,求解得到的解即为沿该路径执行的测试用例。例如,最终执行到 if $y+z>0$ 的路径的解需满足 $\alpha>0\wedge\beta<5\wedge\beta+\gamma>0$,得到的解之一可能是 $\alpha=1,\beta=2,\gamma=1$,该测试用例执行程序得到的结果为 $a=-2,b=1,c=2$,执行完该路径后,符号执行继续沿 false 路径 if $y+z\leqslant0$ 进行求解测试,约束条件为 $\alpha>0\wedge\beta<5\wedge\beta+\gamma\leqslant0$,得到的解可能是 $\alpha=1,\beta=2,\gamma=-3$,得到结果为 $a=-2,b=0,c=2$。以此类推,执行完第三个分支的两条路径后,将从保存的状态中取出第二个分支处记录的状态,并求解生成测试用例来测试程序。传统符号执行在原理上是可以对程序路径进行全覆盖的,而且可以针对每一路径都生成符合该路径的测试用例。

示例代码的程序执行树如图 8.16 所示,程序中有 3 个分支判断点,总共有 6 条路径,即符号执行引擎需要进行 6 次约束求解,并得到针对 6 条路径的测试用例。其中,求解约束 $\alpha\leqslant0\wedge\beta<5\wedge\beta+\gamma>0$ 得到的测试用例,执行结果为 $a=0,b=1,c=2$,将触发程序错误。

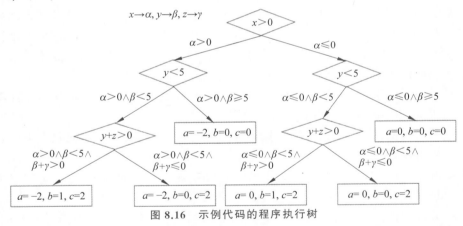

图 8.16 示例代码的程序执行树

然而,程序无论大小,总有大量的执行路径,其数量基本上是程序分支数的指数级别的量。所以,如果给定一段时间,符号执行会先尽量遍历关键路径。首先,符号执行会隐式地过滤两种路径:不依赖符号输入值的路径;对于当前路径约束不可解的路径。另外,路径爆炸是符号执行所面临的最大挑战之一。解决路径爆炸的两个关键方法是:启发式地优先探索最有前途的路径,使用可靠的程序分析技术来降低路径探索的复杂性。

3. 基于模型的测试方法

基于模型的测试(Model-based Testing)是一种软件测试技术,按照此方法,测试用例可以完全或部分地利用模型自动产生。模型通常是指对被测系统(System Under Test,SUT)行为(通常是功能性的)方面的描述。行为可以用输入序列、操作、条件、输出,以及从输入到输出的数据流来描述。基于模型的测试最初应用于硬件测试,广泛应用于电信交换系统测试,目前在软件测试中得到了一定应用,并在学术界和工业界得到了越来越多的重视。

软件测试中使用的典型模型包括有限状态机、UML 模型和马尔可夫链等模型。下面简要介绍这几种测试模型的基本思想。

(1) **有限状态机**。基于有限状态机的测试模型假设软件在某个时刻总处于某个状态,并且当前状态决定了软件可能的输入,而输入决定了从该状态向其他状态的迁移。有限状态机模型特别适用于把测试数据表达为输入序列的测试方法,并可以利用图的遍历算法自动产生输入序列。有限状态机可以用状态迁移图或状态迁移矩阵表示(参考8.6.2 节中的功能图法),可以根据状态覆盖或迁移覆盖产生测试用例。有限状态机模型有成熟的理论基础,并且可以利用形式语言和自动机理论来设计、操纵和分析,特别适合描述反应式软件系统,是最常用的软件描述和软件测试的模型。基于有限状态机模型的测试研究已经取得一定研究成果,但是复杂软件往往要用很复杂的状态机表示,构造状态机模型的工作量比较大,因此,自动构造软件的有限状态机模型非常关键。

(2) **UML 模型**。UML(统一建模语言)是一种广泛应用于面向对象开发过程中的标准建模语言。它提供了一种统一的语法和符号来描述软件系统的结构、行为和交互。在 UML 中,状态图(State Chart)是一种重要的建模工具,用于描述对象的行为和状态转换。

基于 UML 模型的测试研究主要关注于使用 UML 状态图进行测试。状态图是有限状态机的扩展,在建模复杂实时系统时具有很大的优势。状态图提供了层次状态机的框架,可以将一个单独的状态进一步扩展为更低级别的状态机,从而更好地描述系统的行为。此外,状态图还提供了描述并发机制的能力,可以有效地建模并发系统的行为。基于 UML 状态图的测试研究主要包括以下方面。

* 生成测试用例:根据状态图的结构和状态转换规则,可以自动化地生成测试用例,以覆盖不同的状态和状态之间的转换。
* 行为模拟:使用状态图来模拟系统的行为,以验证系统在不同状态下的行为是否符合预期。
* 时序分析:通过分析状态图中的状态转换规则和时间约束,可以进行时序分析,检测系统是否满足时序要求。
* 并发测试:利用状态图中的并发机制描述并发系统的行为,进行并发测试,验证系统在并发环境下的正确性。
* 状态覆盖和转换覆盖:基于状态图的结构信息,可以进行状态覆盖和转换覆盖的测试,以确保各种状态和状态转换得到充分覆盖。

需要注意的是,虽然状态图是 UML 中最常用的建模工具之一,但 UML 还包括其他类型的图,如部署图、组件图等。目前基于 UML 模型的测试研究主要集中在状态图上,对于其他类型的图的利用还比较有限。然而,随着 UML 应用的不断发展,基于其他类型图的测试研究也可能会得到更多关注。

(3) **马尔可夫链**。马尔可夫链是一种以统计理论为基础的统计模型,可以描述软件的使用,在软件统计测试中得到了广泛应用。马尔可夫链实际上是一种具有概率特征的有限状态机,不仅可以根据状态间迁移概率自动产生测试用例,还可以分析测试结果,对软件性能指标和可靠性指标等进行度量。另外,马尔可夫链模型适用于对多种软件进行统计测试,并可以通过仿真得到状态和迁移覆盖的平均期望时间,有利于在开发早期对大规模软件系统进行测试时间和费用的规划。

马尔可夫链是统计测试的基本模型,在净室软件工程(一种应用数学与统计学理论以经济的方式生产高质量软件的工程技术,力图通过严格的工程化的软件过程达到开发中的零缺陷或接近零缺陷)中得到了深入研究,在微软、Raytheon 及美国联邦航空管理局(FAA)都得到了成功应用。马尔可夫链可以用随机迁移矩阵或者带迁移概率的状态迁移图表示。基于马尔可夫链的测试充分性准则一般要求测试过程中对马尔可夫链迁移的覆盖与实际使用相同。

介绍完上述典型测试模型后,下面介绍基于模型的软件测试的一般步骤。

(1) **分析理解被测试软件**。基于模型的软件测试要求充分理解被测试软件。根据软件的需求构造可以用于测试的模型,其工作主要是根据测试目的、确定测试对象和测试特征,针对被测试软件的相关属性建立相应模型。

这个阶段的具体工作包括:

* 充分了解软件需求规范、设计文档和用户手册,与开发队伍充分交流。
* 识别软件系统的用户,枚举每个用户的输入序列,研究每项输入的可能取值范围,包括合法值、边界值、非法值,以及预期输出。
* 记录输入发生条件和响应发生条件。
* 研究输入序列,如输入发生时刻,软件系统接收特定输入的条件,输入处理顺序等。
* 理解软件内部数据交换和计算过程,产生可能发现缺陷的测试数据。

(2) **选择合适的测试模型**。首先,需要了解可用的测试模型。不同的应用领域要使用不同的测试模型。例如,电话交换系统多使用状态模型;并发软件系统中不同组件并发运行用状态图建模;测试长期运行软件系统可以使用状态机模型。只有充分理解模型和软件系统,才能选择合适的模型对软件进行测试。

其次,在选择模型时还应结合软件开发的实际情况。例如,如果一个开发组织使用模型完成需求分析和系统设计,那么基于模型的软件测试就比较容易。因为根据系统分析和设计的模型进行测试,往往可以直接应用基于模型的软件测试技术,还可以根据测试的进展不断调整模型或模型的细节,并有利于在开发过程早期进行测试规划。

(3) **构造测试模型**。以基于状态机模型的测试为例说明如何构造测试模型。首先要抽象出软件系统状态,状态抽象一般要根据输入及输出条件进行,涉及以下几个步骤。

* 生成一个输入序列并说明每个输入的适用条件,称作输入约束。
* 对每个输入要说明产生不同响应的上下文环境,称作响应约束。
* 根据输入序列、输入约束和响应约束构造相应状态机模型。

(4) **生成和执行测试用例**。根据具体的测试模型,生成相应的测试用例,并将测试用例输入被测系统。

(5) **收集和分析测试结果**。比较系统输出与预期输出的差别,从而判断被测系统是否存在缺陷。

4. 基于搜索的测试方法

基于搜索的测试方法(Search-based Software Testing)将测试用例自动生成问题转换为函数优化问题,其核心思想是针对期望达到的测试目标,以相关目标(成本)函数为指引,使用搜索算法在输入域中寻找最优解作为测试用例。例如,利用爬山算法、遗传算法、蚁群算法,以及一些优化后的进化算法等来寻找最优解。

该方法于 1976 年提出,由于当时测试生成领域关注于基于符号执行的解决方案,因此,在其提出后的十几年里,基于搜索的测试方法并未得到重视和发展。直到 1990年,研究人员 Korel 在其发表的论文中,提出基于搜索的测试方法可以有效解决当时在符号执行方法中难以处理的复杂数据结构符号化运算的问题,该方法才被关注并得以深入研究,应用于各种测试活动中。近年来,该技术得到较快发展,例如,通过提高代码覆盖率、多目标帕累托优化、强化学习来指导测试参数的变异过程。

下面简要介绍基于搜索的测试中应用的主要优化算法,包括爬山算法、遗传算法,以及蚁群算法。

1)爬山算法

爬山算法是一种简单的贪心算法,它通过局部搜索的方式逐步接近局部最优解。爬山算法的基本思想是从一个初始解开始,在每一次迭代中,选择当前解的邻居中具有更好价值的解作为下一次迭代的新解。这个过程会一直进行下去,直到无法找到更好的解为止,此时算法会停止并返回当前的最优解。然而,爬山算法有自身的局限性。由于它只根据当前解的邻居进行选择,可能会陷入局部最优解而无法找到全局最优解。这是因为爬山算法没有考虑整体的最优性,它只关注当前的最优解。为了克服爬山算法的局限性,可以使用一些改进的策略,如随机重启爬山算法、模拟退火算法等。这些算法可以增加算法的探索能力,使其能够跳出局部最优解并继续搜索更好的解。

例如,假设有一个简单的函数,用于计算给定整数的平方根。我们的测试目标是更高的代码覆盖率,以确保函数在不同情况下的正确性。

以下是该函数的伪代码。

```
1.  sqrt(int x){
2.    if(x<0){return -1;}
3.    return math.sqrt(x);}
```

可以使用爬山算法来生成测试用例,以实现更高的测试覆盖率。以下是基于爬山算法的测试用例生成过程。

(1)初始解:随机选择一个初始解,例如 x = 5。

(2)评估函数值:计算初始解的函数值,即调用 sqrt(5)。

(3)邻居生成:生成初始解的邻居,例如,通过增加或减少 1 来生成邻居解。

(4)评估邻居解:计算邻居解的函数值,即调用 sqrt(4)或 sqrt(6)。

(5)比较函数值:比较初始解和邻居解的函数值。如果邻居解 x = 4 更接近目标范围,将邻居解作为新解。

(6)迭代搜索:重复步骤(3)~(5),直到达到停止条件(例如,达到预定的迭代次数或找到满足目标范围的解)。

通过爬山算法的迭代搜索,可以逐步接近更高的测试覆盖率。在每次迭代中,选择邻居解中更接近目标范围的解作为新解,以朝着满足测试目标的方向前进。

2）遗传算法

遗传算法模拟了生物在自然环境中的进化和遗传,是一种启发式的全局优化算法。该算法最初是借鉴了进化生物学中的一些现象而发展起来的,该算法应用群体搜索方式,通过遗传算子对当前群体内的个体进行交叉、变异、选择等遗传运算,产生下一代种群,并通过进化使种群进化到包含或接近最优解。遗传算法由于计算过程简单、时间短而得到了广泛的应用,但与此同时,遗传算法存在局部搜索能力不强,收敛早等问题。因此,近些年,众多学者研究将遗传算法与一些局部搜索算法如梯度法、爬山算法等相结合。

以下是一个简单的示例,展示如何使用遗传算法生成测试用例。

（1）首先在程序的输入域中随机生成一定数量（即种群大小）的测试数据,对这些数据进行编码,成为初始种群。

（2）然后循环执行以下操作：将解码后的进化个体作为程序的输入,执行插装后的待测程序,通过适应度函数评价个体的优劣,采用选择、变异、交叉等遗传算子以生成新的进化种群。

（3）重复上述操作,直到达到终止条件（一般是最大迭代次数或者是达到适应度函数的目标值）,解码后的优化解可能即为满足覆盖准则的测试数据。

3）蚁群算法

蚁群算法借鉴了现实中蚂蚁集体寻找路径的行为,蚂蚁觅食过程中会分泌出“信息素”,该物质会随着时间不断挥发,蚂蚁间利用该信息素进行沟通,一般而言,一条路径上经过的蚁群数量越多,该路径上信息素的浓度越大,结果是后来蚂蚁会选择该路径的概率就会提高,从而得到最短觅食路径。蚁群算法参数少且设置容易,其求解过程无须人工参与,初始路线对搜索结果影响不大,目前,该算法已成为分布式人工智能的热点研究问题。

在测试用例生成中,蚁群算法可以用于搜索输入空间,以生成满足特定测试目标的测试用例。以下是一个简单的示例,展示如何使用蚁群算法生成测试用例。

（1）初始化蚁群：创建一个初始蚁群,其中每只蚂蚁代表一个候选测试用例。蚂蚁的初始位置可以是随机生成的或者基于先验知识生成的。

（2）评估适应度：根据测试目标,定义适当的适应度函数来评估每只蚂蚁的适应度值,即测试用例的质量。适应度函数可以基于代码覆盖率、错误检测率等指标来衡量蚂蚁的质量。

（3）蚂蚁路径选择：每只蚂蚁根据一定的概率和信息素的指引,在解空间中选择路径。信息素表示蚂蚁在路径上释放的化学物质,用来引导其他蚂蚁偏向于选择具有更多信息素的路径。

（4）信息素更新：蚂蚁在路径上释放的信息素会随着时间逐渐挥发,而每只蚂蚁在路径上释放的信息素会根据其适应度值进行更新。适应度较高的蚂蚁会释放更多的信息素。

（5）重复迭代：重复执行步骤（2）～（4）,直到满足停止条件（例如达到预定的迭代次数或找到满足测试目标的解）。

通过蚁群算法的迭代搜索过程,蚂蚁逐渐优化测试用例的质量,从而生成满足测试目标的优秀测试用例。

8.8.2　测试预言

软件测试预言问题是指软件在测试过程中需要在给定的输入下能够区分出软件的正确行为和潜在的错误行为。测试预言的自动化不仅能有效地减轻测试人员的负担，而且能为不间断的持续测试提供有力支持。为了解决该问题，研究人员提出了多种方法，包括蜕变测试和差异测试。

1. 蜕变测试

蜕变测试（Metamorphic Testing，MT）依据被测软件的领域知识和软件的实现方法建立蜕变关系，利用蜕变关系来生成新的测试用例，通过验证蜕变关系是否被保持来决定测试是否通过。蜕变关系（Metamorphic Relation，MR）是指多次执行目标程序时，输入与输出之间期望遵循的关系。

蜕变测试这一概念是在 1998 年由澳大利亚斯威本科技大学的 Chen 等人提出的。该方法提出的目的是解决"Oracle 问题"，即程序的执行结果不能预知的问题。该方法认为测试过程中没有发现错误的测试用例，即执行成功的测试用例，同样蕴含着有用的信息，它们可以用来构造新的用例以对程序进行更加深入的检测。蜕变测试技术通过检查这些成功用例及由它们构造的新用例所对应的程序执行结果之间的关系来测试程序，无须构造预期输出。从应用角度来说，蜕变测试主要用在可测性不好的场景，例如，机器学习系统、数据查询系统、科学计算系统、仿真与建模系统等。

蜕变测试具有以下三个显著的特点。

- 为了检验程序的执行结果，测试时需要构造蜕变关系。
- 为了从多个方面判定程序功能的正确性，通常需要为待测程序构造多条蜕变关系。
- 为了获得原始测试用例，蜕变测试需要与其他测试用例生成策略结合使用。

执行蜕变测试，一般涉及以下几个步骤。

- 使用其他测试用例生成策略为待测程序生成原始测试用例。
- 若这些原始用例均通过测试，则为待测程序构造一组蜕变关系。
- 基于上述关系计算衍生测试用例。
- 检查原始和衍生用例的输出是否满足相应的蜕变关系，得出测试结果。

下面通过两个例子来理解蜕变测试。

（1）当测试 sin() 函数时，假设给定测试输入为 1，确定 sin(1) 的预期输出是十分困难的。然而，sin() 函数具有一些数学属性，如 $\sin(-x) = -\sin(x)$（即蜕变关系），可以辅助测试该函数。

对于上述给定的测试输入 1，可以通过比较 $-\sin(1)$ 和 $\sin(-1)$ 是否相等来辅助测试 sin() 函数。

（2）一个模型要输出两点间的最短路径，由于 m 到 n 的最短路径和 n 到 m 的最短路径是一样的（即蜕变关系）。因此，可以按以下方式设计一组测试用例。

测试用例 $P(A,B)$ 的衍生测试用例为 $P(B,A)$ 测试用例 $P(C,D)$ 的衍生测试用例为 $P(D,C)$。

可以看出，蜕变测试的基本原理是：利用程序输入-输出关系，将已有的测试用例转换为新的测试用例用以测试程序，其中，程序输入-输出关系即为蜕变关系，生成的新的测试用例即为衍生测试用例。用原始和衍生测试用例分别执行程序，检验相应的输出是否满足构造的蜕变关系。如果不满足,说明程序存在故障。蜕变测试技术的提出,充分利用了成功的测试用例,有效解决了测试人员难以构造测试用例输出问题。

2. 差异测试

差异测试(Differential Testing)也称为差异模糊测试(Differential Fuzzing),是McKeeman 等人于 1998 年提出的一种流行的软件测试技术,它通过向一系列相似的应用程序提供相同的输入并观察其执行的差异来尝试检测错误。差异测试是对传统软件测试的补充,因为它非常适合查找没有明显错误行为的语义或逻辑错误(如崩溃或断言失败)。差异测试有时称为背对背测试。相同输入下程序行为之间的任何差异都被标记为潜在的错误。

假设有一个函数声明 $F(X)$,以及该函数的两个实现: $f_1(X)$ 和 $f_2(X)$。对于存在于适当输入空间中的所有 x,我们期望 $f_1(x) == f_2(x)$。如果 $f_1(x) != f_2(x)$,则至少有一个函数错误地实现了 $F(X)$。这种测试等效和识别差异的过程是差异测试的核心。差异模糊测试是差异测试的扩展。差异模糊以编程方式生成许多 x 值,以发现手动选择的输入可能无法揭示的差异和边缘情况。差异测试已经被用于识别多个领域的缺陷,例如,SSL/TLS 实现、C 编译器、JVM 实现、Web 应用防火墙、API 的安全政策等。

8.8.3 智能化测试技术

随着人工智能技术的快速发展,软件测试的自动化程度也得到了有效的、持续的提升。智能化测试(AI Driven Testing)这一技术得到了广泛的关注,其目标是结合人工智能算法帮助自动化和减少测试中的常规和烦琐任务的数量。

人工智能在软件测试中具有巨大的潜力,可以帮助克服传统自动化测试工具的局限性,并提供新的思路和方法来提高软件质量。利用人工智能算法,可以根据当前的测试状态、代码更改、代码覆盖率和其他指标来决定要运行哪些测试。这种智能化的测试决策可以根据实时的情况进行调整,并帮助识别测试覆盖率的缺陷。通过使用人工智能,测试团队可以更加智能地选择和执行测试,从而提高测试效率和测试质量。

图 8.17 展示了测试实践如何随时间变化。直到 2018 年,软件测试一直集中在CI/CD、可伸缩性和持续测试上,未来软件测试将重点关注智能化测试,如基于机器学习的缺陷预测、自动生成测试用例、智能化的缺陷检测等。这些技术的发展将为软件测试带来更高效、准确和全面的测试能力。需要指出的是,人工智能在软件测试领域仍处于发展阶段,仍需进一步研究和实践来解决技术挑战和应用难题。但可以预见,人工智能将持续推动软件测试领域的创新和改进,为提升软件质量和测试效率做出重要贡献。

图 8.17　测试技术的发展

传统的自动化测试存在以下几个方面的挑战。

(1) **回归测试周期长**——回归测试需要执行一系列的测试用例来验证新的更改是否影响了现有的功能。这可能需要耗费大量时间和资源。此外，添加新更改时，已经通过测试的现有代码可能会停止工作。每次开发团队扩展现有代码时，他们都必须执行新测试并添加到回归套件中，因此回归测试的周期会很长。

(2) **确保足够的测试覆盖率**——在整个测试周期中，有一个核心问题是多少个测试用例就足够了？当应用程序变得越复杂，确保完整测试覆盖率的挑战就越大。在这种情况下，测试人员最终会运行整个套件或一些预先确定的套件，但有可能遗漏真正的缺陷。

(3) **维护自动化脚本**——应用程序更改是经常发生且需要发生的，但所做的更新通常会导致用户界面测试中断，因为找不到对象。在这种情况下，维护测试套件和对象存储库会给测试人员带来很大的麻烦。

(4) **缺陷泄漏和被忽略的错误**——被忽略的错误的问题非常多样，并且会带来极其负面的后果。如果测试人员没有对数据管理投入足够的注意力，那么可能会导致一大堆被忽略的错误。

尽管当前的敏捷、持续测试和 DevOps 实践加速了软件开发效率，但只有结合人工智能技术才能真正释放软件测试的潜力。下面简要阐述人工智能技术如何减轻或解决上述挑战。

(1) **加速回归测试并确定足够的测试覆盖率**：通过设计智能算法，可以利用机器学习和自动化技术来审查最近的代码更改、当前测试状态，并确定将应用程序发布到生产环境所需的最低测试覆盖率。这些算法能够根据历史数据和上下文信息，自动化地确定哪些测试用例应该运行，从而加速回归测试过程。

(2) **测试优化和减少被忽略的错误概率**：通过设计智能算法，可以根据收集到的风险信息和历史测试数据，帮助软件开发团队确定最有可能发现缺陷的测试方法。智能算法不采用随机的测试方法，而是利用机器学习和数据分析技术专注于风险区域，从而提高测试效率并确保软件质量。这样的方法可以减少被忽略的错误概率，将测试工作集中在最有价值的测试任务上。

(3) **自动生成测试脚本和自我修复**：通过设计智能算法，可以根据历史测试数据和收集到的用户和软件产品的交互行为数据，自动生成测试框架和测试脚本。这些算法利用机器学习和自然语言处理技术，可以自动识别应用程序的功能和界面，并生成相应的测试用例和脚本。借助人工智能测试工具，测试套件可以在应用程序发生更改时动态更新，促进自我修复或自动维护。

(4) **发布影响**：通过利用神经网络结合测试历史和当前测试运行的数据，可以预测即将发布的版本将如何影响用户。这些神经网络模型可以分析各种指标和用户反馈数据，预测用户满意度的变化，帮助研发团队做出必要的调整，确保发布对用户产生积极影响。

(5) **根本原因分析**：在某些情况下，尽管测试工程师所做的一切都是正确的，但由于某些原因，错误仍然没有被注意到。当出现这种问题时，测试人员需要分析事件的因果关系。通过使用人工智能技术，可以对大量的测试数据进行深入分析，以找到造成问题的根本原因，帮助测试人员做出正确的调整和决策。

（6）预测客户需求：通过使用人工智能技术进行预测，企业可以分析客户数据，更准确地了解他们需要的最新产品和功能。这些技术包括自然语言处理、机器学习和数据挖掘等，可以帮助企业预测客户需求的变化趋势，并根据这些预测进行产品规划和开发，从而增加客户满意度和竞争力。

时至今日，软件测试已经发生很大的变化。在软件测试的早期，手动测试在整个软件测试行业占据主导地位，各种测试设计方法、测试实践层出不穷，再到后来的自动化测试，以及现今的智能化测试。测试过程中繁重的手工劳动由机器完成，测试工程师逐渐变成规则的维护者、阶段的决策者，团队的工作效率得到了显著提高。未来软件测试将会朝着更加智能化、轻量化和高效化的方向发展。

8.9 软件测试工具

软件测试过程十分细致烦琐，为了提高测试人员的工作效率，同时保证软件测试的质量，各种测试工具被广泛提出和应用，例如，静态分析工具、动态分析工具、白盒测试工具、黑盒测试工具、自动测试生成工具、覆盖率工具、性能测试工具、压力测试工具、单元测试工具等。本节以软件测试工具发展的历史进程为线索，介绍几款经典的测试工具。这些工具的诞生时间如图 8.18 所示。

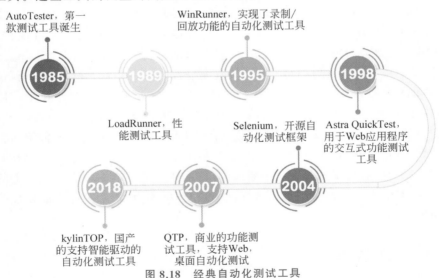

图 8.18 经典自动化测试工具

1985：AutoTester。第一个商用的 PC 测试工具，是由 AutoTester 发布的。

1989：LoadRunner。1989 年，一家名叫 Mercury Interactive 的公司（2006 年被惠普公司收购）在美国加利福尼亚州成立，同年这家公司发布一款工具 LoadRunner，该软件至今仍是一款举足轻重的性能测试解决方案。LoadRunner 通过模拟上千万用户实施并发负载及实时性能监测的方式来确认和查找问题，能够对整个企业架构进行测试。企业使用 LoadRunner 能最大限度地缩短测试时间，优化性能和加速应用系统的发布周期。

1995：WinRunner。WinRunner 是一款自动化 GUI 测试工具，允许用户记录并回放用户界面（UI）交互行为作为测试脚本。作为功能性测试套件，它自动捕获、验证和重播用户交互,以识别缺陷并确定业务流程是否按设计工作。该软件实现了专有的测试脚本语言(TSL),该语言允许自定义和参数化用户输入。

1998:Astra QuickTest。该软件最初由 Mercury Interactive 开发,是 QuickTest Professional (QTP)的前身,用于 Web 应用程序的功能测试。具体地,它通过录制用户操作并生成测试脚本,提供图形化显示和检查响应的功能。用户可以通过添加和修改步骤来增强测试,并通过运行测试并查看结果报告来评估测试的成功与失败。它简化了 Web 应用程序的测试工作,提高了测试效率和准确性。

2004:Selenium。Selenium 是一个免费且开源的自动化测试框架,用于验证跨不同浏览器和平台的 Web 应用程序。开发者可以使用多种编程语言,如 Java、C♯、Python 等,来创建 Selenium 测试脚本。使用 Selenium 测试工具完成的测试通常被称为 Selenium 测试。Selenium 软件不仅是一个工具,而是一套软件,主要包含以下 4 个工具:Selenium Integrated Development Environment (IDE),Selenium Remote Control (RC),WebDriver,Selenium Grid。目前,Selenium RC 和 WebDriver 已经合并成一个框架,称为 Selenium 2。

2007:QTP。QTP 是惠普软件测试产品的一部分。该软件主要设计用于 Web 应用程序的交互式功能测试。它提供了一个图形用户界面来创建、自动化和执行测试用例。QTP 允许测试人员记录用户操作,生成测试脚本并执行各种测试活动,例如,数据驱动的测试和关键字驱动的测试。2012 年,惠普将 QTP 重新命名为 Unified Functional Testing(UFT),以与其更广泛的应用程序生命周期管理套件保持一致。UFT 与其他惠普公司测试工具集成在一起,为自动化测试提供了增强功能。

2018:kylinTOP。kylinTOP 测试与监控平台(kylin Test Observe Platform)是一款国产的集性能测试、自动化测试(UI、接口、App)、业务 & 接口监控于一体的产品。kylinTOP 采用 B/S 架构的分布式系统,支持跨平台(Windows/Linux /Solaris/麒麟/Mac 等)运行。在自动化测试领域,首次引入 AI 概念,突破业界传统的自动化测试工具设计的思路,在用例设计效率、运行稳定性、可维护性、易用性上有质的飞跃;在性能测试领域,打破了国外企业垄断地位,首次使中国具有一款真正意义上的软件性能测试工具。在性能测试工具的仿真度、问题分析能力、资源消耗方面要优于美国的 LoadRunner。

8.10　本章小结

软件测试是指对软件系统进行确认和验证的过程,以确保其符合预期的要求和质量标准。它是软件开发生命周期中的一个重要环节,旨在发现和纠正潜在的缺陷和问题。本章介绍了软件测试的基本概念和测试技术。

本章一开始首先明确了软件错误、缺陷和故障这三个容易混淆的概念之间的联系和差异。三者之间存在时序关系,软件错误存在于软件开发过程中,由开发人员产生,软件缺陷存在于软件产品中,当软件缺陷被激活时会产生软件故障,软件故障产生于软件运行中。

其次介绍了软件测试的概念,即软件测试是一种检查实际软件产品是否符合预期需求并确保软件产品无缺陷、错误的方法。此外,为了帮助读者更好地理解软件测试的含义,本章还给出了若干软件测试的经典定义。

测试用例的设计是否合理直接决定了软件测试的可靠性和效率。本章主要介绍了测试用例的基本概念,以及其构成和表示,主要包括步骤编号、测试用例类型、发布版本、前置条件、测试数据、严重性等信息。

软件测试需要遵循一定的流程,本章对软件测试的不同阶段的主要任务进行了介绍,包括分析测试需求、制定测试计划、设计测试用例、测试执行,以及测试评估。其次,还介绍了软件测试的实施策略,例如,根据软件开发的不同阶段可分为单元测试、集成测试、系统测试、验收测试等,以及经典的软件测试模型 V 模型和 W 模型。

本章介绍了白盒测试、黑盒测试、灰盒测试的思想。白盒测试指的是在全面了解程序内部逻辑结构的前提下按照某种策略对程序进行测试。相反,黑盒测试指的是程序对于测试人员不可见,在完全不考虑程序内部结构和内部特性的情况下,对程序接口进行测试。它只检查程序功能是否按照需求规格说明书的规定正常使用,程序是否能适当地接收输入数据而产生正确的输出信息。灰盒测试则结合了白盒测试和黑盒测试的优点。其次,本章还介绍了典型的白盒测试技术、黑盒测试技术,以及灰盒测试技术,例如,语句覆盖、条件覆盖、等价类划分、边界值分析法、接口测试等。

此外,为了让读者对软件测试的发展有更深入的理解,本章在最后介绍了软件测试领域的前沿技术以及相关工具的发展历程。通过这些内容的探讨,读者能够更全面地了解软件测试的不同方面和演变过程。

软件测试是确保软件质量的重要环节。本章的核心内容是软件测试的概念和思想,重点是软件测试用例、软件测试过程和实施策略,难点是白盒测试技术和黑盒测试技术。如果读者有兴趣,可以根据基于特定类型软件的测试方法、软件测试前沿技术,以及软件测试工具中的线索进一步学习。

8.11 综合习题

1. 软件测试主要包括哪几个步骤或阶段?各个步骤的重点是什么?

2. W 模型和 V 模型的概念是什么?两者之间有什么区别与联系?各自适合的应用场景是什么?

3. 列举几个常见的黑盒测试和白盒测试技术,简要解释其原理,并提供一个适合进行黑盒测试的场景。

4. 解释一下正交试验法的概念,并说明其在软件测试中的应用。

5. 什么是回归测试?为什么在软件开发过程中回归测试很重要?

6. 某城市的电话号码由三部分组成。这三部分的名称和内容分别是:①地区码,空白或三位数字;②前缀,非'0'或'1'开头的三位数;③后缀,4 位数字。假定被测试的程序能接受一切符合上述规定的电话号码,拒绝所有不符合规定的号码,试用等价类划分法来设计它的测试用例。

8.12　基础实践

1. 软件测试计划实践案例

案例描述：你是"未来 IT"公司的测试经理,公司接到一个委托项目的测试任务,要求你给出一个测试计划,具体情况如下。

(1) 委托项目开发单位:某大型物流企业。

(2) 项目任务:对该企业的"物流信息化综合管理平台"进行系统化测试。

(3) 物流信息化综合管理平台简介:物流信息化综合管理平台是一个集成了各种物流管理功能和信息技术的系统,旨在提高物流运营效率、降低成本并优化服务质量。该平台通过整合物流信息和业务流程,实现对物流运作的全面监控、协调和管理。该平台通常包括以下主要功能和特点。

- 订单管理:包括订单录入、跟踪、分配、调度和优化。通过实时监控订单状态和位置,提高订单处理效率和准确性。
- 运输管理:涵盖车辆调度、路线规划、运输跟踪和运输成本控制等功能。通过优化路线和资源利用,提高运输效率和减少运输成本。
- 仓储管理:包括仓库库存管理、货物分配和出入库管理等。通过实时监控库存信息和仓储操作,提高仓储效率和准确性。
- 资源调配:管理和优化物流资源,包括车辆、人员和设备的调度和分配。通过实时监控资源使用情况,提高资源利用率和效率。
- 运输跟踪与监控:通过 GPS 和传感器等技术,实时跟踪和监控车辆位置、货物状态和运输进程。提供实时的物流信息和可视化的监控界面。
- 数据分析和报告:通过收集和分析物流数据,生成各类报表和分析结果,帮助决策者进行数据驱动的决策和优化。
- 接口集成:与其他物流供应链系统、企业资源计划(ERP)系统、电子商务平台等进行数据交互和接口集成,实现信息共享和业务流程的无缝连接。

通过物流信息化综合管理平台,物流企业能够实现对整个物流过程的实时监控和优化,提高物流运营效率和服务水平,降低成本并提升客户满意度。

实践要求：结合上述物流信息化综合管理平台的功能特点,综合利用各种软件测试方法及其辅助方法制定软件测试计划,既要考虑到测试计划的可行性,测试结果的可靠性,又要考虑经济性。

实践结果：给出可行的软件测试计划。

案例分析：供参考的软件测试计划。

以下是针对该平台功能特点的软件测试计划实践案例。

(1) 测试目标。

- 验证订单管理功能的正确性,包括订单录入、跟踪、分配和调度等。
- 检查运输管理功能,包括车辆调度、路线规划和运输跟踪。
- 确保仓储管理功能的准确性,包括库存管理和出入库操作。
- 验证资源调配功能,确保车辆、人员和设备的调度和分配有效。
- 进行性能测试,评估系统在负载情况下的响应时间和吞吐量。

（2）测试方法和辅助方法。

- 黑盒测试方法：使用等价类划分和边界值分析设计订单管理、运输管理和仓储管理的测试用例，以验证功能的正确性和一致性。

- 白盒测试方法：使用语句覆盖和条件覆盖等方法，对资源调配功能的代码进行静态和动态分析，以发现潜在的逻辑错误和代码覆盖不足的情况。

- 性能测试方法：使用负载测试和压力测试方法，模拟实际负载场景下的订单处理、运输管理和仓储操作，评估系统的性能和稳定性。

- 兼容性测试方法：使用不同浏览器、设备和操作系统进行测试，验证系统在不同环境下的一致性和兼容性。

（3）测试环境和工具。

- 操作系统：Windows Server 2019、Linux。

- 浏览器：Chrome、Firefox、Safari。

- 设备：PC、Mac、iPhone、Android 手机、平板电脑。

- 缺陷跟踪工具：Jira、Bugzilla。

- 自动化测试工具：Selenium WebDriver、JUnit、TestNG。

（4）测试策略。

- 根据功能模块和优先级，制定测试用例和测试场景，确保对各个功能模块和关键路径进行充分覆盖。

- 设计合理的测试数据，包括正常数据、边界值数据和异常数据，以验证系统的准确性和稳定性。

- 针对性能测试，根据预期的负载场景和用户行为，制定测试计划，以评估系统在高负载情况下的性能表现。

- 针对兼容性测试，选择不同的浏览器、设备和操作系统进行测试，确保系统在不同环境下的兼容性和一致性。

（5）里程碑和进度安排。

- 单元测试：预计执行时间为 2 周，计划开始日期××××年××月××日。

- 集成测试：预计执行时间为 3 周，计划开始日期××××年××月××日。

- 系统测试：预计执行时间为 4 周，计划开始日期××××年××月××日。

- 性能测试：预计执行时间为 2 周，计划开始日期××××年××月××日。

- 兼容性测试：预计执行时间为 1 周，计划开始日期××××年××月××日。

通过综合利用上述软件测试方法和辅助方法，结合物流信息化综合管理平台的功能特点，制定合理的软件测试计划，既考虑到测试计划的可行性、测试结果的可靠性，又兼顾经济性，可以有效地进行软件测试，并提供可靠的测试结果。

2. 根据软件项目的特点设计测试计划

案例描述：针对 12306 火车订票系统，识别和收集不同利益相关者（例如乘客、系统管理员、开发人员、运维人员和支付机构等）对该平台的期望和要求（例如用户注册和登录、车票查询和预订、支付和订单管理、退票和改签、乘车信息管理等功能）。综合利用各种测试方法和工具，如黑盒测试、白盒测试、性能测试、安全测试、兼容性测试以及自动化测试工具，制定详细的测试计划，给出测试用例和步骤。

实践要求：建议分组实施和集中讨论相结合，各小组根据自己的认识设计测试计划,并介绍计划制定的理由。集中讨论时关注不同计划在可行性、测试结果的可靠性,以及经济性方面的差异。

实践结果:给出针对项目任务的测试计划。

案例分析:参照软件测试计划实践案例的分析。

8.13   引申阅读

[1] Myers G J,Badgett T,Sandler C. 软件测试的艺术[M]. 张晓明,黄琳,译. 北京:机械工业出版社,2012.

阅读提示:该书是软件测试方面的经典之作,结构清晰、讲解生动活泼,简明扼要地展示了久经考验的软件测试方法和智慧,不仅阐述了软件测试的基本原理和技术,而且提供了实践指导和技巧建议。读者可以从第 4 章测试用例的设计学习到测试用例的设计思路和典型方法;从第 5 章单元(模块)测试学习到测试用例设计、增量测试,以及自顶向下测试与自底向上测试的区别与联系;从第 6 章更高级别的测试学习到功能测试、系统测试、验收测试等方法。

[2] Whittaker J A. What is software testing? And why is it so hard? [J]. IEEE software,2000,17(1):70-79.

阅读提示:在本文中,作者解释了为什么测试现今的软件产品如此具有挑战性,并讨论了几种可靠的测试方法,所有测试人员都应该能够深思熟虑地应用这些方法。所描述的测试方法可以帮助测试人员提高测试效率,并且解答了何时可以判断完成了对软件系统的测试。

[3] Whittaker J,Arbon J,Carollo J. Google 软件测试之道[M]. 黄利,李中杰,薛明,译. 北京:人民邮电出版社,2013.

阅读提示:该书介绍 Google 在软件测试领域实践和经验的实用指南。书中涵盖了 Google 的测试文化、测试策略和方法、效能和性能测试、故障注入和容错测试、用户体验和可用性测试以及测试工具和技术等内容。通过这本书,读者可以深入了解世界顶级 IT 公司在软件测试方面的成功经验,并获得提升软件测试能力的指导和灵感。

8.14   参考文献

[1]   颜炯,王戟,陈火旺. 基于模型的软件测试综述[J]. 计算机科学,2004,31(2):184-187.

[2]   王赞,闫明,刘爽,等. 深度神经网络测试研究综述[J]. 软件学报,2020,31(5):1255-1275.

[3]   叶志斌,严波. 符号执行研究综述[J]. 计算机科学,2018,45(S1):28-35.

[4]   董国伟,徐宝文,陈林,等. 蜕变测试技术综述[J]. 计算机科学与探索,2009,3(2):130.

[5]   Korel B. Automated Software Test Data Generation[J]. IEEE Transactions on Software Engineering (TSE),1990,16(8):870-879.

[6]   Cadar C,Koushik S. Symbolic Execution for Software Testing:Three Decades Later[J]. Communications of the ACM,2013,56(2):82-90.

[7]   McKeeman W M. Differential Testing for Software[J]. Digital Technical Journal,1998,10(1):100-107.

第 9 章

软件部署与维护

本章学习目标
- 理解各种软件部署方法的特点以及适用场景。
- 理解各种软件维护方法的特点以及适用场景。
- 了解主流的软件部署与维护工具。
- 掌握各种常用的软件部署和维护技术。
- 理解五大类型软件在部署和维护方面的特点。

本章从软件的部署方法、软件维护的概念与形式、软件维护过程和技术以及五大类型软件的部署和维护等方面向读者详细阐述软件部署与维护的方法。9.1 节介绍软件部署方法,使读者了解各种软件部署的方式和方法。9.2 节介绍软件维护的概念和形式,使读者了解软件维护的形式和方法以及各类常用工具。9.3 节介绍软件维护的过程和技术,主要介绍软件维护的目标和实施策略以及相关技术等。9.4 节针对五大类型软件的部署和维护方面的特点进行介绍。9.5 节为本章小结,概要总结了本章的主要内容和学习重点。9.6 节为思考题,用于巩固和扩展本章学习的内容。9.7 节提供基础实践指导,通过实践加深对本章内容的理解。引申阅读部分推荐了与本章相关的前沿技术和经典理论的文献供读者参考。

软件部署与维护是软件开发过程中的关键阶段,涉及软件产品从开发到部署、使用、维护和更新的全过程。软件部署是将软件系统部署到客户方的计算机系统上,协助客户准备基础数据,使软件系统顺利上线运行,并帮助客户对系统进行验收测试的过程。由于软件是一个复杂的逻辑产品,因此在开发完成并投入使用之后,软件开发团队会因多种原因要求对软件进行多样化的维护工作,软件在不断维护的同时,会推动软件本身的持续演化。

软件维护这个术语,早在 20 世纪 50 年代就从制造业引入软件领域,它泛指软件在投入使用后,为维持软件的正常运行而开展的一系列活动。国际软件维护标准 ISO/IEC/IEEE 14764 中,软件维护的定义是指软件交付使用后,修改软件系统及其配套设施的过程,目的是修复缺陷,提高性能或其他属性,增强软件功能以及适应变化的环境,软件投入使用后对软件进行任何变更工作均属于软件维护。软件维护是软件工程必要的环节,可以确保软件持续满足用户需求,它适用于采用各种软件生命周期模型开发的软件,可以纠正故障、改进设计、实施增强功能、适配与其他软硬件设施的接口、移植软件,以及淘汰软件。从进化的角度来看,软件维护是软件演化的过程。现有的大型软件永远是不完整的,并随着演化更加复杂,软件的维护是延续软件生命周期的重要手段。本章将从软件的部署方法、软件维护的概念与形式、软件维护过程和技术方面进行详细阐述。

9.1　软件部署方法

不断增长的软件复杂度和部署所面临的风险,迫使人们开始关注软件部署方法。软件部署是一个复杂过程,包括从开发商发放产品,到应用者在他们的计算机上实际安装并维护应用的所有活动。这些活动包括开发商的软件打包,企业及用户对软件的安装、配置、测试、集成和更新等。软件应用一般由开发人员进行程序源代码的编写、调试、集成构建,并提交给测试人员。测试通过后程序包发布,最后由运维人员进行软件应用的部署。

简单地说,软件部署就是把开发好的软件交付用户并使用的过程。上述过程看起来比较简单,但随着数字化转型的发展,企业线下业务逐渐线上化,应用数量与日俱增,部署活动也变得更加频繁,这种传统的部署方式就显得无能为力了。部署方式自动化,包括持续的集成(Continuous Integration,CI)和持续部署(Continuous Delivery,CD),显著减少了构建、发布、运维工作的复杂性,核心思想是用更小批次的自动化迭代,构建更高质量的软件[1]。

考虑到技术等因素的变化速度和不可预测性,部署不只是在初始启动时发生一次。没有一个软件在第一次发布时是完美的,唯一的方法是快速多次迭代。容错性设计承认软件本身会出错,演进式设计则是承认软件会被报废淘汰。一个设计良好的软件系统,是需要考虑到生命周期的,而不是期望软件永久可用。假如系统中出现不可更改、无可替代的软件服务,这并不能说明这个服务多么的优秀、多么的重要,反而是一种系统设计上脆弱的表现。这意味着系统无法适应技术变化和新需求的演进,无法灵活地进行更新和升级。这种脆弱性会对系统的可维护性、可扩展性和可靠性产生负面影响。而且,如果该服务出现问题或需要进行修改时,整个系统可能会受到影响,导致系统的稳定性和可用性下降。

9.1.1　软件部署的概念和任务

软件部署是一项关键性的活动,它涉及技术层面和组织管理方面的工作,以确保软件系统能够正常使用。软件部署包括交付、支持和反馈三个子活动,并且由于现代软件过程模型的增量迭代特性,部署不只有一次,而是需要多个周期来逐步提供具有可用功能和特性的增量。技术方面的工作包括确定部署环境、安装和配置软件、部署测试、数据迁移和部署发布。组织管理方面的工作包括项目管理、人员培训和支持、用户支持和维护、安全管理、性能管理以及反馈和改进。这些活动共同确保软件系统能够安全、高效地运行,并满足用户需求和期望。软件部署活动中最重要的是配置运行环境和安装目标软件系统,具体包括以下几个方面。

1. 软件部署的原则

软件部署代表了软件项目的重要里程碑。当团队准备部署软件系统时,应遵循一些关键原则。

- 管理客户对软件的期望:客户的期望往往超出软件团队所承诺的交付范围,因此可能导致客户失望。这种情况可能使反馈活动失效并破坏团队士气。为了解决这个问题,应确保与客户保持良好的沟通,以便能够理解和满足他们的需求。

- 交付的软件需要完整打包和测试:所有可执行软件、数据文件、支持文档和其他相关信息都应与实际用户进行全面测试。此外,所有安装脚本和其他操作功能也应在所有可能的计算配置(即硬件、操作系统、外围设备、网络环境)中进行全面测试。

- 在交付软件之前,建立支持方案:用户在遇到疑问或问题时,期望获得快速响应和准确信息。如果支持方案不佳,客户可能会感到不满。为了解决这个问题,需制定完善的支持计划,准备好支持材料,并建立适当的记录保存机制,以便团队能够评估用户所需的支持类型。

- 向最终用户提供适当的指导材料:软件团队需要交付的不仅是软件本身,还包括合适的指导工具(如有需要)、故障排除指南以及在必要时的软件增量发布说明。这将帮助用户更好地了解和使用软件。

- 先修复 Bug,再发布软件:在时间压力下,一些软件团队可能会向客户发出警告并发布低质量的软件增量,承诺“将在下一个版本中修复”。这是一个错误的做法。软件行业有一句话:“客户会忘记您推迟发布几天的高质量产品,但他们永远不会忘记低品质产品带来的问题。”因此,应确保在发布之前修复软件中的问题,以提供高质量的产品。

2. 智能化工具辅助软件交付和部署

智能化工具是指应用了人工智能、自动化等技术,可以自主进行一定程度的决策或操作的软件工具。在软件交付和维护领域,智能化工具可以作为辅助手段,大幅提高软件交付和维护的效率和质量。智能化工具在软件交付与维护领域扮演着越来越重要的角色,能够作为辅助手段提高开发效率、优化运维流程、降低错误率等。具体而言,智能化工具可以应用于代码审查、自动化测试、部署和配置管理、日志分析以及自动化发布等多个方面。常见的智能化工具如表 9.1 所示。

表 9.1　智能化工具

工 具 类 型	工 具 名 称
代码审查	PMD、FindBugs 等
自动化测试	Selenium、Appium 等
部署和配置管理	Chef、Puppet 等
日志分析	ELK Stack 等
智能化部署工具	Jenkins、Travis CI 等

在代码审查方面,智能化工具通过静态代码分析技术,可以自动识别代码缺陷并生成报告,帮助开发人员及时修复问题。智能化代码审查工具可以辅助解决软件交付

中的代码质量问题。代码质量是软件交付过程中非常关键的一个方面,但传统的代码审查方法往往需要大量的人工投入,且效率低下。智能化静态代码分析工具可以帮助开发人员及时修复问题。例如,PMD 和 FindBugs 等工具可以用于 Java 代码的静态分析,提供代码规范检查和缺陷检查等功能。

在自动化测试方面,智能化工具可以利用机器学习和自然语言处理技术,自动化执行测试用例,生成测试报告,辅助开发人员识别和修复代码缺陷。具体而言,自动化测试工具可以辅助解决软件交付中的测试问题。测试是软件交付过程中非常重要的环节,但传统的手动测试方法往往效率低下且容易出错。相比之下,使用自动化测试工具进行自动化测试能够大大减少测试时间和人力成本。例如,Selenium 和 Appium 等自动化测试工具可以用于 Web 和移动应用的自动化测试。

在部署和配置管理方面,智能化工具可以自动执行任务,减少人工操作的错误和漏洞。例如,Chef 和 Puppet 等工具可以用于自动化部署和配置管理。

在日志分析方面,智能化工具可以对日志进行分析,自动检测异常和错误,并生成警报或报告,辅助维护人员快速定位和解决问题。智能化日志分析工具可以辅助解决软件交付中的故障排查问题。在软件交付后,应用程序可能会出现各种问题,例如,性能下降、崩溃、错误等。智能化日志分析工具可以对应用程序的日志进行分析,自动检测异常和错误,并生成警报或报告,辅助维护人员快速定位和解决问题。例如,ELK Stack 可以用于日志收集、存储和分析。

案例

以外卖平台为例,自动化测试能够发挥关键的作用。通过编写自动化脚本,可以验证各项功能如用户下单、支付、订单处理等是否正常运作,检查用户界面在不同设备上的表现,确保数据一致性,评估性能并模拟安全威胁。此外,自动化接口测试有助于确保不同系统的顺利集成,而自动化部署测试可在更新代码后验证变更是否引入问题。这一系列自动化测试措施协同作用,不仅提高了外卖平台的稳定性和质量,也提升了用户体验。

智能化部署工具可以辅助解决软件交付中的部署问题。软件交付后,部署是另一个非常重要的环节。传统的部署方法可能需要人工操作,并且容易出现错误和漏洞。智能化部署工具可以自动化执行部署和配置管理任务,减少人工操作的错误和漏洞。智能化工具还可以自动化执行软件发布流程,包括构建、测试、部署和回滚等环节,从而减少人工操作的失误,提高发布的稳定性和可靠性。例如,Jenkins 和 Travis CI 等工具可以用于自动化构建和持续集成。

在软件部署的过程中,安装和配置运行环境是一项至关重要的子活动。运行环境是目标软件系统运行所必需的上下文环境,其中包括硬件设备、操作系统、数据库、中间件、网络等。在将软件系统部署到运行环境之前,软件开发工程师需要进行一系列工作。首先需要根据软件系统的要求,选择并配置适当的硬件设备,如服务器、存储设备、网络设备等。接下来需要安装和配置适当的操作系统,如 Windows、Linux、UNIX 等,包括对操作系统进行升级、安装必要的补丁和驱动程序等。此外,还需要安装并配置适合的数据库,如 MySQL、Oracle、SQL Server 等,包括对数据库进行初始化、安装必要的扩展插件和扩展、配置数据库参数等。同样也需要安装并配置适当的中间件,如 Web 服务器、应用服务器、消息队列、缓存服务器等,包括对中间件进行初始化、安装必要的扩展插件、配置中间件参数等。此外,根据软件系统的要求,配置适当的网络环境,如 IP 地址、DNS 解析、防火墙规则等,确保网络能够正常通信,数据能够传输。最后,根据软件系统的要求,安装和配置适当的监控和管理工具,如监控软件运行状态的工具、日志分析工具、性能测试工具等,确保软件系统能够在稳定、高效的状态下运行。

安装和配置软件系统是软件部署过程中不可或缺的重要环节,它涉及将目标软件系统的各种要素安装到目标计算平台并进行必要的配置,以确保软件要素与运行环境中的软硬件支撑要素能够顺利地交互和衔接。在实施这个过程中,需要遵循一些关键步骤:首先,收集目标软件系统中需要安装的各种要素,并将其打包成一个安装包,方便安装。接着,确保硬件、操作系统和其他软件与待安装软件系统兼容,这是安装之前必须要考虑的一个问题。然后,需要确定软件将被安装到哪个位置,通常情况下软件会被安装到指定的目录或路径下。之后,运行安装程序将软件要素安装到目标计算平台,通常需要指定安装位置、选择要安装的软件要素以及进行必要的配置。最后,安装完成后需要进行必要的软件配置,包括配置数据库、设置访问权限、配置系统参数等,以确保软件能够正常运行并满足业务需求。

9.1.2　软件部署的方式

软件部署是向客户交付软件并使其运行的必要步骤,其过程涉及配置、测试、安装和验证软件系统的各个组件,以确保软件系统能够正确运行并满足用户需求。软件部署的方式有多种选择,包括单机部署、分布式部署、虚拟化部署和容器化部署。单机部署指将软件系统部署在一台物理机器或虚拟机器上,而分布式部署则是将软件的各个要素分散部署在多个计算设备上。虚拟化部署通过虚拟化技术将软件系统打包成虚拟机镜像,然后部署到虚拟化平台上,适用于云计算和大规模部署场景。容器化部署则使用容器技术将软件系统打包成容器镜像,并在容器平台上进行部署,适合云计算和微服务架构场景,具有轻量级、快速启动和易于扩展等特点。

1. 单机部署

单机部署是指将软件系统部署在一台物理机器或虚拟机器上的部署方式。在单机部署中,软件系统的所有组件和服务都运行在同一台机器上,包括数据库、应用服务器、Web 服务器等。这种部署方式适用于小型系统或者开发、测试环境中,可以帮助开发人员快速开发和测试软件系统,并且具有较低的成本和易于维护的特点。

单机部署具有以下优点。首先,它的部署非常简单,只需要一台机器就能完成整个系统的部署,因此成本相对较低。其次,所有的服务和组件都在同一台机器上运行,因此系统的维护和管理也相对简单,维护人员可以更快地定位和解决问题。此外,单机部署可以帮助开发人员更快速地进行系统的开发和测试,缩短软件开发周期。但是,单机部署也存在一些缺点,如可扩展性差,如果需要扩展系统,需要重新设计架构并重新部署;可靠性较低,如果这台机器出现故障,整个系统将无法使用;性能受到机器性能限制。因此,在实际应用中,单机部署通常仅用于小型系统或者开发、测试环境中,对于大型系统或者生产环境,则需要使用分布式部署来提高系统的可靠性、可扩展性和性能。

2. 分布式部署

分布式部署是指将软件的各个要素分散部署在多个计算设备上。分布式部署将数据分散地存储于多台独立的机器设备上,采用可扩展的系统结构,利用多台存储服务器分担存储负荷,利用位置服务器定位存储信息。

简单地说,分布式是以缩短单个任务的执行时间来提升效率,而集群则是通过提高单位时间内执行的任务数来提升效率。例如,如果一个任务由 10 个子任务组成,每个子任务单独执行需 1h,则在一台服务器上执行该任务需 10h。如果采用分布式方案,提供 10 台服务器,每台服务器只负责处理一个子任务,不考虑子任务间的依赖关系,执行完这个任务只需 1h。分布式是指将不同的业务分布在不同的地方,而集群指的是将几台服务器集中在一起,实现同一业务。分布式中的每一个节点,都可以作集群,而集群并不一定就是分布式的。

在分布式部署中,每个模块或子系统可以独立运行,并且可以部署在不同的服务器上。这些模块可以通过消息传递、远程调用等方式进行通信和协作。分布式系统通常需要考虑一些关键问题,例如,数据一致性、负载均衡、容错性和安全性等。

分布式部署具有多个优点,其中包括可扩展性强、更高的可用性、更好的性能和更好的安全性。分布式系统可以根据需求灵活地扩展计算、存储和网络资源,即使某台服务器或模块出现故障,系统仍然可以继续运行,并且可以通过将工作负载分布到多台服务器上来提高性能。此外,分布式系统可以通过在多台服务器之间分散数据和计算,提高安全性和防止数据丢失。然而,分布式部署也存在一些挑战和缺点,包括部署复杂、难以调试和成本较高。分布式系统比单机系统更为复杂,需要考虑一些新的问题,如网络延迟、通信故障和数据一致性。在分布式系统中的问题可能涉及多个服务器和模块,因此难以定位和解决问题。同时,分布式系统需要更多的服务器和计算资源来支持其运行,因此需要更多的成本和维护工作。

案例

以外卖平台为例,外卖平台包括用户界面、订单管理、餐厅管理、支付处理等多个模块,通过拆分和独立部署这些模块,可以实现高可用性、性能扩展和负载均衡。通过负载均衡技术,外卖平台可以在高并发情况下均匀分发请求,提高系统的响应能力。通过监控和日志记录实时监测系统性能,并快速解决问题。分布式部署可以通过自动化持续集成和持续部署流程,实现快速的功能发布和系统更新。

分布式部署工具是用于在多台服务器上部署应用程序和服务的软件工具。这些工具可以帮助管理员和开发人员轻松地管理和部署应用程序,从而提高应用程序的可用性和可扩展性,常见的分布式部署工具如表 9.2 所示。

表 9.2　分布式部署的工具

工　具	特　点
Kubernetes	Kubernetes 是一个开源的容器编排系统,用于自动化部署、扩展和管理容器化应用程序。Kubernetes 旨在简化分布式应用程序的部署和管理,并提供了许多功能和工具来支持这些任务。Kubernetes 可以部署和管理多个容器化应用程序,这些应用程序可以在不同的主机上运行。Kubernetes 提供了一组 API 和控制器,用于自动化部署、扩展和管理这些应用程序[2]

续表

工　具	特　点
Ansible	Ansible 是一种基于 Python 编写的开源自动化工具,可以在多台服务器上执行命令、部署应用程序和配置系统。它使用 SSH 协议连接远程服务器,并通过 Playbook 文件描述要执行的任务。它可以轻松地扩展到大规模的服务器集群,具有可重复性和可维护性等优点
Puppet	Puppet 是一种用于管理配置和自动化部署的工具。它可以管理多个服务器,并将服务器配置定义为代码。它提供了丰富的语言和工具来描述和管理服务器配置,包括在服务器上安装软件、更新软件包和配置服务等。Puppet 具有高度的可扩展性和灵活性,可以适用于各种规模的部署
Docker Swarm	Docker Swarm 是 Docker 官方提供的分布式部署工具,用于管理和部署 Docker 容器。它可以轻松地管理大规模的 Docker 容器集群,并提供了可靠的容错机制和高可用性。Docker Swarm 具有易于使用和可扩展性的优点,并可以与 Docker Compose 和 Docker Stack 等工具结合使用[4]
Nomad	Nomad 是一种开源的集群管理工具,可以在多个服务器上运行和管理应用程序。它支持多种作业类型,包括 Docker 容器、Java 应用程序和本地可执行文件等,并提供了丰富的调度和监控功能。Nomad 具有轻量级、易于使用和可扩展的优点,并且可以与其他 DevOps 工具(如 Consul 和 Vault)结合使用

3. 虚拟化部署

虚拟化部署是一种将软件系统部署在虚拟机环境中的方法。虚拟化技术通过在物理硬件上创建虚拟环境(如虚拟计算机、虚拟网络等),从而实现对计算资源的高效利用和灵活管理。虚拟化部署在云计算、数据中心和大规模软件系统中广泛应用。它具有资源利用率高、部署快速、灵活性高、易于管理、隔离性好等优点,适用于云计算和大规模部署场景。虚拟化技术允许在一台物理服务器上运行多个虚拟机,提高硬件资源利用率,同时也支持动态调整虚拟机资源,根据实际需求进行扩展或缩减。虚拟化部署易于管理和维护,方便进行备份、恢复和迁移操作。然而,虚拟化部署也存在一些缺点,例如,引入一定的性能开销可能导致软件系统运行速度略有下降,虚拟化环境中的资源管理和监控相对较复杂,需要专业的运维团队进行维护[3],虚拟化软件部署的关键步骤如表 9.3 所示。

表 9.3　虚拟化软件部署的关键步骤

步　骤	内　容
虚拟机镜像制作	将软件系统打包成虚拟机镜像。虚拟机镜像包含操作系统、软件应用程序及其相关配置、库文件等所有必要的组件,确保在虚拟环境中可以顺利运行
选择虚拟化平台	选择适合的虚拟化平台,如 VMware、Hyper-V、KVM、VirtualBox 等。虚拟化平台提供了虚拟机的创建、管理和监控功能,以支持虚拟化部署
配置虚拟环境	根据软件系统的需求,配置虚拟环境,包括虚拟硬件资源(如 CPU、内存、磁盘等)、网络连接和安全策略等
部署虚拟机镜像	将虚拟机镜像部署到虚拟环境中,启动虚拟机并运行软件系统。根据需要,可以部署多个虚拟机实例,实现负载均衡和高可用性
管理和监控	在软件系统运行过程中,需要对虚拟环境进行管理和监控,及时发现和解决问题,确保系统的稳定运行。虚拟化平台提供了丰富的管理和监控工具,如性能监控、资源调整、快照备份等

4. 容器化部署

容器化部署是一种使用容器技术将软件系统及其依赖环境打包成容器镜像,并在容器环境中部署和运行的方法。容器技术如 Docker、Kubernetes 等,为软件系统提供了一种轻量级、灵活且高度可扩展的部署方式。

容器化部署是一种轻量级、高度可移植、独立性强、易于扩展、易于持续集成与持续部署、适应微服务架构的部署方式。通过将应用程序及其依赖环境打包成一个独立的单元,容器化部署可以提高软件系统的稳定性、安全性和交付效率。然而,容器化部署也存在一些挑战和限制,如容器技术的学习曲线、安全问题、网络与存储管理、监控和日志管理,以及跨平台兼容性等问题。因此,在使用容器化部署时,需要关注这些问题并采取相应的解决方案,以确保软件系统的安全性和稳定性。

案例

在外卖平台的场景中,可以将应用拆分成多个独立的微服务,例如,用户管理、餐厅信息、订单管理、支付服务等,每个微服务被封装进一个 Docker 容器,其中包含代码、依赖和运行环境。通过 Kubernetes 容器编排平台,这些容器被自动化地部署、扩展和管理,实现了服务的高可用性、弹性伸缩和平滑的版本更新。Kubernetes 的服务发现和负载均衡功能确保了用户能够稳定访问各个微服务,监控和日志工具则实时追踪应用性能和健康状态。这种容器化部署策略使软件在快速交付、高效维护和卓越用户体验方面取得很大的提升,为现代应用开发带来了灵活性和可靠性的双重优势。

9.1.3 软件部署的方法

软件部署的方法通常指在软件部署过程中采用的具体技术和策略。常见的软件部署方法包括手动部署、脚本部署、集成部署工具、持续集成/持续部署(CI/CD)和开发运维一体化。手动部署适用于小规模部署,但在大规模、复杂的部署场景下表现欠佳。脚本部署则可以自动化软件部署过程,提高效率和准确性。集成部署工具能够通过图形化界面方便地管理软件包、配置文件、部署目标等资源。持续集成/持续部署结合了软件部署与持续集成、持续交付过程,能够加快软件开发和交付速度。而开发运维一体化则是通过协作和自动化来实现更快、更可靠的软件交付的一种方法论。

1. 持续集成与交付 CI/CD

CI/CD 是软件开发中持续集成(Continuous Integration,CI)和持续交付(Continuous Delivery,CD)的缩写。这两个概念是现代软件开发的基础,并已成为许多企业的标准实践。

持续集成(CI)是指在软件开发周期中,频繁地将代码提交到共享代码库,并自动编译、构建和测试,以便及早发现和纠正代码错误。在持续集成中,开发人员必须保证他们的代码可以与其他开发人员的代码无缝地协同工作,并且不会导致整个应用程序崩溃。持续集成的主要目的是在软件开发过程中尽早发现和解决代码错误,避免将这些错误推迟到后期,造成更大的损失。持续集成的核心实践是自动化,包括自动构建、自动测试、自动部署等。通过自动化,可以极大地提高软件开发的效率和质量,减少人工操作的出错率,降低软件开发和维护的成本。

　　持续交付(CD)是指通过自动化流程实现软件的快速、可靠和可重复地部署。在持续交付中,开发人员通过持续集成将代码提交到共享代码库,然后自动构建、测试和部署应用程序。从而快速、高效地向客户提供新的软件功能,并减少部署错误的风险。持续交付的核心是自动化流程,通过将应用程序构建、测试和部署的过程自动化,可以显著提高软件开发和交付的效率,减少手动操作的出错率,降低软件交付的成本,CI/CD 方法的总体流程如图 9.1 所示。

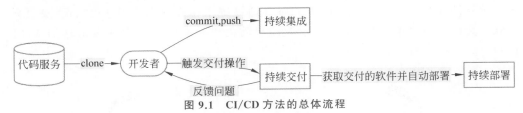

图 9.1　CI/CD 方法的总体流程

　　CI/CD 旨在通过自动化流程、频繁的测试和快速的部署来提高软件开发的速度、质量和可靠性。它们强调了团队合作、自动化、持续改进和快速反馈,使开发人员能够更快地构建和发布高质量的软件。其通常包括如表 9.4 所示的几个方面。

表 9.4　CI/CD 方法的主要方面

名　称	内　容
代码管理	使用代码版本控制系统(如 Git)来管理代码,开发人员可以更好地控制代码版本,保证代码可追溯性和稳定性。代码版本控制可以跟踪代码更改,允许开发人员回滚到早期版本。同时,团队成员可以协作开发,避免代码冲突和重复工作
自动化构建	使用构建工具(如 Maven、Gradle)来自动化构建软件,生成可执行的程序或库。构建工具可以自动执行各种构建任务,如编译代码、打包、生成文档等。这样可以减少手动构建过程中出现的错误,提高构建的一致性和可靠性
自动化测试	使用测试框架(如 JUnit、Selenium)来自动化运行各种类型的测试,包括单元测试、集成测试、端到端测试等。测试框架可以自动执行测试用例,评估代码的质量,并提供反馈。测试过程可以在每个构建和集成周期中自动运行,从而及早发现和解决问题
持续集成	使用持续集成工具(如 Jenkins、Travis CI)来自动化运行测试、构建和部署等任务,并在代码库中触发构建和测试流程。持续集成可以自动构建和测试代码,并提供实时反馈,帮助团队及早发现和解决问题。它还可以自动部署软件到测试环境中,确保代码在各种环境中的一致性和可靠性
持续交付	使用持续交付工具(如 Docker、Kubernetes、GitHub Actions)来自动化部署软件到测试环境和生产环境,并进行版本控制和管理。持续交付可以自动化构建、测试和部署,从而加快软件的交付速度,并保证交付的质量和可靠性。使用容器化技术(如 Docker),可以轻松地在不同的环境中部署和管理软件
持续部署	使用持续部署工具(如 Ansible、Chef)来自动化部署软件到生产环境,并进行监控和管理。在持续部署的过程中,还可以进行自动化测试和监控,以确保应用程序在生产环境中的稳定性和性能

　　CI/CD 方法能够通过自动化手段提高集成速度和减少手动操作带来的低级问题,同时也能够更早地发现代码中存在的问题和防止本地代码大幅度地偏离主干分支,最终导致难以集成的现象发生。然而,CI/CD 方法也存在一些问题,例如,需要额外的工作量和技术支持来设置和维护自动化构建和测试流程,可能增加软件的复杂性;持续集成要求开发人员频繁提交代码,可能导致代码过于频繁地提交,增加

代码的复杂性和管理难度;持续交付需要自动化部署应用程序,可能增加部署的复杂性。

2. 开发运维一体化 DevOps

DevOps(Development 和 Operations 的缩写)是一种软件开发和运维的实践方法,旨在缩短软件开发生命周期并提供持续交付,从而更快地将软件产品交付给用户。DevOps 鼓励开发和运维团队紧密合作,实现自动化和高度集成的工作流程。DevOps 是一种软件开发和运营的方法论,其目标是通过协作和自动化来实现更快速、更可靠的软件交付。DevOps 的核心思想是协作、自动化和持续交付[5],其主要流程如图 9.2 所示。

图 9.2　DevOps 主要流程示意图

具体而言,DevOps 强调软件开发和运营团队之间的紧密协作,以实现更高效的软件交付。团队成员应该互相尊重、沟通顺畅、分享知识和经验。除了技术方面的协作外,DevOps 还强调组织文化的变革,例如,敏捷开发、持续改进和用户导向的思维方式。DevOps 鼓励使用自动化工具和流程来减少手动操作,提高软件交付的速度和可靠性。自动化可以涉及各个方面,例如,自动化构建、测试、部署和监控等。使用自动化工具可以加快软件开发周期,减少错误,并提高可靠性。DevOps 强调持续交付,即通过自动化构建、测试和部署来实现快速、高质量的软件交付。持续交付可以将开发周期缩短到数小时或数天,从而可以更快地向客户提供新功能和更新版本,同时保持软件的高质量和稳定性。DevOps 鼓励将基础设施视为代码,并使用代码管理工具来管理和部署基础设施。这种方法可以消除手动部署和配置的错误,并提高基础设施的可靠性和可重复性。DevOps 强调监控和反馈,即持续地监测软件系统的性能和运行状态,并及时反馈给开发和运营团队。通过监控和反馈,团队可以快速识别问题并及时解决,从而提高软件系统的稳定性和可靠性。

DevOps 是一种强调软件开发和运营团队紧密协作、自动化、持续交付、基础设施即代码和监控反馈等方面的方法,以实现更高效、更可靠的软件交付。采用 DevOps 进行开发运维一体化可以带来很多好处,如更快的上市时间、提高协作效率、更高的可靠性、更好的资源利用和更快的问题解决。然而,DevOps 也存在一些缺点,如学习曲线、组织变革挑战、安全性问题和初始投资成本。因此,在实践 DevOps 时,需要认识到这些问题并采取相应措施以确保成功实施。例如,加强安全意识和措施,平衡组织变革和挑战,以及合理规划和管理初始投资成本。成功的 DevOps 实践需要充分评估这些挑战,并采取适当的策略来应对。

目前已有很多工具用于支撑 DevOps 方法的各个过程,几种代表性的支持 DevOps 的工具如表 9.5 所示。

表 9.5 支持 DevOps 的几种代表性工具

名　称	主　要　特　点
Jenkins	Jenkins 是一款自动化构建和测试工具,可以实现 CI/CD(持续集成/持续交付)工作流程。它是一个开源的、易于安装和配置的工具,支持各种语言和操作系统。Jenkins 提供了丰富的插件,可以集成多种开发和运维工具,如 Git、Docker、Kubernetes 等
Ansible	Ansible 是一款自动化部署和配置管理工具,它使用 SSH 协议进行远程管理,不需要在被管理的主机上安装任何客户端软件。Ansible 基于 YAML 语言,简单易懂,可以编写可重复使用的 Playbook,实现快速、可靠的部署和配置
Docker	Docker 是一款开源的容器化技术,它可以将应用程序和所有依赖项打包成一个可移植的镜像,实现一次构建、随处运行的目标。Docker 提供了丰富的命令行工具和 API,可以方便地构建、部署和管理容器。Docker Desktop 于 2022 年推出的 Dev Environments 功能可以配置一个同时进行开发和快速本地部署的容器化环境,进一步打通了开发与运维的隔阂
Kubernetes	Kubernetes 是一款开源的容器编排工具,可以自动化部署、扩展和管理容器化应用程序。它提供了多种部署方式,如 Pod、Deployment、Service 等,可以方便地管理多个容器和微服务。Kubernetes 还提供了丰富的插件和 API,可以与各种 DevOps 工具集成
Gitee	Gitee 是一个国内开源代码托管平台,类似于 GitHub,它提供了基于 Git 的代码托管、项目协作、代码审查、文档编写、持续集成等功能。Gitee 不仅支持公开项目,还支持私有项目,方便企业内部的团队协作。Gitee 还提供了丰富的 API 和插件生态,支持第三方开发者快速开发和集成。此外,Gitee 还支持部署在自己的服务器上,方便企业内部使用和管理。由于其良好的性能和稳定性,Gitee 在中国开源社区中广受欢迎,并成为许多国内知名开源项目的托管平台之一。
Git	Git 是一款开源的版本控制工具,可以实现代码管理和协作。Git 支持多种工作流程,如分支管理、合并和标签等,可以有效地管理多个开发者和团队的代码。Git 还提供了丰富的命令行工具和图形界面,方便开发者使用
GitHub Actions	GitHub Actions 是 GitHub 推出的一个持续集成和持续交付(CI/CD)平台,支持自动化构建、测试和部署流水线。通过创建工作流,可以将 GitHub 中的每个拉取或者推送请求构建到存储库、进行自动化测试或将合并的拉取请求部署到生产环境

3. 无服务器部署

无服务器部署(Serverless Deployment)是一种基于云计算的应用部署方式,它允许开发人员将应用程序部署在云服务提供商的基础设施上,而无须管理或维护服务器。与传统的基于服务器的部署方式相比,无服务器部署可以带来更高的可扩展性和弹性,同时也可以降低成本。

无服务器部署的特点是将应用程序切分成一系列独立的功能模块(Functions),每个功能模块都是一个短暂的计算实例,由云服务提供商动态分配资源。开发人员只需要上传自己的应用代码,然后设置触发器,使其在特定事件或条件发生时被调用。

无服务器部署是一种非常灵活的部署方式,适合需要快速迭代、具有不确定性负载或需要快速开发的应用程序。然而,由于其管理难度和限制性,无服务器部署不适合所有的应用程序,无服务器部署的优缺点如表 9.6 所示。

表 9.6 无服务器部署的优缺点

优点	高可扩展性。由于无服务器部署可以根据负载自动扩展计算资源,无须手动管理,因此可以更加灵活地适应应用程序的负载变化
	低延迟。由于每个功能模块都是独立运行的,无服务器部署可以实现更快的应用响应时间,从而提高用户体验
	降低成本。由于无服务器部署可以根据实际使用情况按需付费,不必为未使用的计算资源支付费用,因此可以大大降低成本
	简化部署。无服务器部署可以自动处理应用程序的部署和维护,从而减轻开发人员的负担,使其能够更专注于业务逻辑的开发
缺点	具有一定的管理难度。由于应用程序被拆分成多个独立的函数模块,管理这些模块的依赖关系和版本控制变得更加困难
	存在冷启动问题。由于功能模块是动态创建的,所以在第一次执行时可能存在冷启动问题,需要额外的时间来初始化资源
	具有一定的限制性。无服务器部署的功能模块通常会对运行时间、内存、CPU 等方面具有一定的限制,可能会对一些应用程序造成限制

4. 微服务化与编排

微服务架构是一种基于分布式系统设计的架构模式,它将单个应用程序拆分为多个小型服务,使这些服务相互独立,可以独立部署和扩展。微服务架构部署是实现微服务架构的重要组成部分,可以帮助实现高效、灵活和可扩展的系统。

在开始部署微服务之前,需要先搭建微服务的部署环境。这通常包括一个或多个服务器、容器化技术(如 Docker)、持续集成和持续部署工具、负载均衡器和监控工具等。在搭建环境时,需要考虑安全性、可靠性和可扩展性等方面的问题。

微服务应用程序是由多个服务组成的,因此在打包和发布时需要考虑如何处理服务之间的依赖关系。通常,每个服务都被打包为一个独立的容器映像,并通过容器编排工具(如 Kubernetes)来协调和管理这些容器。在发布之前,需要确保每个服务都能够独立地运行,并且可以与其他服务通信。

微服务架构具有高可扩展性,因为每个服务都是独立的,可以根据需要添加或删除服务。在部署微服务时,需要考虑负载均衡和容器编排等问题,以确保每个服务都能够获得足够的计算资源和网络带宽。为了更好地实现自动化扩展,可以使用自动化扩展工具,如 Kubernetes HPA(Horizontal Pod Autoscaler)。

微服务架构包含多个独立的服务,因此在监控和故障处理方面需要有不同的策略。在监控方面,需要收集每个服务的日志和度量指标,并对其进行可视化和分析。在故障处理方面,需要考虑如何处理服务之间的依赖关系和容器化技术的特殊性质。可以使用容器编排工具(如 Kubernetes)来自动化实现故障转移和恢复。另外,需要有良好的灾备和备份策略,以确保系统的可用性和可靠性。

案例

以外卖平台为例,应用微服务架构将系统功能拆分为独立的服务,如用户管理、商家管理、订单处理、支付服务等,各服务独立开发、部署和扩展,通过 API 实现松耦合通信,提高灵活性和可扩展性。各服务可使用不同技术栈,降低数据库复杂性,通过服务发现和负载均衡确保系统稳定性,同时设置监控和安全措施,确保数据安全和系统性能,图 9.3 展示了外卖平台的微服务架构。

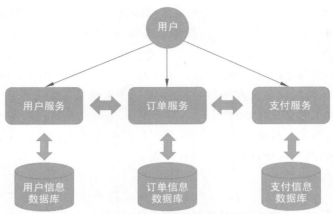

图 9.3 外卖平台的微服务架构简要示意图

容器编排是一种自动化管理和协调容器集群的方法,它通常是针对微服务架构而设计的。容器编排的目标是简化容器的部署、管理和扩展过程,并提供强大的自动化功能来处理容器集群的动态变化和故障。容器编排通常包括以下主要功能。

容器编排可以自动化地部署和扩展容器集群,以应对不同的负载和流量需求。它可以根据资源需求和性能指标来动态扩展或收缩容器集群,从而实现高可用性和弹性的系统。容器编排可以自动进行服务发现,并提供负载均衡的功能,以确保容器集群中的每个服务都可以被正确地路由和访问。这有助于实现高可用性和性能优化。容器编排可以定期检查容器和服务的状态,并在出现故障或错误时自动进行故障转移和恢复。这可以保证服务的可靠性和稳定性,并缩短故障恢复的时间。容器编排可以集成配置管理和版本控制功能,以便更好地管理和控制容器集群中的应用程序和服务,有效提高开发人员的效率和团队协作的质量。除此之外,容器编排可以帮助收集服务日志和管理服务度量指标,并提供实时监控和分析功能,可以帮助开发人员和运维人员更好地了解应用程序和服务的状态,并快速诊断和解决问题。

容器编排技术主要有 Kubernetes、Docker Swarm、Mesos 等,它们在容器化应用的部署、管理和自动化方面都具有强大的功能和广泛的应用。

5. CDN 加速

CDN(Content Delivery Network)是一种分布式网络架构,用于提供互联网服务,可以将内容缓存到全球各地的服务器上,以提高访问速度和可用性。CDN 加速就是通过 CDN 来提升网站或应用的访问速度和性能。

用户访问网站或应用时,请求会被转发到最近的 CDN 节点,该节点具有最短的响应时间。如果该节点上没有缓存的数据,则会将请求转发到源服务器进行处理。源服务器返回数据后,CDN 节点将其缓存起来,并将响应返回给用户。在用户再次请求相同的数据时,CDN 节点将直接从缓存中提供数据,而无须再向源服务器请求。

CDN 加速可以减少延迟和响应时间,从而提高网站或应用的访问速度和性能。由于 CDN 服务提供商通常在世界各地部署了大量的缓存服务器,用户可以从最近的服务器获取数据,而不必等待数据从远程源服务器传输,从而减少了延迟和响应时间。

CDN 加速可以减轻源服务器的负担,提高可用性和可靠性。由于 CDN 缓存服务器可以提供大量的静态资源,例如图片、视频和文档等,因此可以减少源服务器的负载和带宽使用,提高源服务器的可用性和可靠性。CDN 加速可以改善用户体验,减少页面加载时间和流媒体卡顿等问题。通过使用 CDN 加速服务,用户可以更快地访问网站或应用,从而减少等待时间和页面加载时间,提高用户的满意度和忠诚度。CDN 加速可以提高网站或应用的安全性,防止 DDoS 攻击和其他安全威胁。由于 CDN 服务提供商通常拥有强大的安全性能和防护机制,可以检测和阻止 DDoS 攻击、黑客攻击和其他网络安全威胁,从而保护网站或应用的安全。

案例

以外卖平台为例,外卖平台通常需要在全国范围内为用户提供实时数据、菜单信息、图片和视频等内容,CDN 通过将静态和动态资源分发到离用户最近的服务器节点,加速内容加载,提高页面响应速度,缩短订单流程时间。此外,外卖平台在高峰时段可能会面临大量用户访问,如果所有请求都集中在一台服务器上,可能导致性能下降甚至崩溃,CDN 通过负载均衡确保平台在高流量时保持稳定性,同时提供安全防护功能保护用户数据,实现跨地域访问,减轻源服务器压力,以及对内容进行优化,从而综合提升了外卖平台的性能、可用性和用户体验。

然而,CDN 加速也存在一些缺点。首先 CDN 服务需要付费购买,这可能会增加成本,因此对于一些小型网站或应用来说,使用 CDN 服务可能不划算。其次,由于 CDN 缓存服务器具有缓存机制,可能存在缓存不一致的问题,导致部分用户看到的是旧数据,这可能会影响用户体验。

6. 国产的软件交付和部署技术和工具

近年来,国内的很多学者也都对软件交付方法进行了较为深入的研究,提出了很多具有实际意义的方法。例如,基于持续交付的软件开发流程优化方法,该方法结合持续交付理念,提出了一种软件开发流程优化方法,包括需求管理、版本控制、构建部署、测试管理等方面的改进。基于 DevOps 的软件开发流程改进方法,该方法将 DevOps 理念引入软件开发流程中,提出了一种基于 DevOps 的软件开发流程改进方法,主要包括流程优化、工具支持、文化建设等方面的内容。面向云计算的软件部署和配置管理方法,该方法提出了一种面向云计算的软件部署和配置管理方法,主要包括基础设施管理、应用程序部署和配置管理、监控和诊断等方面的内容。基于容器技术的软件部署方法,该方法利用容器技术实现了软件的快速部署和迁移,提高了软件部署的效率和可靠性,主要包括容器化应用程序、容器编排、容器存储等方面的内容。

我国在软件交付和部署工具方面的发展也非常迅速,大量功能强大的工具逐渐投入使用,众多国产软件交付工具在各自领域内都有着优秀的表现和应用案例,如蓝鲸 DevOps 在金融、电商等行业广泛应用,云效则在智能制造、物流等行业受到欢迎。虽然这些工具还存在一些缺陷和需要完善的地方,但它们的推出和发展,为国产软件交付工具的自主研发和创新提供了重要的支撑和引领。一些常见的国产软件维护和部署工具如表 9.7 所示。

表 9.7　常见的国产软件维护和部署工具

名　　称	主　要　特　点
蓝鲸 DevOps	蓝鲸 DevOps 是基于蓝鲸流程引擎和蓝鲸智云的一套持续交付工具。其优点在于能够提供一站式的持续交付解决方案,包括流程管理、代码管理、构建管理、测试管理、部署管理、运维管理等。此外,蓝鲸 DevOps 还具有灵活的可扩展性和可定制性,可以满足不同规模企业的需求
飞书开发者工具包	飞书开发者工具包是飞书推出的一套开发者工具,旨在为企业提供一站式开发体验,帮助企业快速构建自己的应用和工作台。其优点在于使用简单、集成度高,可以快速实现企业级应用的开发和部署。此外,飞书开发者工具包还提供了多种 API 和 SDK,方便企业进行二次开发和自定义
云效	云效是阿里云推出的一套 DevOps 工具,包括持续交付、容器编排、服务治理等多种功能。其优点在于具有丰富的功能和完善的生态系统,能够满足企业各种规模的需求。此外,云效还提供了强大的性能测试、安全扫描等功能,可以有效提升应用程序的质量和稳定性
腾讯云 DevOps	腾讯云 DevOps 平台具有持续交付、自动化测试、运维管理等功能。腾讯云 DevOps 平台采用了多种开源技术,如 Jenkins、Docker、Ansible 等,支持多语言和多平台,用户可以根据自己的需求定制工具链
华为云 DevOps 平台	华为云 DevOps 平台以云端方式提供软件开发、测试和交付服务。DevCloud 集成了多种开源工具,如 GitLab、Jenkins、SonarQube 等,用户可以通过 Web 界面轻松创建项目、构建流水线和发布产品
阿里云容器服务	阿里云容器服务提供了 Kubernetes 容器编排、Docker 镜像管理、应用部署等功能。阿里云容器服务支持自动伸缩、灰度发布、自动恢复等特性,可以大幅提高软件交付的效率和可靠性

9.2　软件维护概念和形式

软件维护是软件生命周期中最长且成本最高的阶段,它自软件系统部署完成并交付给用户使用开始,直至软件停止使用后结束。通常大型软件的维护成本是开发成本的 4 倍,软件组织中 60% 以上的人力用于软件维护。然而,它在学术研究和工业界中却长期得不到足够的重视。在早期的学术研究中,关于软件维护的文献和活跃学者相对较少,新系统开发的关注度远高于维护阶段。同样,在工业界,软件维护往往被视为次要工作,缺乏激情,从事维护工作的员工工资较低且职业发展前景有限。随着时间的推移,软件系统逐渐演变为多个机构产品的集成,变得越来越大且越来越复杂。维护成本占据了机构软件生命周期预算的很大比例,甚至高达 70%。20 世纪 90 年代,软件行业的不景气导致新系统开发预算的大量削减,进一步强化了对现有系统的可维护性要求。

在软件系统长期维护过程中,内部逻辑会逐渐老化,质量逐步降低。为了应对这些问题,软件维护工程师需要投入大量时间和精力去理解软件系统,并在此基础上进行缺陷修复、功能增强和环境适应等工作。软件维护始终伴随着软件的使用,以适应用户需求的不断变化和增长,保持软件的生命力。本节将重点关注软件维护的概念和形式,包括软件维护和可维护性的概念、软件维护的形式和类别,以及软件维护的副作用和影响软件可维护性的因素。

9.2.1　软件维护与可维护性的概念

"维护"这个术语早在 20 世纪 50 年代就从制造业引入软件领域。在软件安装后，为了保持软件的正常运行，需要对其进行一系列的维护工作。根据广泛接受的定义，软件维护是指在将软件交付用户使用后，对软件系统的各个部分进行修改的过程，以修复缺陷、提高性能、改进其他特性、增加软件功能，以及适应不断变化的环境。因此，任何对软件进行的变更工作都属于软件维护的范畴。软件维护方面的工作是非常重要的，约占据所有工作的 70%。

1. 软件维护

软件维护是指在软件交付使用之后为了改正错误或满足新的需求而对软件进行修改的过程。具体包括 4 项活动：纠正错误、适应变化、增强功能和接口协调。纠正错误是软件维护的重要任务之一，需要在运行过程中持续对系统进行监控，及时发现和修复系统中存在的错误，以确保软件的稳定运行和可靠性。适应变化需要不断更新软件以适应技术和商业环境的变化，同时进行全面的测试和验证以确保软件符合用户需求。增强功能是为了满足用户或管理人员的需求而进行的修改或升级，需要进行需求分析和设计，并进行开发、测试和部署以确保新功能的质量和可靠性。接口协调是确保软件能够与其他程序协调工作的过程，需要进行接口设计和开发，并进行测试和验证以确保接口符合标准和要求，同时提供适当的文档和培训以便其他程序员和用户了解接口的使用方法和规范。

2. 软件维护的目的

软件维护的主要目的是确保软件在整个生命周期中保持高质量、高性能和高可用性，以满足用户的需求和期望。通过软件维护，开发者可以应对市场和技术变化，提升软件的竞争力，实现其长期价值。

软件维护是保持软件高质量、提高性能、适应技术变化、增加功能、提高可维护性、确保安全性、延长软件寿命以及支持用户需求的过程。在维护过程中，修复软件中的错误和缺陷以确保软件的稳定性、可靠性和安全性，对软件进行优化和调整以提高其运行速度和效率，使软件与新的操作系统、硬件和其他基础设施保持兼容，更新或添加新功能以满足用户需求，提高软件的可维护性、可扩展性和可读性以降低后续维护成本，评估和修复安全漏洞以确保软件符合安全标准和法规要求，持续维护和改进以延长软件使用寿命，以及通过提供用户支持、培训和咨询服务来帮助用户更好地使用和维护软件，满足用户的需求和期望。

3. 软件维护的特点

作为软件开发生命周期的一个重要阶段，软件维护具有持续性、复杂性、传递性和适应性等特点。维护过程始于软件投入使用，并持续到软件被废弃。在维护过程中，需要不断地更新、优化和调整软件，处理复杂的技术问题和需求变更。同时，可能会遇到原开发者已离职或团队变动的情况，导致知识传递不完整，给维护工作带来挑战。维护团队需要具备很强的适应性，以应对技术环境和用户需求的不断变化。

非结构化维护是指软件配置的唯一成分是代码，维护从评价程序代码开始。维护过程缺乏组织和管理，没有明确的维护流程和步骤。维护范围广，包括对软件代码、结构、数据结构、接口、约束等方面的修改和调整。维护深度不确定，可能只针对部分问题进行简单修复，也可能需要对整个软件系统进行重构和优化。维护代价高，由于缺乏明确的规范和流程，导致维护过程中容易出现误解和错误，从而增加维护的难度和代价。

结构化维护是指已经有完整的软件配置，维护从评价设计文档开始，确定软件结构、性能和接口特点，先修改设计，接着修改代码，再进行回归测试。维护过程有明确的组织和管理，按照规定的流程和步骤进行，确保维护的效率和质量。维护范围相对较窄，主要针对软件设计文档、代码、结构、数据结构、接口等方面的修改和调整。维护深度明确，通常从设计文档开始评估和修改，再针对代码进行调整和优化，最后进行回归测试以确保软件质量。维护代价相对较低，由于有明确的规范和流程，能够更好地避免误解和错误，从而减少维护的难度和代价。

软件维护的代价表现为有形代价和无形代价。无形代价：当一些看起来合理的要求不能及时满足时，会引起用户的不满；改动软件可能会引入新的错误，使软件质量下降；把许多软件工程师调去从事维护工作，影响开发工作。有形代价：指软件维护的费用开支，20 世纪 70 年代，用于软件维护的费用只占软件总预算的 30%～40%，20 世纪 80 年代上升到 60%左右，20 世纪 90 年代许多软件项目的维护经费预算达到了 80%，软件维护的成本如表 9.8 所示。

表 9.8　软件维护的成本

名　　称	具　体　内　容
人力成本	维护软件需要专门的软件工程师，需要支付其工资和福利等人力成本
设备成本	维护软件需要相应的硬件和软件设备，需要支付购买和维护设备的成本
工具成本	维护软件需要使用一些辅助工具，如调试器、性能分析器等，需要支付购买和使用这些工具的成本
培训成本	维护软件需要专门的技能和知识，需要进行培训和学习，需要支付培训的成本

理解他人编写的程序通常具有挑战性，尤其是在软件配置成分减少的情况下。若仅有程序代码而无相关文档，会导致严重问题。待维护的软件常常缺乏合格文档或明显不足。意识到软件需有易于理解且与代码一致的文档仅是第一步。在软件维护过程中，开发人员往往无法提供详细说明，原因是维护阶段较长，原开发者可能已离职。大多数软件在设计时未考虑未来的修改，若不采用强调模块独立原则的设计方法，修改软件将变得困难且易出错。软件维护通常被认为是一项不吸引人的工作，这在很大程度上是因为维护工作常常遭遇挫折。

4. 软件的可维护性

软件维护的目的是对现有软件产品进行修改的同时保持其完整性。在软件的运行过程中，可能会发现一些在验证和验收时没有发现的问题，因此需要进行维护工作来应对这些问题。维护工作还包括为满足新的或修改的用户需求而进行软件改进。在升级系统组件（如操作系统和数据库）时，也通常需要进行软件维护。当对外部软件和系统接口进行修改时，同样需要进行软件维护。

可维护性是指对部署系统进行维护的容易程度，其中包括监视系统、修复出现的故障、向系统添加用户、从系统删除用户以及升级硬件和软件组件等任务。当设备或机器出现故障时，由于没有任何设计是绝对可靠的，因此必须迅速修复它以便在尽可能短的时间内再次使用。实际上，用户通常更关心的是可用性，即软件系统在需要时正常运行的时间百分比。例如,航空公司的主要收入来源是付费乘客,因此大多数民用飞机必须每天飞行数小时才能维持生计。对于短途航线上的窄体飞机,每天的飞行时间可能长达 10h,但对于波音 747 等宽体喷气式飞机,每天的飞行时间需要接近 14h。此外,当飞机在地面上进行维修时无法产生收入,而且由于波音 747 停飞的成本相当高,因此维护工作必须精心策划。

无论复杂程度如何,所有的软件系统都必须具备良好的可维护性。软件可维护性是指衡量检测性能问题、定位缺陷、完成修复以及验证系统是否恢复正常的效率。为了确保软件的可维护性,必须在最初的设计阶段就考虑到这个问题,因为在开发后期或上线后才试图提高可维护性,往往会导致不理想的解决方案[6]。改善可维护性的措施通常可以作为原始设计的一部分,并不需要大量的额外开发成本。但应当注意避免出现如过度模块化等情况,这往往可能会增加系统复杂性,反而降低整体可维护性。表 9.9 展示了一些提高软件可维护性的方法。

表 9.9　提高可维护性的方法

名　　称	主 要 内 容
模块化设计	采用模块化的设计方法,将系统划分为独立的模块,每个模块都有清晰的职责和接口。这样可以简化系统的复杂度,方便对模块进行维护和升级
规范化编码	采用规范的编码规范,可以提高代码的可读性和可维护性。编码规范应该包括注释、命名规则、缩进规则等方面的规定
持续集成	采用持续集成技术,能够自动化地构建、测试和部署软件系统。这样可以确保软件系统的稳定性和可靠性,同时也可以快速地识别和解决问题
可测试性设计	采用可测试的设计和编码方法,可以更容易地编写和执行测试用例。测试用例可以帮助发现软件系统中的问题和缺陷,提高软件系统的质量
日志和监控	在软件系统中加入日志和监控功能,可以实时监控系统的运行情况,及时发现和解决问题
文档化	对软件系统进行文档化,包括用户手册、开发文档、架构文档等方面的文档。这样可以方便用户和开发人员了解和使用软件系统,同时也可以方便维护人员对系统进行维护

软件系统的可维护性需要从多个方面考虑,包括设计、编码、测试、部署、运行和维护等方面的综合优化,以保证软件系统的稳定性和可靠性。可维护性在可用性指标中得到体现。缩短停机时间或停机频率可以提高可用性,但是,可维护性并非实现可用性的唯一手段。采取这种方法可能导致发展资源分配不当。在可维护性方面的投资可能不会立即带来更好的正常运行时间。重构旧代码以解决技术债务时,服务的功能将与以前相同,并具有相同的可用性。直到事件发生,才会看到这种高可维护性的好处。可维护性应该被看作可靠性方面的投资,而不仅是可用性的一个组成部分。

软件维护和可维护性的概念是紧密相关的。一个具有高可维护性的软件系统应该更容易进行维护工作,因为其代码结构清晰、易于理解,且修改后不会对其他部分产生负面影响。而对于一个缺乏可维护性的软件系统,维护工作将变得困难和耗时,因为修改可能会对系统的其他部分产生意外的影响,甚至导致系统崩溃。因此,在软件开发过程中,应该注重可维护性的设计,以便在软件系统部署后更容易进行维护和改进。这包括代码规范、良好的文档和注释、模块化的代码结构和合理的系统架构设计等方面。通过提高软件系统的可维护性,可以降低维护成本和风险,并为未来的扩展和改进留下更多的空间。

案例

以外卖平台为例,通过模块化的架构,清晰划分用户界面、订单管理、支付处理等功能模块,开发团队能够更加精准地定位和解决问题,而不会影响整体系统。代码的规范化和注释,使得新的开发人员能够更快速地理解和融入项目,确保知识的平稳传承。持续的自动化测试和错误监控,有助于在软件更新过程中及时捕获和修复问题,保障平台稳定运行。此外,灵活的数据库设计和数据管理方式,能够轻松处理用户信息、商家数据等,为平台未来的扩展和升级奠定基础。因此,外卖平台软件的可维护性不仅关系到技术层面,更是用户能够持续享受方便、高效的订餐体验的重要保障。

5. 移动端软件的维护

移动应用软件维护和普通桌面软件维护有一些相似之处,例如,修复缺陷、更新版本、优化性能等。但是,移动应用软件维护也有一些自己的特点。移动应用程序的维护需要更加注重用户体验以及对多平台兼容性、安全性等多方面的考虑,同时也需要更加敏捷和高效的开发和协作方式,表 9.10 展示了移动应用维护的特点。

表 9.10 移动应用维护的特点

名 称	主 要 特 点
多平台兼容性	移动应用需要在多种不同的操作系统和设备上运行,因此需要更多的测试和验证工作来保证兼容性。相比之下,桌面软件通常只需要考虑在少数几种操作系统上运行
快速反馈	移动应用用户更倾向于直接通过应用商店或社交媒体提供反馈,这使得应用程序开发商需要更快地响应和解决问题。这需要维护团队有更快的响应能力和敏捷的开发流程
版本更新频繁	移动应用程序需要经常更新,以适应新的操作系统版本、设备和安全威胁等。与桌面软件相比,移动应用程序的更新频率更高,这需要开发商和维护团队更高效地协作和管理
设备兼容性	移动应用程序需要适应不同的设备类型和规格,例如,不同的处理器、内存、分辨率等。这需要维护团队更加注重性能优化和设备适配工作
安全性	移动应用程序面临着更高的安全威胁,例如,数据泄露、恶意软件等。维护团队需要对应用程序的安全性进行持续的监控和改进,并及时处理任何安全问题

6. Web 软件的维护

随着 Web 技术的发展,越来越多的软件产品以 Web 软件的形式发布。相较于普通的桌面软件系统,Web 应用软件维护有其自身独有的特点。首先,Web 应用软件是基于互联网的分布式系统,部署在服务器上并通过浏览器访问,因此需要保证服务器的稳定性和可用性。其次,Web 应用软件与浏览器交互的过程中,可能会涉及多个终端设备、操作系统和浏览器类型,需要考虑兼容性和适配性问题。再次,Web 应用软件的维护需要考虑到用户随时随地的访问需求,因此需要保证系统的高可用性和及时响应性。最后,Web 应用软件需要考虑到安全性问题,包括数据加密、用户身份认证、防止 SQL 注入、XSS 攻击等问题,以防止信息泄露和其他安全威胁。综上所述,Web 应用软件维护的难度比普通桌面软件更大,需要更加注重系统的稳定性、兼容性、可用性和安全性。

同时,许多用于 Web 软件维护的工具也在不断更新,这些工具提供了广泛的功能,可以帮助开发人员和管理员更轻松地管理和维护 Web 应用程序。使用这些工具可以提高 Web 应用程序的性能、可靠性和安全性,从而提高用户体验,表 9.11 展示了常见的 Web 软件维护工具。

表 9.11 常见的 Web 软件维护工具

名 称	主 要 特 点
Firebug	Firebug 是一款用于浏览器的开发工具,可用于编辑、调试和监控 HTML、CSS 和 JavaScript。它还具有网络监视功能,可以查看请求和响应头以及文件大小
Fiddler	Fiddler 是一款免费的 Web 调试代理,可用于调试 Web 应用程序、分析性能和查看流量。它可以捕获 HTTP 和 HTTPS 流量,以便用户能够查看请求和响应头,以及请求和响应正文
Chrome DevTools	Chrome DevTools 是 Chrome 浏览器的内置开发工具,可用于调试 JavaScript、HTML 和 CSS,并监视网络活动和性能。它还可以用于分析和优化网页加载时间和性能
Wireshark	Wireshark 是一款开源的网络协议分析器,可以用于捕获和分析网络流量。它支持多种协议,包括 TCP、UDP、HTTP、DNS 和 FTP 等,可用于排查网络故障和安全问题
Nagios	Nagios 是一款开源的网络监控工具,可用于监控服务器、网络设备和应用程序的状态。它可以监控各种指标,例如,CPU 利用率、内存使用率和网络带宽等,并提供实时警报和报告

7. 智能化工具辅助软件维护

随着智能化技术的不断发展,越来越多的智能化工具可以用来辅助软件维护,进一步提高软件维护工作的效率。前面介绍了一些智能化工具在软件部署和交付过程中的应用,下面将对智能化工具在软件维护过程中的作用进行介绍。

智能化工具在软件维护中发挥着重要作用。通过自动化分析、自动化测试、部署和配置管理、日志分析、自动发布、智能化监控、智能化协作以及智能化预测等方法。智能化工具可以帮助开发团队更加高效地进行软件维护工作。例如,通过静态代码分析工具可以帮助开发人员及时发现代码缺陷并生成报告。自动化测试工具可以利用机器学习和自然语言处理技术自动化执行测试用例。自动化发布工具可以自动化执行软件发布流程从而减少人工操作的失误。智能化监控工具可以通过实时监控应用程序和系统状态,自动检测并识别故障,并生成警报或报告。智能化分析工具可以通过自动化分析大量数据和日志来识别问题、预测潜在问题并提供解决方案。自动化工具可以自动执行一些任务,如构建和测试以提高效率和减少出错概率。智能化协作工具可以促进团队成员之间更好地协作。智能化预测工具可以通过分析历史数据和模型,预测未来的软件交付和维护需求等。这些智能化方法和工具的应用可以大大提高软件维护的效率和质量,减少错误和漏洞,从而提高软件系统的稳定性和可靠性。

智能化工具可以通过机器学习等技术,自动检测错误和漏洞,并尝试自动修复。例如,CodeClimate 和 Codacy 等工具可以用于自动化代码审查和修复。此外,还可以通过实时监控应用程序和系统状态,自动检测并识别故障,并生成警报或报告,辅助维护人员及时解决问题。例如,Nagios 和 Zabbix 等工具可以用于应用程序和系统的监控;机器学习算法可以通过分析应用程序的历史数据来识别潜在问题,并预测未来可能出现的问题。这些工具还可以提供性能监测和优化、代码质量分析和安全漏洞扫描等功能,以确保应用程序始终处于最佳状态。

8. 国产软件维护工具

近年来,中国自主研发的国产软件维护工具不断涌现,这些中国自主研发的国产软件维护工具为中国的软件开发和维护行业带来了很大的贡献。这些工具提供了全面的、可靠的和高效的解决方案,提高了软件的质量和效率,降低了软件维护的成本和难度。同时,这些工具也推动了中国软件产业的发展和进步,增强了中国在国际软件市场的竞争力,一些国产软件维护工具及主要特点如表 9.12 所示。

表 9.12　国产软件维护工具及主要特点

名　称	主　要　特　点
Bugly	Bugly 是腾讯自主研发的一款移动应用异常分析和监测工具,可以帮助开发者及时发现应用程序的崩溃和异常情况,并提供详细的分析报告和定位工具,以协助开发者快速修复问题
ARMS	ARMS 是阿里云提供的一款性能管理平台,支持多语言、多平台的应用程序监控和调试,可以帮助企业快速诊断应用程序性能问题,并提供实时的监控和预警功能,以便开发者及时采取措施
Appcan	Appcan 是四川优托邦科技有限公司开发的一款移动应用开发平台,提供丰富的开发工具和模板,支持跨平台开发,可以大大减少开发时间和成本,并提供完整的移动应用生命周期管理和维护功能
华为智能运维助手	智能运维助手是华为公司推出的一款运维管理平台,支持应用程序的自动化管理和部署,可以通过分析应用程序的历史数据来预测潜在问题,并提供实时的监控和警报功能,帮助企业快速发现和解决问题

这些工具各有优点和特点,如 Bugly 和 ARMS 具有强大的性能监测和问题定位功能,适用于移动应用程序的维护和监控;Appcan 提供了完整的移动应用生命周期管理功能,适合企业对移动应用程序进行全方位的管理和维护;智能运维助手则具有预测和自动化管理的能力,适用于大规模应用程序的管理和维护。

9.2.2　软件维护的形式和类别

软件维护活动通常可以分为 4 种类型：纠正性维护、改善性维护、适应性维护和预防性维护。纠正性维护是指修复现有的软件缺陷和错误,以确保软件系统能够正常运行。改善性维护则是对软件系统进行修改和优化,以提高软件的性能、可靠性和可用性等方面的指标。适应性维护是指将软件系统适应新的硬件或软件环境,以保持软件的正常运行。预防性维护则是对软件系统进行预防性维护,以避免软件可能出现的问题。除了这 4 种类型的维护活动外,还有一些其他类型的维护活动,如支援型维护、用户的培训等。为了控制维护成本,针对不同类型的维护活动,可以采取不同的维护策略[8],各类维护工作在软件维护工作中的占比如图 9.4 所示。

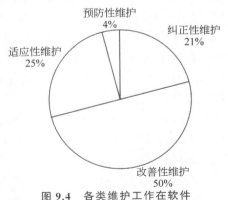

图 9.4　各类维护工作在软件维护工作中的占比

1. 纠正性维护

纠正性维护（Corrective Maintenance）是一种软件维护类型，它在软件运行中出现异常或故障时进行，或者是发现软件产品中存在实际错误而进行。纠正性维护的目的是识别和纠正软件错误、改正软件性能上的缺陷、排除实施中的误用，并使软件产品满足需求。在执行纠正性维护之前，需要进行应急维护以暂时保持系统运行，等待纠正性维护。纠正性维护的工作量约占维护工作整体工作量的 21%。纠正性维护需要快速响应用户的问题反馈，确定问题的优先级，对修复过程进行记录和追踪，以及对修复后的软件进行测试验证。

在实践中，纠正性维护需要满足的要求如表 9.13 所示。

表 9.13　纠正性维护的要求

名　称	具体内容
快速响应	需要快速响应用户的问题反馈，及时定位和修复问题
确定优先级	需要确定问题的优先级，以便确定修复的顺序
追踪记录	需要对修复过程进行记录和追踪，以便对后续的维护活动提供支持
测试验证	需要对修复后的软件进行测试验证，确保修复的问题已经被解决，同时也不会引入新的问题

纠正性维护的实施需要充分的测试和验证，以确保修复的问题已经解决。为了最小化对用户的影响，需要在尽可能少的停机时间内完成修复。

案例

以外卖平台为例，软件的纠正性维护对于确保平台持续稳定运行和用户体验至关重要。用户对于点餐、支付、配送等环节的顺利进行有着较高的要求。纠正性维护团队的任务就是及时发现并纠正软件中存在的 bug、错误和缺陷，以确保用户在使用平台时不会遇到任何意外的困扰。无论是订单信息的准确性，还是支付流程的顺畅性，纠正性维护都扮演着关键的角色。通过持续的修复和改进保证外卖平台能够稳定地运行。

2. 改善性维护

改善性维护（Perfective Maintenance）是为了满足用户对软件提出的新的功能和性能要求而进行的维护。在现代软件开发中，用户的需求是不断变化和增长的，而改善性维护正是为了满足这些需求。例如，用户可能会要求增加新的功能、优化现有功能、提高软件性能和可靠性等。改善性维护可以帮助软件产品提高性能和可维护性，以满足用户不断变化的需求，同时增强软件产品的市场竞争力。改善性维护的形式可以包括为用户提供新的功能改进，通过逆向工程创建以前不存在的维护文档，或者修改现有的文档。在进行改善性维护时，需要注意对现有系统的影响。为了最小化对现有系统的影响，可以采用增量改进的方式。增量改进是指对现有软件的局部改进，不会对现有系统造成重大影响。例如，增加某个小功能或优化某个模块的代码结构等。

另一种改善性维护的形式是全面升级。全面升级是指对现有软件进行全面改进，通常需要重新设计和实现系统的一部分或全部功能。全面升级可能需要更多的人力和时间投入，但可以大幅度提高软件产品的性能和可维护性。全面升级需要仔细评估和规划，以确保整个过程的顺利进行，并最小化对现有系统的影响。除了增量改进和全面升级,改善性维护还可以包括优化代码结构和算法,以提高软件性能、可靠性和可维护性,同时降低软件开发和维护成本。在进行改善性维护时,需要对用户的需求进行认真的分析和评估,以确保修改或新增的功能能够满足用户的实际需求,并避免不必要的开发和维护成本。

案例

以外卖平台为例,外卖平台在改善性维护方面的工作包括持续改进用户界面设计,以提供更直观、友好的点餐体验,同时优化搜索和筛选功能,确保用户能够快速准确地找到所需餐品,优化订单流程,简化下单和支付步骤,从而增强用户体验。此外,针对用户反馈,平台及时修复软件漏洞和故障,确保系统稳定性,提高服务可靠性。

3. 适应性维护

适应性维护(Adaptive Maintenance)是软件维护的 4 种类型之一,指的是在软件产品交付后,为使软件适应不断变化的运行环境而进行的维护。在软件系统使用过程中,随着时间的推移和环境的变化,软件需要不断地进行更新和维护,以确保其正常运行,同时还可以提高软件的可靠性和稳定性。

适应性维护的主要目的是确保软件在新的环境中能够正常运行。例如,当硬件发生变化、新的系统接口需求产生、新的系统需求出现等情况下,就需要对软件进行适应性维护。在进行适应性维护之前,需要对软件进行充分的分析和测试,以确保软件能够适应新的环境和外部因素,同时也可以提高软件的可靠性和稳定性。适应性维护的形式包括实现新的系统接口要求、新的系统要求或新的硬件要求等。在实际应用中,适应性维护需要密切关注外部环境的变化,以及新的技术和标准的出现。在进行适应性维护之前,需要对变化进行分析和评估,以便了解可能的影响和必要的修改,同时也需要预测将来的环境变化和系统需求,以提前做好相应的准备。

为了降低适应性维护的成本和风险,可以采取一些措施,如模块化设计、标准化接口和兼容性测试等。模块化设计可以使软件更具灵活性和可扩展性,从而降低适应性维护的工作量和风险。标准化接口可以提高软件的兼容性和可移植性,使软件更容易适应新的环境和需求。兼容性测试可以帮助开发人员快速检测出软件与其他系统或硬件的兼容性问题,从而减少适应性维护的成本和时间。除了以上措施,软件开发人员还可以采用一些方法来改善适应性维护。例如,采用面向对象的设计方法可以使软件更加模块化和可扩展,从而更容易适应新的环境和需求。同时,采用敏捷开发方法可以使软件开发更加灵活和快速,更容易应对变化。

案例

在外卖平台的案例中,适应性维护涵盖了多个方面,包括不断调整和优化其功能、界面和性能,以保持其竞争力和吸引力,根据用户反馈持续改进用户体验,增加新的菜单选项和商家合作伙伴,同时保证平台的稳定性和安全性。外卖平台还需要根据不同地区和文化的特点进行本地化,例如,提供多语言支持和适应当地支付方式。这种持续的适应性维护可以确保外卖平台始终能够满足用户的期望,并与市场的变化保持同步,从而为用户提供便捷、多样化的订餐体验。

适应性维护是软件维护中至关重要的一环,可以帮助软件产品不断适应变化的外部环境,保持其正常运行和稳定性。

4. 预防性维护

预防性维护(Preventive Maintenance)是软件维护活动的一种类型,与其他三种维护活动类型(纠正性维护、改善性维护、适应性维护)一样,是软件生命周期的一部分。预防性维护的主要目的是发现和解决潜在的问题,从而预防可能会导致软件系统故障或错误的原因。这种类型的维护是为了保障软件系统的可靠性和可用性,减少未来维护的工作量,降低维护成本和风险。预防性维护的主要工作如表 9.14所示。

表 9.14 预防性维护的主要工作

名　　称	工 作 内 容
代码审查	通过对代码进行审查和分析,发现可能存在的潜在问题和错误,并及时进行修复和改进,从而提高代码的质量和可靠性
数据库优化	对数据库进行定期的维护和优化,以避免数据库出现性能问题和数据损坏,保证数据的完整性和可用性
系统备份和恢复	定期对系统进行备份,以避免数据丢失和系统崩溃等问题,同时也可以进行恢复测试,以验证备份和恢复的可靠性和有效性
硬件和软件升级	升级硬件和软件组件,以提高软件的性能和可靠性
培训和知识转移	为维护人员提供培训和知识转移,以提高维护工作的效率和质量

预防性维护不仅可以提高软件系统的可靠性和可用性,还可以降低维护成本和风险。通过预防性维护,可以及时发现和解决问题,避免潜在问题导致的故障和错误,从而减少维护工作的工作量和成本。此外,预防性维护还可以提高代码的质量和可维护性,为软件系统的后续维护和开发工作打下良好的基础。

案例

以外卖平台为例,首先,外卖平台需要定期进行软件系统的巡检和监控。通过使用监控工具,实时追踪系统的运行状态、性能指标和异常情况。这样的监控可以帮助发现潜在的问题,并及时采取措施进行修复或优化。例如,可以监测服务器负载情况,及时调整资源分配,以避免过载导致系统崩溃。其次,外卖平台需要建立灵活的备份和恢复机制。定期备份数据库和关键数据是预防性维护的重要环节,以防止数据丢失或损坏。此外,还需要制订灾难恢复计划,以应对突发事件或系统故障。通过备份和恢复机制,外卖平台可以快速恢复系统,最大限度地减少业务中断时间。

4 种维护形式各具特点,需要采取不同的维护策略和工作方式。在实践中,纠正性维护需要快速响应用户问题反馈、确定问题优先级、追踪记录修复过程、测试验证修复后的软件;改善性维护需要实现新的系统接口要求、新的系统要求或新的硬件要求等,同时可以优化代码结构和算法;适应性维护需要密切关注外部环境变化和新技术标准的出现,并采取一些措施如模块化设计、标准化接口和兼容性测试等,以降低适应性维护的成本和风险;预防性维护需要对代码进行审查和分析、对数据库进行定期维护和优化、进行压力测试、对系统进行备份和恢复、进行安全审查和漏洞扫描等。软件维护是软件生命周期中最长且成本最高的阶段,其重要性不容忽视。通过不同的维护形式和相应的维护活动,可以保障软件系统的可靠性和可用性,提高代码的质量和可维护性,降低维护成本和风险。

9.2.3 软件维护的副作用及影响软件可维护性的因素

本节主要讨论了软件维护方面的两个问题,包括维护的副作用和影响软件可维护性的因素。维护会在编码、数据和文档三方面增加维护成本和风险。为了避免这些副作用,需要遵循维护流程和规范,并注重对软件系统的整体把控和风险管理。影响软件可维护性的因素包括软件设计、编码、文档和注释的质量、测试质量、维护人员的技能和知识水平,以及环境的变化。可维护性是软件质量的一个重要方面,具有可理解性、可测试性、可修改性、可移植性和可重用性 5 个子特性。需要在软件生命周期中注重这些因素,以提高软件的可维护性和质量。

1. 软件维护的副作用

维护是软件开发周期中一个重要的阶段,它包括对软件进行修改、更新、修复等操作,以延长软件的使用寿命和提高软件的质量。然而,在进行维护的过程中,维护人员需要小心谨慎地进行操作,因为维护也会引入潜在的错误或其他未能预料的情况,这称为维护的副作用。维护的副作用包括编码副作用、数据副作用和文档副作用三种,软件维护的副作用如表 9.15 所示。

表 9.15 软件维护的副作用

名 称	主 要 内 容
编码副作用	编码副作用是指维护人员为了解决某个问题而进行的代码修改,导致其他部分的代码出现问题或者引入新的问题。编码副作用可能会增加维护成本和风险,因为维护人员需要花费更多的时间和精力来排查和修复这些问题
数据副作用	数据副作用是指维护人员在处理数据时可能会引入错误或者不一致性。例如,在数据库升级或者数据转移时,可能会出现数据丢失、数据格式错误等问题。这些问题可能会影响软件系统的正常运行,并且需要花费大量的时间和精力来进行修复和恢复
文档副作用	文档副作用是指维护人员在更新文档时可能会遗漏某些细节或者错误地记录某些信息,从而导致后续维护人员的困惑和误解。文档副作用可能会增加软件系统的理解和学习成本,从而影响维护效率和质量

为了避免编码副作用、数据副作用和文档副作用,维护人员需要严格按照维护流程和规范进行操作,并且对维护过程进行记录和审核,及时发现和纠正可能存在的问题。此外,维护人员还应该注重对软件系统的整体把控和风险管理,从而确保维护的可控性和稳定性。

2. 影响软件可维护性的因素

软件的可维护性是指其被修改的能力,包括错误纠正、功能改进、适应环境变化和满足新需求等。作为软件质量的重要方面,可维护性通常包括以下 7 个子特性。首先是可理解性,它要求软件系统的结构、组件和代码易于理解和解释,以便开发人员快速找到所需信息。其次是可测试性,它要求软件系统的测试易于进行,并能检测到程序错误,需要软件设计具有良好的模块化和接口。第三是可修改性,它要求软件系统易于修改和扩展,以满足用户新需求,需要软件设计具有良好的模块化、低耦合和高内聚性。第四是可移植性,它要求软件系统在不同的环境中部署和运行,需要与平台无关并遵循标准化的编程语言和接口。最后是可重用性,它要求软件系统具有可重用的组件,以便在不同的应用程序中进行重复使用,需要具有模块化和低耦合的软件设计[9]。

各种维护工作涉及的可维护性因素如表 9.16 所示。

表 9.16　各种维护工作涉及的可维护性因素

	纠正性维护	改善性维护	适应性维护	预防性维护
可理解性	√			
可测试性	√			
可修改性	√	√		√
可靠性		√	√	√
可移植性			√	
可重用性		√	√	
系统效率		√		√

　　软件的可维护性是一个综合性的概念,受到多方面因素的影响。首先,软件设计的质量直接影响可维护性。良好的软件设计应该具有清晰、简洁、模块化的特点,以及良好的接口设计、抽象能力、封装性和可重用性等。其次,代码的质量也是影响可维护性最为关键的因素之一。高质量的代码结构清晰、易于理解和维护,而低质量的代码则会增加维护成本和难度。此外,文档和注释的质量也对于软件的可维护性至关重要。缺乏适当的文档和注释将导致后续维护人员难以理解和修改代码,而良好的文档和注释可以使维护人员更好地了解软件的结构和功能,降低修改和维护的难度。此外,良好的测试质量可以保证软件的稳定性和正确性,减少维护的需求和难度。另外,维护人员的技能和知识水平也对软件的可维护性有着至关重要的影响。维护人员应该具备专业的技能和知识,能够快速准确地诊断和修复软件的问题。最后,环境的变化也会影响软件的可维护性,例如,硬件的更换、操作系统的升级、新的安全漏洞和新的业务需求等都可能需要对软件进行修改和维护。

　　本节介绍了软件维护的概念和形式。软件维护是指在软件生命周期的后期,对已交付使用的软件进行更新、修复、改进和优化等一系列活动。这些活动旨在确保软件持续满足用户需求,提高软件的性能、安全性和可用性。软件维护不仅包括解决软件缺陷,还涉及适应新的硬件和软件环境,以及满足用户不断变化的需求。软件维护占据了软件生命周期的大部分时间和成本。在软件维护过程中,开发团队需要与用户、测试人员和其他利益相关者密切合作,确保软件持续满足需求并提高其价值。为实现有效的软件维护,团队应采用结构化和持续的方法,包括制定维护计划、监控软件性能、收集用户反馈和实施定期审查。通过软件维护,开发者可以确保软件在整个生命周期中保持高质量、高性能和高可用性,9.3 节将介绍软件维护的过程和技术。

9.3　软件维护过程和技术

　　为了确保软件的有效维护,维护过程中必须应对许多关键问题,如文档不完整、内容缺失,甚至存在只有代码没有文档的情况,以及软件架构设计不合理等。一些软件在经过一段时间的维护后,软件逻辑老化的现象变得严重。在这种情境下,软件工程师需要运用一系列管理维护过程的方法和技术,推动软件的维护和演进,以确保软件的质量、性能和适应性。通过采用有效的管理和技术方法,可以实现软件的持续改进和演进,从而满足用户需求。

9.3.1　软件维护的任务、过程和原则

1. 软件维护的任务

软件维护是一个涵盖多个任务的过程,旨在确保软件在其整个生命周期中保持高质量、高性能和高可用性。其中,主要任务包括问题诊断、缺陷修复、功能更新、性能优化、兼容性适应、代码重构、文档更新、安全性维护、用户支持和软件测试。这些任务的执行可以帮助软件工程师提高软件的稳定性、可靠性和安全性,满足用户的需求和期望。通过软件维护,软件可以适应不断变化的市场需求和技术环境,并实现持续的演进和发展。

2. 软件维护的典型问题

以下是一些关于软件维护典型问题的实际例子:某企业的内部管理系统因为缺乏详细的文档和代码注释,新加入的维护工程师在解决问题时花费了大量时间理解系统的业务逻辑和技术架构,导致维护效率降低。一款移动应用的开发团队在项目初期经历了多次人员变动,原有的开发人员离职,新的维护人员接手项目时,遇到了很多难以理解的设计决策和代码实现,导致维护难度加大。一个电商网站在设计初期未考虑到未来业务发展和扩展需求,系统的模块之间高度耦合,当需要添加新功能或优化现有功能时,维护团队发现改动一个模块可能导致其他模块出现问题,增加了维护成本和风险。某企业的内部报销系统代码质量较差,存在大量重复代码、不符合编码规范,维护团队在修复问题时不仅需要解决实际问题,还要优化代码结构,提高系统的可维护性。一款在线教育平台使用了过时的技术栈和框架,随着市场和用户需求的变化,维护团队需要在保持现有功能稳定的同时,逐步替换和升级技术栈,以满足新的需求。

这些例子展示了在实际软件维护过程中可能遇到的各种问题,维护团队需要根据具体情况采取相应的措施,以确保软件的可维护性和稳定性。软件维护过程中的典型问题如表 9.17 所示。

表 9.17　软件维护过程中的典型问题

问 题 类 型	具 体 内 容
文档问题	不完整或过时的文档,缺乏注释说明,使维护工作困难
人员流动	开发人员流动导致知识传递不完整,增加维护难度
设计问题	软件设计时未考虑未来修改,缺乏模块化设计,降低可维护性
代码质量	代码质量低,导致维护过程中出现问题和风险增加
时间限制	维护团队面临紧迫的时间限制,可能导致贸然修复或忽略重要细节
技术债务	软件开发过程中可能存在为了快速交付产品而采取一些折中、不完美的设计或编码决策,影响软件的长期健康
兼容性和测试	兼容性问题和测试覆盖不足导致维护过程中出现新问题或遗漏错误
团队沟通	维护团队间沟通不畅,影响维护效果

这些问题突显了软件维护过程的挑战性。为解决这些问题,维护团队需采取有效的方法和策略,如优化文档、提高代码质量、加强团队沟通等,以确保软件的可维护性和稳定性。

3. 软件维护过程

软件维护过程是在软件产品发布后,对其进行持续监控、调整和改进的过程,以确

保软件能够满足用户需求和适应不断变化的环境。软件维护过程主要阶段如表 9.18 所示。

表 9.18　软件维护过程主要阶段

阶段名称	具体内容
问题收集和分析	在软件运行过程中,用户或维护团队可能发现问题,如错误、性能瓶颈或需求变更。维护团队需要收集、记录和分析这些问题,以确定其优先级和处理方式
提出更改请求	基于问题分析,维护团队需要提出更改请求,明确需要修复的错误、优化的性能点或新增的功能需求
设计修改方案	针对更改请求,维护团队需设计相应的修改方案,这可能包括修改代码、调整架构或更新文档等
评审修改方案	在设计完成后,需要对修改方案进行评审,以确保其符合预期目标,避免引入新的问题
实施修改方案	评审通过后,维护团队开始实施修改方案,包括编写或修改代码、调整系统配置、更新文档等
软件测试	完成更改实施后,维护团队需要对修改后的软件进行测试,确保其正确性、稳定性和性能。测试可能包括单元测试、集成测试、系统测试和回归测试等
软件发布和部署	经过测试确认无误后,维护团队将更新后的软件发布并部署到生产环境,以供用户使用
监控和用户反馈	维护团队需要持续监控软件的运行状况,并收集用户反馈,以评估更改的实际效果
调整和优化	根据评估结果,维护团队可以进行进一步调整和优化,以不断改进软件的质量和用户体验

软件维护过程是一个持续循环的过程,需要维护团队不断关注软件的运行情况,识别和解决问题,以确保软件能够持续满足用户需求和适应变化的环境。

维护过程本质上是对软件定义和开发过程的修改和压缩,实际上,在提出维护需求之前,与软件维护相关的工作已经展开。首先,需要建立一个维护组织,然后确定报告和评估流程,同时为每个维护需求设定一个标准化的事件顺序。此外,还应建立一个适用于维护活动的记录保管过程,并制定复审标准。软件维护过程循环如图 9.5 所示。

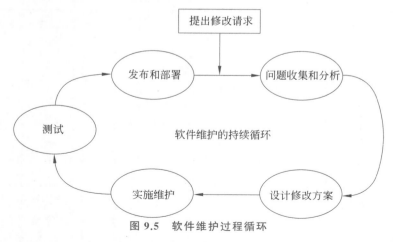

图 9.5　软件维护过程循环

虽然通常并不需要建立正式的维护组织,但是,即使对于一个小的软件开发团体而言,非正式地委托责任也是绝对必要的。每个维护要求都通过维护管理员转交给熟悉该产品的系统管理员去评价。系统管理员是被指定去熟悉一小部分产品程序的技术人员。系统管理员对维护任务做出评价之后,由变化授权人决定应该进行的活动。在维护活动开始之前就明确维护责任是十分必要的,这样做可以大大减少维护过程中可能出现的混乱。其中的关键点如下。

1）建立维护组织

建立非正式的维护委托责任非常重要,即使对于小型软件开发团队而言也是如此。这样做可以确保维护任务得到妥善处理。为了更好地管理维护工作,需要指定一个熟悉该产品的技术人员作为维护管理员,负责评估每个维护请求,并提供相关建议和决策。此外,还需要指定变更授权人,负责决定应该采取的维护措施,以确保维护活动的方向和目标得到有效的管理和控制。在维护活动开始之前,明确每个成员的维护责任和任务也非常重要,这有助于避免在维护过程中可能出现的混乱和不确定性。软件维护组织结构如图 9.6 所示。

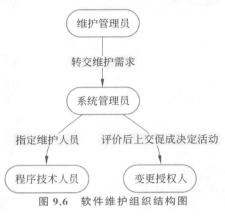

图 9.6　软件维护组织结构图

2）软件维护需求

所有软件维护需求应采用标准化格式表达。对于适应性或完善性的维护需求,需要提交简洁的需求说明书。如前文提到,维护管理员和系统管理员负责评估用户提交的维护需求表。维护需求表作为一个由外部产生的文件,为计划维护活动提供基础。软件组织内部应编制软件修改报告,在制定进一步维护计划前,将其提交给变更授权人审查批准。维护需求表的具体内容如表 9.19 所示。

表 9.19　维护需求表的具体内容

名　称	具体内容
修改的原因	描述为什么需要修改软件,例如,修复错误、增强功能、更新技术等
修改的范围	描述哪些部分的软件需要修改,例如,特定模块、功能、子系统等
修改的内容	描述具体的修改内容,例如,修改代码、修复错误、添加新功能等
修改的方法	描述采用何种方法进行修改,例如,修改现有代码、添加新代码、重构等
修改的测试	描述如何对修改进行测试,以确保修改的正确性和完整性
修改的验证	描述如何对修改进行验证,以确保修改满足用户需求和系统规格说明
修改的文档	描述如何更新软件文档,以反映修改后的软件特性和功能
修改的批准	描述如何获得修改的批准,以确保修改得到适当的授权和支持
修改的记录	描述如何记录修改的过程和结果,以便进行跟踪和审计

3）软件维护的事件流

首先,需要确定维护需求的类型。用户可能将某个需求视为纠正软件错误(改正性维护),而开发人员可能认为该需求属于适应性或完善性维护。在意见不一致时,必须通过协商解决。无论维护类型如何,都需要执行相同的技术工作,包括修改软件设计、复查、必要的代码修改、单元测试与集成测试(包括回归测试使用先前的测试方案)、验收测试和复审。尽管不同类型的维护强调的重点不同,但基本方法相同。维护事件流程的最后一个环节是复审,它再次验证软件配置的所有组件的有效性,并确保实际满足维护需求表中的要求。软件维护的事件流如图 9.7 所示。

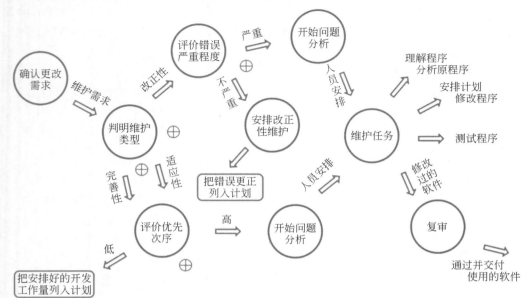

图 9.7　软件维护的事件流

4）软件维护的数据记录

需要记录的关键数据包括程序标识、源代码行数、机器指令数量、使用的编程语言、程序安装日期、运行次数、故障次数、程序变更信息、更改所消耗的人工时间、软件工程师姓名、维护需求表标识、维护类型和日期、累计维护人工时间以及与已完成维护相关的净效益。这些数据为每个维护任务提供详细信息，并可用于构建维护数据库。

5）评价维护活动

在评估软件维护活动时，需要关注以下关键指标，这些指标有助于全面了解和评估软件维护活动的效果和投入。

- 每次程序运行平均失效次数（Mean Time Between Failure，MTBF）：衡量软件的稳定性和可靠性，反映程序在连续运行中平均多长时间出现一次失效。
- 每类维护活动的总人时数：衡量维护工作的工作量和投入成本，反映针对不同类型维护活动所需的人力资源。
- 平均程序变动数：衡量维护活动的复杂度和频率，反映每次维护活动中需要对程序进行多少次变动。
- 增加或删除源语句的平均人时数：衡量维护活动的效率和成本，反映在维护过程中为每个源语句的增加或删除所需的人力资源。
- 每种语言的平均人时数：衡量不同编程语言的维护成本，有助于在多种语言之间进行比较。
- 维护要求表的平均周转时间：衡量维护活动的响应速度和效率，反映从维护要求提出到完成所需的平均时间。
- 不同维护类型的百分比：了解维护工作的组成结构和重点方向，反映在总维护工作中各类维护活动所占的比例。

4. 软件维护原则

软件维护原则包括以下几个方面。

- 修改范围：软件维护的主要任务是对软件设计、源程序和文档进行修改。这包括对现有系统功能以及新的需求或更改请求之间的差异进行分析和理解。
- 评审修改方案：在进行实际修改之前，应该进行仔细的评审，确保修改方案合理且符合要求。
- 避免回归缺陷：在进行软件维护时，应该尽量避免引入除问题本身之外的回归缺陷。回归缺陷是指在修复问题的过程中，可能导致原本已经正常运行的功能出现新的故障。
- 回归缺陷的严重性：回归缺陷在软件维护中是一个非常严重的问题，如果不小心引入了回归缺陷，可能导致客户投诉并降低客户对软件的信任度。
- 软件外包服务中的风险：在软件外包服务中，软件开发阶段需要特别重视回归缺陷的风险。这是因为在外包服务中，交付给客户的软件质量和稳定性直接影响客户的满意度和信任度。

在软件维护过程中，为了确保正确、有效地修改设计和源程序以满足新需求或更改请求，需要遵循一些基本原则。首先，要优化结构，解决问题时应基于优化结构的思路，至少保持原有程序结构，以避免软件结构退化。其次，在维护过程中可以逐步完成原有程序的重构和重写，但一次重写比例应严格控制在 $10\% \sim 15\%$，以免影响程序质量。同时，对基础函数和公共接口的修改需慎重处理，并邀请所有设计开发人员参与评审。此外，根据修改范围进行有效测试，并考虑更多影响区域，确保充分的回归测试。在测试前，无论是源程序还是配置管理系统的修改，都应输入相应的注释。还需确保对设计技术文档和用户文档的修改保持所有文档的一致性。最后，维护活动作为软件开发过程的一部分，应遵循已有规范。但由于软件维护过程中软件系统正在被客户使用，对变更的时间、范围和风险等控制要求更为严格，软件维护总体流程如图 9.8 所示。

9.3.2 软件维护的实施策略

当软件投入使用后，软件维护是保证软件正常运行和持续发挥其作用的重要手段。维护策略是对组织和实施维护的计划，可以帮助软件维护人员更好地规划和管理维护工作，从而提高维护工作的效率和质量。以下是对维护策略各方面的详细介绍。

- 维护目标和计划：维护目标是软件维护的基础，需要明确维护的目标和计划，以确定维护的时间表和工作量。维护目标应该与软件系统的需求和业务目标相一致，并根据系统的不同阶段和周期制定不同的维护计划。在制定维护计划时，还需要考虑到维护所需的资源和预算，并与相关部门和人员进行沟通和协调。
- 维护流程和方法：维护流程和方法是实现维护目标的手段，包括维护工作的分工和协作方式、维护任务的优先级和分配方式，以及维护工具和技术的选择和使用方法。在制定维护流程和方法时，需要考虑到软件系统的特点和需求，采用合适的维护方法和工具，如代码审查、自动化测试、重构等。
- 维护团队和人员：维护团队和人员是实施维护策略的关键，需要组建和培养

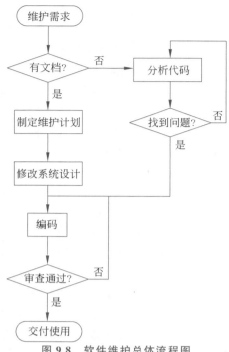

图 9.8   软件维护总体流程图

一支具备专业知识和技能的维护团队和人员。在确定维护团队的人员结构和
职责时,需要考虑到软件系统的特点和需求,并制定培训和发展计划,以提高
维护人员的专业水平和素质。此外,还需要建立绩效评估和激励机制,以激励
维护人员的积极性和创造性。

• 维护质量和效率控制:维护质量和效率控制是保证维护工作质量和效率的重
要手段。需要建立维护的质量和效率控制机制,包括对维护过程和结果的监
控和评估,以及对维护流程和方法的持续改进和优化。同时,还需要建立维护
记录和文档,以便于维护人员对软件系统的了解和掌握。

• 维护风险管理:维护过程中存在的各种风险,如维护过程中产生的新问题、维
护人员离职或调动等,都需要进行风险管理。需要识别和评估维护过程中可
能存在的风险,制定应对措施和预案,以确保维护工作的安全和可持续性。此
外,还需要建立应急响应机制,及时应对可能发生的紧急问题。

Google Chrome 是由 Google 公司开发的一款流行的网络浏览器,旨在提供快
速、安全和稳定的网络浏览体验。为了保持软件的高质量、安全性和用户体验,
Google 公司采取了一系列维护策略。首先,通过一套专业的维护团队定期发布版
本更新,包括功能改进、性能优化和安全修复,从而确保了浏览器能够适应不断变
化的互联网环境和用户需求。其次,为了确保软件质量,Google 团队采用自动化测
试工具对 Chrome 进行全面的功能和性能测试,这些测试能够快速且有效地发现潜
在问题,并保证在不同操作系统和设备上的稳定性和兼容性。同时,Google 团队鼓
励社区用户及时提出各种意见,以帮助改进产品。通过这些手段有效地保证了软件
的正常运行。

维护策略的制定和实施需要考虑到软件系统的特点和需求,需要与软件系统的开

发、测试、运维等相关部门和人员进行协作和沟通。同时,维护策略需要与组织的战略和目标相一致,并持续进行优化和改进。维护策略的制定和实施能够帮助软件维护人员更好地管理和实施维护工作,提高软件系统的可靠性、稳定性和安全性,从而为组织带来更大的价值和收益。维护策略是对组织和实施维护的计划,主要包括反应性维护、前摄性维护。一个维护策略的选择需要软件维护人员对以上维护策略以及具体维护的系统具有充分的了解。然而维护策略的选择没有一个正确的公式,更多的时候,选择过程涉及不同的维护策略的组合,以适应特定的软件系统和条件。

1. 反应性维护策略

反应性维护策略是指在软件系统出现问题后,对问题进行及时修复和处理,以恢复软件系统的正常运行状态。反应性维护是软件维护的重要组成部分,也是最基本的维护类型之一。反应性维护的主要目标是及时发现和解决软件系统出现的问题,以保证软件系统的正常运行。反应性维护过程如图 9.9 所示,其通常包括以下几个步骤。

- **问题报告**:当用户或系统管理员发现软件系统出现问题时,需要及时向维护人员或维护团队进行问题报告。问题报告应该尽可能详细和准确,包括问题的现象、发生时间、操作步骤等信息。
- **问题分析**:维护人员或维护团队收到问题报告后,需要对问题进行分析和确认,以确定问题的性质、原因和解决方案。问题分析需要对软件系统的代码、日志和相关文档进行仔细的检查和分析,以尽快确定问题。
- **问题解决**:在确定问题的原因和解决方案后,维护人员或维护团队需要及时进行问题解决,以恢复软件系统的正常运行状态。问题解决需要仔细记录和跟踪,以确保问题得到彻底解决,并尽可能避免类似问题的再次发生。
- **问题验证**:在问题解决后,需要进行问题验证和测试,以确保软件系统的正常运行和稳定性。问题验证和测试需要充分考虑到软件系统的复杂性和变化性,以避免遗漏和漏洞。
- **问题跟踪和反馈**:在问题解决和验证后,需要进行问题跟踪和反馈,以了解用户的反馈和需求,以及优化和改进维护工作的方式和方法。

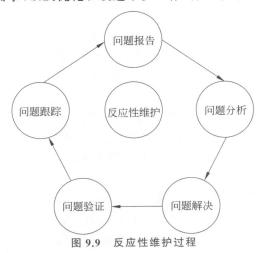

图 9.9 反应性维护过程

案例

以外卖平台为例,软件反应性维护确保了平台能够在任何情况下都能够提供快速、流畅的服务。用户能够轻松地浏览菜单、下订单、实时追踪配送进度,而无论交易量多大,系统都能够稳定运行,避免因激增的用户活动而出现卡顿或崩溃。通过优化数据库查询、增加服务器资源以及采用智能缓存技术,软件反应性维护保证了订单处理和配送调度等核心功能的高效运行。

反应性维护是软件维护的基础和核心,对保障软件系统的稳定性和可靠性具有重要作用。在进行反应性维护时,需要注重问题报告、问题分析、问题解决、问题验证和问题跟踪等各个环节,以确保维护工作的效率和质量。同时,还需要持续优化和改进反应性维护的方式和方法,以满足软件系统日益增长的需求和挑战。反应性维护是指在观察到软件系统性能不佳或发生故障后,将其修复到标准运行状态的过程。反应性维修的主要好处是:降低了成本,并且需要较少的人员来实施。与积极主动的维护形式相比,反应性维护通常会产生较少的初始成本,及较少的人员配置需求。活动仅限于解决已发现的问题,而不必要的预防活动则是不必要的。然而,随着风险越来越大,更复杂的系统故障可能需要更多的时间来维修,对生产和性能的影响也越来越大,被动的维护可能存在风险,而不是好处。反应性维护是一种在问题出现时解决的维护方法。一般来说,它的初始成本要求不高,可以适用于某些情况。然而,当涉及需要持续可靠运行的工厂时,反应性维护方法在防止故障方面会有其局限性。

2. 前摄性维护策略

前摄性维护策略是指在软件系统开发和运行过程中,预先考虑和设计软件系统的可维护性,以减少维护工作的难度和成本,提高软件系统的可靠性和可维护性。前摄性维护的主要目标是通过考虑和设计软件系统的可维护性,尽可能减少维护工作的难度和成本。

前摄性维护通常包括以下几个方面。

- **代码设计和架构**:在软件系统设计和开发的过程中,需要考虑软件系统的代码设计和架构,以便于后续的维护工作。代码设计和架构需要考虑到软件系统的可扩展性、可重用性、可测试性等因素,以及减少代码复杂性和耦合度,从而提高软件系统的可维护性。

- **文档和注释**:在软件系统开发的过程中,需要编写文档和注释,以便于后续的维护工作。文档和注释需要包括软件系统的设计、功能、接口、实现等方面的详细信息,以及软件系统的使用说明和维护手册,从而方便维护人员进行维护工作。

- **测试和验证**:在软件系统开发的过程中,需要进行测试和验证,以确保软件系统的质量和稳定性。测试和验证需要充分考虑软件系统的复杂性和变化性,以尽可能发现和排除软件系统中的问题和漏洞,从而提高软件系统的可维护性。

- **维护流程和方法**:在软件系统投入使用后,需要建立维护流程和方法,以便于管理和实施维护工作。维护流程和方法需要考虑到软件系统的特点和需求,采用合适的维护方法和工具,如代码审查、自动化测试、重构等,以提高维护工作的效率和质量。

前摄性维护策略是软件维护的高级形态之一，对提高软件系统的可维护性和可靠性具有重要作用。在进行前摄性维护时，需要充分考虑软件系统的特点和需求，采用合适的代码设计和架构、文档和注释、测试和验证、维护流程和方法等手段，以提高软件系统的可维护性和可靠性。同时，还需要建立有效的维护管理和质量控制机制，以确保前摄性维护工作的质量。

前摄性维护和其他的几个策略有根本性的差别。前摄性维护除了维持系统的可用率之外，还试图谋求提高系统性能。它运用了监测和诊断技术来确定软件系统的状态和性能。如果维护会造成性能提高，节约开支或是创造利润的话，就会对运行良好的设备进行维护活动。前摄性维护通常需要运用先进的监测、诊断和分析技术，对设备进行持续性的监控和分析，并通过数据分析和机器学习等技术，提前发现设备的潜在问题和趋势，并采取相应的措施进行维护和优化，以确保设备的高效运行和性能提升。

前摄性维护通常具有更高的智能化、自动化和数字化特点，能够有效提高软件系统的可靠性。一个有效的维护策略一定要综合考虑系统性能，系统运行时间与维护成本之间的平衡。因此需要制定一个合适的维护策略来帮助定制这种平衡行为，以确保投资回报率是可以接受的，影响维护策略制定的因素如表 9.20 所示。

表 9.20　影响维护策略制定的因素

因　素	说　明
目标和需求	明确系统的需求和目标，并确定需要维护的系统组件。这些组件可能包括硬件、软件、网络等方面
维护类型	根据不同的需求，确定需要执行的维护类型，例如，纠错性维护、预防性维护、适应性维护等。不同的维护类型需要采取不同的方法和策略
维护周期	根据系统的需求和目标，确定维护周期。这个周期可以基于时间或者基于事件进行设定，例如，定期维护或者按需维护
维护方式	根据维护类型和维护周期，选择合适的维护方式，例如，计划维护、应急维护、远程维护、现场维护等
维护团队	确定维护团队的组成和人员，包括维护工程师、技术支持人员、测试人员等，以确保维护的高效性和质量
维护成本	考虑维护的成本，包括人员成本、设备成本、软件成本等，并根据系统的需求和目标，制定合适的维护预算
维护记录和评估	记录维护的过程和结果，并进行评估和反馈，以帮助不断优化和改进维护策略

一旦明确了现状和制约因素，就需要确定维护计划的目标。这些目标必须与公司的业务目标相一致。它们必须由所有关键的设施利益相关者制定，并且要清晰、简明和现实。

9.3.3　软件维护技术

软件维护技术是指用于保证软件系统维护效果的各种技术手段和方法，其主要目的是保证软件的正常运行、改进软件的功能和性能，以及提高软件的可维护性和可靠性。软件维护技术包括以下几个方面。

- 缺陷管理：通过使用缺陷跟踪工具来记录、跟踪和解决软件缺陷。
- 配置管理：通过使用版本控制工具来管理软件代码、文档和其他资产的变更。

- 重构：通过重构代码来改善代码结构和可读性，以便更好地维护和修改代码。
- 反向工程：通过将现有的代码反向工程成可读的文档或模型，帮助开发人员更好地理解和维护代码。
- 自动化测试：通过编写自动化测试用例，自动测试代码的功能和性能，以确保代码的质量和稳定性。
- 知识管理：通过创建、维护和共享知识库来记录软件开发和维护过程中的经验和教训，以便未来能够更好地管理软件。
- 代码重用：通过重复使用现有的代码来减少开发和维护的成本和风险，提高代码的可维护性和稳定性。
- 代码分析：通过使用静态分析工具和代码审查，帮助开发人员发现潜在的问题和错误，以便更好地维护和优化代码。

维护技术的选择取决于具体的软件和维护需求。维护人员需要根据实际情况选择合适的维护技术和工具来支持软件维护工作。软件维护通常包括面向缺陷维护（程序级维护）和面向功能维护（设计级维护），其中，面向缺陷维护通常是较小的维护，而面向功能维护通常是较大的维护。

1. 面向缺陷的维护

面向缺陷的维护（Defect-Oriented Maintenance，DOM）是指在软件维护过程中，以发现和修复软件缺陷为主要目标的维护方式，它将软件维护的重点放在了缺陷的修复上。DOM 通过对缺陷的识别、分类、定位、修复和验证等过程，不断改进软件质量，降低故障率和维护成本。DOM 包括以下几个阶段。

- 缺陷识别阶段：在这个阶段，通过不同的手段（如软件测试、代码检查等）来识别软件中存在的缺陷。
- 缺陷分类阶段：在这个阶段，将识别出的缺陷按照不同的标准进行分类，如缺陷的类型、严重程度等。分类的目的是更好地组织和管理缺陷修复的工作。
- 缺陷定位阶段：在这个阶段，对于已经分类的缺陷，通过分析软件的代码和执行过程来确定其发生的位置和原因。定位的结果将有助于更快、更准确地修复缺陷。
- 缺陷修复阶段：在这个阶段，根据定位的结果，对缺陷进行修复。修复的目的是使软件满足用户需求和规格要求。
- 缺陷验证阶段：在这个阶段，对修复后的软件进行测试，确保缺陷已经被完全修复。验证的目的是保证修复不会引入新的缺陷。

这种维护方法的优点在于提高软件质量、增强用户满意度、便于组织和管理以及有利于团队协作。然而，DOM 也存在一些缺点，如可能会忽略潜在缺陷、维护成本较高、可能会影响软件功能和不适合所有软件等。因此，DOM 适用于需要高质量、高可靠性的软件，但对于一些功能简单、生命周期短的软件，可能不需要进行 DOM。

2. 面向功能的维护

面向功能的维护（Function-Oriented Maintenance，FOM）是指在软件维护过程中，以满足用户需求和改进软件功能为主要目标的维护方式。面向功能的维护主要包括以下几个方面。

- 新功能开发：在软件维护过程中，根据用户需求和市场需求，开发新的功能和特性,以提高软件系统的功能和价值。

- 功能改进:对软件系统中已有的功能进行改进和优化,以提高其性能和易用性,并满足用户的实际需求。
- 功能兼容:在进行软件维护时,要保证新的功能和特性与已有的功能和特性兼容,确保软件系统的稳定性和可靠性。
- 功能测试:在进行软件维护时,要对新的功能和特性进行全面测试,以确保其质量和稳定性,并避免对其他功能和特性的影响。

FOM是软件维护的一种重要方式,对满足用户需求和提高软件系统的价值和市场竞争力具有重要作用。在进行面向功能的维护时,需要充分考虑到用户需求和市场需求,采用合适的开发和测试工具,开发和改进软件系统的功能和特性,并确保其稳定性和可靠性。同时,还需要建立有效的维护流程和质量控制机制,以确保维护工作的高效和质量。FOM重点在于保证软件的功能得以完整实现。FOM通过对软件的不同功能进行分析、设计、修改和测试等过程,不断改进软件的功能性能,提高软件的可用性和可靠性。FOM包括以下几个阶段。

- 功能分析阶段:在这个阶段,对软件的不同功能进行分析,确定其功能特点、用户需求、接口和关联模块等信息。
- 功能设计阶段:在这个阶段,根据功能分析的结果,设计软件的功能模块和接口,保证软件的功能得以完整实现。
- 功能修改阶段:在这个阶段,根据用户的反馈或新需求,对软件的功能进行修改或扩展,确保软件能够满足用户的需求。
- 功能测试阶段:在这个阶段,对修改后的软件进行测试,保证修改不会影响原有的功能和性能。

面向功能的维护具有多种优点。首先,FOM着眼于保证软件的功能得以完整实现,从而提高软件的可用性、可靠性和用户满意度。其次,FOM的维护过程可控性较高,通过对不同功能进行分析、设计、修改和测试等过程,可以保证维护过程的可控性和规范性,有利于控制维护成本。此外,FOM适用于不同的软件生命周期阶段,可以根据不同阶段采取相应的维护策略和方法,并且需要不同的维护团队成员参与,从而促进团队协作和沟通,提高维护效率。

然而,面向功能的维护也有其局限性。首先,FOM主要着眼于软件的功能实现,可能会忽略一些潜在的缺陷,需要在维护过程中充分考虑。其次,FOM需要花费大量的时间和精力来进行功能分析、设计、修改和测试等过程,可能会导致维护成本的增加。另外,FOM适用于功能较为复杂、生命周期较长的软件,对于一些功能简单、生命周期短的软件,可能不需要进行FOM。最后,在修改或扩展软件功能的过程中,可能会引入新的问题或缺陷,需要进行充分的测试和验证,以确保修改不会引入新的问题。

DOM的优点在于可以保证数据的准确性和一致性,可以防止数据损坏和丢失;FOM的优点在于可以保证软件的功能得以完整实现,提高软件的可用性和可靠性。但是,DOM可能会忽略软件的功能性能,而FOM可能会忽略一些潜在的缺陷。因此,在实践中需要根据具体情况选择不同的维护策略,或者结合两种策略进行维护。

3. 软件再工程

软件再工程(Re-engineering)是指对已有的软件系统进行重构和改造,以提高其可维护性、可重用性、可扩展性和可移植性等方面的质量,同时保持原有的功能和性能。软件再工程通常包括以下几个方面。

- 代码重构:对软件系统的代码进行重构,改进其设计和实现,以减少代码复杂度和耦合度,提高代码的可读性和可维护性。
- 数据库重构:对软件系统的数据库进行重构,改进其结构和实现,以提高数据的可靠性、可维护性和可扩展性。
- 系统重构:对软件系统的整体架构进行重构,改进其模块和组件的结构和关系,以提高系统的可扩展性和可维护性。
- 过程重构:对软件系统的开发和维护过程进行重构,改进其开发和维护过程和方法,以提高开发和维护效率和质量。

软件再工程需要采用一系列的工具和技术来支持和实现,包括代码重构工具、数据库重构工具、模型转换工具、数据挖掘工具、自动化测试工具等。同时,还需要建立有效的再工程流程和质量控制机制,以确保再工程工作的高效和质量。软件再工程是一项非常重要的软件维护活动,对提高软件系统的可维护性、可重用性和可扩展性等方面的质量具有重要作用[10]。在进行软件再工程时,需要充分考虑软件系统的特点和需求,采用合适的再工程技术和工具,以提高再工程的效率和质量。

软件再工程通常需要对软件系统进行逆向工程、重构、正向工程等一系列活动,以重新生成新的、更高质量的软件系统。软件再工程的目的是提高软件系统的质量和可维护性,同时减少软件开发和维护的成本和工作量。软件再工程可以应用于各种类型的软件系统,包括传统的桌面应用程序、Web 应用程序、嵌入式系统等。

4. 逆向工程

逆向工程(Reverse Engineering)是指通过对已有的产品、软件等进行分析、解构和研究,以获取其内部结构和运作原理的过程。逆向工程常常用于研究竞争对手的产品、破解软件、修复遗留系统、改进设计等领域。在软件工程领域,逆向工程主要用于分析已有软件系统的代码和文档,以获取其内部结构和行为信息[11]。逆向工程的主要目的是帮助软件工程师理解和改进现有的软件系统,或者为新软件系统的开发提供参考。逆向工程通常包括几个步骤:首先,需要收集软件系统的二进制代码和相关文档;其次,使用反编译工具将二进制代码转换为可读的源代码;然后,分析源代码和文档,了解软件系统的结构、功能和行为;接下来,绘制系统的结构图、流程图等,以便更好地理解系统的运作原理;最后,识别和分析系统中的缺陷和问题,为系统的改进和重构提供依据。这些步骤可以帮助逆向工程师深入了解软件系统的运作方式,从而为优化和改进系统提供指导。

5. 软件维护的支持要素

随着软件的广泛应用和软件系统规模的不断扩大,软件的开发、使用和维护都面临着越来越多的挑战和问题。为了解决这些问题,软件支持技术应运而生,它为软件系统的开发者、用户和维护人员提供了一系列技术支持和服务,以确保软件系统的正常运行和维护。本文将从以下几个方面详细阐述软件支持技术。

(1)技术支持人员:软件支持人员是软件支持服务的重要组成部分,他们通过电话、邮件、在线聊天等方式为用户、开发者和维护人员提供技术支持服务。技术支持人员必须具备专业的技能和知识,能够快速准确地解决用户和维护人员遇到的问题。

- 专业知识：软件技术支持人员必须具备深入的技术知识，熟悉软件系统和其相关基础设施，以便准确诊断问题并提供解决方案。
- 沟通能力：与用户和维护人员之间的有效沟通是至关重要的，他们需要倾听问题的细节，以及清晰地解释解决方案。
- 组织能力：在处理多个支持请求时，需要良好的组织能力，优先处理紧急问题并适时跟进其他请求。
- 问题解决能力：快速识别和解决问题是软件技术支持人员的关键技能，他们需要有分析和解决问题的能力。
- 客户服务技巧：软件技术支持人员需要具备良好的客户服务技巧，以理解用户需求并提供友好、专业的支持。
- 文档撰写：撰写详细的解决报告和技术文档是记录问题和解决方案的重要手段，对日后的支持至关重要。

（2）帮助文档：帮助文档是为用户和维护人员提供软件使用和维护的详细说明和指南，包括软件安装、使用、配置、故障排除等方面的内容。帮助文档可以帮助用户更好地了解和使用软件，减少用户的困惑和疑虑，同时也可以帮助维护人员更快地找到和解决问题，提高维护效率。

（3）培训：培训是为用户和开发人员提供有关软件开发、维护和使用方面的培训，以提高他们的技能和知识水平。培训可以帮助用户和开发人员更好地理解和使用软件，同时也可以帮助他们提高开发和维护的技能和水平。对于企业来说，定期进行软件培训可以提高员工的工作效率和满意度，为企业的发展打下良好的基础。

（4）在线社区：在线社区是为用户和开发人员提供交流、分享经验和解决问题的在线平台。在在线社区中，用户和开发人员可以发布问题、交流经验和分享技巧，同时也可以互相帮助解决问题。在线社区还可以提供官方支持，更新和维护文档，分享最新的行业动态和趋势，以及为用户提供官方认证和奖励机制等。在线社区也可以促进用户和开发人员之间的合作和创新，鼓励用户为项目做出贡献，如提交代码、翻译文档、提供反馈和建议等。在线社区可以为用户提供更好的产品体验，帮助开发人员更好地了解用户需求和反馈，从而不断改进产品和服务。

（5）更新和维护：软件支持技术还包括软件更新和维护。随着软件系统的不断发展和演变，更新和维护也成为必要的工作。软件开发者需要对软件进行持续的更新和维护，以修复 bug、改进功能、提高性能等，保持软件系统的正常运行。在这方面，软件支持技术可以提供必要的技术支持和服务，包括升级软件版本、安装补丁程序等，以确保软件系统的稳定性和安全性。

（6）用户反馈：用户反馈是软件支持技术中至关重要的一环，它可以帮助开发者和支持人员及时了解用户的需求和问题，以更好地解决用户的问题和提高软件质量。开发者和支持人员需要认真对待用户的反馈，及时处理和回复用户的问题和建议，以保持用户的信任和满意度。软件支持技术是保证软件系统正常运行和维护的关键。它需要开发者、支持人员和用户的共同努力，通过各种手段提供技术支持和服务，以满足用户的需求和提高软件系统的质量和可靠性。

软件维护是软件生命周期中不可或缺的一环，随着软件系统的不断演进和变化，软件维护的重要性将越来越凸显，需要不断地优化和完善软件维护的流程和技术，以应对日益复杂的软件系统维护需求。因此,建立健全的软件维护体系和机制,对于保障软件系统的可靠性和稳定性,具有非常重要的意义。

9.4　面向几类关键软件在部署与维护方面的特点

软件作为现代社会不可或缺的重要组成部分,已经广泛应用于各个领域。不同类型的软件在其交付部署和维护过程中,存在着一些特殊的问题和挑战。下面将重点介绍 5 种类型的软件,即关键基础软件、大型工业软件、嵌入式软件、新型平台软件和行业应用软件,在交付和维护方面的特点。针对不同类型软件的特点需要采取不同的策略和措施来确保软件的交付和维护质量。

9.4.1　关键基础软件

1. 关键基础软件在交付部署方面的特点

关键基础软件是现代计算机系统中不可或缺的组成部分,其包含操作系统、数据库管理系统、网络协议栈等重要的软件。在软件交付和部署方面,关键基础软件的特点对于整个系统的稳定性、可靠性和性能具有很大的影响。下面将从可靠性、兼容性、安全性和可维护性等几个方面,对关键基础软件在交付部署方面的特点进行详细描述。

关键基础软件在交付部署方面的一个重要特点就是可靠性。可靠性是指系统或软件在一定的环境下,能够在特定时间内执行规定的功能并达到规定的性能指标的能力。关键基础软件需要保证高可靠性,因为一旦这些软件出现故障,将会影响整个系统的运行,导致系统崩溃或数据丢失等严重后果。为了保证关键基础软件的可靠性,交付和部署过程中需要经过严格的测试和验证,包括功能测试、性能测试、安全测试、兼容性测试等,确保关键基础软件的稳定性和可靠性。

关键基础软件在交付部署方面的另一个重要特点是兼容性。由于现代计算机系统中存在多种不同的硬件和软件环境,因此关键基础软件需要能够在不同的平台和环境下运行,并与其他软件和系统组件进行良好的协作。交付和部署过程中需要考虑到不同操作系统、不同版本的数据库管理系统、网络协议栈等的兼容性问题,以确保关键基础软件能够在不同的环境下平稳运行。

关键基础软件在交付部署方面的重要特点还包括安全性。由于关键基础软件在整个系统中处于核心位置,因此它们需要具备高度的安全性,以避免恶意攻击、数据泄露等安全问题。交付和部署过程中需要对关键基础软件进行安全审计,检测潜在的安全漏洞并及时修补,确保系统的安全性和稳定性。

关键基础软件在交付部署方面的另一个特点是可维护性。关键基础软件在系统运行过程中需要进行不断的更新和维护,以提高性能和稳定性。交付和部署过程中要考虑到后续的维护工作,这也是关键基础软件的一个重要特点。可维护性的考虑包括以下两个方面。

- 交付和部署过程中要考虑到后续维护的方便性。在交付和部署的过程中,要有良好的文档和注释,记录安装过程和环境配置等信息,以便后续的维护人员能够快速地了解系统的配置和运行情况。此外,要注意系统的模块化和可拓展性,使得在后续的维护过程中可以对某些模块进行升级或替换,而不会对整个系统产生影响。

- 关键基础软件的维护也需要考虑到软件开发的过程。在软件开发的过程中，要遵循一些通用的软件工程规范，例如，模块化、可测试性、可重用性等原则，以便后续的维护和修改工作可以更加方便和高效。同时，要采用一些先进的软件开发工具和技术，例如，版本控制、自动化测试、持续集成等，以提高开发效率和软件质量。

2. 关键基础软件在维护方面的特点

关键基础软件在系统运行中扮演着重要的角色，因此在维护方面也有其独特的特点。关键基础软件在维护方面需要考虑可靠性、安全性、性能、兼容性和可维护性等方面的问题。只有采取一系列的措施来解决这些问题，才能确保关键基础软件的长期稳定运行和高效维护。

关键基础软件在维护方面需要考虑可靠性。由于其功能对系统的正常运行至关重要，因此一旦发生故障或错误，将会对整个系统产生重大影响。因此，在维护方面，需要采取一系列的措施来确保其可靠性，例如，实施定期的软件更新、升级和修补程序等，以及建立完善的监控和预警机制，及时发现并处理潜在的故障和问题。

关键基础软件在维护方面也需要考虑安全性。由于其功能涉及系统的安全性和稳定性，因此一旦被攻击或遭到恶意破坏，将会对整个系统造成巨大的威胁。因此，在维护方面，需要采取一系列的安全措施，例如，加密、访问控制、漏洞修补等，以确保其安全性。

关键基础软件在维护方面还需要考虑性能。由于其功能对整个系统的性能有着重要的影响，因此需要采取一系列的措施来优化其性能。例如，进行性能测试和优化、升级硬件设备等。

关键基础软件在维护方面需要考虑兼容性。由于其功能需要与其他软件和系统进行交互，因此需要考虑其与其他软件和系统的兼容性。在维护方面，需要不断地进行兼容性测试和升级，以确保其兼容性。

关键基础软件在维护方面也需要考虑可维护性。由于其功能需要不断进行升级和维护，因此需要采取一系列的措施来提高其可维护性。例如，设计良好的架构、清晰的代码结构、完善的文档和注释等，以及建立完善的软件维护流程和团队。

案例

以数据库系统为例，它作为关键基础软件在众多应用中发挥着重要作用。在部署阶段，数据库系统需要根据具体需求进行配置和优化，以确保最佳性能。在维护方面，持续监控数据库性能，调整索引、查询优化等关键措施，以保障系统高效运行。可靠性方面，数据库备份和容灾机制的建立是不可或缺的，以防止数据丢失和系统故障。安全性方面，加密技术、权限管理等手段用于保护敏感数据，防范潜在威胁。兼容性方面，数据库系统需要与不同应用和平台相适应，确保数据交互的无缝性。在维护下，定期更新数据库软件和补丁，保持系统安全性和性能。

9.4.2　大型工业软件

1. 大型工业软件在交付部署方面的特点

大型工业软件是指用于工业领域、生产制造等行业的软件，其交付部署需要考虑多方面的特点。大型工业软件的交付部署是一个复杂而且关键的过程,需要综合考虑多方面的因素,包括软件的可靠性、可用性、性能、可维护性、兼容性、可扩展性和安全性等方面。在交付部署过程中,需要制定详细的交付计划和部署方案,并采用适当的工具和方法来支持交付和部署的各个环节,以确保交付和部署的顺利进行。

大型工业软件通常需要在高性能的硬件环境下运行,因此在交付部署时需要仔细考虑硬件设备的配置,包括 CPU、内存、硬盘等的性能和容量。此外,还需要考虑硬件设备的可靠性和稳定性,以确保软件能够长时间稳定运行。为了满足这些要求,交付部署时需要与硬件厂商充分沟通,以确保硬件设备的性能、容量、可靠性等达到软件的要求。

大型工业软件通常是由多个模块构成的,这些模块之间可能存在复杂的依赖关系。因此,在交付部署时需要仔细考虑软件的模块化设计和依赖关系,以确保各个模块能够正确运行。此外,大型工业软件通常需要定制化开发,根据客户需求进行定制,因此交付部署时还需要考虑软件的定制化需求,确保软件能够满足客户的需求。

工业软件的安全性和稳定性非常重要,一旦出现问题可能会导致严重的后果。因此,在交付部署时需要采取各种安全措施,确保软件的安全性。此外,为了确保软件的稳定性,在交付部署时需要进行充分的测试和验证,以确保软件的稳定性和可靠性。

大型工业软件通常需要在运行过程中不断升级和维护,以提高软件的性能和稳定性。因此,在交付部署时需要考虑软件的升级和维护机制,以确保软件能够长期稳定运行。

大型工业软件通常需要与其他软件和系统进行交互,因此在交付部署时需要考虑软件的兼容性,以确保各个组件之间的协调运作。此外,大型工业软件在运行过程中需要根据业务需求进行扩展和定制,因此交付部署也需要考虑软件的可扩展性和定制性,以便于随时适应不断变化的业务需求。

大型工业软件通常涉及敏感数据和业务,因此在交付部署时需要考虑安全性,以确保软件的安全性和保密性。此外,大型工业软件在运行过程中需要进行安全性监控和漏洞修复,因此交付部署也需要考虑安全性的可维护性和可管理性。

2. 大型工业软件在维护方面的特点

大型工业软件在维护方面具有复杂性和长期性的特点。这种类型的软件通常是由多个模块、子系统和组件组成的,涉及广泛的功能和技术领域,包括物理、化学、机械、电子、计算机科学等。因此,在维护大型工业软件时需要考虑多个方面的问题,包括可靠性、可维护性、安全性、性能、兼容性、数据管理等方面。

由于大型工业软件的失效可能会带来灾难性的后果,例如,事故、损失、停工等,因此,在维护大型工业软件时需要注意软件的可靠性,即软件在运行过程中的稳定性和可用性。这包括对软件进行监控和故障排除,以及对软件进行定期的更新和维护。

大型工业软件通常是复杂的系统,由多个模块、子系统和组件组成。因此,在维护大型工业软件时需要考虑软件的可维护性,即软件在更新和维护过程中的易用性和可维护性。这包括对软件进行模块化设计和开发,以便于对软件进行维护和升级。

大型工业软件通常涉及重要的生产数据和机密信息。因此,在维护大型工业软件时需要采取各种措施来确保数据的安全性和保密性。这包括加密、身份验证、访问控制等安全措施,以确保只有经过授权的人员才能访问和修改数据。

大型工业软件的性能直接影响生产效率和产品质量。因此,在维护大型工业软件时需要不断优化和改进软件的性能,以确保软件的高效运行。这包括对软件进行性能测试和优化,以及对软件进行优化和改进的技术和工具的应用。

大型工业软件通常需要与其他软件和系统进行交互。因此,在维护大型工业软件时,必须考虑兼容性问题,以确保各个组件之间的协调和互操作性。兼容性问题可能涉及不同的操作系统、数据库和应用程序之间的协调,因此在维护时需要进行充分的测试和验证,以确保软件能够在不同的环境中运行,并与其他软件和系统进行兼容性交互。

大型工业软件往往是复杂的系统,包含大量的代码和功能模块,因此在维护时需要考虑软件的可维护性。这包括设计良好的架构、清晰的代码结构、完善的文档和注释等。只有在软件的设计、开发和维护过程中,考虑到了可维护性,才能确保软件的长期稳定性和可靠性。

案例

以工业自动化领域的 SCADA(Supervisory Control and Data Acquisition)系统为例。在部署方面,强调了安全性与稳定性,通过严格的访问控制、数据加密以及冗余机制,确保生产数据的保密性和生产流程的连续性。其可定制性使其适应不同工厂需求,灵活调整监控参数和报警设置。兼容性保证了与多种设备和系统的互连,优化信息流动。而在维护方面,系统可靠性的自动备份和远程监控功能,有效减少了生产中断风险,提高了系统的可靠性和可维护性,从而为工业自动化提供了强大的支持。

大型工业软件通常需要处理大量的数据和事务,因此性能问题会对软件的稳定性和可靠性产生重大影响。在维护大型工业软件时,需要注意性能问题,包括对软件进行性能测试、优化和监控等方面的工作。

9.4.3　嵌入式软件

1. 嵌入式软件在交付部署方面的特点

嵌入式软件是指嵌入各种智能设备中的软件,包括汽车、智能家居、医疗设备等。与桌面应用程序或 Web 应用程序不同,嵌入式软件需要满足特殊的交付和部署需求。嵌入式软件的交付部署需要考虑多个方面,包括硬件平台、操作系统、编程语言、开发工具、测试和验证、配置管理和版本控制、安全性和保密性等。只有充分考虑这些因素,才能确保嵌入式软件的正确性、可靠性和安全性。

不同的智能设备使用的处理器、内存、存储和外围设备等硬件资源不同,因此嵌入式软件需要对每种硬件平台进行优化。开发人员需要了解目标硬件平台的技术规格和限制,以确保嵌入式软件能够在硬件平台上稳定、高效地运行。

由于嵌入式软件通常与特定的硬件平台、设备和系统相关,因此客户可能会对嵌入式软件进行一定程度的定制化。嵌入式软件开发人员需要具有高度的灵活性和适应性,以满足客户的不同需求。

嵌入式软件通常被用于控制硬件设备,因此其可靠性和稳定性至关重要。在交付部署之前,需要进行全面的测试和验证,以确保软件的正确性和可靠性。测试和验证包括单元测试、集成测试、系统测试、验收测试等。在测试和验证过程中,需要使用专业的工具和方法,如测试框架、代码覆盖率工具、静态代码分析工具等,以帮助开发人员快速发现和修复软件缺陷,提高软件质量。

嵌入式软件的测试和验证是一个持续的过程,需要在软件开发的各个阶段进行。在需求分析阶段,需要对系统的需求进行分析和验证;在设计阶段,需要对软件的设计方案进行评审和验证;在编码阶段,需要进行单元测试和代码审查;在集成阶段,需要进行集成测试和系统测试;在交付阶段,需要进行验收测试和发布前的最终测试。通过持续的测试和验证,可以有效地减少软件缺陷,提高软件的质量和可靠性。

除了测试和验证,嵌入式软件的交付还需要考虑软件的配置管理和版本控制。配置管理是指对软件的配置项进行管理,包括版本管理、变更管理、发布管理等。版本控制是指对软件的版本进行管理,包括版本的标识、归档、回溯等。通过配置管理和版本控制,可以确保软件的可追溯性和可控性,便于进行软件维护和升级。

嵌入式软件的交付还需要考虑软件的安全性和保密性。嵌入式软件通常被用于控制关键设备和系统,因此其安全性和保密性至关重要。在交付部署之前,需要对软件进行安全性评估和漏洞扫描,确保软件的安全性。同时,需要对软件进行保密性管理,确保软件的知识产权和商业机密不被泄露。

2. 嵌入式软件在维护方面的特点

嵌入式软件是嵌入在设备或系统中的软件,用于控制和管理设备或系统的各种功能和操作。与其他类型的软件相比,嵌入式软件在维护方面有着独特的特点和挑战[12]。嵌入式软件在维护方面需要考虑代码的可读性和可维护性、硬件的变化和兼容性,以及严格的测试和验证流程。只有通过这些措施,才能确保嵌入式软件长期稳定可靠地运行,满足用户的需求。

由于嵌入式软件通常用于控制和管理设备或系统的实时操作,因此在维护嵌入式软件时需要确保其不会影响设备或系统的实时性。因此,在进行嵌入式软件的维护时,需要充分考虑对实时性的影响,尽可能避免对实时性产生负面影响。

嵌入式软件运行在特定的硬件设备上,因此在维护嵌入式软件时需要考虑硬件的限制。例如,嵌入式软件可能需要使用特定的处理器或存储器,因此在进行维护时需要考虑这些限制,以确保嵌入式软件能够正常运行。

嵌入式系统通常由多个部件组成,包括嵌入式软件、传感器、执行器等。这些部件之间相互依赖,因此在进行嵌入式软件的维护时需要考虑整个嵌入式系统的复杂性,以确保维护操作不会影响到整个系统的运行。

嵌入式系统通常用于控制和管理一些关键的设备或系统,因此在维护嵌入式软件时需要考虑安全问题。例如,需要确保维护操作不会导致嵌入式系统的漏洞,从而被黑客攻击。因此,在进行嵌入式软件的维护时需要采取一系列的安全措施,以确保嵌入式系统的安全性。

嵌入式软件通常需要长期运行,因此在进行维护时需要保证代码的可读性和可维护性。例如,在编写代码时需要注重代码的可读性,以便在维护时能够轻松理解和修改代码。同时,需要对代码进行定期的重构,以消除代码中的重复和冗余,并提高代码的可维护性。

随着硬件技术的不断发展,嵌入式设备的硬件可能会发生变化,这会影响到嵌入式软件的兼容性和稳定性。因此,在进行维护时需要考虑硬件的变化,并对软件进行相应的调整和更新,以保证软件与硬件的兼容性和稳定性。

案例

以智能家居系统中的嵌入式软件为例,展示了其独特的部署和维护特点。在智能家居中,嵌入式软件被嵌入各种设备中,如智能灯具、智能家电、安防摄像头等。这些软件不仅需要与其他设备和中心控制系统进行无缝交互,还需要满足用户对于响应速度、安全性和稳定性的高要求。而在维护方面,嵌入式软件面临着一些独特的挑战。首先,由于这些设备通常分布在不同的地理位置,远程维护变得至关重要。厂商需要建立稳定的远程连接和升级机制,以便及时修复漏洞、更新功能,保障系统的安全性和性能。其次,嵌入式软件的维护还需要考虑硬件资源受限的情况,需要精细优化以确保资源的高效利用。

9.4.4 新型平台软件

1. 新型平台软件在交付部署方面的特点

随着云计算、大数据、人工智能等新技术的快速发展,新型平台软件逐渐成为信息化建设的重要组成部分。新型平台软件具有很多特点,这些特点也影响了它们在交付部署方面的处理方式。新型平台软件在交付部署方面的特点包括灵活性、可定制性、易用性、可维护性、安全性、适配性和可伸缩性。这些特点需要在交付部署过程中得到充分考虑和实现,以确保软件能够满足用户的需求,并在不断变化的市场中保持竞争优势。

随着移动互联网的普及和智能终端的不断发展,用户的终端设备种类也越来越多样化。因此,新型平台软件需要支持跨平台和多终端的适配,以便在各种终端设备上正常运行。此外,新型平台软件的交付部署还需要考虑不同操作系统和浏览器的兼容性问题。

由于新型平台软件在运行过程中会涉及大量的敏感数据,因此在交付部署过程中需要进行安全评估和加固,以保证软件的安全性。此外,新型平台软件的交付部署还需要考虑隐私保护和网络安全等方面的问题,确保用户数据不会被泄露或被攻击。

由于新型平台软件的用户量和数据量都可能随着业务的增长而急剧增加,因此在交付部署过程中需要考虑软件的可伸缩性。这包括硬件和软件方面的可扩展性,以确保软件可以随时满足用户需求。

容错性是指系统出现故障时仍能正常运行的能力。由于新型平台软件通常是分布式系统,由多个组件构成,因此在交付部署过程中需要考虑容错性。这包括设计冗余备份机制、监控系统健康状态、快速响应故障等方面。

由于新型平台软件通常会不断进行升级和迭代,因此在交付部署过程中需要考虑软件的可维护性。这包括设计良好的架构、清晰的代码结构、完善的文档和注释。

新型平台软件往往涉及大量的敏感数据和信息,因此在交付部署过程中需要考虑软件的安全性。这包括加密通信、数据脱敏、权限管理、防火墙等安全措施。

新型平台软件需要适应不同的操作系统、浏览器、设备等环境,因此在交付部署过程中需要进行适配性测试和兼容性测试。

新型平台软件可能需要支持大量的用户和数据,因此在交付部署过程中需要考虑软件的可伸缩性。这包括横向扩展、纵向扩展、负载均衡等方面的设计。

2. 新型平台软件在维护方面的特点

新型平台软件在维护方面的特点与其他类型的软件有所不同。随着软件开发技术的不断进步和用户需求的变化,新型平台软件需要不断更新和迭代。新型平台软件的维护需要考虑软件的可靠性、安全性、性能、兼容性和可维护性等方面的问题。只有采取一系列的措施来解决这些问题,才能确保新型平台软件的长期稳定运行。

在维护新型平台软件时,需要确保软件的稳定性和可靠性,以避免软件的故障和崩溃对用户的影响。这包括对软件进行及时的更新和修复,以确保软件的稳定性和可靠性。

随着网络攻击和数据泄露等安全威胁的不断增加,新型平台软件需要考虑安全性的问题。在维护新型平台软件时,需要采取一系列措施来确保软件的安全性,如加强身份验证和访问控制、加密敏感数据、实时监控和检测安全事件等。

新型平台软件通常需要处理大量数据和高并发访问,因此在维护新型平台软件时需要关注软件的性能问题。这包括对软件进行性能分析和优化,以提高软件的响应速度和吞吐量。

新型平台软件需要与多个不同的系统和软件进行交互,因此在维护新型平台软件时需要确保软件的兼容性。这包括对软件进行兼容性测试和验证,以确保软件与其他系统和软件的兼容性。

新型平台软件需要不断进行更新和迭代,因此在维护新型平台软件时需要确保软件的可维护性。这包括采用良好的架构设计、清晰的代码结构、完善的文档和注释等,以便在维护时能够快速定位和解决问题。

案例

以新型智能家居控制平台为例。平台整合了物联网、人工智能和用户体验设计,能够实现智能家居设备的远程控制和自动化管理。在部署阶段,平台需确保设备的无缝连接和数据安全,通过云端架构实现稳定的远程访问。为保持平台的高效运行,预测性维护成为关键策略,通过持续监测设备状态和用户行为数据,提前识别潜在问题并进行修复,从而减少服务中断。此外,平台还定期推出更新以改进功能和安全性,保持用户体验的持续优化。

9.4.5 行业应用软件

1. 行业应用软件在交付部署方面的特点

行业应用软件是指为特定行业或领域开发的软件,通常涉及行业特定的业务流程和规则。这类软件在交付部署方面具有一些独特的特点。行业应用软件在交付部署方面的特点与其他类型的软件有所不同,需要考虑定制化需求、数据安全性、与其他系统的集成、系统的可靠性和稳定性,以及用户培训和支持等方面。只有充分考虑这些因素,才能确保行业应用软件的顺利交付和部署,以满足企业和用户的需求。

不同行业和领域的业务规则和流程各不相同,因此行业应用软件需要定制化开发。在交付部署过程中需要考虑不同客户的不同需求,进行个性化定制。同时,行业应用软件的交付部署需要考虑软件的可配置性和可扩展性,以支持未来的业务变化和扩展需求。

行业应用软件通常处理敏感的业务数据,因此在交付部署过程中需要保证数据的安全性和保密性。这包括对数据进行加密和权限控制,确保只有授权人员可以访问敏感数据。

　　行业应用软件通常需要与其他系统进行集成,如 ERP 系统、CRM 系统等。在交付部署过程中需要考虑不同系统之间的数据交换和流程协同,确保系统之间的数据和信息传递无缝衔接,避免"信息孤岛"。

　　行业应用软件通常是关键业务系统,对于业务的正常运行至关重要。在交付部署过程中需要考虑系统的可靠性和稳定性,包括系统的容错和恢复能力、负载均衡和性能优化等,以确保系统可以稳定运行。

　　行业应用软件通常涉及复杂的业务流程和规则,用户需要进行培训和支持才能顺利使用。在交付部署过程中需要考虑用户培训和支持,包括制定培训计划、提供培训材料和培训课程,以及提供在线和离线的技术支持。

2. 行业应用软件在维护方面的特点

　　行业应用软件是专门为某个行业开发的软件,因此在维护方面具有独特的特点。行业应用软件在维护方面需要考虑定制化需求、数据安全性、与其他系统的集成、系统的可靠性和稳定性,以及用户培训和支持等方面。

　　行业应用软件通常是根据客户的具体需求来定制开发的,因此在维护时需要考虑客户的个性化需求。例如,如果客户需要增加新的功能或修改某个功能,开发人员需要对软件进行相应的修改,以满足客户的需求。

　　行业应用软件通常需要处理大量的敏感数据,因此在维护时需要确保数据的安全性。例如,需要采用数据加密、访问控制等措施来保护数据的机密性、完整性和可用性,防止数据泄露和损坏。

　　行业应用软件通常需要与其他系统进行集成,以实现数据共享和交换。在维护时,需要确保与其他系统的兼容性和稳定性,避免因为与其他系统的集成问题导致软件无法正常运行。

　　行业应用软件通常需要长时间运行,因此需要确保软件的稳定性和可靠性。例如,需要定期进行系统维护和升级,加强软件的容错和恢复能力,以防止软件崩溃和数据丢失。

　　行业应用软件通常需要培训用户,以提高用户的使用效率和满意度。在维护时,需要为用户提供相应的技术支持和咨询服务,解决用户在使用软件时遇到的问题。

案例

　　以医疗机构的日常管理和患者信息记录系统为例。在部署阶段,软件开发团队与医院管理层密切合作,确保软件与医院内部流程紧密契合。定制化的功能包括病历记录、患者预约、药品库存等,满足了医疗行业特有的需求。在维护方面,软件需要及时跟踪医疗法规的变化,例如,隐私保护和数据安全。其次,定期更新以适应新的医疗流程和技术发展,确保软件与行业变化保持同步。另外,对于患者数据的处理和存储需要高度的安全性,以防止敏感信息泄露。同时,软件团队需要提供迅速响应的技术支持,保障医院正常运营。

9.5　本章小结

　　本章深入探讨了软件部署与维护的关键要点,为读者呈现了在软件开发生命周期后续阶段的重要工作。本章详细介绍了多种软件部署方法,使读者能够了解不同方式和方法,从而选择最适合其应用的部署策略。同时,着重介绍了软件维护的概念、形式以及常用工具,帮助读者认识到维护在软件生命周期中的关键地位,并了解如何采取措施保障软件的稳定运行。

此外,本章进一步详细探讨了软件维护的实际过程和技术,突出了在维护过程中的目标和实施策略。这一节为读者提供了关键的指导,使其能够系统地规划和执行软件维护工作,包括问题识别、修复、测试等方面的技术手段。最后则聚焦于五大类型软件的部署和维护特点,针对不同类型软件的特殊需求,为读者呈现了更具体、更细致的指导,有助于更好地应对特定领域的挑战。

通过本章的学习,读者将深入了解如何将开发完成的软件应用成功部署到实际环境中,并掌握维护工作的关键技术和策略。本章特别强调了自动化部署、版本控制、容器化技术等现代化工具和方法的重要性,这些手段不仅提高了部署效率,还保障了应用的可维护性和可扩展性。同时,本章还强调了用户支持与反馈、安全性、持续集成与持续交付等方面的要点,为读者在实际工作中提供了全面的指导。

学习本章内容的同时,要结合实际案例进行练习和实践。通过实际的操作,读者将能够更加深入地理解和掌握各种概念和方法,并将其运用于解决实际问题。

9.6　综合习题

1. 哪些部署方式适合于云计算和微服务架构场景?
2. 单机部署的优点包括哪些?
3. 分布式部署的优点包括哪些?
4. 简述 CI/CD 过程的持续集成包括的阶段。
5. CI/CD 方法中的持续部署是指哪方面的工作?
6. 简述 DevOps 的核心目标。简述 DevOps 的基本要素。
7. 简述关于结构化维护与非结构化维护的异同点。
8. 当工程技术人员修改爬虫软件的内部代码,使得这个爬虫软件在原来不支持的环境也可以运行,这种行为属于什么工作?
9. 简述改正性维护的内容,并举出一个实际的例子。
10. 简述影响软件维护工作量的因素。
11. 简述不同阶段评审的目的和内容。
12. 简述软件再工程和软件逆向工程的内容及异同点。
13. 简述面向缺陷的维护和面向功能的维护的特点。
14. 简述面向缺陷的维护和面向功能的维护的异同点。
15. 简述 SOLID 原则的具体含义。
16. 在容器化部署中,如何有效地管理容器的部署、监控和扩展? 如何确保容器的安全性和可靠性?
17. 如何在 CI/CD 流程中平衡自动化和人工干预的作用,以实现更好的流程控制和质量控制?
18. 如何实现开发和运维团队之间的协作和沟通,以便在开发过程中考虑运维的需求和限制,并在生产环境中更好地支持和维护应用程序?

19. 如何在软件开发过程中考虑和实现良好的可维护性,以便在日后维护和升级应用程序时更加容易和高效?

20. 如何利用软件度量和监控工具,识别和优化应用程序的可维护性,并在维护过程中跟踪和评估维护成本和效益?

21. 在实践中如何平衡软件维护和软件开发之间的关系,以便在保证应用程序稳定性和可靠性的同时,也可以保证代码质量和开发效率?

22. 在实践中如何根据应用程序的特点和维护需求,制定维护计划和执行细则,以确保维护工作的顺利进行?

23. 如何评估和比较不同的软件维护技术,并确定最适合特定应用程序和维护团队的技术组合?

9.7　基础实践

实践任务:根据不同的场景预设选择合适的软件部署和维护策略。

实践内容:在以下几种类型的软件场景预设中,选择适当的部署和维护策略,并说明选择这种方案的理由。

- Web 应用:一个在线购物平台的 Web 应用,用户量预计将迅速增加。
- 移动应用:你正在开发一个社交媒体应用,软件将在 iOS 和 Android 平台上推出,用户要求能够方便地下载和更新应用。
- 嵌入式系统:一个用于智能家居的嵌入式系统,用于控制家庭设备和监控。这些系统需要稳定运行,并能随时接收远程更新。
- 大数据分析平台:一个大数据分析平台,用于处理海量数据并生成实时报告,平台的性能和可用性对业务决策至关重要。
- 人工智能应用:一个人工智能聊天机器人,用于客户服务和支持,应用需要不断学习并逐步提高性能。

实践要求:建议分组进行,组内讨论,组间分享。重点是说明各个场景中软件部署和维护的需求以及采用哪些方法,如何实现这些需求以及所选择的方案存在的优点和缺点等。

实践结果:给出选择的软件部署和维护的方法,并说明重要的假设。

9.8　引申阅读

[1]　Savor T, Douglas M, Gentili M, et al. Continuous deployment at Facebook and OANDA[C]//Proceedings of the 38th International Conference on software engineering companion. 2016:21-30.

阅读提示:通过本论文可以了解两家非常不同的公司(Facebook 和 OANDA)的持续部署实践,该实践表明即使在工程团队和代码规模大幅增长的情况下,持续部署也不会阻碍生产力或质量。

[2]　Benson J O, Prevost J J, Rad P. Survey of automated software deployment for computational and engineering research[C]//2016 Annual IEEE Systems Conference

(SysCon). IEEE，2016：1-6.

　　阅读提示：通过本论文可以了解在现代云托管中实现自动化高效的软件部署的挑战以及使用外部控制器进行多云应用部署的步骤。

　　[3]　Shahin M，Babar M A，Zhu L. Continuous integration，delivery and deployment：a systematic review on approaches，tools，challenges and practices[J]. IEEE access，2017，5：3909-3943.

　　阅读提示：通过本论文可以系统地了解持续集成方法实践的最新状态和工具，以及相关的挑战。

　　[4]　Jorgensen M. An empirical study of software maintenance tasks[J]. Journal of Software Maintenance：Research and Practice，1995，7(1)：27-48.

　　阅读提示：文章主要涉及对一家大型软件公司进行软件维护任务的实证研究。

　　[5]　Kaiser G E，Feiler P H，Popovich S S. Intelligent assistance for software development and maintenance[J]. IEEE software，1988，5(3)：40-49.

　　阅读提示：文章主要讲述了一个在软件开发过程中提供早期错误检查和问题解答的工具。

　　[6]　Schneidewind N F. The state of software maintenance[J]. IEEE Transactions on Software Engineering，1987 (3)：303-310.

　　阅读提示：论文中提供了一个关于软件维护状况的调查，通过阅读可以了解该领域软件维护中的一些重要方面和容易被忽视的问题。

　　[7]　Grubb P，Takang A A. Software maintenance：concepts and practice[M]. World Scientific，2003.

　　阅读提示：论文是软件维护概念与实践方面的经典论文，通过阅读可以了解软件维护的不同类型、维护过程中的挑战和如何选择软件维护的策略。

　　[8]　Lientz B P，Swanson E B. Problems in application software maintenance [J]. Communications of the ACM，1981，24(11)：763-769.

　　阅读提示：该研究调查了一些数据处理组织中应用软件维护问题，强调了用户关系对系统成功或失败的重要性。

　　[9]　Yau S S，Collofello J S. Some stability measures for software maintenance [J]. IEEE Transactions on Software Engineering，1980 (6)：545-552.

　　阅读提示：该论文讨论了软件维护过程以及影响维护工作的重要软件质量属性。

　　[10]　Nicholas K，Bhatti Z E，Roop P S . Model-driven development of industrial embedded systems：Challenges faced and lessons learnt [C]//IEEE International Conference on Emerging Technologies & Factory Automation. IEEE，2012.

　　阅读提示：该论文阐述了通过模型驱动方法解决嵌入式软件开发中的各种问题。

　　[11]　Friedrich L F，Stankovic J，Humphrey M，et al. A survey of configurable，component-based operating systems for embedded applications[J]. Micro IEEE，2001，21 (3)：54-68.

　　阅读提示：该论文阐述了通过组装现成的构建模块来创建复杂的软件系统的方法和存在的各种问题及解决方案。

9.9　参考文献

［1］　Duvall P M，Matyas S，Glover A. Continuous integration：improving software quality and reducing risk［M］. Pearson Education，2007.

［2］　张国生.基于 Kubernetes 的无服务器计算与微服务集成架构研究［J］.中国电子科学研究院学报，2023,18(1)：48-55.

［3］　Younge A J，Henschel R，Brown J T，et al. Analysis of virtualization technologies for high performance computing environments［C］//2011 IEEE 4th International Conference on Cloud Computing. IEEE，2011：9-16.

［4］　Marathe N，Gandhi A，Shah J M. Docker swarm and kubernetes in cloud computing environment［C］//2019 3rd International Conference on Trends in Electronics and Informatics (ICOEI). IEEE，2019：179-184.

［5］　Ebert C，Gallardo G，Hernantes J，et al. DevOps［J］. Ieee Software，2016，33(3)：94-100.

［6］　Riaz M，Mendes E，Tempero E. A systematic review of software maintainability prediction and metrics［C］//2009 3rd international symposium on empirical software engineering and measurement. IEEE，2009：367-377.

［7］　Pfleeger S L，Bohner S A. A framework for software maintenance metrics［C］//Proceedings. Conference on Software Maintenance 1990. IEEE，1990：320-327.

［8］　Kung D C，Gao J，Hsia P，et al. Change Impact Identification in Object Oriented Software Maintenance［C］//ICSM. 1994，94：202-211.

［9］　Aggarwal K K，Singh Y，Chhabra J K. An integrated measure of software maintainability ［C］//Annual Reliability and Maintainability Symposium. 2002 Proceedings (Cat. No. 02CH37318). IEEE，2002：235-241.

［10］　Majthoub M，Qutqut M H，Odeh Y. Software re-engineering：An overview［C］//2018 8th International Conference on Computer Science and Information Technology (CSIT). IEEE，2018：266-270.

［11］　Canfora G，Di Penta M，Cerulo L. Achievements and challenges in software reverse engineering［J］. Communications of the ACM，2011，54(4)：142-151.

［12］　李光辉.嵌入式软件相关问题的研究［J］.信息技术，2007，31(2)：67-68.

第 3 篇

管　理　篇

第 10 章

软件项目管理

本章学习目标
- 掌握软件项目的基本原理。
- 掌握软件项目估算和计划的方法。
- 了解软件项目监控、风险管理、质量保障和配置管理的方法。

有一定规模的软件系统或者产品的开发通常以项目的方式进行组织。项目管理作为一种各行各业普遍使用的管理方法,已经形成了普遍认可的知识体系。与此同时,项目管理应用于软件开发也需要结合软件项目自身的特点。本章先介绍项目管理的基本概念,再详细介绍如何对软件项目进行规模和工作量的估算,并在此基础上进行项目计划的制定。围绕如何避免和解决软件项目执行过程中可能出现的各种问题,本章中也对软件项目监控、软件项目风险管理、软件项目质量保证、软件配置管理的相关知识进行了详细的介绍。

通过本章的内容,读者可以掌握软件项目管理的概念和基本技术,为后续在实际项目中进行管理提供了基础。读者可以通过 10.9 节检验自己对基本知识的掌握程度,并通过 10.10 节对软件项目管理的典型环节进行实践。10.11 节则给出了读者可以进一步阅读的相关文献和资料。

10.1　项目管理的基本概念

10.1.1　项目管理的基本思想

1. 项目及其相关术语的含义

"项目"这一人类活动的组织方式一直存在,古代长城、金字塔等的建造可以看作当时实施的大项目。但是现代项目管理的理论和方法体系的创建可以追溯到 20 世纪 50 年代,而与此相关的工具则在随后逐渐形成。

现代项目管理方法最早应用于国防建设部门和建筑部门。随着项目管理方法的日益发展,目前它已经被广泛应用于各个行业,特别是随着个性化、小批量生产模式的形成,各个企业中都需要按照项目的方式来组织设计、生产和其他辅助过程,这促使了项目管理在工业过程中的流行。

在人们从事的活动中,有些活动是连续不断或者周而复始的,例如,企业生产流水线生产某种固定产品就是连续不断的,而每天出版一份报纸是周而复始的。与这些活动相区别,项目是为某一特定目标所做出的一次性努力,具有唯一性、一次性和时间性三个基本特征。

- 唯一性:区别一系列活动是不是项目的最重要的标准是这些活动是否生产或提供特定的产品和服务。
- 一次性:一次性是项目与重复性运作的主要区别。随着项目目标的逐渐实现、项目结果的移交和合同的终止,该项目也结束。
- 时间性:一个项目总是有开始和结束,发生在一定的时间范围内。

可以从这三个特征出发判断一件事情是否是项目。

例如,某一个公司接到开发一个外卖平台系统的需求,他们准备去完成这个系统的开发。显然,外卖平台系统的开发具有唯一性、一次性和时间性,它是一个典型的软件开发项目。

与此相反,如果对外卖平台系统进行定期的数据备份,这个工作就不是软件开发项目。因为它不是一次性的,而是需要定期进行,它也不满足时间性的要求,因为只要外卖平台一直在运营,数据备份工作就要开展。

项目管理作为管理学的分支,是指在项目活动中运用专门的知识、技能、工具和方法,使项目能够在有限资源下,实现或超过设定的需求和期望的过程。项目管理的重要概念包括:

1) 项目生命周期

项目生命周期(Project Lifecycle)就是项目从启动到收尾所经历的一系列阶段,通常分为规划、计划、实施、收尾 4 个阶段。项目每个阶段的核心任务是不同的,规划阶段需要提出一个项目,论证该项目的可行性;在计划阶段,需要制定项目计划,准备项目实施所需的人、财、物等;实施阶段需要按照计划正式执行,控制项目变更;收尾阶段需要提交项目成果,做好总结并结束项目。不同类型的项目的生命周期都有一定的规律,对这些规律的把握是实现有效的项目管理的基础。

2) 里程碑

里程碑(Milestone)一般是项目中完成阶段性工作的标志,标志着上一个阶段结束、下一个阶段开始,将过程性的任务用结论性的标志来描述,明确任务的起止点,而一系列的起止点就构成了引导整个项目推进的里程碑。以局部的进度控制和质量控制来保证整体开发过程的稳定,使得质量和进度得以很好地控制,这是里程碑式的管理的优点。

3) 利益相关者

利益相关者(Stakeholders)是参与项目并受项目影响的人。根据客户的需求交付产品对于项目的成功来说往往是不够的,各个利益相关者都会对项目的执行产生影响。项目管理中面临的巨大挑战是必须满足所有利益相关者的期望,而这些期望有些时候存在一定的冲突,需要进行权衡和选择。

4）工作分解结构

根据项目范围将项目整体或主要交付成果分解成易于管理、方便控制的若干子项目或工作包,如果子项目仍可继续分解,则持续这个过程,直到将项目都分解成可管理的工作包。工作分解结构(Work Breakdown Structure,WBS)的生成是项目管理中的一个重要内容。

5）基线

基线(Baseline)也是项目管理中的一个重要概念。当一个(或一组)配置项(如进度计划、范围、预算等)在项目生命周期的不同时间点上通过正式评审并进入受控状态后,形成了基线。基线提供了一个正式的标准,后续的工作都要基于此标准,并且只有经过授权后才能变更这个标准。里程碑和基线是两个有一定关联但是又存在差别的概念。里程碑一般定义的是某些局部性的关键成果,而基线是设定的一组关键成果;里程碑用来监控项目的进度,而基线用于监控和控制项目,它提供了一个用于比较和度量实际绩效的基准。

2. 项目管理三要素

项目管理有三要素,即质量、成本和时间。

- 质量:质量通常指产品的质量,广义的还包括过程质量。产品质量是指项目最终的产品、服务和成果制定的一系列的指标;而过程质量是产品质量的保证,它能够反映与产品质量直接有关的工作如何对产品质量进行保证。
- 成本:项目成本是在项目寿命期内为实现项目的预期目标而付出的全部代价,是项目实施所需要投入资源的货币表现。
- 时间:完成项目所需要的时间。

例如,就外卖平台系统而言,要关注外卖平台系统本身的质量,同时也要关注实现外卖平台系统的过程的质量;对于外卖平台系统的开发,用户有一定的成本期望,例如,在100万元预算内开发完成此系统,整个项目实施过程中需要关注成本的管理;同时,对于该系统用户期望在6个月内开发完成并且上线,这是时间要素。

一般而言,客户需要三个要素都以高标准达到,但是三要素之间具有相互制约的关系。例如,要提高项目的质量,可能会导致成本的增加和时间的延长,而要压缩成本,可能会导致质量的下降和时间的延长。项目管理中的一个挑战是如何同时满足对三者的要求,有些时候需要在这三个方面进行权衡。

另外,在项目生命周期的不同阶段,这三者的权重也有所不同。例如,在项目的初期,重点考虑的是项目的质量;在中期,成本是重点;而在末期,时间又是关注的焦点。项目管理者在特定的阶段应该关注本阶段的重点内容。

3. 项目管理的核心理念

项目管理的核心理念是"以目标为导向、以团队为模式、以计划为基础、以控制为手段、以客户为中心"。

- "以目标为导向"强调的是按项目进行管理就必须明确项目的目标及其约束。
- "以团队为模式"强调的是基于团队高效协作的项目工作方式。
- "以计划为基础"强调的是目标的实现必须基于事先制定的计划。
- "以控制为手段"强调的是实现目标必须加强过程执行时的动态监控。
- "以客户为中心"强调的是项目管理的交付成果必须满足客户的需求。

10.1.2   项目管理现状

1. 项目管理的发展历史

早在 20 世纪初,人们就开始探索管理项目的科学方法,提出了包括甘特图、协调图和里程碑等重要工具。进入 20 世纪 50 年代,美国国防工业和各大企业的管理人员纷纷为管理各类项目寻求更为有效的计划和控制技术,又相继开发出 CPM(关键路径法)、PERT(计划评审技术)、GERT(图形评审技术)等技术。

项目管理知识体系(Project Management Body of Knowledge,PMBOK)的推出以及美国项目管理学会(Project Management Institute,PMI)开展项目管理资质认证标志了现代项目管理体系的建立。PMBOK 的概念是在项目管理学科和专业发展进程中由美国项目管理学会于 1987 年首先提出的,这一术语代表了项目管理专业领域中的知识总和。PMI 举办的项目管理专业人员(PMP)认证考试在全球 190 多个国家和地区推广。除了 PMI 推出的项目管理资质认证外,国际项目管理协会(International Project Management Association,IPMA)也是进行项目管理资质认证的全球认可的机构。

图 10.1 为项目管理的发展过程中重要概念、重要标志出现阶段的示意图。

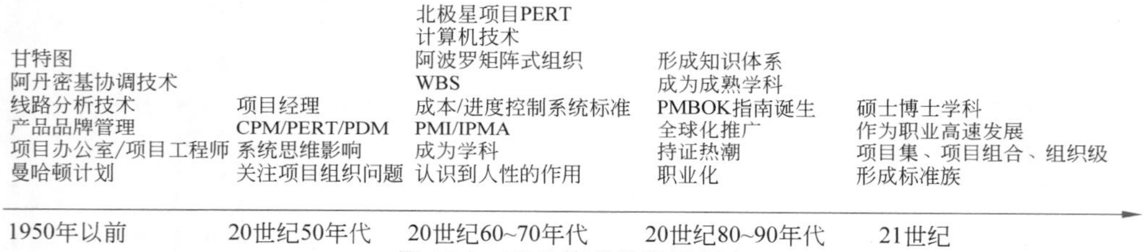

		北极星项目PERT		
		计算机技术		
甘特图		阿波罗矩阵式组织	形成知识体系	
阿丹密基协调技术		WBS	成为成熟学科	
线路分析技术	项目经理	成本/进度控制系统标准	PMBOK指南诞生	硕士博士学科
产品品牌管理	CPM/PERT/PDM	PMI/IPMA	全球化推广	作为职业高速发展
项目办公室/项目工程师	系统思维影响	成为学科	持证热潮	项目集、项目组合、组织级
曼哈顿计划	关注项目组织问题	认识到人性的作用	职业化	形成标准族
1950年以前	20世纪50年代	20世纪60~70年代	20世纪80~90年代	21世纪

图 10.1   项目管理的发展历史

2. 我国项目管理的发展

20 世纪 60 年代初期,华罗庚教授引进和推广了网络计划技术,并结合我国"统筹兼顾,全面安排"的指导思想,将这一技术称为"统筹法"。20 世纪 80 年代,现代化管理方法在我国推广应用,进一步促进了统筹法在项目管理过程中的应用。

1982 年,在我国利用世界银行贷款建设的鲁布格水电站引水导流工程中,日本建筑企业运用项目管理方法对这一工程的施工进行了有效的管理,取得了很好的效果。基于鲁布格工程的经验,1987 年国家计划委员会、建设部等有关部门联合发出通知在一批试点企业和建设单位要求采用项目管理施工法,并开始建立中国的项目经理认证制度。1991 年,建设部进一步提出把试点工作转变为全行业推进的综合改革,全面推广项目管理和项目经理负责制。

20 世纪 90 年代初,在西北工业大学等单位的倡导下成立了我国第一个跨学科的项目管理专业学术组织——中国优选法统筹法与经济数学研究会项目管理研究委员会(Project Management Research Committee,China,PMRC),PMRC 的成立是中国项目管理学科体系开始走向成熟的标志。许多行业也纷纷成立了相应的项目管理组织。PMRC 于 2001 年在其成立 10 周年之际也正式推出了《中国项目管理知识体系》(C-PMBOK)。

项目管理目前已经走向了各行各业,每年参加项目管理培训、参加资质考试的人数不断增加。在国内,人力资源和社会保障部(原劳动和社会保障部)组织的项目管理师考试是各级职业技能鉴定指导中心实施的职业资格认证考试。

3. 项目管理知识体系

PMI 的《项目管理知识体系》将项目管理划分为 5 个主要过程组,分别为启动、计划、实施、控制与收尾。

(1)项目的启动过程。项目的启动过程就是对一个新的项目进行定义、授权开始该项目的一组过程。需要识别与协调相关各方,进行项目的可行性研究与分析,确保符合组织战略目标的项目立项,其输出结果有项目章程、任命项目经理、确定约束条件与假设条件等。

(2)项目的计划过程。在该过程中需要明确项目范围,对目标进行定义和优化,并为目标的实现确定一个科学的计划,使项目团队的工作有序开展。

(3)项目的实施过程。在项目实施中,需要按照项目管理计划来协调资源,管理相关方的工作,以及整合并实施项目活动。

(4)项目的控制过程。它是保证项目朝目标方向前进的重要过程,要及时发现偏差并采取纠正措施,使项目进展朝向成功的方向。

(5)项目的收尾过程。项目收尾包括对最终产品进行验收,形成项目档案,吸取的教训等。一个正式而有效的收尾过程,不仅是对当前项目产生完整文档,对项目干系人的交代,更是以后项目工作的重要财富。

项目管理的十大知识领域是指作为项目经理必须具备与掌握的 10 个方面的重要知识与能力,如图 10.2 所示。

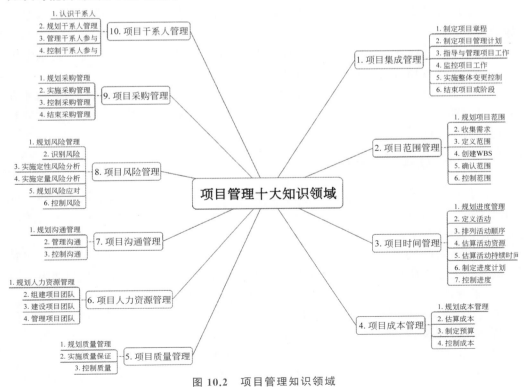

图 10.2　项目管理知识领域

（1）项目集成管理。项目集成管理将项目管理的各个方面整合在一起,是一项综合性、全局性的工作。它权衡多个相互冲突的项目实施方案,以实现项目的目标和要求。它帮助项目管理人员整合协调项目管理的各个不同活动领域间的信息交流,有效地控制和管理项目进行过程中可能出现的变更。

（2）项目范围管理。项目范围管理确保项目包括成功完成项目所需的全部工作,但又只包括必须完成的工作。它需要确定与控制哪些应该(或哪些不应该)包括在项目之内。

（3）项目时间管理。项目时间管理用来确保项目按时完成。项目管理人员在制订计划时,需要科学地安排各项活动的先后次序和所需时间。当项目执行中出现偏离时应该及时进行调整,使项目的整体进度得到保证。

（4）项目成本管理。项目成本管理用来保证项目在批准预算之内完成所必需的过程。项目成本管理要对投入的资源进行计划,并预估成本制定出合理的成本预算,在项目实施过程中要对成本进行控制。

（5）项目质量管理。项目质量管理用来保证项目能满足原先制定的各项要求,并通过质量规划、质量保证、质量控制、质量改进等方针、程序和过程在质量体系内加以实施。

（6）项目人力资源管理。项目人力资源管理用来确保为了最有效地使用参与项目人员而进行的各种管理活动。它涉及所有项目利益相关方。

（7）项目沟通管理。项目沟通管理用来确保及时并合适地生成、收集、传播、存储并最终处理项目信息的过程。

（8）项目风险管理。项目风险管理是指对项目风险进行识别、分析并采取应对措施的系统过程。

（9）项目采购管理。项目采购管理指为完成项目范围规定的任务而从实施组织外部获取资源或服务时所需要的各种活动。

（10）项目干系人管理。识别影响或受项目影响的人员、团队或组织,分析相关方对项目的期望和影响,制定合适的管理策略来有效调动相关方参与项目的决策和执行。

10.1.3　软件项目管理规范

软件项目管理是为了使软件项目能够按照预定的成本、进度、质量目标顺利完成而对人员、产品、过程进行分析和管理的活动。软件项目管理是软件工程与项目管理方法的结合。

20 世纪 70 年代开始,软件开发中碰到的各种问题引起了广泛的关注,例如,当时美国国防部专门研究了软件开发不能按时提交、预算超支和质量达不到用户要求的原因,结果发现 70% 的项目是因为管理不善而非技术原因引起的。

目前,许多软件项目涉及大量的人员和活动,投入巨大又面临各种风险,这些软件项目的成败对企业的发展起着至关重要的作用。例如,Windows 2000 有 5000 万行代码,参与的人涉及 3000 多个工程师,几百个小团队;鸿蒙系统的代码行超过了 1000 万,开发人员数千人。随着软件项目数量的快速增长和软件规模的日益扩大,软件项目实施中越来越严重的问题促使学术界和工业界都在积极寻找各种措施。

美国卡内基·梅隆大学的软件工程研究所推出的 CMM（Capability Maturity Model for Software，软件能力成熟度模型）为软件的过程能力提供了一个阶梯式的改进框架，它基于以往软件工程的经验教训，提供了一个基于过程改进的框架，它指出一个软件组织在软件开发方面需要哪些主要工作，这些工作之间的关系，以及开展工作的先后顺序，一步步做好这些工作而使软件组织走向成熟。CMM 的思想来源于已有多年历史的项目管理和质量管理，自产生以来几经修订，成为软件业具有广泛影响的模型，并对以后项目管理成熟度模型的建立产生了重要的影响。CMMI（Capability Maturity Model Integration for Software，软件能力成熟度模型集成）是 CMM 的最新版本。

国际标准化组织（ISO）自 1987 年推出了 ISO 9000 系列标准以来，很快得到了工业界的广泛承认，并被各国标准化机构所采用。ISO 9000 为企业提供了一种科学的质量管理和质量保证机制，ISO 9000-3 是 ISO 9000 在软件领域的补充性指南。目前许多软件企业都比较重视 ISO 9000 的认证。

近年来，围绕软件项目管理不断有新的方法推出，例如，敏捷开发（Agile Development）是一种以人为核心、迭代、循序渐进的开发思想。围绕敏捷开发这一思想又在实践中形成了极限编程（XP）、Scrum、精益软件开发（Lean Software Development）、动态系统开发方法（DSDM）、特征驱动开发（Feature Driven Development）、水晶开发（Crystal Clear）等具体方法。随着各种工具的出现，又形成了 DevOps（开发运维一体化），它通过集成各种工具自动执行软件开发和 IT 运营团队的工作，加速交付更高质量的软件。

这些措施的推出，在一定程度上改善了软件项目管理的情况。但是在现实中，软件项目管理依然面临许多挑战，其成功率也不能达到满意的水平，其主要原因在于软件项目管理和其他的项目管理相比有许多特殊性：首先，每一个软件项目都是新颖的；软件是纯知识产品，其开发进度和质量很难估计和度量，生产效率也难以预测和保证；其次，软件系统的复杂性也导致了开发过程中各种风险的难以预见和控制，许多大型系统的代码超过千万行，同时参加的程序员超过数千个，这样庞大的系统在管理上有巨大挑战。

10.2　软件项目估算和计划

软件项目的成功实施，离不开对软件项目的估算以及以此为基础的项目计划。软件项目估算和计划是项目可行性评价的依据，也是项目组织实施的基准。它也对项目团队带来其他方面的影响，一个合理的项目估算，要能够激励开发团队，同时又不至于因为给的时间过紧而使项目团队失去信心。因此，在软件项目估算和计划时让项目组成员参与有助于达成一个让项目管理团队和项目开发团队双方都认可的结论。

软件项目的估算和计划具有很大的挑战，这些挑战表现为：

- 软件项目的估算和计划的困难性是由软件的本质带来的，特别是其复杂性和不可见性。
- 软件开发是人力密集型的工作，不同人员的水平有很大的区别，同时，人员之间的合作以及人员的积极性等都会给工作效率带来影响，因而不能以机械的观点来看待。

- 传统的工程项目经常会以相近的项目作参考,不同的只是客户和地点,而绝大部分软件项目是独一无二的,对新的项目进行估算和计划无疑是困难的。
- 随着新技术的不断出现和应用,原来的估计方法和经验公式不再有效,因而历史数据的参考价值也可能下降。
- 从整个行业角度看,组织一般不愿共享原有项目的数据。即使提供了这些项目数据,由于各个组织对项目活动的统计方法并不统一,因此这些数据也未必有用。

在进行软件项目估算时,我们都希望估算与实际结果接近。然而,直到项目结束,才能确切知道估算与实际结果的差距,所以估算永远存在一定的不确定性。但是,我们希望在生成估算时,根据当时的数据尽可能做出准确的估算,同时也不希望人们对估算的结果产生虚假的信任。

"准确"的估算是指其与现实的接近程度,而"精确"的估算是指其测量的精细程度。例如,在项目需求规格说明阶段结束时,软件大小的代码行估算在 70~80 KLOC(Thousands of Lines Of Code,千行代码),这可能是能得出的最准确和最精确的估算结果。如果将估算确定为 75 000 LOC(Lines of Code,代码行),它看起来更精确,但实际上却不如原来给出范围的估算准确。如果提供的代码行估算为 75 281 LOC,则该结果可能过分精确了,因为只有在项目的编码阶段完成后,才能以这样的精度进行测量。

如果准确的大小估算是一个范围而不是一个单一的值,那么从它所计算出的所有值(如工作量、进度、成本)也应该表示为一个范围。如果在项目的生命周期中,随着产品细节的明确化,进行了多次估算,那么范围应该逐渐缩小,估算应该逐渐接近最终开发的产品或系统的实际成本值。

同样,随着估算的更新,软件项目计划也需要进行更新。

10.2.1　软件规模估算

软件规模是对软件的客观度量,它是软件项目工作量估计和软件项目计划的基础。

软件规模可以直接用代码行作为估计,也可以用功能点作为单位来估计。无论采用什么方法进行估计,其基本原理都是基于一系列可以获得的"参数",根据经验、历史数据或者公式得到软件规模的估计。

估算软件规模的方法可以分为以下几种。

1. 专家评估法

邀请本领域的专家直接对软件规模进行估计。这种方法在一个软件项目中是对原来的软件进行修改时具有非常大的价值,此时,邀请原来的开发者作为专家进行评估能够合理地估计需要修改的软件规模。在评估时,通常邀请多个专家给出各自的意见,为了让专家的意见能够达成一致,可以采用 Delphi 法。Delphi 法的步骤如下。

(1) 协调人向各专家提供项目规格和估计表格。

(2) 协调人召集小组会,各专家讨论与规模相关的因素。

(3) 各专家匿名填写估计值。

（4）协调人整理出一个估计总结，以迭代表的形式返回专家。

（5）协调人召集小组会，讨论较大的估计差异。

（6）专家复查估计总结并在迭代表上提交另一个匿名估计。

（7）重复步骤（4）～（6），直到最低和最高估计达成一致。

2. 类比法

该方法适合评估与一些历史项目在应用领域、技术、环境和复杂度等特征上相似的项目。通过将新项目与历史项目进行比较得到粗略的规模估计。类比法估计结果的准确度取决于历史项目数据的完整性和准确性，因此，用好类比法的前提条件之一是组织建立起较好的项目后评价与分析机制，并且有大量历史项目样本数据。在评估时，可以采用 50 百分位数（P50）为参考而非平均值。

例如，为某企业开发一个外卖平台，该系统的主要功能包括为买家提供外卖订餐服务、为商家提供菜品发布和订单管理、为骑手提供接单和送单服务、为平台运营商提供管理工具等。估算项目的主要属性包括应用类型、业务领域、是否新开发项目、是否提供数据分析和可视化等。经查询企业项目数据库后，公司做过 50 个与待估算项目属性基本相同的项目。查询结果如表 10.1 所示。

表 10.1 历史项目数据 （单位：代码行）

项目数量	P10	P25	P50	P75	P90
60	24 100	30 246	35 265	41 053	44 232

表中 P10、P25、P50、P75、P90 分别代表 10 分位、25 分位、50 分位、75 分位和 90 分位。

依据表中数据可得出待估算的项目最可能的规模为 35 265 行（P50），合理的规模范围为 30 246（P25）～41 053 行（P75）。

3. 参数法

通过建立软件规模与项目参数的公式，可以直接采用公式来计算软件规模。这些公式可以在历史项目的数据上采用回归的方式来建立，也可以采用目前流行的机器学习方法包括深度学习模型来建立。

1）代码行技术

代码行（Line of Code，LOC）指所有的可执行的源代码行数。代码行包括可交付的工作控制语言（Job Control Language，JCL）语句、数据定义、数据类型声明、等价声明、输入输出格式声明等。一代码行（1 LOC）的价值和人月均代码行数可以体现一个软件生产组织的生产能力。组织可以根据对历史项目的统计来核算组织的单行代码价值。

例如，某软件公司统计发现该公司每一万行 C 语言源代码形成的源文件（.c 和.h 文件）约为 250KB。某项目的源文件大小为 4.75MB，则可估计该项目源代码大约为 20 万行，该项目累计投入工作量为 260 人月，每人月费用为 15 000 元（包括人均工资、福利、办公费用公摊等），则该项目中 1LOC 的价值为

$(260 \times 15\ 000)/200\ 000 = 19.5$ 元/LOC

该项目的人月均代码行数为

$200\ 000/260 \approx 770$ LOC/人月

用代码行技术估算软件规模时，当程序较小时常用的单位是代码行数（LOC），当程序较大时常用的单位是千行代码数（KLOC）。

代码行技术的主要优点如下。

- 代码是所有软件开发项目都有的"产品",代码行数容易计算。代码行技术用来估计软件规模比较直观。
- 当有以往的开发类产品的历史数据可供参考时,用这种方法估计出来的数值比较准确。

代码行技术的主要缺点如下。

- 用不同语言实现同一个软件所需要的代码行数并不相同,特别是这种方法与非过程语言并不是很匹配。目前许多功能的实现是通过调用 Web API 来实现的,这同样造成难以直接基于软件功能来估计代码行的困难性。
- 源程序仅是软件配置的一个成分,用它的规模代表整个软件的规模并不合理,比尔·盖茨曾经总结过这么一句话"用代码行数来衡量编程的进度,就如同用重量来衡量飞机的制造进度"。

2）功能点技术

功能点(Function Points,FP)也是度量软件规模的标准单元,可以通过交付给用户的功能点数来度量软件的大小。功能点方法从用户视角出发,通过量化系统功能来度量软件的规模。

功能点方法最早由 IBM 的 Allan J. Albrecht 于 1979 年提出,后来被国际功能点用户小组(International Function Point Users Group，IFPUT)进一步改进,目前被国际上广泛采用,已经取代代码行成为主流的软件规模度量方法。功能点方法在我国也得到了广泛应用。在 2013 年由工业和信息化部发布的行业标准《软件研发成本度量规范》中也推荐使用功能点方法进行软件规模度量,进而对软件项目工作量、工期、成本进行估算。

功能点方法已经发展出了系列方法,包括 IFPUG、NESMA、SNAP 等。IFPUG 和 NESMA 用来估算功能性用户需求的规模;而 SNAP 用来估算非功能性用户需求的规模。NESMA 估算法更多的在项目前期,可以快速地利用逻辑文件,给出预估的功能点数量,起到较好的指导作用。本节中以广泛应用的 IFPUG 为例。

功能点方法的核心思想是把软件系统按照组件进行分解,从而确定系统的功能点数量,如图 10.3 所示为软件系统的构成。

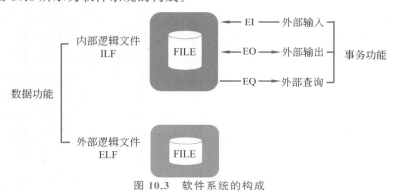

图 10.3　软件系统的构成

从图中看,软件系统的构成包括:

- 外部输入处理(External Input,EI),是获取数据的过程,对终端用户的输入进行相关的处理。

- 外部查询处理(External Inquiry,EQ),针对终端用户的查询情况,输出相应的检索结果。
- 外部输出处理(External Output,EO),是反馈数据的过程,完成对票据、报表等的输出。
- 内部逻辑文件(Internal Logical File,ILF),在信息系统内部,为了完成相关功能使用的逻辑文件,包括顺序文件、数据库表、临时文件等。
- 外部文件(External Interface File,EIF),该系统和外部其他信息系统为交换数据而用的接口文件。

功能点估算大致可以分为 6 个步骤或阶段,如图 10.4 所示。

图 10.4 功能点方法的主要步骤

(1)确定用户功能需求:确定要开发项目的功能性需求,即用户要这个系统做什么,实现什么功能或解决什么业务问题。

(2)分解功能需求:将系统分解为以上 5 种功能单元。

(3)确定加权因子:每一个功能点类型,根据其复杂性赋予不同的加权系数,如表 10.2 所示。

表 10.2 功能点复杂性系数

功能点类型	功能复杂度		
	低(L)	平均(A)	高(H)
内部逻辑文件(ILF)	7	10	15
外部接口文件(EIF)	5	7	10
外部输入(EI)	3	4	6
外部输出(EO)	4	5	7
外部查询(EQ)	3	4	6

功能点复杂性的确定取决于 RET(Record Element Type)、DET(Data Element Type)和引用文件类型(File Types Referenced,FTR)的数量。

其中,DET 是一个从用户角度可识别的、非重复的、有业务意义的字段。例如,添加一个订单时需要保存"订单号码、订单日期、地址、邮编",它的 DET 就是 4 个;RET 是指一个 EIF/ILF 中用户可以识别的 DET 的集合,例如,订单就是一个 RET。如果把 DET 理解为字段的话,RET 可以理解为数据库中的表。FTR 指的是被处理事务所读写或读取的文件,应是内部逻辑文件或外部接口文件。

表 10.3~表 10.5 是确定各个功能单元复杂性的参考表格。

表 10.3 EI 复杂度计算矩阵

	1~4 个 DET	5~15 个 DET	多于 16 个 DET
0~1 个 FTR	低	低	中等
2 个 FTR	低	中等	高
大于 2 个 FRT	中等	高	高

表 10.4　EO 和 EQ 复杂度计算矩阵

	1～5 个 DET	6～19 个 DET	多于 20 个 DET
0～1 个 FTR	低	低	中等
2～3 个 FTR	低	中等	高
多于 4 个 FTR	中等	高	高

表 10.5　ILF/EIF 复杂度的矩阵

	1～19 个 DET	20～50 个 DET	超过 51 个 DET
1 个 RET	低	低	中等
2～5 个 RET	低	中等	高
6 个以上 RET	中等	高	高

（4）计算未调整功能点数（UFP）：分别将外部输入（EI）、外部输出（EO）、外部查询（EQ）、内部逻辑文件（ILF）、外部接口文件（EIF）的个数和与之对应的加权因子相乘，然后求和，结果即为未调整功能点数（UFP）。

（5）确定调整因子：通过以上加权计算后得到的功能点是名义功能点，还要考虑技术因素对软件规模的影响。在 IFPUG 中给出了 14 项系统基本特征。

- 数据通信：描述软件直接同处理器进行通信的程度。
- 分布式数据处理：描述软件的各部件间数据传输的程度。
- 性能：指的是处理时间、吞吐量等指标对开发的影响。用户所提出的关于处理时间、吞吐量的要求直接影响到系统的设计、实施、安装和支持。
- 系统配置要求：描述计算机资源约束对软件研制的影响程度。
- 事务率：描述事务处理率对软件研制的影响程度。用户所提出的关于交易速度的要求直接影响到系统的设计、实施、安装和支持。
- 在线数据输入：描述通过交互处理输入数据的程度。
- 最终用户效率：描述对各种人为因素和最终用户易用性的考虑程度。
- 在线更新：描述内部逻辑文件被在线更新的程度。
- 复杂处理：描述处理逻辑对软件研制的影响程度。
- 可重用性：描述经过专门设计、开发和支持的软件，可在其他软件中重用的程度。
- 易安装性：描述软件在不同环境下转换和安装操作的简便程度。
- 易操作性：描述软件在操作方面的满足程度，如启动、备份和恢复过程。
- 多工作场所：描述软件用于多个用户组织、多种场所的程度。
- 易变更性：描述软件的数据结构和处理逻辑易于修改的程度。

对每个常规系统特性的评估由其影响程度（DI）而定，分为 0～5 级；通过给不同系统特征打分进行影响程度和重要性的评估，具体赋分规则如下。

0：毫无影响

1：偶然影响

2：适度影响

3：一般影响

4：重要影响

5：强烈影响

计算技术因素对软件规模的综合影响程度 DI：

$$DI = \sum_{i=1}^{14} F_i$$

调整因子(Value Adjustment Factor，VAF)的计算公式如下。

$$VAF = 0.65 + 0.01 \times DI$$

因为 DI 的值为 0～70，所以 VAF 的值为 0.65～1.35。

（6）计算交付功能点数：将未调整功能点数(UFP)和调整因子(VAF)相乘得到功能点数，计算公式为 $PF = UFP \times VAF$。

例如，针对外卖平台通过前面的分析得到了未调整功能点数为 600，对 14 个特征进行分析后，发现它在用户界面友好程度、在线更新方面要求比较高，因此 DI 值取 4 分，其他方面要求都属于一般，因此 DI 值取 3 分，则 VAF 为 1.09，那么最终的功能点 PF 为 654。

功能点方法适合于以数据和交互处理为中心的软件，例如，业务管理系统、数据分析系统等；不适合于包含大量复杂算法、以非功能需求为主的软件，例如，视频和图像处理软件、杀毒软件、网络游戏软件等。

10.2.2　软件项目工作量估算方法

工作量是对软件项目更为直观的估计，工作量的单位通常是人月(PM)，它可以看作软件规模(KLOC 或功能点)的函数。

目前，提出了许多由经验推导出的工作量估算模型。由于这些模型所依赖的经验数据都是从有限个项目组成的样本集中总结出来的，因此，没有一个估算模型可以适用于所有类型的软件和开发环境，需要根据当前项目的特点选择适用的估算模型，并且根据需要适当地调整（例如，修改模型中参数的系数）估算模型。

1. 静态单变量模型

它把工作量看作软件规模的函数，其形式如：

$$E = A + B \times (ev)^C$$

其中，A、B 和 C 是由经验数据导出的常数，E 是以人月为单位的工作量，ev 是估算变量(KLOC 或 FP)。下面列举了一些模型示例。

1）面向 KLOC 的估算模型

- Walston_Felix 模型：$E = 5.2 \times (KLOC)^{0.91}$。
- Bailey_Basili 模型：$E = 5.5 + 0.73 \times (KLOC)^{1.16}$。
- Boehm 简单模型：$E = 3.2 \times (KLOC)^{1.05}$。
- Doty 模型(在 KLOC>9 时适用)：$E = 5.288 \times (KLOC)^{1.047}$。

2）面向 FP 的估算模型

- Albrecht & Gaffney 模型：$E = -13.39 + 0.0545FP$。
- Maston，Barnett 和 Mellichamp 模型：$E = 585.7 + 15.12FP$。

从上面的模型可以看出，对于相同的 KLOC 或 FP 值，运用不同的模型估算将得出不同的结果。

2. 动态多变量模型

动态多变量模型中除了包含软件规模这一变量外，还包含开发时间这一变量，它反映了开发时间的长短对工作量产生的影响,一般而言,压缩开发时间后,将需要更多的协调,从而增加工作量。

例如,Putnam 在 1978 年提出的一种动态多变量模型如下。

$$E = (\text{LOC} \times B^{0.333}/P)^3 \times (1/t)^4$$

其中,E 是以人月或人年为单位的工作量;t 是以月或年为单位的项目持续时间;B 是特殊技术因子,它随着对测试、质量保证、文档及管理技术的需求的增加而缓慢增加,对于较小的程序(KLOC=5~15),$B=0.16$;对于超过 70 KLOC 的程序,$B=0.39$;P 是生产率参数,它反映了多种因素对工作量的影响,对于实时嵌入式软件,P 的典型值为 2000;对于电信系统和系统软件,$P=10\ 000$;对于商业应用系统,$P=28\ 000$。可以从历史数据导出适用于当前项目的生产率参数值。

3. COCOMO 模型

COCOMO 是 Constructive Cost Model 的缩写,即构造性成本模型。它由 Barry Boehm 于 1981 年提出,是一种参数化的工作量估算方法,称为 COCOMO 81 模型。

COCOMO 模型的基本原理是将开发所需要的工作量表示为 KLOC 和一系列成本因子的函数,即

$$\text{PM} = A \times S^E \times \prod_{i=1}^{n} \text{EM}_i$$

其中,A 为常量;S 为以 KLOC 表示的软件规模;E 为规模指数;EM 为成本驱动因子,反映某个项目特征对项目工作量的影响程度;n 为成本驱动因子的个数。

COCOMO 81 包含三个可用于不同阶段的模型,其中,基本 COCOMO 模型是静态单变量模型,不考虑任何成本驱动,适合在开发的初始阶段,此时项目的相关信息很少,只适合粗略的估算;中等 COCOMO 模型是在项目的需求确定后,对项目有所了解之后使用,在基本模型的基础上通过产品、平台、人员、项目等方面的影响因素来调整工作量的估算,以提高估算精度;高级 COCOMO 模型是在设计完成后使用的,考虑开发的不同阶段,影响因素的不同影响,对项目进行更为精确化的估算。

COCOMO 81 中又将项目类型分为三类:有机型项目是最常规简单的项目类型,例如,各种网站项目、信息化系统等,是相对较小、较简单的软件项目,开发人员对开发项目等目标理解比较充分,与软件系统相关的工作经验比较丰富,对软件的使用环境比较熟悉,受硬件的约束比较小,程序的规模不是很大;嵌入式项目类型,主要是各类系统程序,例如,实时处理、控制系统等,通常与某种硬件设备有关,对接口、数据结构、算法的要求较高,例如,设备驱动系统、控制系统等;半有机项目类型介于上述两种软件之间,规模和复杂度都属于中等或者更高,例如,编译器、连接器、分析器等。

基本的 COCOMO 81 模型的形式为

$$E = a \times (\text{KLOC})^b$$

其中,针对三类项目的系数如表 10.6 所示。

表 10.6 不同项目类型的系数

项 目 类 型	a	b
有机	2.4	1.05
半有机	3.0	1.12
嵌入式	3.6	1.2

例如,开发一个图像捕捉软件,目标代码行 33.2KLOC,属于中等规模,半有机型,因而 $a=3.0,b=1.12$,因此工作量为 $E=3.0\times(33.2)^{1.12}=152\ \text{PM}$。

中等 COCOMO 81 模型的形式为

$$E=a\times(\text{KLOC})^b\times\text{EAF}$$

其中,针对三类项目的系数如表 10.7 所示。

表 10.7　不同项目类型的系数

项 目 类 型	a	b
有机	2.8	1.05
半有机	3.0	1.12
嵌入式	3.2	1.2

EAF 为乘法算子,包含 4 类属性,分别如下。

(1) 产品属性,包括软件可靠性、软件复杂性、数据库规模。

(2) 平台属性,包括程序执行时间、程序占用内存的大小、软件开发环境的变化、软件开发环境的响应速度。

(3) 人员属性,包括分析员的能力、程序员的能力、有关应用领域的经验、开发环境的经验、程序设计语言的经验。

(4) 过程属性,包括软件开发方法的能力、软件工具的质量和数量、软件开发的进度要求。

上面 4 类属性共 15 个要素,每个要素的调节因子是 $F_i(i=1,2,\cdots,15)$,其中,F_i 的值有很低、低、正常、高、很高、极高共 6 个等级。正常情况下 $F_i=1$,Boehm 推荐的 F_i 值范围分别为 $(0.70,0.85,1.00,1.15,1.30,1.65)$。当 15 个 F_i 的值选定后,乘法因子 EAF 的计算公式为

$$\text{EAF}=F_1\times F_2\times\cdots\times F_{15}$$

调节因子集的定义和调节因子值是由统计结果和经验决定的。随着环境的变化,这些数据可能改变。

高级 COCOMO 模型比前面两个模型更为全面,主要体现在两个方面:一方面是针对不同的子系统采用不同的模型估算;另一方面是针对模型属性进行更加细化的调整。每个因子在不同的阶段影响不同,取值不同。例如,应用经验 AEXP 这个驱动因子,如果其影响很低,则在需求和产品设计阶段的取值为 1.40,在详细设计阶段的取值为 1.30,在编码和测试阶段的取值为 1.25。通过对因子的细化考虑,提高了估算的精度,但是使用起来比较麻烦。

近年来,出现了新的软件过程和软件生命周期模型,面对由螺旋或进化模型开发软件以及通过商业产品组装开发软件的项目,COCOMO 81 遇到了越来越多的困难。为了适应软件生命周期、技术、组件、工具、表示法及项目管理技术的进步,原始 COCOMO 的提出者 Barry Boehm 对 COCOMO 做了调整和改进,提出了新的版本 COCOMO Ⅱ。

COCOMO Ⅱ 模型中使用三个螺旋式的过程模型:应用组装模型、早期设计模型和后体系结构模型。

- 应用组装模型(Application Composition):应用组装模型是基于对象点的度量模型,它通过计算屏幕、报表、第三代语言(3GL)模块等对象点的数量来确定基本的规模,每个对象点都有权重,根据复杂性因子来确定。通过将对象点

加权求和得到总体规模,然后再针对对象点复用的情况进行调整。

- 早期设计模型(Early Design):在项目开始后或者螺旋模型中通常包括探索体系结构的可供选择方案或增量开发。为支持这一活动,COCOMO Ⅱ 中包含一个早期设计模型,这一模型使用功能点和等价代码行估算规模。
- 后体系结构模型(Post Architecture):项目进入开发阶段,需要确定具体的生命周期体系结构,此时项目就能够为估算提供更多更准确的信息。

后体系结构模型和早期设计模型采用相同的函数形式去估算软件项目开发所花费的工作量:

$$PM = A \times \text{Size}^E \times \prod_{i=1}^{n} \text{EM}_i$$

其中,Size 表示估算的规模,单位是源代码千行数(KSLOC),EM_i 为工作量乘数,EM_i 的个数 n 的值对于后体系结构模型是 17,对于早期设计模型是 7。指数 E 的计算公式如下。

$$E = B + 0.01 \times \sum_{j=1}^{5} \text{SF}_j$$

参数 A,B,EM_i,SF_j 的值是根据数据库中历史项目的实际参数和工作量的值进行校准而获得的。$A = 2.94$,$B = 0.91$,两者的值可调整。

SF 代表指数比例因子,如表 10.8 所示为其取值方法。指数比例因子具体包括以下几个。

- 先例性(PREC):表示以前是否开发过类似项目。
- 开发灵活性(FLEX):表示软件性能与已经建立的需求和外部接口规范的一致程度。
- 体系结构/风险化解(RESL):通过风险管理衡量项目的风险及建立体系结构的工作量。
- 团队凝聚力(TEAM):用来衡量项目相关人员的管理状况。
- 过程成熟度(PMAT):用来衡量项目过程的规范程度,主要围绕 CMM 而进行。

表 10.8   指数比例因子系数

因子	很低	低	一般	高	很高	非常高
PREC	6.20	4.96	3.72	2.48	1.24	0.00
FLEX	5.07	4.05	3.04	2.03	1.01	0.00
RESL	7.07	5.65	4.24	2.83	1.41	0.00
TEAM	5.48	4.38	3.29	2.19	1.10	0.00
PMAT	7.80	6.24	4.68	3.12	1.56	0.00

工作量乘数(Effort Multiplier,EM)分为以下几类。

(1) 产品因子。用于说明由正在开发产品的特征引起的开发软件所需工作量的变化,COCOMO Ⅱ 共有 5 个产品因子,其中,复杂性对估算的工作量影响最大,包括要求的软件可靠性(RELY)、数据库规模(DATA)、产品复杂性(CPLX)、可复用性开发(RUSE)、匹配生命周期需求的稳定编制(DOCU)。

(2) 平台因子。用于描述软硬件平台的一些约束,包括执行时间约束(TIME)、主存储约束(STOR)、平台易变性(PVOL)。

（3）人员因子。除了产品规模之外，人员因子在确定开发软件产品所需的工作量中有最强的影响，包括分析员能力（ACAP）、程序员能力（PCAP）、人员联系性（PCON）、应用经验（APEX）、平台经验（PLEX）、语言和工具经验（LTEX）。

（4）项目因子。说明诸如现代软件工具的使用、开发组的地理位置和项目进度压缩等因素对工作量估算的影响，包括软件工具的使用（TOOL）、多点开发（SITE）、要求的开发进度（SCED）。

早期设计模型主要用在项目早期阶段中，由于此时对待开发产品的规模、目标平台性质、项目相关人员状态以及采用过程的说明等还不够了解，所以将后体系结构模型中的 17 个成本驱动因子综合成 7 个成本驱动因子，如表 10.9 所示。

表 10.9　成本驱动因子对照表

早期设计模型成本驱动因子	后体系结构模型成本驱动因子
产品可靠性与复杂性（PCPX）	软件可靠性（RELY）、数据库规模（DATA）、产品复杂性（CPLX）、匹配生命周期需求的稳定编制（DOCU）
可复用性开发（RUSE）	可复用性开发（RUSE）
平台难度（PDIF）	执行时间约束（TIME）、主存储约束（STOR）、平台易变性（PVOL）
人员能力（PERS）	分析员能力（ACAP）、程序员能力（PCAP）、人员联系性（PCON）
人员经验（PREX）	应用经验（APEX）、平台经验（PLEX）、语言和工具经验（LTEX）
设施（FCIL）	软件工具的使用（TOOL）、多点开发（SITE）
要求的开发进度（SCED）	要求的开发进度（SCED）

COCOMO 模型的方法逻辑性较强。但是，确定 COCOMO 模型计算公式中的各个参数非常困难。另外，COCOMO 模型评估时的参数取值还是依靠经验，这些参数的经验取值来自于研究人员对国外大量的软件项目数据的统计，并不适用于国内软件的成本估算。

10.2.3　软件项目计划

软件项目计划详细描述了开发软件如何组织所需开展的工作，它定义每一个主要任务，并估算其所需时间和资源，为管理层评估项目和控制项目的执行提供了框架。软件项目计划也提供了有效的学习途径，它建立了与实际运行情况对比的基准，这种比较可以使得项目管理人员不断总结经验，提高软件项目管理的水平。

1. 软件项目计划的定义和编制过程

在项目启动时，可以先制定相对较粗的项目计划，里面包含项目高层活动和预期里程碑。然后，随着项目的执行，项目计划将根据项目的大小、性质以及项目的进展情况进行迭代和调整，使得当前要执行的阶段的计划变得非常具体。迭代和调整的周期根据项目的情况确定，可以从一周到一个月，这样的过程将一直延续到项目结束。

项目开始时一般会下达一个正式的项目立项文件，主要内容是项目合同或协议或者企业内部的立项文件，其中的内容一般包括项目的大致范围、项目截止时间和一些关键节点，也包括指定的项目经理和部分项目成员等信息。项目计划编写按照以下步骤进行。

1）项目团队的构建

相关部门收到经过审批后的项目立项文件和相关资料，成立相关的项目团队，特别是确定项目经理人选，其他还包括系统分析员等关键人选。

2）项目开发条件的准备

项目经理组织前期加入的项目团队成员准备项目工作所需要的规范、工具、环境等,如开发工具、源代码管理工具、配置环境、数据库环境等。如果项目中存在一些技术方面的风险,则在这一阶段项目经理还应组织人员进行研究或评测。

3）项目信息收集

项目经理组织项目团队成员通过分析接收的项目相关文档、进一步与用户沟通等途径,在规定的时间内尽可能全面收集项目信息。

4）软件项目计划书的编写

项目经理负责组织编写软件项目计划书,它是项目计划活动的核心输出文档,包括计划书主体和以附件形式存在的其他相关计划,如配置管理计划等。编制项目计划的过程分为以下几个步骤。

(1)确定项目应交付成果:项目应交付成果不仅是指项目最终的技术产品及相关文档,也包括项目过程中各种技术产品和管理产品。

(2)任务分解:从项目目标开始,从上到下,层层分解,确定实现项目目标必须要做的各项任务,例如,基于工作分解结构得到任务信息,并估计任务所需的时间。

(3)网络计划图的绘制:不考虑资源约束的前提下确定各个任务之间的相互依赖关系,确定完成每个任务所需的时间信息,通过绘制网络计划图获得整个项目和任务的开始、结束时间信息。

(4)进行资源分配,调整计划:确定每个任务所需的人力资源要求,如需要什么技术、技能、知识、经验、熟练程度等;进行具体的资源分配,在资源分配的基础上调整项目计划。

(5)项目计划的优化:考虑添加管理相关的任务并调整计划。在项目中安排管理相关的任务是必要的,例如,各种评审任务等,加入这些任务使得项目管理更为有效。在考虑成本控制、风险等因素的基础上进一步优化项目计划。

(6)根据以上结果编制软件项目计划书。

5）软件项目计划书评审、批准

项目经理完成软件项目计划书后,首先组织项目团队负责人、测试负责人、系统分析负责人、设计负责人、质量监督员等对项目计划书进行评审。项目经理将已经达成一致的软件项目计划书提交项目高层分管领导或其授权人员进行审批。批准后的软件项目计划书作为项目活动开展的依据和本企业进行项目控制和检查的依据,并在必要时根据项目进展情况实施计划变更。

在软件项目计划书的基础上,项目质量监督员编制软件开发项目质量计划,配置管理员根据计划书编制项目配置管理计划。项目计划工作完毕,软件项目计划书通过评审。

2. 工作分解结构

在制定项目计划时,首先需要确定项目中包含的具体任务,而工作分解结构是项目管理中用来对工作进行分解从而得到任务的常用技术。WBS 的最低层级是带有独特标识号的工作包。

WBS 按照项目发展的规律,依据一定的原则和规定,进行系统化的、相互关联和协调的层次分解。结构层次越低,项目组成部分的定义越详细,最后构成一份层次清晰,可以具体作为组织项目实施的工作依据。

WBS 的创建方法主要有以下几种。

1) 类比方法

参考类似项目的 WBS 创建新项目的 WBS。

2) 自上而下方法

从项目的目标开始,逐级分解项目工作,直到项目中的任务已经充分地得到定义。该方法可以将项目任务进行细化,对项目工期、成本和资源需求的估计可以比较准确。

3) 自下而上方法

让项目团队成员尽可能地确定项目有关的各项具体任务,然后将各项具体任务进行整合,不断向上形成粒度更大的活动。

在分解时,可以采用如下不同的方式。

(1) 以项目生命周期的各阶段作为分解的第二层,把产品和项目可交付成果放在第三层。

(2) 以主要可交付成果作为分解的第二层。

例如,为某企业开发一个外卖平台的软件项目进行 WBS 分解如图 10.5 所示。它的第二层次为项目生命周期的各个阶段;需要交付的各个模块为第三层;第四层又是按照生命周期进行的划分。

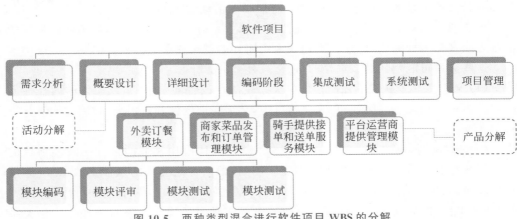

图 10.5 两种类型混合进行软件项目 WBS 的分解

不同的分支可以分解到不同的层次。某些分支只需分解到下一层,即可到达工作包的层次,而另一些则须分解到更多层。工作分解得越细致,对工作的规划、管理和控制就越有力。但是,过细的分解会造成管理精力的无效耗费。

在分解 WBS 时,可以参考以下准则来确定是否要继续分解。

(1) 判断对这一层次是否能够对成本和日期进行评估,如果不能,继续分解,否则该分支分解结束。

(2) 识别交付物的组成部分。组成部分必须是实际的、可验证的部件。

(3) 验证分解的正确性。

- 是否被分解的条目下对子项目是充分必要的? 如果不是,则需要增、删或修改?
- 是否每一条目被清晰准确地定义?

- 是否每一条目能够被合适的计划、成本规划,被分配给一个合适的组织?

3. 网络计划

网络计划技术是指以网络图为基础的计划模型,其最基本的优点就是能直观地反映工作项目之间的相互关系,使一项计划构成一个系统的整体,为实现计划的定量分析奠定了基础。

网络计划包括计划评审技术(Program Evaluation and Review Technique,PERT)与关键路径法(Critical Path Method,CPM)等,它们是十分相似但又独立发展的技术。网络计划技术作为成熟的管理技术,已在项目管理中得到了广泛应用。

1)活动关系的确定

为了制定网络计划,需要确定活动之间的先后关系。

(1) FS(完成-开始)关系:必须先完成活动 1,然后活动 2 才能开始,如活动 1"需求获取",活动 2"需求分析",两者就是 FS 关系。

(2) SS(开始-开始)关系:如果活动 1 没有开始,那么活动 2 也无法开始。例如,活动 1"编码",活动 2"单元测试",两者就是 SS 关系。

(3) FF(完成-完成)关系:活动 1 的完成日期决定活动 2 的完成日期。例如,活动 1"硬件部署",活动 2"检查硬件",活动 1 没完成前,活动 2 不能完成。

(4) SF(开始-完成)关系:活动 1 的开始日期决定活动 2 的完成日期。现实中发生频率较其他关系低。例如,活动 1"系统启动",活动 2"启动准备"。

虽然两个活动之间可能同时存在两种逻辑关系(例如 SS 和 FF),但不建议相同的活动之间存在多种关系,此外也不建议采用闭环的逻辑关系。

这些关系可能是强制或选择的,内部或外部的。

(1) 强制性依赖关系:强制性依赖关系是法律或合同要求的、或工作的内在性质决定的客观依赖关系。例如,在软件项目中,必须先把软件开发出来,然后才能对其进行部署。

(2) 选择性依赖关系:选择性依赖关系基于具体应用领域的最佳实践或项目的某些特殊性质对活动顺序的要求来创建。例如,根据普遍公认的最佳实践,先应该进行软件设计,再确定硬件规格。这个顺序并不是强制性要求,两个任务可以同时(并行)开展工作,但如按先后顺序进行可以降低整体项目风险。应该对选择性依赖关系进行全面记录,因为它们会影响总浮动时间,并限制后续的进度安排。

(3) 外部依赖关系:外部依赖关系是项目活动与非项目活动之间的依赖关系,这些依赖关系往往不在项目团队的控制范围内。例如,系统的验收测试活动取决于外部硬件的到货。在排列活动顺序过程中,项目管理团队应明确哪些依赖关系属于外部依赖关系。

(4) 内部依赖关系:内部依赖关系是项目活动之间的紧前关系,通常在项目团队的控制之中。例如,只有代码开发完毕,团队才能对其测试,这是一个内部的强制性依赖关系。在排列活动顺序过程中,项目管理团队应明确哪些依赖关系属于内部依赖关系。

在有依赖的活动之间,并非前一个活动完成后立即开始下一个活动。两者之间可以有一定的重叠和滞后。

(1) 提前量是相对于紧前活动,紧后活动可以提前的时间量。例如,在软件开发项目中,硬件到货前两周,就可以部署整个系统的配套设施,这就是带两周提前量的完成到开始的关系。

(2)滞后量是相对于紧前活动,紧后活动需要推迟的时间量。例如,对机房地基进行改造后,需要等待一周地基干了以后才能安装一台大型服务器,这就是带 7 天滞后量的开始到开始关系。

项目管理团队应该明确哪些依赖关系中需要加入提前量或滞后量,以便准确地表示活动之间的逻辑关系。提前量和滞后量的使用不能替代进度逻辑关系,而且持续时间估算中不包括任何提前量或滞后量,同时还应该记录各种活动及与之相关的假设条件。

2)项目活动时间估算

活动时间估算是指估计完成各活动所需的时间长短。

在项目团队中需要熟悉该活动特性的个人和小组可对活动所需时间做出估计。在估计时,可以依据活动类型、活动的约束和假设、资源需求和所分配资源的数量和能力来确定。因此,注意积累有关各类活动所需时间的历史资料对活动完成时间的估算非常有帮助。

活动时间估计可以采用的工具和方法如下。

(1)专家判断:所选择的专家对各种任务类型比较熟悉,能够依据自己的经验做出可靠的判断。

(2)类比估计:类比估计利用先前类似活动的实际时间作为估计未来活动时间的基础。类比估计在项目的早期比较有用。

(3)仿真:以计算机为工具,建立系统模型、仿真模型、进行仿真试验和数据分析处理,得到系统的统计特性,以此判断和估计系统的真实参数。最常见的是蒙特卡罗方法,在这种方法中,可以用各活动所用时间的概率分布来计算整个项目完成所需时间的概率分布。

活动时间估计中,一种是直接给出活动的具体时间长短,另一种是给出活动的时间分布,如时间区间,或者给出三点法的时间估计。

- 最乐观完成时间 t_o:假设预期的所有风险和问题都没有发生,这种情况下完成项目所需要的时间是最短的。
- 最悲观完成时间 t_p:假设预期的所有风险都发生了,通常这种情况下的活动持续时间是最长的。
- 最可能完成时间 t_m:最常发生的情况下的活动持续时间。

活动的期望时间值为

$$t_e = \frac{(t_o + 4t_m + t_p)}{6}$$

同时,活动持续时间的标准方差可以用下式估计:

$$\sigma_{t_e} = \frac{(t_p - t_o)}{6}$$

3)网络计划图的绘制和计算

下面以关键路径法(CPM)为例介绍网络计划图的绘制和计算。

网络计划图分为双代号网络计划和单代号网络计划。双代号网络计划是以箭线及其两端节点的编号表示活动的网络图,单代号网络计划图以节点及其编号表示活动。这里以双代号网络作为例子来介绍,如图 10.6 所示。

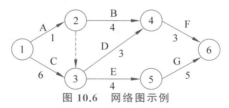

图 10.6 网络图示例

双代号网络图由箭线、节点、节点编号、虚箭线、线路 5 个基本要素构成。

(1)箭线:箭线表示活动。箭线的尾端表示该项工作的开始,箭头端则表示该项工作的结束。

(2)节点:节点代表活动的开始或结束,常用圆圈表示。箭线尾部的节点称为该箭线所示活动的开始节点,箭头端的节点称为该活动的完成节点。在一个完整的网络图中,除了最前的起点节点和最后的终点节点外,其余任何一个节点都具有双重含义——既是前面活动的完成点,又是后面活动的开始点。节点仅为前后两个活动的交接点,是一个"瞬间"概念,它既不消耗时间,也不消耗资源。

(3)节点编号:一项活动可以用其箭线两端节点内的号码来表示,以方便网络图的检查、计算与使用。对一个网络图中的所有节点应进行统一编号,不能有缺编和重号现象。对于每一项活动而言,其箭头节点的号码应大于箭尾节点的号码,即顺箭线方向由小到大。

(4)虚箭线:虚箭线又称虚工作,它表示一项虚拟的工作,用带箭头的虚线表示。其工作持续时间必须用"0"标出。虚工作的特点是既不消耗时间,也不消耗资源。虚箭线可起到联系、区分和断路作用,是双代号网络图中表达一些工作之间的相互联系、相互制约关系,从而保证逻辑关系正确的必要手段。

(5)线路:在网络图中,从起点节点开始,沿箭线方向顺序通过一系列箭线与节点,最后到达终点节点所经过的通路称为线路。

为了绘制正确的网络图,需要注意以下事项。

(1)网络图的开始节点与结束节点均应是唯一的,图 10.7 中分别为错误和正确的画法。

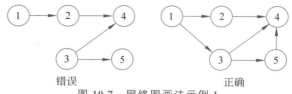

错误　　　　　　　　　　　　　正确

图 10.7 网络图画法示例 1

(2)在相邻的两个节点之间,最多只能有一条箭线相连:进入某一个节点的箭线可以有多条,但其他任何节点直接连接该节点的箭线只能有一条。两个相邻节点间只允许有一条箭头线直接相连。若有平行活动,可引入虚线以保证这一规则不被破坏,图 10.8 中分别为错误和正确的画法。

(3)网络图中不能出现循环回路,图 10.9 中出现了循环,是错误的画法。

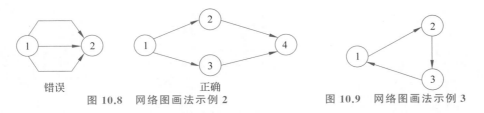

图 10.8　网络图画法示例 2　　　　图 10.9　网络图画法示例 3

（4）节点编号时，按照矢线箭头的指向，升序排号，保证节点序号与先后关系保持一致。

在画网络图时，一般先画草图，再修改后变成规范图，步骤如下。

- 根据活动清单中规定的关系，将活动代号栏所有的活动从左到右逐次地画在网络图上。
- 理顺活动的紧前、紧后关系，紧前活动是在进度计划的逻辑路径中，排在非开始活动前面的活动。紧后活动是在进度计划的逻辑路径中，排在某个活动后面的活动。没有紧后活动的活动所对应的箭线汇集在终止节点上。
- 草图绘制完成后，将序号标在节点上，将活动代号和时间标在箭线上。
- 检查无误后，将草图绘制成规范图。

为了便于后续在网络图上的计算，可以把节点的表示进行扩充，如图 10.10 所示。

图 10.10　网络计划图中节点的表示

例：请根据如下企业管理信息系统开发活动清单（如表 10.10 所示）作出项目网络图。

表 10.10　活动信息

活动代号	活动描述	紧后活动	活动时间/周
A	系统分析和总体设计	B，C	3
B	输入和输出详细设计	D，F	4
C	模块 1 详细设计	E，F	6
D	输入和输出程序设计	G	8
E	模块 1 程序设计	G	8
F	模块 2 详细设计	H	5
G	输入和输出及模块 1 测试	J	3
H	模块 2 程序设计	I	6
I	模块 2 测试	J	3
J	系统集成	K	3
K	系统测试	L	2
L	系统验收	无	1

根据上面的画法画出项目的网络图，如图 10.11 所示。

用网络图表示各个活动之间的相互关系后，可以找出控制工期的关键路线，在一定工期、成本、资源条件下获得最佳的计划安排，以达到缩短工期、提高工效、降低成本的目的。

在关键路径法中，针对活动有以下一些时间参数。

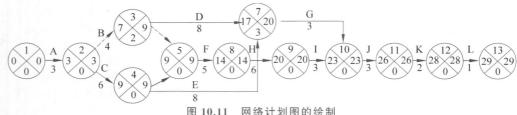

图 10.11　网络计划图的绘制

（1）最早开始时间（Early Start）：活动最早开始时间由所有前置活动中最后一个最早结束时间确定。

（2）最早结束时间（Early Finish）：活动的最早结束时间由活动的最早开始时间加上其工期确定。

（3）最迟结束时间（Late Finish）：活动在不耽误整个项目的结束时间的情况下能够最迟开始的时间。它等于所有紧后工作中最早的一个最晚开始时间。

（4）最迟开始时间（Late Start）：活动在不耽误整个项目的结束时间的情况下能够最早开始的时间。它等于活动的最迟结束时间减去活动的工期。

（5）总浮动（Total Float）：总浮动是活动的最早结束时间和最迟结束时间的差，它代表了允许该活动延迟多少时间而不至于延误项目。

（6）自由浮动（Free Float）：活动在不影响其紧后工作的最早开始时间的情况下可以浮动的时间。

对于代表事件的节点而言，用到的时间参数如下。

（1）最早节点时间（Early Event Occurrence Time）：最早节点时间由其前置活动中最晚的最早结束时间确定。

（2）最迟节点时间（Late Event Occurrence Time）：最迟节点时间由其后置活动中最早的最迟开始时间确定。

（3）松弛时间（Slack）：最迟节点时间减去最早节点时间。它表示一个节点代表的事件推迟多少时间可以不影响项目的结束。

前向推理法用于计算活动和节点的最早时间，其算法如下。

（1）设置第一个节点的时间，如设置为 0，例如，在图 10.11 中，节点 1 时间设置为 0。

（2）选择一个开始于第一个节点的活动开始进行计算，令活动最早开始时间等于其开始节点的最早时间。在选择的活动的最早开始时间上加上其工期，就是其最早结束时间。例如，在图 10.10 中，开始于节点 1 的活动为 A，其最早开始时间为 0，其工期为 3，所以最早结束时间为 3。

（3）比较此活动的最早结束时间和此活动结束节点的最早时间。如果结束节点还没有设置时间，则此活动的最早结束时间就是该结束节点的最早时间；如果活动的结束时间比结束节点的最早时间大，则取此活动的最早结束时间作为节点的最早时间；如果此活动的最早结束时间小于其结束节点的最早时间，则保留此节点时间作为其最早时间。例如，在图 10.10 中的节点 7，活动 D 的最早结束时间为 15，所以节点 7 的最早时间为 15，但是活动 E 的最早结束时间为 17，所以节点 7 的最早时间更新为 17。

（4）检查是否还有其他活动开始于此节点，如果有，则回到步骤（3）进行计算；如果没有,则进入下一个节点的计算,并回到步骤(3)开始,直到最后一个节点。

活动和节点的最迟时间采用后向推理法(Backward Pass)计算,它从项目的最后一个活动开始计算,直到计算到第一个节点的时间为止,在后向推理时,首先令最后一个节点的最迟时间等于其最早时间,然后开始计算,具体计算步骤如下。

(1) 设置最后一个节点的最迟时间,令其等于前向推理计算出的最早时间。如图 10.10 中,节点 13 的最晚时间设为 29。

(2) 选择一个以此节点为结束节点的活动进行计算。令此活动的最迟结束时间等于此节点的最迟时间。从此活动的最迟结束时间中减去其工期,得到其最迟开始时间。如活动 L 的最迟结束时间为 28。

(3) 比较此活动的最迟开始时间和其开始节点的最迟时间,如果开始节点还没有设置最迟时间,则将活动的最迟开始时间设置为此节点的最迟时间,如果活动的最迟开始时间早于节点的最迟时间,则将此活动的最迟开始时间设置为节点的最迟时间,如果活动的最迟开始时间迟于节点的最迟时间,则保留原节点的时间作为最迟时间。如节点 3,根据活动 D 的最迟开始时间,可以设置其最迟时间为 12,而另一个活动的最迟时间为 9,所以节点 3 的最迟时间为 9。

(4) 检查是否还有其他活动以此节点为结束节点,如果有则进入第二步计算,如果没有则进入下一个节点,然后进入第二步计算,直至最后一个节点。

(5) 第一个节点的最迟时间是本项目必须要开始的时间,假设取最后一个节点的最迟时间和最早时间相等,则其值应该等于 0。

每一个节点的最迟时间减去最早时间,得到其松弛时间。松弛时间为 0 的节点对应的事件为关键事件,将关键事件连接起来的最长路径为关键路径。必须保证关键路径上的资源和关键路径活动顺利执行。要缩短整个项目周期,必须缩短关键路径。图 10.10 中粗箭线连接起来的就是关键路径。

对于有浮动时间的活动,则提供了一定的灵活性。但是要注意,各个活动的浮动时间是相关的,如果某个活动用了浮动时间,则后续的活动可能就没有浮动时间了。但是,自由浮动是活动的最早结束时间和紧接活动的最早开始时间的差,它的使用不影响其他活动。

例如,在图 10.11 中,活动 D 的最早结束时间为 15,而最迟结束时间为 20,则它具有浮动时间 5。而它的紧后活动的最早开始时间是 17,所以它有自由浮动时间 2。这意味着,活动 D 如果在 17 周结束,不会对项目造成任何影响。

网络计划图的出现为项目提供了重要的帮助,特别是为项目及其主要活动提供了图形化的显示,这些量化信息为识别潜在的项目延迟风险提供极其重要的依据。

该方法也存在一些缺陷,首先,现实生活中的项目网络往往包括上千项活动,在制定网络图时,容易遗漏;其次,各个活动之间的优先关系未必十分明确;最后,各个活动的时间经常需要利用概率分布来估计时间点和有可能发生的偏差。确定关键路径目标其实质上是为了确保项目按照这一特定的顺序严格执行,从而不至于使整个项目停顿、拖延,如果管理团队对确实无法确定的工作,就应该在项目运作的计划中进行充分的分析和重新安排,网络计划本身无法处理这一问题。因此在项目中,CPM 需要其他工具和方法同时辅助使用。

4. 资源分配

在绘制网络计划图时,通常先进行名义资源分配,也就是说,考虑的是一般情况下的资源需求,为了定义完整的项目计划,需要确定具体的资源。

有些资源在整个项目中都需要,有些则在部分活动中需要,前者管理起来比较简单,而后者需要协调资源在不同项目中的使用。软件项目中最重要的资源是人力资源,在分配人力资源时产生对人员的任务分配。软硬件环境也是必不可少的资源,此外,办公环境与设备也是一种资源。广义上讲,时间和投入的资金也是资源,但是在制定网络计划时通常把它们单独处理。

在资源分配时,按照每一个活动对资源类型、资源特性的需求,一个接一个地进行考虑。但是,由于资源的有限性或出于成本的考虑,并不会按照理想情况投入最多的资源。在资源分配时也会出现冲突问题,最典型的问题是资源分配给一个活动后,其他活动便不能再分配。因而在多个活动需要同一资源时,需要对活动进行排序。此时,可以依据网络计划图确定活动的排序。例如:

(1) 根据总浮动对活动进行排序,具有最小浮动的活动具有最高优先级。值得注意的是,在项目运行后,浮动时间是会发生变化的,因而需要动态调整。

(2) 根据一系列指标进行排序:最短关键活动、关键活动、最短非关键活动、具有最小浮动的非关键活动、非关键活动。

有些资源可以同时参加多个活动,此时需要对其投入时间在活动之间进行比例分配。

通过对资源进行分配,可以得到每一类或者每一个资源的负荷图,其横轴为时间,纵轴为投入的资源数量或者时间,如图 10.12 所示。通过资源负荷图,可以了解其分配的均衡程度并以此为依据进行调整。从图 10.12 可以看出,项目中对测试人员的工作分配是不均衡的,有些时候测试人员没有工作,而有些时候则需要较多的测试人员。可以通过延长活动时间、推后部分活动等方法使资源负荷平衡。

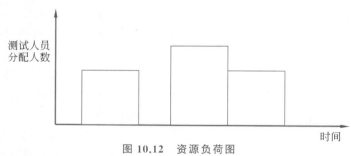

图 10.12   资源负荷图

在大型建筑领域,人力一般只需要被看作平等的,个人的技能和效率无须考虑。但是对于软件开发领域,技能和经验扮演了重要角色。需要考虑把有经验的人分配到关键路径上,也需要考虑该人员和其他人员的配合关系,甚至需要考虑对人员技能训练和成长的需要。

对资源分配会对原先的网络计划造成影响,例如,可能生成新的关键路径,或者由于缺少某一资源而使某一活动推迟,并用完浮动时间,从而使该活动成为关键活动。

5. 计划优化

在初始的网络计划制定出来后,需要进行优化,然而项目的目标之间存在着相互制约的关系,例如,缩短时间需要增加人员,而增加人员意味着增加成本,因而需要在多个目标之间进行权衡。同时考虑多个目标对计划进行优化是一项困难的事情,因此在实践中经常围绕一个主要目标进行计划优化,同时兼顾其他目标,或者针对两个目标按照一些经验进行优化。

1)针对时间进行优化

根据对计划进度的要求,如果要缩短项目的完工时间,可供选择的方案如下。

(1)采取先进技术如引入新的开发方法,缩短关键活动的时间。

(2)利用快速跟进法,找出关键路径上的哪些活动可以并行。

(3)采取措施,充分利用非关键活动的总浮动时间,利用加班、增加人手、提供更好的条件等手段来缩短关键活动所需时间。

2)针对时间-资源进行优化

尽量合理利用现有资源并缩短工期,具体做法如下。

(1)优先安排关键活动所需要的资源。

(2)利用非关键活动的总浮动,错开各活动的开始时间,拉平资源高峰。

(3)在资源限制无法解决或者在考虑成本的条件下,也可以适当地推迟时间。

3)针对时间-费用进行优化

针对时间-费用的优化包括两个方面:一个是指在保证既定的项目完工时间下,所需要的费用最少;另一个是在限制费用的条件下,完工时间最短。

项目费用可以分为直接费用和间接费用两类,其中,直接费用包括员工人员费用、设备折旧、能源、工具及材料消耗等直接与完成活动有关的费用。为缩短活动时间,需要增加一部分直接费用,如增加人员等。因此,在一定条件下,活动时间越短,直接费用越多。间接费用通常包括管理人员的工资、办公费等,从成本会计角度一般把间接费用按照工程的施工时间进行直接分摊。因而,在一定的生产规模内,活动时间越短,分摊的间接费用也越少。因此,有以下时间-费用函数:

$$Y(t)=f_1(t)+f_2(t)$$

其中,$Y(t)$为总费用,$f_1(t)$为 t 时刻的直接费用,$f_2(t)$为 t 时刻的间接费用。

该方程说明,工程项目的不同完工时间所对应的活动总费用和工程项目所需要的总费用随着时间的变化而变化,如图 10.13 所示。容易看出,该曲线存在最低点,假设当 $t=T'$ 时工程总费用达到最低点,我们将 T' 点称为最低成本时间。在制订网络计划时,无论是以降低费用为主要目标,还是尽量缩短项目完工时间为主要目标,都要计算最低成本时间,从而拟定出时间-费用的优化方案。

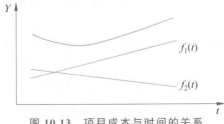

图 10.13 项目成本与时间的关系

以上讨论的为一些经验优化方法,在某些工具软件的支持下,可以直接围绕多个目标对网络计划进行全面优化。

10.3　软件项目监控

10.3.1　软件项目监控的概念

软件项目监控是指项目从发起到结束之间的各项监督、调控工作。软件项目监控是软件项目管理的重要组成部分。软件项目监控的是全部活动,而不是部分活动。

在软件项目监控的责任分配上,项目指导委员会担负着确保项目执行、满足各种要求的最高责任。日常工作则是由项目经理负责。组长负责核对、汇总进展报告并交给项目经理。项目经理将项目级别的报告交给指导委员会,或者交给客户。

软件项目监控的对象包括项目进度、成本、质量和资源的状态,以及各项工作的完成状况。

软件项目监控的基本方法如下。

- 建立标准:确定项目完成应该达到的各项目标。
- 项目数据采集:建立项目监控和报告体系,确定为控制项目所必须提供的信息和数据。
- 测量和分析:将项目的实际数据与计划进行比较。
- 采取措施:当实际的结果同计划有偏差时,采取适当的措施,必要时修正项目计划。
- 控制反馈:如果对计划进行了修正,需要通知有关人员和部门。

项目报告的形式有多种方式,包括每周或每月的例会,阶段评审会,定期提交的进展报告,特定事件的书面报告或者平时的非正式的沟通。

项目监控点的设置包括定期和事件触发两种形式。定期监控点是一种常规监控模式,不宜太长也不宜太短。事件触发监控是事先安排的,如在阶段点上召开的评审会;另外一种是突发事件,例如,客户突然提交一个变更请求,此时将要提交报告。监控也需要花费时间,而不监控或者减少监控又会给项目带来风险,因此,项目中监控的频度要适度。

10.3.2　软件项目跟踪的方法与工具

1. 进度跟踪

甘特图(Gantt Chart)又称为横道图、条状图(Bar Chart),能够显示项目、进度、时间等的内在关系。它是在第一次世界大战时期发明的并以发明者亨利·L.甘特的名字命名。

甘特图是线条图,横轴表示时间,纵轴表示活动(项目),线条表示在整个期间计划的活动安排情况和实际的活动完成情况。它直观地表明了任务计划在什么时候进行,以及实际进展与计划要求的对比,管理者可以方便地确定一项任务(项目)还剩下哪些工作要做,并可评估整个项目的工作进度、发现实际进度偏离计划的情况。

图 10.14 为图 10.11 项目的甘特图。

活动从上到下列在图的左边。右边的每个横条对应一个活动,从开始时间画到结束时间。同时,通过箭头表示活动之间的依赖关系。在项目开始后,根据每个活动完

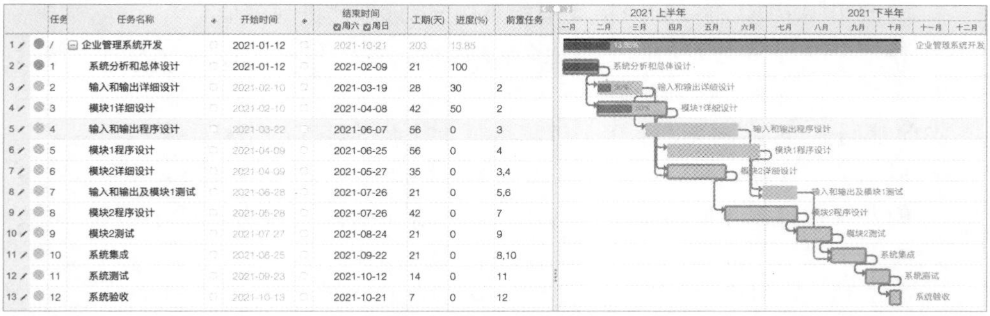

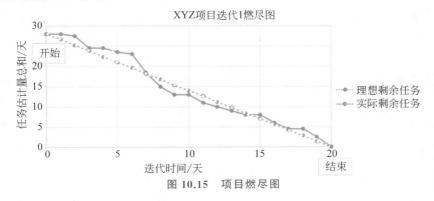

图 10.14 项目甘特图

成的进度,可以在原来的活动横条中按比例从开始画上一段深色的横条,以直观地显示已经完成的工作量。

燃尽图(Burn Down Chart)是用于表示剩余工作量的图表,横轴表示时间,纵轴表示工作量。这种图表可以直观地预测何时工作将全部完成,常用于软件开发中的敏捷软件开发方式,也可以用于其他类型的工作流程监控。

在图表中绘制两条线段,一条表示期望的工作进度,另一条记录实际的工作进度,把工作拆分成若干工作要点,完成一个就减去一个,以此来衡量工作距离全部完成的剩余时间,如图 10.15 所示。

当实际工作曲线低于期望值时,则表示工作可能提前完成,相反,则可能会延期。如果每次绘制的图标,实际进度曲线都在期望值下方,则表示计划做得过于保守,可以适当缩短;相反,则表示计划过于激进,应当适当延长。图 10.15 显示,项目实际工时超过了计划。

可以通过多次的燃尽图记录统计,了解工作团队的工作效率是否有一定的提升,并找出提高效率的办法。

图 10.15 项目燃尽图

2. 基于挣得值的进度和成本监控

挣得值(Earned Value,也翻译成净值)分析法(简称挣值法)是对项目进度和费用进行综合控制的一种有效方法。挣值法将进度转换为货币或人月,核心是将项目在任一时间的计划指标、完成状况和资源耗费进行综合度量,它涉及以下三个关键值。

- 计划值(PV):在各个时间点上,将该时间点前计划完成的各项工作(以工作量或者成本作为统计单位)累计得到的值。
- 实际成本(AC):在规定的时间点上,将各项工作实际投入的工作量或者所花费的实际成本(直接和间接成本的总额)进行累计得到的值。

- 挣值(EV):在规定的时间点上,将实际完成的工作原来计划投入的工作量或者成本进行累计得到的值。

在此基础上,可以定义以下用来计算衡量工作绩效好坏的指标。

- 成本偏差(CV):CV=EV-AC,当 CV<0 时表示执行效果不佳,即实际投入的费用超过预算值即超支;当 CV>0 时表示实际投入费用低于预算值,表示有节余或效率高;若 CV=0,表示项目按计划执行。
- 进度偏差(SV):SV=EV-PV,当 SV>0 表示进度提前;SV 为负值表示进度延误;若 SV=0,表明进度按计划执行。

这两个值可以转换为生产效率指标,反映成本与进度计划绩效。

- 成本绩效指数(CPI):CPI=EV/AC,当 CPI>1 时表示低于预算;当 CPI<1 时表示超出预算;当 CPI=1 时表示实际费用与预算费用吻合,项目费用按计划进行。
- 进度绩效指数(SPI):SPI=EV/PV,当 SPI>1 时表示进度提前;当 SPI<1 时表示进度延误;当 SPI=1 时表示实际进度等于计划进度。

利用挣值进行分析的关键是在某个时间点相对准确地获取项目的 PV、EV 和 AC。对于某一个活动,如果没有完成,需要确定其挣值,该活动的挣值可以根据里程碑或者实际情况分配一定比例的值。在实践中也有以下两种简化的做法。

- 0-100 规则(悲观型):活动开始后,一直取 0,直到验收通过才给予 100%。
- 50-50 规则(乐观型):活动开始后,取 50%,验收通过后给予 100%。

例:假如你被指定负责一个软件项目,此项目由 4 个部分(A,B,C,D)组成,项目总预算为 53 000 元,其中,A 任务预算为 26 000 元,B 任务预算为 12 000 元,C 任务预算为 10 000 元,D 任务预算为 5000 元,截至 8 月 31 日,A 已经全部完成,B 过半,C 刚开始,D 还没有开始。表 10.11 为截至 8 月 31 日的计划成本、实际成本和挣值。

表 10.11　截至 8 月 31 日的计划成本、实际成本和挣值

任　　务	PV/元	AC/元
A	26 000	25 500
B	9000	5400
C	4800	4100
D	0	0

进行挣值分析的关键是计算 EV,则根据 50-50 原则计算,可知:

- B 任务过半,BCWP=6000。
- C 任务开始,BCWP=5000。
- D 任务未开始,BCWP=0。

表 10.12 为截至 8 月 31 日的计划成本、实际成本。

表 10.12　截至 8 月 31 日的计划成本、实际成本

任　　务	PV/元	AC/元	EV/元
A	26 000	25 500	26 000
B	9000	5400	6000

续表

任　　务	PV/元	AC/元	EV/元
C	4800	4100	5000
D	0	0	0
总和	39 800	35 000	37 000

成本偏差和进度偏差计算如下。

- $CV = 37\ 000 - 35\ 000 = 2000$
- $SV = 37\ 000 - 39\ 800 = -2800$

成本绩效和进度绩效计算如下。

- $SPI = 93\%$
- $CPI = 106\%$

SPI<1 说明截至 8 月 31 日没有完成计划的工作量,即进度落后。CPI>1 说明截至 8 月 31 日费用节省了,完成工作量的价值大于实际花费的价值。

10.3.3 软件项目评审

在项目执行过程中,为了保证项目的顺利进行,需要安排必要的评审。评审应该提交规定的文档和其他材料,并按照规定的流程进行。

按照评审的目的,项目中的评审可以分为管理评审和技术评审。

管理评审关注于项目本身的要素,即项目计划、进度、资源、成本等,根据评审的结果决定对项目的下一步安排。管理评审可以定期开展、按照里程碑开展或者由特定的事件(例如问题报告)而开展。

技术评审是对开发过程中的具体工作产品的评审,评估该产品是否满足质量要求。同行评审也属于技术评审。表 10.13 列出了软件项目中各个技术评审的评审人员、评审文档和评审内容。

表 10.13　技术评审的安排

评审点	评审人员	评审文档	评审内容
需求调研评审	用户、项目经理、软件开发人员、SQA	(初步)需求规格说明书、(初步)项目开发计划	用户需求调研的完备性; 用户需求是否准确; 需求实现需要的时间; 初步的项目开发计划(资源、周期、模式)
软件需求评审	软件开发人员、用户、管理人员、SQA、标准化人员、特邀专家	软件需求说明书;数据要求及数据字典;项目开发计划	软件需求说明书是否覆盖了用户的所有要求; 软件需求说明书和数据要求说明书的明确性、完整性、一致性、可测试性、可跟踪性(软件需求说明书、数据流图、数据字典);项目开发计划的合理性
概要设计评审	软件开发人员管理人员标准化人员	概要设计说明书	概要设计说明书是否与软件需求说明书的要求一致; 概要设计说明书是否正确性、完整性、一致性; 系统的模块划分是否合理; 接口定义是否明确

续表

评审点	评审人员	评审文档	评审内容
详细设计评审	软件开发人员 管理人员 标准化人员	详细设计说明书 测试计划 数据库设计说明书	详细设计说明书是否与概要设计说明书的要求一致； 模块内部逻辑结构是否合理，模块之间接口是否清晰； 数据库设计说明书是否完全，是否正确反映详细设计说明书的要求； 测试是否全面、合理
测试阶段评审	软件专家组成人员（管理人员） 软件测评单位 科研计划管理人员 开发组成员 业主单位代表	软件测试计划 软件测试说明	软件测试说明是否详细； 测试用例、环境、测试软件、测试工具等准备工作是否全面、到位； 测试记录是否完整； 测试过程是否规范
验收评审（鉴定）	软件开发人员 用户 管理人员 标准化人员 承办方与交办方的上级	全部文档	开发的软件系统是否已达到软件需求说明书规定的各项技术指标； 使用手册是否完整、正确

为了让评审工作有成效，应该准备充分，让评审人员熟悉评审内容，流程组织合理。在评审结束后，需要落实评审中提出的建议，并注意总结经验教训，不断改进评审流程。

10.3.4　软件项目计划调整

修正与调整是项目实行过程中所必需的。但是这种调整必须仔细规划，否则会将项目管理变得无序。下面以进度上出现的偏差进行调整为例进行说明。

在调整前，首先需要分析进度偏差的原因。

（1）如果出现偏差的活动是关键活动，则无论其偏差大小，对后续活动及总工期都会产生影响，必须调整进度计划。

（2）若出现偏差的活动为非关键活动，则可以根据偏差值与总浮动和自由浮动的大小关系，确定其对后续活动和总工期的影响程度。

分析进度偏差是否大于总浮动。如果活动的进度偏差大于总浮动，则必将影响后续活动和总工期，应采取相应的调整措施；如果活动的进度偏差小于或等于该活动的总浮动，则表明对总工期无影响，但其对后续活动的影响，需要将其偏差与其自由浮动相比较才能做出判断：如果活动的进度偏差大于该活动的自由浮动，则会对后续活动产生影响。应根据后续活动允许影响的程度确定如何调整；如果活动的进度偏差小于或等于该活动的自由浮动，则对后续活动无影响，进度计划可不做调整更新。

在调整时，根据关键活动还是非关键活动采取不同的措施。

1. 关键活动的调整

当关键活动的实际进度较计划进度提前时，若仅要求按计划工期执行，则可利用该机会降低资源强度及费用。选择后续关键活动中资源消耗量大或直接费用高的予以适当延长,延长的时间不应超过已完成的关键活动提前的量;若要求缩短工期,则应将计划的未完成部分作为一个新的计划,重新计算与调整,按新的计划执行,并保证新的关键活动按新计算的时间完成。

关键活动的实际进度较计划进度落后时,通过采取组织措施或技术措施缩短后续活动的持续时间以弥补时间损失。

2. 改变某些活动的逻辑关系

若实际进度产生的偏差影响了总工期,则在活动之间的逻辑关系允许改变的条件下,改变关键路径和超过计划工期的非关键路径上有关活动之间的逻辑关系,可以达到缩短工期的目的。例如,可以将顺序安排的活动变为平行或互相搭接的关系,以缩短工期。但这种调整存在较大的风险,需要仔细分析其可行性。

3. 非关键活动的调整

当非关键路径上某些工作的持续时间延长,但不超过其浮动范围时,则不会影响项目工期,进度计划不必调整。为了更充分地利用资源、降低成本,必要时可对非关键活动的浮动做适当调整,但不得超出总浮动,且每次调整均需进行时间参数计算,以观察每次调整对计划的影响。非关键活动的调整方法有三种:在总浮动范围之内延长非关键活动的持续时间、缩短活动的持续时间、调整活动的开始或完成时间。

当非关键路径上某些活动的持续时间延长且超出总浮动范围时,则必然会影响整个项目工期,关键路径就会转移。这时,其调整方法与关键路径的调整方法相同。

4. 增减任务

因某些原因需要增加或取消某些任务,则需重新调整网络计划,计算网络参数。

5. 资源调整

若资源供应发生异常时,则应进行资源调整。资源供应发生异常是指因供应满足不了需要,如资源强度降低或中断,影响到计划工期的实现。资源调整的前提是保证工期不变或使工期更加合理。资源调整的方法是进行资源优化。

在某些情况下,项目可能已经处于无法有效控制的情况,此时需要采取一些特别的行动来对项目进行修复。此时,需要仔细分析项目失控的原因,从人员、过程和产品入手,消除问题,必要时将进行人员的调整、项目范围的修改,甚至及时中止项目。

10.4 软件项目风险管理

风险管理是项目管理中的重要内容,它的主要目标是预防风险。在进行项目风险管理时,要识别风险,评估它们出现的概率及产生的影响,然后建立规划来管理风险。与一般项目相比,软件项目面临的风险更大。

10.4.1 软件项目风险的概念和类别

1. 软件项目风险的概念

软件项目的风险是指在软件开发过程中可能出现的、对项目和产品造成损失或者影响的因素。项目风险包含以下两个特征。

- 不确定性:风险可能发生也可能不发生。如果一个问题一定会发生,它就不是风险。

- 损失：如果风险变成了现实，就会产生恶性后果或损失。没有损失就不能称为风险。

随着软件在社会中的作用越来越显著、软件开发技术的快速更新、软件复杂程度的急剧加大、客户对产品和项目要求的不断提高，软件开发项目中的风险越来越显著。在此形势下，风险管理与控制已成为软件开发项目成败的关键。

对软件项目风险的认识伴随软件工程的发展而不断深入。软件工程中提出了一系列软件过程模型，将系统的、可量化的、规范化的方法应用到软件开发中，减少软件开发的无序状态，降低软件风险，提高软件质量。例如，Boehm 在 1989 年提出的螺旋模型，就是一个可降低软件风险的模型，该模型强调在软件项目的每个阶段都要考虑风险因素。

2. 软件项目风险的分类

按照不同的角度，可以对风险进行不同的分类。例如，从来源可以把风险分为外部风险和内部风险；从识别程度可以把风险分为已知风险、可预测风险和不可预测风险等。

以下为从涉及的软件开发中的要素的角度出发，分类得到的常见的软件项目风险。

1）与需求有关的风险

需求的不确定性、模糊性会给项目带来风险，随着项目的进展，需求还可能发生变化从而引发更多的问题。与需求相关的常见风险有：需求不明确、不准确；缺少有效的需求变更管理措施；用户对产品需求的扩展；用户无法经常性地参加需求分析和阶段性评审等。

2）与过程和标准有关的风险

不规范的软件过程和缺少标准将给项目带来风险。常见的与过程和标准有关的风险有：缺少软件过程规范或标准；没有管理机制保证项目团队按照软件工程标准来工作；过程的重组和标准的改变使开发人员不适应；没有采用配置管理来跟踪和控制软件工程中的各种变更等。

3）与人员管理有关的风险

软件行业的人员流动性大、管理难度较大，经常给项目带来显著风险。与人员管理有关的常见风险有：采用了不符合项目特征的组织结构和管理模式；人员突然离职或因特殊原因而不能参加项目工作；人员之间的沟通和协调产生障碍；人员之间产生冲突；因绩效评估、奖惩等方面的不当措施挫伤员工的工作积极性；由于项目外包带来的风险等。

4）技术风险

软件项目涉及复杂的技术，同时又经常采用新技术，因此软件项目中经常隐含着技术风险，例如，团队对项目中使用的技术和工具未能达成共识；缺少应用领域的经验和背景知识；采用了错误的技术和方法；对新技术不熟悉；所采用的新技术不够成熟等。

10.4.2　软件项目风险管理的方法

风险管理需要一整套有效的方法，并且需要在实践中不断总结经验，提高风险管理的水平。Bohem 提出将软件风险管理分为 6 个步骤,即风险识别、风险分析、风险优先级排序、风险管理规划、风险处理和风险监控。虽然存在不同的项目风险管理方法,但是都涉及这些步骤。

1. 风险识别

管理风险的前提是识别风险,这是一个有赖于经验的工作。风险识别包括确定风险的来源、产生的条件,描述其特征和确定哪些风险事件有可能影响本项目。风险识别并非一次就可以完成,应当在项目过程中定期进行。识别风险的方法有以下一些。

(1) 通过对照常见的风险列表来确定本项目中可能的风险,例如,可以与 10.4.1 节中列出的风险进行对照。

(2) 基于关键因素的检查来确定本项目中的风险。

风险通常来自一些关键因素的影响,例如,项目规模、商业影响、项目范围、客户特性、过程定义、技术要求、开发环境、人员数目及其经验等。我们对每一个关键因素可以进行提问,通过这些问题可以确定风险。例如,针对项目规模,就可以提问:

- 项目规模是否过大? 规模过大的项目通常会带来如项目超期、项目失控等风险。
- 项目规模的估算是否确定? 如果估算的结果不确定会带来风险。
- 项目的规模是否会改变? 如果可能改变将带来风险。

(3) 邀请专家一起来识别风险。

通过集思广益可以更为全面地识别风险。可以采用德尔菲方法、头脑风暴等方法来征求专家的意见。

例:请对照 10.4.1 节中列出的风险分析外卖平台项目的风险。

- 与需求有关的风险:外卖平台项目的需求比较清楚,面临的风险主要是用户对产品需求的扩展。
- 与过程和标准有关的风险:承担外卖平台项目开发任务的团队在实施经验方面有所欠缺,因此过程方面可能缺乏规范和标准的指引,同时存在没有管理机制保证项目团队按照软件工程标准来工作的风险。
- 与人员管理有关的风险:团队成员之间并没有经过许多配合,因此可能存在配合和沟通的风险。
- 技术风险:项目中涉及外卖调度的具体算法,在这一方面,开发团队可能存在对应用领域的经验和背景知识欠缺的风险。

2. 风险分析

一个项目所涉及的风险可以非常多,由于管理风险需要付出成本,因此需要选择一定的风险进行管理。对风险量化是选择待管理风险的依据。

对风险量化涉及两方面,一个是对风险发生概率的评估,另一个是对风险对项目影响的程度进行评估,两个评估值相乘得到的值被称为风险暴露量,即

$$风险暴露量 = 风险发生概率 \times 风险影响程度$$

显然,只有风险暴露量高的风险才值得关注。

1) 风险发生概率

风险发生概率是风险发生的可能性,可以用百分数来表示。有的时候用精确的百分数来表示风险发生概率比较困难,可以用 1~10 分等级来表示。

２）**风险影响程度**

风险影响程度是对风险产生的危害进行估计,可以从经济性的角度进行估计,也可以用 1～10 分的等级来表示。

可以组织包括软件项目团队成员、项目干系人和项目外部的专业人士等在内的人员,采用召开会议或进行访谈等方式,对风险发生概率和影响程度进行分析。

每项风险的发生概率和影响程度值可由每个人估计,然后汇总平均,得到一个有代表性的值。

3. 风险优先级排序

风险暴露量代表了风险的危险程度,可根据风险暴露量的大小对风险进行排序,风险暴露量较大的排在前面,需要重点关注,排在后面的低风险,可放入待观察风险清单。

例如,某一软件项目中确定了 6 条风险,并计算了风险暴露量,如表 10.14 所示。

表 10.14　风险分析与排序

	风　　险	发生概率	影响程度	风险暴露量
R1	在编程阶段需求的改变	1	8	8
R2	需求分析阶段需要花费更长的时间	3	7	21
R3	员工离职影响关键路径上的活动	5	7	35
R4	员工离职影响非关键路径上的活动	10	3	30
R5	模块编程所需时间超过预期	4	5	20
R6	测试阶段发现设计中存在不足	1	10	10

根据以上分析,按照风险暴露量排序为 R3,R4,R2,R5,R6,R1。

4. 风险管理规划

针对风险量化的结果,为降低项目风险的负面影响确定风险应对策略和技术手段的过程。风险管理规划依据风险管理计划、风险排序、风险认知等依据,得出风险应对计划、剩余风险、次要风险以及为其他过程提供的依据。

5. 风险处理

为了应对风险,需要采取合适的措施,典型的措施如下。

１）**风险回避**

风险回避是在项目风险发生的可能性太大、不利后果也很严重,又无其他策略可用时,主动放弃或改变会导致风险的行动方案。

风险回避包括主动预防风险和完全放弃两种。通过分析找出发生风险的根源,消除这些根源来避免相应风险的发生,这就是通过主动预防来回避风险。回避风险的另一种策略是完全放弃可能导致风险的方案,是一种消极的应对手段。

２）**风险转移**

风险转移又叫合伙分担风险,其目的是通过合同或协议,在风险事故一旦发生时将损失的全部或一部分转移到项目以外的有能力承受或控制风险的个人或组织。

３）**风险减小**

在风险发生之前采取一些措施降低风险发生的可能性或减少风险可能造成的损失。例如,为了防止人员流失,提高人员待遇,改善工作环境;为防止程序或数据丢失而进行备份等。

减轻风险策略的有效性与风险的可预测性密切相关。对于那些发生概率高,后果也可预测的风险,项目管理者可以在很大程度上加以控制,可以动用项目现有资源降低风险的严重性后果和风险发生的概率。而对于那些发生概率和后果很难预测的风险,项目管理者很难控制,对于这类风险,必须进行深入细致的调查研究,降低其不确定性。

4) 接受风险

当项目团队认为自己可以承担风险发生后造成的损失,或采取其他风险应对方案的成本超过风险发生后所造成的损失时,可采取接受风险的策略。

在风险识别、分析阶段已对风险有了充分准备,当风险发生时可以主动执行应急计划。在风险事件造成的损失数额不大,不对软件项目的整体目标造成较大影响时,项目团队将风险的损失当作软件项目的一种成本来对待。

5) 风险预留

风险预留是指事先为项目风险预留一部分后备资源,一旦风险发生,就启动这些资源以应对风险。项目的风险预留主要有风险成本预留、风险进度预留和技术后备措施三种。

上述风险处理手段需要根据每个风险的特点进行选取。例如,针对"员工离职影响关键路径上的活动",可以采用风险预留的方法,即对这些存在离职风险的员工从事的工作确定备选人员,让他们也参与这些工作。

6. 风险监控

在项目执行的过程中,定期对风险发生的概率和风险可能产生的危害进行重新的评估,并基于这种评估对风险进行重新排序。例如,在项目开展到一定阶段后,发现"员工离职影响关键路径上的活动"的风险发生概率有所上升,评分从 5 上升到 7,这提示项目组要更加关注这一风险,采取更有效的措施。

10.5　软件项目质量保证

10.5.1　软件项目中涉及的质量管理内容

质量管理是项目管理的重要部分,其中的质量不仅包括产品质量,也包括工作质量。产品质量是指产品的使用价值及其属性;而工作质量则是产品质量的保证,它反映了与产品质量直接有关的工作对产品质量的保证程度。

软件质量是软件与明确描述的功能和性能需求、规定的开发标准以及任何专业开发的软件产品都应该具有的特征相符合的程度。尽管所有的产品或服务都存在质量问题,但是软件的特殊性,特别是其复杂性和不可见性,使其质量管理更为困难。除此以外,软件开发过程中存在错误积累效应,前期质量问题没有解决,后续的质量问题将变得更加严重。

为了能够在产品发布前,对产品质量能够做出比较准确的判断,需要明确质量如何进行评价。在工业界和学术界提出了多个软件质量模型,如 McCall 质量模型、Boehm 模型、ISO 9126 模型等。

传统质量管理更强调过程质量、内部质量,其关系如图 10.16 所示,过程质量影响内部质量、内部质量影响外部质量、外部质量影响使用质量,而使用质量依赖外部质量、外部质量依赖内部质量。

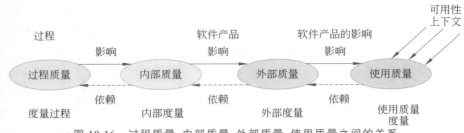

图 10.16   过程质量、内部质量、外部质量、使用质量之间的关系

目前有关软件质量的国际标准为 ISO/IEC 25010:2011。在该标准中,软件质量分为产品质量和使用质量。其中的产品质量包括以下几个方面。

1. 功能适应性

软件所实现的功能达到其设计规范和满足用户需求的程度,强调软件的正确性、完备性、适合性等。

2. 效率

在指定条件下,软件对操作所表现出的时间特性(如响应速度)以及实现某种功能有效利用计算机资源(包括内存大小、CPU 占用时间等)的程度;系统可承受的并发用户数、连接数量等,需要考虑系统的可伸缩性。

3. 兼容性

涉及共存和互操作性。共存要求软件能与系统平台、子系统、第三方软件等兼容,同时针对国际化和本地化进行了合适的处理;互操作性要求系统功能之间的有效对接,涉及 API 和文件格式等。

4. 易用性

对于一个软件,用户学习、操作、准备输入和理解输出所努力的程度,如安装简单方便、容易使用、界面友好,并能适用于不同特点的用户,包括对残疾人、有缺陷的人能提供产品使用的有效途径或手段(即可达性)。

5. 可靠性

在规定的时间和条件下,软件所能维持其正常的功能操作、性能水平的程度/概率,如成熟性越高,可靠性就越高;用 MTTF(Mean Time To Failure,平均失效前时间)或 MTBF(Mean Time Between Failures,平均故障间隔时间)来衡量可靠性。

6. 安全性

要求其数据传输和存储等方面能确保其安全,包括对用户身份的认证、对数据进行加密和完整性校验,所有关键性的操作都有记录,能够审查不同用户角色所做的操作。安全性涉及保密性、完整性、抗抵赖性、可核查性、真实性。

7. 可维护性

它指的是当一个软件投入运行应用后,需求发生变化、环境改变或软件发生错误时,进行相应修改所努力的程度。可维护性涉及模块化、复用性、易分析性、易修改性、易测试性等。

8. 可移植性

指的是软件从一个计算机系统或环境移植到另一个系统或环境的容易程度,或者是一个系统和外部条件共同工作的容易程度。它涉及适应性、易安装性、易替换性等。

从该标准看,还要关注软件的使用质量。在使用质量中,不仅包含基本的功能和非功能特性,如功能(有效、有用)、效率(性能)、安全性等,还要求用户在使用软件产品过程中获得愉悦,对产品信任,产品也不应给用户带来经济、健康和环境等风险,并能处理好业务的上下文关系,覆盖完整的业务领域。

10.5.2　软件项目中质量保证的方法

通过对软件质量的度量虽然能够了解软件质量的水平,但是更重要的是通过合适的管理手段来保证所开发的软件的质量。提高软件质量的途径包括提高过程的可见性、改进项目过程结构和在中间阶段进行检查。

图10.17是软件项目质量管理的框架。针对每一个项目,需要制定针对性的质量管理计划。在项目进行过程中,需要开展评审、测试、检查等质量保证的工作。缺陷跟踪是质量管理的流行工具。在多个项目实施质量管理的基础上,需要对过程不断进行改进。

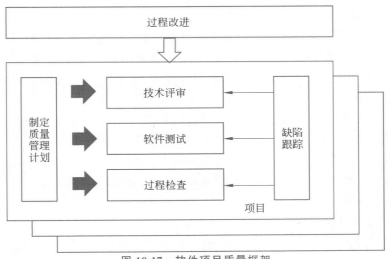

图 10.17　软件项目质量框架

1. 质量管理计划的制定

质量管理计划就是为了实现项目的质量目标,对项目的质量管理工作所做的全面规划。软件项目质量管理计划一般应满足以下要求。

- 确定项目应达到的质量目标和所有特性的要求。
- 确定项目中的质量活动和质量控制程序。
- 确定项目采用的控制手段及合适的验证手段和方法。
- 确定和准备质量记录。

2. 技术评审

在软件开发的一些时间点上对中间产品进行评审,可以及时发现和排除错误,防止错误被遗留到后续阶段,因此评审对于保证软件质量极为重要。

技术评审(Technical Review,TR)就是对工作成果进行审查和分析,发现其中的缺陷,并帮助开发人员及时消除缺陷。技术评审的主要对象包括需求和设计规格说明、代码、测试计划、用户手册等。技术评审的形式可以有正式技术评审和非正式技术评审两种基本类型。前者采用比较严格的形式,一般需要举行评审会议,参加人员比较多,后者的形式比较灵活,不必举行评审会议,参与人员相对较少。为了提高技术评审的效果,可以对评审开展的具体流程进行规定,例如,IBM 建立了一套更为正式和结构化的检查过程,称为方案检查,对如何开展评审过程进行了详细定义。

一般来说,对重要性和复杂性较高的工作成果,应进行正式技术评审,对重要性和复杂性相对较低的工作成果,可进行非正式技术评审。

3. 软件测试

软件测试计划和设计在项目前期就开始。测试计划确定测试的内容和目标,明确测试范围,制定测试策略和用例设计方法,安排相关的人力和设备资源等。测试设计工作中进行测试用例的编写,并准备测试数据,开发辅助测试工具和编写自动化测试脚本等。

在测试执行阶段,执行测试用例,发现和记录软件缺陷。测试执行完毕后,还要对测试的结果进行分析总结,撰写测试报告,给出结论。

4. 过程检查

除了对技术进行评审外,还需要检查软件项目的工作过程和工作成果是否符合既定的规范。在软件项目中,如果工作过程和工作成果不合规范,很可能会导致质量问题。例如,代码和文档的版本及其命名不符合规范,重要变更不遵循变更流程等都可能造成产品质量的下降。

为了开展过程检查,需要事先做出规划,确定主要检查项、检查时间(或频度)、负责人等。过程检查计划一般包含在软件项目质量管理计划中。

工作过程和工作成果符合规范也并不意味着产品质量一定能得到保证。因此过程检查还需要与技术评审、软件测试、缺陷跟踪、过程改进等各措施互相配合,共同促进软件质量的提高。

5. 软件过程改进

软件过程改进是面向整个软件组织的。它根据实践中软件项目的实施情况,对软件过程中的偏差和不足之处进行定期优化。可以采用质量循环不断对软件项目中的质量过程进行改进。过程改善也可以采用 GQM(Goal/Question/Metric)方法进行量化,从而可以比较改进前和改进后的效果。在 GQM 中,首先需要定义一个目标,该目标可能是评估是否一个新的编程语言能够提高开发者的效率。为了完成目标,可以提出许多问题,例如,对于上述目标,问题可以为:

- 目前开发者编程的速度有多快?
- 开发者利用新的编程语言有多快?
- 目前的软件质量如何?
- 利用新语言软件质量如何?

对每一个问题,可以定义度量方法,例如,度量开发速度可以根据开发每一功能点花费的时间来进行。

6. 缺陷跟踪工具

缺陷跟踪工具主要完成对缺陷报告的记录、分析和状态更新等管理。一个完善的缺陷跟踪工具对于软件项目质量管理非常重要。缺陷跟踪工具一般包括以下功能。

1）缺陷上报

当问题被发现后，可以通过系统进行提交、保留，方便跟踪。

2）缺陷状态管理

缺陷录入系统后，项目经理应该可以通过缺陷跟踪系统进行浏览，定期获得最新的缺陷问题报告。

3）缺陷分配

缺陷项目经理将缺陷问题报告通过缺陷跟踪系统转交给程序员，程序员可以通过缺陷跟踪系统知道自己负责的修正的缺陷问题报告。

4）缺陷修复过程管理

当程序员修复问题后，可以通过跟踪系统，通知项目经理问题已修复；对于无法根据缺陷报告重现的问题，也可以通过跟踪系统，向项目经理及测试人员要求更多更详细的信息，并将缺陷问题返回至项目经理重新处理。对于缺陷报告提到的问题，如在当前版本无法实现或者缺陷与需求有冲突的时候，可以将问题置为"暂缓处理"或"提出申诉"。

缺陷跟踪常用的工具有 Bugzilla、ClearQuest、Jira、TrackRecord 等。

例如，Bugzilla 是 Mozilla 公司提供的一个开源的缺陷跟踪工具，在全世界拥有大量用户。它能够为软件组织建立一个完善的缺陷跟踪体系，包括报告缺陷、查询缺陷记录、报表生成、处理解决缺陷等。Bugzilla 基于 Web 方式运行，易于掌握。对缺陷从报告到关闭都有详细的操作记录。Bugzilla 提供了强大的查询匹配能力，能根据各种条件组合进行缺陷查询。当缺陷状态发生改变时，会自动发送邮件通知相关责任人，系统也自带基于数据库的报表生成功能。

10.6　软件配置管理

软件配置管理概念的提出在 20 世纪 60 年代末、70 年代初。随着软件工程的发展，软件配置管理越来越成熟，从最初的仅实现版本控制，发展到提供工作空间管理、并行开发支持、过程管理、权限控制、变更管理等一系列全面的管理能力，已经形成了一个完整的理论和方法体系。

10.6.1　软件配置管理、配置项和基线概念

1. 软件配置管理

在软件开发过程中，变更是不可避免的，变更加剧了项目中软件开发者之间的混乱。软件配置管理（Software Configuration Management，SCM）是一种标识、组织和控制修改的技术。SCM 活动的目标就是为了标识变更、控制变更、确保变更的正确实现并向其他有关人员报告变更。软件配置管理应用于整个软件工程过程。

软件配置管理是在软件的整个生命期内管理变化的一组活动。具体地说，这组活动用来：

- 标识变化。
- 控制变化。
- 确保适当地实现了变化。

- 向相关人员报告变化。

软件配置管理不同于软件维护。维护是在软件交付给用户使用后才发生的,而配置管理是在软件项目启动时就开始了,并且一直持续到软件退役后才终止的一组跟踪和控制活动。

2. 软件配置项

软件生存周期各个阶段活动的产物经审批后、纳入配置管理范畴的工作成果统称为配置项。软件配置项包括:

- 与合同、过程、计划和产品有关的文档和资料。
- 源代码、目标代码和可执行代码。
- 相关产品,包括软件工具、库内的可重用软件、外购软件及顾客提供的软件等。

除了软件配置项之外,许多软件工程组织也把软件工具置于配置管理之下,也就是说,把特定版本的编辑器、编译器和其他 CASE 工具,作为软件配置的一部分“固定”下来,因为当修改软件配置项时必然要用到这些工具。

3. 基线

在配置管理系统中,基线就是一个配置项或一组配置项在其生命周期的不同时间点上通过正式评审而进入正式受控的一种状态,这些配置项构成了一个相对稳定的逻辑实体,这个过程被称为“基线化”。每一个基线都是其下一步开发的出发点和参考点。基线确定了元素(配置项)的一个版本,且只确定一个版本。一般情况下,基线在指定的里程碑(Milestone)处创建,并与项目中的里程碑保持同步。每个基线都将接受配置管理的严格控制,基线中的配置项被“冻结”了,不能再被任何人随意修改,对其的修改将严格按照变更控制要求的过程进行,在一个软件开发阶段结束时,上一个基线加上增加和修改的基线内容形成下一个基线。

基线的主要属性有名称、标识符、版本、日期等。通常将交付给客户的基线称为一个“Release”,为内部开发用的基线则称为一个“Build”。

建立基线的好处如下。

1)重现性

通过基线可以重新生成软件系统的不同发布版,或者在项目的早些时候重新生成开发环境。当认为更新不稳定或不可信时,基线为团队提供一种取消变更的方法。

2)可追踪性

建立项目产品之间的前后继承关系。目的是确保设计满足要求、代码实施设计以及用正确代码编译可执行文件。

3)版本隔离

基线为开发产品提供了一个定点和快照,新项目可以从基线提供的定点之中建立。作为一个单独分支,新项目将与随后对原始项目(在主要分支上)所进行的变更进行隔离。

10.6.2　软件配置管理的方法

1. 软件配置管理人员职责分配

软件配置管理是软件质量保证的重要一环。要使配置管理活动在信息系统的开发和维护中得到贯彻执行,首先要确定配置管理活动的相关人员及其职责和权限。配置管理过程的主要参与人员如下。

1）配置控制委员会

该委员会负责指导和控制配置管理的各项具体活动的进行，为项目经理的决策提供建议。其具体工作职责包括：批准配置项的标志以及软件基线的建立；制定访问控制策略；建立、更改基线的设置，审核变更申请；根据配置管理员的报告决定相应的对策。

2）项目经理

项目经理根据配置控制委员会（Configuration Control Board，CCB）的建议，批准配置管理的各项活动并控制它们的进程，其具体工作职责如下：制定项目的组织结构和配置管理策略；批准、发布配置管理计划；决定项目起始基线和软件开发工作里程碑；接受并审阅配置控制委员会的报告。

3）配置管理员

根据配置管理计划执行各项管理任务，定期向 CCB 提交报告，并列席 CCB 的例会，其具体工作职责包括：软件配置管理工具的日常管理与维护；提交配置管理计划；各配置项的管理与维护；执行版本控制和变更控制方案；完成配置审计并提交报告；对开发人员进行相关的培训；识别开发过程中存在的问题并制定解决方案。

4）开发人员

开发人员的职责就是根据项目组织确定的配置管理计划和相关规定，按照配置管理工具的使用模型来完成开发任务。

2. 配置标识

配置标识是配置管理的基础性工作，是配置管理的前提。配置标识是确定哪些内容应该进入配置管理形成配置项，并确定配置项如何命名，用哪些信息来描述该配置项。

1）识别配置项

原则上，只要会影响产品配置的工作产品都应该进行配置管理，都属于配置项。常见的加入配置项的工作产品有过程描述、需求、设计、测试计划和规程、测试结果、代码/模块、工具（如编辑器）、接口描述等。

2）配置项命名

确定了配置项后，还需要对配置项进行合理、科学地命名。配置项的命名必须满足唯一性和可追溯性。一般企业中都会制定配置项命名规则。

3）配置项的描述

由于配置项除了名称外还有一些其他属性和与其他配置项的关系，因此它可以采用描述对象的方式来进行描述。每个配置项用一组特征信息（名字、描述、一组资源、实现）来描述，此外，还需要描述配置项间的关系。

3. 版本控制

通过版本控制能够实现历史追踪和控制源代码的变化，同时还能使用版本控制维护相关配置文件和文档。版本控制依赖于版本控制系统来实现。

版本控制系统分为以下三大类。

1）本地版本控制系统

本地版本控制系统在本地采用某种数据库来记录文件的历次更新差异。流行的

RCS 系统的工作原理是在硬盘上保存补丁集(补丁指文件修订前后的变化),通过应用所有的补丁,可以重新计算出各个版本的文件内容。本地版本控制系统一定程度上解决了手动复制粘贴代码的问题,但无法解决多人协作的问题。

2)集中式版本控制系统

集中式版本控制系统的出现是为了解决不同系统上的开发者协同开发,即多人协作的问题,主要有 CVS 和 SVN。集中式版本控制系统有一个单一的集中管理的中央服务器,保存所有文件的修订版本,由管理员管理和控制开发人员的权限,而协同开发者通过客户端连到中央服务器,从服务器上拉取最新的代码,在本地开发,开发完成再提交到中央服务器。

集中式版本控制系统解决了开发者的协作的问题。但是在每次拉取代码和提交代码时都要访问中央服务器,对网络要求高,如果服务器出现问题,代码有丢失的风险。

3)分布式版本控制系统

分布式版本控制系统解决了集中式版本控制系统的缺点。首先,在分布式版本控制系统中,系统保存的不是文件变化的差量,而是文件的快照,即把文件的整体复制下来保存,其次,分布式版本控制系统是去中心化的,从中央服务器拉取代码时,拉取的是一个完整的版本库,它不仅是一份代码,还有历史记录、提交记录等版本信息,这样即使某一台机器宕机也能找到文件的完整备份。

Git 是 Linux 发明者 Linus 开发的一款分布式版本控制系统,是目前软件开发者必须掌握的工具。

4. 变更控制

在一个软件配置项变成基线之前,一般非正式的变化控制,该配置对象的开发者可以对它进行任何合理的修改(只要修改不会影响到开发者工作范围之外的系统需求)。一旦该对象经过了正式技术复审并获得批准,就创建了一个基线。而一旦一个软件配置项变成了基线,就开始实施项目级的变化控制。

典型的变化控制过程如下。

(1)接到变化请求之后,首先评估该变化可能产生的技术影响、对其他配置对象和系统功能的整体影响,估算出修改成本。评估的结果形成"变化报告",该报告供"变化控制审批者"审阅。

(2)变化控制审批者对变化的状态和优先级做最终决策,为每个被批准的变化都生成一个"工程变化命令",描述将要实现的变化、必须遵守的约束以及复审和审计的标准。修改者把要修改的对象从项目数据库中"提取(Check Out)"出来进行修改。

(3)最后,把修改后的对象"提交(Check In)"进数据库,并用适当的版本控制机制创建该软件的下一个版本。

5. 配置审核

配置审核是指在配置标识、配置控制、配置状态记录的基础上对所有配置项的功能及内容进行审查,以保证软件配置项的可跟踪性。它又可以分为功能配置审核、物理配置审核、配置管理审核。

其中,功能配置审核是验证软件的开发是否已经顺利完成,即验证软件是否已经达到了功能基线或分配基线中规定的功能和质量特性,并且它的操作和用户支持文档都符合要求;物理配置审核是验证已构建的配置项是否符合定义和描述它的技术文档;配置管理审核确保配置管理的记录和配置项是完整的、一致的和准确的。

功能配置审核的检查重点是:检查所有的需求是否都实现;检查所有的需求是否都测试;检查交付给用户的文档和软件产品是否一致;检查测试是否充分有效。

物理配置审核的检查重点是:检查基线中的配置项是否完整;检查基线中的配置项是否正确;检查配置项的版本是否正确;检查配置项的标识是否正确。

配置管理审核的检查重点是:检查配置管理记录是否和配置一致;检查配置库中的配置项是否有遗漏;检查配置管理记录是否有遗漏;检查配置管理记录之间是否一致。

功能配置审核实施的时机是产品基线建立之前;物理配置审核实施的时机是配置项入库、变更以及指定的时机;配置管理审核的实施时机可以是定期检查或随机抽查。

6. 状态报告

状态报告是用于记载软件配置管理活动信息和软件基线内容的标准报告,它反映了配置项的状态信息,使受影响的小组和个人能够得到相关的信息。状态报告应定期进行,建议使用 CASE 工具生成,保证客观性和规范性。状态报告中一般包括变更请求列表、基线库状态、Release 信息、备份信息、SCM 工具状态、其他应予以报告的事项。

7. 发布管理

当项目进行到一定的阶段,可能需要发布一个稳定的或相对比较稳定的版本,这个时候就需要首先制定发布实施计划,然后生成发布准备报告,最后发布完成生成发布报告。

10.7 项目管理的工具

10.7.1 通用项目管理工具

为了便于项目管理的实施,针对项目管理的需求,业界推出了许多可用于项目管理的工具。

在通用的项目管理工具领域,代表性的产品为微软的 Microsoft Project。由于推出时间较早,微软的这个产品得到了广泛应用。它的主要功能如下。

- 项目计划:用户可以创建项目计划,并添加任务、里程碑、资源和预算等详细信息。
- 任务管理:可以帮助用户跟踪任务的进度、优先级和关系,以便更好地控制项目进度。
- 资源管理:用户可以管理项目所需的资源,包括人力、物资和设备等,并将它们分配给各个任务。
- 时程表和进度管理:可以帮助用户创建和维护项目的时程表,并跟踪实际进度与计划进度的差异。
- 项目协作:支持多人同时协作,用户可以通过共享任务列表、文档和进度信息等方式,与项目团队共同工作。

Microsoft Project 在应用中也有自己的不足,例如,它比较庞大,功能比较多,需要通过一定的学习才能掌握其使用方法等。特别是它作为一个通用的项目管理工具，难以与各个应用领域的工具进行结合。

目前也出现了许多开源的项目管理工具，例如，作为 MS Project 的开源替代版本，ProjectLibre 能够读取 MS Project 的文件，其工作原理也与 MS Project 非常相似。

随着云平台的发展，出现了许多项目管理的 SaaS(软件即服务)软件，可以直接通过网络为项目建立管理环境，如国内的飞书、石墨文档等。

10.7.2　软件项目管理工具

针对软件项目管理的特点，许多软件项目管理工具中体现了对软件开发活动的支持，并和软件开发工具进行了集成。

Jira 是澳大利亚 Atlassian 公司开发的一款软件项目管理工具，已经被广泛应用于需求管理、项目追踪、任务追踪、缺陷追踪、流程审批、敏捷项目管理等软件研发领域。Jira 最初的用途是跟踪漏洞和问题。目前，Jira 已经发展成为功能更为完整的工作管理工具，能够支持需求管理、敏捷软件开发和测试用例管理。Jira 能够比较好地支持敏捷开发，它提供现成可用的 Scrum 板和看板。看板是任务管理的中心，里面的任务将映射到可自定义的工作流程。通过看板，可以清楚了解整个团队的工作以及各项工作的状态。时间跟踪功能和实时的绩效报告(燃起/燃尽图表、冲刺报告、速度图表)可让团队密切监控他们的工作效率变化情况。

Jira 提供规划和路线图工具，方便团队从一开始就管理利益相关者、预算和功能需求。Jira 集成了各种 CI(Continuous Integration，持续集成)/CD(Continuous Deployment，持续部署)工具，帮助提升软件开发生命周期的透明度。部署之后，生产代码的实时状态信息将显示在 Jira 事务中。

Jira 的优点在于配置灵活、功能全面、部署简单、扩展丰富，它提供了超过 150 项特性，得到了全球多个国家的众多客户的认可。但是 Jira 是商业软件，加上插件后的价格比较昂贵。

国内也出现了一些可以替代 Jira 的工具，如 PingCode 和禅道等。PingCode 是一款覆盖研发全生命周期的项目管理系统，被广泛用于需求收集、需求管理、需求优先级、产品路线图、项目管理(含敏捷/kanban/瀑布)、测试管理、缺陷追踪、文档管理、效能度量等领域，并且集成了 GitHub、GitLab、Jenkins、企微、飞书等主流工具。禅道是第一款国产的开源项目管理软件，它的核心管理思想基于敏捷方法 Scrum，内置了产品管理和项目管理，同时又根据国内研发现状补充了测试管理、计划管理、发布管理、文档管理、事务管理等功能，在一个软件中就可以将软件研发中的需求、任务、Bug、用例、计划、发布等要素有序地跟踪管理起来，完整地覆盖了项目管理的核心流程。

10.7.3　其他支持软件项目管理的工具

传统的软件开发方法已经不满足快速响应用户需求变化的要求。在这种背景下，出现了敏捷开发方法。敏捷开发方法是通过迭代和增量开发实现快速交付高质量的软件，从而有效地应对用户快速变化的需求。

敏捷开发方法在企业应用的成功很大一部分要归功于持续集成。持续集成指的是频繁地(一天多次)将代码集成到主干。持续集成的目的是让产品可以快速迭代，同时还能保持高质量。实现 CI 的上述功能,必须要借助于持续集成工具的支持,实现自动化的构建过程,从检出代码、编译构建、运行测试、部署等都是自动化完成的,无须人工干预。Jenkins 就是一款当今最流行的、开源的持续集成工具。

Jenkins 具有以下特征。

- 开源的 Java 语言开发持续集成工具,支持持续集成,持续部署。
- 易于安装部署配置:可通过 yum 安装,或下载 war 包以及通过 Docker 容器等快速实现安装部署,可方便 Web 界面配置管理。
- 消息通知及测试报告:集成 RSS/E-mail 通过 RSS 发布构建结果或当构建完成时通过 E-mail 通知,生成 JUnit/TestNG 测试报告。
- 分布式构建:支持 Jenkins 能够让多台计算机一起构建/测试。
- 文件识别:Jenkins 能够跟踪每次构建生成哪些 jar,每次构建使用哪个版本的 jar 等。
- 丰富的插件支持:支持扩展插件,允许用户扩展适合自己团队使用的工具,如 Git、SVN、Maven、Docker 等。

以 Web 开发项目为例,整个基于 Jenkins 的持续集成流程如下。

(1) 首先,团队的开发人员每天进行代码提交,提交到版本控制服务器(Git 仓库或者 SVN 仓库等)。

(2) 版本控制服务器上的钩子函数被触发,会通知 Jenkins 持续集成服务器。

(3) Jenkins 作为持续集成工具,从版本控制服务器拉取代码,再调用 Maven 等软件完成代码编译、打包等工作。

(4) 最后,Jenkins 把生成的 jar 包或 war 包分发到测试服务器或者生产服务器,供测试人员或用户访问应用。

通过上述过程,所有的构建、部署实现了自动化,对程序员的日常开发不会造成任何的负担,程序员只需要把自己的代码提交到版本控制服务器即可。

10.8 本章小结

软件项目管理将项目管理的方法和技术运用于软件开发等过程。有效的软件项目管理是软件开发能够取得成功的保证。在实践中,人们已经积累了软件项目管理的知识和成功经验。

本章的主要内容如下:10.1 节介绍了项目管理的概念和知识体系,以及软件项目管理方面形成的规范;10.2 节对软件项目的工作量估算和如何制定网络计划进行详细介绍;10.3 节对软件项目监控涉及的各个方面进行了描述;10.4 节对软件项目中的风险管理的分类、风险管理的各个环节进行了分析;10.5 节简要介绍了软件项目中涉及不同方面的质量问题,并给出了质量保证方法;10.6 节对配置管理的概念、方法和流程进行了介绍;10.7 节列举了相关的项目管理工具。

本章的重点是理解项目管理的基本原理,掌握工作量估计的方法和制定网络计划的方法,并对软件项目管理中涉及的各个关键环节有所了解,能够使用一种工具对软件项目管理进行实施。通过本章的学习,要求学生能够在面对软件项目时,能够主动使用相关的知识、方法和工具开展有效的项目管理。

10.9　综合习题

1. 什么是项目？项目的特征有哪些？

2. 什么是项目管理？项目管理有哪些特征？有哪些基本内容？

3. 什么是 CPM？什么是 CPM 中的活动、紧前活动、紧后活动、关键路径、关键活动、准关键活动和松弛活动？如何确定 CPM 的关键路径？

4. 什么是风险？它的本质是什么？它的不确定性范围包括哪些？

5. 什么是软件的使用质量？它与软件的内部质量是什么关系？

6. 什么是配置管理中的基线？

10.10　基础实践

1. 项目开发计划实践案例

案例描述：你是二手物品交易网站的项目经理，本项目的目标是开发一个在线的学校二手货交易市场，给校园内的师生创造一个自由发布、浏览、查找、购买二手商品的平台。该系统分为前台和后台两个部分。前台向用户提供与二手商品交易相关的各种服务，后台面向管理员进行各项信息的管理。

实践要求：请给出工作分解结构（WBS），为每个工作给出时间估计和依赖关系，画出网络计划图和甘特图。

2. 软件项目风险管理

案例描述：你被任命为建筑设计 CAD 软件功能升级项目的项目经理，目前正在进行项目计划的制定，需要对风险进行分析并采取措施。

实践要求：请列出相关的风险并讨论针对这些风险分别可以采取什么措施。

10.11　引申阅读

[1]　Brooks F P. 人月神话（40 周年中文纪念版）[M]. 汪颖，译. 北京：清华大学出版社，2015.

阅读提示：本书内容来自 Brooks 博士在 IBM 公司 SYSTEM/360 和 OS/360 中的项目管理经验。该书英文原版一经面世，即引起业内人士的强烈反响。在该书中，既描述了大量软件工程的实践，又有很多发人深省的观点，虽然该书已经出版了 40 多年，距离该书出版的时间软件技术已经有了巨大发展，但是书中的许多内容依然值得品读。

[2]　DeMarco T，Lister T . 人件[M]. 3 版. 肖然，张逸，滕云，译. 北京：机械工业出版社，2014.

阅读提示：本书也是软件项目管理领域的经典，被誉为"对美国软件业影响最大的一本书"。本书中提出软件项目中最大的问题不在于技术，而在于人。本书从管理人力资源、创建健康的办公环境、雇用并留用正确的人、高效团队形成、改造企业文化和快乐工作等多个角度阐释了如何管理人员以得到高效的项目和团队。

［3］　王树文.张成功项目管理记［M］.2 版.北京：人民邮电出版社,2016.

阅读提示：该书是一本小说。以 PMBOK 第 4 版为知识主线,围绕国内某省全省大集中电子政务行政办公系统建设项目,通过主人翁张成功的项目运作实践全过程,将项目管理知识体系、项目管理运作模式和方法、项目管理应用模板、项目管理最佳实践等有机结合,让读者轻松掌握软件项目管理的方法。

［4］　Trendowicz A, Jeffery R. Software Project Effort Estimation Foundations and Best Practice Guidelines for Success［M］. Springer,2014.

阅读提示：本书对软件工作量估计方法进行了系统介绍,不仅介绍了这些方法,还对这些方法的适用范围和选择依据进行了阐述,并对如何不断提高对软件项目工作量估算的能力提供了参考。

［5］　Eduardo C C, Farias K, Bischoff V. Software development effort estimation：a systematic mapping study［J］. IET Software, 2020，14：328-344.

阅读提示：目前对软件工作量估计方法的研究工作数量众多,目前的研究中存在什么问题？将来应该如何改进？该篇文章对目前的研究现状在收集整理大量文献的基础上进行了总结。可供对此问题有研究兴趣的学生阅读。

［6］　Jhon M, Francisco J P, César P, et al. Risk management in the software life cycle：A systematic literature review［J］. Computer Standards & Interfaces，2020，71，103431.

阅读提示：这篇论文对软件风险领域的文献进行了系统的综述,描述和呈现了该领域的现状,找出存在的空白和进一步研究的机会。

10.12　参考文献

［1］　项目管理协会.项目管理知识体系指南（PMBOK 指南）［M］. 6 版.北京：电子工业出版社,2013.

［2］　聂南.软件项目管理配置技术［M］.北京：清华大学出版社,2014.

［3］　朱少民,张玲玲,潘娅.软件质量保证和管理［M］.北京：清华大学出版社,2019.

［4］　张海藩,牟永敏.软件工程导论［M］. 6 版.北京：清华大学出版社,2013.